SIEMENS
数控机床机电维修
200例

韩鸿鸾　编著

刘辉峰　主审

中国电力出版社
CHINA ELECTRIC POWER PRESS

内 容 提 要

本书参考了《数控机床装调维修工》职业资格标准，根据工厂中数控机床维修人员需要的理论知识要求和技能要求编写而成。全书采用双色印刷，对重点线路和部件进行颜色标注，便于读者阅读和掌握。本书主要内容包括数控机床维修基础、数控系统的维修 30 例、可编程控制器的维修 30 例、主传动系统的维修 34 例、进给传动系统的维修 35 例、自动换刀装置的维修 35 例、数控机床辅助装置的维修 30 例，附录中还给出了 240 多个常见故障的诊断与维修，以备数控机床维修人员使用。

本书重点突出、特色鲜明，内容取自于实践，可供工厂数控机床维修人员使用，也可作为企业培训部门、职业技能鉴定培训机构的教材，以及高级技校、高职、各种短训班的参考教材。

图书在版编目（CIP）数据

SIEMENS 数控机床机电维修 200 例/韩鸿鸾编著. —北京：中国电力出版社，2016.2
ISBN 978-7-5123-8515-3

Ⅰ.①S… Ⅱ.①韩… Ⅲ.①数控机床-电气设备-维修
Ⅳ.①TG659

中国版本图书馆 CIP 数据核字（2015）第 262316 号

中国电力出版社出版、发行
（北京市东城区北京站西街 19 号　100005　http://www.cepp.sgcc.com.cn）
汇鑫印务有限公司印刷
各地新华书店经售

*

2016 年 2 月第一版　2016 年 2 月北京第一次印刷
787 毫米×1092 毫米　16 开本　32.75 印张　938 千字
印数 0001—2000 册　定价 **79.00** 元

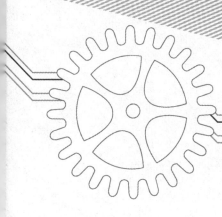

SIEMENS
数控机床机电维修 *200*例

前 言

　　数控机床综合应用了机械、电子、液压、计算机与通信技术，以其适用性强，加工效率、生产率及自动化程度高等优点，在工业制造、加工等领域得到了广泛的应用。但由于其结构复杂，出现故障后诊断和排除的难度都比较大。

　　人们对事物的认识总是从实践到理论，理论再指导实践，这样一个不断循环逐步提高的过程。同样维修工作也离不开这样的循环过程。通过对个别机床的了解和维修，逐步积累经验，以达到对一般机床和复杂机床的了解，从而获得新的知识和理念，让自身的维修水平逐步提高。

　　为了给广大数控机床维修人员及学习者打下扎实的理论基础知识，建立对各种机床的了解，并通过提供典型维修实例，使其学习诊断和维修的思路及方法，便于举一反三，特编写本书。本书还提供了丰富的数据、图样及其他资料以供参考。

　　本书共分七章，由威海职业学院韩鸿鸾编著，山东省济宁第二高级技校刘辉峰担任主审。在编写过程中，编者参阅了国内外出版的有关教材和资料，得到了全国数控网络培训中心、常州技师学院、临沂技师学院、东营职业学院、烟台职业学院、华东数控有限公司、山东推土机厂、联桥仲精机械有限公司（日资），豪顿华工程有限公司（英资）的有益指导，在此一并表示衷心感谢。

　　由于编者水平有限，书中不妥之处在所难免，恳请读者批评指正。

编　者
于山东威海

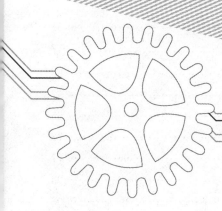

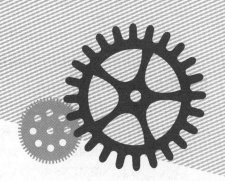

SIEMENS
数控机床机电维修 *200*例

目　录

第1章

数控机床维修基础

1.1 数控机床概述

1.1.1 数控机床的产生

1949年，美国空军后勤司令部为了在短时间内制造出经常变更设计的火箭零件与帕森斯（John C. Parson）公司合作，并选择麻省理工学院伺服机构研究所为协作单位，于1952年研制成功了世界上第一台数控机床。1958年，美国的克耐·杜列克公司（Keaney&Treeker corp-K&T公司）在一台数控镗铣床上增加了自动换刀装置，第一台加工中心问世了，现代意义上的加工中心是1959年由该公司开发出来的。我国是从1958年开始研制数控机床的。

1.1.2 数控机床的定义

数字控制（Numerical Control，NC，简称数控），是一种借助数字、字符或其他符号对某一工作过程（如加工、测量、装配等）进行可编程控制的自动化方法。

数控技术（Numerical Control Technology）是指用数字量及字符发出指令并实现自动控制的技术，它已经成为制造业实现自动化、柔性化、集成化生产的基础技术。

数控系统（Numerical Control System）是指采用数字控制技术的控制系统。

计算机数控系统（Computer Numerical Control）是以计算机为核心的数控系统。

数控机床（Numerical Control Machine Tools）是指采用数字控制技术对机床的加工过程进行自动控制的一类机床。国际信息处理联盟（IFIP）第五技术委员会对数控机床定义如下：数控机床是一个装有程序控制系统的机床，该系统能够逻辑地处理具有使用号码或其他符号编码指令规定的程序。定义中所说的程序控制系统即数控系统。

1.1.3 数控机床的特点

1. 数控机床的应用特点

（1）适应性强。数控机床加工形状复杂的零件或新产品时，不必像通用机床那样采用很多工装，仅需要少量工夹具。一旦零件图有修改，只需修改相应的程序部分，就可在短时间内将新零件加工出来。因而生产周期短，灵活性强，为多品种小批量的生产和新产品的研制提供了有利条件。

（2）适合加工复杂型面的零件。由于计算机具有高超的运算能力，可以瞬间准确地计算出每个坐标轴瞬间应该运动的运动量，因此数控机床能完成普通机床难以加工或根本不能加工的复杂型面的零件，如图1-1所示。所以在航空航天领域（如飞机的螺旋桨及蜗轮叶片）及模具加工中，得到了广泛应用。

图 1-1　复杂型面的零件

（3）加工精度高、加工质量稳定。数控机床所需的加工条件，如进给速度、主轴转速、刀具选择等，都是由指令代码事先规定好的，整个加工过程是自动进行的，人为造成的加工误差很小，而且传动中的间隙及误差还可以由数控系统进行补偿。因此，数控机床的加工精度较高。此外，数控机床能进行重复性的操作，尺寸一致性好，减少了废品率。最近，数控系统中增加了对机床误差、加工误差等修正补偿的功能，使数控机床的加工精度及重复定位精度进一步提高。

（4）自动化程度高。数控机床对零件的加工是按事先编好的程序自动完成的，操作者除了操作键盘，装卸工件，进行关键工序的中间检测以及观察机床运行外，不需要进行繁杂的重复性手工操作，劳动强度与紧张程度均可大为减轻。另外，数控机床一般都具有较好的安全防护、自动排屑、自动冷却和自动润滑等装置。

（5）加工生产率高。数控机床能够减少零件加工所需的机动时间和辅助时间。数控机床的主轴转速和进给量范围比通用机床的范围大，每一道工序都能选用最佳的切削用量，数控机床的结构刚性允许数控机床进行大切削用量的强力切削，从而有效节省了机动时间。数控机床移动部件在定位中均采用加减速控制，并可选用很高的空行程运动速度，缩短了定位和非切削时间。使用带有刀库和自动换刀装置的加工中心时，工件往往只需进行一次装夹就可完成所有的加工工序，减少了半成品的周转时间，生产效率非常高。数控机床加工质量稳定，还可减少检验时间。数控机床可比普通机床提高效率 2~3 倍，复杂零件的加工，生产率可提高十几倍甚至几十倍。

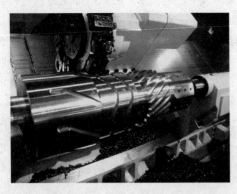

图 1-2　一机多用

（6）一机多用。某些数控机床，特别是加工中心，一次装夹后，几乎能完成零件的全部工序的加工，可以代替 5~7 台普通机床。如图 1-2 所示，就是在一台车削中心上完成了车、铣、钻等加工。

（7）减轻操作者的劳动强度。数控机床的加工是由程序直接控制的，操作者一般只需装卸零件和更换刀具并监视数控机床的运行，大大减轻了操作者的劳动强度，同时也节省了劳动力（一人可看管多台机床）。

（8）有利于生产管理的现代化。数控系统采用数字信息与标准化代码输入，并具有通信接口，易实现数控机床之间的数据通信，最适宜计算机之间的连接，组成工业控制网络。同时用数控机床加工零件，能准确地计算零件的加工工时，并有效地简化了检验、工装和半成品的管理工作，这些都有利于生产管理现代化。

（9）价格较贵。数控机床是以数控系统为代表的新技术对传统机械制造产业渗透形成的机电一体化产品，它涵盖了机械、信息处理、自动控制、伺服驱动、自动检测、软件技术等许多领域，尤其是采用了许多高、新、尖的先进结构，使得数控机床的整体价格较高。

（10）调试和维修较复杂，需专门的技术人员。由于数控机床结构复杂，所以要求调试与维修人员应经过专门的技术培训，才能胜任此项工作。

此外，由于许多零件形状较为复杂，目前数控机床编程又以手工编程为主，故编程所需时间较长，这样会使机床等待时间长，导致数控机床的利用率不高。

2. 数控机床结构的特点

为了达到数控机床高的运动精度、定位精度和高的自动化性能，其结构特点主要表现在如下几个方面。

（1）高刚度。数控机床要在高速和重负荷条件下工作，因此，机床的床身、立柱、主轴、工作台、刀架等主要部件，均需具有很高的刚度，以减少工作中的变形和振动。例如，有的床身采用双壁结构，并配置有斜向肋板及加强筋，使其具有较高的抗弯刚度和抗扭刚度；为提高主轴部件的刚度，除主轴部件在结构上采取必要的措施以外，还要采用高刚度的轴承，并适当预紧；增加刀架底座尺寸，减少刀具的悬伸，以适应稳定的重切削等。提高静刚度的措施主要是基础大件采用封闭整体箱形结构（见图 1-3）、合理布置加强筋和提高部件之间

图 1-3　封闭整体箱形结构

的接触刚度。提高动刚度的措施主要是改善机床的阻尼特性（如填充阻尼材料）、床身表面喷涂阻尼涂层、充分利用结合面的摩擦阻尼、采用新材料，提高抗振性。

（2）高灵敏度。数控机床的运动部件应具有较高的灵敏度。导轨部件通常用滚动导轨、塑料导轨、静压导轨等，以减少摩擦力，使其在低速运动时无爬行现象。工作台、刀架等部件的移动，由交流或直流伺服电动机驱动，经滚珠丝杠传动，减少了进给系统所需要的驱动转矩，提高了定位精度和运动平稳性。

（3）高抗振性。数控机床的一些运动部件，除应具有高刚度、高灵敏度外，还应具有高抗振性，即在高速重切削情况下减少振动，以保证加工零件的高精度和高的表面质量。特别要注意的是避免切削时的谐振，因此对数控机床的动态特性提出更高的要求。

（4）热变形小。机床的主轴、工作台、刀架等运动部件在运动中会产生热量，从而产生相应的热变形。而工艺过程的自动化和精密加工的发展，对机床的加工精度和精度稳定性提出了越来越高的要求。为保证部件的运动精度，要求各运动部件的发热量要少，以防产生过大的热变形。为此，对机床热源进行强制冷却（见图 1-4），采用热对称结构与热位移补偿（见图 1-5），并改善主轴轴承、丝杠螺母副、高速运动导轨副的摩擦特性。如 MJ-50CNC 数控车床主轴箱壳体按照热对称原则设计，并在壳体外缘上铸有密集的散热片结构，主轴轴承采用高性能油脂润滑，并严格控制注入量，使主轴温升很低。对于产生大量切屑的数控机床，一般都带有良好的自动排屑装置等。

（5）高精度保持性。为了加快数控机床投资的回收，必须使机床保持很高的开动比（比普通机床高 2～3 倍），因此必须提高机床的寿命和精度保持性，在保证尽可能地减少电气和机械故障的

冷却风管

主轴

（a）

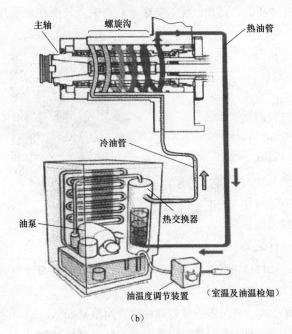

主轴　螺旋沟　热油管

冷油管

油泵　热交换器

油温度调节装置　（室温及油温检知）

（b）

图1-4　对机床热源进行强制冷却
（a）风冷；（b）油冷

同时，要求数控机床在长期使用过程中不丧失精度。

（6）高可靠性。数控机床在自动或半自动条件下工作，尤其在柔性制造系统（FMS）中的数控机床，可在24h运转中实现无人管理，这就要求机床具有高的可靠性。为此，要提高数控装置及机床结构的可靠性，例如在工作过程中动作频繁换刀机构、托盘、工件交换装置等部件，必须保证在长期工作中十分可靠。另外，引入机床机构故障诊断系统和自适应控制系统、优化切削用量等，也都有助于机床可靠地工作。

（7）模块化。模块化设计思想的灵活机床配置，使用户在数控机床的功能、规格方面有更多的选择余地，做到既能满足用户的加工要求，又尽可能不为多余的功能承担额外的费用。

数控机床通常由床身、立柱、主轴箱、工作台、刀架系统及电气总成等部件组成。如果把各种部件的基本单元作为基础，按不同功能、规格和价格设计成多种模块，用户可以按需要选择最合理的功能模块配置成整机。这不仅能降低数控机床的设计和制造成本，而且能缩短设计和制造周期，最终赢得市场。目前，模块化的概念已开始从功能模块向全模块化方向发展，它已不局限于功能的模块化，而是扩展到零件和原材料的模块化。

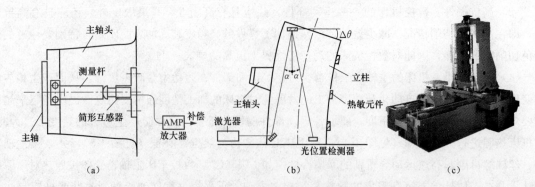

主轴头

测量杆

筒形互感器

主轴　　AMP　补偿
　　　　放大器

（a）

立柱

主轴头　热敏元件

激光器

光位置检测器

（b）

（c）

图1-5　热对称结构与热位移补偿
（a）轴向补偿；（b）立柱热平衡补偿；（c）热对称结构立柱

（8）机电一体化。数控机床的机电一体化是对总体设计和结构设计提出的重要要求。它是指在整个数控机床功能的实现以及总体布局方面必须综合考虑机械和电气两方面的有机结合。新型数控机床的各系统已不再是各自不相关联的独立系统。最具典型的例子之一是数控机床的主轴系统已不再是单纯的齿轮和带轮的机械传动，而更多的是由交流伺服电动机为基础的电主轴。电气总成也已不再是单纯游离于机床之外的独立部件，而是在布局上和机床结构有机地融为一体。由于抗干扰技术的发展，目前已把电力的强电模块与微电子的计算机弱电模块组合成一体，既减小了体积，又提高了系统的可靠性。

1.1.4 数控机床的分类

目前数控机床的品种很多，通常按下面几种方法进行分类。

1. 按工艺用途分类

(1) 一般数控机床。最普通的数控机床有钻床、车床、铣床、镗床、磨床和齿轮加工机床，如图 1-6 所示。初期它们和传统的通用机床工艺用途虽然相似，但是它们的生产率和自动化程度比传统机床高，都适合加工单件、小批量和复杂形状的零件。现在的数控机床其工艺用途已经有了很大的发展。

图 1-6　常见数控机床

(a) 立式数控车床；(b) 卧式数控车床；(c) 立式数控铣床；(d) 卧式数控铣床

(2) 数控加工中心。这类数控机床是在一般数控机床上加装一个刀库和自动换刀装置，构成一种带自动换刀装置的数控机床。这类数控机床的出现打破了一台机床只能进行单工种加工的传统概念，实行一次安装定位，完成多工序加工方式。数控加工中心有较多的种类，一般按以下几种方式分类：

1）按加工范围分类。车削加工中心、钻削加工中心、镗铣加工中心、磨削加工中心、电火花加工中心等。一般镗铣类加工中心简称加工中心。其余种类加工中心要有前面的定语。现在发展的复合加工功能的机床，也常称为加工中心，常见的加工中心见表1-1。

2）按机床结构分类。立式加工中心、卧式加工中心（见图1-7）、五面加工中心和并联加工中心（虚拟加工中心）。

3）按数控系统联动轴数分类。有 $2\frac{1}{2}$ 坐标加工中心、3坐标加工中心和多坐标加工中心。

4）按精度分类。可分为普通加工中心和精密加工中心。

表 1-1 常见的加工中心

名　称	图　样	说　明
车削加工中心		
钻削加工中心		
磨削加工中心		五轴螺纹磨削加工中心

名　称	图　样	说　明
车铣复合加工中心		德马吉公司
	M120 MILL	WFL 车铣复合加工中心
	X₁E₁　Z₁　MILLTURN M60-G　Y₁　B₁　C₁　C₂　Z₄　Z₂　X₂	WFL 车铣复合加工中心的坐标
车铣磨插复合中心	BUMOTEC S-191 LINEAR	瑞士宝美 S-191 车铣磨插复合中心

续表

名　称	图　样	说　明
铣磨复合中心	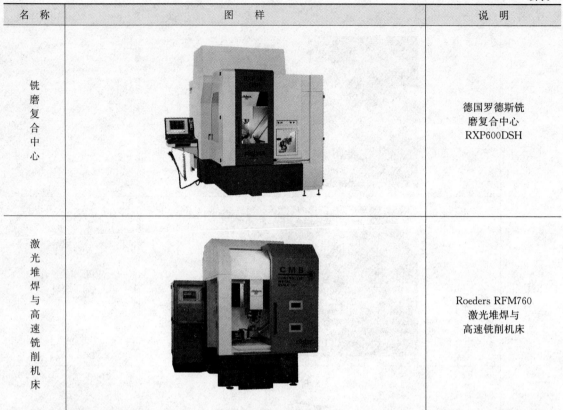	德国罗德斯铣磨复合中心 RXP600DSH
激光堆焊与高速铣削机床		Roeders RFM760 激光堆焊与高速铣削机床

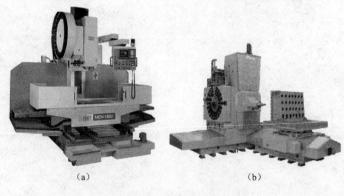

　　　(a)　　　　　　　　(b)

图 1-7　常见加工中心
(a) 立式加工中心；(b) 卧式加工中心

2. 按加工路线分类

数控机床按其进刀与工件相对运动的方式，可以分为点位控制、直线控制和轮廓控制，如图 1-8 所示。

(1) 点位控制 [见图 1-8 (a)]。点位控制方式就是刀具与工件相对运动时，只控制从一点运动到另一点的准确性，而不考虑两点之间的运动路径和方向。这种控制方式多应用于数控钻床、数控冲床、数控坐标镗床和数控点焊机等。

(2) 直线控制 [见图 1-8 (b)]。直线控制方式就是刀具与工件相对运动时，除控制从起点到终点的准确定位外，还要保证平行坐标轴的直线切削运动。由于只作平行坐标轴的直线进给运动，因此不能加工复杂的零件轮廓。这种控制方式用于简易数控车床、数控铣床、数控磨床等。

有的直线控制的数控机床可以加工与坐标轴成 45°角的直线。

(3) 轮廓控制 [见图 1-8 (c)]。轮廓控制就是刀具与工作相对运动时，能对两个或两个以上坐标轴的运动同时进行控制。因此可以加工平面曲线轮廓或空间曲面轮廓。采用这类控制方式的数控机床有数控车床、数控铣床、数控磨床、加工中心等。

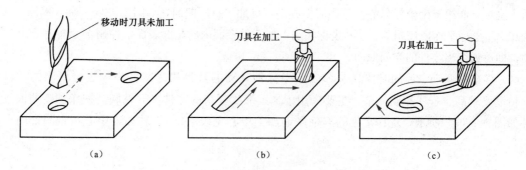

图 1-8　数控机床分类

(a) 点位控制；(b) 直线控制；(c) 轮廓控制

3. **按可控制联动的坐标轴分类**

所谓数控机床可控制联动的坐标轴，是指数控装置控制几个伺服电动机，同时驱动机床移动部件运动的坐标轴数目。

(1) 两坐标联动。数控机床能同时控制两个坐标轴联动，即数控装置同时控制 X 和 Z 方向运动，可用于加工各种曲线轮廓的回转体类零件。或机床本身有 X、Y、Z 三个方向的运动，数控装置中只能同时控制两个坐标，实现两个坐标轴联动，但在加工中能实现坐标平面的变换，用于加工图 1-9 (a) 所示的零件沟槽。

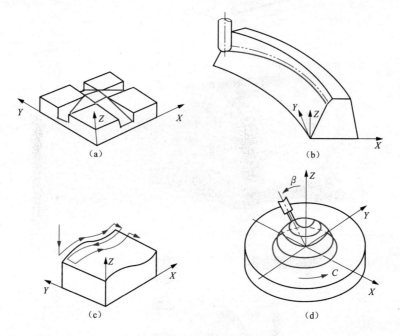

图 1-9　空间平面和曲面的数控加工

(a) 零件沟槽面加工；(b) 三坐标联动曲面加工；(c) 两坐标联动加工曲面；(d) 五轴联动铣床加工曲面

(2) 三坐标联动。数控机床能同时控制三个坐标轴联动，此时，铣床称为三坐标数控铣床，可用于加工曲面零件，如图 1-9 (b) 所示。

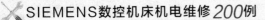

SIEMENS数控机床机电维修200例

（3）两轴半坐标联动。数控机床本身有三个坐标能作三个方向的运动，但控制装置只能同时控制两个坐标，而第三个坐标只能作等距周期移动，可加工空间曲面，如图1-9（c）所示零件。数控装置在ZX坐标平面内控制X、Z两坐标联动，加工垂直面内的轮廓表面，控制Y坐标作定期等距移动，即可加工出零件的空间曲面。

（4）多坐标联动。能同时控制四个以上坐标轴联动的数控机床，多坐标数控机床的结构复杂、精度要求高、程序编制复杂，主要应用于加工形状复杂的零件。五轴联动铣床加工曲面形状零件如图1-9（d）所示，现在常见的五轴联动加工中心见表1-2。六轴加工中心示意图如图1-10所示。

表1-2　　　　　　　　　　　　五轴联动加工中心

特点	图样	说明
摆头		瑞士威力铭W-418五轴联动加工中心
		DMG公司的DMU125P
铣头与分度头联动回转		

续表

特点	图　样	说　明
工作台两轴回转加工中心		
		德国哈默的 C30U 不仅能作镜面切削，还可加工锥齿轮、螺旋锥齿轮等
摇篮		德国哈默的摇篮式可倾工作台
		牧野摇篮式加工中心

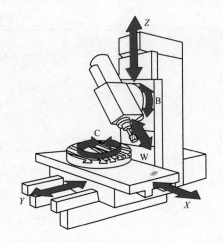

图1-10 六轴加工中心

4. 按控制方式分类

数控机床按照对被控量有无检测反馈装置可分为开环控制和闭环控制两种。在闭环系统中，根据测量装置安放的部位又分为全闭环控制和半闭环控制两种，具体见表1-3。

表1-3　　　　　　　　　数控机床按照控制方式分类

控制方式		图示与说明	特点	应用
开环控制		数控装置将工件加工程序处理后，输出数字指令信号给伺服驱动系统，驱动机床运动。由于没有检测反馈装置因此不检测运动的实际位置。没有位置反馈信号。因此，指令信息在控制系统中单方向传送，不反馈	采用步进电动机作为驱动元件。 开环系统的速度和精度都较低，但是，控制结构简单，调试方便，容易维修，成本较低	广泛应用于经济型数控机床上
闭环控制	全闭环	安装在工作台上的检测元件将工作台实际位移量反馈到CNC中，与所要求的位置指令进行比较，用比较的差值进行控制，直到差值消除为止	采用直流伺服电动机或交流伺服电动机作为驱动元件。 加工精度高，移动速度快，但是电动机的控制电路比较复杂，检测元件价格昂贵，因而调试和维修比较复杂，成本高	广泛应用于精度高的型数控机床中

续表

控制方式		图示与说明	特点	应用
闭环控制	半闭环	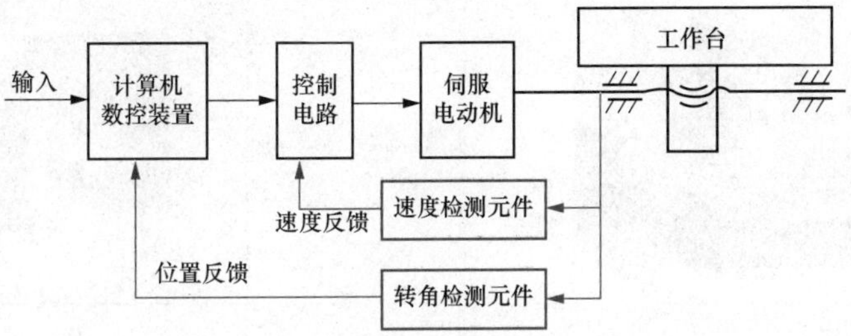 系统反馈环内不包括工作台。系统不直接检测工作台的位移量，而是采用转角位移检测元件，测出伺服电动机或丝杠的转角，推算工作台的实际位移量，反馈到 CNC 中进行位置比较，用比较的差值进行控制	控制精度比闭环控制差，但稳定性好，成本较低，调试维修也较容易，兼具开环控制和闭环控制两者的特点	应用比较普遍

5. 按加工方式分类

（1）金属切削类数控机床。如数控车床、加工中心、数控钻床、数控磨床、数控镗床（见表 1-4）等。

（2）金属成形类数控机床（见表 1-4）。如数控折弯机、数控弯管机、数控回转头压力机等。

（3）数控特种加工机床（见表 1-4）。如数控线（电极）切割机床、数控电火花加工机床、数控激光切割机等。

（4）其他类型的数控机床（见表 1-4）。如火焰切割机、数控三坐标测量机等。

表 1-4　　　　　　　　　　各种机床的实物图

名　　称	实　　物	名　　称	实　　物
数控插齿机		数控电火花线切割机床	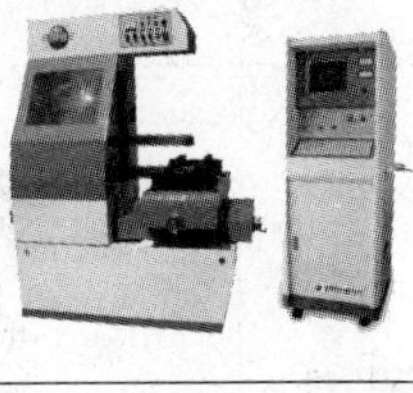
数控滚齿机		数控电火花成型机	
数控刀具磨床		数控火焰切割机	

续表

名　　称	实　　物	名　　称	实　　物
数控镗床		数控激光加工机	
数控折弯机		三坐标测量仪	
数控全自动弯管机		数控对刀仪	
数控旋压机		数控绘图仪	

1.2　数控机床的结构

1.2.1　数控机床的组成

数控机床一般由计算机数控系统和机床本体两部分组成，其中计算机数控系统是由输入/输出设备、计算机数控装置（CNC装置）、可编程控制器、主轴驱动系统和进给伺服驱动系统等组成的一个整体系统，如图1-11所示。

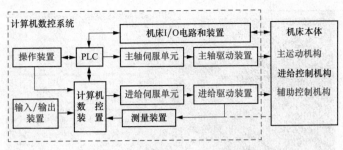

图 1-11　数控机床的组成框图

1. 输入/输出装置

数控机床在进行加工前，必须接收由操作人员输入的零件加工程序（根据加工工艺、切削参数、辅助动作以及数控机床所规定的代码和格式编写的程序，简称为零件程序。现代数控机床上该程序通常以文本格式存放），然后才能根据输入的零件程序进行加工控制，从而加工出所需的零件。此外，数控机床中常用的零件程序有时也需要在系统外备份或保存。

因此数控机床中必须具备必要的交互装置，即输入/输出装置来完成零件程序的输入/输出。零件程序一般存放于便于与数控装置交互的一种控制介质上，早期的数控机床常用穿孔纸带、磁带等控制介质，现代数控机床常用移动硬盘、Flash（U 盘）、CF 卡（见图 1-12）及其他半导体存储器等控制介质。此外，现代数控机床可以不用控制介质，直接由操作人员通过手动数据输入（Manual Data Input，MDI）键盘输入零件程序；或采用通信方式进行零件程序的输入/输出。目前数控机床常采用通信的方式有：串行通信（RS232、RS422、RS485 等）；自动控制专用接口和规范，如 DNC（Direct Numerical Control）方式，MAP（Manufacturing Automation Protocol）协议等；网络通信（Internet、Intranet、LAN 等）及无线通信［无线接收装置（无线 AP）、智能终端］等。

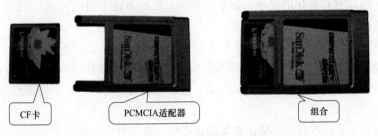

图 1-12　CF 卡

2. 操作装置

操作装置是操作人员与数控机床（系统）进行交互的工具，一方面，操作人员可以通过它对数控机床（系统）进行操作、编程、调试或对机床参数进行设定和修改，另一方面，操作人员也可以通过它了解或查询数控机床（系统）的运行状态，它是数控机床特有的一个输入输出部件。操作装置主要由显示装置、NC 键盘（功能类似于计算机键盘的按键阵列）、机床控制面板（Machine Control Panel，MCP）、状态灯、手持单元等部分组成，图 1-13 所示为 FANUC 系统的操作装置，其他数控系统的操作装置布局与之相比大同小异。

（1）显示装置。数控系统通过显示装置为操作人员提供必要的信息，根据系统所处的状态和操作命令的不同，显示的信息可以是正在编辑的程序、正在运行的程序、机床的加工状态、机床坐标轴的指令/实际坐标值、加工轨迹的图形仿真、故障报警信号等。

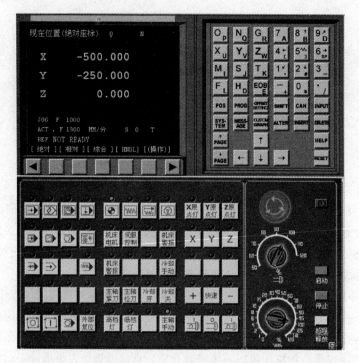

图1-13 FANUC系统操作装置

较简单的显示装置只有若干个数码管，只能显示字符，显示的信息也很有限；较高级的系统一般配有CRT显示器或点阵式液晶显示器，一般能显示图形，显示的信息较丰富。

（2）NC键盘。NC键盘包括MDI键盘及软键功能键等。

MDI键盘一般具有标准化的字母、数字和符号（有的通过上档键实现），主要用于零件程序的编辑、参数输入、MDI操作及系统管理等。

功能键一般用于系统的菜单操作（见图1-13）。

（3）机床控制面板MCP。机床控制面板集中了系统的所有按钮（故可称为按钮站），这些按钮用于直接控制机床的动作或加工过程，如启动、暂停零件程序的运行，手动进给坐标轴，调整进给速度等，如图1-13所示。

（4）手持单元。手持单元不是操作装置的必需件，有些数控系统为方便用户配有手持单元用于手摇方式增量进给坐标轴。

手持单元一般由手摇脉冲发生器MPG、坐标轴选择开关等组成，图1-14所示为手持单元的常见形式。

3. 计算机数控装置（CNC装置或CNC单元）

计算机数控（CNC）装置是计算机数控系统的核心（见图1-15）。其主要作用是根据输入的零件程序和操作指令进行相应的处理（如运动轨迹处理、机床输入输出处理等），然后输出控制命令到相应的执行部件（伺服单元、驱动装置和PLC等），控制其动作，加工出需要的零件。所有这些工作是由CNC装置内的系统程序（又称控制程序）进行合理的组织，在CNC装置硬件的协调配合下，有条不紊地进行的。

4. 伺服机构

伺服机构是数控机床的执行机构，由驱动和执行两大部分组成，如图1-16所示。它接受数控

图 1-14 MPG 手持单元的常见形式

图 1-15 计算机数控装置

装置的指令信息，并按指令信息的要求控制执行部件的进给速度、方向和位移。目前数控机床的伺服机构中，常用的位移执行机构有功率步进电动机、直流伺服电动机、交流伺服电动机和直线电动机。

5. 检测装置

检测装置（又称反馈装置）对数控机床运动部件的位置及速度进行检测，通常安装在机床的工作台、丝杠或驱动电动机转轴上，相当于普通机床的刻度盘和人的眼睛，它把机床工作台的实际位移或速度转变成电信号反馈给CNC 装置或伺服驱动系统，与指令信号进行比较，以实现位置或速度的闭环控制。

数控机床上常用的检测装置有光栅、编码器（光电式或接触式）、感应同步器、旋转变压器、磁栅、磁尺、双频激光干涉仪等（见图 1-17）。

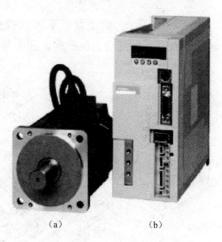

图 1-16 伺服机构

(a) 伺服电动机；(b) 驱动装置

6. 可编程控制器

可编程控制器（Programmable Controller，PC）是一种以微处理器为基础的通用型自动控制装置（见图 1-18），专为在工业环境下应用而设计的。在数控机床中，PLC 主要完成与逻辑运算有关的一些顺序动作的 I/O 控制，它和实现 I/O 控制的执行部件——机床 I/O 电路和装置（由继电器、电磁阀、行程开关、接触器等组成的逻辑电路）一起，共同完成以下任务。

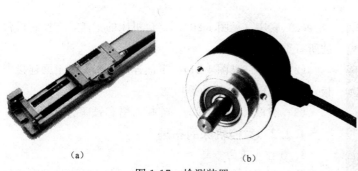

图 1-17 检测装置

(a) 光栅；(b) 光电编码器

图 1-18 可编程控制器（PLC）

（1）接受CNC装置的控制代码M（辅助功能）、S（主轴功能）、T（刀具功能）等顺序动作信息，对其进行译码，转换成对应的控制信号，一方面，它控制主轴单元实现主轴转速控制；另一方面，它控制辅助装置完成机床相应的开关动作，如卡盘夹紧松开（工件的装夹）、刀具的自动更换、切削液（冷却液）的开关、机械手取送刀、主轴正反转和停止、准停等动作。

（2）接受机床控制面板（循环启动、进给保持、手动进给等）和机床侧（行程开关、压力开关、温控开关等）的I/O信号，一部分信号直接控制机床的动作，另一部分信号送往CNC装置，经其处理后，输出指令控制CNC系统的工作状态和机床的动作。用于数控机床的PLC一般分为两类：内装型（集成型）PLC和通用型（独立型）PLC。

7. 数控机床的机械结构

图1-19所示为典型数控车床的机械结构，包括主轴传动机构、进给传动机构、刀架、床身、辅助装置（刀具自动交换机构、润滑与切削液装置、排屑、过载限位）等部分。

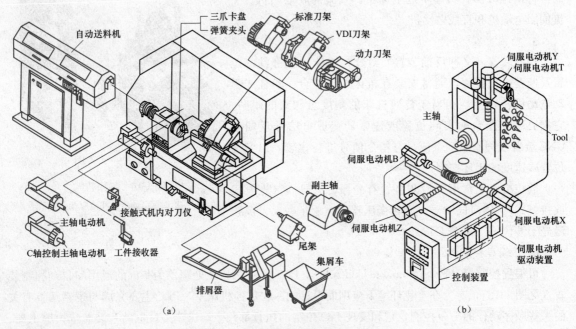

图1-19 典型数控机床的机械结构组成

（a）数控车床；（b）加工中心

图1-20 底座

（1）底座（见图1-20）。整台机床的主体，支撑着机台的所有重量。

（2）鞍座（见图1-21）。下面连接着底座，上面连接滑板，用于实现X轴移动等功能。

（3）滑板（见图1-22）。连接刀塔和鞍座。

1.2.2 数控机床的布局

1. 数控车床的布局

数控车床的主轴、尾座等部件相对床身的布局形式与普通车床一样，但刀架和导轨的布局形式有很大变化，而

图 1-21 鞍座

且其布局形式直接影响数控车床的使用性能及机床的外观和结构。刀架和导轨的布局应考虑机床和刀具的调整、工件的装卸、机床操作的方便性、机床的加工精度以及排屑性和抗振性。

（1）床身和导轨的布局。数控车床的床身和导轨的布局主要有图 1-23 所示几种。

平床身的工艺性好，导轨面容易加工；平床身配上水平刀架，由平床身机件质量所产生的变形方向垂直向下，它与刀具运动方向垂直，对加

图 1-22 滑板

工精度影响较小；平床身由于刀架水平布置，不受刀架、溜板箱自重的影响，容易提高定位精度；大型工件和刀具装卸方便，但平床身排屑困难，需要三面封闭，刀架水平放置也加大了机床宽度方向结构尺寸。

斜床身的观察角度好，工件调整方便，斜床身的防护罩设计较为简单；排屑性能较好。斜床身导轨倾斜角有 30°、45°、60° 和 75° 几种，导轨倾斜角为 90° 的斜床身通常称为立式床身。倾斜角度影响导轨的导向性、受力情况、排屑、宜人性及外形尺寸高度比例等。一般小型数控车床多用 30°、45°；中型数控车床多用 60°，大型数控车床多用 75°。

如果数控车床采取水平床身配上斜滑板、并配置倾斜式导轨防护罩，这种布局形式一方面具有水平床身工艺性好的特点；另一方面，与水平配置滑板相比，其机床宽度方向尺寸小，且排屑方便。

立床身的排屑性能最好，但立床身机床机件质量所产生的变形方向正好沿着垂直运动方向，对精度影响最大，并且立床身结构的机床受结构限制，布置也比较困难，限制了机床的性能。

一般来说，中小型规格的数控车床常用斜床身和平床身—斜滑板布局，只有大型数控车床或小型精密数控车床才采用平床身，立床身采用较少。

（2）刀架布局。回转刀架在数控机床上有两种常见布局形式：一种是回转轴垂直于主轴，如经济型数控车床的四方回转刀架；另一种是回转轴平行于主轴，如转塔式自动转位刀架。按组合形式又有平行交错双刀架、垂直交错双刀架，如图 1-24 所示。

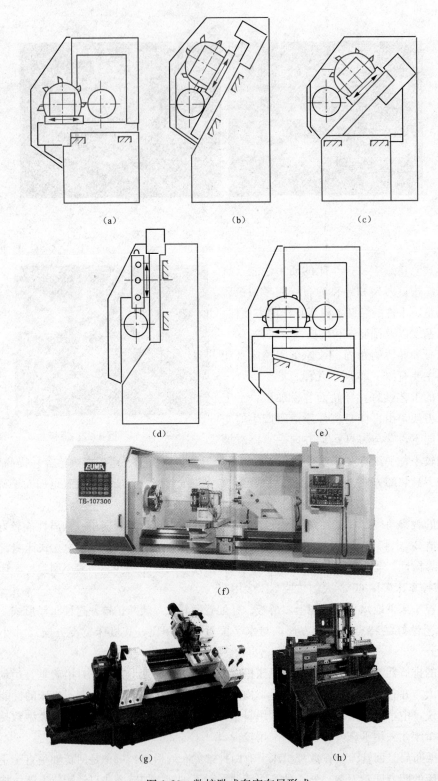

（a）　　　　　　　　　　（b）　　　　　　　　　　（c）

（d）　　　　　　　　　　（e）

（f）

（g）　　　　　　　　　　（h）

图 1-23　数控卧式车床布局形式

（a）平床身；（b）斜床身；（c）平床身斜滑板；（d）立床身；（e）前斜床身平滑板；

（f）～（h）数控机床照片

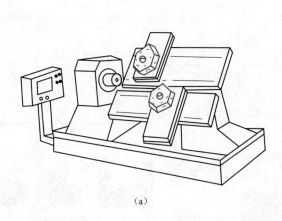

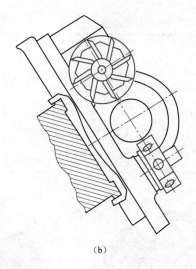

(a)   (b)

图 1-24 自动转位刀架的组合形式

(a) 平行交错双刀架；(b) 垂直交错双刀架

2. 数控铣床的布局

数控铣床是一种用途广泛的机床，分有立式、卧式和立卧两用式三种。其中，立卧两用式数控铣床的主轴（或工作台）方向可以更换，能达到一台机床上既可以进行立式加工，又可以进行卧式加工，使其应用范围更广，功能更全。

一般数控铣床是指规格较小的升降台式数控铣床，其工作台宽度多在 400mm 以下，规格较大的数控铣床，例如工作台宽度在 500mm 以上的，其功能已向加工中心靠近，进而演变成柔性加工单元。一般情况下，数控铣床上只能用来加工平面曲线的轮廓。对于有特殊要求的数控铣床，还可以加进一个回转的 A 或 C 坐标，如增加一个数控回转工作台，这时机床的数控系统即变为四坐标数控系统，用来加工螺旋槽、叶片等立体曲面零件。

根据工件的质量和尺寸的不同，数控铣床可以有四种不同的布局方案，如图 1-25 所示。各布局情况见表 1-5。图 1-26 所示是五面数控铣床（立卧两用数控铣床）动力头的形式，图 1-27 所示是立卧两用数控铣床的一种布局。

3. 加工中心的布局

加工中心是一种配有刀库并能自动更换刀具、对工件进行多工序加工的数控机床。其可分为卧式加工中心、立式加工中心、五面加工中心和虚拟加工中心。

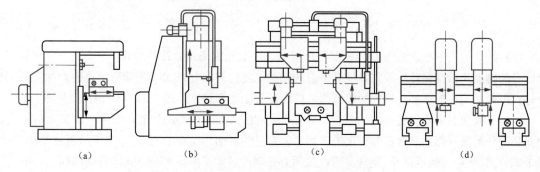

(a)   (b)   (c)   (d)

图 1-25 数控铣床布局形式

表 1-5 数控铣床各布局情况

布局	适用情况	运动情况
(a)	加工较轻工件的升降台铣床	由工件完成三个方向的进给运动，分别由工作台、滑鞍和升降台来实现
(b)	较大尺寸或较重工件加工的铣床	与（a）相比，改由铣头带着刀具来完成垂直进给运动
(c)	加工质量大的工件的龙门式铣床	由工作台带着工件完成一个方向的进给运动，其他两个方向的进给运动由多个刀架即铣头部件在立柱与横梁上移动来完成
(d)	加工更重、尺寸更大工件的铣床	全部进给运动均由立铣头完成

图 1-26 新型五面数控铣床动力头

图 1-27 立卧两用数控铣床的一种布局

（1）立式加工中心。如图 1-28 所示，立式加工中心可采用固定立柱式，主轴箱吊在立柱一侧，其平衡重锤放置在立柱中，工作台为十字滑台，可以实现 X、Y 两个坐标轴的移动，主轴箱沿立柱导轨运动实现 Z 坐标移动。图 1-29 是固定立柱式加工的照片。立式加工中心还可以采用图 1-30 的几种布局。

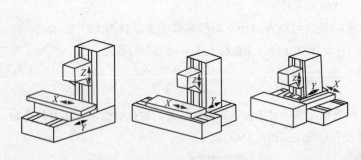

图 1-28 固定立柱式

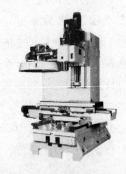

图 1-29 固定立柱立式加工中心

（2）卧式加工中心。如图 1-31 所示，卧式加工中心通常采用立柱移动式，T 形床身。一体式 T 形床身的刚度和精度保持性较好，但其铸造和加工工艺性差。分离式 T 形床身的铸造和加工工艺性较好，但是必须在连接部位用大螺栓紧固，以保证其刚度和精度。图 1-32 所示是其照片图。

（3）五面加工中心。五面加工中心兼具有立式和卧式加工中心的功能，工件一次装夹后能完成除安装面外的所有侧面和顶面等五个面的加工。常见的五面加工中心有图 1-33 所示两种结构形式，图 1-33（a）所示主轴可以 90°旋转，可以按照立式和卧式加工中心两种方式进行切削加工；图 1-33（b）所示的工作台可以带着工件做 90°旋转来完成装夹面外的五面切削加工。

图 1-30　立式加工中心的配置

(a) 滑枕立式加工中心；(b) O 形整体床身立式加工中心；(c) 移动立柱卧式加工中心

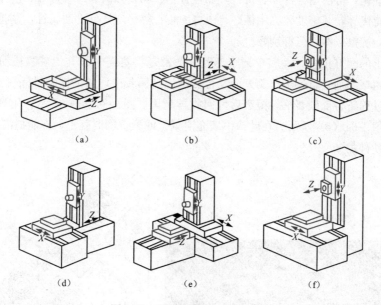

图 1-31　卧式加工中心布局形式

图 1-32　移动立柱卧式加工中心

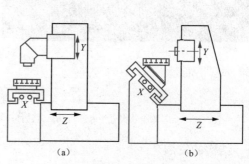

图 1-33　五面加工中心的布局形式

1.3 数控技术的发展

1.3.1 数控系统的发展

数控系统的发展方向如下。

(1) 开放式数控系统逐步得到发展和应用。

(2) 小型化以满足机电一体化的要求。

(3) 改善人机接口,方便用户使用。

(4) 提高数控系统产品的成套性。

(5) 研究开发智能型数控系统。

1.3.2 制造材料的发展

为使机床轻量化,常使用各种复合材料,如轻合金、陶瓷和碳素纤维等。目前用聚合物混凝土制造的基础件性能优异,其密度大、刚性好、内应力小、热稳定性好、耐腐蚀、制造周期短,特别是其阻尼系数大,抗振减振性能特别好。

聚合物混凝土的配方很多,大多申请了专利,通常是将花岗岩和其他矿物质粉碎成细小的颗粒,以环氧树脂为粘结剂,以一定比例充分混合后浇注到模具中,借助振动排除气泡,固化约12h后出模。其制造过程符合低碳要求,报废后可回收再利用。图 1-34 (a) 所示为用聚合物混凝土制造的机床底座,图 1-34 (b) 所示为在铸铁中填充混凝土或聚合物混凝土,都能提高振动阻尼性能,其减振性能是铸铁件的8~10倍。

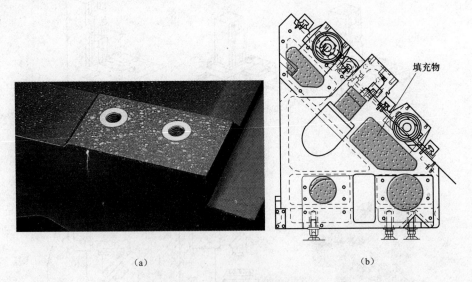

（a）　　　　　　　　　　　　（b）

图 1-34 聚合物混凝土的应用

（a）聚合物混凝土底座；（b）铸铁件中填充混凝土或聚合物混凝土

1.3.3 结构的发展

1. 新结构

(1) 箱中箱结构。为了提高刚度和减轻质量,采用框架式箱形结构,将一个框架式箱形移动部件嵌入另一个框架箱中，如图 1-35 所示。

（2）台上台结构。如立式加工中心，为了扩充其工艺功能，常使用双重回转工作台，即在一个回转工作台上加装另一个（或多个）回转工作台，如图 1-36 所示。

（3）主轴摆头。卧式加工中心中，为了扩充其工艺功能，常使用双重主轴摆头，如图 1-37（主轴及其回转均为零链传动）所示，两个回转轴为 C 和 B。

（4）重心驱动。对于龙门式机床，横梁和龙门架用两根滚珠丝杠驱动，形成虚拟重心驱动。如图 1-38 所示，Z_1 和 Z_2：形成横梁的垂直运动重心驱动，X_1 和 X_2 形成龙门架的重心驱动。近年来，由于机床追求高速、高精，重心驱动为中小型机床采用。

图 1-35　箱中箱结构

(a)　　　　　　　　　(b)

图 1-36　台上台结构

(a) 可倾转台；(b) 多轴转台

图 1-37　主轴摆头

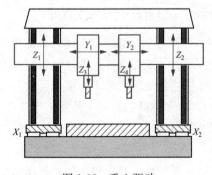

图 1-38　重心驱动

如图 1-38 所示，加工中心主轴滑板和下边的工作台由单轴偏置驱动改为双轴重心驱动，消除了起动和定位时由单轴偏里驱动产生的振动，因而提高了精度。

（5）螺母旋转的滚珠丝杠副。重型机床的工作台行程通常有几米到十几米，过去使用齿轮齿条传动。为消除间隙使用双齿轮驱动，但这种驱动结构复杂，且高精度齿条制造困难。目前使用大直径，直径已达 $200 \sim 250$mm，长度通过接长可达 20m 的滚珠丝杠副，通过丝杠固定、螺母旋转来实现工作台的移动，如图 1-39 所示。

（6）电磁伸缩杆。近年来，将交流同步直线电动机的原理应用到伸缩杆上，开发出一种新型位移部件，称之为电磁伸缩杆。它的基本原理是在功能部件壳体内安放环状双向电动机绕组，中间是作为次级的伸缩杆，伸缩杆外部有环状的永久磁铁层，如图 1-40 所示。

电磁伸缩杆是没有机械元件的功能部件，借助电磁相互作用实现运动，无摩擦、磨损和润滑问题。若将电磁伸缩杆外壳与万向铰链连接在一起，并将其安装在固定平台上，作为支点，则随着电磁伸缩杆的轴向移动，即可驱动平台。从图 1-41 可见，采用 6 根结构相同的电磁伸缩杆、6 个万向铰链和 6 个球铰链连接固定平台和动平台就可以迅速组成并联运动机床。

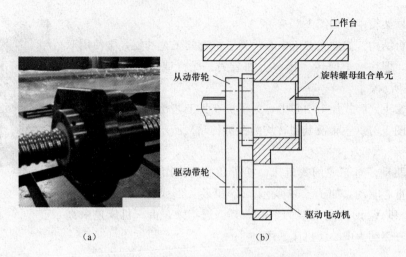

（a）　　　　　　　　　　　　　（b）

图1-39　螺母旋转的滚珠丝杠副驱动

（a）螺母旋转的滚珠丝杠副；（b）重型机床的工作台驱动方式

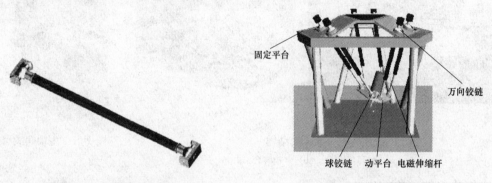

图1-40　电磁伸缩杆　　　　　　图1-41　电磁伸缩杆在并联数控机床上的应用

（7）球电动机。球电动机是德国阿亨工业大学正在研制的一种具有创意的新型电动机，是在多棱体的表面上间隔分布着不同极性的永久磁铁，构成一个磁性球面体。它是具有3个回转自由度的转动球（相当于传统电动机的转子），球体的顶端有可以连接杆件或其他构件的工作端面，底部有静压支承，承受载荷。当供给定子绕组一定频率的交流电源后，转动球就偏转一个角度。事实上，转动球就相当于传统电动机的转子，不过不是实现绕固定轴线的回转运动，而是实现绕球心的角度偏转。

（8）八角形滑枕。如图1-42所示，八角形滑枕形成双V字形导向面，导向性能好，各向热变形均等，刚性好。

2.新结构的应用

（1）并联数控机床。基于并联机械手发展起来的并联机床，因仍使用直角坐标系进行加工编程，故称虚拟坐标轴机床。并联机床发展很快，有六杆机床与三杆机床，一种六杆加工中心的结构如图1-43所示。图1-44是其加工示意图，图1-45是另一种六杆数控机床的示意图，图1-46是这种六杆数控机床的加工图。六杆数控机床既有采用滚珠丝杠驱动又有采用滚珠螺母驱动的。三杆机床传动副如图1-47所示。在三杆机床上加装了一副平行运动机构，主轴可水平布置，总体结构如图1-48所示。

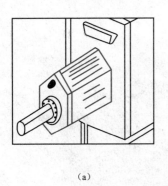

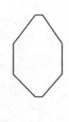

（a）　　　　　　　　　（b）　　　　　　　　　（c）

图 1-42　八角形滑枕

（a）结构图；（b）示意图；（c）实物图

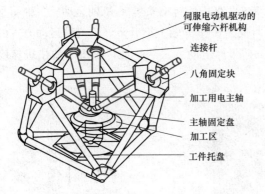

伺服电动机驱动的
可伸缩六杆机构

连接杆

八角固定块

加工用电主轴

主轴固定盘
加工区

工件托盘

图 1-43　六杆数控机床的结构示意图之一

图 1-44　六杆加工中心的示意图之一

图 1-45　六杆数控机床的结构示意图之二

图 1-46　六杆加工中心的示意图之二

（2）倒置式机床。1993 年德国 EMAG 公司发明了倒置立式车床，特别适宜对轻型回转体零件的大批量加工，随即倒置加工中心、倒置复合加工中心及倒置焊接加工中心等新颖机床应运而生。图 1-49 所示是倒置式立式加工中心示意图，图 1-50 所示是其各坐标轴分布情况，倒置式立式加工中心发展很快，倒置的主轴在 XYZ 坐标系中运动，完成工件的加工。这种机床便于排屑，还可以用主轴取放工件，即自动装卸工件。

图 1-47　三杆机床传动副

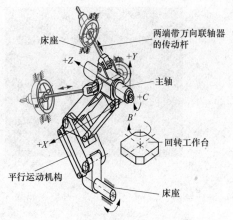

图 1-48　加装平行运动机构的三杆机床

图 1-49　EMAG 公司的倒置式立式加工中心

（3）没有 X 轴的加工中心。通过极坐标和笛卡儿坐标的转换来实现 X 轴运动。主轴箱是由大功率转矩电动机驱动，绕 Z 轴作 C 轴回转，同时又迅速作 Y 轴上下升降，这两种运动方式的合成就完成了 X 轴向的运动，如图 1-51 所示。由于是两种运动方式的叠加，故机床的快进速度达到 120m/min，加速度为 2g。

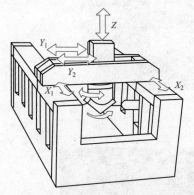

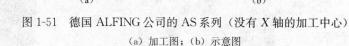

图 1-50　倒置式立式加工中心　　图 1-51　德国 ALFING 公司的 AS 系列（没有 X 轴的加工中心）
　　　　各坐标轴的分布　　　　　　　　　　（a）加工图；（b）示意图

（4）立柱倾斜或主轴倾斜。机床结构设计成立柱倾斜（见图 1-52）或主轴倾斜（见图 1-53），其目的是为了提高切削速度，因为在加工叶片、叶轮时，X 轴行程不会很长，但 Z 和 Y 轴运动频繁，立柱倾斜能使铣刀更快切至叶根深处，同时也为了让切削液更好地冲走切屑并避免与夹具碰撞。

（5）四立柱龙门加工中心。图 1-54 为日本新日本工机开发的类似模架状的四立柱龙门加工中心，将铣头置于的中央位置。机床在切削过程中，受力分布始终在框架范围之中，这就克服了龙门加工中心铣削中，主轴因受切削力而前倾的弊端，从而增强刚性并提高加工精度。

（6）特殊机床。特殊数控机床是为特殊加工而设计的数控机床，图 1-55 所示为轨道铣磨机床（车辆）。

（7）未来机床。未来机床应该是 SPACE CENTER，也就是具有高速（SPEED）、高效（POWER）、高精度（ACCURACY）、通信（COMMUNICATION）、环保（ECOLOGY）功能。MAZAK 建立的未来机床模型是主轴转速 100000r/min，加速度 8g，切削速度 2 马赫，同步换刀，干切削，集车、铣、激光加工、磨、测量于一体，如图 1-56 所示。

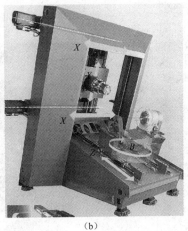

（a） （b）

图 1-52 立柱倾斜型加工中心

（a）瑞士 Liechti 公司的立柱倾斜型加工中心；（b）瑞士 Liechti 公司的斜立柱模型

图 1-53 铣头倾斜式叶片加工中心（瑞士 Starrag 公司的铣头倾斜式叶片加工中心） 图 1-54 日本新日本工机开发四立柱龙门加工中心

图 1-55 为轨道铣磨机床（车辆） 图 1-56 未来数控机床

1.3.4 加工方式的发展

1. 激光加工

激光加工的主要方式分为去除加工、改性加工和连接加工。去除加工主要包括激光切割、打孔等，改性加工主要包括激光表面热处理等，连接加工主要包括激光焊接等，如图1-57所示。

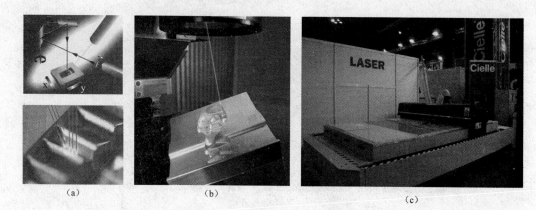

图1-57　激光加工

(a) DMG公司的DML40激光加工机床；(b) DMG公司的激光LT Shape；(c) 激光成形加工

2. 超声波振动加工

超声加工是功率超声应用的一个重要方面。早期的超声加工也叫传统超声加工。它依靠工具作超声频（16～25kHz）、小振幅（10～40μm）振动，通过分散的磨料来破除材料，不受材料是否导电的限制。研究表明：超声加工的效果取决于材料的脆度和硬度。材料的脆度越大，越容易加工；而材料越硬，加工速度越低。因此，常采用适当方法改变材料特性，如用阳极溶解法使硬质合金的粘结剂——钴先行析出，使硬质合金表面变为脆性的碳化钨（WC）骨架，易被去除，以适应超声加工的特点。

图1-58　DMG公司DMS35
超声振动加工机床

随着各种脆性材料（如玻璃、陶瓷、半导体、铁氧体等）和难加工材料（耐热合金和难熔合金、硬质合金、各种人造宝石、聚晶金刚石以及天然金刚石等）的日益广泛应用，各种超声加工技术均取得了长足的进步。

图1-58是由工业金刚石颗粒制成的铣刀、钻头或砂轮，通过20000次/s的超声波振动高频敲击，对超硬材料进行精密加工。

3. 水射流切割

水射流切割（Water Jet Cuting，WJC）又称液体喷射加工（Liguid Jet Machining，LJM），是利用高压高速液流对工件的冲击作用来去除材料的，如图1-59所示。水刀就是将普通水经过一个超高压加压器，加压至380MPa（55000psi）甚至更高压力，然后通过一个细小的喷嘴（其直径为0.010～0.040mm），可产生一道速度为915m/s（约音速的3倍）的水箭，来进行切割。图1-60所示水刀分为两种类型：纯水水刀及加砂水刀。

切割精度主要受喷嘴轨迹精度的影响，切缝大约比所采用的喷嘴孔径大0.025mm，加工复合材料时，采用的射流速度要高，喷嘴直径要小，并具有小的前角，喷嘴紧靠工件，喷射距离要小。喷嘴愈小，加工精度愈高，但材料去除速度降低。

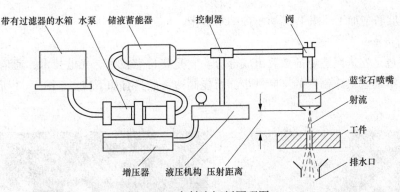

图 1-59 水射流切割原理图

(a)   (b)

图 1-60 水刀

(a) 加砂水刀；(b) 纯水水刀

切边质量受材料性质的影响很大，软材料可以获得光滑表面，塑性好的材料可以切割出高质量的切边。液压过低会降低切边质量，尤其对复合材料，容易引起材料离层或起鳞。采用正前角（见图 1-61）将改善切割质量。进给速度低可以改善切割质量，因此，加工复合材料时应采用较低的切割速度，以避免在切割过程中出现材料的分层现象。

切割过程中，"切屑"混入液体中，故不存在灰尘，不会有爆炸或火灾的危险。对某些材料，射流束中夹杂有空气将增加噪声，噪声随喷射距离的增加而增加。在液体中加入添加剂或调整到合适的前角，可以降低噪声。

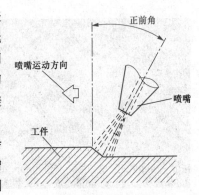

图 1-61 水射流喷嘴角度

水射流切割可以加工很薄、很软的金属和非金属材料，例如铜、铝、铅、塑料、木材、橡胶、纸等七八十种材料和制品。水射流切割可以代替硬质合金切槽刀具，而且切边的质量很好。所加工的材料厚度少则几毫米，多则几百毫米，例如切割 19mm 厚的吸音天花板，采用的水压为 310MPa，切割速度为 76m/min。玻璃绝缘材料可加工到 125mm 厚。由于加工的切缝较窄，可节约材料和降低加工成本。

4. 微纳制造

微纳制造主要应用于超硬脆性、超硬合金、模具钢、无电解镀层镍等材料的微小机电光学零部件的纳米级精度磨削加工。图 1-62 所示为纳米磨床。

5. 智能制造

智能化制造是先进制造业的重要组成部分，它是集信息技术、光电技术、通信技术、传感技术等为一体，推动着机床制造的不断进步。智能制造一般具有如下特点。图 1-63 所示为智能加工中心。

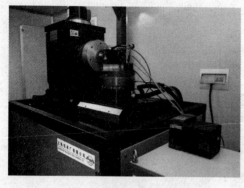

图 1-62　上海机床厂有限公司的纳米磨床　　　　图 1-63　GF 的智能加工中心

（1）集成的自适应进给控制功能（Adaptive Feed Control，AFC）：数控系统可按照主轴功率负载大小，自动调节进给速率。

（2）自动校准和优化机床精度功能（KinematicOpt）：该功能是自动校准多轴机床精度的有效工具。

（3）智能颤纹控制功能（Active Chatter Control，ACC）：在数控加工过程中，由于主轴或切削力的变化，工件上会产生颤纹，海德汉数控系统的颤纹控制功能可以大幅降低工件表面的颤纹，并且能提高切削率 25% 以上，以降低机床载荷，并提高刀具使用寿命。

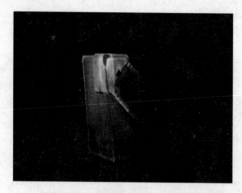

6. 液氮冷冻加工

切削加工中的切削热而导致刀具加工超硬材料时磨损快，刀具消耗量大，刀具消耗成本甚至超过机床的成本。如图 1-64 所示，超低温液氮冷却切削技术的推出，可以实现通过主轴中心和刀柄中心在刀片切削刃部的微孔中打出液氮，刀具切削产生的热量被液氮汽化（液氮的沸点为 −320℃）的瞬间带走，尤其是在超硬材料加工和复合材料加工上会有更好的效果，切削速度可以大大提高，刀具寿命也可以大大延长。

图 1-64　超低温液氮冷却切削刀具

1.3.5　检测技术的应用

1. 切削力检测

检测刀具或刀座的变形，可以间接获得切削力的大小，即检测微小的位移量转换为切削力。常用的测量元件有应变片和差动变压器。常用的应变片有三种，如图 1-65 所示。

为了测量准确，可采取多个应变片，如车床上由 4 个螺栓紧固刀架时，就可在每个紧固螺栓上贴应变片。流过这些应变片的电流的代数和即为正比于刀具切削力的电信号。这种方法的一个实用例子中，当切削力为 20kN 时可产生约 10V 的电压输出，重复精度为全刻度的 0.1%。

图 1-66 所示是用应变仪检出铣床主轴挠曲变形的情况。主轴前端固定着套环，套环的各 90°部位与四个悬臂杆前端的滚筒相接触。悬臂杆各贴附着应变片，当主轴挠曲变形时，相应悬臂杆受力，将这些应变片构成桥式回路，即可用来测定主轴的挠曲变形。

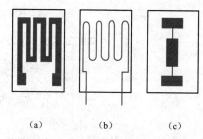

图 1-65 应变片的形式示意图

(a) 箔式；(b) 线式；(c) 半导体应变片

另外，在主轴的中央部分可安装一个转矩套筒，套筒当中部分与转轴在径向上存在间隙，转矩套筒上在 90°的部位对轴线作 45°的倾斜固定四只应变片，用来反应与转矩成正比的转轴扭曲变形。用这些应变片构成的桥式回路可用来测量主轴转矩。

为测量主轴轴向推力，在主轴表面 180°的部位贴有平行而极性相反的应变片，这些应变片构成差动式电桥。抵消掉因挠曲变形造成的压缩与拉伸后测出反映主轴轴向推力的纯压缩变形。用差动变压器测量主轴变形也已用在铣床上，如图 1-67 所示。

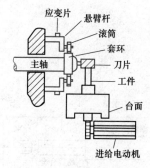

图 1-66 在铣床上用应变片
测主轴的挠变图

2. 转矩检测

转矩和切削力有关，测量出转矩可以知道机床的负载情况。用应变片检测转矩的方法，上面已有介绍，但转矩测量用得最多的是间接测量——测量主轴电动机的负荷电流和温升。图 1-68 所示是最简单的例子，按照负荷电流来测定主轴电动机的转矩，与进给速度设定值相比较，用它的输出控制液压伺服系统的伺服阀。如果负荷超过限制，伺服阀就关闭，停止机床进给以防止发生事故。

3. 温度检测

刀具和工件间的温度对刀具磨损和切削效率有重要的影响，而且随着摩擦程度的发展而上升。切削温度还造成刀具及工件的热膨胀，降低加工精度。

测量切削温度的最有效方法是用热电偶，因为刀具和被切削的工件是不同的金属，这两种性质不同的金属间的电位差就反映了温度。图 1-69 所示是这种测量装置的一例，使用于车床，它引出刀尖与工件间热电偶的电位差以控制切削，使温度保持在一恒定范围内。但在引出热电偶的电位差时，应注意设置必要的绝缘。

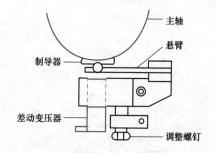

图 1-67 用差动变压器测量主轴的挠变图

4. 空切检测

空切检测也是常用的适应控制之一，它可以增加机床的有效切削时间，提高生产率。机床的切削按刀具与工件的关系来说有三种形式：空切、断续切削和连续切削。空切是指刀具或工件旋转一周中刀具和工件不相接触的情况；断续切削如铣削那样，刀具与工件是断续接触的；连续切削则像车床中那样刀具和工件连续接触。

要提高实际切削时间，必须尽量减少空切。使用空切检测装置，能自动检测刀具和工件的接触形式，当空切时快速进给，空切即将结束时，迅速转入加工进给。

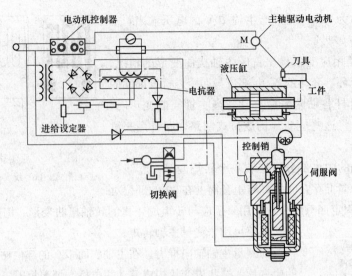

图 1-68　电动机电流测定的适应控制原理图

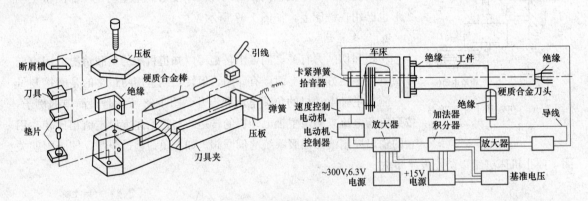

图 1-69　切削温度的检测及其对速度的控制

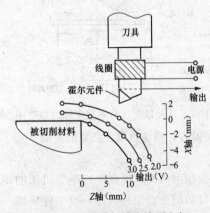

图 1-70　用霍尔效应检测空切

空切检测装置要求可靠、反应快。当工件接触刀具前的一刹那要迅速变换速度，以免碰伤刀具。如图 1-70 所示，利用霍尔效应的霍尔元件制成的空切检测器可以做到这点。这种方法是，在刀具或刀具附近形成磁场，当刀具接近工件时，磁场强度的变化因霍尔效应造成电位的变化，从而发出减速的信号。

空切检测特别适合于坯料或铸件等形状复杂而尺寸不固定的零件加工，如粗车加工。此时可不用考虑进给速度的转换程序，简化了编程，提高了工效。

图 1-71 所示是通过测量加工过程中的变量（主轴转矩、主轴振动、刀具尖端温度和切削力）而达到自适应控制的框图。

测量元件的安装如图 1-72 所示。主轴转矩由安装在轴颈下部的四个应变片测量。这些应变片安装成两个"V"型式样，并接成桥式。可以抵消主轴上的压力和挠曲力，同时提供温度的补偿。与电桥的连接，通过设置在轴顶端的旋转变压器。

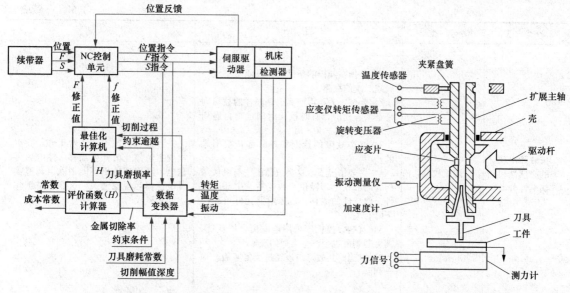

图 1-71　铣床适应控制系统框图　　　　图 1-72　检测元件安装示意图

刀尖温度用热电偶测量法，用一个夹紧弹簧装置使电位信号从转轴顶部引出。振动由安装在轴罩上的晶体加速计测量。在 x 和 y 方向的切削力由安装在铣床工作台上的应变片测量，应变片有四个，分装在四个紧固螺栓上。

曾经用这个系统对钢质零件做切削试验，试验证明，在恒定深度和宽度切削时，其加工成本比依靠经验操作时降低 5%～10%；在可变宽度切削时降低 25%～30%；在可变深度切削时降低达50%。

1.4　数控机床的维修管理

1.4.1　数控机床的故障

数控机床的故障是指数控机床丧失了规定的功能，它包括机械系统、数控系统和伺服系统等方面的故障。

数控机床是高度机电一体化的设备，它与传统的机械设备相比，内容上虽然也包括机械、电气、液压与气动方面的故障，但数控机床的故障诊断和维修侧重于电子系统、机械、气动乃至光学等方面装置的交接点上。由于数控系统种类繁多，结构各异，形式多变，给测试和监控带来了许多困难。

数控机床的故障多种多样，按其故障的性质和故障产生的原因及不同的分类方式可划分为不同的故障（见表 1-6）。

表 1-6　　　　　　　　　　　　　　数控机床故障的分类

分类方式	分 类	说 明	举 例
按故障出现的必然性和偶然性分类	系统性故障	指只要满足某一定的条件，机床或数控系统就必然出现的故障	1) 网络电压过高或过低，系统就会产生电压过高报警或电压过低报警。 2) 切削量安排得不合适，就会产生过载报警等

分类方式	分 类	说 明	举 例
按故障出现的必然性和偶然性分类	随机故障	1) 是指在同样的条件下，只偶尔出现一次或二次的故障。 2) 要想人为地再使其出现同样的故障则是不太容易的，有时很长时间也难再遇到一次。 3) 这类故障的诊断和排除都是很困难的。 4) 一般情况下，这类故障往往与机械结构的局部松动、错位，数控系统中部分元件工作特性的漂移、机床电器元件可靠性下降有关。 5) 有些数控机床采用电磁离合器变挡，离合器剩磁也会产生类似的现象。 6) 排除此类故障应该经过反复实验，综合判断	一台数控机床本来正常工作，突然出现主轴停止时产生漂移，停电后再送电，漂移现象仍不能消除。调整零漂电位器后现象消失，这显然是工作点漂移造成的
按故障产生时有无破坏性分类	破坏性故障	1) 故障产生会对机床和操作者造成侵害，导致机床损坏或人身伤害。 2) 有些破坏性故障是人为造成的。 3) 维修人员在进行故障诊断时，决不允许重现故障，只能根据现场人员的介绍，经过检查来分析，排除故障。 4) 这类故障的排除技术难度较大且有一定风险，故维修人员非常慎重	有一台数控转塔车床，为了试车而编制一个只车外圆的小程序，结果造成刀具与卡盘碰撞。事故分析的结果是操作人员对刀错误
	非破坏性故障	1) 大多数的故障属于此类故障，这种故障往往通过"清零"或"复位"即可消除。 2) 维修人员可以重现此类故障，通过现象进行分析、判断	
按故障发生的原因分类	数控机床自身故障	1) 是由于数控机床自身的原因引起的，与外部使用环境条件无关。 2) 数控机床所发生的绝大多数故障均属此类故障。 3) 应区别有些故障并非机床本身而是外部原因所造成的	
	数控机床外部故障	这类故障是由于外部原因造成的。例如： 1) 数控机床的供电电压过低，波动过大，相序不对或三相电压不平衡。 2) 周围的环境温度过高，有害气体、潮气、粉尘侵入。 3) 外来振动和干扰。 4) 还有人为因素所造成的故障	1) 电焊机所产生的电火花干扰等均有可能使数控机床发生故障。 2) 操作不当，手动进给过快造成超程报警，自动切削进给过快造成过载报警等

续表

分类方式	分类		说 明	举 例
以故障产生时有无自诊断显示来区分	有报警显示故障	硬件报警显示的故障	1) 硬件报警显示通常是指各单元装置上的报警灯（一般由 LED 发光管或小型指示灯组成）的指示。 2) 借助相应部位上的报警灯均可大致分析判断出故障发生的部位与性质。 3) 维修人员日常维护和排除故障时应认真检查这些报警灯的状态是否正常	控制操作面板、位置控制印制电路板、伺服控制单元、主轴单元、电源单元等部位以及光电阅读机、穿孔机等的报警灯亮
		软件报警显示故障	1) 软件报警显示通常是指 CRT 显示器上显示出来的报警号和报警信息。 2) 由于数控系统具有自诊断功能，一旦检测到故障，即按故障的级别进行处理，同时在 CRT 上以报警号形式显示该故障信息。 3) 数控机床上少则几十种，多则上千种报警显示。 4) 软件报警有来自 NC 的报警和来自 PLC 的报警。可参阅相关的说明书	存储器报警、过热报警、伺服系统报警、轴超程报警、程序出错报警、主轴报警、过载报警以及断线报警等
	无报警显示故障		1) 无任何报警显示，但机床却是在不正常状态。 2) 往往是机床停在某一位置上不能正常工作，甚至连手动操作都失灵。 3) 维修人员只能根据故障产生前后的现象来分析判断。 4) 排除这类故障是比较困难的	美国 DYNAPATH 10 系统在送电之后一切操作都失灵，再停电、再送电，不一定哪一次就恢复正常了。 这个故障一直没有得到解决，后来在剖析软件时才找到答案。原来是系统通电"清零"时间设计较短，元件性能稍有变化，就不能完成整机的通电"清零"过程
按故障发生在硬件上还是软件上来分类	软件故障	程序编制错误	1) 故障排除比较容易，只要认真检查程序和修改参数就可以解决。 2) 参数的修改要慎重，一定要搞清参数的含义以及与其相关的其他参数方可改动，否则顾此失彼还会带更大的麻烦	
		参数设置不正确		
	硬件故障		指只有更换已损坏的器件才能排除的故障，这类故障也称"死故障"。 比较常见的是输入/输出接口损坏，功放元件得不到指令信号而丧失功能。解决方法只有两种： 1) 更换接口板。 2) 修改 PLC 程序	
	机床品质下降故障		1) 机床可以正常运行，但表现出的现象与以前不同。 2) 加工零件往往不合格。 3) 无任何报警信号显示，只能通过检测仪器来检测和发现。 4) 处理这类故障应根据不同的情况采用不同的方法	噪声变大、振动较强、定位精度超差、反向死区过大、圆弧加工不合格、机床起停有振荡等

1.4.2 数控机床故障产生的规律

1. 机床性能或状态

数控机床在使用过程中，其性能或状态随着使用时间的推移而逐步下降，呈现图1-73所示的曲线。很多故障发生前会有一些预兆，即所谓潜在故障，其可识别的物理参数表明一种功能性故障即将发生。功能性故障表明机床丧失了规定的性能标准。

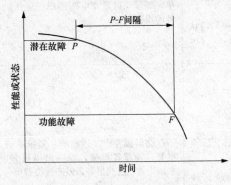

图1-73　设备性能或状态曲线

图1-73中"P"点表示性能已经恶化，并发展到可识别潜在故障的程度，这可能表明金属疲劳的一个裂纹将导致零件折断；可能是振动，表明即将会发生轴承故障；可能是一个过热点，表明电动机将损坏；可能是一个齿轮齿面过多的磨损等。"F"点表示潜在故障已变成功能故障，即它已质变到损坏的程度。P-F间隔，就是从潜在故障的显露到转变为功能性故障的时间间隔，各种故障的P-F间隔差别很大，可由几秒到好几年，突发故障的P-F间隔就很短。较长的间隔意味着有更多的时间来预防功能性故障的发生，此时如果积极主动地寻找潜在故障的物理参数，以采取新的预防技术，就能避免功能性故障，争得较长的使用时间。

2. 机械磨损故障

数控机床在使用过程中，由于运动机件相互产生摩擦，表面产生刮削、研磨，加上化学物质的侵蚀，就会造成磨损。磨损过程大致为下述三个阶段。

（1）初期磨损阶段。多发生于新设备启用初期，主要特征是摩擦表面的凸峰、氧化皮、脱炭层很快被磨去，使摩擦表面更加贴合，这一过程时间不长，而且对机床有益，通常称为"跑合"，如图1-74的Oa段。

（2）稳定磨损阶段。由于磨合的结果，使运动表面工作在耐磨层，而且相互贴合，接触面积增加，单位接触上的应力减小，因而磨损增加缓慢，可以持续很长时间，如图1-74所示的ab段。

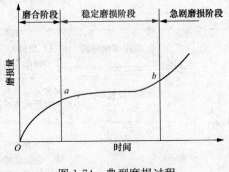

图1-74　典型磨损过程

（3）急剧磨损阶段。随着磨损逐渐积累，零件表面抗磨层的磨耗超过极限程度，磨损速率急剧上升。理论上将正常磨损的终点作为合理磨损的极限。

根据磨损规律，数控机床的修理应安排在稳定磨损终点b为宜。这时，既能充分利用原零件性能，又能防止急剧磨损出现，也可稍有提前，以预防急剧磨损，但不可拖后。若使机床带病工作，势必带来更大的损坏，造成不必要的经济损失。在正常情况下，b点的时间一般为7~10年。

3. 数控机床故障率曲线

与一般设备相同，数控机床的故障率随时间变化的规律可用图1-75所示的浴盆曲线（也称失效率曲线）表示。整个使用寿命期，根据数控机床的故障频率大致分为3个阶段，即早期故障期、偶发故障期和耗损故障期。

（1）早期故障期。这个时期数控机床故障率高，但随着使用时间的增加迅速下降。这段时间的长短，随产品、系统的设计与制造质量而异，约为 10 个月。数控机床使用初期之所以故障频繁，原因大致如下。

1）机械部分。机床虽然在出厂前进行过磨合，但时间较短，而且主要是对主轴和导轨进行磨合。由于零件的加工表面存在着微观的和宏观的几何形

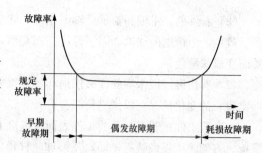

图 1-75　数控机床故障规律（浴盆曲线）

状偏差，部件的装配可能存在误差，因而，在机床使用初期会产生较大的磨合磨损，使设备相对运动部件之间产生较大的间隙，导致故障的发生。

2）电气部分。数控机床的控制系统使用了大量的电子元器件，这些元器件虽然在制造厂经过了严格的筛选和整机考机处理，但在实际运行时，由于电路的发热，交变负荷、浪涌电流及反电势的冲击，性能较差的某些元器件经不住考验，因电流冲击或电压击穿而失效，或特性曲线发生变化，从而导致整个系统不能正常工作。

3）液压部分。由于出厂后运输及安装阶段的时间较长，使得液压系统中某些部位长时间无油，气缸中润滑油干涸，而油雾润滑又不可能立即起作用，造成油缸或气缸可能产生锈蚀。此外，新安装的空气管道若清洗不干净，一些杂物和水分也可能进入系统，造成液压气动部分的初期故障。

除此之外，还有元件、材料等原因会造成早期故障，这个时期一般在保修期以内。因此，数控机床购买后，应尽快使用，使早期故障尽量显示在保修期内。

（2）偶发故障期。数控机床在经历了初期的各种老化、磨合和调整后，开始进入相对稳定的偶发故障期—正常运行期。正常运行期为 7～10 年。在这个阶段，故障率低而且相对稳定，近似常数。偶发故障是由于偶然因素引起的。

（3）耗损故障期。耗损故障期出现在数控机床使用的后期，其特点是故障率随着运行时间的增加而升高。出现这种现象的基本原因是数控机床的零部件及电子元器件经过长时间的运行，由于疲劳、磨损、老化等原因，使用寿命已接近完结，从而处于频发故障状态。

数控机床故障率曲线变化的三个阶段，真实地反映了从磨合、调试、正常工作到大修或报废的故障率变化规律，加强数控机床的日常管理与维护，可以延长偶发故障期。准确地找出拐点，可避免过剩修理或修理范围扩大，以获得最佳的投资效益。

1.4.3　数控机床故障诊断技术

由维修人员的感觉器官对机床进行问、看、听、触、嗅等的诊断，称为"实用诊断技术"，实用诊断技术有时也称为"直观诊断技术"。

1. 问

弄清故障是突发的，还是渐发的，机床开动时有哪些异常现象。对比故障前后工件的精度和表面粗糙度，以便分析故障产生的原因。传动系统是否正常，出力是否均匀，背吃刀量和进给量是否减小等。润滑油品牌号是否符合规定，用量是否适当。机床何时进行过维护检修等。

2. 看

（1）看转速。观察主传动速度的变化。如带传动的线速度变慢，可能是传动带过松或负荷太大。对主传动系统中的齿轮，主要看它是否跳动、摆动。对传动轴主要看它是否弯曲或晃动。

（2）看颜色。主轴和轴承运转不正常，就会发热。长时间升温会使机床外表颜色发生变化，大多呈黄色。油箱里的油也会因温升过高而变稀，颜色变样；有时也会因久不换油、杂质过多或油变质而变成深墨色。

（3）看伤痕。机床零部件碰伤损坏部位很容易发现，若发现裂纹时，应作记号，隔一段时间后再比较它的变化情况，以便进行综合分析。

（4）看工件。若车削后的工件表面粗糙度 R_a 数值大，主要是由于主轴与轴承之间的间隙过大，滑板、刀架等压板楔铁有松动以及滚珠丝杠预紧松动等原因所致。若是磨削后的表面粗糙度 R_a 数值大，这主要是由于主轴或砂轮动平衡差，机床出现共振以及工作台爬行等原因所引起的。工件表面出现波纹，则看波纹数是否与机床主轴传动齿轮的齿数相等，如果相等，则表明主轴齿轮啮合不良是故障的主要原因。

（5）看变形。观察机床的传动轴、滚珠丝杠是否变形。直径大的带轮和齿轮的端面是否跳动。

（6）看油箱与冷却箱。主要观察油或切削液是否变质，确定其能否继续使用。

3. 听

一般运行正常的机床，其声响具有一定的音律和节奏，并保持持续的稳定。

4. 触

（1）温升。人的手指触觉是很灵敏的，能相当可靠地判断各种异常的温升，其误差可准确到 $3\sim5℃$。

（2）振动。轻微振动可用手感鉴别，至于振动的大小可找一个固定基点，用一只手去同时触摸便可以比较出振动的大小。

（3）伤痕和波纹。肉眼看不清的伤痕和波纹，若用手指去摸则可很容易地感觉出来。摸的方法是：对圆形零件要沿切向和轴向分别去摸；对平面则要左右、前后均匀去摸；摸时不能用力太大，只轻轻把手指放在被检查面上接触便可。

（4）爬行。用手摸可直观的感觉出来。

（5）松或紧。用手转动主轴或摇动手轮，即可感到接触部位的松紧是否均匀适当。

5. 嗅

剧烈摩擦或电器元件绝缘破损短路，使附着的油脂或其他可燃物质发生氧化蒸发或燃烧产生油烟气、焦煳气等异味，应用嗅觉诊断的方法可收到较好的效果。

1.4.4 数控机床诊断技术的发展

1. 远程诊断系统

随着计算机和通信技术的飞速发展，当前大多数的数控系统都支持数控机床与网络的连接，因此，对数控机床进行远程的监控和诊断就随之发展起来。图 1-76 所示是一个数控机床故障远程诊断系统的典型结构。在该系统中，数控机床通过数控系统的网络接口（以太网口、RS-232 接口等）与局域网相连，在车间设置了一台设备诊断服务器。该服务器可以实现数控机床的远程监控和简单

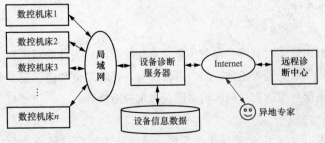

图 1-76　数控机床远程诊断系统框图

的诊断，如果设备诊断服务器不能诊断出结果，则还可以利用远程诊断中心进行诊断。在这个诊断过程中，数控机床、设备诊断服务器、远程诊断中心通过通信线路进行信息交互。这种诊断方式可以以最快的速度对数控机床的故障进行定位，找出排除故障的方法，从而减少故障停机时间，还可以减少设备维修费用。

目前，国内的华中数控在这方面投入了大量的人力和物力进行研究，并已经取得了阶段性的成果。而在国外，如 SIEMENS 数控系统，在远程诊断的研究与应用方面技术更为成熟。SIEMENS 的远程诊断产品能使用户在个人计算机面前轻松地操纵远在车间里的机床设备。在一台装用 Windows 的个人计算机上使用该工具，用户不但可以实时地观看机床运行时的画面，并且能够像现场人员一样进行相应的交互式操作，诸如编辑、修改加工程序数据，监控各轴当前的状态，编辑、修改 PLC 程序，进行文件传输，所有这一切都是建立在调制解调器（Modem）或局域网通信的基础之上。

2. 自修复系统

自修复系统是在系统内安装了备用模块，并在 CNC 系统的软件中装有自修复程序。当该软件在运行时一旦发现某个模块有故障时，系统一方面将故障信息显示在 CRT 上，另一方面自动寻找是否有备用模块。如果存在备用模块，系统将使故障模块脱机而接通备用模块，从而使系统较快地恢复到正常工作状态。在美国 Cincinnati Milacron 公司生产的 950CNC 系统的机箱内安装有一块备用的 CPU 板，一旦系统中所用的 4 块 CPU 板中的任何一块出现故障时，均能立即启用备用板替代故障板。

3. 专家故障诊断系统

专家故障诊断系统是一种"基于知识"（Knowledge—Based）的人工智能诊断系统，它的实质是在某些特定领域内，应用大量专家的知识和推理方法，求解复杂的实际问题的一种人工智能计算机程序。

通常，专家故障诊断系统由知识库、推理机、数据库以及解释程序、知识获取程序等部分组成，如图 1-77 所示。

专家故障诊断系统的核心部分为知识库和推理机。其中知识库存放着求解问题所需的专业知识，推理机负责使用知识库中的知识去解决实际问题。知识库的建造需要知识工程师和领域专家的相互合作，把领域专家的知识和经验整理出来，并用系统的知识方法存放在知识库中。当解决问题

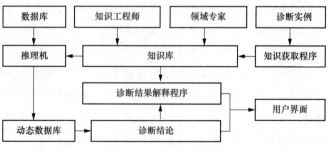

图 1-77 专家故障诊断系统框图

时，用户向系统提供一些已知数据，就可从系统处获得专家水平的结论。对于数控机床，专家故障诊断系统主要用于故障监测、故障分析、故障处理等 3 个方面。在 FANUC15 系统中，已将专家故障诊断系统用于故障诊断。使用时，操作人员以简单的会话问答方式，通过数控系统上的 MDI/CRT 操作装置就能如同专家亲临现场一样，快速进行 CNC 系统的故障诊断。

4. 应用人工神经网络（ANN）进行故障诊断

人工神经元网络，简称神经网络，它是在对人脑思维研究的基础上，模仿人的大脑神经元结构

特征，应用数学方法将其简化、抽象并模拟，而建立的一种非线性动力学网络系统。目前常用的几种算法有：误差反向传播（BP）算法、双向联想记忆（BAM）模型和模糊认识映射（FCM）等。由于神经网络系统具有处理复杂多模式及进行联系、推测、容错、记忆、自适应、自学习等功能，作为一种新的模式识别技术和知识处理方法，人工神经网络在故障诊断领域中显示出极大的应用潜力，这是数控机床故障诊断技术新的发展途径。

同时，将神经网络和专家故障诊断系统结合起来，发挥两者各自的优点，更有助于数控机床的故障诊断。

5. "基于行为"的智能化故障诊断技术

"基于行为"（Behavior-Based）的计算机辅助诊断的基本原理是：从某台机器的实际运行状态出发，"自下而上"，即从具体到一般（而"基于知识"的专家故障诊断系统则是"自上而下"，即从一般到特殊），从机器工况状态的变化判断其故障属性。按此原理构建的基于行为的智能化故障诊断（Behavior Based Fault Diagnosis，BFD）系统，如图1-78所示，其核心内容是一个诊断系统应在运行过程中，不断提高自身的智能化水平。即诊断系统应当具有智能化功能。BFD系统的基本目标就是最终达到完全根据实际设备的运行行为，决定诊断系统的实际工况，经过自动识别，自我完善，自我提高，从而可

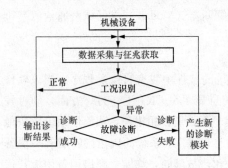

图1-78　BFD系统框图

以从具备初级智能的简单系统发展成为高级智能的、针对某一特定设备的专用诊断系统。

6. 虚拟现实在故障诊断系统中的应用

虚拟现实（Virtual Reality，VR）是在综合计算机图形技术、计算机仿真技术、传感技术、显示技术等多种科学技术的基础上发展起来的。它利用计算机及其外设和软件而产生另一种境界的仿真，为用户创造一个实时反映实体对象变化与相互作用的三维图形世界，并通过头盔显示器、数据手套等辅助传感器设备，向用户提供一个观察并与该虚拟世界交互的多维用户界面，使用户可以直接参与和探索仿真对象在所处环境中的作用与变化，具有较强的"身临其境"之感。

由于机械设备的有些故障不能在实验台上进行模拟，而虚拟现实则可以发挥其特点，进行仿真研究，弥补了某些故障难以现实模拟的不足。利用现代通信技术的国际互联网、局域网络（包括有线或无线网络）、调制解调器等，可以研制虚拟故障诊断环境，实现设备的远程诊断。在虚拟故障诊断环境中，在某一固定地点的专家或多个不同地点的专家可以投入到在另一个地方（异地）发生的事件或过程中去，通过计算机网络及调制解调器传输数据，从而实现在专家面前的计算机中再现现场设备的运行情况或发生故障的过程，经专家诊断系统进行分析和诊断，作出决策处理，并通过网络及调制解调器反馈到现场，进行指导，并解决问题。对于数控机床故障诊断来说，这是一种很有发展前途的诊断技术。

1.4.5　数控机床的故障维修

1. 数控机床故障维修的原则

（1）先外部后内部。数控机床是机械、液压，电气一体化的机床，故其故障的发生必然要从机械，液压，电气这三者综合反映出来。数控机床的检修要求维修人员掌握先外部后内部的原则。即当数控机床发生故障后，维修人员应先采用问、看、听、触、嗅等方法，由外向内逐一进

行检查。比如：数控机床的行程开关、按钮开关、液压气动元件以及印制电路板插头座、边缘接插件与外部或相互之间的连接部位、电控柜插座或端子排这些机电设备之间的连接部位，因其接触不良造成信号传递失灵，是产生数控机床故障的重要因素。此外，由于工业环境中温度、湿度变化较大，油污或粉尘对元件及电路板的污染，机械的振动等，对于信号传送通道的接插件都将产生严重影响。在检修中重视这些因素，首先检查这些部位就可以迅速排除较多的故障。另外，尽量避免随意地启封、拆卸，不适当的大拆大卸，往往会扩大故障，使机床大伤元气，丧失精度，降低性能。

（2）先机械后电气。由于数控机床是一种自动化程度高，技术复杂的先进机械加工设备。机械故障一般较易察觉，而数控系统故障的诊断则难度要大些。先机械后电气就是首先检查机械部分是否正常，行程开关是否灵活，气动、液压部分是否存在阻塞现象等。因为数控机床的故障中有很大部分是由机械动作失灵引起的。所以，在故障检修之前，首先注意排除机械性的故障，往往可以达到事半功倍的效果。

（3）先静后动。维修人员本身要做到先静后动，不可盲目动手，应先询问机床操作人员故障发生的过程及状态，阅读机床说明书、图样资料后，方可动手查找处理故障。其次，对有故障的机床也要本着先静后动的原则，先在机床断电的静止状态，通过观察测试、分析，确认为非恶性故障，或非破坏性故障后，方可给机床通电，在运行工况下，进行动态的观察、检验和测试，查找故障，然而对恶性的破坏性故障，必须先行处理排除危险后，方可进入通电，在运行工况下进行动态诊断。

（4）先公用后专用。公用性的问题往往影响全局，而专用性的问题只影响局部。如机床的几个进给轴都不能运动，这时应先检查和排除各轴公用的 CNC、PLC、电源、液压等公用部分的故障，然后再设法排除某轴的局部问题。又如电网或主电源故障是全局性的，因此一般应首先检查电源部分，看看断路器或熔断器是否正常，直流电压输出是否正常。总之，只有先解决影响一大片的主要矛盾，局部的、次要的矛盾才有可能迎刃而解。

（5）先简单后复杂。当出现多种故障互相交织掩盖、一时无从下手时，应先解决容易的问题，后解决较大的问题。常常在解决简单故障的过程中，难度大的问题也可能变得容易，或者在排除容易故障时受到启发，对复杂故障的认识更为清晰，从而也有了解决办法。

（6）先一般后特殊。在排除某一故障时，要先考虑最常见的可能原因，然后再分析很少发生的特殊原因。例如：一台 FANUC-0T 数控车床 Z 轴回零不准常常是由于降速挡块位置走动所造成，一旦出现这一故障，应先检查该挡块位置，在排除这一常见的可能性之后，再检查脉冲编码器，位置控制等环节。

2. 维修前的准备

接到用户的直接要求后，应尽可能直接与用户联系，以便尽快地获取现场信息、现场情况及故障信息。如数控机床的进给与主轴驱动型号、报警指示或故障现象、用户现场有无备件等。据此预先分析可能出现的故障原因与部位，而后在出发到现场之前，准备好有关的技术资料与维修服务工具、仪器备件等，做到有备而去。

每台数控机床都应设立维修档案（见表1-7），将出现过的故障现象、时间、诊断过程、故障的排除做出详细的记录，就像医院的病历一样。这样做的好处是给以后的故障诊断带来很大的方便和借鉴，有利于数控机床的故障诊断。

表 1-7　　　　　　　　　　　　　　　某单位机床维修档案

某单位机床维修档案　　时间　年　月　日						
设备名称				NC 系统维修		年　次
目　的		故障　维修　改造		维修者		
				编　号		
理由						
此表由维修单位填						
维修单位名称				承担者名		
故障现象及部位						
原　因						
排除方法						
再次发生		预见			有　无　其他	
		使用者要求				
年　月　日						
费用		无偿　有偿				
内容	零件名	修理费	交通费	其他	停机时间	
对修理要求的处理						

　　这里应强调实事求是，特别是涉及操作者失误造成的故障，应详细记载。这只作为故障诊断的参考，而不能作为对操作者惩罚的依据。否则，操作者不如实记录，只能产生恶性循环，造成不应有的损失。这是故障诊断前的准备工作的重要内容，没有这项内容，故障诊断将进行得很艰难，造成的损失也是不可估量的。

1.4.6　数控机床维修常用工具

1. 拆卸及装配工具（见表 1-8）

表 1-8　　　　　　　　　　　　　　　拆卸及装配工具

名　称	外观图	说　明
单手钩形扳手		单头钩形扳手：有固定式和调节式，可用于扳动在圆周方向上开有直槽或孔的圆螺母
断面带槽或孔的圆螺母扳手		端面带槽或孔的圆螺母扳手：可分为套筒式扳手和双销叉形扳手
弹性挡圈装拆用钳子		弹性挡圈装卸用钳子：分为轴用弹性挡圈装卸用钳子和孔用弹性挡圈装卸用钳子

续表

名　称	外 观 图	说　明
弹性锤子		弹性锤子：可分为木锤和铜锤
平键工具		拉带锥度平键工具：可分为冲击式拉锥度平键工具和抵拉式拉锥度平键工具
拔销器		拉带内螺纹的小轴、圆锥销工具
拉卸工具		拆装在轴上的滚动轴承、带轮式联轴器等零件时，常用拉卸工具，拉卸工具常分为螺杆式及液压式两类，螺杆式拉卸工具分两爪、三爪和铰链式
尺		有平尺、刀口尺和90°角尺
垫铁		角度面为90°的垫铁、角度面为55°的垫铁和水平仪垫铁
检验棒		有带标准锥柄检验棒、圆柱检验棒和专用检验棒
杠杆千分尺		当零件的几何形状精度要求较高时，使用杠杆千分尺可满足其测量要求，其测量精度可达0.001mm

续表

名　　称	外　观　图	说　　明
万能角度尺		用来测量工件内外角度的量具,按其游标读数值可分为2′和5′两种,按其尺身的形状可分为圆形和扇形两种
限力扳手	(a) 电子式　　(b) 机械式	又称为扭矩扳手、扭力扳手
装轴承胎具		适用于装轴承的内、外圈
钩头楔键拆卸工具		用于拆卸钩头楔键

2. 数控机床装调与维修(维护)常用仪表(仪器)(见表1-9)

表1-9　　　　　　　　数控机床装调与维修(维护)常用仪表(仪器)

名　　称	外　观　图	说　　明
百分表		百分表用于测量零件相互之间的平行度、轴线与导轨的平行度、导轨的直线度、工作台台面平面度以及主轴的端面圆跳动、径向圆跳动和轴向窜动
杠杆百分表		杠杆百分表用于受空间限制的工件,如内孔跳动、键槽等。使用时应注意使测量运动方向与测头中心垂直,以免产生测量误差

续表

名　称	外　观　图	说　明
千分表及杠杆千分表		千分表及杠杆千分表的工作原理与百分表和杠杆百分表一样，只是分度值不同，常用于精密机床的修理
水平仪		水平仪是机床制造和修理中最常用的测量仪器之一，用来测量导轨在垂直面内的直线度，工作台台面的平面度以及两件相互之间的垂直度、平行度等，水平仪按其工作原理可分为水准式水平仪和电子水平仪
光学平直仪		在机械维修中，常用来检查床身导轨在水平面内和垂直面内的直线度、检验用平板的平面度，光学平直仪是导轨直线度测量方法中较先进的仪器之一
经纬仪		经纬仪是机床精度检查和维修中常用的高精度的仪器之一，常用于数控铣床和加工中心的水平转台和万能转台的分度精度的精确测量，通常与平行光管组成光学系统来使用
转速表		转速表常用于测量伺服电动机的转速，是检查伺服调速系统的重要依据之一，常用的转速表有离心式转速表和数字式转速表等
万用表		包含有机械式和数字式两种，万用表可用来测量电压、电流和电阻等
相序表		用于检查三相输入电源的相序，在维修晶闸管伺服系统时是必需的
逻辑脉冲测试笔		对芯片或功能电路板的输入端注入逻辑电平脉冲，用逻辑测试笔检测输出电平，以判别其功能是否正常

名　称	外 观 图	说　明
测振仪器		测振仪是振动检测中最常用、最基本的仪器，它将测振传感器输出的微弱信号放大、变换、积分、检波后，在仪器仪表或显示屏上直接显示被测设备的振动值大小。为了适应现场测试的要求，测振仪一般都做成便携式与笔式测振仪
故障检测系统		由分析软件、微型计算机和传感器组成多功能的故障检测系统，可实现多种故障的检测和分析
红外测温仪		红外测温是利用红外辐射原理，将对物体表面温度的测量转换成对其辐射功率的测量，采用红外探测器和相应的光学系统接受被测物不可见的红外辐射能量，并将其变成便于检测的其他能量形式予以显示和记录
激光干涉仪		激光干涉仪可对机床、三坐标测量机及各种定位装置进行高精度的精度校正，可完成各项参数的测量，如线形位置精度、重复定位精度、角度、直线度、垂直度、平行度及平面度等。其次它还具有一些选择功能，如自动螺距误差补偿、机床动态特性测量与评估、回转坐标分度精度标定、触发脉冲输入输出功能等
短路追踪仪		短路是电气维修中经常碰到的故障现象，使用万用表寻找短路点往往很费劲。如遇到电路中某个元器件击穿电路，由于在两条线之间可能并接有多个元器件，用万用表测量出哪个元件短路比较困难。再如对于变压器绕组局部轻微短路的故障，一般万用表测量也无能为力。而采用短路故障追踪仪可以快速找出电路板上的任何短路点
示波器		主要用于模拟电路的测量，它可以显示频率相位、电压幅值，双频示波器可以比较信号相位关系，可以测量测速发电机的输出信号，其频带宽度在 5MHz 以上，两个通道。调整光栅编码器的前置信号处理电路，进行 CRT 显示器电路

续表

名　　称	外 观 图	说　　明
数域测试仪器		主要用来对数控系统的故障进行诊断，常用的数域测试仪器有逻辑分析仪、微机开发系统、特征分析仪、故障检测仪及 IC 在线测试仪
逻辑分析仪		按多线示波器的思路发展而成，不过它在测量幅度上已经按数字电路的高低电平进行了 1 和 0 的量化，在时间轴上也按时钟频率进行了数字量化。因此可以测得一系列的数字信息，再配以存储器及相应的触发机构或数字识别器，使多通道上同时出现的一组数字信息与测量者所规定的目标字相符合时，触发逻辑分析仪，以便将需要分析的信息存储下来
微机开发系统		这种系统配置是进行微机开发的硬软件工具。在微机开发系统的控制下对被测系统中的 CPU 进行实时仿真，从而取得对被测系统实时控制
特征分析仪		它可从被测系统中取得 4 个信号，即启动、停止、时钟和数据信号，使被测电路在一定信号的激励下运行起来。其中时钟信号决定进行同步测量的速率。因此，可将一对信号"锁定"在窗口上，观察数据信号波形特征
故障检测仪		这种新的数据检测仪器各自出发点不同，具有不同的结构和测试方法。有的是按各种不同时序信号来同时激励标准板和故障板，通过比较两种板对应节点响应波形的不同来查找故障。有些则是根据某一被测对象类型，利用一台微机配以专门接口电路及连接工装夹具与故障机相连，再编写相关的测试程序对故障进行检测
IC 在线测试仪		这是一种使用通用微机技术的新型数字集成电路在线测试仪器。它的主要特点是能对电路板上的芯片直接进行功能、状态和外特性测试，确认其逻辑功能是否失效

续表

名　称	外　观　图	说　明
比较仪	(a) 扭簧比较仪　　(b) 杠杆齿轮比较仪	可分为扭簧比较仪与杠杆齿轮比较仪。尤其扭簧比较仪特别适用于精度要求较高的跳动量的测量

1.4.7　数控机床机械部件的拆卸

1. 数控机床机械部件的拆卸的一般原则

（1）首先必须熟悉机床设备的技术资料和图样，弄懂机械传动原理，掌握各个零部件的结构特点、装配关系以及定位销、轴套、弹簧卡圈、锁紧螺母、锁紧螺钉与顶丝的位置和退出方向。

（2）拆卸前，首先切断并拆除机床设备的电源和车间动力联系的部位。

（3）在切断电源后，机床设备的拆卸程序要坚持与装配程序相反的原则。先拆外部附件，再将整机拆成部件总成，最后全部拆成零件，按部件归并放置。

（4）放空润滑油、切削液、清洗液等。

（5）在拆卸机床轴孔装配件时，通常应坚持用多大力装配就基本上用多大力拆卸的原则。如果出现异常情况，应查找原因，防止在拆卸中将零件碰伤、拉毛甚至损坏。热装零件要利用加热来拆卸，如热装轴承可用热油加热轴承外圈进行拆卸。滑动部件拆卸时，要考虑到滑动面间油膜的吸力。一般情况下，在拆卸过程中不允许进行破坏性拆卸。

（6）对于拆卸机床大型零件要坚持慎重、安全的原则。拆卸中要仔细检查锁紧螺钉及压板等零件是否拆开。吊挂时，必须粗估零件重心位置，合理选择直径适宜的吊挂绳索及吊挂受力点。注意受力平衡，防止零件摆晃，避免吊挂绳索脱开与断裂等事故发生。吊装中设备不得磕碰，要选择合适的吊点慢吊轻放，钢丝绳和设备接触处要采取保护措施。

（7）要坚持拆卸机床服务于装配的原则。如果被拆卸机床设备的技术资料不全，拆卸中必须对拆卸过程做必要的记录，以便安装时遵照"先拆后装"的原则重新装配。在拆卸中，为防止搞乱关键件的装配关系和配合位置，避免重新装配时精度降低，应在装配件上用划针做出明显标记。对于拆卸出来的轴类零件应悬挂起来，防止弯曲变形。精密零件要单独存放，避免损坏。

（8）先小后大，先易后难，先地面后高空，先外围后主机，必须要解体的设备要尽量少分解，同时又要满足包装要求，最终达到设备重新安装后的精度性能同拆卸前一致。为加强岗位责任，采用分工负责制，谁拆卸、谁安装。

（9）所有的电线、电缆不准剪断，拆下来的线头都要有标号，对有些线头没有标号的，要先补充后再拆下，线号不准丢失，拆线前要进行三对照（内部线号、端子板号、外部线号），确认无误后，方可拆卸，否则要调整线号。

（10）拆卸中要保证设备的绝对安全，要选用合适的工具，不得随便代用，更不得使用大锤敲击。

（11）不要拔下设备的电气柜内插线板，应该用胶带纸封住加固。

（12）做好拆卸记录，并交相关人员。

2. 常用的拆卸方法

（1）击卸法。利用锤子或其他重物在敲击零件时产生的冲击能量把零件卸下。

（2）拉拔法。对精度较高不允许敲击或无法用击卸法拆卸的零部件应使用拉拔法。它采用专门拉拔器进行拆卸。

（3）顶压法。利用螺旋C形夹头、机械式压力机、液压式压力机或千斤顶等工具和设备进行拆卸。顶压法适用于形状简单的过盈配合件。

（4）温差法。拆卸尺寸较大、配合过盈量较大的配合件或无法用击卸、顶压等方法拆卸时，或为使过盈量较大、精度较高的配合件容易拆卸，可采用此种方法。温差法是利用材料热胀冷缩的性能，加热包容件，使配合件在温差条件下失去过盈量，实现拆卸。

（5）破坏法。若必须拆卸焊接、铆接等固定连接件，或轴与套互相咬死，或为保存主件而破坏副件时，可采用车、锯、钻、割等方法进行破坏性拆卸。

1.4.8 数控机床电气部件的更换

1. 更换单元模块的注意事项

（1）测量电路板操作注意事项。

1）电路板上刷有阻焊膜，不要任意铲除。测量线路间阻值时，先切断电源，每测一处均应红黑笔对调一次，以阻值大的为参考值，不应随意切断印制电路。

2）需要带电测量时，应查清电路板的电源配置及种类，按检测需要，采取局部供电或全部供电。

（2）更换电路板及模块操作注意事项。

1）如果没确定某一元件为故障元件，不要随意拆卸。更换故障元件时避免同一焊点的长时间加热和对故障元件的硬取，以免损坏元件。

2）更换PLC控制模块、存储器、主轴模块和伺服模块会使SRAM资料丢失，更换前必须备份SRAM数据。

3）用分离型绝对脉冲编码器或直线尺保存电动机的绝对位置，更换主印制电路板及其印制电路板上安装的模块时，不保存电动机的绝对位置。更换后要执行返回原点的操作。

2. 电缆的屏蔽和布线

为了满足电磁兼容性（EMC）的要求必须对下列电缆进行屏蔽布线：

（1）电源反馈电线由电源滤波器通过电源电抗器连接到功率模块上。

（2）所有的电动机电缆，有时也包括电动机停车制动电缆。

（3）用于控制单元"快速"输入的电缆。

（4）用于模拟直流电压或直流电信号的电缆。

（5）用于编码器的信号电缆。

（6）用于温度传感器的电缆。

如图1-79所示，电缆屏蔽要尽量靠近导线连接位置，这

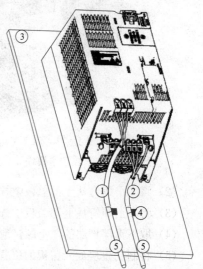

图1-79 功率模块PM340的屏蔽

样就可以确保与开关柜接地的连接阻抗较小。

说明:

1）电源输入。

2）电动机电缆。

3）金属后壁。

4）可以使用合适的卡圈将电动机/电源电缆的屏蔽固定在金属后壁上。

5）屏蔽电缆。

注意: 与驱动连接相连信号电缆（屏蔽和未屏蔽），必须与强干扰源外磁场（比如变压器，电源电抗器）保持很远的距离（通常都要≥300mm）。

3. 控制单元的安装

如图1-80所示，控制单元必须安装在导电性能优良的装配面上，从而保证控制单元和装配面间阻抗较低。应用技术使用镀锌表面的装配板。

4. 制动模块的安装

如图1-81所示，用于结构尺寸FX的制动模块的安装如图1-82、图1-83所示。安装步骤的编号与图中数字一致。

（1）将2×M6螺钉从正面盖板中拧出，并将盖板向上打开。

图1-80　将CU310安装
在功率模块340上

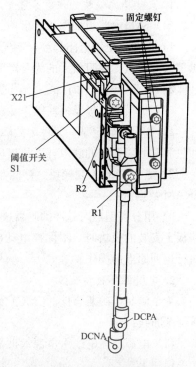

图1-81　用于功率模块结构
尺寸FX的制动模块

（2）将2个螺钉从上部盖板中拧出，松开左侧的1×M6螺母取下左侧盖板。

（3）将4个螺钉从上部盖板中拧出，将3个螺钉从背部凹槽中拧出，取下上部盖板。

（4）取下无保护层的3个螺钉取下盖板。

（5）将制动模块放入盖板的位置并用步骤（4）的3个螺钉进行固定。

（6）使用2个螺钉（连接制动模块）和2个螺母（连接直流母线）对接入直流母线的连接电缆进行固定。

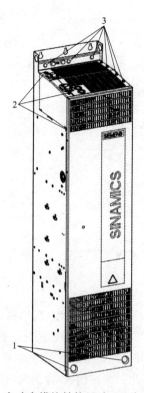

图 1-82　在功率模块结构尺寸 FX 中安装制动
　　　　模块——步骤（1）～(3)

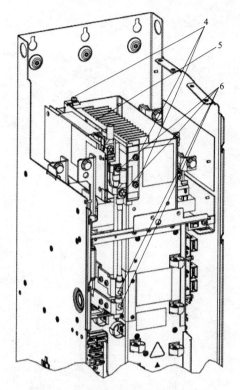

图 1-83　在功率模块结构尺寸 FX 中
　　　　安装制动模块——步骤（4）～(6)

　　按照与步骤（1）～(3) 相反的顺序完成其他的工作步骤。在制动电阻连接（R_1、R_2）上方的盖板中设置有两个通孔，用于连接通向制动电阻的电缆。

　　注意： 必须遵守规定的紧固力矩。

5. 制动继电器的安装

如图 1-84 所示，将安全制动继电器安装在功率模块下方的屏障包上。

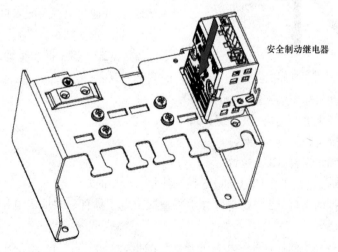

安全制动继电器

图 1-84　将安全制动继电器安装在屏蔽包上（结构尺寸 B 和 C）（一）

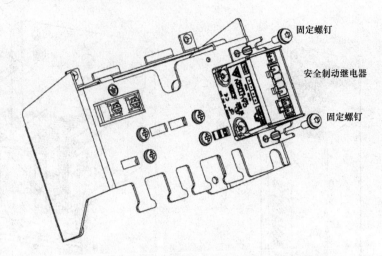

图 1-84　将安全制动继电器安装在屏蔽包上（结构尺寸 B 和 C）（二）

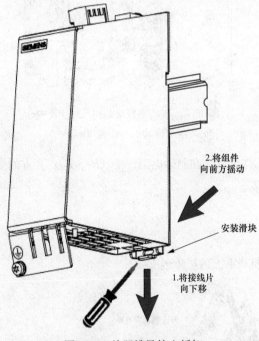

图 1-85　从凹槽导轨上拆卸

6. 终端模块的安装

如图 1-85 所示，终端模块 31（TM31）是根据 DIN50022 嵌入凹槽导轨的终端扩展模块。利用终端模块 TM31，可以扩展驱动系统内现有的数字输入/输出、模拟输入/输出端口。

（1）将组件放置在凹槽导轨上。

（2）然后将组件嵌入凹槽导轨。必须卡住背面的安装滑块。

（3）这时就可以在凹槽导轨上向左或向右移动组件到达目标位置。

7. 更换电源模块

（1）准备步骤。

1）将驱动连接切换到无电压状态。

2）打开通向电源块的入口。

3）取走正面挡板。

（2）拆卸步骤。拆卸步骤的编号与图 1-86 中的数字一致。

1）松开通向电动机输出的连接（3 个螺钉）。

2）松开通向电源供电的连接（3 个螺钉）。

3）松开上方的固定螺钉（2 个螺钉）。

4）松开下方的固定螺钉（2 个螺钉）。

5）松开-X41/-X42 上的 DRIVE-CLiQ 导线和连接（5 个插头）。

6）松开电子插件的夹具（2 个螺母）并小心地取出电子插件。在取出电子插件时必须依次拔下 5 个其他的插头（2 上 3 下）。

7）将光缆与信号导线的插接连接相互分开（5 个插头）。

8）松开2个用于风扇的固定螺钉，并在该位置固定用于电源块的安装辅助装置。

接着可以取出电源块。

安装步骤：按照与拆卸步骤相反的顺序进行安装。

注意：

1）在取出电源块时必须注意，不要损坏信号导线。

2）一定要遵守所规定的紧固力矩。

3）安装后小心地将插接器插好，并检查是否连接至固定位置。

8. 更换风扇

在风扇使用寿命为50000h。实际使用寿命还与其他影响因素有关，比如环境温度和开关柜保护方式，因此在个别情况下可能会与标准值有所偏差。必须及时更换风扇，以保证设备的可用性。

（1）准备步骤。

1）将驱动连接切换到无电压状态。

2）打开入口。

3）取走正面挡板。

（2）拆卸步骤。如图1-87所示，拆卸步骤的编号与前面图片中的数字一致。

1）松开用于风扇的固定螺钉（2个螺钉）。

2）松开反馈电线（1×"L"，1×"N"）。

9. 更换功率模块的风扇

如图1-88所示，风扇都由外部进行装拆的，需要使用十字螺钉旋具进行更换。

（1）使用合适的工具取走盖板。

（2）拔下两个标出的插头并取出风扇。

（3）换上新的风扇并插上两个插头。

（4）关上盖板。

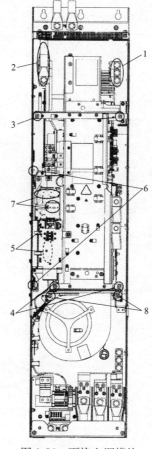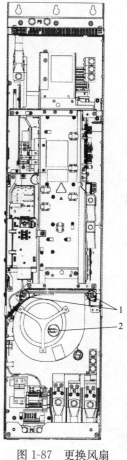

图1-86　更换电源模块　　图1-87　更换风扇

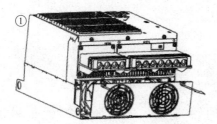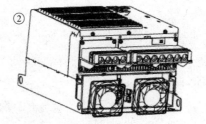

图1-88　在功率模块上更换风扇（一）

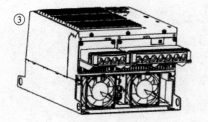
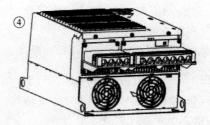

图 1-88　在功率模块上更换风扇（二）

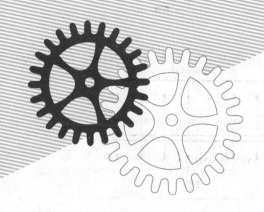

第 2 章

数控系统的维修 30 例

2.1 数控系统硬件的连接

2.1.1 SIEMENS 802SE 数控机床的分析

以 SIEMENS 802SE 数控镗铣床为例来分析 SIEMENS 数控机床的分析。

1. 镗铣床电气控制系统的组成

立式数控镗铣床电气控制系统主要由以下几部分组成：

（1）SIEMENS-802SE 数控装置（包括 MDI/LCD 单元，ECU，I/O 单元机床操作面板等。其电气原理如图 2-1～图 2-12 所示）。

（2）施耐德主轴变频器。

（3）SIEMENS StepDfive C x、y、z 轴步进驱动器。

（4）集中润滑装置。

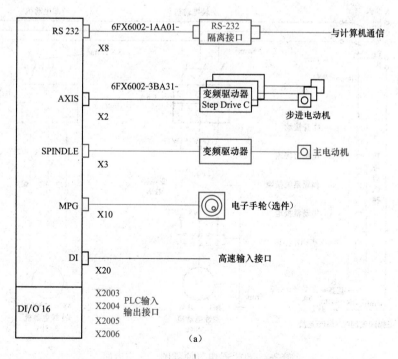

图 2-1 802 SE 电气原理图——系统连线（一）

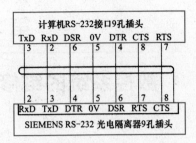

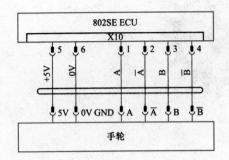

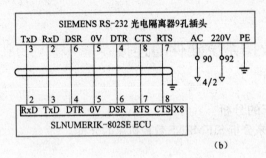

(b)

图 2-1　802 SE 电气原理图——系统连线（二）

(5) 各轴行程开关。

(6) 其他无触点及有触点开关。

(7) 电柜及操动箱。

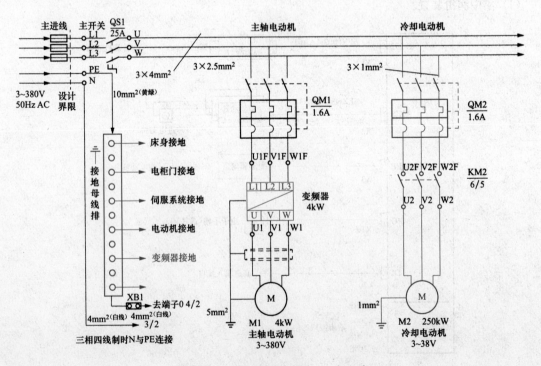

图 2-2　802SE 电气原理图——主电路

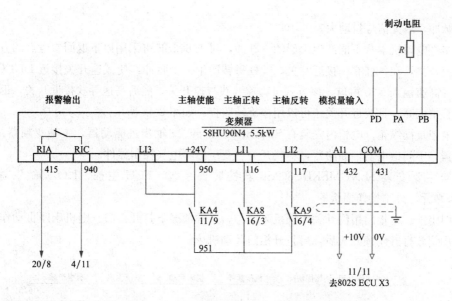

图 2-3　802SE 电气原理图——变频器连线

2. 电气控制系统各部分功能简介

（1）SIEMENS-802SE 数控装置。包括 ECU 单元、MDI/LCD 单元、I/O 单元、机床操作面板等。ECU 是电气控制的核心部分，位于电气柜中，它主要用来按指令对各坐标轴的运行进行控制，输出主轴运转指令。ECU 单元内部的 PLC 部分还能控制机床的其他动作，如冷却润滑、主轴换挡、机床超程等，并保证机床动作协调可靠。

（2）施耐德变频器主轴驱动系统。变频器主轴驱动系统如图 2-3 所示。施耐德变频器主轴驱动通过对主轴电动机的频率改变来控制主轴的转速，主轴变频器的工作指令信号来自于 SLNUMERIK-802SE 数控装置的主轴模拟量，输出 0～10V 直流电压。当主轴模拟量的输出为最大值 10V 时，主轴变频器的输出达到电动机最大转速。设定主轴转速为 3000r/min 时，主轴变频器的输出为 113Hz，主轴变频器的控制与调整可以通过相应的参数来修改。

（3）步进电动机。有三个步进电动机分别控制 x、y、z 三个步进轴，电动机型号为 6FC5548-0AB12-0AA0。

（4）润滑装置。本机床由机床集中润滑装置自动进行机床定时定量润滑。

（5）冷却装置。机床冷却装置由一只冷却箱组成。手动时可通过按机床操作面板的冷却控键来实现冷却泵的启动停止，自动时与 M07、M09 辅助功能一起控制冷却泵的开与关。

（6）各坐标行程开关。有三个行程开关分 SQ3-2（z）、SQ2-2（y）、SQ1-2（x）检测轴的参考点超极限的动作故障，若有故障显示器就会有相应的提示，此为 PLC 的输入接通信号。

（7）其他无触点开关、有触点开关。其中两只无触点信号开关分别为主轴高速挡、主轴低速挡控制。802SE I/O（输入/输出）模块 2 和 PLC 的输出接通，KA11 直流继电器（主轴低速挡）接通，KA12 直流继电器（主轴高速挡）带动执行组件 YV1 和 YV2 电磁阀工作，用气压推动齿轮变挡。

每个坐标都配备一个接近开关（PNP 型动合及 DC 24V 电平输出）用于产生返回参考点的 0 脉冲，分别为 SQ7、SQ8 和 SQ9。注意接近开关的品质影响参考点的精度，建议选用高品质的接近开关。接近开关的检测端面和检测体之间的距离应尽可能的短，更不能用普通的触点或行程开关作为参考点 0 脉冲，因为信号抖动大。

由于步进电动机本身不能产生编码的 0 脉冲，对于 802SE 可采用以下返回参考点的方式：在坐标轴有减速开关，在丝杠有一接近开关，丝杠每转产生一个脉冲，使减速开关接近 DI/DO 的输入，接到系统的高速输入 X20 窗口。该方式可高速寻找减速开关，然后高速寻找接近开关，返回参考点速度快而且精度高，且接近开关还可以用作旋转监控，如图 2-41 所示。

（8）电柜及操纵箱。电柜内安装有 StepDfiveC x、y、z 轴步进驱动器，主轴变频器及接触器，交流继电器，中间继电器，断路器，空气开关，变压器等电气控制器件。

操纵箱主要安装 SLNUMERIK-802SE 数控装置系统、ECU 主板、I/O（输入/输出）板、MDI/LCD 单元、外部操作面板等。

（9）门闭锁。电柜门用门开关闭锁机床动作，正常情况下打开柜门，则机床停止动作，电箱照明灯开。用钥匙打开闭锁开关后，可打开柜门开动机床。

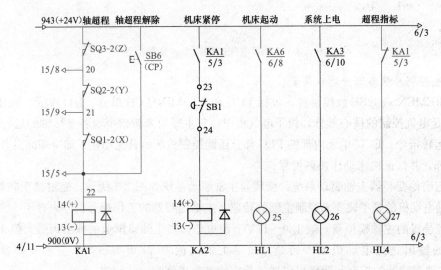

图 2-4 802SE 电气原理图——控制电路

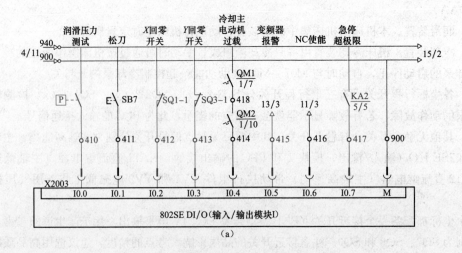

图 2-5 802SE 电气原理图——PLC 输入（一）

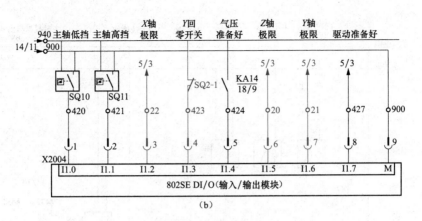

图 2-5　802SE 电气原理图——PLC 输入（二）

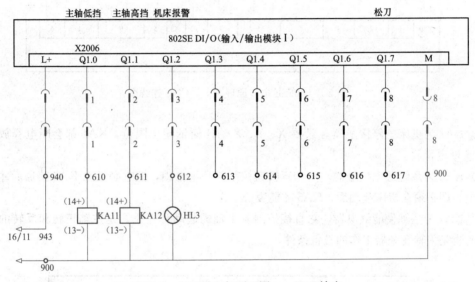

图 2-6　802SE 电气原理图——PLC 输出

3. 各种继电器的作用和执行元件

（1）KA1 为轴超程（限位行程）执行接触器，使机床急停断开。

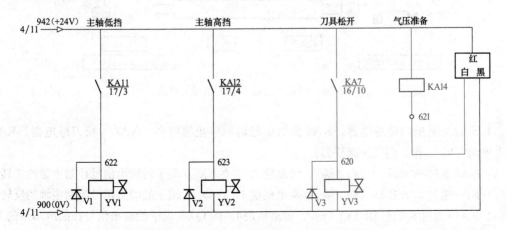

图 2-7　802SE 电气原理图——电磁阀驱动

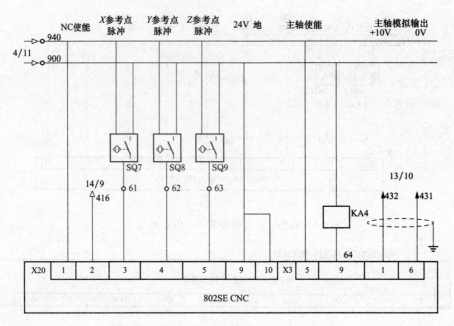

图 2-8　802SE 电气原理图——CNC 连线图

（2）KA2 为机床急停接触器，只要 X、Y、Z 轴任何轴超出限位，KA1 都会断电释放，同时 KA2 也会断电释放。

（3）KA3 为系统通电接触器，由 SB5 按钮控制并产生自锁，但它必须在 KA6 接通后才能进行系统通电，即必须在机床起动后，KA3 才能吸合工作。

（4）KA4 为主轴使能继电器，它直接控制着主轴的起动和停止，是主轴正转和反转的必须条件，同时也是主轴变频器工作的必备条件。

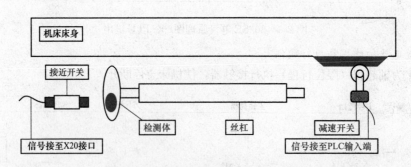

图 2-9　接近开关高速输入原理示意图

（5）KA5 为电柜门锁继电器。KA6 为机床起动和停止继电器。KA7 为松刀继电器。KA7 吸合，电磁阀 YV3 工作，则气压阀松刀。

（6）KA8 通过 802SE DI/DO（输入/输出模块 I）的 Q0.0 端子的输出信号控制主轴的正转。

（7）KA9 通过 802SE DI/DO（输入/输出模块 I）的 Q0.1 端子的输出信号控制主轴的反转。

（8）KA10 通过 802SE DI/DO（输入/输出模块 I）的 Q0.2 端子的输出信号控制冷却泵的工作。

（9）KA11 通过 802SE DI/DO（输入/输出模块 I）的 Q1.0 端子的输出信号控制电磁阀 YV1 吸

合，推动齿轮变速，使主轴在低速挡工作。无触点开关 SQ10 给 802SE DI/DO（输入/输出模块Ⅱ）的 I1.0 端子输入信号，控制 KA11。

（10）KA12 通过 802SE DI/DO（输入/输出模块 I）的 Q1.1 端子的输出信号控制电磁阀 YV2 吸合，推动齿轮变速，使主轴在高速挡工作。无触点开关 SQ11 给 802SE DI/DO（输入/输出模块Ⅱ）的 I1.1 端子输入信号，控制 KA12。

（11）KA13 为电柜照明接触器，柜门打开 KA13 吸合，电柜照明灯亮，便于维修。

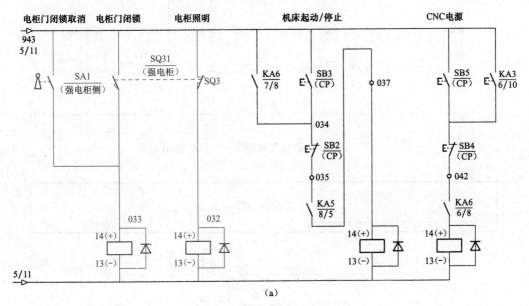

(a)

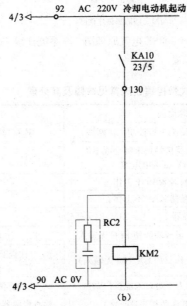

(b)

图 2-10　802SE 电气原理图——控制电路 2

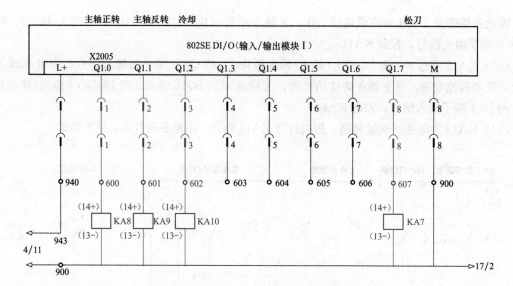

图 2-11　802SE 电气原理图——PLC 输出 2

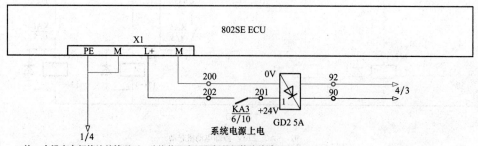

*注：在没有良好接地的情况下，建议将PE与M之间的短接片摘除。

图 2-12　802SE 电气原理图——系统连线 2

4. 立式数控镗铣床常见故障（见表 2-1）

表 2-1　　　　　　　　　　立式数控镗铣床常见故障及其处理

故障现象	故障原因	故障处理
主轴不转	变频器无模拟量输入（CNC 控制 432 断线）	连接导线，检查变频器模拟量输入端
	主轴使能 KA4 接触器接触点未吸合或不工作，无＋24V 直流电电源	检查接触器 KA4
主轴有正转无反转	主轴反转接触器 KA9 不工作	检查 KA9 接触器
主轴有反转无正转	主轴正转接触器 KA8 不工作	检查 KA8 接触器
主轴有高速运转，无低速运转	KA8 不工作，主轴变频器 L11 无＋24V 电源输入	检查接触器 KA8
	主轴低挡接近开关失灵或断线使 PLC 无输入	检查接近开关是否松动
	主轴低挡接触器不工作（PLCX2006 无输入）	检查 PLC 输出，如果有输出再观察接触器 KA11 是否工作
	电磁阀 YV1 工作压力不足，未能换挡到位	检查液压压力，排除液压系统故障
主轴低速抖动，高速正常	变频器故障（低速断相高速正常）	检查变频器低速时三相电源输出电压是否相等
	机械负载太重	减少背吃刀量，防止超载
	电动机机座螺钉松动	紧固电动机机座
	电磁阀工作不良使变速未到位	检查电磁阀的工作情况

续表

故障现象	故障原因	故障处理
主轴起动立即跳闸	变频器内积尘太多引起短路	清扫变频器内积尘
	机械受卡负载太重引起过电流	检查机械原因并排除
面板显示尺寸与工作尺寸不符	驱动器故障	检查驱动器
	步进电动机松动	紧固机座
	接近开关松动或连线接触不良	检查接近开关连线
X 轴工作时抖动	机械故障	排除机械松动
	步进驱动器故障	用交换法与 Y 轴互换驱动器确定故障点
	步进电动机断相（失拍）不同步	检查步进电动是否断相失拍（断线）；也可用交换法，与 Y 轴电动机进行互换，确定故障点
Y 轴会参考点不起作用	接近开关 SQ8 松动	紧固接近开关
	挡块松动	紧固挡块限位
	接近开关与转盘距离不当	调整接近开关距离
Z 轴工作时误差太大	机械轨道磨损或松动	机械处理
	编程错误	修改编程
	驱动器接触不良，使步进电动机快慢不一	找出不良点，进行紧固
Z 轴超程	限位开关失灵，保护不起作用	用手动复位后更换限位开关
刀具松开不工作	KA7 接触器不工作	检查接触器线网是否无电源
	YV3 电磁阀不工作	检查 24V 直流电压是否接触不良
气压准备不工作	KA14 不工作，中间断线	重新连接导线

注 1. 本机床各轴进给部分的故障处理可采用各轴互换法和对比法交叉使用，依此既简单又方便地判断出各轴故障点来解决问题。

2. 各轴正负向软件极限为 ECU 内部数控设定，分别为各轴允许行程外 0.5mm，只要机床执行过回参考点动作，无论在任何方式下机床移动都不会超出此极限范围。一旦超程，只要在 JOG 方式下按超程的反方向键即可手动退出到正常区域。

3. 各轴正负向硬极限超程由各轴的正负极限挡铁和行程开关发出信号，一般在各轴允许行程外 2mm。当开关未执行回参考点动作时，如手动将轴移动到此极限时，则机床停止运动并显示报警。此时如要退出，只要在 JOG 方式下按超程的反方向键，可手动退出到正常区域。

4. 当轴超出行程 5mm 时，行程开关切断使全机停止，LCD 显示 3000 号报警。此时如要退出，则应按住操作面板上的超极限退出键，等待 3000 号报警消除后，在 JOG 方式下按住超程的反方向键来手动退出到正常区域。此时，超极限退出键才能松开。

5. 802SE 系统因 CNC 采用的是电容存电，参数容易丢失，机床停用两天以上给机床充电，防止数据和程序丢失。当机床数据和程序发生紊乱或显示器无数据显示时可进行 CNC 初始化（清零），将初始开关（在操作面背后）由 0 向 1 的方向旋转，然后还原至零，再使用准备好的 802SE 系统软件，通过电脑对 CNC 控制系统进行输入。

2.1.2 SIEMENS 802C 数控系统的连接

SIEMENS 802 系统包括 802S/Se/S base line、802C/Ce/C base line、802D 等型号，它是西门子公司 20 世纪 90 年代开发的，集 CNC、PLC 于一体的经济型控制系统。SIEMENS 802 系列数控系统的共同特点是结构简单、体积小、可靠性高、系统软件功能比较完善。

SIEMENS 802S、802C 系列系统的 CNC 结构完全相同，可以进行 3 轴控制及 3 轴联动控制，系统带有 ±10V 主轴模拟量输出接口，可以配用有模拟量输入功能的主轴驱动系统。两者的最大区别是：802S/Se/S base line 系列采用步进电动机驱动，802C/Ce/C base line 系列采用数字式交流伺服驱动系统，常与伺服驱动 SIMODRIVE611 U 和 1FK7 伺服电动机连接。

SIEMENS 802C base line CNC 控制器与伺服驱动 SIMODRIVE 611U 和 1FK7 伺服电动机的连接如图 2-13 所示。

SIEMENS 802C base line CNC 控制器与伺服驱动 SIMODRIVE baseline 和 lFK7 伺服电动机的连接如图 2-14 所示。

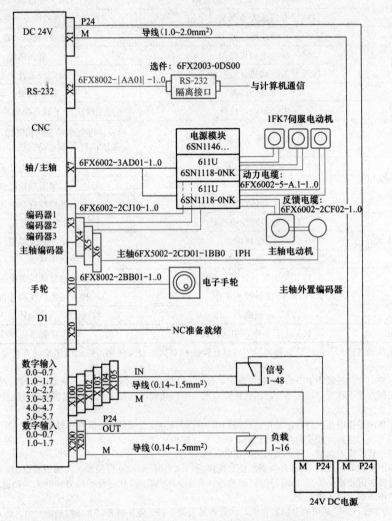

图 2-13 SIEMENS 802C base line CNC 控制器与伺服驱动
SIMODRIVE 611U 和 1FK7 伺服电动机的连接

1. 接口

SIEMENS 802C 接口放大图如图 2-15 所示。

(1) CNC 部分。

X1 电源接口（DC 24V）：3 芯螺钉端子块，用于连接 24V 负载电源。

X2 RS-232 接口（24V）：9 芯 D 型插座。

X6 主轴接口（ENCODER）：15 芯 D 型插座，用于连接主轴增量式编码器（RS-422）。

X7 驱动接口（AXIS）：50 芯 D 型插座，用于连接具有包括主轴在内最多 4 个模拟驱动的功率模块。

X10 手轮接口（MPG）：10 芯插头，用于连接手轮。

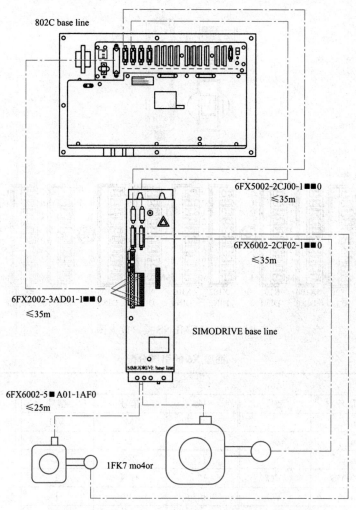

图 2-14 SIEMENS 802C base line CNC 控制器与伺服驱动
SIMODRIVE base line 和 1FK7 伺服电动机的连接

X20 数字输入（DI）：10 芯插头，用于连接 NC-READY 继电器和 BERO。

（2）DI/DO 部分。

X100～X105：10 芯插头，用于连接数字输入。

X200～X201：10 芯插头，用于连接数字输出。

S3 为调试开关，F1 为熔丝，S2 和 D15 只用于内部调试。

2. 主轴测量系统的连接（X6）

主轴测量系统的增量编码器采用 15 芯 D 型插座通过 X6 口与 CNC 连接，各引脚分配见表 2-2。

表中各符号含义如下：

A，A-N：A 相信号；B，B-N：B 相信号；Z，Z-N：零脉冲信号；P5-MS：电源 5.2V；M：电源接地；n. c.：地址信号；T：数据信号。

信号电平为 RS-422，VO 表示电源电压输出，I 表示 5V 信号输入。

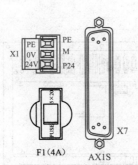

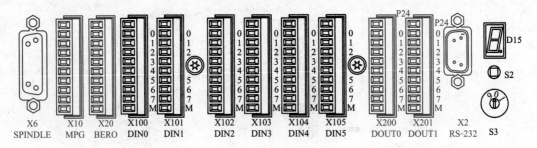

图 2-15　SIEMENS 接口放大图

表 2-2　　　　　　　　　　　　　**插座 X6 的引脚分配**

引脚	信号	型号	引脚	信号	型号
\multicolumn{6}{c}{X6}
1	n. c.		9	M	VO
2	n. c.		10	Z	I
3	n. c.		11	Z-N	I
4	P5-MS	VO	12	B-N	I
5	n. c.	VO	13	B	I
6	PS-MS	VO	14	A-N	I
7	M		15	A	I
8	n. c.			T	I

与主轴测量系统增量编码器相连接的 9 芯 D 型插座（针）RS-232 接口的引脚分配（X2）见表 2-3。

表 2-3　　　　　　　　　　　　　**RS-232 接口的引脚分配（X2）**

引脚	信号	型号	引脚	信号	型号
\multicolumn{6}{c}{X2}
1			6	DSR	I
2	RxD	I	7	RTS	O
3	TxD	O	8	CTS	I
4	DTR	O	9		
5	M	VO			

表中各符号含义如下：

RxD：数据接收；TxD：数据发送；RTS：发送请求；CTS 发送使能；DTR：备用输出；

DSR：备用输入；M：接地。

I：输入；O：输出；VO：电压输出。

采用 WinPCIN 电缆连接主轴测量系统增量编码器和 802C base line CNC，其 D 型插座的引脚分配见表 2-4。

表 2-4　　　　　　　　　　　　　　　D 型插座的引脚分配

9 芯	名　称	25 芯	9 芯	名　称	25 芯
1	屏蔽	1	1	屏蔽	1
2	RxD	2	2	RD	3
3	TxD	3	3	TD	2
4	DTR	6	4	DTR	6
5	M	7	5	M	5
6	DSR	20	6	DSR	4
7	RTS	5	7	RTS	8
8	CTS	4	8	CTS	9
9			9		

主轴测量系统的连接方法如图 2-16 所示。

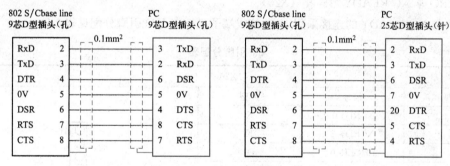

图 2-16　主轴测量系统的连接

3. 手轮的连接（X10）

手轮用 10 芯端子通过 X10 接口与 CNC 相连接，CNC 侧 X10 引脚分配见表 2-5。

表 2-5　　　　　　　　　　　　　　CNC 侧 X10 引脚分配

X10		
引脚	信号	类型
1	A1	I
2	A1 · N	I
3	B1	I
4	B1-N	I
5	P5-MS	VO
6	M5-MS	VO
7	A2	I
8	A2-N	I
9	B2	I
10	B2-N	I

表中各符号含义如下：

A1，A1-N：信号 A 的基本信号和取反信号（手轮 1）；B1，B1-N：信号 B 的基本信号和取反信号（手轮 1）；A2，A2-N：信号 A 的基本信号和取反信号（手轮 2）；B2，B2-N：信号 B 的基本信号和取反信号（手轮 2）；P5-MS：用于手轮的 5.2V 电源电压；M5-MS：电源接地；VO：电压输出。I：输入（5V 信号）。

手轮动作信号通过 5V TTL 电平或 RS-422 方波信号传输到 CNC 中，手轮侧 X10 引脚分配见表 2-6。

表 2-6   手轮侧 X10 引脚分配

引脚	信号	说明	引脚	信号	说明
1	A1+	手轮 1A 相+	6	GND	地
2	A1-	手轮 1A 相-	7	A2+	手轮 zA 相+
3	B1+	手轮 1B 相+	8	A2-	手轮 2A 相-
4	B1-	手轮 1B 相-	9	B2+	手轮 2B 相+
5	P5V	5V DC	10	B2-	手轮 3B 相-

手轮信号最大输出频率为 500kHz，信号 A 与 B 相位差为 90°±30′，使用 5V 电源，最大电流为 250mA。

4. BERO 与 NC-READY 的连接（X20）

BERO 与 NC-READY 的连接采用 10 芯接线端子，插座 X20 引脚分配见表 2-7。

表 2-7   X20 引脚分配表

引脚	信号	类型
11	NCRDY-1	K
12	NCRDY-2	K
13	10/BERO1	DI
14	11/BERO2	DI
15	12/BERO3	DI
16	13/BERO4	DI
17	14/NEPU1	未定义
18	15/NEPU2	未定义
19	L-	VI
20	L-	VI

表中各符号含义如下：

NCRDY-1、NCRDY-2：NC 准备好触点，DC150V 或 AC125V 时最大电流为 2A；10、11、12、13、14、15：快速数字输入 0、1、2、3、4、5；L-：S 数字输入的参考电位。

BERO 的 4 个输入端为 24V P 开关，用于连接感应接近开关（BERO）或非触点传感器。可用于参考点的开关，如 BERO1：X 轴，BERO2：Z 轴。

在 NC-READY（NCseRDY）输出端，继电器触点形式的 NC-READY 如图 2-17 所示，可以接入急停电路。当 NC 未准备好时，它的触点将断开，反之则闭合。NC-READY 直流开关电压为 50V，开关电流为 1A，开关功率为 30W。

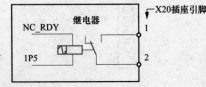

图 2-17 NC 内部的继电器 NC-READY

5. 数字输入端的连接（X100～X105）

数字输入接口插座 X100、X101、X102、X103、X104、X105 和 IN 采用 10 芯接线端子插座，其引脚分配见表 2-8。

表 2-8　　　　　　　　　　　　　　**X100-X105 引脚分配表**

引脚	信号	类型		引脚	信号	类型	
	X100				X103		
1	n. c.			1	n. c.		
2	DI0	DI		2	DI24	DI	
3	DI1	DI		3	DI25	DI	
4	DI2	DI		4	DI26	DI	
5	DI3	DI		5	DI27	DI	
6	DI4	DI		6	DI28	DI	
7	DI5	DI		7	DI29	DI	
8	DI6	DI		8	DI30	DI	
9	DI7	DI		9	DI31	DI	
10	M	VI		10	M	VI	
	X101				X104		
1	n. c.			1	n. c.		
2	DI8	DI		2	DI32	DI	
3	DI9	DI		3	DI33	DI	
4	DI10	DI		4	DI34	DI	
5	DI11	DI		5	DI35	DI	
6	DI12	DI		6	DI36	DI	
7	DI13	DI		7	DI37	DI	
8	DI14	DI		8	DI38	DI	
9	DI15	DI		9	DI39	DI	
10	M	VI		10	M	VI	
	X102				X105		
1	n. c.			1	n. c.		
2	DI16	DI		2	DI40	DI	
3	DI17	DI		3	DI41	DI	
4	DI18	DI		4	DI42	DI	
5	DI19	DI		5	DI43	DI	
6	DI20	DI		6	DI44	DI	
7	DI21	DI		7	DI45	DI	
8	DI22	DI		8	DI46	DI	
9	DI23	DI		9	DI47	DI	
10	M	VI		10	M	VI	

注　DI0～DI47 为 24V 数字输入端；VI 为电压输入；DI 为 24V 信号输入。

6. 数字输出端的连接（X200～X201）

数字输出接口插座 X200～X201 采用 10 芯接线端子插座，其引脚分配见表 2-9。

表 2-9 插座引脚分配

X200			X201		
引脚	信号	类型	引脚	信号	类型
1	1P24		1	2P24	
2	DO0/CW	DI	2	DO8	DI
3	DO1/CW	DI	3	DO9	DI
4	DO2	DI	4	DO10	DI
5	DO3	DI	5	DO11	DI
6	DO4	DI	6	DO12	DI
7	DO5	DI	7	DO13	DI
8	DO6	DI	8	DO14	DI
9	DO7	DI	9	DO15	DI
10	M	VI	10	M	VI

表 2-9 中 DO0～DO15 为数字输出口 0～5，最大电流为 500mA。DO0/CW 表示数字输出 0/单极主轴，顺时针方向，最大电流为 500mA；DO1/CCW 表示数字输出 1/单极主轴，逆时针方向，最大电流为 500mA。1P24、M 为数字输出口 0～7 供电；2P24、M 为数字输出口 8～15 供电。

7. CNC 电源（X1）

供给 CNC 的 24V DC 负载电源接到接线端子 X1 上，24V 直流电作为低压电源必须具有可靠的电隔离特性（按照 IEC204.1，条款 6.4，PELV），其电气参数见表 2-10。CNC 一侧的 X1 端子中 PE 接零线，M 接地，P24 接 24V DC 电源。

表 2-10 负载电源电气参数

参数	最小值	最大值	单位	条件
电压平均值	20.4	28.8	V	
波动性		3.6	Vss	
非周期性过压		35	V	500ms 持续时间，50s 恢复时间
额定消耗电流		1.5	A	
启动电流		4	A	

2.1.3 SIEMENS 802D 数控系统的连接

1. SIEMENS 系统各部件的连接（见图 2-18）

2. PROFIBUS 总线的连接

SIEMENS 802D 是基于 PROFIBUS 总线的数控系统。输入输出信号是通过 PROFIBUS 传送的，位置调节（速度给定和位置反馈信号）也是通过 PROFIBUS 完成的。

（1）PROFI BUS 电缆的准备。PROFIBUS 电缆应由机床制造商根据其电柜的布局连接。系统提供 PROFIBUS 的插头和电缆，插头应按照图 2-19 连接。

（2）PROFI BUS 电缆的准备。PCU 为 PROFIBUS 的主设备，每个 PROFIBUS 从设备（如 PP72/48、611UE）都具有自己的总线地址，因而从设备在 PROFIBUS 总线上的排列次序是任意

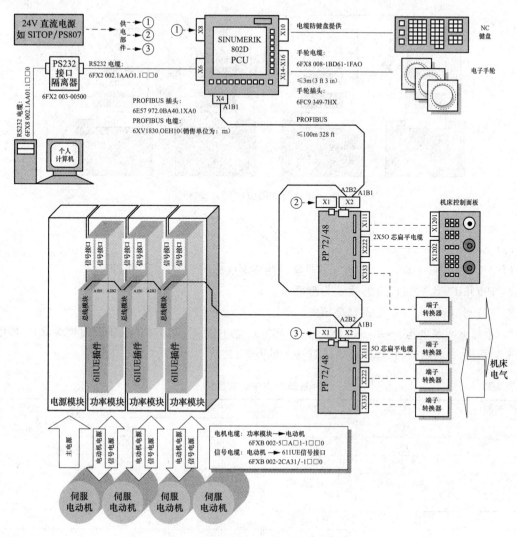

图 2-18　SIEMENS 系统各部件的连接

的。PROFIBUS 的连接请参照图 2-20。
PROFIBUS 两个终端设备的终端电阻开关
应拨至 ON 位置。P72/48 的总线地址由模
块上的地址开关 S1 设定。第一块 PP72/48
的总线地址为"9"（出厂设定）。如果选配
第二块 PP72/48，其总线地址应设定为
"8"；611UE 的总线地址可利用工具软件
SimoCom U 设定，也可通过 611 UE 上的
输入键设定。总线设备（PP72/48 和驱动
器）在总线上的排列顺序不限。但总线设

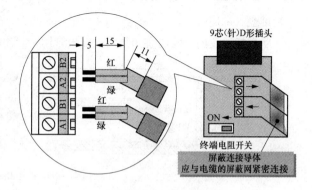

图 2-19　插头连接图

备的总线地址不能冲突，既总线上不允许出现两个或两个以上相同的地址。

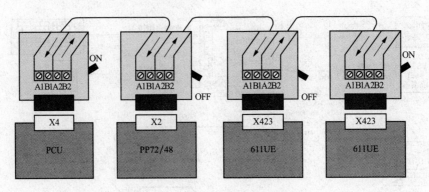

图 2-20　PROFIBUS 的连接图

3. 硬件说明

（1）SIEMENS 802D PCU 部件。

1）24VDC 电源（×8）。3 芯端子式插座（插头上已标明 24V，0V 和 PE）。

2）PROFIBUS（×4）。9 芯孔式 D 型插座。

3）COM1（×6）。9 芯孔式 D 型插座。

4）手摇脉冲发生器 1～3（×14/×15/×16）15 芯孔式 D 型插座。手轮电缆插头（15 芯孔 D 型插头）布局（与接口×14/×15/×16 连接）见表 2-11。

表 2-11　　　　　　　　　　　　　手摇脉冲发生器的连接

引脚	信号名	说明	引脚	信号名	说明
1	1P5	5V 手轮电源	9	1P5	5V 手轮电源
2	1M	信号地	10	N. C.	
3	A_HWx	A 相脉冲	11	1M	信号地
4	XA_HWx	A 相脉冲负	12	N. C.	
5	N. C.		13	N. C.	
6	B_HWx	B 相脉冲	14	N. C.	
7	XB_HWx	B 相脉冲负	15	N. C.	
8	N. C.				

5）键盘（×10）。

6）状态指示。前端盖内有 4 个发光二极管用于状态指示（见图 2-21）。

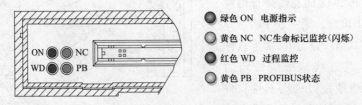

绿色 ON　电源指示

黄色 NC　NC生命标记监控(闪烁)

红色 WD　过程监控

黄色 PB　PROFIBUS状态

图 2-21　状态指示

（2）输入/输出模块 PP72/48。输入输出模块 PP72/48 模块可提供 72 个数字输入和 48 个数字输出。每个模块具有二个独立的 50 芯插槽，每个插槽中包括了 24 位数字量输入和 16 位数字量输出（输出的驱动能力为 0.25A，同时系数为 1）。

1）802D 系统可配置的 PP 模块。

802D 系统最多可配置两块 PP 模块。

PP 72/48 模块 1（地址：9）。

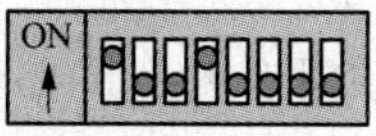

×111 对应 24 位输入（I0.0-I2.7）和 16 位输出（Q0.0-Q1.7）。

×222 对应 24 位输入（I3.0-I5.7）和 16 位输出（Q2.0-Q3.7）。

×333 对应 24 位输入（I6.0-I8.7）和 16 位输出（Q4.0-Q5.7）。

PP 72/48 模块 2（地址：8）。

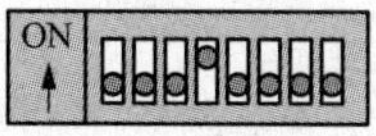

×111 对应 24 位输入（I9.0-I11.7）和 16 位输出（Q6.0-Q7.7）。

×222 对应 24 位输入（I12.0-I14.7）和 16 位输出（Q8.0-Q9 7）。

×333 对应 24 位输入（I15.0-I17.7）和 16 位输出（Q10.0-Q11.7）。

2）PP72/48 结构图（见图 2-22）。

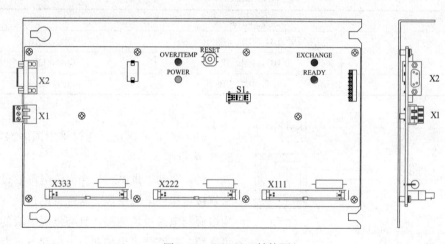

图 2-22 PP72/48 结构图

a）24VDC 电源。（×1）3 芯端子式插头（插头上已标明 24V，0V 和 PE）。

b）PROFIBUS。（×2）9 芯孔式 D 型插头。

c）×111，×222，×333。50 芯扁平电缆插头，用于数字量输入和输出，可与端子转换器连接。说明见表 2-25。

d）S1。PROFIBUS 地址开关。

e）4 个发光二极管 PP72/48 的状态显示（见图 2-23）。

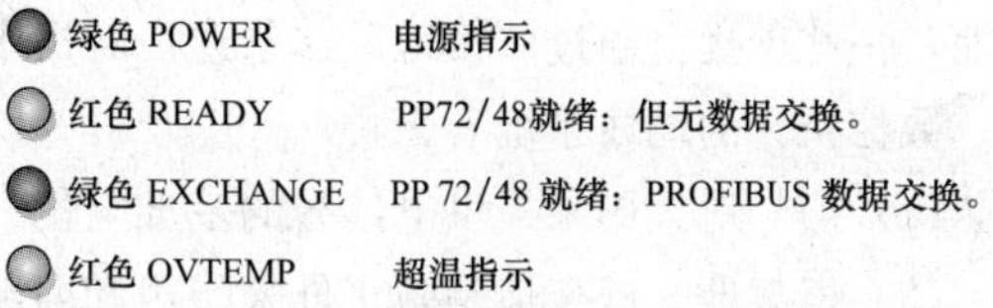

🟢 绿色 POWER　　　电源指示
🔴 红色 READY　　　PP72/48 就绪：但无数据交换。
🟢 绿色 EXCHANGE　PP 72/48 就绪：PROFIBUS 数据交换。
🔴 红色 OVTEMP　　　超温指示

图 2-23 4 个发光二极管 PP72/48 的状态显示

3）PP72/48 模块的外部供电。

a）输入信号的公共端可由 PP72/48 任意接口的第 2 脚供电；也可由为系统供电的 DC24V 电源提供（该 24V 电源的 0V 应连接到 PP72/48 每个接口的第 1 脚）。

b）输出信号的驱动电流由 PP72/48 各接口的公共端（×111/×222/×333 的端子 47/48/49/50）提供。输出公共端也可由为系统供电的 DC24V 电源提供，也可采用单独的电源；如果采用独立电源为输出公共端供电，该电源的 0V 应与系统 24V 电源的 0V 连接。

（3）机床控制面板（Machine Control Panel）的连接。机床控制面板背后的两个 50 芯扁平电缆插座可通过扁平电缆与 PP72/48 模块的插座连接。即机床控制面板的所有按键输入信号和指示灯信号均使用 PP72/48 模块的输入输出点。该机床控制面板占用 PP 模块的两个插槽。它们的排列见表 2-12。2 条扁平电缆可以连接 PP72/48 模块（PROFIBUS 总线地址 9）上任意插座，其输入/输出字节见表 2-13。

表 2-12　　　　　　　　　　　　　　**PP 模块的两个插槽的对应关系**

MCP	对应的按键	MCP	对应的按键
×120l	输入字节 0：对应按键 #1～#8	×1202	输入字节 3：对应按键 #25～#27
	输入字节 1：对应按键 #9～#16		输入字节 4：对应进给倍率开关（5 位格林码）
	输入字节 2：对应按键 #17～#24		输入字节 5：对应主轴倍率开关（5 位格林码）
	输出字节 0：6 个对应于用户定义键的发光二极管		输出字节 1：保留

表 2-13　　　　　　　　　　　　　　**PP72/48 模块输入/输出字节**

PP72/48	输入字节	输出字节
×111	IB0，IB1，IB2	QB0，QB1
×222	IB3，IB4，IB5	QB2，QB3
×333	IB6，IB7，IB8	QB4，QB5

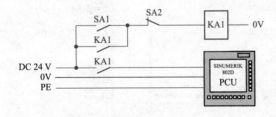

图 2-24　802D 的供电方式

4. 供电

（1）802D 的供电。建议采用图 2-24 的方式给 802D 的供电。

（2）驱动器供电。三相交流电源通过主电源开关直接连接到电源模块。若配备电抗器，应连接在主电源与电源模块之间，且与电源模块的连线应尽可能短。断路器可串接在总电源和电抗器之间。电源模块进线电压的出厂设定为 $400 \times (1 \pm 10\%)$ VDC，当电压超出该范围，电源模块的报警（进线故障灯亮），且"就绪"信号丢失（72 号端子与 73.1 号端子断开）。

5. 接地

数控机床安装中的"接地"有严格要求，如果数控装置、电气柜等设备不能按照使用手册要求接地，一些干扰会通过"接地"这条途径对机床起作用。

数控机床的地线系统有三种：

（1）信号地。用来提供电信号的基准电位（0V）。

（2）框架地。框架地是防止外来噪声和内部噪声为目的的地线系统，它是设备的面板、单元的外壳、操作盘及各装置间连接的屏蔽线。

（3）系统地。是将框架地和大地相连接。图 2-25 是数控机床的地线系统示意图，图 2-26 为数控机床实际接地的方法。

接地注意事项：

（1）接地标准及办法需遵守国家标准 GB/T 5226.1—1996《工业机械电气设备第一部分：通用技术条件》。

（2）中性线不能作为保护地使用。

（3）PE 接地只能集中在一点接地，接地线横截面积必须不小于 6mm²，接地线严格禁止出现环绕。

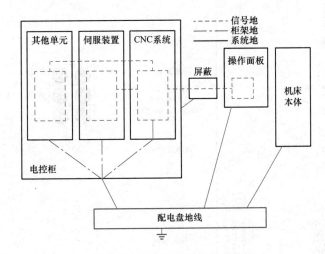

图 2-25　数控机床的地线系统

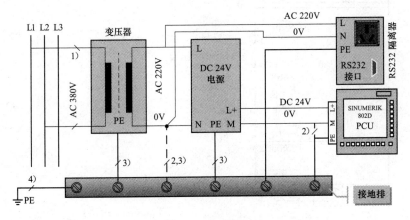

图 2-26　系统地

其中：

1）只有 PE 接地良好时才能连接，如果不能确定 PE 是否良好，禁止连接。

2）接地线横截面积必须不小于 10mm²，以确保接地效果。

2.1.4　SIEMENS 810D/840D 系统数控机床的硬件连接

1.电源模块

（1）主电源模块概述。图 2-27 是 10～55kW 的 UE（不可调节电源）和 I/RF（馈入/再生反馈电源）模块，前者采用能耗制动，功率小于 15kW；后者则采用反馈制动，功率大于 15kW，不过此时应在输入处加接三相电抗器。

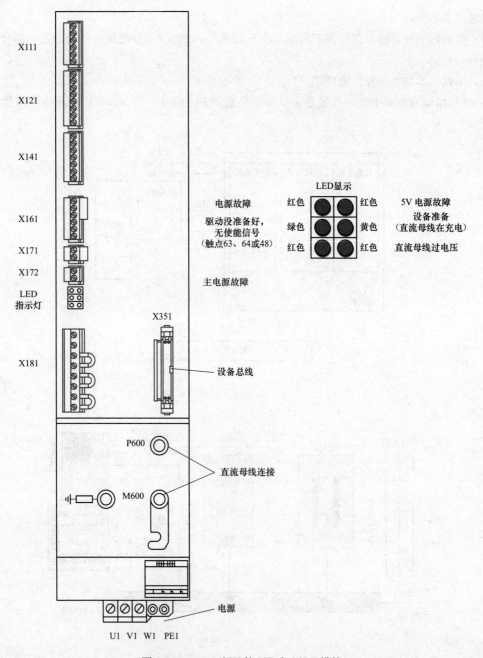

图 2-27　10~55kW 的 UE 和 I/RF 模块

　　电源模块的作用有三个：一是强电供电，即将三相 380V 交流电转换为直流 600V，由直流母线（DC Link Connection）输出，其目的是为交—直—交的变频驱动模块供电；二是弱电供电，即提供 15V、24V 及 5V 弱电，由设备总线（Device bus）输出，供数控模块和驱动模块工作（用电）；三是反馈制动时将电动机的能量反馈到电网。

　　电源模块的工作正常与否由面板上的 LED 指示反映。LED 指示灯有左右两排，其指示的信息分别介绍如下。

　　左边一排 LED（发光二极管）指示灯：电源故障（Electronices power supply faulty）指示灯指

示±15V 故障，为红色灯；驱动没准备好，无使能信号（Device ont ready enabliing signal）（触点 63、64 或 48）指示使能信号触点 63 和 9，64 和 9，48 和 9 没有闭合，使机床处于未准备状态，这是绿色灯；主电源故障（Main fault）指示灯则指示了三相输入电源有问题，这是红色灯。

右边一排 LED 指示灯：5V 电源故障（5V voltage fault）指示灯指示 5V 电源故障，为红色灯；设备准备（直流母线在充电）［Device ready（DC link precharge）］指示灯指示直流母线在充电，这是黄色灯；直流母线过电压（DC link overvoltage）指示灯指示直流母线过电压，这是红色灯。

电源模块工作正常时应该是黄色灯亮，其他灯亮都属于不正常。另外，为了保证输入电源模块的三相电源可靠稳定工作，在电源模块前应使用三相稳压器，并要有可靠的接地。

（2）主电源接线端子。主电源接线端子如图 2-28 所示。

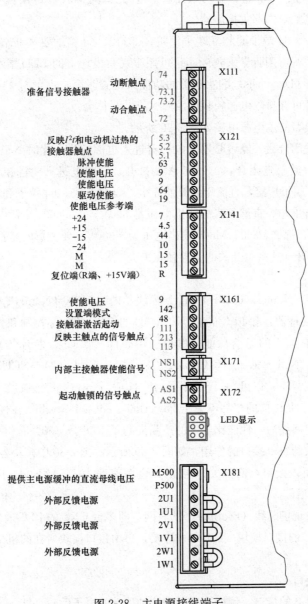

图 2-28 主电源接线端子

X111 提供了一副动合和动断的内部触点，上电启动后分别闭合和打开，这两个端口可供用户外接使用。X121 提供了电动机过热、脉冲使能（63）、驱动使能（64）等端子，使用时脉冲使能应与 9 端子短接，驱动使能也应和 9 端子短接，否则都会使电动机停下；X141 提供了 ±24V 直流、±15V 直流电源和复位端子。X161 提供设置端模式（112）和接触器激活启动（48）端子。使用时这两个端子应和 9 端子短接，就可建立标准的模式，并对直流母线充电；如果断开，则直流母线放电，因此 48 端子不宜频繁地通断。111、213、113 用于从外部检测内部主接触器的触点是否闭合。X171 是内部主接触器的使能端子，使用时短接，以使内部主接触器的线圈得电，主触点可以闭合，这样三相电源可送入电源模块内部；X172 内部有一副动断触点，上电后打开；X181 的 M500 和 P500 端子在需要时可连接输入直流电压，以维持电源模块故障时工作；2U1、2V1、2Wl 端子如果不使用 1U1、1V1、1W1 的三相电源，可单独接，这三个端子与三相电接通后用于电源模块输出弱电和内部器件供电，例如对内部主接触器供电。

正常使用时，①63、64 端子要和 9 端子短接；②112、48 端子要和 9 端子短接；③NS1、NS2 端子要短接。前面两项既可用听觉来判断，也可用眼观察模块上的 LED 指示灯来判断，还可以在 MMC 上使用诊断系统（Diagonsis）的主菜单的功能来检查。第三项可对 111、213、113 端子用万用表来检查。这些内容可在排除电源模块的故障时进一步体会。

（3）典型电路。典型的主电源电路如图 2-29 所示。

三相电源在主开关闭合后，经熔断器、电抗器进入电源模块，此时 NS1 和 NS2 若短接，那么内部接触器线圈得电，其触点闭合，AS1 和 AS2 打开，三相电进入电源模块的强电的整流部分。如果 112、48 端子和 9 端子短接，直流母线开始充电，再加上 63、64 端子和 9 端子短接，那么电源模块就完成上电的准备工作。直流母线的输出电压是 600V，由 P600、M600 输出，若 100kΩ 电阻器接在 M600 和 PE 间，那么 P600、M600 输出电压为 ±300V。要注意的是：48 端子在主开关的主触点断开之前 10ms 断开（这由主开关的引导触点来完成）。

2.NCU 模块

（1）840D 的 NCU（Numeric Control Unit）模块。内装 NCK（Numeric Control Kernal），即数控核心的 CPU（中央处理器）和 PLC 的 CPU，840D 的 CNC 的轨迹控制和外部设备的控制都集中在该模块内，并包含有强大的通信功能。根据选用硬件（如 CPU 芯片等）和功能配置的不同，NCU 分为 NCU561.2、NCU571.2、NCU572.2、NCU573.2（12 轴）、NCU573.2（31 轴）等若干种，其中 NCU572.3/573.3 以上的产品属于 840D Powerline（强力线），而 NCU571.2、NCU572.2、NCU573.2 及以前的产品不属于 Powerline。840D Powerline 在性能上有了很大的改进，处理周期缩短，执行时间缩短，性能比原来的产品提高了 100%～250%。

下面来说明该模块的每个接口的作用，如图 2-30 所示。图 2-30 中模块各接口作用如下：

1）X101 是操作面板接口，简称 OPI 接口，通信速率为 1.5MBaud，用于 NCU、MMC（或 PCU）和 MCP 的连接通信。

2）X102 用于工业现场总线（Profibus）的联网，即多台 CNC 的 PLC 通信。

3）X111 是和 PLC 的接口模块（IM361）连接，再由接口模块所在的机架上的 I/O 模块与要控制的外设相连。

4）X112 是预留接口。

5）X121 是 I/O 设备的接口，例如：控制进给轴移动的电子手轮（Handwheel）、可移动控制机

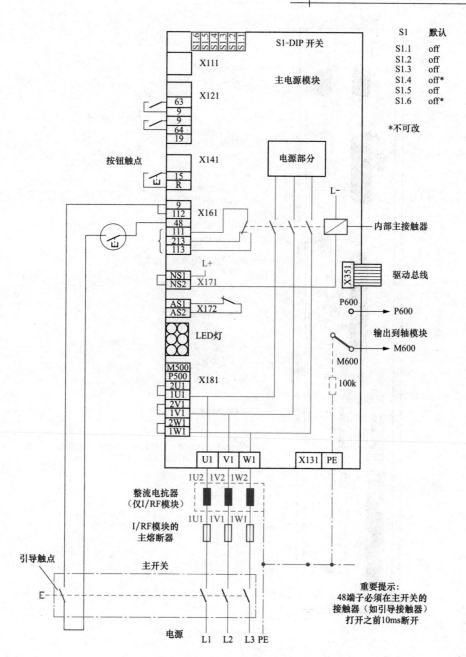

图 2-29　典型的主电源电路

床的手持单元（HHU——Hand Held Unit）等。

6）X122 是连接 PG/PC 的接口，PG 是西门子的专用编程器，连接用 MPI（Multi point interface 多点接口）电缆；如果是连接 PC，则要用 PC 适配器（其中 7 端口和 2 端口要接±24V 直流），PG/PC 上装有 Step 7 时，可通过该接口对内装的 S7-300PLC 进行编程、修改和监控。

7）H1/H2 是两排各种出错和状态的 LED 灯，H1 是综合信号，H2 是 PLC 的信号。

a）H1：

＋5V：工作电源（绿色）。

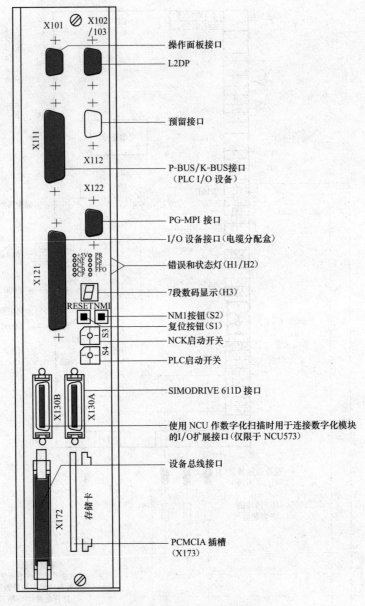

图 2-30 840D 的 NCU 模块

NF：NCK 启动过程中，其监控器被触发时，此灯亮（红色）。

CF：通信故障（红色）。

CB：OPI 通信（黄色）。

CP：MPI 通信（黄色）。

b) H2：

PR：PLC 运行（绿色）。

PS：PLC 停止（红色）。

PF：PLC 故障（红色）。

PF0：PLC 强制（黄色）。

————：工业现场总线激活。

CNC 工作正常时，+5V、PR、OPI 灯亮。

8) H3 是 7 段 LED 显示，正常时应为 "6"。

9) S1 是 NC 复位按钮（Reset）。

10) S2 是非屏蔽按钮（NMI）。

11) S3 是 NC 启动开关。

a) 位置 0：正常运行。

b) 位置 1：NCK 总清。

c) 位置 2：NCK 从内存卡软件升级。

d) 位置 3~7：预留。

12) S4 是 PLC 启动开关。

a) 位置 0：PLC 运行编程。

b) 位置 1：PLC 运行。

c) 位置 2：PLC 停止。

d) 位置 3：模块复位。

13) X130B 是与数字模块的接口，该模块可通过探针或激光探针对零件进行测量后，然后自动生成加工程序，但仅限于 NCU573。

14) X130A 是连接 Simodrive 611D 数字驱动模块的接口，又称驱动总线，传送驱动控制信号。

15) X172 是设备总线接口，传送驱动使能信号和弱电系统供电。

16) X173 是 PCMCIA 接口（个人计算机存储卡），上面插入 840D 的 NCU 系统软件。

（2）810D 的 NCU 模块。810D 的 NCU 模块中包含了 CNC 的 CPU 和 PLC 的 CPU，还集成了 3 个轴的驱动模块。国内常见的有 CCU1 和 CCU3，而 CCU3 又称 810D 强力线，它具有以下的新功能：可使用同步主轴电动机、线性电动机和力矩电动机，还可使用超大的或大型的普通电动机；可进行驱动的自动优化，给调试带来很大方便；可以控制 6 个轴（其中两个主轴），而 CCU1 只能控制 5 个轴（其中 1 个主轴）；软件方面，CCU3 从软件版本 6 以上开始，与 840D 完全同步，可以联上西门子工业现场总线。

图 2-31 是 810D 的 NCU 模块，其中 X411~X416 是系统的 6 路位置测量，这些测量可以是直接的（即测量系统二），也可以是间接的（即测量系统一），所谓直接的就是位置信号取自丝杠上光栅编码器的位置反馈信号，即全闭环控制，而间接的就是位置信号取自电动机上的旋转编码器。

1) X121 是 I/O 接口，可连接电子手轮和手持单元（HHU）。电动机编码器的位置反馈信号属半闭环控制。要注意的是 X411 用于进给轴或主轴的位置反馈，与 A1 端子连接的电动机对应，X412、X413 只能用于进给轴的位置反馈，分别对应 A2 端子连接的、A3 端子连接的电动机，其余的 X414~X416 则可留给扩展轴或其他用途。

2) X102 是西门子的工业现场总线接口（Profibus DP）。

3) X111 是连接 S7-300PLC 的接口模块 IM361 或紧凑型外设模块（EFP，Single I/O module），这些模块都是连接外设 I/O 的。

4) X122 是 MPI 接口，用于连接 MMC、MCP、PG 等，810D 系统无 OPI 接口，这与 840D 不同。

5) HI/H2、H3、S1、S3、S4 的功能基本与 840D 相同，但有一点不同，即 H1 排的第三个

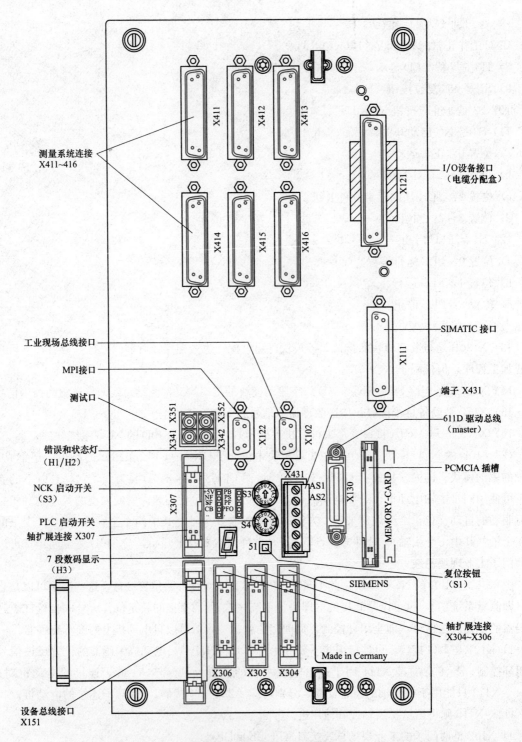

图 2-31 810D 的 NCU 模块

LED 灯是 SF，而不是 CF，该红色灯反映了驱动的故障，而且 810D 无 S2。

6）X351（DAC1）、X352（DAC2）、X353（DAC3）是系统的 3 路 D/A 信号输出测试口，具体的物理量可在 MMC 的菜单中选择，X342 是信号的接地。

7）X431 是终端块，其中 663 是脉冲使能终端，必须和 9 端子相连，断开时控制使能失效，电动机制动开关释放。AS1、AS2 的内部有一副动断触点，启动后打开，B 端子（BERO）可输入外部零点标记。

8）X151 是设备总线。

9）X304～X306 是轴扩展模块的接口，X304 与 X414 相对应，X305 与 X415 相对应，X306 与 X416 相对应。

10）PCMCIA 是个人计算机存储卡，可存放 810D 系统软件。

3. 驱动模块

西门子的驱动模块有模拟型的 611A、数字型的 611D 和通用型的 611Uo，这些都是模块化的结构。Simodrive 611D 是 840D 的数字驱动模块，有 1 轴的 FDD/MSD 模块和 2 轴的 FDD 模块两种（FDD，Feed Drive——进给轴驱动，MSD，Main Spindle Drive——主轴驱动），模块内各控制环的参数设置均在 NCU 中，模块各接口如图 2-32 所示。

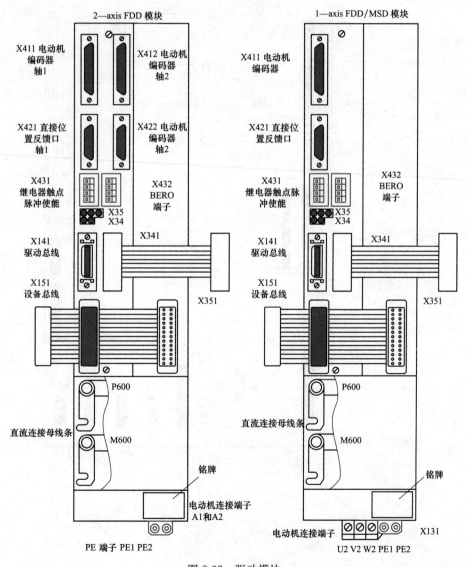

图 2-32　驱动模块

1）X411、X412 是电动机编码器的位置反馈信号和电动机热敏电阻信号的接口，又称第一测量系统，即半闭环系统。X421、X422 是直接位置反馈信号接口，又称第二测量系统，即全闭环系统。

2）X431 是继电器终端，和 810D 的 X431 终端模块功能相同。

3）X432 是零位终端，和 810D 的 B 端口功能相同。

4）X35 是 3 路 A/D 信号输出测量口，作用和 810D 的 X341、X342、X351、X352 相同。

5）X34 是红色的 LED 灯，启动时、系统不正常时亮，驱动模块正常时，该灯熄灭。

6）X141 是驱动总线，X151 是设备总线。

7）P600、M600 是直流母线 600V 的输入，用于驱动模块的交流变频。

4. MMC103 和 MCP

MMC103 相当于一台功能齐全的 PC，奔腾 CPU、带硬盘，而且 840D、810D 都可使用。

MMC103 的背面布置如图 2-33 所示。

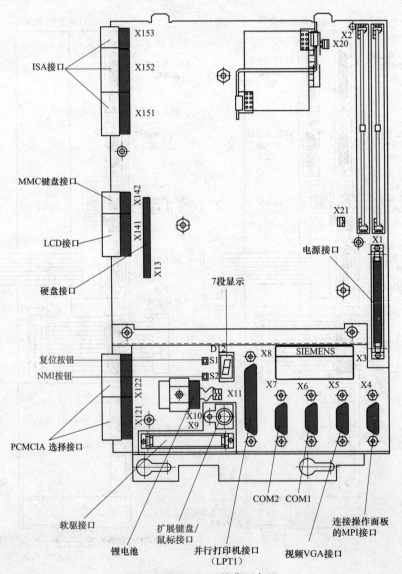

图 2-33　MMC103 的背面布置

X141 是 MMC 的 LCD（液晶显示器）接口；X142 是 MMC 操作面板的键盘接口；X13 是硬盘接口；X121、X122 是 PCMCIA（个人计算机存储卡国际协会）选择接口；X11 是后备电池；X9 是软驱接口；X10 是扩展键盘/鼠标接口；S1 是复位按钮；S2 是 NMI（非屏蔽）按钮；D12 是 7 段显示，MMC 正常时显示 "8"；X8 是并行打印机接口；X7 是 COM2 接口；X6 是 COM1 接口，又称 "V24" 接口，是和 "Winpcin" 通信的接口；X5 是视频 VGA 接口；X4 在 840D 上用作 OPI 接口，在 810D 上用作 MPI 接口；X1 是 24V 直流输入。X151、X152、X153 是工业标准接口。

MMC 和 MCP、NCU 的连接如图 2-34 所示。

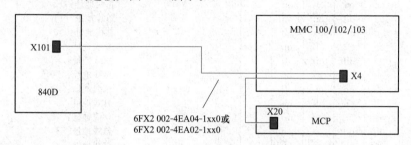

图 2-34　MMC 和 MCP、NCU 的连接

在 840D 中的接口是 X101，而在 810D 中是 X122 接口。

现在的 MCP（机床控制面板）有车床版 MCP 和铣床版 MCP 两种。图 2-35 是 MCP 板的背面布置，MCP 板的工作电压是直流 24V。S3 可对 X20 口与 MCP、MMC 或 NCU 的通信速率和地址分配进行设置。表 2-14 和表 2-15 分别是 840D 和 810D 的设置。

S3 上面有一排（8 个）微型拨动开关 1～8：第 1 位用于传送的波特率为 1.5MBaud 的是 OPI 接口，在 840D 上使用，波特率为 187.5kBaud 的是 MPI 接口，在 810D 上使用；第 2、3 位代表循环传送时间；第 4～7 位，共 4 位用于设置接口地址，可用 4 位二进制表示 0～15 的十进制地址；第 8 位说明 MCP 是标准的还是用户的。表 2-14 和表 2-15 中最后一行是 840D 的默认的设置，即 840D 用的是 OPI 总线，地址是 6，而 810D 用的是 MPI 总线，地址是 14。

MCP 背面的 LED 灯 1～4 的含意见表 2-16。

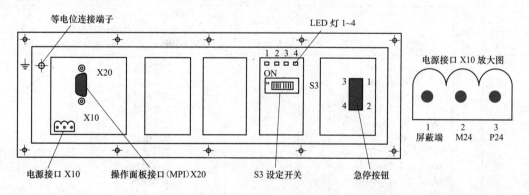

图 2-35　MCP 的背面布置

表 2-14 　　　　　　　　　　　　　　　　　　**840D 的 S3 设置**

1	2	3	4	5	6	7	8	说　明
on off								波特率＝1.5MBaud 波特率 187.5kBaud

1	2	3	4	5	6	7	8	说　明
	on	off						周期传送标记/2400ms 接收监控
	off	on						周期传送标记/1200ms 接收监控
	off	off						周期传送标记/600ms 接收监控
			on	on	on	on		总线地址：15
			on	on	on	off		总线地址：14
			on	on	off	on		总线地址：13
			on	on	off	off		总线地址：12
			on	off	on	on		总线地址：11
			on	off	on	off		总线地址：10
			on	off	off	on		总线地址：9
			on	off	off	off		总线地址：8
			off	on	on	on		总线地址：7
			off	on	on	off		总线地址：6
			off	on	off	on		总线地址：5
			off	on	off	off		总线地址：4
			off	off	on	on		总线地址：3
			off	off	on	off		总线地址：2
			off	off	off	on		总线地址：1
			off	off	off	off		总线地址：0
							on	接至用户操作面板
							off	MCP
on	off	on	off	on	on	off	off	默认设定
on	off	on	off	on	on	off	off	840D 默认设定 波特率＝1.5MBaud 周期传送标记 100ms 总线地址：6

表 2-15　　　　　　　　810D 的 S3 设置

1	2	3	4	5	6	7	8	说　明
on								波特率：1.5MBaud
off								波特率：187.5kBaud
	on	off						200ms 周期传送标记/2400ms 接收监控
	off	on						100ms 周期传送标记/1200ms 接收监控
	off	off						50ms 周期传送标记/600ms 接收监控
			on	on	on	on		总线地址：15
			on	on	on	off		总线地址：14
			on	on	off	on		总线地址：13
			on	on	off	off		总线地址：12
			on	off	on	on		总线地址：11
			on	off	on	off		总线地址：10
			on	off	off	on		总线地址：9
			on	off	off	off		总线地址：8
			off	on	on	on		总线地址：7
			off	on	on	off		总线地址：6
			off	on	off	on		总线地址：5
			off	on	off	off		总线地址：4
			off	off	on	on		总线地址：3
			off	off	on	off		总线地址：2
			off	off	off	on		总线地址：1
			off	off	off	off		总线地址：0

1	2	3	4	5	6	7	8	说　明
							on	接至用户操作面板
							off	MCP
on	off	0n	off	on	on	off	off	交货时状态
off	off	on	on	on	on	off	off	810D 默认设定 波特率：187.5kBaud 周期传送标记 100ms 总线地址：14

表 2-16　　　　　　　　　　　MCP 背面的 LED 灯 1～4 的含义

名　称	含　义
LED 灯 1 和灯 2	保留
LED 灯 3	当有 24V 电压时灯亮
LED 灯 4	发送数据时灯闪烁

注　MCP 板上还有急停按钮。

5. OPI 和 MPI 通信

MPI 是西门子的多点接口通信，OPI 是操作面板接口，两者都符合 RS-485 标准，仅通信的速率不同，前者是 187.5kBaud，后者是 1.5MBaud。

西门子把各种具有 MPI 接口的设备（PG、OP、PLC 等）连起来组成网络，以全局数据通信方式实现网上 CPU 之间数据交换，其优点是不需要额外的硬件和软件。

将接到网上的每个设备都设为一个节点，网上最多可有 32 个节点。每个节点都有一个 MPI 地址，地址不能重复，而且该地址不能大于最高 MPI 地址。

MPI 的默认地址见标准应用，图 2-36 和图 2-37 是 840D 和 810D 的标准应用。

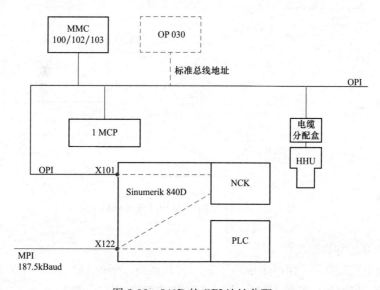

图 2-36　840D 的 OPI 地址分配

图 2-36 和图 2-37 中 MCP 和 HHU 的地址由各自上方的拨动开关来设置，其他都用软件设置，可在 MMC 上的菜单（Start up/MMC/operator panel）下观察和修改。

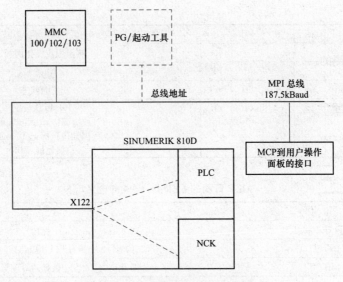

图 2-37　810D 的 MPI 地址分配

　　它们的连接电缆，要注意的有两点：网上第一和最后节点接入通信终端匹配电阻；电缆的两头拨动开关要拨到 ON 位置，中间的则要拨到 OFF 位置，如图 2-38 所示。

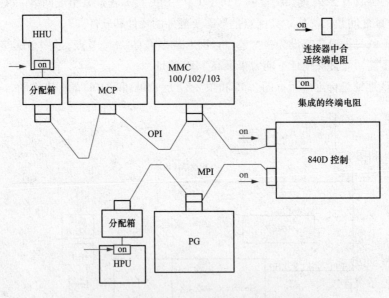

图 2-38　840D 的 MPI 和 OPI 连接器的使用

　　6. 面板控制单元和操作面板

　　配合新的强力线的推出，西门子推出了新的控制面板。新的 OP（操作面板）配置新的 PCU（面板控制单元），以取代以前的 MMC。配合新的操作面板 OP10、OP10S、OP10C、OP12、OP15等，目前有三种 PCU 模块——PCU20、PCU50、PCUT0，PCU20 对应于 MMC100.2，不带硬盘，但可以带软驱；PCU50、PCU70 对应于 MMC103，可以带硬盘。与 MMC 不同的是：PCU50 的软件是基于 Windows NT 的。PCU 的软件被称作 HMI（人机界面），HM1 分为两种：嵌入式 HMI 和高级 HMI。一般标准供货时，PCU20 装载的是嵌入式 HMI，而 PCU50 和 PCU70 则装载高级 HMI。PCU20 右侧的接口如图 2-39 所示，PCU50 右侧的接口如图 2-40 所示。

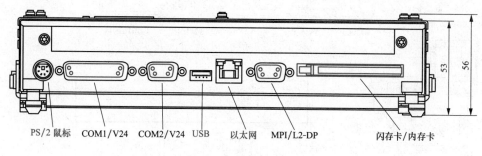

PS/2 鼠标　　COM1/V24　COM2/V24　USB　　以太网　　MPI/L2-DP　　　　　闪存卡/内存卡

图 2-39　PCU20 右侧的接口

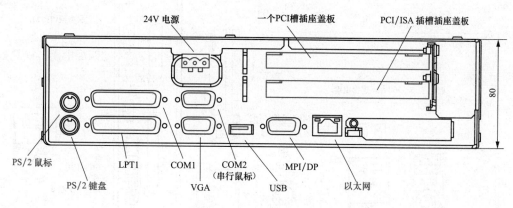

24V 电源　　　　　　一个 PCI 槽插座盖板　　　　　PCI/ISA 插槽插座盖板

PS/2 鼠标　　　LPT1　　COM1　　COM2　　MPI/DP
　　　　　　　　　　　　　　（串行鼠标）
　　　PS/2 键盘　　　　VGA　　　USB　　　以太网

图 2-40　PCU50 右侧的接口

从图 2-39 和图 2-40 看 PCU 实际上也是一台 PC，除了 MPI 接口外，其他都是 PC 的标准接口，需要指出的是，在市场上购买的一些 CF（存储）卡，不能在 PCU 上使用，因为 CF 卡分为 CHS 和 LBA 两种格式，PCU 只能识别 CHS 格式。

OP 单元一般包括一个 10.4in TFT 显示屏和一个 NC 键盘。根据用户的不同要求，西门子为用户选配不同的 OP 单元，例如：OP010、OP012、OP015 等。

7. 典型的 840D 数控系统的连接

840D 数控系统连接如图 2-41 所示。

图 2-41 中 X130A 接口连接 NCU 终端模块，这是用于 CNC 高速数字量和模拟量的 I/O，最多可接 2 个，每个上面可插入 8 个 DMP 模块（Distributed Machine Peripheral 分散机床外设）。

8. 典型的 810D 数控系统连接

典型的 810D 数控系统连接如图 2-42 所示。

图 2-42 是 4 根进给轴、1 根主轴的典型配置，图中 HT6 是手持编程单元，它除了操作、控制功能外，还具有加工编程的功能。

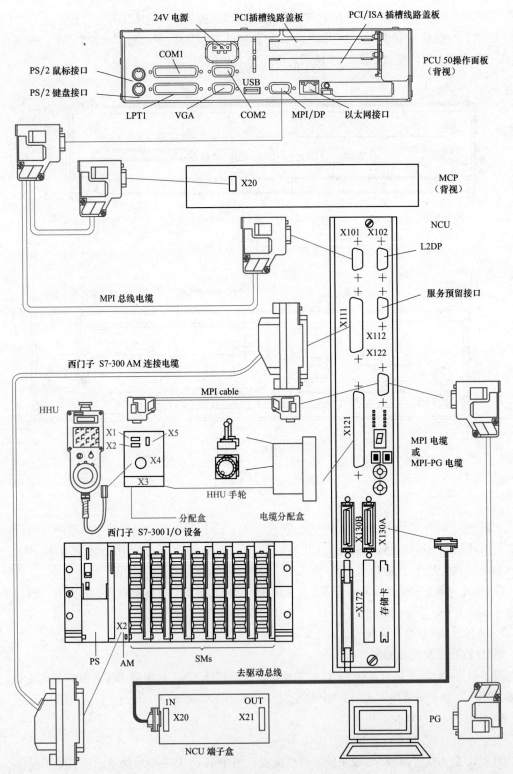

图 2-41　典型的 840D 数控系统连接

注：X8/X9 仅在 PCU101/102 上。

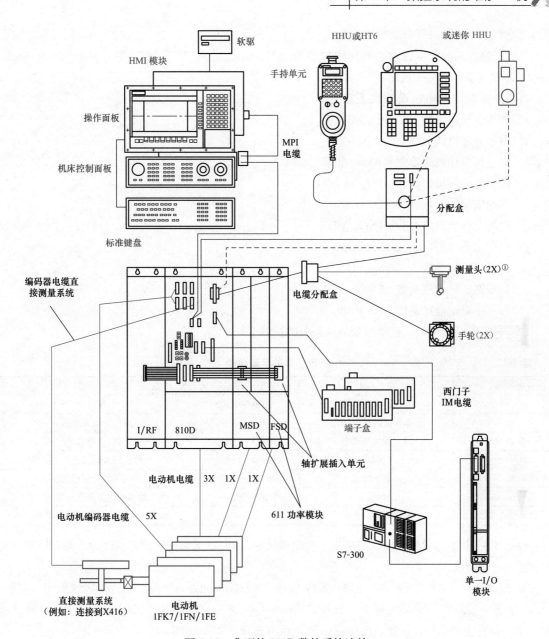

图 2-42　典型的 810D 数控系统连接

2.2　SIEMENS 数控系统的参数设置

2.2.1　SIEMENS 810D/840D 数控系统的参数设置

1. 区域和分类

西门子数控系统制造商在系统供应给机床生产厂家之前，在系统里安装了标准参数，生产厂家再根据最终用户的要求修改标准参数（生产厂家只是部分修改参数），以匹配具体的机床，用户最终拿到手的是修改过的标准参数。在使用过程中，用户还要根据工作的实际需要和环境的变化，不断对生产厂家供给的参数作调整和修改。

西门子数控系统的参数就是利用机床参数（Machine Data，MD）和设置参数（Setting Data，SD）来使控制系统适应于机床。

（1）机床参数（MD）分成以下几类。

1）通用的机床参数　General MD。

2）指定通道机床参数　Channel MD。

3）指定伺服轴机床参数　Axis MD。

4）操作面板的机床参数　Display MD。

5）进给驱动的机床参数　Drive MD。

6）主轴驱动的机床参数　Drive MD。

7）设置参数（SD）分成如下几类：

a）通用的设置参数　General SD。

b）指定通道的设置参数　Channel SD。

c）指定伺服轴设置参数　Axis SD。

（2）机床参数的区域。机床参数的区域分类见表2-17。

表 2-17　　　　　　　　　　　　　　机床参数的区域分类

区　域	描　述	区　域	描　述
1000～1799	驱动的机床参数	39000～39999	保留
9000～9999	操作面板的机床参数	41000～41999	通用的设置参数
10000～18999	通用的机床参数	42000～42999	指定通道参数
19000～19999	保留	43000～43999	指定伺服轴设置参数
20000～28999	指定通道的机床参数	51000～61999	循环编译的通用机床参数
29000～29999	保留	62000～62999	循环编译的指定通道的机床参数
30000～38999	指定伺服轴机床参数	63000～63999	循环编译的指定伺服轴机床参数

有必要说明的是，MD和SD都是为了匹配机床的，但SD无须授权就可以改动，而MD的改动则需要一定的授权。

要显示MD，应按如下操作：在MMC上选择"Area switchover"键，出现带区域机床、参数、程序、服务、诊断和启动的主菜单；选择"Start—up"之后再选择："Machine data"。而要显示SD，则在出现主菜单后，选择"Parameter"之后再选择："Setting data"。

2. 机床参数的分析

机床参数的标准格式见表2-18。

表 2-18　　　　　　　　　　　　　　机床参数的标准格式

机床数据号	机床数据标识［n］：i……运行极限索引 i				对照参考
单位	说明				软件版本
显示过滤器				属性	有效方式
硬件/功能	标准值	最小值	最大值	D 型	保护级

下面对格式中的每一项作解释。

（1）机床数据号。用户是根据数据号来寻找参数的，当参数列在MMC上时，数据号就显示出来。但是数据号的显示与 MD11230：MD—File—Style 的设置有关（默认值为 03H）。

（2）机床数据标识符或名称。名称中有的字符带有以下的含义：

$MM_：操作面板参数。

$MN_/$SN_：通用的机床参数/设置参数。

$MC_/$SC_：通道指定的机床参数/设置参数。

$MA_/$SA_：轴指定的机床参据/设置参数。

$MD_：驱动机床参数。

要注意的是：$代表系统变量。

M 代表机床参数。

S 代表设置参数。

M、N、C、A、D 代表第 2 字符。

如：$MA_JOG_VELO Y1＝2000，说明进给轴 Y1 的 JOG 速度是 2000mm/min。

（3）对照参考。数据详细描述的参考资料代号，可在资料后面的 References（参考）目录中找到。

（4）单位。机床参数的设置单位与下面的机床参数有关。

MD10220：Scaling—Factor—User—Def—Mask（定标因子激活）。

MD10230：Scaling—Factor—User—Def（定标因子）。

MD10240：Scaling—System is metric（基本系统米制）。机床参数物理量的标准单位见表 2-19。

（5）说明。参数的具体内容。

（6）软件版本。标识软件的版本号。

表 2-19　　　　　　　　　　　　　机床参数物理量的标准单位

物理量	米制单位	英制单位	物理量	米制单位	英制单位
线性位置	mm	in	角加速度率	r/s^3	r/s^3
角度位置	(°)	(°)	时间	s	s
线速度	mm/min	in/min	KV 因子	s^{-1}	s^{-1}
角速度	r/min	r/min	旋转进给速度	mm/r	in/r
线加速度	mm/s^2	in/s^2	线性位置（补偿值）	mm	in
角加速度	r/s^2	r/s^2	角度位置（补偿值）	(°)	(°)
线加速度率	mm/s^3	in/s^3			

（7）显示过滤器。机床参数隐藏筛选（4.2 版本或更高有），其功能是如果使用隐藏筛选，就能简化机床参数的显示，适应使用者的需要。

通用的机床参数分成 N01～N12 几类，通道的机床参数分成 C01～C11 和 EXP（Expert mode，专家模式）几类，轴的机床参数分成 A01～A12 和 EXP 几类，驱动的机床参数分成 D01～D08 和 ExP 几类。如果要隐藏某类参数，只要将此参数前的"x"去掉即可。

要显示上面这些分类，可在相关的机床参数区域内用垂直方向软键 Display options 打开。

（8）属性。参数的属性，有以下几类。

1）NBUP：数据未输入数据备份区。

2）ODLD：数据只能从文件中下载。

3）READ：只读数据。

4）NDLD：数据不能从文件中下载。

5）SFCO：配置安全集成。

6）SCAL：比例报警。

7）LINK：连接说明。

8）CTEQ（Must be equaI for aII containers）：所有容器都合适。

9）CTDE（Container description）：容器说明。

（9）有效方式。参数的激活生效。参数激活的等级是按优先级别从高到低排列的，如下操作后，参数改动生效。

1）Power on（po）：通电，NCK Reset复位。

2）New～conf（cf）：在MMC上的软键"set MD active"；在MCP上的"Reset"键；在编程模式下，更改块的结束。

3）Reset（re）：程序结束M2/M30或MCP上"Reset"键。

4）Immediate（im）：数值输入后立刻生效。

（10）硬件/功能。显示"always"的参数所有范围都能用。

（11）标准数值或默认数值。这是用于MD或SD的预先设置的数值，要注意的是，经过MMC输入时，数值限于带小数点和符号的10位。另外，如果对多通道具有不同的标准值时，相互之间用"/"分开。

（12）最小值。指定输入的最小限制。

（13）最大值。指定输入的限制，如果不定义数值的范围，那么数据的类型就决定了输入的限制，并且该字段为"＊＊＊"。

（14）参数的类型。

1）Boolean　机床数据位（1或0）。

2）Byte　整数值（从－128～127）。

3）Double　实际值和整数值（从"$4.19\times10^{-307}\sim1.67\times10^{308}$"）。

4）Dword　整数值（从－$2.147\times10^9\sim2.147\times10^9$）。

5）Dword　十六进制值（从00000000～FFFFFFFF）。

6）String　字符串（最多16个字符）包含大写字母和数字以及下划线。

7）UnsignedWord　整数值（从0～65536）。

8）SignedWord　整数值（从－32768～32767）。

9）Unsigned Dword　整数值（从0～4294967300）。

10）Signed Dword　整数值（从－2147483650～2147483649）。

11）Word　十六进制值（从0000～FFFF）。

12）Float Dword　实际值（从$8.43\times10^{-37}\sim3.37\times10^{38}$）

（15）保护等级。在Sinumerik中保护等级为0～7；0是最高级，7是最低级的。设置口令，可以使保护等级0～3失效。保护等级4～7是利用钥匙开关的位置。

操作员只能处理特定等级的保护和该等级的信息，见表2-20，分配给机床参数各种保护等级作为其标准。要显示机床参数，需要保护等级4（键开关位置3）或更高。

表 2-20 机床参数保护等级

保护等级	锁定	区域	保护等级	锁定	区域
0	口令	西门子	4	键开关位置 3	编程员，机床设置员
1	口令：Sunrise（默认）	机床生产厂	5	键开关位置 2	持证操作员
2	口令：Evening（默认）	安装、服务工程师	6	键开关位置 1	培训过的操作员
3	口令：customer（默认）	最终用户	7	键开关位置 0	半熟练的操作员

保护等级 0～3：保护等级 0～3 需要输入口令，等级 0 的口令提供对所有区域的处理，在激活后可以改变口令（不推荐），例如：如果口令忘记了，那么系统必须再次初始化（NCK 的总复位），这样就把所有的口令设回到该软件版本的标准状态。口令可一直保留到用软键 "Delete Password" 再设置。Power on（上电）并不复位口令。

保护等级 4～7：保护等级 4～7 需要在机床控制板上使用钥匙开关，不同颜色的三种钥匙提供了保护功能，每一把钥匙提供了处理特殊数据区域的能力。钥匙开关位置的保护等级见表 2-21。

表 2-21 钥匙开关位置的保护等级

钥匙的颜色	开关位置	保护等级
所有（无钥匙使用）	0＝移开钥匙	7
黑	0 和 1	6～7
绿	0～2	5～7
红	0～3	4～7

例如：MD 10000 由等级 2/7 保护，即等级 2（口令）控制写权限，等级 7 控制读权限，需要钥匙开关位置 3 或更高的权限来影响机床参数区域。

在驱动的 MD 中还有一个字段 "System"：810D 表示该 MD 适合 810D 系统；840D 表示该 MD 适合 840D 系统；nothing——两种系统都适合。

3. 机床参数的处理

（1）标准机床参数的装入。当系统发生故障，需要系统备份恢复时，这时首先要做的事就是 NCK 总复位，该项工作实际上就是将标准的机床参数装入，使系统恢复到从系统制造商交到机床生产厂家时的状态。这项工作可由以下几种方法来完成。

1）NCU 上启动开关 S3 扳到位置 1，再按一下复位按钮 S1，启动系统，擦除 SRAM 内存，机床数据预设到标准的状态，MMC 上会提示装入了标准的机床参数。

2）MMC 上利用软键操作来执行：Start up—NC—Start up Switch—Start up mode。

3）用 MD11200 的含义。值 "0"：在下次电源启动时，装载存储的机床参数；值 "1"：下次电源启动时，所有机床参数（内存配置参数除外）都被标准值覆盖；值 "2"：下次电源启动时，内存配置的所有 MD 被标准值覆盖；值 "4"：所有的编译循环的 MD 都会在下次启动时被删除。

通过在 MD 11200 内输入确定值，当 NCK 再次启动时，将标准值装载到各种不同的数据区域。MD 11200 设置好以后，有的系统须执行两次上电：当第一次合上电源开关时，该机床数据激活。当第二次合上电源开关时，其功能执行及该 MD 复位至 "0"。也有的系统只须执行一次上电即可完成。

（2）定标机床参数的处理。经 MD 10220：SCALING _ USER _ DEF _ MASK（定标因子激活）和 MD 10230：SCALING _ FACTORS _ USER _ DEF（物理量定标因子）可以系统定义机床和设置参数的输入/输出物理量。如果在 MD 10220（定标因子激活）中没有设置相应的激活位，那么定标就采用

表 2-22 所列的内部转换因子。如果 MD10220 激活，表 2-23 的比例因子必须在 MD10230 中输入。

表 2-22　　　　　　　　　　　　机床参数的输入/输出物理量及单位

索引号	物理量	输入/输出	内部单位	比例因子
0	线性位置	mm	mm	.1
1	角度位置	(°)	(°)	1
2	线速度	mm/min	mm/s	0.016666667
3	角速度	r/min	(°)/s	6
4	线加速度	m/s²	mm/s²	1000
5	角加速度	r/s²	(°)/s²	360
6	线加速度率	m/s³	mm/s³	1000
7	角加速度率	r/s³	(°)/s³	360
8	时间	s	s	1
9	KV 因子	m（min. mm）	s⁻¹	16.6666667
10	旋转进给速度	mm/r	mm/(°)	1/360
11	线性位置（补偿值）	mm	mm	1
12	角度位置（补偿值）	(°)	(°)	1

例如：用户想要输入以 m/min 为单位的线速度，而内部的单位是 mm/s，则

1m/min＝1000/60mm/s＝16.666667mm/s

机床参数必须按如下输入。

MD 10220：SCALING＿USER＿DEF＿MASK＝'H4'（新的因子激活）。

MD 10230：SCALING＿FACTORS＿USER＿DEF［2］＝16.6666667（线速度以 m/min 为单位的比例因子）。

在输入新的比例因子和上电之后，机床数据自动地转换到这些物理量，新的数值显示在 MMC 上，然后并能保存。

保存改动过的机床参数：要经 V24 接口输出保存 MD 和 SD 时，可以在 MD11210：Uplaod MD Changes OnIy 里定义是否输出保存全部或仅与标准不同的数据，当 MD11210＝1 时，只输出保存与标准不同的数据，而 MD11210＝0 时，所有的数据都输出保存。

（3）引起 SRAM 内存重新分配的参数。下面机床数据内容在改变时，会引起控制系统 SRAM 的重新配置，在改动时，会显示警告："4400 MD alteration will cause reorganization of buffer（data loss）"［改动会引起缓冲区重组（数据丢失）］，在该警告输出时，由于所有的缓冲区用户数据会在下次启动时清除，因此必须保存所有的数据。

会引起 SRAM 内存重新分配的参数见表 2-23。

表 2-23　　　　　　　　　　　　引起内存重新分配的机床参数

MD 号	MD 名称	含　意
MD18020	MM＿NUM＿GUD＿NAMES＿NCK	全局用户变量号
MD18030	MM＿NUM＿GUD＿NAMES＿CHAN	全局用户变量号
MD18080	MM＿T00L＿MANAGEMENT＿MASK	刀具管理的内存管理
MD1808Z	MM＿NUM＿TOOL	刀具数
MD18084	MM＿NUM＿MAGAZINE	刀库数

续表

MD 号	MD 名称	含 意
MD18086	MM _ NUM _ MAGAZINE _ LOCATION	刀库位置号
MD18090	MM _ NUM _ CC _ MAGAZINE _ PARAM	编译循环中刀库数据数
MD18092	MM _ NUM _ CC _ MAGLOC _ PARAM	编译循环中刀库位置数据数
MD18094	MM _ NUM _ CC _ TDA _ PARAM	编译循环中指定刀具数据数
MD18096	MM _ NUM _ CC _ TDA _ PARAM	编译循环中 TDA 数据数
MD18098	MM _ NUM _ CC _ MON _ PARAM	编译循环中监视数据数
MD18100	MM _ NUM _ CUTTING _ EDGES _ IN _ TOA	刀具补偿个数
MD18110	MM _ NUM _ TOA _ MODULES	TOA 模块数 .
MD18118	MM _ NUM _ GUD _ MODULES	GUD 文件数
MD18120	MM _ NUM _ GUD _ NAMES _ NCK	全局用户变量号
MD18130	MM _ NUM _ GUD _ NAMES _ CHAN	指定通道用户变量数
MD18140	MM _ NUM _ GUD _ NAMES _ AXIS	指定伺服轴用户变量数
MD18150	MM _ GUD _ VALUES _ MEM	用户变量内存容量
MD18160	MM _ NUM _ USER _ MACROS	宏数
MD18190	MM _ NUM _ PROTECT _ AREA _ NCKC	保护区域数
MD18230	MM _ USER _ MEM _ BUFFERED	SRAM 中的用户内存
MD18270	MM _ NUM _ SUBDIR _ PER _ DIR	每个目录下的子目录数
MD18280	MM _ NUM _ FILES _ PER _ DIR	文件数
MD18290	MM _ FILE _ HASH _ TABLE _ SIZE	一个目录中文件混合表格的大小
MD18300	MM _ DIR _ HASH _ TABLE _ SIZE	子目录混合表格的大小
MD18310	MM _ NUM _ DIR _ IN _ FILESYSTEM	被动文件系统中目录数
MD18320	MM _ NUM _ FILES _ IN _ FILESYSTEM	被动文件系统中的文件数（NC 程序中的有效文件个数）
MD18330	MM _ CHAR _ LENGTH — 0F _ BLOCK	NC 块的最大长度（单句 Nc 程序的长度）
MD18350	MM _ USER _ FILE _ MEM _ MINIMUM	SRAM 中最小的用户内存（NC 程序）
MD28050	MM _ NUM _ R _ PARAM	指定通道 R 参数
MD28080	MM _ NUM _ USER _ FRAMES	可设置的坐标系个数（零点偏置个数）
MD28085	MM _ LINK _ TOA _ UNIT	一个通道至单位分配
MD28200	MM _ NUM _ PROTECT _ AREC _ CHAN	保护区域文件数
MD38000	MM _ ENC _ COMP _ MAX _ POINTS [n]	具有螺距补偿点数（螺距补偿）

由于上面这些参数的特殊原因，因此在操作时要特别小心。改动参数后不要激活，应先作系列备份，再激活修改的参数，最后作系列备份的恢复。

4. 重要的机床参数

系统以菜单的形式向用户开放基本的、重要的参数设置和调整，下面就介绍这些参数，见表 2-24。

表 2-24 **重要的机床参数**

菜单项	组	参数号	简 述
基本设置	控制循环时间	10050	系统时钟循环
		10060	位置控制时钟循环因子
	米制系统	10240	米制基本系统
	内部物理量		见表 2-22
	输入输出物理量	10220	定标因子激活
		10230	物理量定标因子
	内部计算分辨率	10200	线性位置计算分辨率
		10210	角位移计算分辨率
	显示分辨率	9004	显示分辨率

续表

菜单项	组	参数号	简　述
内存配置	DRAM	18220	DRAM 分配
		18050	DRAM 检查
	SRAM	18230	SRAM 分配
		18060	SRAM 检查
标准 MD	初始化 MD	11200	上电装入不同的 MD
轴和主轴	机床级	10000	机床坐标轴名
	通道级	20070	通道中有效的机床轴号
		20080	通道中的通道轴名称
	程序级	20050	分配几何轴号到通道
		20060	通道中几何轴名
轴特殊 MD	设定	30110	分配逻辑驱动号给指定通道
		30130	设定值输出类型
	实际	30200	编码器数
		30240	编码器类型
		30220	实际值指定：驱动器号/测量电路号
		30230	实际值指定：输入到驱动器子模块/测量电路板
测量系统	增量测量系统	30300	旋转轴
		31000	编码器是线性
		31040	编码器直接安装在机床上
		31020	编码器分辨率
		31030	丝杠螺距
		31080	测量变速箱分子
		31070	测量变速箱分母
		31060	负载变速箱分子
		31050	负载变速箱分母
	绝对测量系统	34200	回参考点模式
		34210	绝对编码器状态
		34220	旋转编码器的绝对值编码器范围
驱动优化	速度控制设定	1407	速度控制增益
		1409	速度控制器积分时间
速度匹配	各挡速度	32000	最大轴速率
		32010	在点动模式下的快速移动速率
		32020	点动速率
		34020	回参考点速率
		34040	爬行速率
		34070	参考点定位速率
		36200	速率监控门槛值
		1401	电动机最大速度
位置控制数据	运行方向	32100	运行方向
		32110	编码器反馈极性
	伺服增益	32200	位置控制增益
	加速度	32300	最大加速度
	反向间隙补偿	32450.	反向间隙补偿

续表

菜单项	组	参数号	简　述
轴监控功能	位置监控	36000	粗准停限制
		36010	精准停限制
		36012	准停限制系数
		36020	精准停延时时间
		36030	零速公差
		36040	零速监控延时时间
		36050	夹紧公差
	硬限位监控	36600	制动模式选择
	软限位监控	36100	第一软件限位负方限制
		36110	第一软件限位正方限制
		36120	第二软件限位负方限制
		36130	第二软件限位正方限制
	工作区域监控	SD43400	工作区域限制正方向激活
	工作区域监控	SD43410	工作区域限制反方向激活
		SD43420	工作区域限制正方向限制
		SD43430	工作区域限制正方向限制
	动态监控	36210	最大速度设定值
		36220	速度设定值监控延迟时间
		36610	故障时制动的斜坡时间
		36400	轮廓监控公差带
		36300	编码器极限频率
		36310	编码器零标记监控
		36500	位置实际值转换的最大公差
参考点接近	一般 MD	34000	带参考点凸轮的轴
		34110	通道各轴回参考点的顺序
		34200	回参考点模式
	第一阶段	11300	增量系统回零的模式
		34010	负方向回参考点
		34020	回参考点速率
		34030	到参考点凸轮的最大位移
	第二阶段	34040	爬行速率
		34050	反向到参考点凸轮
		34060	到参考标记的最大位移
	第三阶段	34070	参考点定位速率
		34080	参考点位移
		34090	参考点偏移/绝对位移编码偏移
		34100	参考点值/位移编码系统的目标点
主轴数据	主轴定义	30300	旋转轴
		30310	旋转轴模数转化
		30320	旋转轴以 360° 显示
		35000	指定主轴到机床轴
	速度监控	35110	齿轮换挡的最大速度
		35120	齿轮换挡的最小速度
		35130	齿轮级的最大速度
		35140	齿轮级的最小速度
		35150	主轴速度公差
		36060	主轴静止速度
		35100	最大主轴速度

续表

菜单项	组	参数号	简　述
轴监控功能	工作区域监控	SD43410	工作区域限制反方向激活
		SD43420	工作区域限制正方向限制
		SD43430	工作区域限制正方向限制
	动态监控	36210	最大速度设定值
		36220	速度设定值监控延迟时间
		36610	故障时制动的斜坡时间
		36400	轮廓监控公差带
		36300	编码器极限频率
		36310	编码器零标记监控
		36500	位置实际值转换的最大公差
参考点接近	一般 MD	34000	带参考点凸轮的轴
		34110	通道各轴回参考点的顺序
		34200	回参考点模式
	第一阶段	11300	增量系统回零的模式
		34010	负方向回参考点
		34020	回参考点速率
		34030	到参考点凸轮的最大位移
	第二阶段	34040	爬行速率
		34050	反向到参考点凸轮
		34060	到参考标记的最大位移
	第三阶段	34070	参考点定位速率
		34080	参考点位移
		34090	参考点偏移/绝对位移编码偏移
		34100	参考点值/位移编码系统的目标点
主轴数据	主轴定义	30300	旋转轴
		30310	旋转轴模数转化
		30320	旋转轴以 360°显示
		35000	指定主轴到机床轴
	速度监控	35110	齿轮换挡的最大速度
		35120	齿轮换挡的最小速度
		35130	齿轮级的最大速度
		35140	齿轮级的最小速度
		35150	主轴速度公差
		36060	主轴静止速度
		35100	最大主轴速度

2.2.2　SIEMENS 802D 数控系统的参数设置

1. 参数设置

（1）参数分类。SIEMENS 802D 参数分类见表 2-25。

表 2-25　　　　　　　　　　　　　　　　　　　**SIEMENS 802D 参数分类**

分类	数据号	数据名	单位	值	数据说明
总线配置	11240	PROFIBUS _ SDB _ NUMBER	—	*	选择总线配置数据块 SDB
驱动器模块定位	30110	CTRLOUT _ MODULE _ NR [O]	—	*	定义速度给定端口（轴号）
	30220	ENC _ MODULE _ NR [O]	—	*	定义位置反馈端口（轴号）
位置控制使能	30130	CTRLOUT _ TYPE	—	1	控制给定输出类型
	30240	ENC _ TYPE	—	1	编码器反馈类型
传动系统参数配比	31030	LEADSCREW _ PITCH	mm		丝杠螺距
	31050	DRIVE _ AX _ RATIO _ DENUM [0～5]	—	*	电动机端齿轮齿数（减速比分子）
	31060	DRIVE _ AX _ RATIO _ NOMERA [0～5]	—	*	丝杠端齿轮齿数（减速比分母）
坐标速度	32000	MAX _ AX _ VELO	mm/min	*	最高轴速度
	32010	JOG _ VEL0 _ RAPID	mm/min	*	点动快速
	32020	JOG _ VELO	mm/min	*	点动速度
	36200	AX _ VELO _ LIMIT	mm/min	*	坐标轴速度限制
加速度	32300	MA _ AX _ ACCEL	mm/s^2	*	最大加速度（标准值：$1/s^2$）
位置环增益	32200	POSCTRL _ GAIN	—	*	位置环增益（标准值：1）
参考点返回	34010	REFP _ CAM _ DIR _ IS _ MINUS	—	0/1	返回参考点方向：0-正；1-负
	34020	REFP _ VELO _ SEARCH _ CAM	mm/min	*	检测参考点开关的速度
	34040	REFP _ VELO _ SEARCH _ MARKER	mm/min	*	检测零脉冲的速度
	34050	REFP _ SEARCH _ MARKER _ REVERSE	—	0/1	寻找零脉冲方向：0-正；1-负
	34060	REFP _ MAX _ MARKER _ DIST	mm	*	检测参考点开关的最大距离
	34070	REFD _ VELO _ POS	mm/min	*	返回参考点定位速度
	34080	REFP _ MOVE _ DIST	mm	*	参考点移动距离（带符号）
	34090	REFP _ MOVE _ DIST _ CORR	mm	*	参考点移动距离修正量
	34092	REFP _ CAM _ SHIFT	mm	*	参考点撞块电子偏移
	34100	REFP _ SET _ POS	mm	*	参考点（相对机床坐标系）位置
软限位	36100	POS _ LIMIT _ MINUS	mm	*	负向软限位
	36110	POS _ LIMIT _ PLUS	mm	*	正向软限位
反向间隙补偿	32450	BACKLASH	mm	*	反向间隙，回参考点后补偿生效
用户的数据保护级	207	USER _ CLASS _ READ _ TOA		3～7	保护级：刀具参数读
	208	USER _ CLASS _ WRITE _ TOA _ GEO		3～7	保护级：刀具几何参数写
	209	USER _ CLASS _ WRITE _ TOA _ WEAR		3～7	保护级：刀具磨损参数写
	210	USER _ CLASS _ WRITE _ ZOA		3～7	保护级：可设定零点偏移写
	212	USER _ CLASS _ WRITE _ SEA		3～7	保护级：设定数据写
	213	USER _ CLASS _ READ _ PROGRAM		3～7	保护级：零件程序读
	214	USER _ CLASS _ WRITE _ PROGRAM		3～7	保护级：零件程序写
	215	USER _ CLASS _ SELECT _ PROGRAM		3～7	保护级：零件程序选择
	218	USER _ CLASS _ WRITE _ RPA		3～7	保护级：R 参数写
	219	USER _ CLASS _ SET _ V24		3～7	保护级：RS-232 参数设定

（2）参数的设置。

1）总线配置。SIEMENS 802DPROFI BUS 的配置是通过通用参数 MD11240 来确定的。总线配置见表 2-26。

表 2-26 总线配置

参数设定（MD11240）	PP72/48 模块	驱动器
0	1＋1	无（出厂设定）
3	1＋1	双轴＋单轴＋单轴
4	1＋1	双轴＋双轴＋单轴
5	1＋1	单轴＋双轴＋单轴＋单轴
6	1＋1	单轴＋单轴＋单轴＋单轴

该参数生效后，611 UE 液晶窗口显示的驱动报警应为：A832（总线无同步）；611 UE 总线接口插件上的指示灯变为绿色。

2）驱动器模块定位。数控系统与驱动器之间通过总线连接，系统根据下列参数与驱动器建立物理联系。参数的设定见表 2-27。

表 2-27 驱动器模块定位参数设定

MD11240＝3			MD11240＝4			MD11240＝5			MD11240＝6		
611UE	地址	轴号	611UE	地址	轴号	611UE	地址	轴号	611UE	地址	轴号
双轴 A	12	1	双轴 A	12	1	单轴	20	1	单轴	20	1
双轴 B	12	2	双轴 B	12	2	单轴	21	2	单轴	21	2
单轴	10	5	双轴 A	13	3	双轴 A	13	3	单轴	22	3
单轴	11	6	双轴 B	13	4	双轴 B	13	4	单轴	10	5
			单轴	10	5	单轴	10	5			

3）位置控制使能。系统出厂设定各轴均为仿真轴，既系统不产生指令输出给驱动器，也不读电动机的位置信号。按表 2-27 设定参数可激活该轴的位置控制器，使坐标轴进入正常工作状态。

参数生效后，611UE 液晶窗口显示："RUN"。这时通过点动可使伺服电动机运动；此时如果该坐标轴的运动方向与机床定义的运动方向不一致，则可通过表 2-28 修改参数。

表 2-28 位置控制使能修改参数

数据号	数据名	单位	值	数据说明
32100	AX _ MOTION _ DIR	—	1 −1	电动机正转（出厂设定） 电动机反转

4）返回参考点的设置。

a）设置机床参数（见表 2-29）。

表 2-29 设置机床参数

数据号	数据名	单位	值	数据说明
34200	ENC _ REFP _ MODE	—	0	绝对值编码器位置设定
34210	ENC _ REFP _ STATE	—	0	绝对值编码器状态：初始

b）进入"手动"方式，将坐标移动到一个已知位的位置值设置。

c）输入已知位的位置值（见表 2-30）。

表 2-30 输入已知位的位置值

数据号	数据名	单 位	值	数据说明
34100	REFT_SET_POS	mm	*	机床座的位置

d）激活绝对值编码器的调整功能（见表 2-31）。

表 2-31 激活绝对值编码器的调整功能

数据号	数据名	单 位	值	数据说明
34210	ENC_REFP_STATE	mm	1	绝对值编码器状态：调整

e）激活机床参数。按机床控制面板上的复位键，可激活以上设定的参数

f）返回参考点。通过机床控制面板进入返回参考点方式。

g）设定完毕（见表 2-32）。

表 2-32 设 定 完 毕 的 参 数

数据号	数据名	单 位	值	数据说明
34090	REFP_MOVE_DIST_CORR	mm	*	参考点偏移量
34210	ENC_REFP_STATE	—	2	绝对值编码器状态：设定完毕

2. 驱动器参数优化

对于伺服系统，首先要对速度环的动态特进行调试，然后才能对位置环进行调试。速度环动态特性通过 SimoComU 进行优化，其步骤如下。

（1）首先利用准备好的"驱动器调试电缆"将计算机与 611 UE 的 X471 连接起来；如果对带制动的电动机进行优化，需要设定 NC 通用参数 MD14512 [18] 的第 1 位设为"1"（优化完毕后恢复"0"）。

（2）驱动器使能（电源模块端子 T48、T63 和 T64 与 T9 接通）；并将坐标移动到适中的位置（因为优化时电动机要转大约两转）；优化时驱动器的速度给定由 PC 机以数字量给出。

（3）然后进入工具软件 SimoComU；且选择联机方式；然后选择 PC 控制，选择"OK"（见图2-43）。

（4）进入控制器目录（Controller），出现图 2-44 的画面。选择"None of these"将出现图 2-45画面。选择运行自动速度控制器优化"Execute automatic speed controller seeing"。

（5）进入图 2-46 的优化画面。

选择"1～4 步"自动执行优化过程：

第一步分析机械特性一（电动机正转，带制动电动机的抱闸应释放）。

第二步分析机械特性二（电动机反转，带制动电动机的抱闸应释放）。

第三步电流环测试（电动机静止，带制动电动机的抱闸应夹紧）。

第四步参数优化计算。

执行完第二步时，调试工具软件 SimoComU 会出现提示：

"电流环优化，垂直轴的电动机抱闸一定要夹紧，以防止坐标下滑"。此时对于带制动电动机的抱闸必须夹紧，否则坐标会下滑。对垂直轴的伺服参数优化时，特别是在该轴没有平衡装置时，一定要注意优化过程中对抱闸释放和夹紧的时机，避免出现由于坐标轴滑落导致机械的损坏。

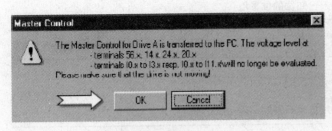

图 2-43　进入工具软件 SimoComU

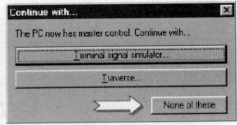

图 2-44　进入控制器目录

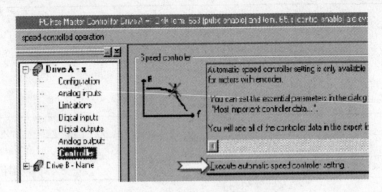

图 2-45　自动速度控制器优化选择画面

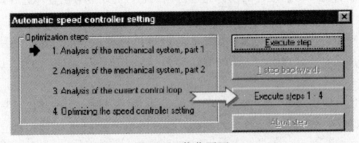

图 2-46　优化画面

2.3　SIEMENS 参数的备份与恢复

2.3.1　SIEMENS 802D 参数的备份与恢复

1. 通过 RS232 接口进行数据传输

通过控制系统的 RS232 接口可以将数据（比如零件程序）读出到外部存储设备中，同样也可以从那里读入数据。RS232 接口和其数据存储设备必须相互匹配。

（1）操作步骤。

1）|PROGRAM MANAGER|：选择操作区程序管理器，并进入已经创建好的 NC 程序主目录。使用光标或者＜全部选中＞选出所要传输的数据。

2）|Copy|：将其复制到剪贴板中。

3) RS232 ：选择软键<RS232>，并选定需要的传输模式，如图 2-47 所示。

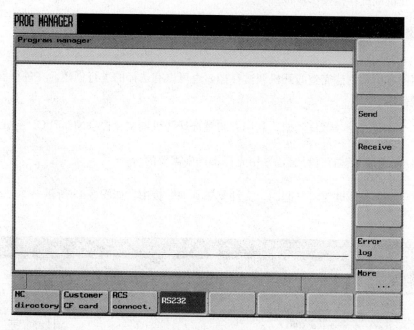

图 2-47　读出程序

4) Send ：使用<发送>启动数据传输。所有复制到剪贴板的文件被传送出。

（2）其他软键。

1) Receive ：通过 RS232 接口装载文件。

2) Error log ：传输协议，所有被传输的文件按状态信息进行排列。对于将要输出的文件有文件名称、故障应答等；对于将要输入的文件有文件名称与路径数据及故障应答。传输提示信息见表 2-33。

表 2-33　　　　　　　　　　　　传 输 提 示 信 息

项　目	说　明
OK	传输正常结束
ERR EOF	接收文本结束符号，但存档文件不完整
Time Out	时间监控报警传输中断
User Abort	通过软键<停止>结束传输
Error Com	端口 COM 1 出错
NC/PLC Error	NC 故障报警
Error Data	数据错误 1）文件读入时带有/不带先导符。 2）以穿孔带格式发送的文件没有文件名
Error File Name	文件名称不符合 NC 的命名规范

2. 创建并读出或读入开机调试存档

（1）创建开机调试存档操作步骤。

Start-up
files
：在"系统"操作区域中选择软键<开机调试文件>。

可以使用所有组件创建完整的开机调试存档，也可以有选择的进行创建。在进行有选择编制时要执行以下操作。

1）$\boxed{\begin{array}{l}802D\\ data\end{array}}$：按下<802D数据>利用方向键选择开机调试存档（NC/PLC）行。

2）$\boxed{\Diamond\atop INPUT}$：使用回车键打开目录，并用光标键选中需要的行。

3）$\boxed{\text{Copy}}$：按下软键<复制>。文件复制到剪贴板中，如图2-48所示。

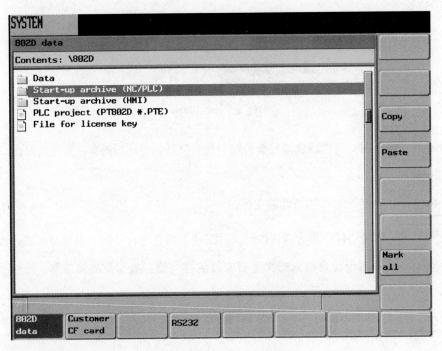

图 2-48　复制开机调试档案文件

4）编制开机调试存档，如图2-49所示。

（2）将开机调试存档写到CF卡上的操作步骤。

1）已插入CF卡，并且开机调试存档已经被复制至剪贴板中。

2）$\boxed{\begin{array}{l}Customer\\ CF\ card\end{array}}$：按下软键<用户CF卡>。在目录中选择存放位置（目录）。

3）$\boxed{\text{Paste}}$：使用软键<粘贴>开始写入开机调试档案文件。在后面的对话框中确认提供的名称或者输入新名称。按下<确定>键关闭对话框，如图2-50所示。

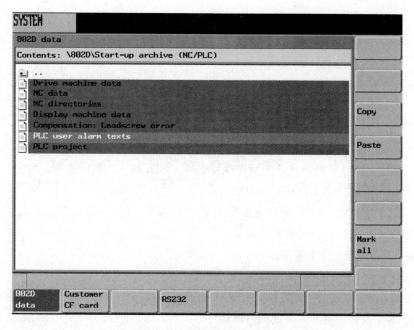

图 2-49　编制开机调试存档

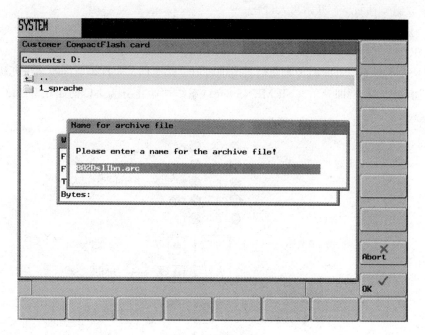

图 2-50　粘贴文件

（3）从 CF 卡上读入开机调试存档。为了读入开机调试档案文件，必须执行以下操作步骤：

1）插入 CF 卡。

2）按下软键＜用户 CF 卡＞并选中所需存档文件所在行。

3）按下软键＜复制＞将文件复制到剪贴板中。

4）按下软键＜802D 数据＞，并将光标定位至开机调试存档（NC/PLC）所在行。

5）按下软键＜粘贴＞启动开机调试。

6）确认控制系统上的启动对话。

3. 读入和读出 PLC 项目

在读入项目时先将其传输至 PLC 的文件系统中然后将其激活。可以通过热启动控制系统来终止激活。

（1）从 CF 卡上读入项目。为了读入 PLC 项目，必须执行以下操作步骤：

1）插入 CF 卡。

2）按下软键＜用户 CF 卡＞并选中所需项目文件（PTE 格式）的所在行。

3）按下软键＜复制＞将文件复制到剪贴板中。

4）按下软键＜802D 数据＞，并将光标定位至 PLC 项目（PT802D∗.PTE）所在行。

5）按下软键＜粘贴＞，开始读入并激活。

（2）将项目写入 CF 卡操作步骤。

1）插入 CF 卡。

2）按下软键＜802D 数据＞，并用方向键选择 PLC 项目（PT802D∗.PTE）所在行。

3）按下软键＜复制＞将文件复制到剪贴板中。

4）按下软键＜用户 CF 卡＞并选择文件的存放位置。

5）按下软键＜粘贴＞，开始写入过程。

2.3.2　SIEMENS 840D 参数的备份与恢复

1. SIEMENS 840D 系统 NC 和 PLC 初始化（总清）操作

SIEMENS 840D 系统有时因为系统后备电池没电、误操作、干扰等原因使系统死机，这时系统对系统进行初始化操作，即总清。SIEMENS 840D 系统初始化分为 NC 初始化和 PLC 初始化，如图 2-51 所示。

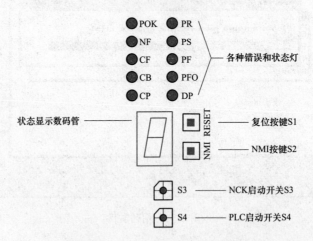

图 2-51　SIEMENS 840D 系统 NCU 模块操作及显示元件

（1）NC 初始化（总清）。

1）将 NC 启动开关 S3 拨到"1"的位置。

2）启动 NC，如 NC 已启动，按压复位按钮 S1。

3）待 NC 启动成功后，七段数码管显示字符"6"。

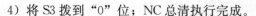

4）将 S3 拨到 "0" 位；NC 总清执行完成。

NC 总清后，SRAM 内存中的内容被全部清除，所有系统的机床数据（MACHINE DATA）被预置为默认值，此时 PS 和 PF 红灯都应该常亮。

（2）PLC 初始化（总清）。

1）将 PLC 启动开关 S4 拨到 "2" 的位置。

2）将 S4 拨到 "3" 位，并保持约 3s 直到 PS 灯再次亮。

3）在 3s 之内，快速执行如下操作：S4 拨到 "2" 再拨回 "3" 再拨到 "2"，在这个过程中，PS 灯先闪，后又亮，PF 灯亮。

4）等 PS 和 PF 灯亮，S4 从 "2" 拨到 "0"，这时，PS 和 PF 灯灭，而 PR 灯亮。至此 PLC 总清完成。

2. SIEMENS 840D 系统备份

SIEMENS 840D 系统的上位机 MMC103 和 PCU50、PCU70 都带有硬盘，所以，可通过系列备份方式将 NC 文件、PLC 文件和 MMC 文件存储在硬盘中，也可以将这 3 个备份文件复制出来在外部保存，一旦数控机床出现数据错误，可以将 3 个文件恢复到系统中。

（1）SIEMENS 840D 系统备份。

1）在 "start up" 菜单输入密码。

2）按菜单选择键找到含有 Service（服务）功能的菜单。

3）按 "Service" 下面的软键，进入 "Service" 菜单。

4）按扩展键 ">"，进入含有文件、数据项目的画面。

5）按 "Series Start—up" 下面的软键，进入数据、文件系列备份画面。

6）用上下箭头按键选择需要备份的数据（例如光标移到 PLC），用选择按键确认。

7）输入文件名（例如 PLC0805），按黄色输入按键确认（这个操作是十分必要的，否则输入的文件名不被确认）。

8）按屏幕右面的 "Archive" 软键进行相应数据文件的硬盘备份，对 PLC 数据进行备份，文件名 PLC0805. ARC。

重复 6）、7）、8）就可以将 NC、PLC、MMC 的数据文件进行备份。

（2）备份文件查看。备份文件存储在 PCU（MMC）的硬盘中，可以进行查看，查看步骤如下。

1）在 Start up 菜单输入密码。

2）按菜单选择键找到含有 "Service（服务）" 功能菜单。

3）按 "Service" 下面的软键，进入 "Service" 菜单。

4）按 "Data selection" 下面的软键。

5）用箭头键选择文件夹 "Archive"。

6）按黄色输入键可显示备份文件中的内容。

这样就可以查看到系列备份的文件。

3. SIEMENS 840D 系统系列备份恢复

SIEMENS 840D 有时出现程序、数据混乱故障，或者更换 NCK 模块后，需要恢复系统数据。恢复数据之前需要对 NC 和 PLC 进行初始化，然后下载数据。下面介绍 SIEMENS 840D 系统系列备份恢复的方法。SIEMENS 840D 数据恢复包括 NC 数据和 PLC 程序，其步骤如下。

(1) 按"Start up"下面的软键。

(2) 按扩展键">"。

(3) 按"Password"下面的软键。

(4) 按屏幕右侧"Set password"右面的软键。

(5) 输入密码，例如"SUNRISE"，按黄色输入键确认。

(6) 按菜单转换键。

(7) 按"Services"下面的软键。

(8) 按扩展键">"进入"Services"扩展菜单画面。

(9) 按屏幕下方"Series start—up"下面的软键，进入备份页面。

(10) 按屏幕右侧"Read start up archive"右面的软键，进入备份回装文件选择页面。

(11) 选择 NC 数据文件（例如：NC0805 文件）。

(12) 按屏幕右侧"Start"右侧的软键。

(13) 按屏幕右侧"Yes"右侧的软键，系统即开始自动恢复 NC 数据。

(14) 然后按照（10）～（13）的步骤选择 PLC 系列备份文件（例如：PLC0805 文件），恢复 PLC 数据。

(15) 数据恢复结束，按屏幕右侧"Make start up archive"返回上一级菜单。这时关机，几分钟后重新开机，系统就可以恢复正常工作。

4. SIEMENS 840D 系统硬盘使用 GHOST 进行整盘备份

SIEMENS 840D 系统的 PCU 为上位计算机，替代早期的 MMC。PCU 带有硬盘、数据和程序，以及系列备份的文件，且都存储在硬盘上，为了避免硬盘损坏造成的数据丢失风险，应该对硬盘进行整盘备份。本节给大家介绍的是 PCU50.1 硬盘 GHOST 备份的方法。对硬盘备份有以下两种方式。

一种方式是将硬盘拆下，通过 PC 对硬盘进行 GHOST 备份，这种方法操作起来烦琐，也有可能出现意外损坏；另一种方式是 SIEMENS 840D 系统的 PCU 具有 GHOST 备份功能，可以对除了 C 盘以外其他 3 个盘进行备份，也可以进行整个硬盘的备份，当然整个硬盘的备份要连接 PC（计算机）来完成。对 SIEMENS 840D 系统 PCU50.1 操作单元的 GHOST 硬盘网络备份步骤如下。

(1) 网络计算机的设置。对连接的 PC 进行如下设置。

1）设置计算机的名称，例如设置为 BACKUPNC，使用大写字母。

2）设置计算机密码，如果使用字母，用大写字母。

3）设置 IP 地址，例如设置为 192.168.84.10，如图 2-52 所示。

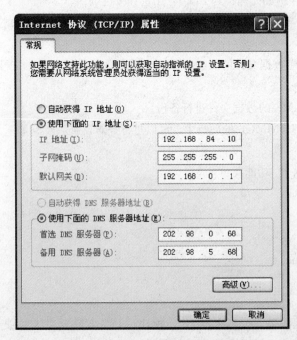

图 2-52 网络计算机 IP 地址设置画面

4）在 C 盘上建立一个共享文件夹，例如 PCUBACKUP，字母最好大写。

5）关闭计算机的防火墙。

（2）在 SIEMENS 840D（PCU50.1）上进行 GHOST 备份。SIEMENS 840D 的 PCU50.1 可以对自身的硬盘进行 GHOST 备份，备份文件存储到网络硬盘中。备份步骤如下。

1）通过网线将 PCU50.1 与 PC 相连。

2）PCU50.1 通电后，在出现图 2-53 所示的画面时，快速按箭头键"0"，系统进入显示隐藏选项的画面，如图 2-54 所示。

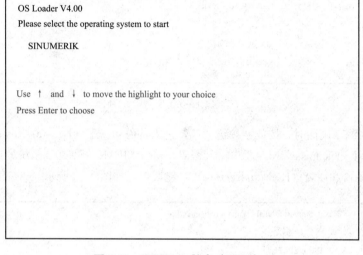

图 2-53　PCU50.1 的启动画面之一

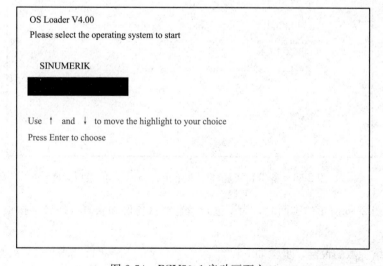

图 2-54　PCU50.1 启动画面之二

3）按 SIEMENS 840D 系统操作面板上的"INPUT"输入按键，系统进入服务菜单画面，如图 2-55 所示。

```
PLEASE SELECT

1 Insta11/Update SINUMERIK System
2 SINUMERIK Tools and Options
3 DOS She11
4 Start Windows （Service Mode）
5 SINUMERIK System Check
7 Backup/Restore
8 Stare PC Link

9 Reboot（Warmboot）
A Actionlog


Your choice  [1, 2, 3, 4, 5, 6, 7, 8, 9, A]?
```

图 2-55　PCU50.1 服务菜单画面

4）在显示图 2-55 画面时，按数字按键"7"，进入备份和恢复（Baekup/Restore）操作。

5）这时屏幕上出现 Password，要求输入密码；输入 SIEMENS 840D 系统的用户级别以上的密码后，系统进入备份和恢复（Backup/Restore）功能菜单，如图 2-56 所示。

```
GHOST-Support for disks with more than 2GB


PLEASE SELECT:
1 Harddisk Backup/Restore with GHOST
4 Partitions Backup/Restore with GHOST（locally）
5 ADDM Backup/Restore



9 Return  to Main Menu

Your choice  [1, 4, 5, 9]?
```

图 2-56　备份和恢复（Backup/Restore）功能菜单画面

6）在显示图 2-56 所示的画面时，为了进行硬盘整盘备份和恢复，按数字按键"1"，进入图 2-57 所示的画面。

7）进行网络参数的设定，步骤如下。

a）进入整盘备份菜单，在显示图 2-57 所示的画面时，按数字按键"1"，进入图 2-58 所示的 GHOST 参数设定画面。

b）设置备份文件名称，在显示图 2-58 所示的画面时，按数字按键"3"，进入图 2-59 所示的画面，设定 GHOST 备份的文件名。在 New backup image Filename（新备份映像文件名）一栏输入作

```
GHOST Connection Mode     : LOCAL/NETWORK
GHOST Version             : 6.01（build=58）

  PLEASE SELECT:
  1 Configure GHOST Parameters
  2 Harddisk Backup to      C:\M384.GHO，Mode LOCAL/NETWORK
  3 Harddisk Restore from   D:\SINUBACK\PCU\MMC.GHO, Mode LOCAL/NETWORK
  4 Back to other Version of GHOST


  9 Return  to Main Menu

Your choice  [1，4，5，9]?
```

图 2-57　PCU50.1 硬盘整盘备份与恢复菜单画面

为备份文件的文件名，例如图中的 G：MACHINE. GHO，然后按数字按键"9"，返回图 2-58 所示的上一级菜单。

```
Backup to image Fill      : C:\M384.GHO
Restore from image File   : D:\SINUBACK\PCU\MMC.GHO
Split Mode                :SPLITTING（Split Size：640MB）

  PLEASE SELECT:

  1 Set  Connection Mode PARALLEL（LPT：）
  2 Set  Connection Mode LOCAL/NETWORK
  3 Change Backup Image Filename
  4 Change Restore Image Filename
  5 Change Machine Name（for Windows and DOS net）
  6 Manage Network Drives
  7 Change Split Mode

  9 Back  to previous Menus
```

图 2-58　PCU50.1 的 GHOST 参数设定画面

c）设定网络模式，在显示图 2-58 所示的画面时，按数字按键"2"，进入图 2-60 所示的画面，按字母按键"Y"设定网络模式，同时系统返回图 2-58 所示画面。

值得注意的是在这个菜单里可以选择自动分割（Split）映像文件，因为一般的 GHOST 映像文件都是要刻录成光盘的，而一张光盘最大容量为 700M，但是有些机床的映像文件超过 1G，需要刻录两张光盘，所以这里一定要让其自动分割，分割大小可以设定，例如，设定 640M，当备份文件存储到 640M 时，自动分到下一个 IMAGE 文件，图 2-58 中的第 7 项"Change Split Mode"（改变分割方式）就是实现这个功能。

d）进入网络设定菜单，在显示图 2-58 所示的画面时，按数字按键"6"，进入图 2-61 所示的画面，进行网络设定。

```
PLEASE SELECT:

1 Set  Connection Mode PARALLEL（LPT：）
2 Set  Connection Mode LOCAL/NETWORK
3 Change Backup Image Filename
4 Change Restore Image Filename
5 Change Machine Name（for Windows and DOS net）
6 Manage Network Drives
7 Change Split Mode
8 Load additional drivers

9 Back to previous Menus

Your choice [1, 2, 3, 4, 5, 6, 7, 8, 9]? 3

Don't use drives C:，D:，E: or F: for the backup/restore image file,
Because they're the backup/restore drives themselves.

 Old backup image filename : C: \M384.GHO

 New backup image filename : G：\MACHINE.GHO
```

图 2-59　修改 GHOST 备份的文件名

```
PLEASE SELECT:

1 Set  Connection Mode PARALLEL（LPT：）
2 Set  Connection Mode LOCAL/NETWORK
3 Change Backup Image Filename
4 Change Restore Image Filename
5 Change Machine Name（for Windows and DOS net）
6 Manage Network Drives
7 Change Split Mode
8 Load additional drivers

9 Back to previous Menus

Your choice [1, 2, 3, 4, 5, 6, 7, 8, 9]? 2

This mode enables you to make a backup/restore to/from
a GHOST image file onto/from an external drive connected
to the HMC，for example a ZIP，CDROM Drive or a  network
driver.

Additional device driver may be necessary!

Set mode  LOCAL/NETWORK [Y，N]?_
```

图 2-60　设定网络模式

e) 修改网线设定，在显示图 2-61 所示的画面时，按数字按键 "4"，进入图 2-62 所示的画面，进行网络设定修改。

f) 用户计算机名称设定，在显示图 2-62 所示的画面时，按数字按键 "2"，进入图 2-63 所示的画面，设定连接的 PC 的名字。在输入栏 "New User name"（新用户名字）一栏，输入所连接计算机的用户名，例如输入 "BACKUPNC"。

g) 网络协议设定，在图 2-63 所示的画面中，按数字键 "3"，选择网络方式为 TCPIP。

h) 进入 TCPIP 参数设定菜单，在图 2-63 所示的画面中，按数字键 "5"，进入图 2-64 所示的画面，进行 TCPIP 的设置。

i) 网络参数设定，在图 2-64 所示的画面中，按数字键 "2"，进入图 2-65 所示的画面，检查修

```
        CURRENT NETWORK SETTINGS:

Machine Name              : PCU50
User Name                 : AUDUSER
Transport Protocol        : TCPIP, get IP Addresses manually
Logon to domain           : No
Connected Network Drive    :- none -

  PLEASE SELECT:

  1  Connect to Network Drive
  2  Show connected Network Drives
  3  Disconncct from all Network Drives
  4  Change Network  setting

  9  Back to previous Menus

Your choice [1, 2, 3, 4, 9]? _
```

图 2-61 PCU50 的网络驱动管理画面

```
        CURRENT NETWORK SETTINGS:

Machine Name              : PCU50
User Name                 : AUDUSER
Transport Protocol        : TCPIP, get IP Addresses manually
Logon to domain           : No
Connected Network Drive    :- none -

  PLEASE SELECT:

  1 Change Machine Name (for DOS Net only)
  2 Change User name
  3 Toggle Protocol (NETBEU) OR TCPIP
  4 Toggle logon to domain (Yes or No)
  5 Change TCPIP settings

  9  Back to previous Menus

Your choice [1, 2, 3, 4, 5, 6, 7, 9]? _
```

图 2-62 PCU50 的网络设定画面

```
        CURRENT NETWORK SETTINGS:

Machine Name              : PCU50
User Name                 : AUDUSER
Transport Protocol        : TCPIP, get IP Addresses manually
Logon to domain           : No
Connected Network Drive    :- none -

  PLEASE SELECT:

  1 Change Machine Name (for DOS Net only)
  2 Change User name
  3 Toggle Protocol (NETBEU) OR TCPIP
  4 Toggle logon to domain (Yes or No)
  5 Change TCPIP settings

  9  Back to previous Menus

Your choice [1, 2, 3, 4, 5, 6, 7, 9]? 5

Old User name: AUDUSER
New User name: BACKUPNC_
```

图 2-63 PC 用户名设定画面

```
        CURRFNT TCPIP SETTINGS:
Get IP Addresses            :manually
My IP Address               :0 0 0 0
Subnetmask                  :255 255 255 0
Gateway                     :0 0 0 0
Domain Name Server          :0 0 0 0

PLEASE SELECT:

1 Toggle "Get IP address" （automatically or manually）
2 Change IP address
3 Change Subnetmask
4 Change Gateway
5 Change Domain Name Server
6 Change DNS Extension

9  Back to previous Menus

Your choice [1, 2, 3, 4, 5, 6, 9]? _
```

图 2-64   TCPIP 设置画面

```
        CURRENT TCPIP SETTINGS:
Get IP Addresses            :manually
My IP Address               :0 0 0 0
Subnetmask                  :255 255 255 0
Gate          way           :0 0 0 0
Domain Name Server          :0 0 0 0

PLEASE SELECT:

1 Toggle "Get IP address" （automatically or manually）
2 Change IP address
3 Change Subnetmask
4 Change Gateway
5 Change Domain Name Server
6 Change DNS Extension

9  Back to previous Menus

Your choice [1, 2, 3, 4, 5, 6, 9]? 2

Old IP address: 0 0 0 0
New IP address: 192 168 84 2
```

图 2-65   IP 地址检查修改画面

改 IP 地址，例如修改为 192 168 84 2，与连接的 PC 的 IP 地址匹配。

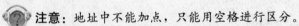 **注意：** 地址中不能加点，只能用空格进行区分。

j）网络连接，按数字按键 "9" 返回上一级菜单，如图 2-66 所示，这时进行网络连接，按数字按键 "1"，进入网络连接画面，如图 2-67 所示。

k）输入计算机的密码。

l）输入计算机的 GHOST 文件路径（PC 用户名和共享文件夹名），例如\\BACKUPNC \ PCUBACKUP，如图 2-68 所示。

如以上操作无误，网络正常连接，系统回到图 2-69 所示画面，指示网络连接完成。

```
        CURRENT NETWORK SETTINGS:

    Machine Name              : PCU50
    User Name                 : BACKUPNC
    Transport  Protocol       : TCPIP,  get IP Addresses manually
    Logon to domain           : No
    Connected Network  Drive  : - none -

     PLEASE SELECT:

    1 Connect  to Network  Drive
    2 Show connected Network Drives
    3 Disconnect  from all  Network Drives
    4 Change Network setting

    9  Back to previous Menus
  Your choice [1, 2, 3, 4, 9]? _
```

图 2-66　PCU50.1 的网络驱动管理画面

```
  Copyright 1995-2001，Intel Corporation. All Right Reserved.












  Please type in the network password of the user"BACKUPNC"

  When a password is requested

  Type your password：*******
```

图 2-67　PC 密码输入画面

```
  PCI  ID：8086/1229/8086/3000/0008









  Please type in the network password of the user"BACKUPNC"

  When a password is requested

  Type your password：*******
  The command completed successfully.


  Letter for Network Drive [G]：G
  Directory to be mounted [\NB-GIORDANO\TEMP]：\\BACKUPNC\PCUBACKUP
```

图 2-68　PC 用户名和文件夹名输入画面

```
            CURRENT NETWORK SETTINGS:

Machine Name                    :PCU50
User Name                       :AUDUSER
Transport Protocol              :TCPIP,  get IP Addresses manually
 Logon to domain                :No
 Conn. Network Drive (last)     :G:\\BACKUPNC\PCUBACKUP

 PLEASE SELECT:

 1 Connect  to Network  Drive
 2 Show connected Network Drives
 3 Disconnect  from all  Network Drives
 4 Change Network setting


 9  Back to previous Menus
Your choice [1, 2, 3, 4, 9]?  _
```

图 2-69　网络连接完成画面

（3）GHOST 备份。

1）返回到 GHOST 备份菜单，在显示图 2-69 时，多次按数字按键"9"，返回到图 2-70 所示的菜单画面，在这期间按照提示存储网络设置参数（network parameters）和 GHOST 参数（GHOST parameters）。

2）进行 GHOST 备份，在显示图 2-70 时，按数字按键"2"，出现图 2-71 的画面，按字母按键"Y"，即可对 PCU50.1 的硬盘进行 GHOST 映像备份，备份文件存储到计算机中。

（4）GHOST 恢复硬盘。当然也必须执行第（1）、（2）项操作，在第（2）项操作中显示图 2-60 时，按数字键"4"，修改 GHOST 备份文件名（PC 中 GHOST 映像文件名，例如 G:\MA-CHINE. GHO）。

之后在图 2-70 中，按数字按键"3"，就可以恢复硬盘映像。

```
GHOST Connection Mode  :  LOCAL/NETWORK

GHOST Version          :  6.01（build=58）

 PLEASE SELECT:
 1 Configure GHOST  Parameters
 2 Harddisk Backup  to      G:\MACHINE.GHO, Mode  LOCAL/NETWORK
 3 Harddisk Restore  from   D:\SINUBACK\PCU\MMC.GHO, Mode LOCAL/NETWORK
 4 Back to other Version of GHOST


 9 Return to Main Menu

Your choice   [1, 4, 5, 9]?
```

图 2-70　PCU50.1 硬盘整盘备份与恢复菜单画面

退出服务菜单时，应在每个菜单都按数字键"9"，返回上级菜单，到图 2-65 所示画面时，按数字键"9"，对系统进行热启动，进入数控系统界面。

```
Image file for backup is G :\MACHINE.GHO
Please make sure the directory path exists on the target system!

Continue backup [Y, N]?_
```

图 2-71　GHOST 映像备份

2.4　典型故障的维修

2.4.1　报警信息调用

以 SIEMENS 840D 为例来介绍报警信息的调用方法。在任何操作画面，按菜单转换按键，使屏幕显示进入含有 Diagnosis（诊断）功能的画面，如图 2-72 所示。这时按 Diagnosis（诊断）功能下

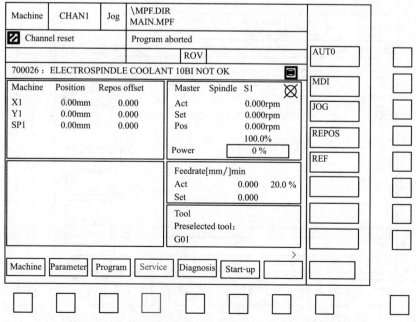

图 2-72　SIEMENS 840D 系统包含 Diagnosis 功能的画面

面的软键，屏幕显示进入图 2-73 所示的画面，按 Alarms（报警）下面的软键，显示所有已发生的没有被复位的报警信息。报警信息包括报警号、报警日期、删除方式以及报警信息。如果是 SIEMENS 840D 的系统报警，可以按操作面板上的 1 按钮调出此报警的详细解释。另外按图 2-73 所示的画面中 Alarmlog（报警记录）下面的软键可以查看近期出现的机床报警信息及发生时间，便于故障信息的追溯。这个报警日志是遵守先进先出原则的，后出现的报警将最先出现的报警信息顶出，保存较新的报警信息。

在图 2-73 所示画面中按 Messages（信息）功能下面的软键，进入图 2-74 所示的 PLC 报警信息显示画面，显示操作信息号、发生的时间和信息内容。

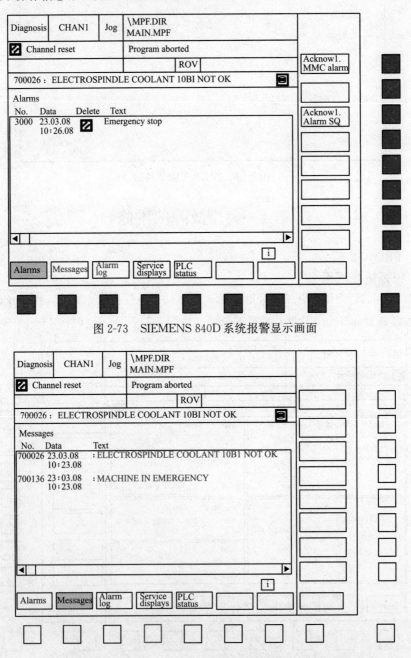

图 2-73　SIEMENS 840D 系统报警显示画面

图 2-74　SIEMENS 840D 系统 PLC 报警信息显示画面

2.4.2　故障维修实例

例 2-1　PRIMO-S 系统 CPU 故障维修。

故障现象：配套 SIEMENS PRIMO-S 的数控滚齿机，开机后系统无显示（数码管），机床无法正常开机。

分析与处理过程：经检查，系统的电源输入正常，由于系统无任何显示，无法进行 CNC 检查。

由于系统结构简单，打开系统后检测，发现系统 CPU 没有正常工作。考虑到系统简单，且 CPU 为通用型号，直接拆除 CPU，而且为了方便今后维修，对 CPU 安装了插座。更换 CPU 后，数码管显示恢复正常，重新输入参数后，系统恢复正常。

例 2-2　PRIMO-S 系统电池故障维修。

故障现象：配套 SIEMENS PRIMO-S 的数控滚齿机，开机后系统显示（数码管）混乱，机床无法正常开机。

分析与处理过程：根据 SIMENS PRIMO-S 说明书，按住 M 键，同时接通数控系统电源，发现系统参数混乱；重新输入参数后，系统进行正常显示，机床恢复正常工作。

但在本例中经关机后，故障又重新出现，由此判断故障原因是系统的 RAM 无法记忆，测量系统电池发现只有 0.5V 左右，已经完全失效。

重新更换电池后，系统恢复正常。

例 2-3　PRIMO-S 系统 RAM 故障维修。

故障现象：配套 SIE MENS PRIMO-S 的数控滚齿机，开机后系统显示（数码管）混乱，机床无法正常开机。

分析与处理过程：根据 SIE MENS PRIMO-S 说明书，按住 M 键，同时接通数控系统电源，发现系统参数混乱。重新输入参数时，发现面板输入的参数无法进入 CNC 记忆，系统参数无法恢复。

由于系统的电池已经更换，并经再次测量，系统的电池正常，由此初步判定故障原因在系统存储器上。打开系统、直接拆除系统存储器，并安装了插座。更换存储器后，数码管显示恢复正常；重新输入参数后，系统恢复正常。

例 2-4　8M 系统 CPU 模块 I/C、S 报警灯亮的故障维修。

故障现象：配套 SIEMENS 8M 的进口加工中心，开机后系统无显示，机床无法正常开机。

分析与处理过程：检查系统各控制模块的状态指示灯，发现 NC-CPU 模块（MS100）上的 I/C 与 S 报警灯亮，操作面板上的 "FAULT" 指示灯亮，表明系统硬件故障。

SIEMENS 8M 系统 NC-CPU 模块（MS100）上的 I/C 与 S 报警灯亮，通常与系统的位置测量模块（MS250）有关。维修时，通过互换法确认了以上判断。

取下该模块检查发现，其中的集成电路 D186（74LS245）不良，更换同型号的集成电路后，系统恢复正常工作。

例 2-5　802D 系统 PROFIBUS 连接出错的故障维修。

故障现象：配套 SIEMENS 802D 系统的数控铣床，开机时出现报警：ALM380500、400015、

400000、025201、026102、025202：驱动器显示报警号 ALM599。

分析与处理过程：根据系统诊断说明书，检查以上报警的内容如下：

ALM380500：PROFIBUS DP 驱动器连接出错。

ALM400015：PROFIBUS DP I/O 连接出错。

ALM400000：PLC 停止。

ALM025201：驱动器 1 出错。

ALM025202. 驱动器 1 出错，通信无法进行。

ALM026102. 驱动器不能更新。

伺服驱动器 ALM599. 802D 与驱动器之间的循环数据转换中断。

鉴于本机床的系统报警众多，维修时必须分清主次，否则维修工作将难以开展。根据以上报警内容与发生故障时的现象观察，首先进行了如下分析：

（1）开机时，伺服驱动器可以显示"RUN"，表明伺服驱动系统可以通过自诊断，驱动器的硬件应无故障。

（2）系统初始化完成后，驱动器"使能"信号尚未输出，系统就出现报警；并且，驱动器也随之报警。

根据以上两点，可以暂时排除伺服驱动器的原因，而且由于伺服驱动的使能信号尚未加入，从而排除了由于电动机励磁产生的干扰，由此判定故障是由系统引起的。

（3）系统报警 ALM400015（PROFIBUS DP I/O 连接出错）与 ALM400000（PLC 停止）分析，ALM400015（PROFIBUS DP I/O 连接出错）属于硬件故障报警，如果系统的 I/O 单元工作正常，即使是 ALM400000（PLC 停止），一般也不会引起系统产生硬件报警。

综合以上分析，报警的检查应重点针对 I/O 单元（PP72/48）进行。

经检查，该机床的 I/O 单元（PP72/48）指示灯"POWER"不亮，表明 I/O 单元无 DC24V。

测量外部供电 DC24V 正常，I/O 单元内部全部熔断器都正常，由此初步判定故障原因在 DC24V 的输入回路或外部 DC24V 与 I/O 单元的连接上。

进一步检查 I/O 单元与外部 24V 的连接，发现 I/O 单元电源连接端子的接触不良，重新连接后，I/O 单元的"POWER"、"READY"指示灯亮，系统报警消失，机床恢复正常工作。

例 2-6 802D 系统 I/O 模块出错的故障维修。

故障现象：配套 SIEMENS 802D 系统的数控铣床，开机时出现报警：ALM380500、400015、400000、025201、026102、025202，驱动器显示报警号 ALM599。

分析与处理过程：同例 2-5，经检查，该机床 I/O 单元（PP72/8）指示灯"POWER"不亮，表明 I/O 单元无 DC24V。测量外部供电 DC24V 正常，I/O 单元内部全部熔断器都正常，由此初步判定故障原因在 DC24V 的输入 1 路或外部 DC24V 与 I/O 单元的连接上。

检查 I/O 单元与外部 24V 的连接，发现 I/O 单元电路板上的电源连接端子上有 DC24V，但在经过了熔断器 F7 后，24V 电压消失。因单独测量熔断器 F7 正常，由此判定故障原因是熔断器 F7 接触不良引起的；进一步检查发现，电路板上的 F7 虚焊，重新焊接后，I/O 单元的"POWER"、"READY"指示灯亮，系统报警消失，机床恢复正常工作。

例 2-7 一台数控车床出现报警"2001 PLC has not started up"(PLC 没有启动)。

数控系统：西门子 840D 系统。

故障现象：机床在启动时出现 2001 号报警，系统不能工作。

故障分析与检查：西门子 840D 系统的 2001 号报警指示 PLC 没有启动。反复开关数控机床（注意：关机 1min 后才能重新开机），故障现象相同，MMC 启动后，出现 2001 报警，系统死机。说明 MMC 系统工作正常，问题应该出在 NCU 系统上。

在出现故障时对系统进行检查，发现 MCP（机床控制面板）上所有按键指示灯闪烁。NCU 模块上右面指示灯 PS 红灯闪亮，PF 红灯常亮。

根据这些现象，怀疑 NCK 的数据丢失或者混乱造成 PLC 不能启动。

故障处理：对 NCU 的 NC 和 PLC 进行初始化，然后下载系列备份的数据和程序，这时关机，1min 后重新启动机床，系统恢复正常运行。

例 2-8 一台数控车床系统不能启动。

数控系统：西门子 840C 系统。

故障现象：这台机床开机出现警示"Hard drive controller diagnostics error（硬盘控制器诊断错误）"之后死机，不能进行任何操作。

故障分析与检查：因为机床通电启动后每次都是在系统装入数据时出现报警的，而且出现报警后不能进行任何操作，所以认为是系统硬盘有问题，不能将数据装入 NC。

系统硬盘安装在 MMC 板上，将 MMC 板安装到另一台机床，也出现此故障，说明确实是硬盘损坏。

故障处理：更换硬盘，写入数据文件后，机床恢复正常工作。

例 2-9 802D 干扰引起 ALM380500 报警的维修。

故障现象：配套 SIEMENS 802D 系统的数控铣床，开机时出现报警：ALM380500，驱动器显示报警号 ALM504。

分析与处理过程：驱动器 ALM504 报警的含义是：编码器的电压太低，编码器反馈监控失效。经检查，开机时伺服驱动器可以显示"RUN"，表明伺服驱动系统可以通过自诊断，驱动器的硬件应无故障。经观察发现，每次报警都是在伺服驱动系统"使能"信号加入的瞬间出现，由此可以初步判定，报警是由于伺服电动机加入电枢电压瞬间的干扰引起的。

重新连接伺服驱动的电动机编码器反馈线，进行正确的接地连接后，故障清除，机床恢复正常。

例 2-10 电缆连接不良引起急停的故障维修。

故障现象：某配套 SIEMENS 810M 的卧式加工中心，在加工过程中突然停机，再次开机时，CNC 显示-ALM2000 报警。

分析及处理过程：SIEMENS 810M 引起 ALM2000 报警的原因是系统的"急停"输入信号 Q78.1 为"0"。

对照 PLC 程序，检查机床各输入条件，确认故障原因是机床 x 轴超程保护生效，但检查实际机床位置，未发现超程。

进一步检查机床 x 轴超程输入信号及超程开关，发现 x 轴限位开关的连接电缆在机床运动过程中被部分拉落，引起了超程报警。

重新连接电缆并固定可靠后，开机故障消失，机床恢复正常工作。

例 2-11　一台数控车床系统不能启动。

数控系统：西门子 840D 系统。

故障现象：机床在早晨开机时，MMC103 系统引导失败，屏幕提示没有找到硬盘，多次重启无效。

故障分析与检查：根据维修经验，MMC103 受潮时也会出现上述现象，一般用 1500W 左右的电热风机在其启动时对着 CPU 散热风扇处烘吹 2～3min 后，可以成功引导。这次因为机床停电一天有余，又赶上天气潮湿，因此首先怀疑 MMC103 受潮，但经多次试验排除了受潮的原因。

根据屏幕的提示，怀疑硬盘损坏。为此，将硬盘从 MMC103 系统上拆下，通过移动硬盘盒将其插接到一台台式机上运行，发现系统有时能引导成功，有时却不能，轻摇硬盘有异常"嘎嗒"声，确认硬盘受损。

故障处理：更换硬盘，使用 GHOST 软件将系统硬盘备份还原到新的硬盘上，再安装到 MMC103 系统上，开机测试，系统启动正常，机床恢复运行。

例 2-12　一台数控球道磨床屏幕没有显示。

数控系统：西门子 3M 系统。

故障现象：机床启动后屏幕没有显示。

故障分析与检查：因为机床启动后，屏幕没有显示，观察系统启动过程发现面板上的指示灯正常变化，说明系统已经启动，并且手动动作正常没有问题，因而确定可能显示器损坏，检查显示器发现控制板上有一个电阻烧坏。

故障处理：将显示器控制板上损坏的器件更换后，显示器恢复正常显示。

例 2-13　一台数控车床开机屏幕没有显示。

数控系统：西门子 840C 系统。

故障现象：机床启动后屏幕没有显示。

故障分析与检查：因为机床启动后，屏幕没有显示，观察系统启动过程发现面板上的指示灯正常变化，说明系统已经启动，并且手动动作正常没有问题，因而确定可能显示器损坏，检查显示器发现显像管已经严重老化。

故障处理：更换新的显示器后，机床恢复正常工作。

例 2-14　一台数控加工中心系统屏幕没有显示。

数控系统：西门子 840D 系统。

故障现象：机床在加工过程中屏幕突然关闭，没有显示。

故障分析与检查：在出现故障时，按操作面板上的任何按键，屏幕都没有反应，排除了屏幕保护的问题。

这台机床 MMC 单元使用的是 PCU20 控制单元和 OP010 显示操作单元，引起此故障的原因可能是 PCU20 控制单元故障、OP010 显示操作单元故障、电源故障或者系统软件进入死循环。关机重开，系统屏幕没有任何反应，排除了软件死机的可能；接着检查 PCU20 控制单元的直流 24V 电源的输入端子，发现没有 24V 电压，进一步检查发现 OP010 操作面板的 24V 电源端子松动，接触不良。

故障处理：对电源端子进行紧固处理后，系统显示恢复正常。

例 2-15　一台数控冲床开机启动后出现黑屏故障。

数控系统：西门子 810N 系统。

故障现象：机床在通电开机后，系统不能启动。

故障分析与检查：因为屏幕没有显示，观察系统的启动过程，根本没有启动的迹象，怀疑电源有问题，故首先检查系统上的 24V 供电电源，正常没有问题；NC ON 信号在按下系统启动按钮时也正常；检查电源模块，发现没有 5V 电源，从而确定电源模块有问题。将电源模块拆下检查，发现一个二极管损坏。

故障处理：把电源模块上损坏的器件更换后，系统恢复正常工作。

例 2-16　一台数控铣床开机启动系统，但系统黑屏。

数控铣床：西门子 3TT 系统。

故障现象：机床通电后，系统屏幕没有显示，检查数控系统发现 PLC 的 CPU 模块报警灯亮。

故障分析与检查：西门子 3 系统的 PLC 采用单独的 S5-135W 的 CPU 模块。这台机床采用的是 3TT 系统，由于使用双 NC，各种模块较多，所以系统使用了两个框架，每个框架都有一个电源模块。

通过故障现象分析，PLC 的 CPU 模块报警灯亮，说明 PLC 没有启动。所以，首先与另一台机床 PLC 的 CPU 模块对换，这台机床的故障依旧，另一台机床正常，说明 PLC 的 CPU 模块没有问题。检查输入模块、输出模块、耦合模块都没有发现问题；检查电源模块输入、输出电压也正常。但将这台机床的 PLC 电源模块与另一台机床的互换，故障转移到另一台机床，说明虽然电源模块输入、输出电压都正常，但还是有其他问题使 PLC 的 CPU 模块不能启动。

故障处理：更换新的电源模块后，机床恢复正常工作。

例 2-17　880 系统无显示的故障维修。

故障现象：某配套 SIEMENS 880M 的加工中心，机床加工过程中，显示器突然消失，再次开机后无显示。

分析及处理过程：检查系统各主要模块的指示灯状态全部正常，甚至在无显示的情况下，机床仍然能够手动移动，证明故障仅仅在系统的显示部分。

取下 CRT 检查，经检查发现，CRT 上的高压包的一个线圈接头烧断，重新连接后故障排除，机床恢复正常。

例 2-18　810 系统显示突然消失的故障维修。

故障现象：某配套 SIEMENS 810M 的加工中心，机床加工过程中，显示器突然无显示。

分析及处理过程：810M系统无显示的原因有两方面：一是系统硬件故障，二是系统软件出错。对于后者，可以通过对系统的初始化进行恢复。

为了判别故障原因，维修时对系统进行初始化处理：按住系统面板上的诊断键（有"眼睛"标记的键），接通电源起动系统，但系统仍然无初始化页面显示。

由此可以判定，系统的显示器损坏，更换显示器后，机床恢复正常。

例2-19　810系统显示驱动不良的故障维修。

故障现象：某配套SIEMENS 810M的加工中心，机床加工过程中，显示器突然变成水平一条亮线。

分析及处理过程：由于本机床工作正常，无故障，系统仅仅是显示器突然变成水平一条亮线，所以维修只须针对显示器进行。数控系统的显示器驱动电路与电视机原理相同，本故障属于显示的场偏转与场输出电路故障，经检查该显示器的场输出管损坏，更换场管后，显示恢复正常。

例2-20　810系统页面不能转换的故障维修。

故障现象：配套SIMENS810M的加工中心，开机后CRT停留在位置显示页面，无法进入其他任何显示页面。

分析与处理过程：经检查，系统除显示页面不能改变外，其他部分工作均正常，且在这种情况下，系统完全可以正常工作，由此判定系统、显示均无故障，故障原因应在页面选择与页面转换上。

进一步仔细检查，发现系统的位置显示软功能件被卡住，未能复位，重新拉出后，系统页面可以正常转换。

例2-21　一台数控窗口磨床出现报警"242 Over temperature（超温）"。

数控系统：西门子3M系统。

故障现象：在机床自动加工中，出现242号报警，系统停止工作。

故障分析与检查：根据西门子3M系统的报警手册，242号报警指示系统工作温度超温。为此对系统进行检查，发现确实温度较高，对系统冷却风扇系统进行检查，发现冷却风扇不转，对风扇进行检查发现风扇的线圈已经损坏。

故障处理：更换系统冷却风扇，机床恢复正常工作。

例2-22　一台数控冲床出现报警"1 Battery alarm power supply（后备电池报警）"。

数控系统：西门子810N系统。

故障现象：机床长期停用后，重新通电开机，出现1号报警，检查机床后备电池，电压较低。更换电池后，1号报警仍然不能消除。

故障分析和处理：根据故障现象分析，可能是报警回路有问题。分析810N系统工作原理，系统的电源模块对后备电池电压进行测试，如果电压不够，则将故障检测信号传输到CPU模块，系统产生电压不足报警。因此，首先对电源模块进行检查，发现连接后备电池电压信号的印制电路板被腐蚀断路。

故障处理：把断路部分焊接上后，机床通电开机，1号报警消失。

例 2-23　一台数控车床出现报警 "2001 PLC has not start up（PLC 没有启动）"。

数控系统：西门子 840D 系统。

故障现象：机床开机启动时出现 2001 报警，指示 PLC 没有启动。

故障分析与检查：通常系统启动后，加载 PLC 数据此报警即可解除，但观察这台机床加载数据后不能保持并出现报警 "120202 waiting for a connection to the NC（等待与 NC 连接）"、"120201 Communication failure（通信失败）"。更换 NCU 模块，故障依旧，检查 MMC 至 NCU 板间的连接电缆正常。再检查发现 NCU 板显示灯异常（闪烁），更换 NCU 模块故障依旧，因此怀疑 NCU 模块的支撑盒 "NCU box" 出现故障。

故障处理：更换 NCUbox 后报警解除，重新装入机床数据和文件备份后机床恢复正常运行。

例 2-24　一台数控铣床经常出现报警 "2001 PLC has not started up（PLC 没有启动）"。

数控系统：西门子 840D 系统。

故障现象：机床经常出现 2001 报警指示 PLC 没有启动，关机再开报警消失，机床还可以工作。

故障分析与检查：引起 PLC 不能启动的原因很多，如系统机床数据和 PLC 用户程序全部丢失或部分丢失、外部的电磁干扰或电源干扰、PLC 电源不稳定、机床数据 MD10120 设置不合理等。

根据故障现象时有时无，判断可能是系统工作不稳定或者由于干扰引起的。为此首先检查数控系统的接地情况，经过全面排查发现 NCU 模块的接地电缆松动，系统接地不良，使得外部干扰不能有效地被屏蔽，当电磁干扰强烈时，引起系统或 PLC 程序运行错误，导致 PLC 停止。

故障处理：重新连接接地线后，系统恢复稳定运行，再也没有出现相同的故障。

例 2-25　一台数控加工中心在加工时出现报警 "120202 Waiting for a connection to NC（等待与 NC 连接）"。

数控系统：西门子 840D 系统。

故障现象：机床在加工时出现 120202 报警，页面空白，软键灰色，数据不能加载。

故障分析与检查：因为报警指示等待与 NC 连接，说明 MMC 与 NCK 的通信中断。先检查 PCU50 显示的 MMC、NCK、PLC 地址和波特率，再检查总线电缆、手轮均正常，因此怀疑 NCU 模块有问题。

故障处理：更换 NCU 模块后报警解除，重新装入 NC 与 PLC 的数据和文件备份后机床恢复正常运行。

例 2-26　一台数控磨床出现报警 "120202 wait for connect to NC/PLC（等待连接 NC/PLC）"。

数控系统：西门子 840D 系统。

故障现象：机床开机后出现 120202 报警，指示与 NC/PLC 连接不上，系统不能运行。

故障分析与检查：出现故障时检查 NCU 模块，发现其数码管显示 "3"，说明 NCU 模块工作不正常。根据系统诊断手册，NCU 模块显示 "3"，指示系统没有检测到 PC 卡或者 PC 卡版本不识别，因为这台机床已运行了好几年了，版本应该没有问题，所以怀疑 PC 卡有问题。

故障处理：断电后将 PC 卡拔下，用酒精清洗连接插头后再重新插接，启动系统恢复正常。

例 2-27　一台数控铣床加工时瞬间出现报警"120202 waiting for a connection to the NC（等待与 NC 连接）"、"120201 Communication failure（通信失败）"。

数控系统：西门子 840D 系统。

故障现象：机床在加工过程中出现 120201 和 120202 报警，几秒后恢复正常，故障报警经常出现。

故障分析与检查：因为报警指示等待与 NC/PLC 连接，首先检查 PCU50 显示的 MMC、NCK、PLC 地址、波特率没有问题；然后检查终端电阻、电缆、手轮均正常，更换 NCU 模块、NCU box 模块，故障依旧。

怀疑 PCU50 至 NCU 板间电缆接触不良，改接临时短电缆，系统工作稳定，不再产生报警。

故障处理；故障原因可能是原电缆较长，造成信号衰减。为此将其多余部分剪掉重新接入系统，此时开机运行系统正常工作，不再出现这些报警。

例 2-28　880M 无显示、面板错误指示灯亮的故障维修。

故障现象：某配套 SIEMENS 880M 的加工中心，系统工作时，显示器无显示，面板上的"？"指示灯亮；关机后再次起动，系统无显示，面板上的"？"指示灯亮。

分析及处理过程：880M 系统面板上的"？"指示灯亮，表明系统存在报警，但检查系统硬件无故障。从故障现象分析，原因应属于软件出错，但由于系统无显示，无法判别故障原因。此类故障的解决一般可以通过对系统进行初始化处理排除。

根据 880 使用说明书，对系统进行初始化处理，经系统初始化后，机床恢复正常。

例 2-29　880M 无显示、面板指示灯亮循环跳动的故障维修。

故障现象：某配套 SIEMENS 880M 的加工中心，开机后面板上的"报警"、"未到位"、"进给保持"、"循环运行"指示灯循环跳动，显示器无显示。

分析及处理过程：SIEMENS 880M 的加工中心，开机后面板上的"报警"、"未到位"、"进给保持"、"循环运行"指示灯循环跳动，代表系统自检出错，系统无法正常启动，其原因可能是系统 CPU 板或系统软件出错。此类故障的解决一般可以通过对系统进行初始化处理排除。

在本机床上，通过对系统进行初始化处理，并格式化用户存储器（USER MEMORY CLEAR）后，机床恢复正常。

例 2-30　PRIMO-S 显示乱码的故障维修。

故障现象：配套 SIEMENS PRIMO-S 的数控滚齿机，开机后系统显示（数码管）混乱，机床无法正常开机。

分析与处理过程：SIEMENS PRIMO-S 的数控系统是 SIEMENS 公司早期生产的经济型系统，系统结构非常简单，可以控制 3 轴，系统 CPU 为 Intel 8085。

检查系统硬件无故障，根据故障现象分析，原因应属于软件出错。根据 SIEMENS PRIMO-S 说明书，按住 M 键，同时接通数控系统电源，系统恢复正常显示，检查发现系统内部参数混乱。重新输入参数后，系统恢复正常。

第3章

可编程控制器的维修 30 例

3.1 PLC 在数控机床上的典型应用

3.1.1 数控机床用 PLC

PLC 也是一种计算机控制系统,其实质是一种工业控制用的专用计算机,也是由硬件系统和软件系统两大部分组成。PLC 不同于通用计算机的是,它专为工业现场控制开发,具有更多、功能强大的 I/O 接口和面向现场工程技术人员的编程语言。PLC 控制系统示意图如图 3-1 所示。

数控机床用 PLC 可分为两类:一类是专为实现数控机床顺序控制而设计制造的"内装型"(Built—in Type) PLC,如图 3-2 所示;另一类是输入/输出信号接口技术规范、输入输出点数、程序存储容量以及运算和控制功能等均能满足数控机床控制要求的"独立型"(Stand—alone Type) PLC,如图 3-3 所示。

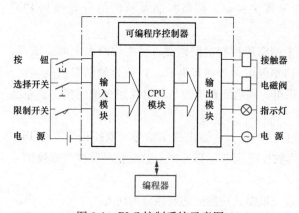

图 3-1 PLC 控制系统示意图

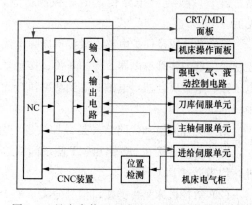

图 3-2 具有内装型 PLC 的 CNC 机床系统框图

1. 数控机床 PLC 的功能

(1) 机床操作面板控制。将机床控制面板上的控制信号直接输入 PLC,以控制数控机床的运行。

(2) 机床外部开关量输入信号控制。将机床侧的开关信号输入 PLC,经过逻辑运算后,输出给控制对象。这些开关量包括控制开关、行程开关、接近开关、压力开关、流量开关和温控开关等。

(3) 输出信号控制。PLC 输出的信号经强电控制部分的继电器、接触器,通过机床侧的液压或气动电磁阀,对刀架、机械手、分度装置和回转工作台等装置进行控制,另外还对冷却泵电动机、润滑泵电动机等动力装置进行控制。

(4) 伺服控制。对主轴和伺服进给驱动装置的使能条件进行逻辑判断,确保伺服装置安全工作。

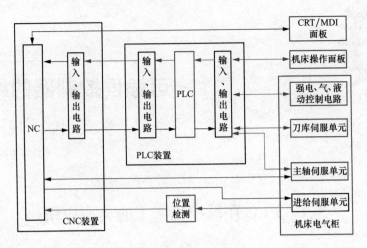

图 3-3　具有独立型 PLC 的 CNC 机床系统框图

（5）故障诊断处理。PLC 收集强电部分、机床侧和伺服驱动装置的反馈信号，检测出故障后，将报警标志区的相应报警标志位置位，数控系统根据被置位的标志位显示报警号和报警信息，以便于故障诊断。

2. 数控机床接口

（1）接口定义及功能分类。数控机床"接口"是指数控装置与机床及机床电气设备之间的电气连接部分。接口分为四种类型，如图 3-4 所示。第 1 类与驱动命令有关的连接电路；第 2 类与测量系统和测量装置的连接电路；第 3 类是电源及保护电路；第 4 类是开关量信号和代码信号连接电路。第 1、2 类连接电路传送的是控制信息，属于数字控制、伺服控制及检测信号处理和 PLC 无关。

第 3 类电源及保护电路由数控机床强电线路中的电源控制电路构成。强电线路由电源变压器、控制变压器、各种继电器、保护开关、接触器、功率继电器等连接而成，以便为辅助交流电动机、电磁铁、电磁离合器，电磁阀等到功率执行元件供电。强电线路不能与弱电线路直接连接，必须经中间继电器转换。

第 4 类开关量和代码信号是数控装置与外部传送的输入、输出控制信号。数控机床不带 PLC 时，这些信号直接在 NC 侧和 MT 侧之间传送。当数控机床带有 PLC 时，这些信号除少数高速信号外，均需通过 PLC。

（2）数控机床第 4 类接口信号分类。第 4 类信号根据其功能的必要性分为两类：

1）必须信号。这类信号是用来保护人身安全和设备安全，或者是为了操作。如"急停"、"进给保持"、"循环起动"、"NC 准备好"等。

2）任选信号。指并非任何数控机床都必须有，而是在特定的数控装置和机床配置条件下才需要的信号。如"行程极限"、"NC 报警"、"程序停止"、"复位"、"M、S、T 信号"等。

3. 常用输入/输出元件

（1）控制开关。在数控机床的操作面板上，常见的控制开关有：

1）用于主轴、冷却、润滑及换刀等控制按钮，这些按钮往往内装有信号灯，一般绿色用于启动，红色用于停止；

2）用于程序保护，钥匙插入方可旋转操作的按钮式可锁开关；

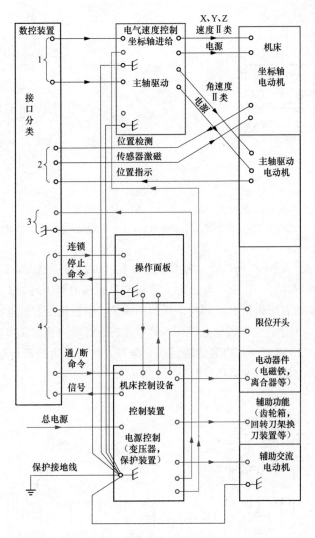

图 3-4　数控机床接口框图

3）用于紧急停止，装有突出蘑菇形钮帽的红色紧停开关；

4）用于坐标轴选择、工作方式选择、倍率选择等，手动旋转操作的转换开关等；

5）在数控车床中，用于控制卡盘夹紧、放松，尾架顶尖前进、后退的脚踏开关等。

图 3-5（a）所示为控制按钮结构示意图，图 3-5（b）所示为控制开关图形符号。

在图 3-5（a）中，常态（未受外力）时，在复位弹簧 2 的作用下，动断触点 3 与桥式动触点闭合；动合触点 5 与桥式动触点 4 分断。

（2）行程开关。行程开关又称限位开关，它将机械位移转变为电信号，以控制机械运动。按结构可分为直动式、滚动式和微动式。

1）直动式行程开关。图 3-6（a）所示为直动式行程开关结构示意图，其动作过程与控制按钮类似，只是用运动部件上的撞块来碰撞行程开关的推开，触点的分合速度取决于撞块移动的速度。这类行程开关在机床上主要用于坐标轴的限位、减速或执行机构，如液压缸、气缸活塞的行程控制。图 3-6（b）所示为直动式行程开关推杆的形式，图 3-6（c）所示为柱塞式行程开关外形图。

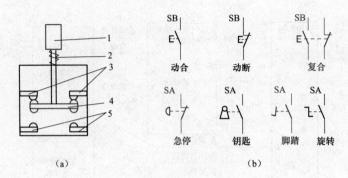

（a）　　　　　　　　　　　　　（b）

图 3-5　控制开关

（a）控制按钮结构示意图；（b）控制开关图形符号

1—按钮帽；2—复位弹簧；3—动断触点；4—桥式动触点；5—动合触点

2）滚动式行程开关。图 3-7（a）所示为滚动式行程开关结构示意图，图 3-7（b）所示为滚动式行程开关外形图。在图 3-7（a）中，当滚轮 1 受到向左的外力作用时，上转臂 2 向左下方转动、推杆 4 向右转动，并压缩右边弹簧 12，同时下面的小滚轮 5 也很快沿着触点推杆 6 向右转动，小滚轮滚动又压缩弹簧 11，当滚轮 5 走过触点推杆 6 的中点时，盘形弹簧 3 和弹簧 7 都使触点推杆 6 迅速转动，因而使动触点 10 迅速与右边的动断触点 8 分开，并与左边的动合触点 9 闭合。这类行程开关在机床上常用于各类防护门的限位控制。

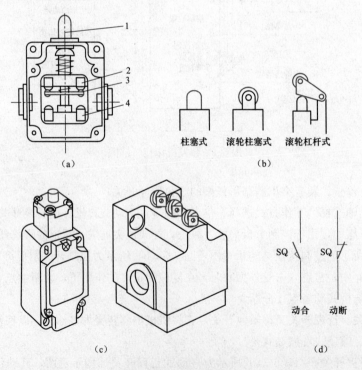

（a）　　　　　　　　　（b）

（c）　　　　　　　　　　　　　（d）

图 3-6　直动式行程开关

（a）结构示意图；（b）推杆形式；（c）外形图；（d）行程开关图形符号

1—推杆；2—动断触点；3—动触点；4—动合触点

3）微动式的行程开关。图 3-8（a）所示为采用弯片状弹簧的微动开关结构示意图，图 3-8（b）所示为微动开关外形图。

当推杆 2 被压下时，弓簧片 3 产生变形，当到达预定的临界点时，弹簧片连同动触点 1 产生瞬时跳跃，使动断触点 5 断开，动合触点 4 闭合，从而导致电路的接通、分断或转换。微动开关的体积小，动作灵敏，在数控机床上常用于回转工作台和托盘交换等装置控制。

从以上各个开关的结构及动作过程来看，失效的形式一是弹簧片卡死，造成触点不能闭合或断开；二是触点接触不良。诊断方法为：用万用表测量接线端，在动合、动断状态下观察是否断路或短路。另外要注意的是，与行程开关相接触的撞块，如图 3-9 所示，如果撞块设定的位置由于松动而发生偏移，就可能使行程开关的触点无动作或误动作，因此撞块的检查和调整是行程开关维护很重要的一个方面。

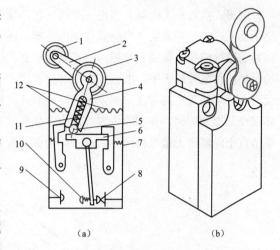

图 3-7　滚动式行程开关

（a）结构示意图；（b）外形图

1—滚轮；2—上转臂；3—盘形弹簧；
4—套架；5—滚轮；6—触点推杆；7—弹簧（1）；
8—动断触点；9—动合触点；10—动触点；
11—压缩弹簧；12—弹簧（2）

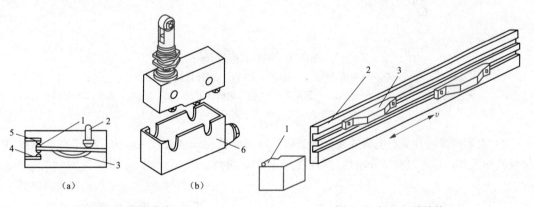

图 3-8　微动升关

（a）结构示意图；（b）外形图

1—动触点；2—推杆；3—弓簧片；4—动合触点；
5—动断触点；6—外形盒

图 3-9　行程开关撞块

1—行程开关；2—槽板；3—撞块

（3）接近开关。这是一种在一定的距离（几毫米至十几毫米）内检测有无物的传感器。它给出的是高电平或低电平的开关信号，有的还具有较大的负载能力，可直接驱动断电器工作。接近开关具有灵敏度高、频率响应快、重复定位精度高、工作稳定可靠、使用寿命长等优点。许多接近开关将检测头与测量转换电路及信号处理电路做在一个壳体内，壳体上多带有螺纹，以便安装和调整距离，同时在外部有指示灯，以指示传感器的通断状态。常用的接近开关有电感式、电容式、磁感式、光电式、霍尔式等。

1）电感式接近开关。图 3-10（a）所示为电感式接近开关的外形图，图 3-10（b）所示为电感式接近开关位置检测示意图，图 3-10（c）所示为接近开关图形符号。

　　电感式接近开关内部大多由一个高频振荡器和一个整形放大器组成。振荡器振荡后，在开关的感应面上产生交变磁场，当金属物体接近感应面时，金属体产生涡流，吸收了振荡器的能量，使振荡减弱以致停振。振荡和停振两种不同的状态，由整形放大器转换成开关信号，从而达到检测位置的目的。在数控机床中，电感式接近开关常用于刀库、机械手及工作台的位置检测。判断电感式接近开关好坏最简单的方法，就是用一块金属片去接近该开关，如果开关无输出，就可判断该开关已坏或外部电源短路。在实际位置控制中，如果感应块和开关之间的间隙变大后，就会使接近开关的灵敏度下降甚至无信号输出，因此间隙的调整和检查在日常维护中是很重要的。

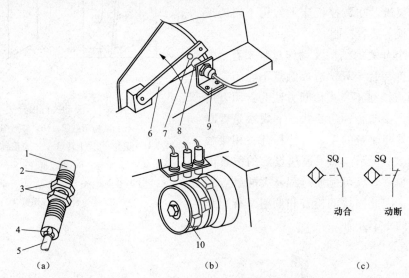

(a)　　　　　　　　　　　(b)　　　　　　　　　(c)

图 3-10　电感式接近开关

(a) 外形图；(b) 位置检测示意图；(c) 接近开关图形符号

1—检测头；2—螺纹；3—螺母；4—指示灯；5—信号输出及电源电缆；6—运动部件；7—感应块；

8—电感式接近开关；9—安装支架；10—轮轴感应盘

　　2) 电容式接近开关。电容式接近开关的外形与电感应式接近开关类似，除了对金属材料的无接触式检测外，还可以对非导电性材料进行无接触式检测。

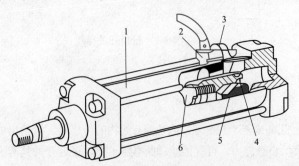

图 3-11　磁感应式接近开关

1—气缸；2—磁感应式接近开关；3—安装支架；

4—活塞；5—磁性环；6—活塞杆

　　3) 磁感应式接近开关。磁感应式接近开关又称磁敏开关，主要对气缸内活塞位置进行非接触式检测。图 3-11 所示为磁感应式接近开关安装结构图。

　　固定在活塞上的永久磁铁由于其磁场的作用，使传感器内振荡线圈的电流发生变化，内部放大器将电流转换成输出开关信号，根据气缸形式的不同，磁感应式接近开关有绑带式安装、支架式安装等类型。

　　4) 光电式接近开关。图 3-12（a）所示的光电式接近开关是一种遮断型的光电开关，又称光电续器。当被测物 4 从发光二极管 1 和光敏元件 3 中间槽通过时，红外光 2 被遮断，接收器接收不到红外线，而产生一个电脉冲信号。有些遮断型的光电式接近开关，其发射器和接收器做成第 2 个独立的器件，如图 3-12（b）所示。这种开关除了方形外观外，还有圆柱形的螺纹安装形式。

图 3-12（c）所示为反射型光电开关。当被测物 4 通过光电开关时，发射器 1 发射的红外光 2 通过被测物上的黑白标记反射到光敏元件 3，从而产生一个电脉冲信号。

在数控机床中，光电式接近开关常用于刀架的刀位检测和柔性制造系统中物料传送的位置控制等。

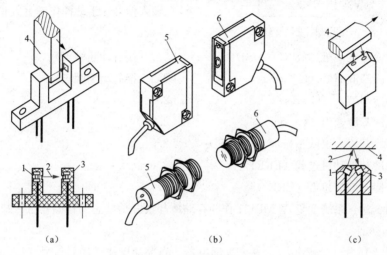

（a）　　　　　　　　　　（b）　　　　　　　　　　（c）

图 3-12　光电式接近开关

（a）光电断续器外形及结构；（b）遮断型光电开关外形；（c）反射型光电开关外形及结构

1—光敏二极管；2—红外光；3—光敏元件；4—被测物；5—发射器；6—接收器

5）霍尔式接近开关。霍尔式接近开关是将霍尔元件、稳压电器、放大器、施密特触发器和 OC 门等电路做在同一个芯片上的集成电路（见图 3-13），因此，有时称霍尔式接近开关为霍尔集成电路，典型的有 UGM3020 等。

当外加磁场强度超过规定的工作点时，OC 门由高电阻态变为导电状态，输出低电平；当外加磁场强度低于释放点时，OC 门重新变为高阻态，输出高电平。

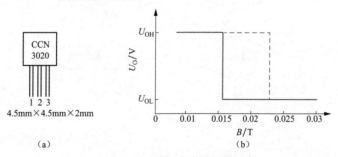

（a）

图 3-13　霍尔式接近开关

（a）外形图；（b）特性曲线

3.1.2　PLC 在 SIEMENS 系统数控机床中的应用

1. 切削液控制（COOLING 子程序）

SIEMENS 802D 数控系统的冷却控制定义为子程序 44，可以通过操作面板（MCP）的冷却启、停键控制其运行或停止，或通过零件程序中的编程指令 M07（2 号切削液开）/M08（1 号切削液

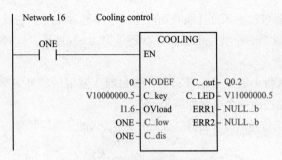

图 3-14 调用冷却控制子程序

开）和 M09（切削液停止）来控制其运行和停止。当冷却泵电动机过载或冷却液储柜里的冷却液液面过低时，冷却液泵电动机将禁止运行，并输出报警信息：ERR1 为冷却电动机过载；ERR2 为冷却液液面低。该子程序的局部变量定义如下所述（见图 3-14）。

输入信号：手动操作键触发信号（C_key） L2.0

冷却电动机过载（OVload） L2.1（接有动断触点）

冷却液面低（C_low） L2.2（接有动断触点）

冷却禁止（C_dis） L2.3

输出信号：冷却液输出（C_out） L2.4

冷却液输出状态显示（C_LED） L2.5

错误信息：冷却电动机过载（ERR1） L2.6

冷却液液位低（ERR2） L2.7

占用的全局变量（系统变量）：MB151 作为存储冷却液开关状态的存储器。冷却控制子程序流程图如图 3-15 所示。

梯形图如图 3-16 所示。SM0.0 为常 ON 继电器。当手动操作键触发信号（L2.0）接通，或零

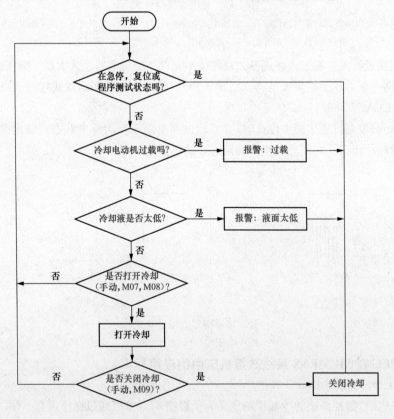

图 3-15　冷却控制子程序流程图

网络1　　Manual operation by trigger signal

```
SM0.0      M151.0      L2.0              P      M151.2
 ┤├         ┤/├         ┤├           ┤P├      ( S )
                  V25001000.7
                   ┤├
                  V25001001.0
                   ┤├

           M151.0      L2.0              N      M151.2
            ┤├         ┤├           ┤N├      ( R )
                  V25001001.1
                   ┤├

           L2.0      M151.2     M151.0
            ┤/├        ┤├         ( )
```

网络2　　By Emergency Stop / overload / PROGRAM TEST coolant is canceled

```
V27000000.1  M151.2
 ┤├         ( R )
V30000000.7
 ┤├
V33000001.7
 ┤├
L2.1
┤/├
L2.2
┤/├
```

网络3　　Control signal output and alarm acitvate

```
SM0.0   L2.3    M151.0    L2.4
 ┤├     ┤/├      ┤├       ( )
                          L2.5
                          ( )

        L2.1             L2.6
        ┤/├              ( )
        L2.2             L2.7
        ┤/├              ( )
```

图 3-16　冷却控制子程序

件程序中的编程指令（M07、M08）使 1、2 号切削液开，即 V25001000.7 或 V25001001.0 接通，则前沿微分指令接通一个扫描周期，使得 M151.2 置位并保持。在手动操作键（L2.0）复位后，则 M151.0 呈接通状态。因此有网络 3 的 L2.4、L2.5 同时接通，冷却液泵电动机开始运转并显示冷却液呈输出状态。当再次按下手动操作键后放松按钮（L2.0），或零件程序中的编程指令（M09）使切削液停止，则后沿微分指令接通一个扫描周期，使得 M151.2 复位并保持。所以 M151.0 也随之复位，网络 3 的 L2.4、L2.5 同时断开，冷却液泵电动机停止运转并且冷却液输出状态显示也停止。

冷却液泵电动机在工作过程中，如果有急停响应（V27000000.1 为接通状态）、系统复位（V30000000.7 为接通状态）、程序测试有效（V33000001.7 为接通状态）、电动机过载（L2.1 为断开状态）和液位低（L2.2 为断开状态）时，也会复位 M151.2 并保持。并且网络 3 的 L2.6 或 L2.7 会接通显示相应的报警信息。

2. 导轨润滑控制（LUBRICATE 子程序）

SIEMENS 802D 数控系统的导轨润滑控制是根据程序给定的时间间隔和给定的润滑时间进行的，与机床工作台运动距离没有任何关系。系统定义了一个手动按键来启动润滑，并且可以在机床每次上电时自动启动润滑一次。在正常的运行过程中，导轨将按照 PLC 控制程序所设定的时间间隔周期性的自动运行，当出现紧急停止、润滑电动机过载或者是润滑液液位低的情况时，停止润滑并激活相应的报警信息。该子程序的局部变量定义如下所述（见图 3-17）。导轨润滑控制流程图如图 3-18 所示。

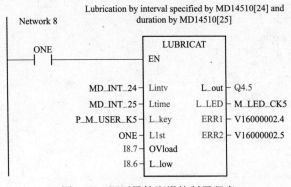

图 3-17　调用导轨润滑控制子程序

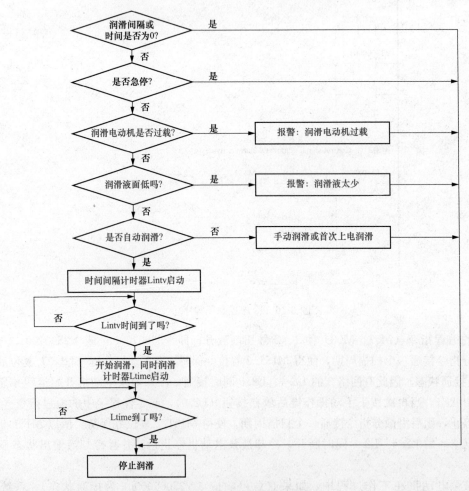

图 3-18　导轨润滑控制流程图

输入信号：润滑间隔时间（Lintv）　　　　　　　　LW0
　　　　　润滑输出时间（Ltime）　　　　　　　　LW2

	手动润滑按钮（L_key）	L4.0
	第一次 PLC 扫描启动一次润滑（L1st）	L4.1
	润滑电动机过载（Ovload）	L4.2（接有动断触点）
	润滑液液位低（L_low）	L4.3（接有动断触点）
输出信号：	润滑输出（L_out）	L4.4（Q4.5）
	润滑输出状态显示（L_LED）	L4.5
错误信息：	润滑电动机过载（ERR1）	L4.6（V16000002.4）
	润滑液液位低（ERR2）	L4.7（V16000002.5）
占用的全局变量：		
	润滑命令（L_cmd）	M152.0
	润滑间隔计时器（L_interval）	C24（单位：min）
	每次润滑的时间计时器（L_time）	T27（单位：0.01s）
相关的 PLC 机床参数：		
	润滑间隔（LW0）	MD14510 [24]
	每次润滑时间（LW2）	MD14510 [25]

导轨润滑控制子程序如图 3-19 所示，SM0.0 为常 ON 继电器。系统上电后 PLC 的第一个扫描循环首先对 L4.4、L4.5 进行复位，即润滑输出和润滑输出状态显示清零。并且判断存储润滑间隔时间和存储润滑工作时间的局部变量寄存器是否赋值，如果已经赋值，即 LW0 和 LW1 里的数据大于零，则继续扫描下面的润滑控制程序；否则返回主程序。

当以手按动润滑控制按钮，L4.0 接通的上升沿会置位润滑命令继电器 M152.0；或者是方式选择使得 L4.1 呈接通状态，而 SM0.1 的状态为 PLC 第一扫描周期呈"1"，以后全为"0"。这样也会在 PLC 第一扫描周期置位 M152.0。M152.0 的接通会使 C24 润滑间隔时间计时器清零，接通润滑输出计时器 T27，且接通 L4.4、L4.5，即接通了润滑输出和输出状态显示继电器，导轨开始做上电的第一次润滑。

当润滑输出计时器 T27 计时到，其动断触点断开，切断润滑输出和输出状态指示；其动合触点接通使 M152.0 复位，并且使润滑间隔计时器呈复位状态，C24 动合触点呈断开状态，T27 也随即呈复位状态，其动合触点又断开。则 C24 在 SM0.4 这个 60s 周期的脉冲继电器的触发作用下开始计数，一直到 LW2 里的设定值，C24 的动合触点接通，再次启动润滑输出计时器 T27，再次进行润滑输出。如此不断的循环下去。

当 V27000000.1 为"1"状态时，即有紧急停止信号，或者是有润滑电动机过载或润滑油液位低的信号时，复位 M152.0，并且给 C24 付零值，立即停止润滑。并且如果是润滑电动机过载或润滑油液位低的情况时，接通 L4.6 或 L4.7，使得 V16000002.4 或 V16000002.5 为"1"状态，激活 700020 号或 700021 号报警。

3. 就近换刀方向的判断（TOOL_DIR 子程序）

TOOL_DIR 子程序实现的功能就是在给出了刀位总数、编程刀号及当前刀号的条件下，判断出就近换刀的旋转方向及预停刀位，如图 3-20 所示。该子程序的局部变量定义如下（见图 3-21）。

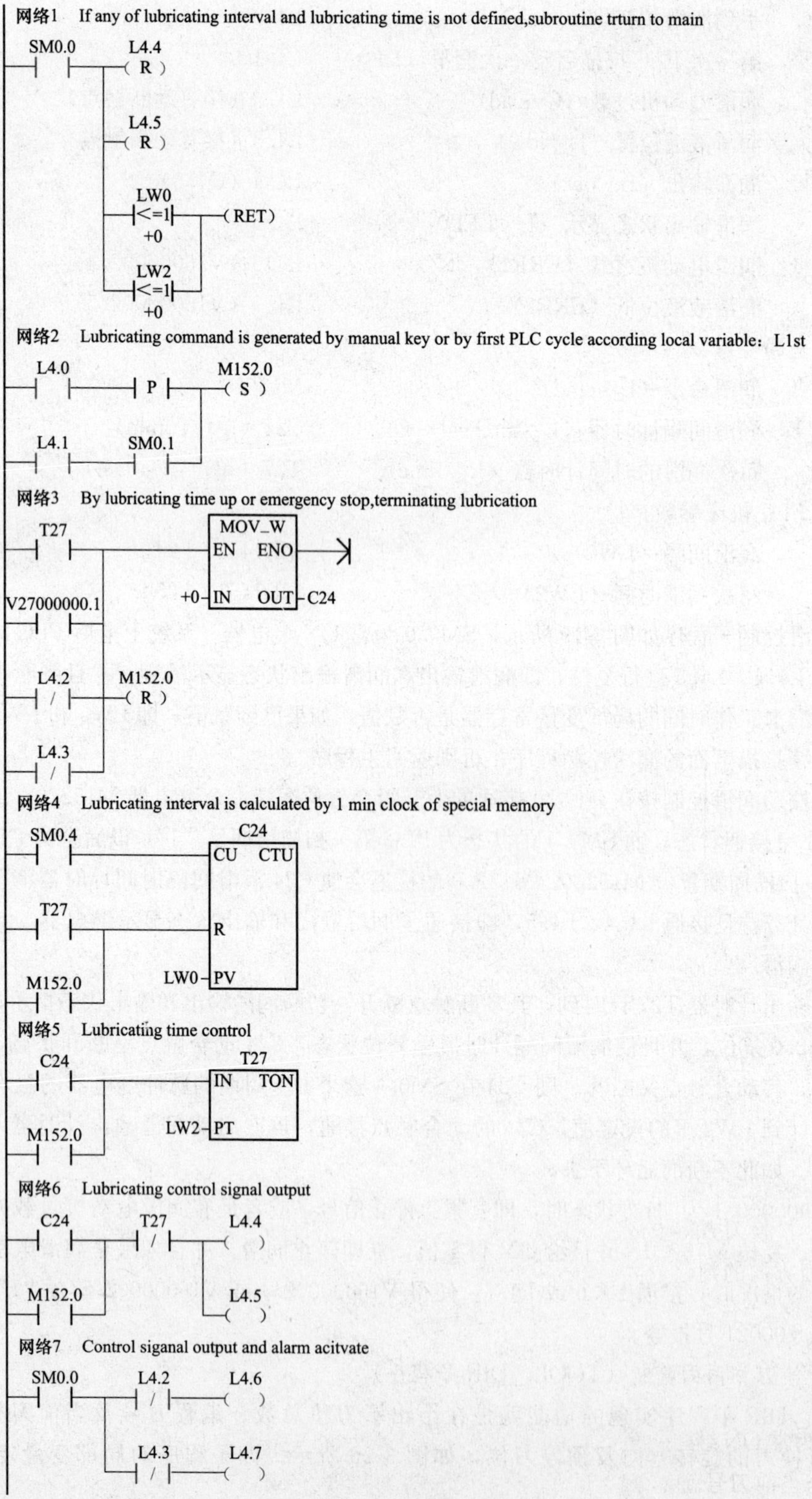

网络1　If any of lubricating interval and lubricating time is not defined,subroutine trturn to main

```
SM0.0         L4.4
─┤ ├────┬───( R )
         │
         │    L4.5
         ├───( R )
         │
         │    LW0
         ├──┤<=1├──( RET )
         │    +0
         │
         │    LW2
         └──┤<=1├
              +0
```

网络2　Lubricating command is generated by manual key or by first PLC cycle according local variable：L1st

```
 L4.0              M152.0
─┤ ├───┤ P ├───────( S )

 L4.1    SM0.1
─┤ ├─────┤ ├
```

网络3　By lubricating time up or emergency stop,terminating lubrication

```
 T27                ┌──────────┐
─┤ ├────┬───────────┤  MOV_W   │
         │          │ EN   ENO ├──▷
 V27000000.1        │          │
─┤ ├─────┤       +0─┤IN    OUT ├─C24
         │          └──────────┘
 L4.2    M152.0
─┤/├─────( R )
         │
 L4.3    │
─┤/├─────┘
```

网络4　Lubricating interval is calculated by 1 min clock of special memory

```
 SM0.4           ┌──────────┐C24
─┤ ├─────────────┤CU     CTU │
                 │           │
 T27             │           │
─┤ ├────┬────────┤R          │
         │       │           │
 M152.0  │   LW0─┤PV         │
─┤ ├─────┘       └──────────┘
```

网络5　Lubricating time control

```
 C24             ┌──────────┐T27
─┤ ├────┬────────┤IN     TON │
         │       │           │
 M152.0  │   LW2─┤PT         │
─┤ ├─────┘       └──────────┘
```

网络6　Lubricating control signal output

```
 C24     T27      L4.4
─┤ ├──┬──┤/├──────( )
       │
 M152.0│          L4.5
─┤ ├───┘          ( )
```

网络7　Control siganal output and alarm acitvate

```
 SM0.0   L4.2     L4.6
─┤ ├──┬──┤/├──────( )
       │
       │  L4.3    L4.7
       └──┤/├──────( )
```

图 3-19　导轨润滑控制子程序

序号	编程刀号	当前刀号	预停位置	方向
	LD4	LD8	LD12 (LD36)	
1	2	10	1	正
2	6	10	7	反
3	10	2	11	反
4	6	2	5	正
5	3	6	4	反
6	11	6	10	正

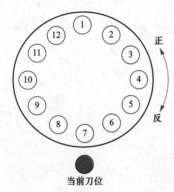

图 3-20　就近换刀方向的判断示意图

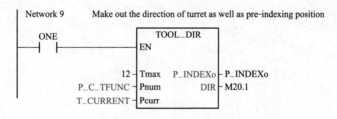

图 3-21　调用就近换刀方向的判断控制子程序

　　输入信号：刀位总数（Tmax）　　　　　　　LD0

　　　　　　编程刀号（Pnum）　　　　　　　LD4

　　　　　　当前刀位（Tcurr）　　　　　　　LD8

　　输出信号：预停刀位（P _ INDX0）　　　　LD12（在就近找刀方向上，目标到位的前一个刀位）

　　　　　　换刀方向（DIR）　　　　　　　L16.0（"1"正向 CW；"0"反向 CCW）

　　就近换刀方向的判断控制子程序如图 3-22 所示。SM0.0 为常 ON 继电器，LD0＝12，即最大刀位数为 12。对其进行右移一位操作，使得 LD24＝6；LD28＝LD24－LD0＝－6；LD32＝LD0＋1＝13；LD12＝0。当编程刀号（LD4 里的值）大于等于 LD32 的值 13 时，则编程刀号超出范围，返回主程序。

　　SM0.0 为常 ON 继电器，LD20＝LD4－LD8，即 LD20 为编程刀号与当前刀号之差值，如果该差值为 0，即当前刀号就是编程刀号，则不需要旋转，返回主程序。

　　如果 LD20≥0，并且 LD20≤LD24，则 L40.0 接通；或者 LD20≤0，并且 LD20≤LD28，则 L40.1 接通。L40.0 或 L40.1 的接通会置位 L16.0，即刀架或刀库正向旋转。并且编程刀号减 1 即

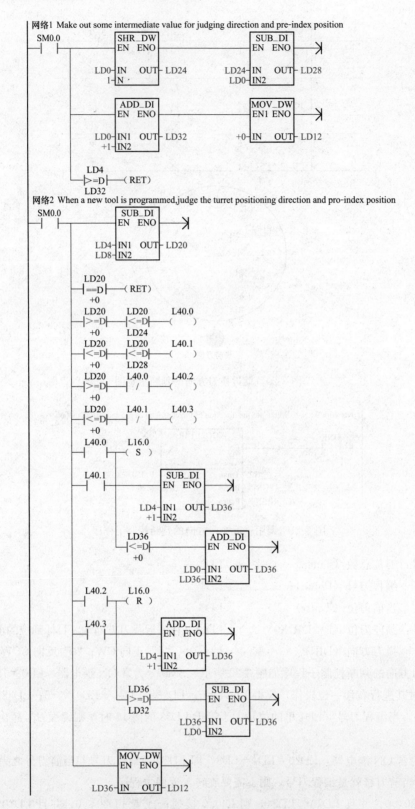

图 3-22　就近换刀方向的判断控制子程序

为预停刀位，LD36＝LD4－1。如果 LD36≤0（其实只能为 0），则 LD36＝12＋LD36，即预停刀位就是最大刀位。

如果 LD20≥0，并且 L40.0＝0（即 LD20＞LD24），则 L40.2 接通；或者 LD20≤0，并且 L40.1＝0（即 LD20＞LD28），则 L40.3 接通。L40.2 或 L40.3 的接通会复位 L16.0，即刀架或刀库反向旋转。并且编程刀号加 1 即为预停刀位，LD36＝LD4＋1。如果 LD36≥LD32（其实只能为 13），则 LD36＝LD36－LD0，即预停刀位就是最小刀位。

最后，LD12＝LD36，即将预停刀位数值存储在预停刀位寄存器 LD12 中。

3.2　编辑数控机床 PLC 的程序

3.2.1　SIEMENS 系统上 PLC 的装调

1. SIEMENS 系统上 PLC 的工作方式

现以 SIEMENS 802D 为例来介绍 SIEMENS 系统上 PLC 的装调。

802D 数控系统中的 PLC 是作为一个软件 PLC 使用的。它的工作原理和通用 PLC 是一样的，也是采用循环扫描的工作方式，分为以下五个步骤。

（1）刷新处理输入映象区，采集输入接口信号及定时器信号。

（2）处理通信请求，包括操作面板、PLC802 编程工具等；所完成的讯息处理、应答信息存储起来，等待适当的时候传输给通信请求方。

（3）执行用户程序；从第一条指令开始依次执行程序，直到遇到（END）结束指令。执行完程序后要检查智能模块是否需要服务，所完成的应答处理要存放在下一个扫描阶段的缓冲区中。

（4）处理报警；自检包括存放系统程序的 EEPROM、用户程序存储区及 I/O 模块的状态检查。

（5）刷新处理输出映象区。将数据写入输出模块，完成一个扫描循环。

PLC 从第一步运算开始到最后一步运行结束，用户程序所处理的内容不是直接从硬件的输入或输出获得，而要经过处理映象区。PLC 在程序执行的开始或结束刷新硬件的输入和输出。在 PLC 的一个扫描循环中，一个确定信号是不变的。

2. PLC802 编程工具的应用

802D 数控系统中的 PLC 编程工具为 PLC802 编程工具，该工具是 SIMATICS7-200 通用 PLC 系统的一个子集，其中包含了子程序库。与基本系统 S7-200 比较，PLC802 编程工具必须遵守以下内容。

（1）PLC802 编程工具为英语版本。

（2）用户程序只能以梯形图的形式编制。

（3）仅支持 S7-200 编程语言的一个子集。

（4）用户程序可以在一台 PG/PC 上离线编译，也可以在将它装入控制系统时自动编译。

（5）整个（PROJECT）用户程序可以被下载到 CNC 控制系统；也可从控制系统装回 PG/PC（上载）。

（6）寻址方式只能是直接寻址，数据间接寻址是不允许的。因此，在程序运行期间将拒绝编程错误。

（7）用户在使用各种数据时，注意正确使用数据类型，见表 3-1。

表 3-1   操作数的数据类型

数据类型	大　小	地址排列	逻辑运算范围	算术运算范围
BOOL	1位	1	0，1	—
BYTE	1字节	1	00～FF	0～+255
WORD	2字节	2	0000～FFFF	−32768～+32768
DOUBLEWORD	4字节	4	00000000～FFFFFFFF	−2147483648～+2147483647
REAL	4字节	4	—	$\pm 10^{-37}\sim 10^{38}$

802D 控制系统能最多存储 6000 条指令和 1500 个符号。影响 PLC 内存容量的因素有指令条数、符号名称数及长度和注释数及长度。

3.2.2 SIEMENS 系统数控机床用 PLC 的编辑

802D 数控系统的内置 PLC 的程序结构一般采用结构化的程序设计方法。分为主程序和子程序两大类，子程序可以有 7 级嵌套。PLC 的循环周期是机床生产商根据需要设定的，可以是控制器内部插补循环周期的整数倍，并且不同实时要求的子程序可以设定不同的循环周期。

1. 802D 数控系统内置 PLC 接口地址的分配

802D 数控系统的内置 PLC 的操作数（即可操作的继电器）共分为 9 类，其地址范围见表 3-2。其中 V、I、Q、M 四种继电器可以按位、字节、字和双字来寻址；SM 可以按位、字节来寻址；T、C 可以按位和字来寻址；AC 可以按字节、字和双字来寻址；常量可以按字节、字和双字来寻址。

表 3-2   802D 数控系统内置 PLC 的操作数

操作数地址符	说　明	范　围
V	数据	V10000000.0～V79999999.7
T	定时器	T0～T15（100ms）；T16～T31（10ms）
C	计数器	C0～C31
I	数字输入映象区	I0.0～I17.7
Q	数字输出映象区	Q0.0～Q11.7
M	标志位	M0.0～M255.7
SM	特殊标志位	SM0.0～SM0.6
AC	累加器	AC0～AC3（双字）
L	局部数据	L0.0～L51.7

V 地址是 NC 与 PLC 的接口信号的数据存储区域，其地址的结构见表 3-3，地址范围为 V10000000.0～V79999999.7。

表 3-3   NC 与 PLC 的接口信号的数据存储地址结构

类型标记（模块号）	区号（通道）	分区	分支	位址
00 （10～79）	00 （00～99）	0 （0～9）	000 （000～999）	符号 （8位）

T、C 分别为定时器和计数器。定时器有 100ms 和 10ms 两种定时精度，其地址范围分别为 T0～T15（100ms）；T16～T31（10ms），并且即可以用作一般的接通延时定时器（TON），也可以用作具有积算功能的定时器（TONR）。计数器即可以用作加计数器，又可以用作加减计数器，其地址范围为 C0～C31

I 地址是 PLC 的输入信号映象区，其地址范围为 I0.0～I17.7；Q 地址是 PLC 的输出信号映象区，其地址范围为 Q0.0～Q11.7。这两类地址即是 802D 数控系统输入输出模块 PP72/48 的地址。该模块可以提供 72 个数字输入信号和 48 个数字输出信号，每个模块有三个独立的 50 芯插槽，每个插槽有 24 个数字输入信号和 16 个数字输出信号。输出信号的输出驱动能力为 0.25mA。802D 系统最多可以配置两个 PP 模块。其具体的分配关系见表 3-4、表 3-5。

表 3-4   PP1 输入输出接口模块的逻辑地址和接口端子号的对应关系（模块 1 的地址为 9）

端子	X111	X222	X333	端子	X111	X222	X333
1	0V (DICOM)			2	DC 24V 输出①		
3	I0.0	I3.0	I6.0	4	I0.1	I3.1	I6.1
5	I0.2	I3.2	I6.2	6	I0.3	I3.3	I6.3
7	I0.4	I3.4	I6.4	8	I0.5	I3.5	I6.5
9	I0.6	I3.6	I6.6	10	I0.7	I3.7	I6.7
11	I1.0	I4.0	I7.0	12	I1.1	I4.1	I7.1
13	I1.2	I4.2	I7.2	14	I1.3	I4.3	I7.3
15	I1.4	I4.4	I7.4	16	I1.5	I4.5	I7.5
17	I1.6	I4.6	I7.6	18	I1.7	I4.7	I7.7
19	I2.0	I5.0	I8.0	20	I2.1	I5.1	I8.1
21	I2.2	I5.2	I8.2	22	I2.3	I5.3	I8.3
23	I2.4	I5.4	I8.4	24	I2.5	I5.5	I8.5
25	I2.6	I5.6	I8.6	26	I2.7	I5.7	I8.7
27/29	无定义			28/30	无定义		
31	Q0.0	Q2.0	Q4.0	32	Q0.1	Q2.1	Q4.1
33	Q0.2	Q2.2	Q4.2	34	Q0.3	Q2.3	Q4.3
35	Q0.4	Q2.4	Q4.4	36	Q0.5	Q2.5	Q4.5
37	Q0.6	Q2.6	Q4.6	38	Q0.7	Q2.7	Q4.7
39	Q1.0	Q3.0	Q5.0	40	Q1.1	Q3.1	Q5.1
41	Q1.2	Q3.2	Q5.2	42	Q1.3	Q3.3	Q5.3
43	Q1.4	Q3.4	Q5.4	44	Q1.5	Q3.5	Q5.5
45	Q1.6	Q3.6	Q5.6	46	Q1.7	Q3.7	Q5.7
47/49	DOCOM②			48/50	DOCOM②		

① 可以作为输入信号的公共端子
② 数字输出公共端子，连接 24V 直流。

表 3-5   PP2 输入输出接口模块的逻辑地址和接口端子号的对应关系（模块 2 的地址为 8）

端子	X111	X222	X333	端子	X111	X222	X333
1	0V (DICOM)			2	DC 24V 输出①		
3	I9.0	I12.0	I15.0	4	I9.1	I12.1	I15.1
5	I9.2	I12.2	I15.2	6	I9.3	I12.3	I15.3
7	I9.4	I12.4	I15.4	8	I9.5	I12.5	I15.5
9	I9.6	I12.6	I15.6	10	I9.7	I12.7	I15.7
11	I10.0	I13.0	I16.0	12	I10.1	I13.1	I16.1
13	I10.2	I13.2	I16.2	14	I10.3	I13.3	I16.3

续表

端子	X111	X222	X333	端子	X111	X222	X333
15	I10.4	I13.4	I16.4	16	I10.5	I13.5	I16.5
17	I10.6	I13.6	I16.6	18	I10.7	I13.7	I16.7
19	I11.0	I14.0	I17.0	20	I11.1	I14.1	I17.1
21	I11.2	I14.2	I17.2	22	I11.3	I14.3	I17.3
23	I11.4	I14.4	I17.4	24	I11.5	I14.5	I17.5
25	I11.6	I14.6	I17.6	26	I11.7	I14.7	I17.7
27/29	无定义			28/30	无定义		
31	Q6.0	Q8.0	Q10.0	32	Q6.1	Q8.1	Q10.1
33	Q6.2	Q8.2	Q10.2	34	Q6.3	Q8.3	Q10.3
35	Q6.4	Q8.4	Q10.4	36	Q6.5	Q8.5	Q10.5
37	Q6.6	Q8.6	Q10.6	38	Q6.7	Q8.7	Q10.7
39	Q7.0	Q9.0	Q11.0	40	Q7.1	Q9.1	Q11.1
41	Q7.2	Q9.2	Q11.2	42	Q7.3	Q9.3	Q11.3
43	Q7.4	Q9.4	Q11.4	44	Q7.5	Q9.5	Q11.5
45	Q7.6	Q9.6	Q11.6	46	Q7.7	Q9.7	Q11.7
47/49	DOCOM[2]			48/50	DOCOM[2]		

① 可以作为输入信号的公共端子

② 数字输出公共端子，连接24V直流。

M 为标志位继电器，即中间继电器，其地址范围为 M0.0～M255.7。SM 为特殊标志位继电器，其地址范围为 SM0.0～SM0.6，具体含义见表 3-6。

表 3-6   **SM 特殊标志位继电器**

特殊标志位	说　明
SM0.0	逻辑"1"信号
SM0.1	第一个 PLC 周期"1"，随后为"0"
SM0.2	缓冲数据丢失：只有第一个 PLC 周期有效（"0"为数据正常，"1"为数据丢失）
SM0.3	系统再启动：第一个 PLC 周期"1"，随后为"0"
SM0.4	60s 脉冲（交替变化：30s"0"，然后 30s"1"）
SM0.5	1s 脉冲（交替变化：0.5s"0"，然后 0.5s"1"）
SM0.6	PLC 周期循环（交替变化：一个周期为"0"，一个周期为"1"）

AC 为累加器地址，地址范围为 AC0～AC3。L 为局部变量地址，地址范围为 L0.0～L51.7，在子程序中自动分配使用。

2. SIEMENS 802DPLC 的调整

（1）关于 SIEMENS 802DPLC 的基本操作。SIEMENS 802D 的操作面板和系统面板如图 3-23 所示。

1)   在系统操作区中按下软键＜PLC＞。

2)   打开保存在永久存储器中的项目（见图 3-24）。其结构说明见表 3-7，组合按键的应用见表 3-8。

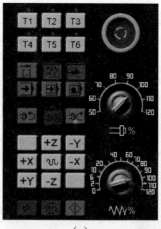

(a)

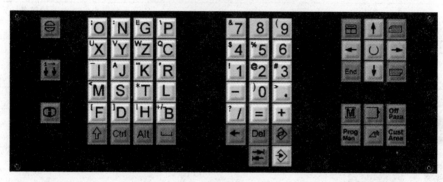

(b)

图 3-23　802D 的操作面板和系统面板

(a) SIEMENS 802D 操作面板；(b) SIEMENS 802D 系统面板

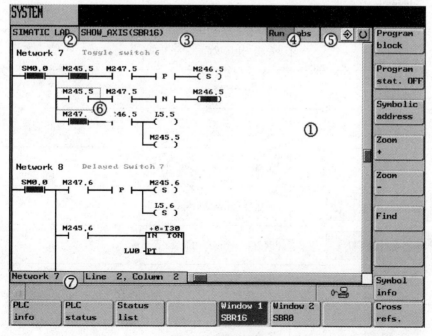

图 3-24　画面结构

表 3-7 画面结构的图例说明

图形单元	说　明	
①	应用区域	
②	所支持的 PLC 编程语言	
③	有效程序段的名称	
④	程序状态	
	RUN	程序正在运行
	STOP	程序已停止
	应用区域状态	
	Sym	符号显示
	abs	绝对值显示
⑤	◈ ↻	有效按键显示
⑥	焦点	接受光标所选中的任务
⑦	提示行	在"查找"时显示提示信息

表 3-8 组　合　按　键

按键组合	动　作
NEXT WINDOW 或者 CTRL ←	到达行的第一列
END 或者 CTRL →	到达行的最后一列
PAGE UP	向上翻屏
PAGE DOWN	向下翻屏
←	左移一个区域
→	右移一个区域
↑	上移一个区域
↓	下移一个区域
CTRL NEXT WINDOW 或者 CTRL ↑	到达第一个网络的第一个区域
CTRL END 或者 CTRL ↓	到达第一个网络的最后一个区域
CTRL PAGE UP	在同一个窗口中打开下一个程序块
CTRL PAGE DOWN	在同一个窗口中打开上一个程序块

续表

按键组合	动 作
SELECT	选择按键的功能取决于输入交点所在的位置。 • 表格行：显示完整的文本行 • 网络标题：显示网络注释 • 指令：显示完整的操作数信息
INPUT	输入交点位于指令上时，显示包含注释在内的所有操作数信息。

3）当按下"连接"下的软键按钮即可进入系统的通信参数设定界面，进行必要的通信设定，如图 3-25 所示。

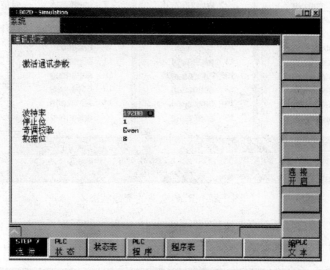

图 3-25　通信参数设定

4）当按下"PLC 状态"下的软键按钮即可进入查看 PLC 资源状态的管理界面，只要用 MDA 操作面板输入想要查看的字地址、字节地址或者是位地址，屏幕就会显示出相应地址的状态信息。如图 3-26 所示。

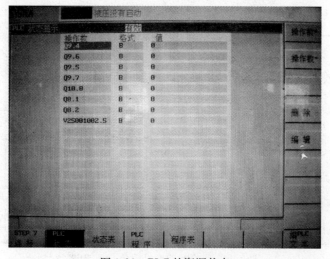

图 3-26　PLC 的资源状态

5）当按下"状态表"下的软键按钮即可进入查看 PLC 所有资源状态的列表，用 MDA 的▲、
▼键可以查看所有地址的状态信息，如图 3-27 所示。

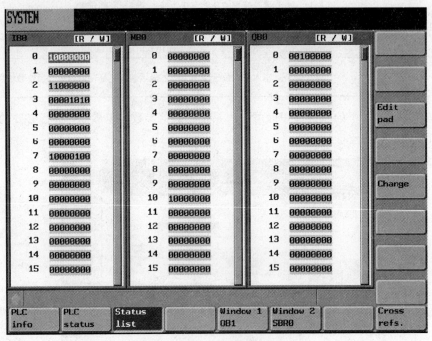

图 3-27　PLC 全部的资源状态

6）当按下"PLC 程序"下的软键按钮即可进入 PLC 程序的管理界面，默认的情况下是以绝对
地址来显示的，如图 3-28 所示。

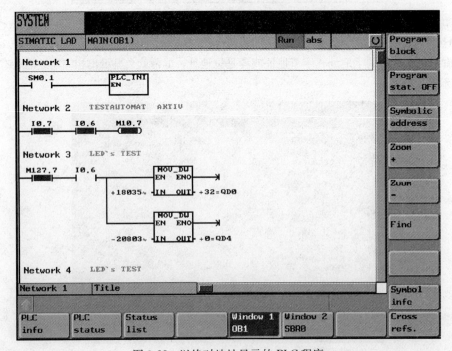

图 3-28　以绝对地址显示的 PLC 程序

7）当按下"程序块"旁边的软键按钮即可进入子程序选择界面，如图 3-29 所示。用 MDA 的 ▲、▼键可以选择所需要的子程序模块。

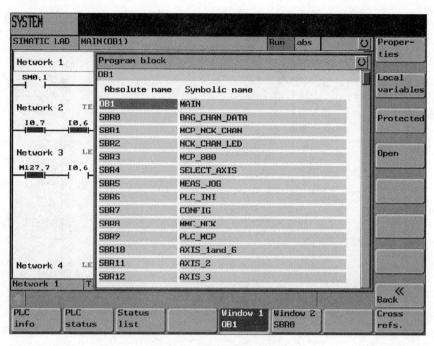

图 3-29　子程序选择界面

8）在该管理界面如果按下"局部变量"旁边的软键，则可进入查看所选择子程序里所用的变量信息的界面，如图 3-30 所示。

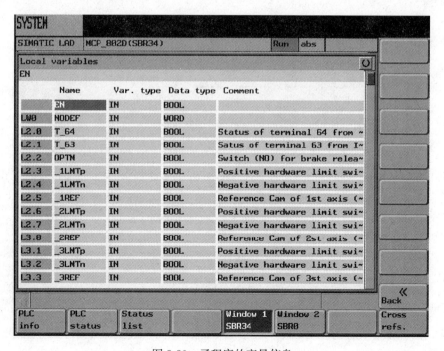

图 3-30　子程序的变量信息

9）如果在子程序选择界面按下"打开"旁边的软键，则可进入查看所选择的子程序信息。默认的情况下也是以绝对地址来显示的，如图3-31所示。

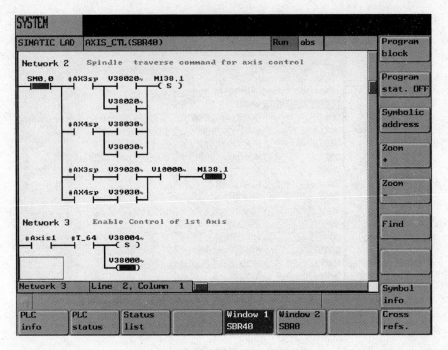

图3-31 以绝对地址显示的子程序

10）当按下"程序关闭"旁边的软键按钮时，PLC呈非实时监控状态。屏幕上显示的仅仅是控制程序，如图3-32所示。

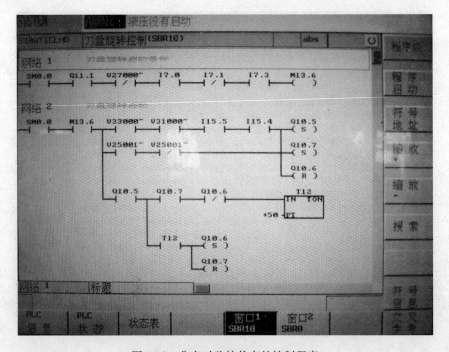

图3-32 非实时监控状态的控制程序

11）当按下"程序启动"旁边的软键按钮时，返回到对 PLC 的监控运行状态，如图 3-31 所示。当按下"符号地址"旁边的软键按钮时，屏幕将以符号地址的方式显示程序，如图 3-33 所示。

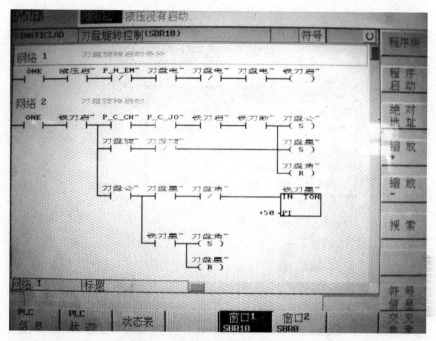

图 3-33　以符号地址显示的子程序

12）当按下"绝对地址"旁边的软键按钮时，屏幕将返回以绝对地址的方式显示程序，如图 3-31 所示。"缩放＋"、"缩放－"是用来调节所显示程序的字符大小的，图 3-34 所示是按下"缩放＋"时的绝对地址显示状态。

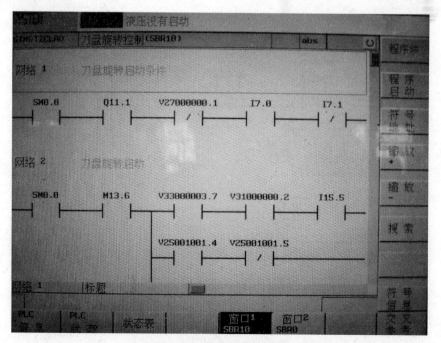

图 3-34　放大显示的程序

13）如果想要在一个大的子程序中找一个确定地址的信息时，可以采用搜索功能。按下"搜索"旁边的软键按钮，则会调出搜索界面，如图 3-35 所示

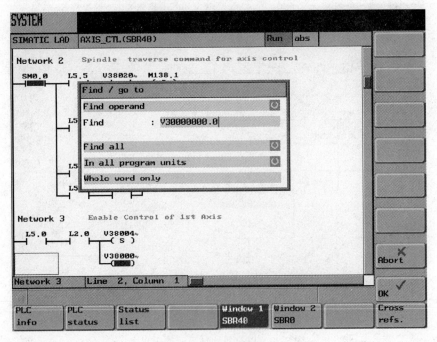

图 3-35　搜索界面

a）此时可以用 MDI 操作面板输入所要查找的地址，确认以后就会显示出该地址的相关程序网络，并且标识框会自动指示在 M245.6 接点。例如查找 M245.6 的结果界面如图 3-36 所示。

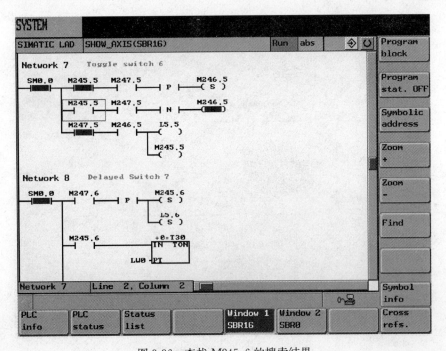

图 3-36　查找 M245.6 的搜索结果

b）此时如果按下"继续搜索"则会搜索到 M245.6 的下一个相关程序网络。如果按下"符号信息"软键，则会显示确定程序网络的符号地址的相关信息，如图 3-37 所示。

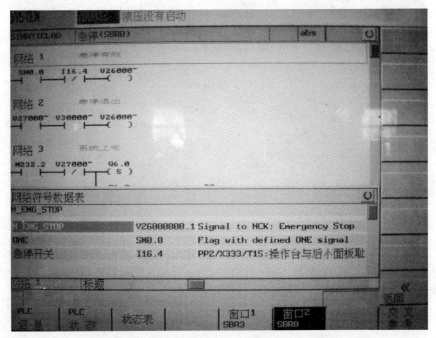

图 3-37　确定程序网络的符号地址的相关信息

14）如果要查询某一确定地址在哪些网络中的信息，则按下"交叉参考"软键，界面显示状态如图 3-38 所示。

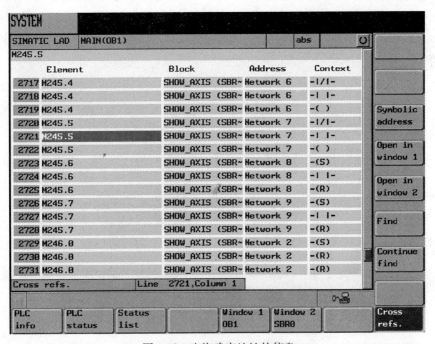

图 3-38　查询确定地址的信息

15）当按下 MDI 的 ALARM 键，则会进入报警文本界面，如图 3-39 所示。可以根据该界面的报警显示来诊断故障。

图 3-39　报警文本界面

（2）SIEMENS数控系统用PLC的编辑。SIEMENS数控系统用PLC的种类虽然不少，但其编辑却是大同小异的。现以SIEMENS 802D数控系统所用PLC为例进行介绍。

1）下载/上载/复制/比较PLC应用程序。用户可以在控制系统里保存、复制，或用另一个PLC项目覆盖PLC应用程序。如图3-40所示，可以通过PLC 802编程工具、WINPCIN（二进制文件）、NC卡来实现。

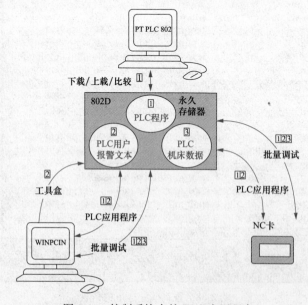

图 3-40　控制系统中的PLC应用程序

a）下载。此项功能是向控制系统的永久存储器（加载存储器）中写入传输数据。

• 用 PLC 802 编程工具下载 PLC 项目。（Step7 连接）。

• 用工具 WINPCIN（PLC 机床数据，PLC 程序和用户报警文本）数据输入或 NC 卡进行批量调试。

• 使用工具 WINPCIN 或者 NC 卡（PLC 程序和用户报警文本）模拟批量调试数据输入，进行 PLC 应用程序。读入所装载的 PLC 用户程序将在下一次控制系统启动时，从永久存储器传输到工作存储器中，并从这一刻起，在控制系统中生效。

b）上载。PLC 应用程序可用 PLC 802 编程工具以及 WINPCIN 工具或者 NC 卡从控制系统的永久存储器中上载。

• 用 PLC 802 编程工具上载 PLC 项目（Step7 连接）。将控制系统中的程序读出，使用 PLC 802 编程工具重新编制当前程序。

• 用工具 WINPCIN（PLC 机床数据，PLC 程序和用户报警文本）数据输出或 NC 卡进行"启动数据"批量调试。

• 用工具 WINPCIN 或 NC 卡读出 PLC 应用程序（PLC 程序信息和用户报警文本）数据输出比较 PLC 802 编程工具中的程序和存储在控制系统的永久存储器（加载存储器）中的程序。

2）应用 PLC 编程软件（Programming Tool PLC 802）的编辑。

a. 启动 PLC 编程软件（见图 3-41）。

图 3-41　启动 PLC 编程软件

b）PLC Programming Tool PLC 802 的基本操作。基本操作界面如图 3-42 所示。在 802D 的工

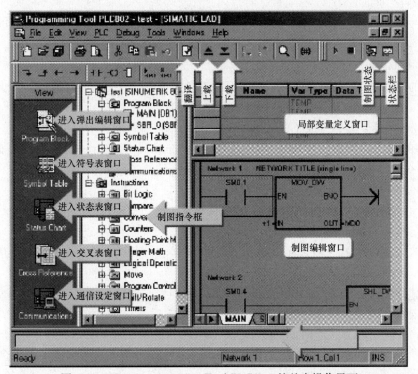

图 3-42　PLC Programming Tool PLC 802 的基本操作界面

具盒内提供了 PLC 子程序库和实例程序。其进入方式如图 3-43 所示。子程序库提供了各种基本子程序，利用 PLC 子程序库可使 PLC 应用程序的编辑大为简化。PLC 子程序库包含了一个说明文件及铣床实例程序、车床实例程序、机床面板仿真程序、子程序库（无主程序 OB1 的 PLC 程序）等四个 PLC 项目文件。

如需将 PLC 项目文件下载（计算机→802D），或将 802D 内部的项目文件上载（802D→计算机），或联机调试时，PLC 编程软件的协议应选择 802D（PPI），并且和 802D 系统设定正确且匹配的通信参数。802D 必须进入联机方式。

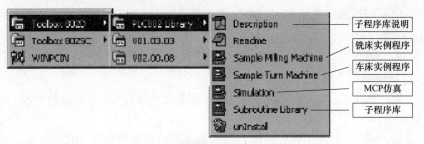

图 3-43　PLC 子程序库的进入方式

3.3　利用 PLC 对数控机床的故障进行诊断与维修

3.3.1　CPU 性能的诊断

在 Step 7 软件中，单击 Simatic 300 Station→Hardware→双击 CPU 模块，可对其启动特性、循环/时间存储器、保持存储器、中断、日期——时间中断、循环中断、诊断/时钟、保护等级等进行调整和诊断。

1. 总体介绍（General）

菜单操作：Interface→Properties→Adress，可诊断 MPI 的地址（默认的地址分配：PC＝0，PLC＝2）。

2. 启动（Startup）

当实际的配置和期望的配置不相同时，要不要启动，不要启动的可打钩去掉。（Startup when expected/actual configuration differ）。

3. 循环/时钟存储器（Cycle/Clock Memory）

扫描循环监控的时间默认为 150ms（Scan Cycle Monitoring Time 150ms）；时钟存储器的地址默认是 M0，M0 的每一位都是时钟脉冲，尤其 M0.5 是 1s 的时钟脉冲。

4. 停电保护存储器（Retentive Memory）

中间继电器 M 的字节数：默认是 16；定时器数默认是 0；计数器数默认是 8。

5. 诊断/时钟（Diagnostics /Clock）

报告 CPU 停机的原因（Report cause of Stop），请在前面打钩，便于诊断 CPU 的故障。

6. 保护（Protection）

（1）钥匙开关保护（Keyswitch Setting），默认是这种状态。

（2）写保护（Write—Protection）。

（3）读/写保护（Write—/Read—Protect）。

7. 中断（Interrupts）

OB40：硬件中断，中断级别 16。OB20：时间延时中断，中断级别 3。

8. 日期时间中断（Time—of—Day Interrupts）

OB10：日期时间中断组织块，设置起始的日期时间，重复的次数，并要把它激活（即 Active）。

9. 循环中断（Cyclic Interrupt）

OB35：每隔一定的时间执行一次，默认是 100ms，时间可重新设定，中断级别是 12。

3.3.2　与 PLC 的通信诊断

1. 硬件

要能诊断系统中的 PLC，硬件通信电缆必须按图 3-44～图 3-46 正确连接，连接时不能带电拔插，PC 适配器上的通信速率必须和软件的设置一致。

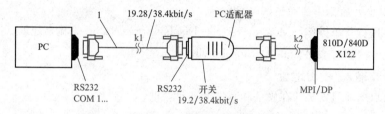

图 3-44　使用 PC 适配器连接 PC 和 S7 300

1—RS232 电缆 6ES7 901-1BF00-0XA0，长度 6 英寸

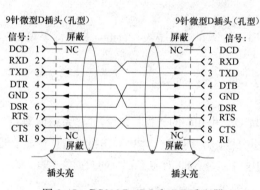

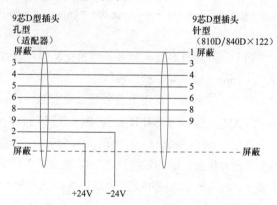

图 3-45　RS232C（PC 和 PC 适配器　　　　图 3-46　MPI（PC 适配器和 840D/
　　　　的连接）电缆的接线　　　　　　　　　　810D 的连接）电缆的接线

2. 软件设置（Options—Set PG/PC Interface）

（1）Select 一项：将 PC Adapter 安装到右边框中。

（2）在白色框中选择 PC Adapter（MPI）一项。

（3）Properties 一项：设置 PC 上的 COM 口和数据传输速率（波特率），该速率必须和 PC 适配器的拨动开关的设置一致。

3. 诊断

单击 PLC—Display Accessible Nodes，或单击 Accessible Nodes 的图标，如果连接成功，会显示连接的 PLC 的 MPI 地址及程序块。

3.3.3　PLC 的 CPU 停机原因的诊断

在 Step 7 中选择 Simatic 300 Station→PLC→Diagnosing Hardware→Module Information 可以查看以下的内容：CPU 的一般特性、诊断缓冲区、存储器、扫描循环时间、系统时间、执行数据、通信等，尤其是诊断缓冲区（Diagnostic Buffer），报告了 CPU 停机的原因，由此可诊断 PLC 的停机故障，并进行分析。

3.3.4 诊断输入/输出信号

为了区分故障是由系统的硬件还是系统的软件引起的，或是由外设引起的，可采用下面两种方法。

1. 停止（STOP）状态下强制输出

双击 VAT_1，在 Address 中输入"PQBX"或"PQWX"，在 Display Format 中选择 Binary，在 Modify Value 中对要强制输出的位设置为1，进行菜单操作：Monitot→PLC→Operating Mode→选择 Stop→Variable→Enable Peripheral Output→Variable→Activate→Modify Value→要强制的位置1输出。退出 VAT_1 即可退出强制。

2. 运行（RUN）状态下强制输入/输出

双击 OB1，进行菜单操作：Monitor→PLC→Display Force Values→输入地址（位）和强制量→Varable→Force。退出强制：Varable→Stop Forcing。

3.3.5 修改输入/输出地址

当输入输出点损坏时，必须在硬件和软件上进行处理。

1. 硬件

在损坏点的附近寻找还没有使用的点；或通过使用 STEP7 软件寻找新的点，操作方法：Option→Reference Data→Assignment（Input，Output…）。

2. 软件

（1）用新地址替代旧地址。通过交叉参考表找到旧地址所在的程序块，右击，在右键菜单上选择 Rewiring→输入新旧地址→OK。

（2）下载系统。使用下载命令（单击 Download 可下载系统）。

3.3.6 西门子 840D 系统 PLC 报警的产生

西门子 840D 系统 PLC 检测出机床故障后，将数据块 DB2 中相应的数据位置位，NC 系统检测 DB2 的数据位的状态，如发现某位变"1"，就会产生相应的报警号，并从报警文本中调出报警信息在显示器上显示。西门子 840D 系统的 700000～702463 号报警为用户 PLC 报警，对应于 DB2 的数据位见表 3-9。

表 3-9　　　　　西门子 840D 系统用户报警号与数据块 DB2 数据位对应表

位地址 报警号 字节地址	位 7	位 6	位 5	位 4	位 3	位 2	位 1	位 0
DBB180	700007	700006	700005	700004	700003	700002	700001	700000
DBB181	700015	700014	700013	700012	700011	700010	700009	700008
DBB182	700023	700022	700021	700020	700019	700018	700017	700016
DBB183	700031	700030	700029	700028	700027	700026	700025	700024
DBB184	700039	700038	700037	700036	700035	700034	700033	700032
DBB185	700047	700046	700045	700044	700043	700042	700041	700040
DBB186	700055	700054	700053	700052	700051	700050	700049	700048
DBB187	700063	700062	700061	700060	700059	700058	700057	700056
DBB188～DBB195	用户区域1，位 0～7（报警号：700100～700163）							
……	……							
DBB372～DBB379	用户区域24，位 0～7（报警号：702400～702463）							

3.3.7 西门子 840D 系统 PLC 报警信息的调用

在任何操作画面，按菜单转换按键，使屏幕显示进入含有 Diagnosis（诊断）功能的画面，如

图 3-47 所示。这时按 Diagnosis（诊断）功能下面的软键，屏幕显示进入图 3-48 所示的画面。

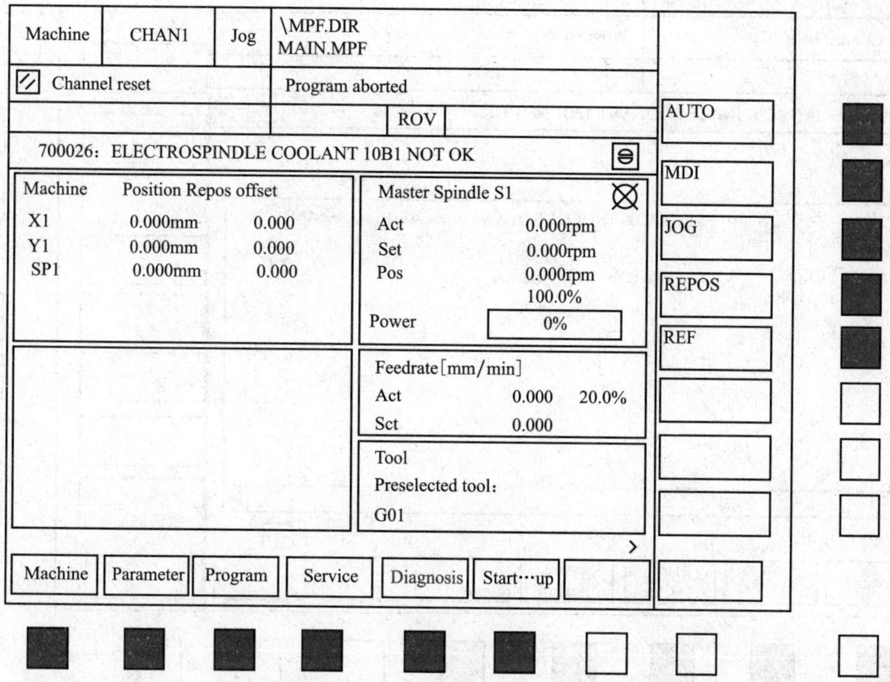

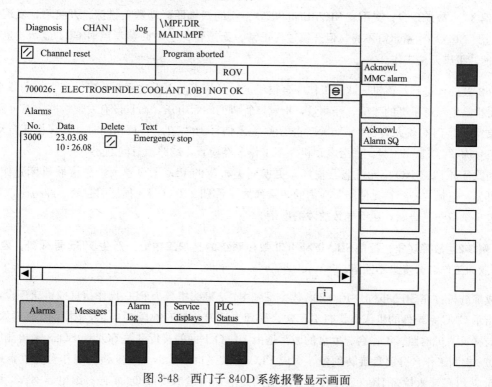

图 3-47　西门子 840D 系统包含 Diagnosis 功能的画面

按图 3-48 所示画面中 Messages（信息）功能下面的软键，进入图 3-49 所示的 PLC 报警信息显示画面，显示操作信息号、发生的时间和信息内容。

图 3-48　西门子 840D 系统报警显示画面

Diagnosis	CHAN1	Jog	\MPF.DIR MAIN.MPF		
☑ Channel reset		Program aborted			
			ROV		

700026: ELECTROSPINDLE COOLANT 10B1 NOT OK   ⊜

Messages

No.	Data	Text
700026	23.03.08 10 : 23.08	: ELECTROSPINDLE COOLANT 10B1 NOT OK
700136	23.03.08 10 : 23.08	: MACHINE IN EMERGENCY

◄ ▬▬▬▬   ►

i

Alarms	Messages	Alarm log	Service displays	PLC Status			

图 3-49   西门子 840D 系统 PLC 报警信息显示画面

3.3.8 故障诊断与维修实例

例 3-1 故障现象：某配套 SIEMENS 802D 系统的四轴四联动数控铣床，开机后，发现操作面板上 "NC. ON" 指示灯不亮，但开机过程正常，无报警，手动回参考点时 CRT 显示：坐标轴无使能。机床无法工作。

分析及处理过程：该机床此前工作一直很稳定，且从表面上看这两个故障没有直接的联系，故首先要排除指示灯不亮的故障。经测量，指示灯管脚两端无电压，而且没有发现线路上有开路或短路现象。查看 PLC 状态表，"NC. ON" 指示灯输出信号为 "Q1.4＝1"，同时又发现机床自动润滑输出信号为 "Q0.5＝1" 时，润滑电动机并不工作。经检查，线路没有问题，

因此怀疑 PLC I/O 单元可能已损坏。更换同类机床的 PLC I/O 单元，更换后机床工作正常。由此可见，包括 "坐标轴无使能" 在内的一系列故障系 PLC I/O 单元损坏引起的。经检测，发现该单元上一个熔丝已烧断，从而导致故障的产生。

例 3-2 故障现象：配备 SIEMENS 820 数控系统的某加工中心，产生 7035 号报警，查阅报警信息为工作台分度盘不回落。

故障分析：在 SIEMENS 810/820S 数控系统中，7 字头报警为 PLC 操作信息或机床厂设定的报警，指示 CNC 系统外的机床侧状态不正常。处理方法是，针对故障的信息，调出 PLC 输入/输出状态与拷贝清单对照。工作台分度盘的回落是由工作台下面的接近开关 SQ25、SQ28 来检测的，其中 SQ28 检测工作台分度盘旋转到位，对应 PLC 输入接口 I10.6，SQ25 检测工作台分度盘回落到位，对应 PLC 输入接口 I10.0。工作台分度盘的回落是由输出接口 Q4.7 通过继电器 KA32 驱动电

磁阀 YV06 动作来完成。

从 PLC STATUS 中观察，I10.6 为 "1"，表明工作台分度盘旋转到位，I10.0 为 "0"，表明工作台分度盘未回落，再观察 Q4.7 为 "0"，KA32 继电器不得电，YV06 电磁阀不动作，因而工作台分度盘不回落产生报警。

故障处理：手动 YV06 电磁阀，观察工作台分度盘是否回落，以区别故障在输出回路还是在 PLC 内部。

例 3-3　配备 SINUMEIK 810 数控系统的双工位、双主轴数控机床，如图 3-50 所示。

故障现象：机床在 AUTOMATIC 方式下运行，工件在工位 I 加工完，工位 I 主轴还没有退到位且旋转工作台正要旋转时，工位 II 主轴停转，自动循环中断，并出现报警且报警内容表示工位 II 主轴速度不正常。

两个主轴分别由 B1、B2 两个传感器来检测转速，通过对主轴传动系统的检查，没发现问题。用机外编程器观察梯形图的状态，如图 3-51 所示。

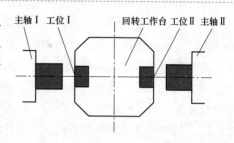

图 3-50　双工位、双主轴示意图

图 3-51 中，F112.0 为工位 II 主轴启动标志位，F111.7 为工位 II 主轴启动条件，Q32.0 为工位 II 主轴启动输出，I21.1 为工位 II 主轴刀具卡紧检测输入，F115.1 为工位 II 刀具卡紧标志位。

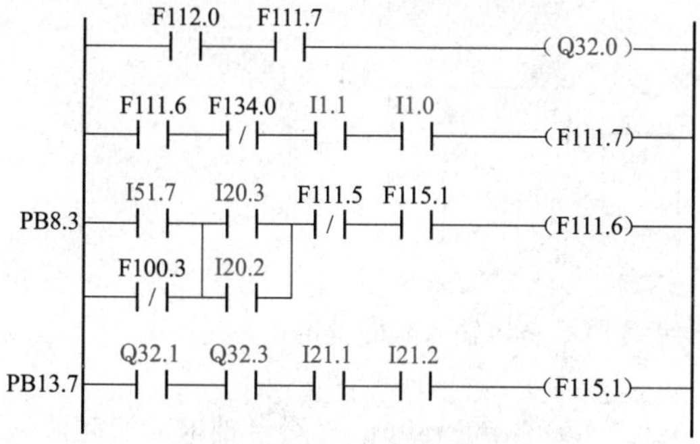

图 3-51　双工位、双主轴 PLC 梯形图

在编程器上观察梯形图的状态，出现故障时，F112.0 和 Q32.0 状态都为 "0"，因此主轴停转，而 F112.0 为 "0" 是由于 B1、B2 检测主轴速度不正常所致。动态观察 Q32.0 的变化，发现故障没有出现时，F112.0 和 F111.7 都闭合，而当出现故障时，F111.7 瞬间断开，之后又马上闭合，Q32.0 随 F111.7 瞬间断开其状态变为 "0"，在 F111.7 闭合的同时，F112.0 的状态也变成了 "0"，这样 Q32.0 的状态保持为 "0"，主轴停转。B1、B2 由于 Q32.0 随 F111.7 瞬间断开测得速度不正常而使 F112.0 状态变为 "0"。主轴启动的条件 F111.7 受多方面因素的制约，从梯形图上观察，发现 F111.6 的瞬间变 "0" 引起 F111.7 的变化，向下检查梯形图 PB8.3，发现刀具卡紧标志 F115.1 瞬间变 "0"，促使 F111.6 发生变化，继续跟踪梯形图 PB13.7，观察发现，在出故障时，I21.1 瞬间断开，使 F115.1 瞬间变 "0"，最后使主轴停转。I21.1 是刀具液压卡紧压力检测开关信号，它的断开指示刀具卡紧力不够。由此诊断故障的根本原因是刀具液压卡紧力波动，调整液压使之正常，故障排除。

例 3-4　一台数控内圆磨床自动加工循环不能连续进行。

故障现象：这台机床一次出现故障，自动磨削完一个工件后，主轴砂轮不退回进行修整，使自动循环中止，不能连续磨削工件。手动将主轴退回后，重新启动自动循环，还可以磨削一个工件，但磨削完还是停止循环，不能连续磨削工件。

故障分析与检查：分析机床的工作原理，这台机床对工件的磨削可分为两种方式：一种是单件磨削，磨削完一个工件后主轴砂轮退回，修整后停止加工程序；另一种是连续磨削，磨削完一个工件后，主轴砂轮退回修整，同时自动上下料装置工作，用新工件换下磨削完的工件，修整砂轮后，主轴进给再进行新一轮磨削。机床的工作状态是通过机床操作面板上的钮子开关来设定的，PLC程序扫描钮子开关的状态，根据不同的扫描结果执行不同的加工方式。检查机床的工作状态设定开关的状态，根据不同的扫描结果执行不同的加工方式。检查机床的工作状态设定开关位置，没有问题。检查校对加工程序，也没有发现问题。用编程器监视PLC程序的运行状态，发现主轴退回的原因是机床的工作状态既不是连续也不是单件。继续检查发现反映机床连续工作状态的PLC输入I7.0为"0"，根据机床电气原理图，其接法如图3-52所示。K28为工作状态设定开关，是一刀三掷开关，第一位置接入I7.0，为连续工作方式，第二位置空闲，第三位置为单件加工方式，接入PLC输入I7.1，但无论怎样扳动这只开关，I7.1始终为"0"。而将钮子开关拨到第三位置时，PLC的I7.1变成1，设定为单件循环，启动循环，单件磨削加工正常完成，没有问题。为此怀疑钮子开关有问题，但断电检查开关，没有发现问题，开关是好的，通电检查发现直到PLC的接口板，I7.0的电平变化都是正确的。为了进一步确认故障，将钮子开关的第一位置接到PLC的备用I/O口I3.0上，这时拨动钮子开关，I3.0的状态变化正常，说明PLC接口板上的I7.0的输入接口损坏。

故障处理：因为手头没有PLC接口板的备件，为了使机床能正常运行，将钮子开关的第一位置连接到PLC的备用接口I3.0上，如图3-53所示，然后修改机床的PLC程序，将程序中所有的I7.0更改成I3.0，这时机床恢复正常使用。

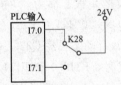

图3-52　原设定开关连接图

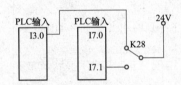

图3-53　使用PLC备用输入点的设定开关连接图

例3-5　一台数控机床出现6017号报警"Slide Axis Moter Temperature"（滑台轴电动机超温）。

故障现象：这台机床有一段时间经常出现6017号报警，指示伺服系统超温，关机再开机床还可以工作。

故障分析与检查：因为6017号报警指示的是伺服电动机超温，为此检查伺服系统。这台机床的伺服系统采用的是西门子6SC610系统，对伺服系统进行检查，发现N1板上第一轴的电动机超温报警，也就是x轴伺服电动机超温报警，但检查x轴伺服电动机并没有发现过热，检查电路连接时发现x轴伺服电动机的反馈电缆插头有些松动。

故障处理：将插头紧固后，机床再也没有出现这个故障报警。

例3-6　8M系统PLC模块不良引起的故障维修。

故障现象：一台配套SIEMENS 8M系统的进口卧式加工中心，开机时出现CNC电源无法接通的故障。

分析及处理过程：检查系统各组成模块的状态指示灯，发现PLC停止灯亮，表明PLC未工作，

PLC 的全部输出为"0"；检查后确认，故障与外部启动条件无关。

取下 PLC 模块（6ES5925-3KA11）检查，发现该模块上的一片集成电路（74LS244）不良，更换后机床恢复正常。

例 3-7　故障现象：某配套 SIEMENS 810M 的立式加工中心，在使用过程中经常无规律地出现系统报警"3-PLC 停止"、系统无法正常启动等故障。机床故障后，进行重新开机，又可以恢复正常工作，有时需要开、关机多次。

分析及处理过程：810M 系统发生"PLC 停止"报警的原因是机床 PLC 没有准备好，使得 PLC 的工作循环中断。在条件许可时，使用 SIEMENS PLC 编程器（如 PG740 等）可以通过调用 PLC 编程器的"中断堆栈"（OUTPUT ISTACK）功能，来进行故障的分析、诊断、关于"中断堆栈"（OUTPUT ISTACK）的检查方法，可参见 SIEMENS 手册中有关 PLC 故障维修部分的内容。

鉴于当时的维修现场无 SIEMENS PLC 编程器，且考虑到机床只要在正常启动后，即可以正常工作，因此初步判断该机床数控系统本身的组成模块、软件及硬件均无损坏，发生故障的原因主要来自系统外部的电磁干扰或外部电源干扰等。

根据例 3-6 同样的分析，在基础性维修检查时发现数控系统的接地系统连接错误，系统的主接地线在机床出厂时未正确连接，它是通过 DC24V 的 0V 线接入电柜内的接地铜排，形成了接地环流，影响了系统的正常工作。在纠正了接地线后，机床恢复正常工作。

例 3-8　故障现象：某配套 SIEMENS 810M 的立式加工中心，在使用过程中经常无规律地出现系统报警"3-PLC 停止"、系统无法正常启动等故障。机床故障后，进行重新开机，又可以恢复正常工作，有时需要开、关机多次。

分析及处理过程：故障分析过程同例 3-7，故障属于"软故障"，发生故障的原因主要来自系统外部的电磁干扰或外部电源干扰等。

经过对系统的电源检查发现，该机床的直流 DC24V 输入电压虽然在正常范围，但经示波器测量发现输出波形中的交流脉动较大，因此初步判断电源的波动可能是导致系统"死机"的原因。维修采用了标准的稳压电源取代了系统中的二极管桥式整流电路，机床故障被排除。

例 3-9　机床超极限保护引起急停的故障维修。

故障现象：某配套 SIEMENS 810M GA3 的立式加工中心，开机后显示"ALM2000"机床无法正常启动。

分析及处理过程：SIEMENS 810M GA3 系统出现 ALM2000（急停）的原因是 CNC 的"急停"信号生效。在本系统中，"急停"信号是 PLC 至 CNC 的内部信号，地址为 Q78.1（德文版为 A78.1）。通过 CNC 的"诊断"页面检查发现 Q78.1 为"0"，引起了系统急停。

进一步检查机床的 PLC 程序，Q78.1 为"0"的原因是由于系统 I/O 模块中的"外部急停"输入信号为"0"引起的。对照机床电气原理图，该输入信号由各进给轴的"超极限"行程开关的动断触点串联而成。

经测量，机床上的 Y 方向"超极限"开关触点断开，导致了。"超极限"保护动作，实际工作台亦处于"超极限"状态。

鉴于机床 Y 轴无制动器，可以比较方便地进行机械手动操作，维修时在机床不通电的情况下，通过手动旋转 Y 轴的丝杠，将 Y 轴退出"超极限"保护，再开机后机床恢复正常工作。

例 3-10　数控球道磨床出现 F45 报警。

数控系统：西门子 3M 系统。

故障现象：这台机床一次出现故障，在自动循环加工时，出现 F45 报警，查看报警信息为"cycle time part index（工件分度超时）"，指示工件分度有问题，自动加工中止。

故障分析与检查：因为报警指示工件分度有问题，首先检查分度装置，发现确实没有分度动作。根据机床的工作原理，分度装置是由液压缸带动的，如图 3-54 所示。PLC 输出 Q2.1 控制分度电磁阀 Y2.1 控制分度液压缸的动作，利用系统 PLC 的状态显示功能，检查 Q2.1 的状态为"1"没有问题，而电磁阀 Y2.1 的电源指示灯却没有亮，检查中间继电器 K21 的线圈上有 24V DC 电压，因此确认是控制电磁阀的中间继电器 K21 损坏。

故障处理：更换中间继电器 K21，机床恢复正常工作。

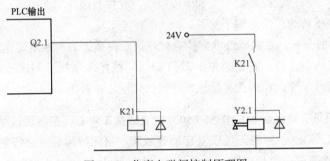

图 3-54　分度电磁阀控制原理图

例 3-11　一台数控沟槽磨床工件切削液不停。

数控系统：西门子 805 系统。

故障现象：这台机床在自动磨削加工结束后，切削液不停，仍然在喷射。

故障检查：分析机床工作原理，切削液喷射是由电磁阀 Y45 控制的，如图 3-55 所示。观察电磁阀指示灯亮，说明是控制部分有问题。电磁阀由 PLC 输出 Q4.5 通过中间继电器 R45 控制，通过系统 DIAGNOSIS（诊断）功能检查 Q4.5 的状态为"0"，如图 3-56 所示，说明已经发出停止喷射的命令，检查中间继电器 R45，发现其动合触点闭合。

故障处理：更换继电器 R45，机床恢复正常工作。

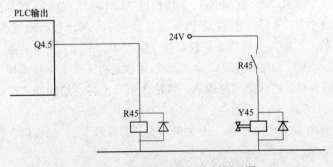

图 3-55　切削液电磁阀控制原理图

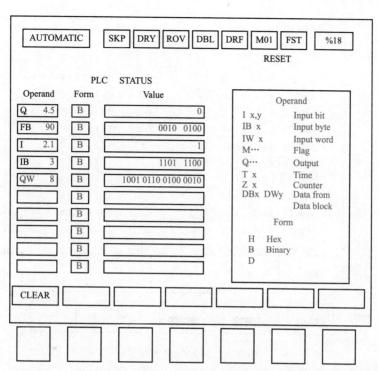

图 3-56 西门子 805 系统 PLC 状态显示画面

例 3-12 一台数控球道磨床出现报警 "6008 INDEXER NOT D0wN（分度器没有落下）"。

数控系统：西门子 810G 系统。

故障现象：这台机床在自动磨削加工时出现 6008 报警，指示分度器没有落下，磨削不能继续进行。观察故障现象，分度器确实没有落下。

故障分析与检查：根据机床的电气原理图，分度器落下是由 PLC 输出的 Q8.2 控制电磁阀 8SOL2 来完成的，检查电磁阀 8SOL2 的指示灯没有亮，说明此电磁阀没有电。

利用系统 DIAGNOSIS（诊断）功能，在线检测 Q8.2 的状态，如图 3-57 所示，其状态为 "1" 没有问题，那么问题可能出在中间控制环节上。根据电气控制原理图（见图 3-58），PLC 输出 Q8.2 通过一个中间继电器 K82 来控制 8SOL2 电磁阀，检查继电器 K82，发现其触点损坏。

故障处理：更换新的继电器后故障消除。

例 3-13 一台数控沟槽磨床出现报警 "6030 X1 Axis＋ve 0vertravel（X1 轴正向超程）"。

数控系统：西门子 810T 系统。

故障现象：这台机床在自动循环加工时出现 6030 号报警，指示 X1 轴正向超程。

故障分析与检查：因为机床报警指示 X1 轴正向超程，将机床面板上的超行程释放开关打开，按-X 按钮，但轴不动。检查机床报警信息，还出现报警 "6031 X1 Axis-ve Overtravel（X1 轴负向超程）"，指示 X1 轴负向也超限。

根据机床电气原理图，两个限位开关接入 PLC 的输入 I0.5 和 I0.6，如图 3-59 所示。利用系统的 Diagnosis（诊断）功能检查这两个输入的状态都为 "0"，都处于闭合状态。因此怀疑连接 X1 轴正、负向限位开关的电源线断线，对线路进行检查发现连接两个限位开关的电源线老化折断。

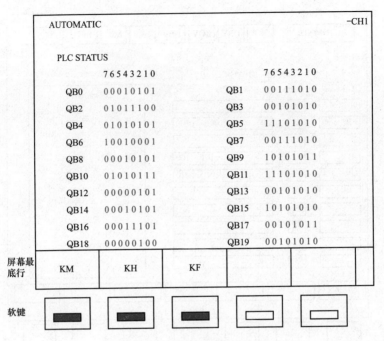

图 3-57　PLC 输出状态显示

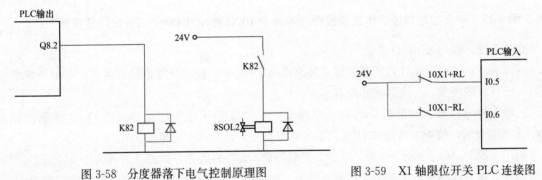

图 3-58　分度器落下电气控制原理图　　　　图 3-59　X1 轴限位开关 PLC 连接图

故障处理：更换新的电缆，机床故障消除。

例 3-14　一台数控铣床工作台旋转时出现报警"F50 CYCLE TIME TURN FORW. ROT TA-BLE（工作台向前旋转超时）"。

数控系统：西门子 3TT 系统。

故障现象：这台机床旋转工作台时，旋转不停，出现 F50 报警，指示工作台向前旋转超时。

故障分析与检查：这是一台三工位数控铣床，一工位装、卸工件；二工位粗铣；三工位精铣。在一工位工件卡装到旋转工作台的卡具上后，旋转到粗铣工位，开始加工。

在出现故障时，旋转工作台开始旋转，之后不停，从而出现 F50 报警，手动旋转时也是不停。根据机床工作原理，工作台的旋转由液压控制，向前旋转是 PLC 输出 Q1.6 控制电磁阀 Y1.6 来完成的，利用系统 PC 菜单下的 PC STATUS（PC 状态）功能检查 PLC 输出 Q1.6 的状态，一直为"1"，所以旋转不停。检查这部分的梯形图，关于 Q1.6 的梯形图在 PB10 的 15 段中，详见图 3-60。

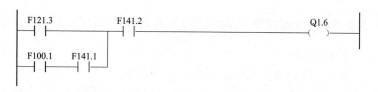

图 3-60　关于 PLC 输出 Q1.6 的梯形图

根据机床控制原理，标志位 F121.3 是自动操作方式的标志，F100.1 是手动操作方式的标志，因为手动、自动旋转都不正常，所以问题肯定出在标志位 F141.2 上。检查 F141.2 的状态一直为"1"，所以工作台一直旋转。

图 3-61 是关于 F141.2 的梯形图，检查每个元件的状态，F105.5、F121.6、I4.4 的状态为"1"，Q66.7、Q76.7、I4.3 的状态为"0"，使 F141.2 的状态为"1"。

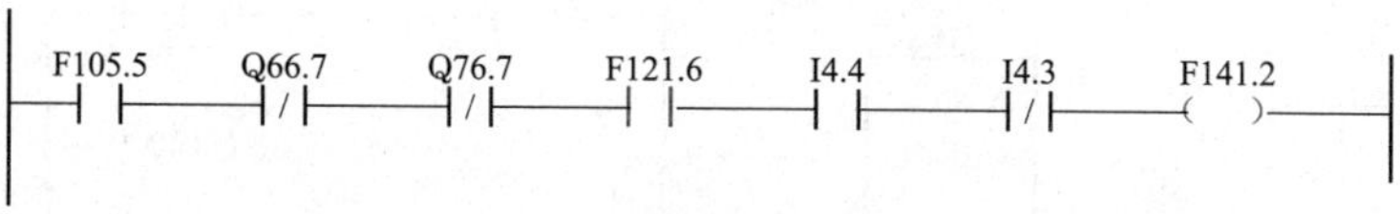

图 3-61　关于标志位 F141.2 的梯形图

根据机床工作原理，其他状态都是正确的，只有 F121.6 的状态在工作台到位时应该变为"0"。关于标志位 F121.6 的梯形图如图 3-62 所示，其中标志位 F121.2 是工作台旋转的停止条件，其状态一直为"0"，所以使 F121.6 的状态一直为"1"。

关于 F121.2 的梯形图如图 3-63 所示，检查梯形图各元件的状态，F91.1 的状态一直为"1"，而 PLC 输入 I5.0 却一直为"0"，没有变化。

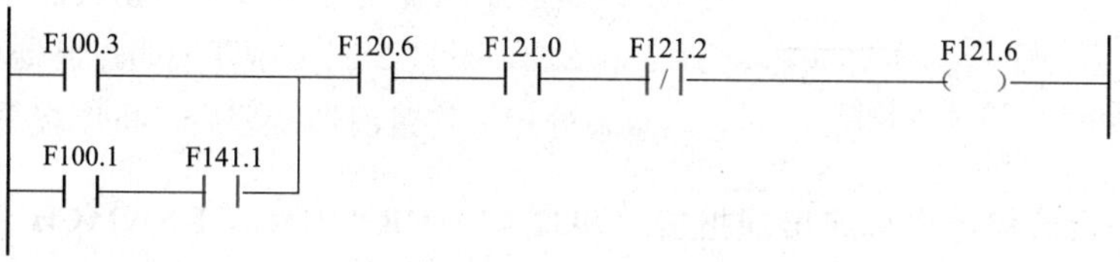

图 3-62　关于标志位 F121.6 的梯形图

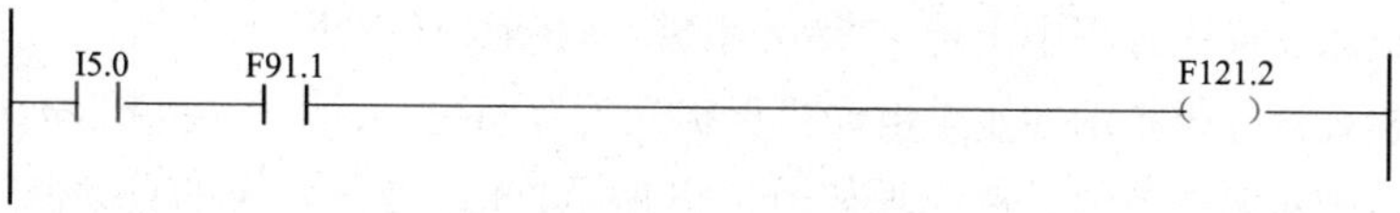

图 3-63　关于标志位 F121.2 的梯形图

根据如图 3-64 所示的机床电气原理图，PLC 输入 I5.0 连接检测工作台到达停止位置的检测开关 S50，其状态一直为"0"说明开关可能有问题。打开机床保护罩，对开关进行检查，发现旋转工作台停止检测的碰块松动已经串位，不能压检测开关，所以工作台一直旋转不停。

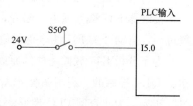

故障处理：将碰块移回原位并紧固后，工作台旋转恢复正常。

图 3-64　PLC 输入 I5.0 连接图

例 3-15 一台数控磨床出现报警"7025 CHECK HYDRAULIC SYSTEM（检查液压系统）"。

数控系统：西门子 805 系统。

故障现象：这台磨床一启动液压系统就出现 7025 号报警。

故障分析与处理：根据报警提示，首先对液压系统进行检查，压力正常。因为 7025 为 PLC 报警，是 PLC 标志位 F111.1 的状态被置"1"所致，利用西门子 805 系统 DIAGNOSIS（诊断）菜单中的 PLC STATUS（PLC 状态）功能检查标志位 F111.1 的状态，发现其状态也确实为"1"。

下一步应该根据 PLC 梯形图进行检查，有关 F111.1 的梯形图如图 3-65 所示，F111.1 的状态置"1"是因为 PLC 定时器 T9 的触点闭合引起的。继续查看关于 T9 的梯形图（见图 3-66），I2.7 是故障复位信号，Q1.5 为液压站启动控制信号。

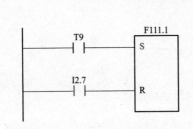

图 3-65　关于 7025 报警的梯形图

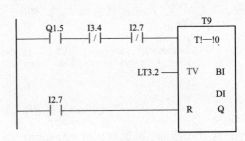

图 3-66　关于 T9 的梯形图

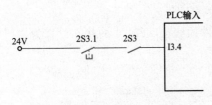

图 3-67　PLC 输入 I3.4 连接图

利用系统 DIAGNOSIS（诊断）功能检查相关的状态，T9 得电的主要原因是由于 I3.4 的状态为"0"，PLC 输入 I3.4 的连接如图 3-67 所示，2S3.1 是液压系统过滤器压力开关，2S3 是液压系统压力开关。启动液压系统后，检查开关 2S3.1 和 2S3，发现 2S3.1 断开说明过滤器堵塞。

故障处理：将过滤器清理后，机床报警消除。

例 3-16 一台数控淬火机床出现报警"7032 MOTOR PROTECT SWITCH RE TURN PUMP（抽水泵电动机保护开关）"。

数控系统：西门子 810G 系统。

故障现象：机床在淬火过程中出现 7032 号报警，自动循环中止。

故障分析与检查：报警指示抽水泵电动机保护开关有问题，对电气控制部分进行检查，发现自动开关 F17 跳开。抽水泵的电气控制原理如图 3-68 所示，F17 是抽水泵的自动保护开关，它自动跳开说明抽水泵电动机可能有问题，但检查电动机并没有发现问题。

将自动开关复位后，报警消除，机床恢复工作。但不久这个开关又跳开了。在 F17 没有跳开时发现接触器 K17 频繁通电、断开，据此分析抽水泵也要频繁启动，长时间地频繁启动导致保护装置过热，自动开关 F17 为了保护电动机而断开，从而产生了 7032 号报警。

为了分析 K17 频繁动作的原因，首先搞清 K17 是如何控制的。如图 3-68 所示，K17 是 PLC 的输出 Q1.7 控制的，利用系统 PLC STATUS 功能在线检查 Q1.7 的状态，发现 Q1.7 频繁地"0"、"1"转换。为此查阅 PLC 梯形图，有关 Q1.7 的控制梯形图在程序块 PB5 的 16 段中，如图 3-69 所示。

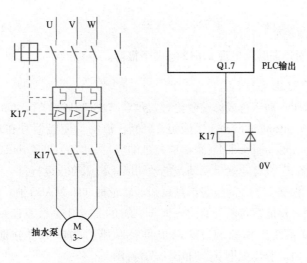

图 3-68 抽水泵电气控制原理图

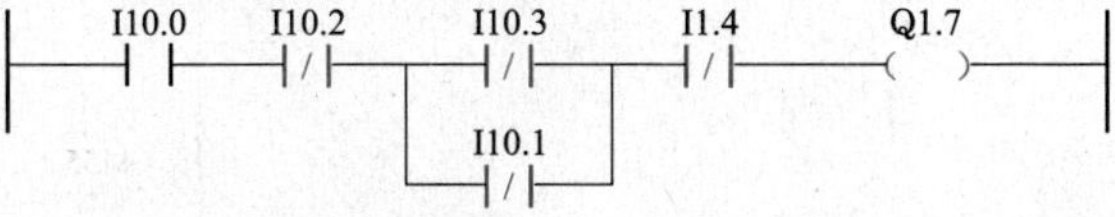

图 3-69 PLC 输出 Q1.7 的控制梯形图

根据该梯形图，通过系统 DIAGNOSIS（诊断）功能在线检查梯形图中 PLC 的输入状态（其连接图见图 3-70），发现由于 I10.2 的状态频繁变化导致 PLC 输出 Q1.7 的状态频繁变化。

分析机床的工作原理，当水箱中的水位达到上限时，抽水泵开始启动抽水；当水位下降到下限水位时，抽水泵停止工作，所以根据梯形图 3-69 分析，应该是到达水位上限时 I10.3 的状态变为"0"，而此时下限已超出，I10.2 的状态也应该为"0"，这时 Q1.7 有电，控制接触器 K17 有电，动合触点闭合，使 I10.1 的状态变为"1"，实现自锁。虽然上限开关马上闭合，但由于自锁功能，抽水泵继续抽水。

当水位下降到下限时 I10.2 的状态变为"1"，Q1.7 断电，这时 I10.1 的状态随之变为"0"，Q1.7 自锁条件被破坏，使 Q1.7 维持为"0"，水泵停止工作。

当水位高于下限时，I10.2 的状态又变成"0"，但由于 I10.1 的状态为"0"，水位上限还没达到，I10.3 的状态为"1"，所以这时 Q1.7 无电，只有水位达到上限，I10.3 再次变为"0"时，Q1.7 才能再通电，启动抽水泵工作。

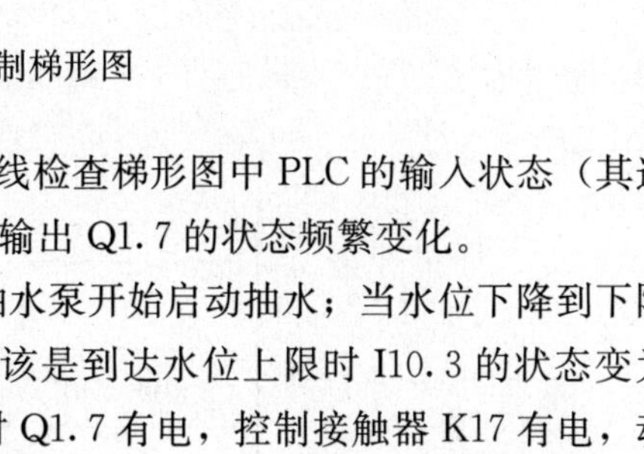

利用系统 DIAGNOSIS（诊断）功能，实时观察梯形图的状态，I10.3 的状态一直为"0"，I10.2 的状态交变，好似 I10.2 变成水位上限，I10.3 变成水位下限。回想几个月前，因为老鼠把这两个传感器的电缆咬断，重新连接上后，没有仔细检查，又因为当初也没有报警，一直工作至今，所以确定故障原因是两个水位传感器的信号线接反了。

故障处理：将这两个传感器的信号线重新交换连接

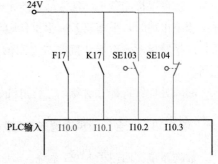

图 3-70 有关的 PLC 输入连接图

后，抽水泵正常工作，机床也不再产生7032号报警了。

例3-17 数控曲拐外圆磨床出现21612等多个报警。

数控系统：西门子840D系统。

故障现象：这台机床自动运行或修整砂轮时，频繁出现"21612 Channel 1 axis MASS VDI-signal 'drive enable' reset during t motion（通道1MASS轴驱动使能信号在运动过程中被复位）"、"700104 Collision monitoring responded（碰撞监控已响应）"、"700105 Grinding control unit not ready（磨轮控制装置没有准备）"报警，然后驱动使能被切断，机床停止运行。

故障分析与检查：根据21612的报警信息可知，砂轮轴（即MASS轴）在运动过程中驱动使能被切断，但这只是结果，使能被切断的原因应该与700104和70105报警有关。

根据西门子840D系统工作原理，这两个报警对应的接口信号分别为DB2.DBX188.4和DB2.DBX188.5，相关PLC程序如图3-71和图3-72所示。

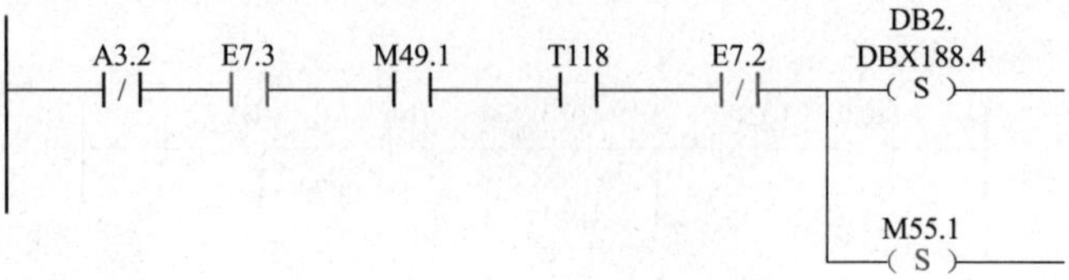

图 3-71　700104报警PLC梯形图

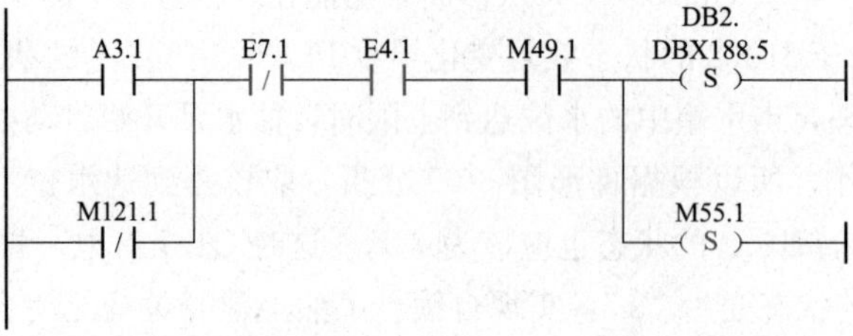

图 3-72　700105报警的PLC梯形图

观察和分析这两段程序，发现PLC输入E7.1和E7.2都为0，这是产生700104和700105报警的根源。查阅电气原理图，这两个信号来自MARPOSS E82动平衡仪，其接口定义分别为"wheel balancer ok（砂轮平衡工作正常）"和"gap/crash ok（间隙正常）"。该平衡仪既可以测量砂轮的动平衡，还可以检测砂轮异常振动，防止碰撞事故发生。

故障出现时，平衡仪E82上也伴随显示15号报警"FAULTY D. LINK"。查阅平衡仪的诊断手册，此报警指示发射器和接收器之间的数据传输有问题，为此，断电检查其发射器，发现有很多泥污。

故障处理：拆卸发射器，进行清洗处理，之后重新安装，开机测试，机床恢复正常运行。

例3-18 一台数控球道磨床在磨削工件时出现啃刀现象。

数控系统：西门子810G系统。

故障现象：机床在自动批量磨削工件时，偶尔发现磨削的球道有啃刀的痕迹。

故障分析与检查：这是一台全自动球道磨床，靠机械手自动装、卸工件，磨削工件的圆弧球道，磨削时 X 轴和 Z 轴进行圆弧插补。检查出现啃刀痕迹的工件，发现啃刀痕迹出现在球道的任意磨削点，并不是只在圆弧转换点和其他固定点，所以排除了丝杠间隙问题。

经过反复观察发现只要在磨削过程中系统面板上的"进给保持灯"红色指示灯闪亮，磨削出来的工件就有啃刀痕迹。此灯在进给停止时亮，因为磨削时出现进给停顿，所以会出现磨痕，即啃刀。

根据系统工作原理，PLC 输出到 NC 的信号 Q108.2 为 X 轴伺服使能信号，Q112.2 为 Y 轴伺服使能信号，Q116.2 为 Z 轴伺服使能信号，Q84.7 为总的伺服使能信号，利用系统 DIAGNOSIS（诊断）功能检查这几个信号的状态，发现在磨削时并没有瞬间变为"0"的现象。

另外 PLC 输出到 NC 的信号 Q108.5 为 X 轴进给使能信号、Q112.5 为 Y 轴进给使能信号、Q116.5 为 Z 轴进给使能信号。观察这几个信号的状态，发现 Q108.5 的状态瞬间变为"0"时，系统操作面板上的"进给保持灯"红色指示灯闪亮，磨削的工件就有磨痕。

Q108.5 为 PLC 输出到 NC 的 X 轴进给使能信号，为此查找 PLC 梯形图，关于 Q108.5 的梯形图如图 3-73 所示。对梯形图相关元件的状态进行观察，发现标志位 F142.3 的状态瞬间变为"0"使 X 轴进给使能信号 Q108.5 的状态变为"0"。标志位 F142.3 是送料机械手在上方的标志，其梯形图如图 3-74 所示，观察 PLC 输入 I8.3 和 I8.4 的状态，发现在磨削时 I8.4 的状态瞬间变"1"是 F142.3 状态变"0"的原因。

PLC 输入 I8.4 连接的接近开关检测机械手是否在下面，其连接如图 3-75 所示。观察机械手一直在上方没有问题，检查接近开关 32PS4，发现其电缆连接接头有问题，导致接近开关工作不正常。

故障处理：更换接近开关后运行机床不再出现啃刀现象，机床故障被排除。

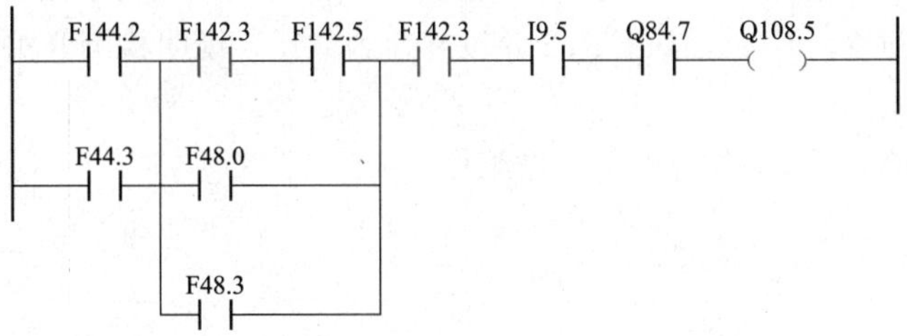

图 3-73　X 轴进给使能信号 Q108.5 的梯形图

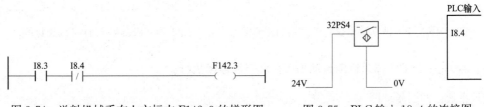

图 3-74　送料机械手在上方标志 F142.3 的梯形图　　图 3-75　PLC 输入 I8.4 的连接图

例 3-19　**一台数控外圆磨床测量仪有时不工作。**

数控系统：西门子 805 系统。

故障现象：在出现故障时，马波斯测量仪指示表针不动。

故障分析与检查：这台机床使用马波斯测量仪，在磨削工件外圆的同时，在线测量工件磨削的尺寸，当工件尺寸达到设定的尺寸时，停止磨削。

分析马波斯测量仪的工作原理，在磨削工件时，马波斯测量头由液压缸带动，向工件方向移动，并且与工件表面接触，这时测量仪指示表针偏转角度达到最大，指示偏差最大。当进行磨削时，表针偏转的角度越来越小，到达工件尺寸公差范围内时，发出尺寸到信号，系统接收到此信号后停止磨削。当出现故障时，马波斯测头接触到工件后，测量仪指针不动。

根据机床工作原理和故障现象分析，故障原因可能有两种：一种为马波斯测量仪有问题；另一种为马波斯测量仪在测头接触到工件时没有启动测量。根据电气控制原理（见图 3-76），马波斯测量仪是由 PLC 输出 Q1.4 启动的，利用系统的 DIAGNOSIS（诊断）功能检查 PLC 输出 Q1.4 的状态，发现其状态一直为"0"，没有跟随测头的位置变化而变化。

图 3-76 马波斯测量仪电气控制原理图

有关 PLC 输出 Q1.4 的梯形图如图 3-77 所示，利用系统的 DIAGNOSIS（诊断）功能在线检查这段梯形图有关的输入输出状态，发现在出现故障时输入 I1.2 的状态没有变成"1"，致使输出 Q1.4 的状态也不能变为"1"，即没有启动马波斯测量仪。

如图 3-78 所示，PLC 输入 I1.2 连接的是接近开关 B12，该开关用来检测测头是否到位，在出现故障时虽然测头已到位，但输入信号 I1.2 并没有变为"1"，说明检测开关有问题，检查发现其可靠性有问题。

故障处理：更换接近开关，机床恢复正常工作。

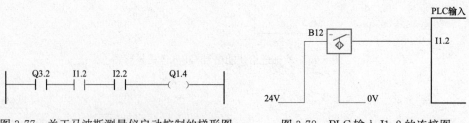

图 3-77 关于马波斯测量仪启动控制的梯形图   图 3-78 PLC 输入 I1.2 的连接图

例 3-20   一台数控球道铣床自动加工循环不能连续执行。

数控系统：西门子 3TT 系统。

故障现象：机床有时在自动循环加工过程中，工件已加工完，工作台准备旋转，主轴还没有退到位，这时第二工位主轴停转，自动循环中断。同时还经常伴有报警"F97 Spindlelspeed not OK station2（二工位主轴 1 速度不正常）"和报警"F98 Spindle2 speed not OK station2（二工位主轴 2 速度不正常）"。

故障分析与检查：该机床为双工位专用铣床，每工位都有两个主轴，可同时加工两个工件。根据故障现象分析，自动加工程序中断肯定与二工位主轴停止有关。两个主轴分别由 B1、B2 两个传感器来检测转速。F97 和 F98 报警就是因为这两个传感器检测主轴转速不正常而产生的。为此，首先对主轴进行检查，并对机械传动部分进行检修。因主轴是由普通交流异步电动机带动的，检查主轴电动机及过载保护都没有发现问题，故障也没有消除。

根据机床控制原理，主轴电动机是由 PLC 输出 Q32.0 控制接触器来启停的。检查 Q32.0 的状态为"0"，所以主轴电动机断电，主轴停转。

> 💡 **提示**：梯形图在线跟踪——因为故障比较复杂，用机外编程器跟踪梯形图的变化。将编程器 PG685 连接到数控系统上，以 Q32.0 为线索实时跟踪梯形图的变化。

关于 Q32.0 置位的梯形图在 PB7 的 8 段中，如图 3-79 所示，图中，F112.0 为二工位主轴启动标志；F111.7 为二工位主轴启动条件；Q32.0 为二工位主轴启动输出。在出现故障时，标志位 F111.7 闭合，而标志位 F112.0 断开，致使 PLC 输出 Q32.0 的状态也变为"0"，因此主轴停转。

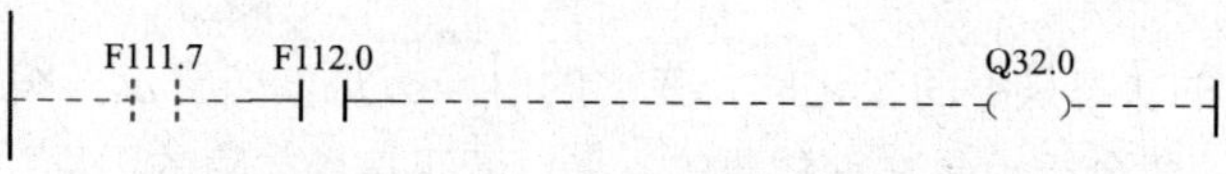

```
     F111.7   F112.0                        Q32.0
├──────┤├──────┤├─────────────────────────( )──────┤
```

图 3-79　关于主轴启动部分的梯形图

F112.0 的断开是由于 B1、B2 检测主轴速度不正常所致，是正常的。既然主轴系统本身没有问题，会不会是由于其他问题导致主轴停转的呢？主轴被动停转也可能使 B1、B2 检测不正常。

为此用编程器继续监视梯形图的运行，仔细观察图 3-79 中 3 个元件的实时变化，经反复动态观测，发现故障没有出现时，F112.0 和 F111.7 都闭合，PLC 输出 Q32.0 得电，主轴旋转。当出现故障时，F111.7 瞬间断开，Q32.0 跟随着断电，主轴电动机也断电，之后 F111.7 又马上闭合，断开的时间极短，但已使主轴断电。而由于主轴电动机断电后，电动机的电磁抱闸起作用，转速急剧下降，B1、B2 两个传感器检测到主轴减速不正常，而使 F112.0 的触点断开，维持 Q32.0 不得电，主轴停转。据此分析 F111.7 的断开是主轴停转的根本原因。

主轴启动条件的标志位 F111.7 受多方面因素的制约，其程序在 PB8 的第 4 段中，梯形图如图 3-80 所示。用编程器监视该段梯形图的状态变化，发现主轴运行信号 F111.6 触点的瞬间断开，使 F111.7 产生变化。

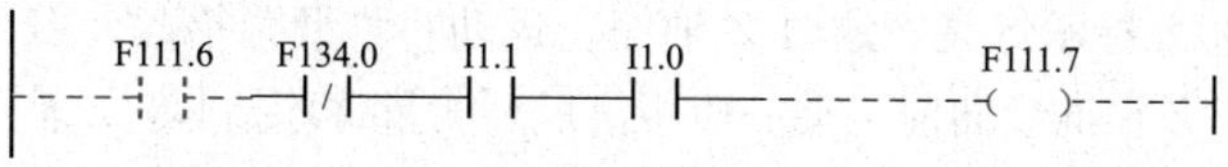

```
     F111.6   F134.0    I1.1     I1.0              F111.7
├──────┤├──────┤/├──────┤├──────┤├─────────────────( )──────┤
```

图 3-80　主轴启动条件的梯形图

继续观察关于 F111.6 的梯形图，在 PB8 的第 3 段中，如图 3-81 所示，发现刀具卡紧标志 F115.1 触点的瞬间断开，促使 F111.6 发生变化，由此可见是主轴的保护作用使主轴停转。

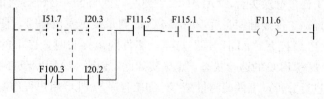

图 3-81　主轴运行信号

继续跟踪关于 F115.1 的梯形图，在 PB10 的第 7 段中，如图 3-82 所示，图中 I21.1 为二工位主轴 1 刀具卡紧检测输入；F115.1 为二工位刀具卡紧标志。用编程器观察状态变化，发现在出故障时，输入 I21.1 瞬间断开使 F115.1 也瞬间断开，最后导致主轴停转。

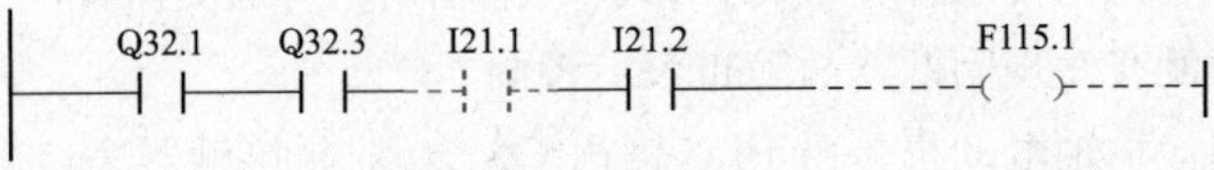

Q32.1 Q32.3 I21.1 I21.2   F115.1

图 3-82　刀具卡紧部分梯形图

PLC 输入 I21.1 连接的是刀具液压卡紧压力检测开关 P21.1，如图 3-83 所示，它的状态变为"0"，指示刀具卡紧力不够，为安全起见，PLC 采取保护措施，迫使主轴停转。

为此对液压系统进行检查，发现液压系统工作不稳定，恰好出故障时其他液压元器件动作，造成液压系统压力瞬间降低，刀具液压卡紧压力检测开关 P21.1 检测到压力降低，将压力不够信号反馈给 PLC，以致主轴停转，最后导致加工程序中断。

故障处理：调整液压系统，使液压压力保持稳定，这时机床恢复正常使用，故障被排除。

提示： 由于 I211 的状态是瞬间变化的，变化的时间极短，如果没有编程器的动态观测是很难发现问题的。另外故障分析也是非常重要的，只有真正按照故障的因果关系来跟踪梯形图的变化，才能尽快发现故障原因。

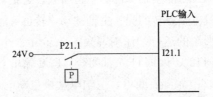

图 3-83　PLC 输入 I21.1 的连接图

例 3-21　一台专用数控磨床经常加工出废品。

数控系统：西门子 805 系统。

故障现象：这台机床在自动磨削时，经常出现废品，没有报警。观察故障现象，在自动磨削时，首先 MARPOSS 测量臂下来，到位后 Z 轴带动工件运动，直至工件接触 MARPOSS 探头，面板上"ADJUST（调整）"指示灯亮，这时 Z 轴停止运动，测量臂抬起。但在出废品时，工件接触 MARPOSS 探头，机床 Z 轴继续向前运动一段距离后，测量臂才抬起，Z 轴开始后移，进行磨削加工，这时磨削的工件就成了废品。

故障分析与检查：在正常工作时，工件接触探头后"ADJUST"灯亮，这时系统记录下 Z 轴的实际位置数据，同时 Z 轴停止向前运动并后移，测量头抬起，这时进行磨削，工件尺寸正常。

根据故障现象，工件接触探头后，"ADJUST"灯亮，说明 MARPOSS 测量仪工作正常。

根据机床工作原理，工件接触探头后，MARPOSS 测量装置发出信号，使 PLC 的输入 I2.7 的状态变成"1"，这时 PLC 控制"ADJUST"灯亮；工件脱离探头时，I2.7 的状态随即变成"0"，"ADJUST"灯熄灭。观察 PLC 的运行状态，也确实如此，说明 MARPOSS 工作正常。

对机床测量原理进行分析，工件的测量是 NC 加工程序与 PLC 用户程序配合完成的。NC 加工程序发出测量指令，PLC 控制测量过程。在加工程序中测量部分的程序如下：

%21

...

N90　　M45

N100　　M46

N110　　G01　Z＝R817 F＝R866

...

N300　　M02

其中，M45 是测量臂落下命令；M46 是指示等待测量作用的命令。执行 M46 指令后，F38.6 变成 "1" 继续向下执行，这时 PLC 用户程序起作用。

> **提示**：梯形图在线跟踪——从测量等待标志 F38.6 入手，对 PLC 梯形图进行分析。有关 F38.6 的梯形图如图 3-84 所示，在线观察该段梯形图的运行，当测量探头接触到工件，PLC 输入信号 I2.7 的动合触点闭合，将到位信号 Q87.3 置 "1"，并且将 Z 轴位置数据存储到参数 R814 中，然后进行磨削加工。故障状态下 Q87.3 的状态为 "0" 没有变化，原因是 F38.6 的触点闭合不久就断开了。这时 I2.7 闭合，Q87.3 的状态则不能改变。

继续观察关于 F38.6 的梯形图，如图 3-85 所示，在出故障时执行 M46 命令后即变成 "1"，但还没有执行 N110 语句时就变成 "0"，观察发现是因为 I2.7 触点瞬间闭合导致 F38.6（M46）复位。为此观察测量臂的运行，执行 M45 后，测量臂向下运动到达水平位置时，又向上反弹，出故障时，反弹的力比较大，故判断可能是振动使 I2.7 瞬间变成 "1" 后又恢复为 "0"，但此时已使 M46 复位。

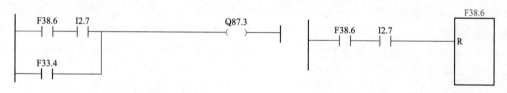

图 3-84　到位输出信号置位梯形图　　　　图 3-85　M46 指令复位梯形图

故障原因可能是测量臂下降速度太快，测量臂下降由液压系统控制。液压系统中的减速阀 Y2.5 起减速作用，受 PLC 输出 Q2.5 控制（见图 3-86），在测量臂下降时 Q2.5 的状态一直为 "0" 没有变化，说明减速阀没有起作用。检查 PLC 的控制程序，其梯形图如 3-87 所示，在测量臂下降时，PLC 的输入 I2.5 变成 "1"，输出 Q2.5 变成 "1"，而观察 PLC 的程序运行，在测量臂下降时，I2.5 触点断开始终没有变化。

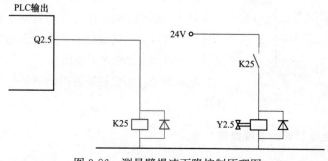

图 3-86　测量臂慢速下降控制原理图

根据电气原理图，PLC 的输入 I2.5 连接一个接近开关 B25，如图 3-88 所示。B25 是检测测头减速位置的无触点开关，当测量臂即将到达水平位置时，B25 应该有电，但在测量臂下降过程中 B25 一直没电。检查接近开关 B25 并没有问题，但是检测距离偏大，检测不到减速信号。

故障处理：调整接近开关 B25 的检测距离后，机床恢复稳定工作。

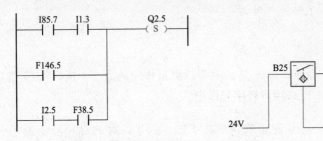

图 3-87　测量臂慢速下降控制梯形图　　　　图 3-88　PLC 输入 I 2.5 的连接图

例 3-22　一台数控球道磨床开机后不回参考点。

数控系统：西门子 810G 系统。

故障现象：这台机床开机后不回参考点，并且没有故障显示。

故障分析与检查：检查控制面板发现分度装置落下的指示灯没亮，只要分度装置没落下，机床的进给轴就不能运动，但经检查分度装置已经落下没有问题。根据机床厂家提供的 PLC 梯形图，PLC 的输出 Q7.3 控制面板上的分度装置落下指示灯。

提示：编程器在线跟踪——用编程器在线观察梯形图的运行，关于 Q7.3 的梯形图如图 3-89 所示，观察发现标志位 F143.4 没有闭合，致使 Q7.3 的状态为 "0"。F143.4 指示工件分度台在落下位置，检查关于 F143.4 的梯形图（见图 3-90），发现由于输入 I13.2 没有闭合导致 F143.4 的状态为 "0"。

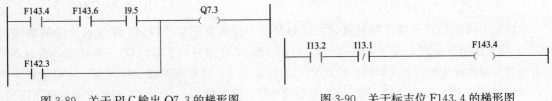

图 3-89　关于 PLC 输出 Q7.3 的梯形图　　　　图 3-90　关于标志位 F143.4 的梯形图

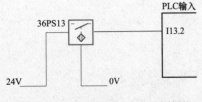

图 3-91　PLC 的输入 I13.2 连接图

根据图 3-91 所示的 PLC 的输入 I13.2 连接图，PLC 的输入 I13.2 连接检测工件分度装置落下的接近开关 36PS13。将分度装置拆开，发现它不能带动驱动接近开关的机械装置运动，所以 I13.2 始终不能闭合。

故障处理：将机械装置维修调整好后，机床恢复了正常使用。

例 3-23　PLC 互锁引起的故障维修

故障现象：一台配置 SIEMENS 6M 系统的进口立式加工中心，机床在程序试运行过程中，突然停机，再次开机时发现系统电源无法正常接通。

分析及处理过程：经过分析确认故障是由于 PLC 输出互锁引起的。检查 PLC 工作正常，但操纵台上的"急停"指示灯不停地闪烁，表明机床进入了"急停"状态。进一步检查随机提供的 PLC 程序，发现"急停"指示灯不停闪烁的原因是由于工作台的超极限引起的。

在关机状态下，通过手摇 X 轴滚珠丝杠（机床上本身设计急停退出的手动装置），使 X 轴退出限位后，重新启动机床，故障排除，机床恢复正常工作。

例 3-24　24V 保护引起的故障维修。

故障现象：一台配置 SIEMENS 6M 系统的进口立式加工中心，在夹具调试过程中突然停机，再次开机时，电源无法正常接通。

分析及处理过程：经过分析确认故障原因是由于 PLC 的互锁触点动作引起的。在本例中，检查 PLC 处于正常运行状态；机床工作台未超程；但 PLC 互锁输出的中间继电器未吸合。进一步检查发现，PLC 上的 DC24V/2A 输出模块中的全部输出指示灯均不亮，但其他输出模块（DC24V/0.5A）上的全部指示灯正常亮，由此判定故障原因是 S5-130WB 的 DC24V/2A 公共回路故障引起的。检查该模块的全部输出信号的公共外部电源 DC24V 为"0"，24V 断路器跳闸。

进一步测量发现，夹具上的 24V 连接线碰机床外壳，导致了断路器的跳闸，重新处理后，合上 DC24V 断路器，机床恢复正常工作。

例 3-25　PLC 地址错误引起的故障维修。

故障现象：一台配置 SIEMENS 6M 系统的进口立式加工中心，在用户使用时，发现电源无法正常接通。

分析及处理过程：经分析检查，确认故障原因为 PLC 引起的互锁。检查 PLC 输出，确认 PLC 的互锁信号无输出。对照 PLC 程序与机床电气原理图，逐一检查 PLC 程序中的逻辑条件，发现可能引起 PLC 互锁的条件均已满足，且 PLC 已正常运行，输出模块上的公共 24V 电源正常，排除了以上可能的原因。

为了确认故障部位，维修时取下 PLC 输出模块进行检查，经仔细检查，发现故障的原因是模块地址设定错误引起的。对于 SIEMENS S5-130WB 的输入、输出模块，需要通过设定端进行模块地址设定。

在本机床上，用户在机床出现其他故障时，曾调换过 PLC 的输出模块，但在调换时，未考虑到改变模块的地址设定，从而引起上述报警，恢复地址设定后，故障排除，机床可以正常启动。

例 3-26　LIEBHERR 滚齿机出现"700142"报警。

排除过程：

1）"700142"报警的公式算法是：180＋1×8＋42÷8 的得数作为字节地址，余数为位地址，即"700142"报警所对应的地址就是 DB2.DBX193.2。

2）通过 PLC 控制程序（见图 3-92）可以看到，当 I0.1、I4.3、I18.1、T14 这四个外部条件任意一个接通时就会触发此报警，再可以通过 STEP7 软件的监控功能查看这四个点的状态来确定具体位置，最后通过查找电气原理图来确定最终的报警元件以及原因。

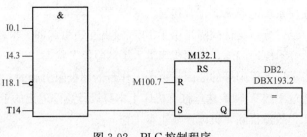

图 3-92 PLC控制程序

例 3-27 LIEBHERR 滚齿机"700100"号报警。

排除过程：

1）"700100"报警的公式算法是：180＋1×8＋0÷8 的得数作为字节地址，余数为位地址，即"700100"报警所对应的地址就是 DB2.DBX188.0。

2）通过 PLC 控制程序（见图 3-93）可以发现 DB2.DBX188.0 的触发条件是 T33、T37、M144.2、M144.3 这些中间变量，所以在这段程序中不能直接找到故障的输入点。即利用 STEP7 软件的监控功能先确定是由哪个中间变量引起的，再以相同的方法查找引起中间变量的原因，直至找到输入点为止。

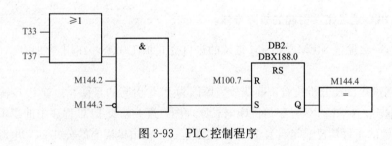

图 3-93 PLC控制程序

例 3-28 LIEBEHERR 滚齿机采用西门子 840D 数控系统，出现"700112"报警和供电电压故障。

排除过程：

1）通过分析和监控 PLC 程序，查到输入信号 I1.7 条件没有满足。

2）在硬件图中得知该信号是从 DC USV 模块中传送出来的，该模块是电源电压的监控模块，所以可能是机床控制的电压出现了故障。

3）在对 SITOP 电源模块进行测量时发现其电压只有 21.5V，低于正常标准电压值的使用范围。

4）将 SITOP 电源模块的输出电压调节到 23V，按复位按键后，报警消失。再调节该电压到 24V，以确保故障消失。

原因分析：由于 SITOP 电源模块输出电压低于电压 DC USV 模块设定的监控电压，导致 DC USV 模块未能给出正常电源信号而出现报警。

例 3-29　**RSH 连杆 ZSB40/04A 为 ALFING 自动线，它采用西门子 840D 控制系统、编码器半闭环测量系统、西门子 611D 驱动器及 1FK6 伺服电动机，带有 HM1 人机交流界面。主轴旋转时出现"700002：润滑压力低"报警。**

排除过程：

1）检查主轴电动机的温度及转速均正常。

2）检查主回路及控制回路的电压均正常。

3）分析 PLC 程序，报警 700002 的地址为 DB2. DBX180. 2，但程序查找不到它的输出位。

4）从交叉参照表中得知 DB2 的数据是从 DB200 中传送出来的，再检查 DB200，发现没有其主轴润滑压力的信号。

5）检查润滑压力继电器，发现是润滑压力不够造成信号没有发出的，再检查润滑管路，发现有渗漏部位，紧固渗漏部位并加注润滑油后，报警消失。

原因分析：由于润滑管路有漏点，造成润滑油泄漏，即润滑压力不够，使润滑压力信号没有发出，从而造成该报警。

例 3-30　**一台数控外圆磨床出现报警"7010 HYDRAULIC PRESSURE DOWN（液压压力低）"。**

数控系统：西门子 805 系统。

故障现象：这台机床在开机后，出现 7010 号报警，指示液压压力低。

故障分析与检查：根据报警显示"液压压力低"的信息提示，对液压系统进行检查，发现液压压力确实比较低。

故障处理：调整液压系统，使系统压力提高，当达到压力开关设定值时，故障报警消除，机床恢复正常运行。

第4章

主传动系统的维修 34 例

4.1　主传动系统机械结构的组成与维修

主轴部件是机床的一个关键部件，它包括主轴的支承、安装在主轴上的传动零件等，数控车床与数控铣床的主轴部件是有所差异的，表 4-1 是数控铣床的主轴部件。

表 4-1　　　　　　　　　　　　　数控铣床主轴部件及其作用

名称	图　示	作　用
主轴箱		主轴箱通常由铸铁铸造而成，主要用于安装主轴零件、主轴电动机、主轴润滑系统等
主轴头		下面与立柱的硬轨或线轨连接，内部装有主轴，上面还固定主轴电动机、主轴松刀装置，用于实现 Z 轴移动、主轴旋转等功能
主轴本体		主传动系统最重要的零件，主轴材料的选择主要根据刚度、载荷特点、耐磨性和热处理变形等因素确定。用于装夹刀具执行零件加工

续表

名称	图 示	作 用
轴承	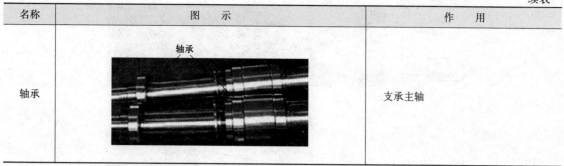	支承主轴

4.1.1 主轴变速方式

1. 无级变速

数控机床一般采用直流或交流主轴伺服电动机实现主轴无级变速，如图4-1所示。

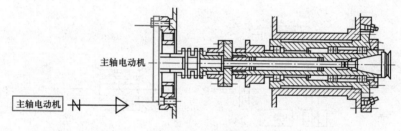

图4-1 无级变速

2. 分段无级变速

有的数控机床在交流电动机或直流电动机无级变速的基础上配以齿轮变速，使之成为分段无级变速，如图4-2所示。

（1）带有变速齿轮的主传动［见图4-2（a）］。大中型数控机床较常采用的配置方式，通过少数几对齿轮传动，扩大变速范围。滑移齿轮的移位大都采用液压拨叉或直接由液压缸带动齿轮来实现。

（2）通过带传动的主传动［见图4-2（b）］。主要用在转速较高、变速范围不大的机床。适用于高速、低转矩特性的主轴。常用的是同步齿形带。

（3）用两个电动机分别驱动主轴［见图4-2（c）］。高速时由一个电动机通过带传动，低速时，由另一个电动机通过齿轮传动。两个电动机不能同时工作，也是一种浪费。

（4）内装电动机主轴［电主轴，见图4-2（d）］。电动机转子固定在机床主轴上，结构紧凑，但需要考虑电动机的散热。

4.1.2 传动带

带传动是传统的传动方式，在数控机床上常用的有V形带、多联V形带、多楔带和齿形带。为了定位准确，多楔带和齿形带用的相对多一些。

1. 多联V形带

多联V形带又称复合V形带（见图4-3），有双联和三联两种，每种都有3种不同的截面，横断面呈楔形，如图4-4所示，楔角为40°。

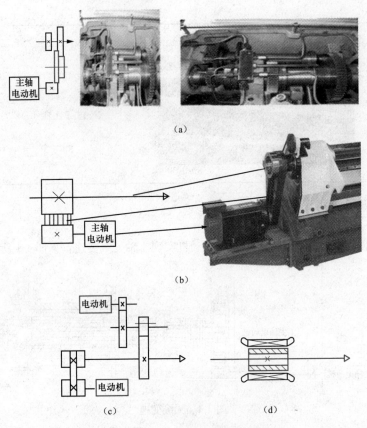

（a）

（b）

（c）　　　　　　　　　　　　　（d）

图 4-2　数控机床主传动的四种配置方式

（a）齿轮变速；（b）带传动；（c）两个电动机分别驱动；（d）内装电动机主轴传动结构

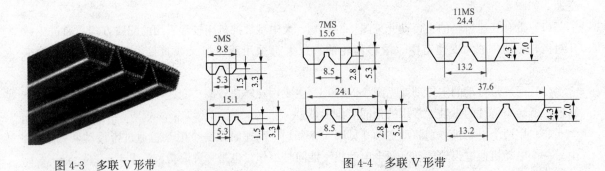

图 4-3　多联 V 形带　　　　　　　　图 4-4　多联 V 形带

2. 多楔带

如图 4-5 所示。多楔带综合了 V 形带和平皮带的优点。多楔带有 H 型、J 型、K 型、L 型、M 型等型号，数控机床上常用的多楔带有 J 形齿距为 2.4mm，L 形齿距为 4.8mm，M 形齿距为 9.5mm 三种规格。

3. 齿形带

齿形带又称为同步齿形带，根据齿形不同又分为梯形齿形带和圆弧齿形带，如图 4-6 所示。同步齿形带的规格是以相邻两齿的节距来表示（与齿轮的模数相似），主轴功率为 3～10kW 的加工中心多用节距为 5mm 或 8mm 的圆弧齿形带，型号为 5M 或 8M。

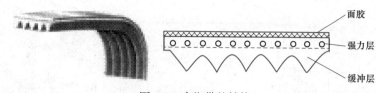

图 4-5 多楔带的结构

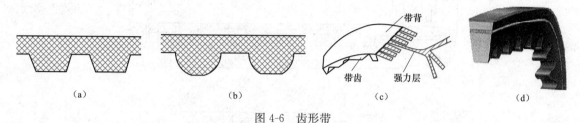

（a）　　　　　（b）　　　　　（c）　　　　　（d）

图 4-6 齿形带

（a）梯形齿；（b）圆弧齿；（c）齿形带的结构；（d）实物图

应用齿形带的注意事项：

（1）为了使转动惯量小，带轮由密度小的材料制成。带轮所允许的最小直径，根据有效齿数及平带包角，由齿形带厂确定。

（2）为了避免离合器引起的附加转动惯量，在驱动轴上的带轮应直接安装在电动机轴上。

（3）为了对齿形带长度的制造公差进行补偿并防止间隙，齿形带必须预加载。预加载的方法可以是电动机的径向位移或是安装张力轮。

（4）较长的自由齿形带（大于带宽 9 倍），为衰减带振动常用张力轮。

张力轮可以是安装在齿形带内部的牙轮，但是更好的方式是在齿形带外部采用圆筒形滚轮，这种方式使齿形带的包角增大，有利于传动。为了减少运动噪声，应使用背面抛光的齿形带。

4.1.3 主轴的支承

1. 一般主轴轴承的配置

数控机床上主轴轴承的布置形式多种多样，根据数控机床加工要求与加工情况的不同，以及轴承的承载、转速与回转精度的特点，可采用不同的轴承组合形式。图 4-7 所示则为较典型的四种配置形式，每种形式的承载与极限转速的比较情况见表 4-2。

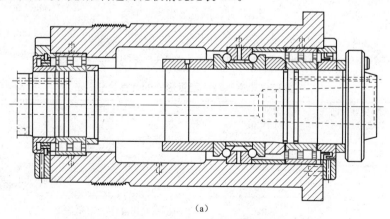

（a）

图 4-7 数控机床常用的主轴轴承配置形式（一）

（a）圆锥孔双列向心短圆柱滚子轴承配置

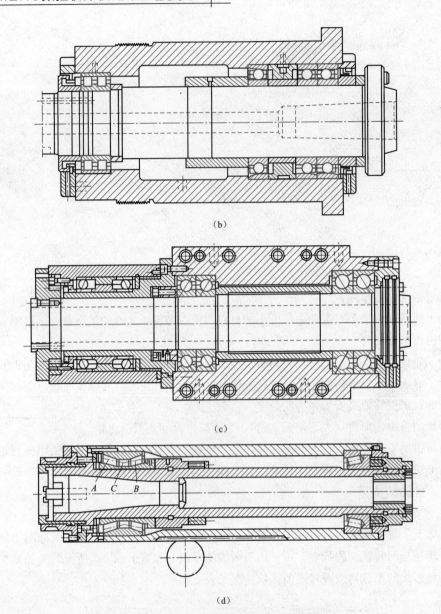

(b)

(c)

(d)

图 4-7　数控机床常用的主轴轴承配置形式（二）

（b）双向联组角接触深沟球轴承配置；（c）同向组合角接触深沟球轴承配置；（d）双列圆锥滚子轴承配置

表 4-2　　　　　　　　　数控机床主轴轴承配置形式的性能比较

主轴轴承 配置形式	主轴径向 刚度的比值	主轴轴向刚 度的比值	允许极限转 速的比值	性　能	应用场合
图 4-7（a）的 配置形式	1.0	1.0	1.0	中等转速、高刚度	中型数控车床、 精密镗床
图 4-7（b）的 配置形式	0.56	0.56	1.5	较高转速、中等刚度	要求转速较高的数 控车床、数控铣床
图 4-7（c）的 配置形式	0.42	0.42	1.8	高转速、低刚度	数控磨床
图 4-7（d）的 配置形式	1.25	1.0	0.6	低转速、高刚度	坐标镗床

由于数控机床主轴的转速较高,为减少主轴发热,必须改善轴承的润滑方式。润滑的作用是在摩擦副表面形成一层薄油膜以减少摩擦发热。数控机床主轴一般采用高级油脂润滑,每加一次油脂可以使用 7~10 年。也有采用油气润滑,这种方法是除在轴承中加入少量润滑油外,还利用含油雾的压缩空气对主轴进行冷却润滑。

　　2. 高速主轴轴承的配置

　　(1) 滚动轴承的配置。滚动轴承的配置形式和预加载荷根据切削负荷大小、形式和转速等,电主轴轴承一般采用图 4-8 所示的配置形式。其中图 4-8 (a) 仅适用负荷较小的磨削用电主轴,图 4-8 (f) 的后轴承为陶瓷圆柱混合轴承,可用于高速,既提高了刚度,又简化了结构。依靠内孔 1:12 的锥度来消除间隙和施加预紧。图 4-8 (g) 为滚动轴承配置实例。

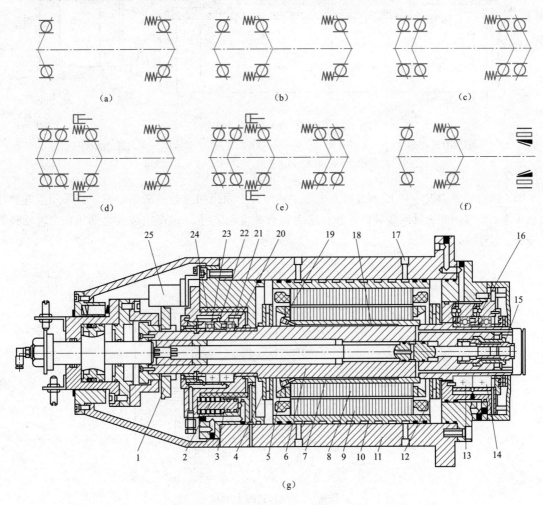

图 4-8　电主轴常用的轴承配置形式

(a) 前后端单列角接触球轴承支撑;(b) 前端两列组合,后端单列角接触球轴承支撑;(c) 前后两端都为双列角接触球轴承组合;(d) 前端三列组合支撑,后端单列角接触球轴承支撑;(e) 前端三列组合支撑,后端双列组合角接触球轴承支撑;(f) 前端两列角接触球轴承组合,后端单列滚柱轴承支撑;(g) 某型号电主轴结构图

1—齿盘;2—弹簧;3—液压缸活塞;4、12—主轴平衡套;5、19—小孔;6—主轴;7—转子内套;8—转子;9—定子;10—水套;11—壳体;13、14—前陶瓷球轴承;15、20、22—HSK 刀具夹套;16—轴承套;17、18—环形内槽;21、23—后陶瓷球轴承;24—滚套;25—编码器

（2）滑动轴承。液体静压轴承和动压轴承主要应用在主轴高转速、高回转精度的场合，如应用于精密、超精密数控机床主轴，数控磨床主轴。对于要求更高转速的主轴，可以采用空气静压轴承，这种轴承可达每分钟几万转的转速，并有非常高的回转精度；也可以像图4-9那样采用磁悬浮轴承。

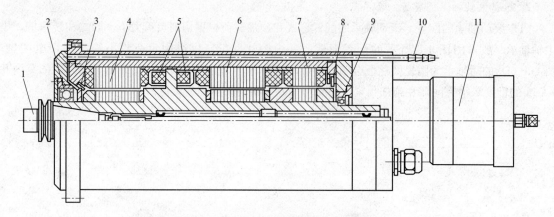

图 4-9　用磁悬浮轴承的高速主轴部件

1—刀具系统；2、9—支承轴承；3、8—传感器；4、7—径向轴承；5—轴向推力轴承；

6—高频电动机；10—冷却水管路；11—气、液压力放大器

（3）混合轴承。图4-10所示为加工中心主轴组件中采用的混合式磁力轴承，共采用空气静压轴承4组，通常用磁力轴承的辅助支承；磁力轴承8组，采用5.5kW内装式电动机，主轴轴径为 ϕ66mm，且中空。

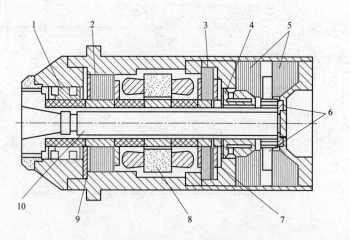

图 4-10　混合式磁力轴承

1—圆锥空气静压轴承A；2—圆锥形磁力轴承A；3—圆锥磁力轴承B；4—圆锥形空气静压轴承B；

5—轴向磁力轴承；6—轴向传感器；7—圆锥传感器B；8—内装电动机；9—圆锥传感器A；10—中空主轴

3. 常见支承的故障

（1）主轴支承部件常见故障诊断及排除方法（见表4-3）。

（2）检修实例。

表 4-3　　　　　　　　　　　　　　　主轴支承部件常见故障诊断及排除

序号	故障现象	故障原因	排除方法
1	主轴发热	轴承润滑脂耗尽或润滑油脂涂抹过多	重新涂抹润滑脂，每个轴承 3mL
		主轴前后轴承损伤或轴承不清洁	更换轴承，清除脏物
		主轴轴承预紧力过大	调整预紧力
		轴承研伤或损伤	更换轴承
2	切削振动大	轴承预紧力不够，游隙过大	重新调整轴承游隙。但预紧力不宜过大，以免损坏轴承
		轴承预紧螺母松动，使主轴窜动	紧固螺母，确保主轴精度合格
		轴承拉毛或损坏	更换轴承
3	主轴噪声	轴承损坏或传动轴弯曲	修复或更换轴承，校直传动轴
		缺少润滑	涂抹润滑油脂，保证每个轴承的油脂不超过 3mL
4	轴承损坏	轴承预紧力过大或无润滑油	重新调整预紧力，并使之润滑充分
5	主轴不转	传动轴上的轴承损坏	更换轴承

例 4-1　开机后主轴不转动的故障排除。

故障现象：开机后主轴不转动。

故障分析：检查电动机情况良好，传动键没有损坏；调整 V 形带松紧程度，主轴仍无法转动；检查测量电磁制动器的接线和线圈均正常，拆下制动器发现弹簧和摩擦盘也完好；拆下传动轴发现轴承因缺乏润滑而烧毁，将其拆下，手盘转动主轴正常。

故障处理：换上轴承重新装上主轴转动正常，但因主轴制动时间较长，还需调整摩擦盘和衔铁之间的间隙。具体做法是先松开螺母，均匀地调整 4 个螺钉，使衔铁向上移动，将衔铁和摩擦盘间隙调至 1mm 之后，用螺母将其锁紧之后再试车，主轴制动迅速，故障排除。

例 4-2　孔加工时表面粗糙度值太大的故障维修。

故障现象：零件孔加工时表面粗糙度值太大，无法使用。

故障分析：此故障的主要原因是主轴轴承的精度降低或间隙增大。

故障处理：调整轴承的预紧量。经几次调试，主轴恢复了精度，加工孔的表面粗糙度也达到了要求。

4.1.4　数控机床的主轴部件

1. 数控车床的主轴部件

（1）主运动传动。TND360 数控卧式车床传动系统如图 4-11 所示。图中各传动元件是按照运动传递的先后顺序，以展开图的形式画出来的。该图只表示传动关系，不表示各传动元件的实际尺寸和空间位置。

数控车床主运动传动链的两端部件是主电动机与主轴，它的功用是把动力源（电动机）的运动及动力传递给主轴，使主轴带动工件旋转实现主运动，并满足数控卧式车床主轴变速和换向的要求。

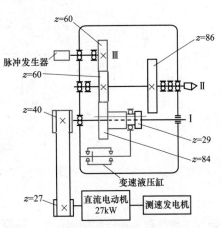

图 4-11　TDN360 数控卧式车床主传动系统图

TND360 主运动传动由直流主轴伺服电动机（27kW）的运动经过齿数为 27/48 同步齿形带传动到主轴箱中的轴 Ⅰ 上。再经轴 Ⅰ 上双联滑移齿轮，经齿轮副 84/60 或 29/86 传递到轴 Ⅱ（即主轴），使主轴获得高（800～3150r/min）、低（7～800r/min）两挡转速范围。在各转速范围内，由主轴伺服电动机驱动实现无级变速。

主轴的运动经过齿轮副 60/60 传递到轴 Ⅲ 上，由轴 Ⅲ 经联轴节驱动圆光栅。圆光栅将主轴的转速信号转变为电信号送回数控装置，由数控装置控制实现数控车床上的螺纹切削加工。

（2）主轴箱的结构。数控机床的主轴箱是一个比较复杂的传动部件。表达主轴箱中各传动元件的结构和装配关系时常用展开图。展开图基本上是按传动链传递运动的先后顺序，沿轴心线剖开，并展开在一个平面上的装配图，图 4-12 所示为 TND360 数控车床的主轴箱展开图。该图是沿轴Ⅰ—Ⅱ—Ⅲ 的轴线剖开后展开的。

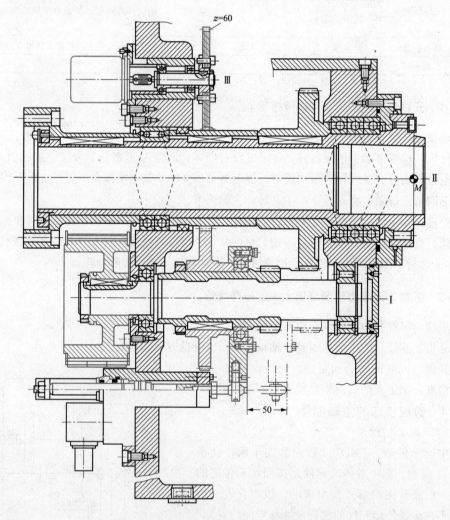

图 4-12　TND360 数控车床的主轴箱展开图

在展开图中通常主要表示：各种传动元件（轴、齿轮、带传动和离合器等）的传动关系；各传动轴及主轴等有关零件的结构形状、装配关系和尺寸，以及箱体有关部分的轴向尺寸和结构。

要表示清楚主轴箱部件的结构，有时仅有展开图还是不能表示出每个传动元件的空间位置及其他机构（如操作机构、润滑装置等），因此，装配图中有时还需要必要的向视图及其他剖视图来加以说明。

1）变速轴。变速轴（轴Ⅰ）是花键轴。左端装有齿数为 48 的同步齿形带轮，接受来自主电动机的运动。轴上花键部分安装有一双联滑移齿轮，齿轮齿数分别为 29（模数 $m=2$mm）和 84（模数 $m=2.5$mm）。29 齿轮工作时，主轴运转在低速区；84 齿轮工作时，主轴运转在高速区。双联滑移齿轮为分体组合形式，上面装有拨叉轴承，拨叉轴承隔离齿轮与拨叉的运动。双联滑移齿轮由液压缸带动拨叉驱动，在轴Ⅰ上轴向移动，分别实现齿轮副 29/86、84/60 的啮合，完成主轴的变速。变速轴靠近带轮的一端是球轴承支承，外圈固定；另一端由长圆柱滚子轴承支承，外圈在箱体上不固定，以提高轴的刚度和降低热变形的影响。

2）检测轴（轴Ⅲ）。检测轴是阶梯轴，通过两个球轴承支承在轴承套中。它的一端装有齿数为 60 的齿轮，齿轮的材料为夹布胶木。另一端通过联轴器传动光电脉冲发生器。齿轮与主轴上的齿数为 60 的齿轮相啮合，将主轴运动传到光电脉冲发生器上。

主轴脉冲发生器的安装，通常采用两种方式：一是同轴安装，二是异轴安装。同轴安装的结构简单，缺点是安装后不能加工伸出车床主轴孔的零件；异轴安装较同轴麻烦一些，需配一对齿形带轮和齿形带，但却避免了同轴安装的缺点，如图 4-13 所示。

主轴脉冲发生器与传动轴的连接可分为刚性连接和柔性连接。刚性连接是指常用的轴套连接。此方式对连接件制造精度和安装精度有较高的要求，否则，同轴度误差的影响会引起主轴脉冲发生器产生偏差而造成信号不准，严重时损坏光栅。如图 4-14 所示，传动箱传动轴上的同步带轮通过齿形带与装在主轴上的齿形带轮相连。

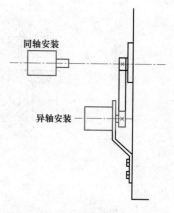

图 4-13　主轴脉冲发生器的安装

柔性连接是较为实用的连接方式。常用的软件为波纹管或橡胶管，连接方式如图 4-15 所示。采用柔性连接，在实现角位移传递的同时，又能吸收车床主轴的部分振动，从而使得主轴脉冲发生器传动平稳、传递信号准确。

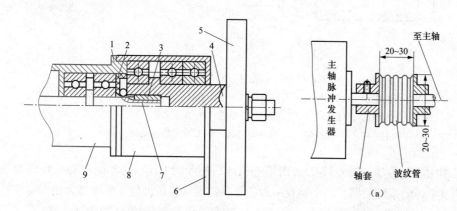

图 4-14　编码器与传动箱的连接

1—编码器外壳隔环；2—密封圈；3—键；4—齿形带轮轴；
5—齿形带轮；6—安装耳；7—编码器轴；8—传动箱；9—编码器

图 4-15　主轴脉冲发生器的柔性连接

（a）波纹管连接图；（b）橡胶管连接图

主轴脉冲发生器在选用时应注意主轴脉冲发生器的最高允许转速，在实际应用过程中，机床的主轴转速必须小于此转速，以免损坏脉冲发生器。

3) 主轴箱。主轴箱的作用是支承主轴和支承主轴运动的传动系统，主轴箱材料为密烘铸铁。主轴箱使用底部定位面在床身左端定位，并用螺钉紧固。

(3) C轴的传动。

1) MDC200MS3车削中心的传动。图4-16为沈阳第一机床厂生产的MDC200MS3车削柔性加工单元的主轴传动系统结构和C轴传动及主传动系统简图。C轴分度采用可啮合和脱开的精密蜗轮副结构，它由一个转矩为18.2N·m伺服电动机驱动蜗杆1及主轴上的蜗轮3，当机床处于铣削和钻削状态时，即主轴需通过C回转或分度时，蜗杆与蜗轮啮合。该蜗杆蜗轮副由一个可固定的精确调整滑块来调整，以消除啮合间隙。C轴的分度精度由一个脉冲编码器来保证，分度精度为0.01°。

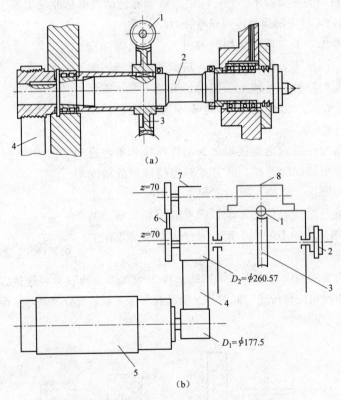

图4-16　MDC200MS3车削中心C转动系统
(a) 主轴结构简图；(b) C轴传动及主传动系统示意图
1—蜗杆 ($i=1:32$)；2—主轴；3—蜗轮；4—齿形带；
5—主轴电动机；6—齿形带；7—脉冲编码器；8—C轴伺服电动机

2) CH6144车削中心的传动。图4-17为济南第一机床厂生产的CH6144车削中心主轴传动系统结构和C轴传动及主传动系统简图。当主轴在一般工作状态时，换位油缸6使滑移齿轮5与主轴齿轮7脱离，制动油缸10脱离制动，主轴电动机通过V形带带动V形带轮11使主轴8旋转。

当主轴需要C轴控制作分度或回转时，主轴电动机处于停止工作状态，滑移齿轮5与主轴齿轮7啮合。在制动油缸10未制动状态下，C轴伺服电动机15根据指令脉冲值旋转，通过C轴变速箱变速，经滑移齿轮 5、主轴齿轮 7 使主轴分度，然后制动油缸工作制动主轴。进行铣削时，除制动油缸不制动主轴外，其他动作与上述相同，此时主轴指令作缓慢地连续旋转进给运动。

3）S3-317 车削中心的传动。图 4-18 所示为某机床厂生产的 S3-317 车削中心主轴传动系统结构和 C 轴传动及主传动系统简图。C 轴传动是通过安装在伺服电动机轴上的滑移齿轮带动主轴旋转，可实现主轴旋转进给和分度。当不用 C 轴传动时，伺服电动机上的滑移齿轮脱开，主轴由主电动机带动。为了防止主传动和 C 轴传动之间产生干涉，在伺服电动机上的滑移齿轮的啮合位置有检测开关，利用开关的检测信号，以识别主轴的工作状态，当 C 轴工作时，主轴电动机就不能启动。

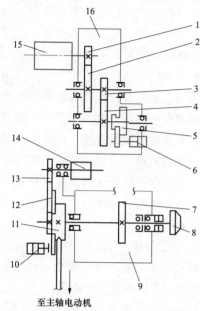

图 4-17　CH6144 车削中心 C 轴传动系统

1～4—传动齿轮；5—滑移齿轮；6—换位油缸；

7—主轴齿轮；8—主轴；9—主轴箱；

10—制动油缸；11—V 形带轮；12—主轴制动盘；

13—齿形带轮；14—脉冲编码器；

15—C 轴伺服电动机；16—C 轴控制箱

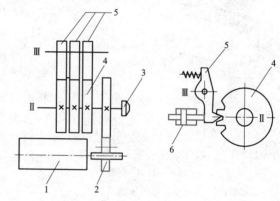

图 4-18　S3-317 车削中心 C 转动系统

1—电动机；2—齿轮；3—主轴；4—分度轮；5—连杆；6—活塞

主轴分度是采用安装在主轴上的三个 120 齿的分度轮来实现的。在安装时，三个齿轮分别错开一个齿，以实现主轴的最小分度值为 1°。主轴定位靠一带齿的连杆来实现，定位后通过油缸压紧。三个油缸分别配合三个连杆协调动作，用电气实现自动控制。

2. 数控铣床/加工中心的主轴部件

（1）主传动系统的结构。图 4-19 所示为 VMC-15 加工中心的主传动结构，其主传动路线为：交流主电动机（150～7500r/min 无级调速）→1∶1 多楔带传动→主轴。

（2）轴箱的结构。TH6350 加工中心的主轴箱如图 4-20 所示。为了增加转速范围和转矩，主传动采用齿轮变速传动方式。主轴转速分为低速区域和高速区域。低速区域传动路线是：交流主轴电动机经弹性联轴器、齿轮 z_1、齿轮 z_2、齿轮 z_3、齿轮 z_4、齿轮 z_5、齿轮 z_6 到主轴。高速区域传动路线是：交流主轴电动机经联轴器及牙嵌离合器、齿轮 z_5、齿轮 z_6 到主轴。变换到高速挡时，由液压活塞推动拨叉向左移动，此时主轴电动机慢速旋转，以利于牙嵌离合器啮合。主轴电动机采用 FANUC 交流主轴电动机，主轴能获得最大转矩为 490N·m；主轴转速范围为 28～3150r/min，低速 28～733r/min，高速区为 733～3150r/min，低速时传动比为 1∶4.75；高速时传动比 1∶1.1。主轴锥孔为 ISO50，主轴结构采用了高精度、高刚性的组合轴承。其前轴承由 3182120 双列短圆柱滚子轴承和 2268120 推力球轴承组成，后轴承采用 46117 推力角接触球轴承，这种主轴结构可保证主轴的高精度。

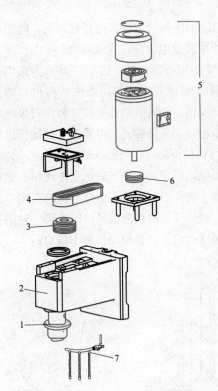

图 4-19　VWC-15 加工中心的主传动系统

1—主轴；2—主轴箱；3，6—带轮；

4—多楔带；5—主电动机；7—切削液喷嘴

（3）主轴结构。主轴由如图 4-21 所示元件组成。如图 4-22（a）所示，刀柄采用 7∶24 的大锥度锥柄与主轴锥孔配合，既有利于定心，也为松夹带来了方便。标准拉钉 5 拧紧在刀柄上。放松刀具时，液压油进入液压缸活塞 1 的右端，油压使活塞左移，推动拉杆 2 左移，同时碟形弹簧 3 被压缩，钢球 4 随拉杆一起左移，当钢球移至主轴孔径较大处时，便松开拉钉，机械手即可把刀柄连同拉钉 5 从主轴锥孔中取出。夹紧刀具时，活塞右端无油压，螺旋弹簧使活塞退到最右端，拉杆 2 在碟形弹簧 3 的弹簧力作用下向右移动，钢球 4 被迫收拢，卡紧在拉杆 2 的环槽中。这样，拉杆通过钢球把拉钉向右拉紧，使刀柄外锥面与主轴锥孔内锥面相互压紧，刀具随刀柄一起被夹紧在主轴上。

行程开关 8 和 7 用于发出夹紧和放松刀柄的信号。刀具夹紧机构使用碟形弹簧夹紧、液压放松，可保证在工作中，如果突然停电，刀柄不会自行脱落。

自动清除主轴孔中的切屑和灰尘是换刀操作中的一个不容忽视的问题。为了保持主轴锥孔清洁，常采用压缩空气吹屑。图 4-22（a）所示活塞 1 的心部钻有压缩空气通道，当活塞向左移动时，压缩空气经过活塞由主轴孔内的空气嘴喷出，将锥孔清理干净。为了提高吹屑效率，喷气小孔要有合理的喷射角度，并均匀分布。

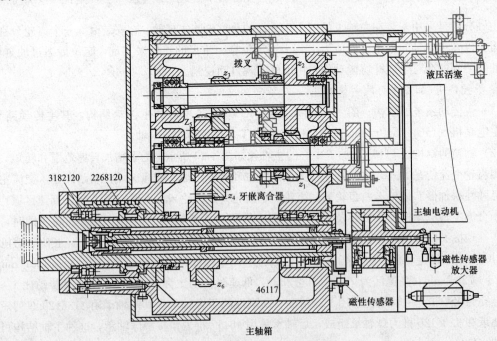

图 4-20　TH6350 主轴箱结构图

用钢球 4 拉紧拉钉 5，这种拉紧方式的缺点是接触应力太大，易将主轴孔和拉钉压出坑来。新式的刀杆已改用弹力卡爪，它由两瓣组成，装在拉杆 2 的左端，如图 4-22 (b) 所示。卡套 10 与主轴是固定在一起的。卡紧刀具时，拉杆 2 带动弹力卡爪 9 上移，卡爪 9 下端的外周是锥面 B，与卡套 10 的锥孔配合，锥面 B 使卡爪 9 收拢，卡紧刀杆。松开刀具时，拉杆带动弹力卡爪下移，锥面 B 使卡爪 9 放松，使刀杆可以从卡爪 9 中退出。这种卡爪与刀杆的结合面 A 与拉力垂直，故卡紧力较大；卡爪与刀杆为面接触，接触应力较小，不易压溃刀杆。目前，采用这种刀杆拉紧机构的加工中心机床逐渐增多。

（4）刀柄拉紧机构。常用的刀杆尾部的拉紧如图 4-23 所示。图 4-23 (a) 所示的弹簧夹头结构，它有拉力放大作用，可用较小的液压推力产生较大的拉紧力。图 4-23 (b) 为钢球拉紧结构，图 4-23 (c) 是弹簧夹头的实物图。

（5）卸荷装置。图 4-24 所示为一种卸荷装结构，油缸体 6 与连接座 3 固定在一起，但是连接座 3 由螺钉 5 通过弹簧 4 压紧在箱体 2 的端面上，连接座 3 与箱孔为滑动配合。当油缸

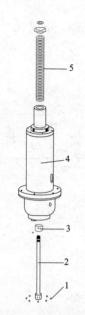

图 4-21　VMC—15 加工中心主轴
1—钢球；2—拉杆；3—套筒；
4—主轴；5—碟形弹簧

的右端通入高压油使活塞杆 7 向左推压拉杆 8 并压缩碟形弹簧的同时，油缸的右端面也同时承受相同的液压力，故此，整个油缸连同连接座 3 压缩弹簧 4 而向右移动，使连接座 3 上的垫片 10 的右端面与主轴上的螺母 1 的左端面压紧，因此，松开刀柄时对碟形弹簧的液压力就成了在活塞 7、油

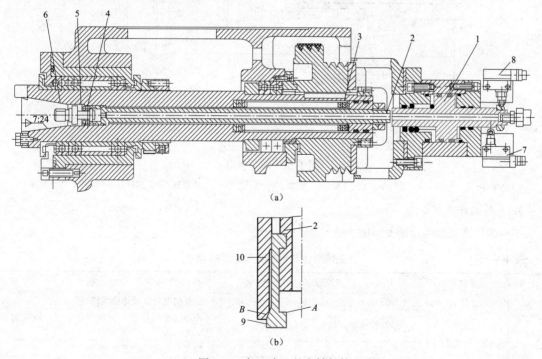

(a)

(b)

图 4-22　加工中心的主轴部件
1—活塞；2—拉杆；3—碟形弹簧；4—钢球；5—标准拉钉；6—主轴；7、8—行程开关；9—弹力卡爪；10—卡套

缸6、连接座3、垫圈10、螺母1、碟形弹簧、套环9、拉杆8之间的内力，因而使主轴支承不致承受液压推力。

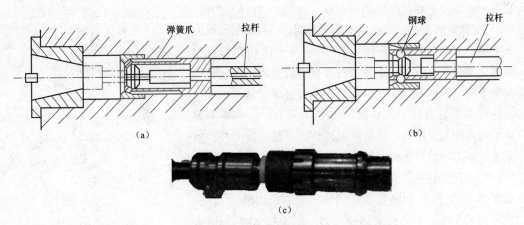

图4-23 拉紧机构

（a）弹簧夹头结构；（b）钢球拉紧结构；（c）弹簧夹头实物图

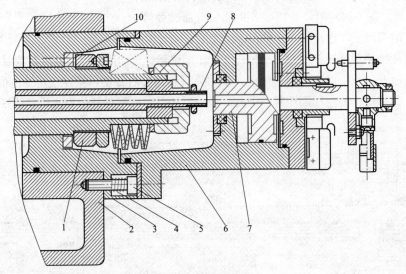

图4-24 卸荷装置

1—螺母；2—箱体；3—连接座；4—弹簧；5—螺钉；6—液压缸；7—活塞杆；8—拉杆；9—套环；10—垫圈

3. 主轴部件故障诊断

主轴部件常见故障诊断及排除方法见表4-4。

表4-4 　　　　　　　　　　　　主轴部件常见故障诊断及排除

序号	故障现象	故障原因	排除方法
1	切削振动大	主轴箱和床身连接螺钉松动	恢复精度后紧固连接螺钉
		主轴与箱体精度超差	修理主轴或箱体，使其配合精度、位置精度达到要求
		其他因素	检查刀具或切削工艺问题
		如果是车床，可能是转塔刀架运动部位松动或压力不够而未卡紧	调整修理

续表

序号	故障现象	故障原因	排除方法
2	主轴箱噪声大	主轴部件动平衡不好	重新进行动平衡
		齿轮啮合间隙不均或严重损伤	调整间隙或更换齿轮
		传动带长度不够或过松	调整或更换传动带，不能新旧混用
		齿轮精度差	更换齿轮
		润滑不良	调整润滑油量，保持主轴箱的清洁度
3	主轴无变速	压力是否足够	检测并调整工作压力
		变挡液压缸研损或卡死	修去毛刺和研伤，清洗后重装
		变挡电磁阀卡死	检修并清洗电磁阀
		变挡液压缸拨叉脱落	修复或更换
		变挡液压缸窜油或内泄	更换密封圈
		变挡复合开关失灵	更换新开关
4	主轴不转动	保护开关没有压合或失灵	检修压合保护开关或更换
		主轴与电动机连接的传动带过松	调整或更换传动带
		主轴拉杆未拉紧夹持刀具的拉钉	调整主轴拉杆拉钉结构
		卡盘未夹紧工件	调整或修理卡盘
		变挡复合开关损坏	更换复合开关
		变挡电磁阀体内泄漏	更换电磁阀
5	主轴发热	润滑油脏或有杂质	清洗主轴箱，更换新油
		冷却润滑油不足	补充冷却润滑油，调整供油量
6	刀具夹不紧	夹刀碟形弹簧位移量较小或拉刀液压缸动作不到位	调整碟形弹簧行程长度，调整拉刀液压缸行程
		刀具松夹弹簧上的螺母松动	拧紧螺母，使其最大工作载荷为 13kN
7	刀具夹紧后不能松开	松刀弹簧压合过紧	拧松螺母，使其最大工作载荷不得超过 13kN
		液压缸压力和行程不够	调整液压缸压力和活塞行程开关位置

4. 检修实例

例 4-3　主轴出现拉不紧刀的故障排除。

故障现象：VMC 型加工中心使用半年后出现主轴拉刀松动，无任何报警信息。

故障分析：调整碟形弹簧与拉刀液压缸行程长度，故障依然存在；进一步检查发现拉钉与刀柄夹头的螺纹连接松动，刀柄夹头随着刀具的插拔发生旋转，后退了约 1.5mm。该台机床的拉钉与刀柄夹头间无任何连接防松的措施。

故障处理：将主轴拉钉和刀柄夹头的螺纹连接用螺纹锁固密封胶锁固，并用锁紧螺母紧固，故障消除。

例 4-4　松刀动作缓慢的故障排除。

故障现象：TH5840 立式加工中心换刀时，主轴松刀动作缓慢。

故障分析：主轴松刀动作缓慢的原因可能是：气动系统压力过低或流量不足；机床主轴拉刀系统有故障，如碟形弹簧破损等；主轴松刀气缸有故障。

故障处理：首先检查气动系统的压力，压力表显示气压为 0.6MPa，压力正常；将机床操作转为手动，手动控制主轴松刀，发现系统压力下降明显，气缸的活塞杆缓慢伸出，故判定气缸内部漏气。拆下气缸，打开端盖，压出活塞和活塞环，发现密封环破损，气缸内壁拉毛。

故障处理：更换新的气缸后，故障排除。

例 4-5　刀柄和主轴的故障维修。

故障现象：TH5840 立式加工中心换刀时，主轴锥孔吹气，把含有铁锈的水分子吹出，并附着在主轴锥孔和刀柄上。刀柄和主轴接触不良。

故障分析：故障产生的原因是压缩空气中含有水分。

故障处理：如采用空气干燥机，使用干燥后的压缩空气问题即可解决。若受条件限制，没有空气干燥机，也可在主轴锥孔吹气的管路上进行两次分水过滤，设置自动放水装置，并对气路中相关零件进行防锈处理，故障即可排除。

4.1.5　主轴准停装置的故障诊断与维修

主轴准定位功能又称主轴准停功能（Spindle Specified Position Stop）。即当主轴停止时，控制其停于固定的位置，这是自动换刀所必需的功能。在自动换刀的数控镗铣加工中心上，切削力矩通常是通过刀杆的端面键来传递的。这就要求主轴具有准确定位于圆周上特定角度的功能，如图 4-25（a）所示。当精镗孔［见图 4-25（b）］或加工阶梯孔［见图 4-25（c）］后退刀时，为防止刀具与小阶梯孔碰撞或拉毛已精加工的孔表面，必须先让刀，后再退刀，而要让刀，刀具必须具有准停功能。主轴准停可分为机械准停与电气准停。

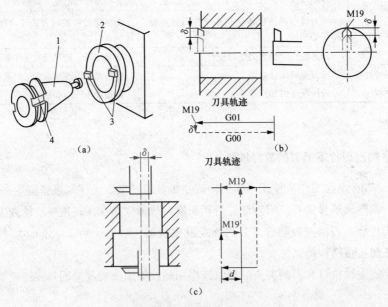

图 4-25　主轴准停的用处

（a）刀具交换；（b）精镗孔；（c）背镗孔

1—刀柄；2—主轴；3—动力键；4—键槽

1. 机械准停

图 4-26 所示是 V 形槽轮定位盘准停机构示意图。当执行准停指令时，首先发出降速信号，主轴箱自动改变传动路线，使主轴以设定的低速运转。延时数秒后，接通无触点开关，当定位盘上的

感应片（接近体）对准无触点开关时，发出准停信号，立即使主轴电动机停转并断开主轴传动链，此时主轴电动机与主传动件依惯性继续空转。再经短暂延时，接通压力油，定位液压缸动作，活塞带动定位滚子压紧定位盘的外表面，当主轴带动定位盘慢速旋转至 V 形槽对准定位滚子时，滚子进入槽内，使主轴准确停止。同时限位开关 LS2 信号有效，表明主轴准停动作完成。这里 LS1 为准停释放信号。采用这种准停方式时，必须要有一定的逻辑互锁，即当 LS2 信号有效后，才能进行换刀等动作；而只有当 LS1 信号有效后，才能启动主轴电动机正常运转。

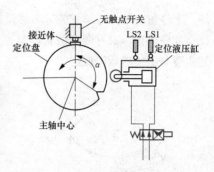

图 4-26　定位盘准停原理示意图

2. 电气准停控制

目前国内外中高档数控系统均采用电气准停控制，电气准停有如下三种方式。

（1）磁传感器主轴准停。磁传感器主轴准停控制由主轴驱动自身完成。当执行 M19 时，数控系统只需发出准停信号 ORT，主轴驱动完成准停后会向数控系统回答完成信号 ORE，然后数控系统再进行下面的工作。其基本结构如图 4-27 所示。

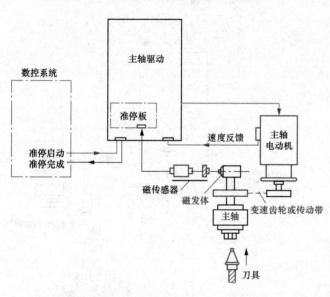

图 4-27　磁传感器准停控制系统构成

由于采用了磁传感器，故应避免将产生磁场的元件如电磁线圈、电磁阀等与磁发体和磁传感器安装在一起，另外磁发体（通常安装在主轴旋转部件上）与磁传感器（固定不动）的安装是有严格要求的，应按说明书要求的精度安装。

采用磁传感器准停止时，接受到数控系统发来的准停信号 ORT，主轴立即加速或减速至某一准停速度（可在主轴驱动装置中设定）。主轴到达准停速度且准停位置到达时（即磁发体与磁传感器对准），主轴即减速至某一爬行速度（可在主轴驱动装置中设定）。然后当磁传感器信号出现时，主轴驱动立即进入磁传感器作为反馈元件的闭环控制，目标位置即为准停位置。准停完成后，主轴驱动装置输出准停完成 ORE 信号给数控系统，从而可进行自动换刀（ATC）或其他动作。磁发体与磁传感器在主轴上位置示意如图 4-28 所示，准停控制时序如图 4-29 所示。在主轴上的安装位置如图 4-30 所示。发磁体安装在主轴后端，磁传感器安装在主轴箱上，其安装位置决定了主轴的准停点，发磁体和磁传感器之间的间隙为（1.5±0.5）mm。

（2）编码器型主轴准停。这种准停控制也是完全由主轴驱动完成的，CNC 只需发出准停命令 ORT 即可，主轴驱动完成准停后回答准停完成 ORE 信号。

图 4-31 为编码器主轴准停控制结构图。可采用主轴电动机内置安装的编码器信号（来自主轴驱动装置），也可在主轴上直接安装另一个编码器。采用前一种方式要注意传动链对主轴准停精度的影响。主轴驱动装置内部可自动转换，使主轴驱动处于速度控制或位置控制状态。采用编码器准

停，准停角度可由外部开关量随意设定，这一点与磁准停不同，磁准停的角度无法随意指定，要想调整准停位置，只有调整磁发体与磁传感器的相对位置。编码器准停控制时序图如图4-32所示，其步骤与磁传感器类似。

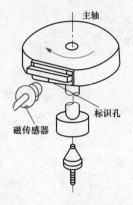

图4-28　磁发体与磁传感器
在主轴上位置示意图

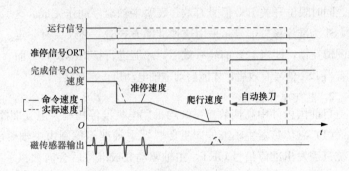

图4-29　磁传感器准停时序图

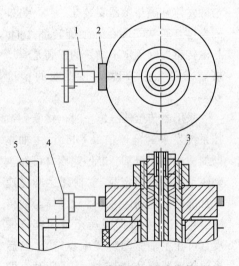

图4-30　磁性传感器主轴准停装置

1—磁传感器；2—发磁体；

3—主轴；4—支架；5—主轴箱

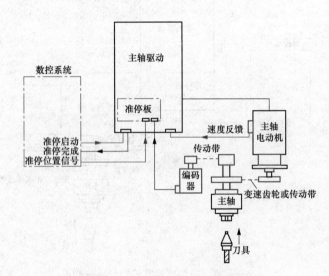

图4-31　编码器型主轴准停结构

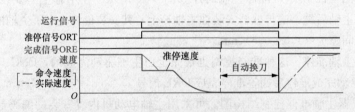

图4-32　编码器准停控制时序图

3. 主轴准停装置故障诊断与维修

主轴发生准停错误时大都无报警，只能在换刀过程中发生中断时才会被发现。发生主轴准停方面的故障应根据机床的具体结构进行分析处理，先检查电气部分，如确认正常后再考虑机械部分。机械部分结构简单，最主要的是连接。主轴准停装置常见故障见表 4-5。

表 4-5　　　　　　　　　　　　　　　主轴准停装置常见故障

序号	故障现象	故障原因	排除方法
1	主轴不准停	传感器或编码器损坏	更换传感器或编码器
		传感器或编码器连接套上的紧定螺钉松动	紧固传感器或编码器的紧定螺钉
		插接件和电缆损坏或接触不良	更换或使之接触良好
2	主轴准停位置不准	重装后传感器或编码器位置不准	调整元件位置或对机床参数进行调整
		编码器与主轴的连接部分间隙过大使旋转不同步	调整间隙到指定值

例 4-6　主轴慢转、"定向准停"不能完成的故障维修。

故障现象：一台采用 SIEMENS 880 系统的数据车床，在加工过程中，主轴不能按指令要求进行正常的"定向准停"，主轴驱动器"定向准停"控制板上的 ERROR（错误）指示灯亮，主轴一直保持慢速转动，定位不能完成。

分析与处理过程：由于主轴在正常旋转时动作正常，故障只是在进行主轴"定向准停"时发生，由此可以初步判定主轴驱动器工作正常，故障的原因通常与主轴"定向准停"检测磁性传感器、主轴位置编码器等部件，以及机械传动系统的安装连接等因素有关。

根据机床与系统的维修说明书，对照故障的诊断流程，检查了 PLC 梯形图中各信号的状态，发现在主轴 360°范围旋转时，主轴"定向准停"检测磁性传感器信号始终为"0"，因此，故障原因可能与此信号有关。

检查该磁性传感器，用螺钉旋具作为"发信挡铁"进行试验，发现信号动作正常，但在实际发信挡铁靠近时，检测磁性传感器信号始终为"0"。

重新进行检测磁性传感器的检测距离调整后，机床恢复正常。

例 4-7　"定向准停"控制板熔断器熔断的故障维修。

故障现象：一台配套 SIEMENS 880 系统的卧式加工中心，在正常加工时，经常出现主轴驱动器上的熔断器 S3.2A 熔断现象。

分析与处理过程：该机床使用的是 SIEMENS 公司的模拟式交流主轴驱动系统，且具有主轴"定向准停"（定位）选择功能，主轴驱动器上有主轴"定向准停"选择功能板的外部 5V 保护熔断器。

考虑到机床上主轴"定向准停"检测磁性传感器随机床主轴箱频繁上下运动，是最容易引起故障的部位，若连接不良较容易引起磁性传感器的 5V 短路，并引起集成电路损坏，导致熔断器的熔断。

维修时经过认真检查，逐一测量 5V 回路，最终发现主轴驱动器中的一片集成电路已经损坏。

在对磁性传感进行重新连接，测量无短路后，更换集成电路，故障排除。

例4-8　主轴定位速度偏差过大的故障维修。

故障现象：一台配套 SIEMENS 840D 系统的卧式加工中心，当执行 M06 换刀指令时，在主轴定向过程中，主轴驱动器发生报警。

分析与处理过程：主轴驱动器报警的含义是"速度偏差过大"。

为了判定故障原因，在 MDA 方式下，单独执行 M19 主轴定向准停指令，发现驱动器也存在同样故障。

据操作者介绍，此机床在不同的 Y 轴位置，故障发生的情况有所不同；通常在 Y 轴的最低点，故障不容易发生。

为了验证，维修时把主轴箱下降到了最低点，在 MDA 方式下，执行 M19 定向准停指令，发现确实主轴工作正常。

根据以上现象分析，可以初步判定故障可能的原因是驱动器与电动机之间的信号电缆连接不良的可能性较大。

维修时拆下电动机编码器的连接器检查，发现接头松动，内部有部分线连接不良。经重新焊接后，主轴恢复正常。

4.1.6　主传动链的检修

1. 主传动链常见故障诊断及维修方法（见表 4-6）

表 4-6　　　　　　　　　　　　主传动链常见故障诊断及排除

序号	故障现象	故障原因	排除方法
1	主轴在强力切削时停转	电动机与主轴连接的传动带过松	调整传动带张力
		传动带表面有油	用汽油清洗后擦干净，再装上
		传动带老化失效	更换新传动带
		摩擦离合器调整过松或磨损	调整摩擦离合器，修磨或更换摩擦离合器
2	主轴噪声	小带轮与大带轮传动平衡情况不佳	重新进行动平衡
		主轴与电动机连接的传动带过紧	调整传动带张紧力
		齿轮啮合间隙不均匀或齿轮损坏	调整齿轮啮合间隙或更换齿轮
3	齿轮损坏	变挡压力过大，齿轮受冲击产生破损	按液压原理图，调整到适当的压力和流量
		变挡机构损坏或固定销脱落	修复或更换零件
4	主轴发热	主轴前端盖与主轴箱压盖研伤	修磨主轴前端盖使其压紧主轴前轴承，轴承与后盖有 0.02～0.05mm 间隙
5	主轴没有润滑油循环或润滑不足	液压泵转向不正确，或间隙过大	改变液压泵转向或修理液压泵
		吸油管没有插入油箱的油面以下	吸油管插入油面以下 2/3 处
		油管或滤油器堵塞	清除堵塞物
		润滑油压力不足	调整供油压力
6	液压变速时齿轮推不到位	主轴箱内拨叉磨损	选用球墨铸铁做拨叉材料
			在每个垂直滑移齿轮下方安装塔簧作为辅助平衡装置，减轻对拨叉的压力
			活塞的行程与滑移齿轮的定位相协调
			若拨叉磨损，予以更换
7	润滑油泄漏	润滑油量多	调整供油量
		检查各处密封件是否有损坏	更换密封件
		管件损坏	更新管件

2. 检修实例

例 4-9　变挡滑移齿轮引起主轴停转的故障检修。

故障现象：机床在工作过程中，主轴箱内机械变挡滑移齿轮自动脱离啮合，主轴停转。

故障分析：图 4-33 为带有变速齿轮的主传动，采用液压缸推动滑移齿轮进行变速，液压缸同时也锁住滑移齿轮。变挡滑移齿轮自动脱离啮合，主要是液压缸内压力变化引起的。控制液压缸的三位四通换向阀在中间位置时不能闭死，液压缸前后两腔油路相渗漏，这样势必造成液压缸上腔推力大于下腔，使活塞杆渐渐向下移动，逐渐使滑移齿轮脱离啮合，造成主轴停转。

故障处理：更换新的三位四通换向阀后即可解决问题；或改变控制方式，采用二位四通，使液压缸一腔始终保持压力油。

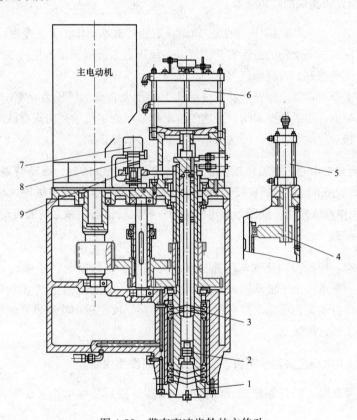

图 4-33　带有变速齿轮的主传动

1—主轴；2—弹簧卡头；3—碟形弹簧；4—拨叉；5—变速液压缸；6—松刀气缸；7—编码器；8—联轴器；9—齿形带轮

例 4-10　变挡不能啮合的故障检修。

故障现象：发出主轴箱变挡指令后，主轴处于慢速来回摇摆状态，一直挂不上挡。

故障分析：图 4-33 为带有变速齿轮的主传动。为了保证滑移齿轮移动顺利啮合于正确位置，机床接到变挡指令后，在电气设计上指令主电动机带动主轴作慢速来回摇摆运动。此时，如果电磁阀发生故障（阀芯卡孔或电磁铁失效），油路不能切换，液压缸不动作，或者液压缸动作，发反馈信号的无触点开关失效，滑移齿轮变挡到位后不能发出反馈信号，都会造成机床循环动作中断。

故障处理：更换新的液压阀或失效的无触点开关后，故障消除。

例 4-11　变挡后主轴箱噪声大的故障检修。

故障现象：主轴箱经过数次变挡后，主轴箱噪声变大。

故障分析：图 4-33 为带有变速齿轮的主传动。当机床接到变挡指令后，液压缸通过拨叉带动滑移齿轮移动。此时，相啮合的齿轮相互间必然发生冲击和摩擦。如果齿面硬度不够，或齿端倒角、倒圆不好，变挡速度太快冲击过大都将造成齿面破坏，主轴箱噪声变大。

故障处理：使齿面硬度大于 55HRC，认真做好齿端倒角、倒圆工作，调节变挡速度，减小冲击。

例 4-12　变速无法实现的故障检修。

故障现象：TH5840 立式加工中心换挡变速时，变速气缸不动作，无法变速。

故障分析：变速气缸不动作的原因有，①气动系统压力太低或流量不足；②气动换向阀未得电或换向阀有故障；③变速气缸有故障。

故障处理：根据分析，首先检查气动系统的压力，压力表显示气压为 0.6MPa，压力正常；检查换向阀电磁铁已带电，用手动换向阀，变速气缸动作，故判定气动换向阀有故障。拆下气动换向阀，检查发现有污物卡住阀芯。进行清洗后，重新装好，故障排除。

例 4-13　一台加工中心，主轴电动机在主轴转速为 600r/min 时，振动特别大，整个主轴头都在振动；在 1500r/min 时摆动幅度反而变小，但振动频率变大；在主轴高速旋转时切断电源，电动机在滑行过程中继续振动，证明为非电气故障；将电动机与主轴之间的传动带断开，启动电动机，振动仍然存在。

分析与处理过程：根据振动频率与转速成正比关系，初步判断为转子偏心或松动。拆开电动机，发现电动机转子轴承挡由于轴承跑内圈的原因磨损了 0.02mm 以上。考虑到此机床已使用了十几年，对其性能期望值不高，再加上没有现成的转子更换，决定采用喷涂修复轴承挡的方法，同时更换了轴承，取得了良好的效果。

例 4-14　某加工中心主轴定位不良，引发换刀过程发生中断。

故障原因分析及排除：一开始出现此故障时，重新开机后机床工作又正常，随后此故障反复出现。

对机床进行仔细观察，发现故障系主轴在定向后发生位置偏移造成的。主轴在定位后，如用手碰一下，主轴则会产生相反方向的漂移。检查电气单元无任何报警。从机床的说明可知，该机床采用编码器定位；而从故障的现象和可能发生的部位来看，电气部分的可能性比较小。分析为机械连接问题，遂对主轴的各部件的连接进行了检查。在检查到编码器的连接时，发现编码器上连接套的紧定螺钉松动，使连接套后退造成与主轴的连接部分间隙过大，使旋转不同步。将紧定螺钉按要求固定好后，故障消除。

例 4-15　主轴发热，旋转精度下降故障维修。

故障现象：某立式加工中心镗孔精度下降，圆柱度超差，主轴发热，噪声大，但用手拨动主轴转动阻力较小。

故障分析：通过将主轴部件解体检查，发现故障原因如下：主轴轴承润滑脂内混有粉尘和水分，这是因为该加工中心用的压缩空气无精滤和干燥装置，故气动吹屑时有少量粉尘和水气窜入主轴轴承润滑脂内，造成润滑不良，导致发热且有噪声；主轴内锥孔定位表面有少许碰伤，锥孔与刀柄锥面配合不良，有微量偏心；前轴承预紧力下降，轴承游隙变大；主轴自动夹紧机构内部分碟形弹簧疲劳失效，刀具未被完全拉紧，有少许窜动。

故障处理：更换前轴承及润滑脂，调整轴承游隙，轴向游隙 0.003mm，径向游隙 ±0.002mm；自制简易研具，手工研磨主轴内锥孔定位面，用涂色法检查，保证刀柄与主轴定心锥孔的接触面积大于 85%；更换碟形弹簧；将修好的主轴装回主轴箱，用千分表检查径向跳动，近端小于 0.006mm，远端 150mm 处小于 0.010mm；试加工，主轴温升和噪声正常，加工精度满足加工工艺要求，故障排除。

例 4-16 主轴部件的拉杆钢球损坏。

故障现象：某立式加工中心主轴内刀具自动夹紧机构的拉杆钢球和刀柄拉紧螺钉尾部锥面经常损坏。

故障分析：检查发现，主轴松刀动作与机械手拔刀动作不协调。这是因为限位开关挡铁装在气液增压缸的气缸尾部，虽然气缸活塞动作到位，增压缸活塞动作却没有到位，致使机械手在刀柄还没有完全松开的情况下强行拔刀，损坏拉杆钢球及拉紧螺钉。

故障处理：清洗增压油缸，更换密封环，给增压油缸注油，气压调整至 0.5～0.8MPa，试用后故障消失。

4.2 变频主轴的故障诊断与维修

4.2.1 变频主轴的连接

1. SIEMENS MICROMASTER 420 型通用变频器

MICROMASTER 420 型通用变频器由微处理器控制，功率管为绝缘栅双极型晶体管（IGBT），主回路采用脉宽调制（PWM）控制。其结构框图如图 4-34 所示，其控制端口见表 4-7。MM420 变频器弱电控制接线端子排列，如图 4-35 所示。

2. 变频主轴的连接

主轴电动机变频控制结构如图 4-36 所示。变频器接线框图，如图 4-37 所示。电源接线如图 4-38 所示，控制信号接线如图 4-39 所示。DIN1，DIN2 和 DIN3 分别是电动机的启动、正反转和确认控制端，通过动合触点与 +24V 端连接，这些动合触点的闭合动作由 CNC 控制。CNC 输出 0～+10V 的模拟信号接到变频器的模拟量输入 AIN+ 和 AIN-端，CNC 输出的模拟信号的大小决定了主轴电动机的转速。变频器与数控装置连接的主要信号如图 4-40 所示。

（1）STF、STR 分别为数控装置输出到变频器控制主轴电动机的正反转信号。

（2）SVC 与 0V 为数控装置输出给变频器的速度或频率信号。

（3）FLT 为变频器输出给数控装置的故障状态信号。不同类型变频器，有相应的 I/O 信号。

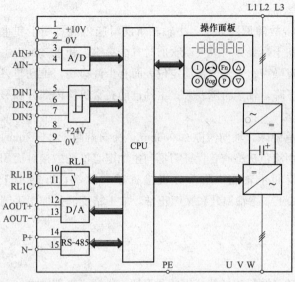

图 4-34　MICROMASTER 420 型变频器结构框图

表 4-7　MICROMASTER 420 控制端口

端子号	标识	功能
1	—	输出
2	—	输出
3	AIN+	模拟输入
4	AIN-	模拟输入
5	DIN1	数字输入
6	DIN2	数字输入
7	DIN3	数字输入
8	—	带电位隔离的输出
9	—	带电位隔离的输出
10	RL1-B	数字输出
11	RL1-C	数字输出
12	AOUT+	模拟输出
13	AOUT-	模拟输出
14	P+	RS485
15	N-	RS485

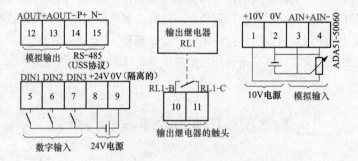

图 4-35　MM420 变频器弱电控制接线端子排列图

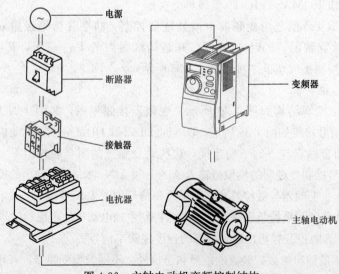

图 4-36　主轴电动机变频控制结构

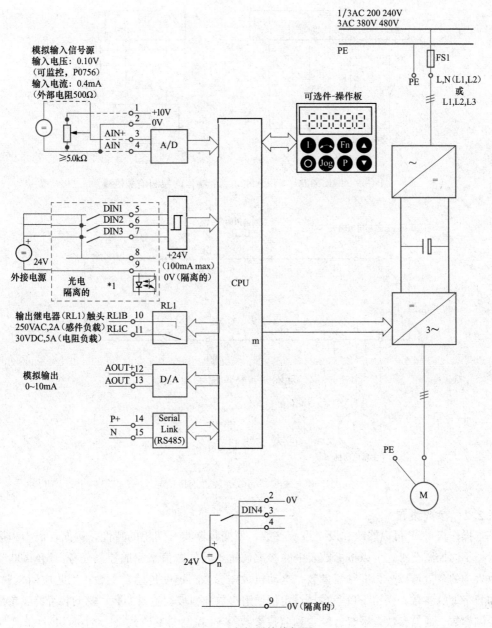

图 4-37　变频器接线框图

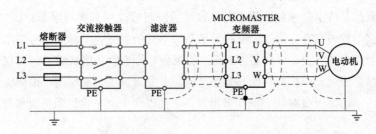

图 4-38　MICROMASTER 420 型变频器的电源接线

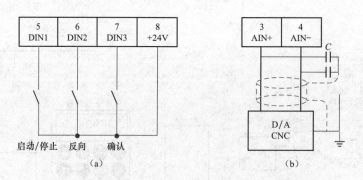

图 4-39 MICROMASTER 420 型变频器的控制信号接线

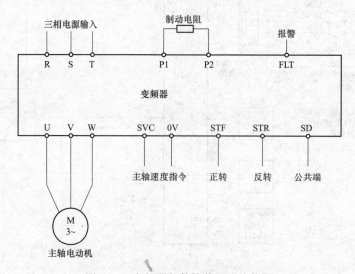

图 4-40 变频器与数控装置连接信号

4.2.2 参数设置

基本操作板 BOP 可以修改和设定系统参数,使变频器具有期望的特性,例如,最小和最大频率。根据不同控制要求,可以按参数表中的参数设置不同的数值来完成控制任务。MM420 变频器的参数表中的参数可以分为变频器参数;电动机数据参数;速度传感器参数;工艺应用装置参数;命令和数字 I/O 参数;模拟 I/O 参数;设定值通道参数和斜坡发生器参数;驱动装置特点参数;电动机控制参数;通信参数;报警、警告和监控参数及 PI 控制器参数共 12 大类。MM420 变频器的参数号用 0000~9999 的 4 位数字表示。在参数号的前面冠以一个小写字母"r"时,表示该参数是只读参数,它显示的是特定的参数数值。在参数号的前面冠以一个大写字母"P"时,表示该参数的设定值可以根据参数表来进行修改。有些参数是带下标的参数,下标的序号表示参数的组数。变频器的参数有 4 个用户访问级,分别是标准级、扩展级、专家级和维修级。标准级可以访问最经常使用的一些参数;扩展级允许扩展访问参数的范围;专家级只供专家使用;维修级只供授权的维修人员使用。参数访问的等级由参数 P0003 来设置。下面以两个例子来说明更改参数数值的方法。

1. 用户访问级

P0003 用户访问级最小值:0;最大值:4;默认值:1。

本参数用于定义用户访问参数组的等级。对于大多数简单的应用对象,采用默认设定值(标准模式）就可以满足要求了。可能的设定值：

0 用户定义的参数表。

1 标准级：可以访问最经常使用的一些参数。

2 扩展级：允许扩展访问参数的范围，例如变频器的 I/O 功能。

3 专家级：只供专家使用。

4 维修级：只供授权的维修人员使用——具有密码保护。

2. 更改参数 P0004 的数值

P0004 用于参数的过滤。若当前 P0004 的参数值为 0，通过设置将其数值改为 7。修改完成后，根据参数表可知，这时基本操作板 BOP 上只能显示电动机的参数。操作步骤见表 4-8。

表 4-8 修改 P0004 参数步骤

序号	操作步骤	显示结果	序号	操作步骤	显示结果
1	按编程键访问参数	r0000	4	按上升键或下降键达到所需要的数值	7
2	按上升键直到显示 P0004	P0004	5	按编程键确认并存储参数的数值	P0004
3	按编程键进入参数数值访问级	0			

3. 更改带下标参数 P0719 的数值

P0719 用于选择命令和频率设定值。若当前 P0719 的参数值为 0，通过设置将其数值改为 12。修改完成后，根据参数表可知，这时变频器的频率设定通过模拟设定值来确定。操作步骤见表 4-9。

表 4-9 修改 P0719 参数步骤

序号	操作步骤	显示结果	序号	操作步骤	显示结果
1	按编程键访问参数	r0000	5	按上升键或下降键选择运行所需要的数值	12
2	按上升键直到显示 P0719	P0719			
3	按编程键进入参数数值访问级	In000	6	按编程键确认和存储这一数值	P0719
4	按编程键显示当前的设定值	0	7	按编程键直到显示出 r0000	r0000

4. 快速调试（P0010＝1）参数设置

为了进行快速调试（P0010＝1），必须进行表 4-10 所示参数的设置。

表 4-10 变频器快速调试基本参数

参数号	参数名称	访问级	CStat	参数号	参数名称	访问级	CStat
P0100	欧洲/北美地区	1	C	P0640	电动机的过载倍数 [%]	2	CUT
P0300	选择电动机的类型	2	C	P0700	选择命令源	1	CT
P0304	电动机的额定电压	1	C	P1000	选择频率设定值	1	CT
P0305	电动机的额定电流	1	C	P1080	最小速度	1	CUT
P0307	电动机的额定功率	1	C	P1082	最大速度	1	CT
P0308	电动机的额定功率因数	2	C	P1120	斜坡上升时间	1	CUT
P0309	电动机的额定效率	2	C	P1121	斜坡下降时间	1	CUT
P0310	电动机的额定频率	1	C	P1135	OFF3 停车时的斜坡下降时间	2	CUT
P0311	电动机的额定速度	1	C	P1300	控制方式	2	CT
P0320	电动机的磁化电流	3	CT	P1910	选择电动机数据自动检测	2	CT
P0335	电动机的冷却	2	CT	P3900	快速调试结束		C

4.2.3 故障诊断

变频器在使用之前，要通过变频器操作面板对电动机的额定功率、工作电压、工作电流、控制方式、最小频率、最大频率、斜坡上升和下降时间、V/f控制以及滑差补偿等参数进行设定，使电动机工作在较佳的状态。

当主轴电动机、变频器、电源发生故障或出现异常时，变频器显示板上的LED指示灯显示故障状态，同时变频器操作面板显示故障码，根据故障显示可以分析和查找故障原因。表4-11和表4-12分别是MICROMASTER 420型变频器指示灯显示的故障表和操作面板显示的故障码。

表4-11 　　　　　　　　　　　　　　指 示 灯 显 示 故 障 表

LED指示灯		优先级	变频器状态
绿色	黄色	显示	
OFF	OFF	1	电源未接通
OFF	ON	8	除下列故障以外的其他变频器故障
ON	OFF	13	变频器正在运行
ON	ON	14	变频器准备运行就绪
OFF	闪光——R1	4	过流故障
闪光——R1	OFF	5	过压故障
闪光——R1	ON	7	电动机过热
ON	闪光——R1	8	变频器过热
闪光——R1	闪光——R1	9	电流极限报警（两个LED以相同的时间闪光）
闪光——R1	闪光——R1	11	其他故障报警（两个LED交替闪光）
闪光——R1	闪光——R2	6/10	欠电压故障
闪光——R2	闪光——R1	12	变频器不在准备状态
闪光——R2	闪光——R2	2	ROM故障（两个LED同时闪光）
闪光——R2	闪光——R2	3	RAM故障（两个LED交替闪光）

注 R1表示亮灯时间900ms；R2表示亮灯时间300ms。

表4-12 　　　　　　　　　　　　　　　故 障 码

故障码	说　明	故障可能产生的原因	诊断与措施
F0001	过电流	1）电动机功率可能大于变频器功率； 2）电动机电源线短路； 3）接地故障	1）检查电动机功率与变频器功率是否匹配； 2）检查电缆长度是否超出最大允许值； 3）检查电动机和电动机电源线是否有短路或接地故障； 4）检查电动机参数是否正确； 5）检查定子电阻值（P0350）； 6）增加斜坡上升时间（P1120）； 7）降低（P1310），（P1311）和（P1312）中设定的提升参数的数值； 8）检查电动机是否过载或冷却风道是否堵塞
F0002	过电压	1）电源电压超过允许的偏差； 2）负载处于再生发电状态	1）检查电源电压是否正常； 2）检查直流回路电压控制器（P1240）是否正确地参数化； 3）增加斜坡下降时间（P1121）

续表

故障码	说　明	故障可能产生的原因	诊断与措施
F0003	欠电压	电源在变频器运行时掉电或电压降低	1）检查电源电压是否正常； 2）检查电源是否掉电或电压降低
F0004	变频器过热	1）变频器环境温度过高； 2）变频器排风扇故障	1）检查变频器排风扇是否正常运转，风道是否堵塞； 2）检查调制脉冲频率是否设定为默认值； 3）检查环境温度是否高于规定值
F0005	变频器 I^2t	变频器过载	1）检查负载的"运行—停止"周期是否在规定的范围内； 2）检查电动机功率与变频器功率是否匹
F0011	电动机 I^2t	1）电动机过载； 2）电动机参数设置不正确； 3）电动机导热时间系数设置不正确； 4）电动机 I^2t 报警电平的相关参数设置不正确； 5）电动机长期处于低速运行	1）检查电动机参数设置是否正确； 2）检查电动机的负载状态； 3）提升设定值太高（P1310），（P1311），（P1312）
F0041	定子电阻测量失效	定子电阻测量失效	1）检查电动机与变频器之间的连线是否良好； 2）检查电动机参数设置是否正确
F0051	EEPROM 参数故障	EEPROM 故障	1）进行出厂默认值复位操作，重新进行参数初始化； 2）更换变频器
F0052	功率集成模块故障	功率集成模块损坏	更换变频器
F0060	Asic 超时	软件出错	1）确认故障； 2）如果软件错误重复出现，应更换变频器
F0070	通信板设定值错误	无法接收通信板的设定值	1）检查通信板的接头是否良好； 2）检查主站（Master）工作是否正常
F0071	通信结束时无 Uss 数据（RS-232 通路）	通信结束时无响应信号	1）检查通信板的接头是否良好； 2）检查主站（Master）工作是否正常
F0072	通信结束时无 Uss 数据（RS-485 通路）	通信结束时无响应信号	1）检查通信板的接头是否良好； 2）检查主站（Master）工作是否正常
F0080	无模拟量信号	无模拟量信号	检查模拟信号线是否良好
F0085	外部故障	输入端外部错误触点动作	排除输入端外部错误触点动作
F0101	功率管工作不正常	软件出错或微处理器故障	1）运行自检程序； 2）更换变频器
F0221	PI 反馈信号低于最小值	PI 反馈信号小于 P2268 设定最小值	改变 P2268 的参数值调整反馈信号的增益系数
F0222	PI 反馈信号大于最大值	PI 反馈信号大于 P2267 设定最大值	1）改变 P2267 的参数值； 2）调整反馈信号的增益系数
F0450 （适用于维修式）	BIST 测试失效	1）故障值：有些功率元件测试失效； 2）有些控制板测试失效； 3）有些功能测试失效； 4）有些 I/O 模块测试失效，仅指矢量控制； 5）内部 RAM 失去上电检测	更换变频器

值得一提的是，目前通用变频器一般具有较好的可靠性，但是变频器本身是一个干扰源，因此对变频器的接线要考虑采取屏蔽措施，既要防止电源进线、外界干扰源对变频器的干扰，也要防止变频器对 CNC、伺服系统、机床其他电气设备的干扰。

例 4-17　主轴驱动器为 SIEMENS6SEl133-4WB00 交流变频驱动器是额定功率 33kW 的主轴驱动。

故障现象：该驱动器无输出且有电压不正常的故障提示（F2），维修过程如下：

1）送上三相交流电，检查中间直流电压，发现无直流电压，说明整流滤波环节出故障。断电，进一步检查主回路，如图 4-41 所示。发现熔丝及阻容滤波的电阻都已损坏，换上相应的元器件，中间直流电压正常。但此时勿急于通电，应再检查逆变主回路（如要测试整流、滤波环节是否正常，最好断开点 A 或点 B 后再测量）。

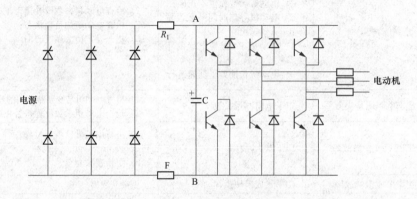

图 4-41　整流滤波电路

2）检查逆变器主回路，发现有一组功率模块的 C、E 之间已击穿短路，换上功率模块后，逆变主回路已正常。但凡由模块损坏的必须检查相应的前置放大回路。

3）找到损坏回路的光耦输入端及前置放大输出端，断开所有控制输入/输出端与主回路的连接。加上控制电源后，发现该回路的一块厚膜组件及一电阻损坏，更换后，进一步在光耦处加上正信号，模拟测试 6 路控制回路状态均相同。此时可判定控制回路已正常。

4）接好测试时拆下的线路，接上所有的外围线路，通电试车，驱动器已正常。

例 4-18　西门子 6SC6508 交流变频调速系统停车时出现 F41 报警。

故障现象：该变频调速系统安装在 CWK800 卧式加工中心作主轴驱动用。

在主轴停车时出现 F41 报警（内容为"中间电路过电压"），按复位后消除，加速时正常。试验几次后出现 F42 报警（内容为"中间电路过电流"）并伴有响声，断电后打开驱动单元检查，发现 A1 板（功率晶体管的驱动板）有一组驱动电路严重烧坏，对应的 V1 模块内的大功率晶体管基射极间电阻明显大于其他模块，而且并联在模块两端的大功率电阻 R_{100}（3.90、50W）烧断、电容 C_{100}、C_{101}（22pF、1000V）短路，中间电路熔断器 F7（125A、660V）烧断。

故障检查与分析：通过查阅 6SC6508 调速系统主回路电路图，知道该系统为一个高性能的交流调速系统，采用交流—直流—交流变频的驱动形式，中间的直流回路电压为 600V，而制动则采用最先进、对元件要求最高的能馈制动形式。在制动时，以主轴电动机为电动机，将能量回馈电网。而大功率晶体管模块 V1 和 V5 就在制动时导通，将中间直流回路的正负端逆转，实现能量的反向流动。因此该系统可实现转矩和转向的 4 个象限的工作状态，以及快速的启动和制动。该系统出厂时内部参数设置中加速时间和减速时间均为 0。估计故障发生的过程如下：由于 V1 内的大功率晶体管基射极损坏而无法在制动时导通，制动时能量无法回馈电网，引起中间电路电容组上电压超过允许的最大值（700V）而出现 F41 报警，在做多次启停试验后，中间电路的高压使电容 C_{100}、C_{101}，V1 内的大功率晶体管集射结击穿，导致中间电路短路，烧断熔断器 F7、电阻 R_{100}，在主回路中流过的大电流通过 V1 中大功率晶体管串入控制回路引起控制回路损坏。

故障处理：更换大功率模块 V1、V5，电容 C_{100}、C_{101}，电阻 R_{100}，熔断器 F7 及驱动板 A1 后，调速器恢复正常。为保险起见，把启动和制动时间（参数 P16、P17）均改为 4s，以减少对大功率器件的冲击电流，降低这一指标后对机床的性能并无影响。

说明：交流调速系统出现故障后一定要马上停机仔细检查，找出故障原因，切忌对大功率电路进行大的电流或电压冲击，以免造成进一步的损坏。

4.3　伺服主轴的故障诊断与维修

4.3.1　650 系列主轴驱动

1. 650 系列主轴驱动的原理

图 4-42 为 650 系列主轴驱动的工作原理框图。在数控机床上，驱动器主回路一般都直接与三相 380V、50/60Hz 电源相连接。直流母线的整流回路由 6 只晶闸管组成了"三相全控桥式整流"电路，通过对"晶闸管导通角"的控制，既可以使直流回路工作在"整流"方式，以向直流母线供电，也可工作于"逆变"方式，实现"再生制动"，使得能量"回馈"到电网。驱动器正常工作时，直流母线电压调节在 $575 \times (1 \pm 2\%)$ V 的范围内。

逆变主回路采用了 6 只功率晶体管（带续流二极管），通过控制电路对磁场矢量的运算与控制，可输出具有精确的频率、幅值和相位的三相正弦波脉宽调制（SPWM）电压，使主电动机获得所需的转矩电流和励磁电流。输出的三相 SPWM 电压的幅值范围为 0～430V，驱动器输出频率控制在 0～300Hz 的范围。

在电动机制动时，能量通过逆变主回路的功率晶体管与 6 只"续流二极管"对直流母线的耦合电容进行充电，当电容上的电压（即直流母线电压）超过 600V 时，通过控制整流主回路"晶闸管导通角"，使整流回路工作在"逆变"状态，电能"回馈"电网。6 只"逆变"晶体管有独立的驱动电路，通过对功率管 Uce 和 Ube 控制，可有效防止电机过载并对电动机绕组短路进行保护。

驱动器的控制回路以控制模块为核心。来自 CNC 的主轴转速给定电压经过必要的滤波处理后作为给定输入，速度给定电压与来自电动机测速发电机的速度反馈电压经过 A/D 转换后，在控制模块中进行数字化的 PI 调节运算，得到电流给定指令。电流给定指令与来自电动机主回路的实际电流反馈经过磁场矢量的运算与处理，产生具有精确的频率、幅值和相位的三相正弦波脉宽调制（SPWM）信号。SPWM 信号经过逆变驱动环节与功率驱动环节的放大，产生逆变主回路的功率晶体管的控制信号。以上全部处理与运算均由安装在 CPU 模块中的 2 只 16 位 CPU（80186）以及相应的控制电路完成。

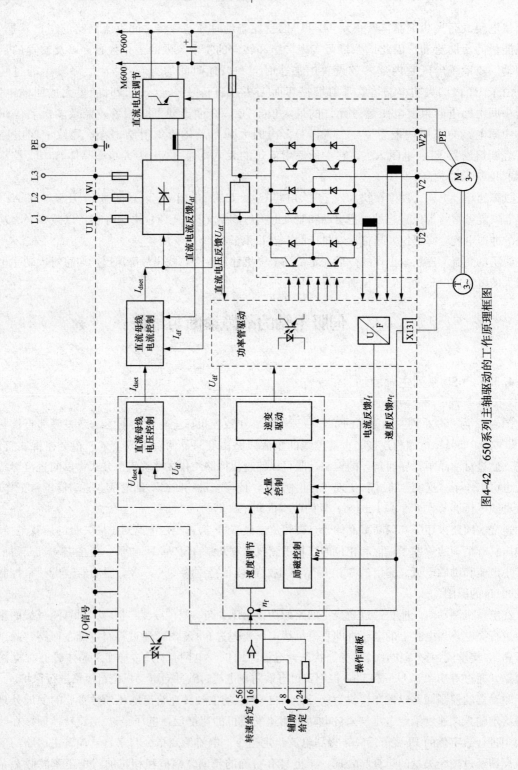

图4-42 650系列主轴驱动的工作原理框图

与此同时，在直流母线控制回路中，同样通过数字化的调节运算，构成了直流母线电压与电流的闭环数字自动调节系统。正常工作时，直流母线的电压、电流的调整依靠并联于直流母线的"斩波管" V1/V5 等元件组成的直流电压调节环节实现，以保证直流母线电压在 $575 \times (1+2\%)$ V 的范围内。

以上数字控制所需要的参数以及内部数据均可以通过与控制模块连接的、安装于驱动器正面的操作面板进行。

2. 650 系列主轴驱动的结构

650 系列交流主轴驱动器对于不同的规格，其主要组件（模块）基本相同，驱动器各模块安装在独立的框架上，驱动器具有自己的操作面板、外罩、机架与风机等组件，构成了相对独立的"单元"，可以安装于机床的强电柜内。

在总体结构上，根据功率大小可以分为两种形式，即小功率的（6502、6503 系列，输出电流 20/30A）驱动器与大功率的（6504～6520 系列，输出电流 40～200A）驱动器。小功率驱动器的功率部件（整流管、逆变管、"斩波管"等）直接安装在功率模块 A1 上；大功率的驱动器功率部件则安装在与机架连为一体的散热器上，以增加功率部件的散热效果。对于常用规格，6504～6508 系列交流主轴驱动器的结构如图 4-43 所示。驱动器主要由以下模块构成。

（1）控制模块 N1。控制模块是驱动器调节与控制的核心组件，用于对驱动器的数字化处理、调节与控制，模块主要包括 2 只 CPU（80186）及必要的控制软件（5 片 EPROM）。在驱动器中，控制器模块的作用主要是进行矢量变换计算，产生 PWM 调制信号。

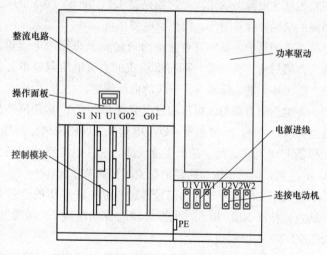

图 4-43 650 系列交流主轴驱动器的结构

（2）输入/输出（I/O）模块 U1。此模块主要用于连接输入/输出信号，内部主要由"U/f 变换器"、光电耦合器件等接口器件组成。来自 CNC 的速度给定电压、来自电动机的速度反馈电压在此模块进行必要的处理后，转换为数字控制所需要的信号。此外，来自驱动器外部的控制信号（如使能信号、变速挡控制信号等）均通过此模块进行输入输出控制。

（3）电源模块 G01 和电源控制模块 G02。电源模块 G01 主要用于对直流母线电压、电流的控制并产生驱动器控制电路所需的各种辅助电源电压。电源控制模块 G02 主要用于对电源模块的控制与输出驱动器内部的各种继电器信号（如超温、速度、监视等信号等），以便 NC 或 PLC 对驱动器进行控制。

（4）整流模块 A0。该模块安装在机架上，主要为主电路整流晶闸管及相应的阻容保护电路，用于驱动器直流母线电压的整流和调整。

（5）逆变驱动模块 A1（功率驱动）。逆变驱动模块 A1 主要用于产生逆变晶体管 V2～V4、"斩波管" V1/V5 的驱动控制信号，以及对直流母线、交流主回路电流检测信号进行必要的处理。小功率驱动器的功率部件（整流管、逆变管等）及相应的阻容保护电路直接安装在功率模块 A1 上；大功率的驱动器功率部件则安装在机架。

（6）功能选件模块 S1。根据机床实际需要配备，功能选件可以是以下模块：

1）C 轴控制模块 A73（选件）。通过"C 轴控制"选择功能模块，驱动器可以实现交流主轴电动机在低速（0.01～375r/min）时的位置控制（C 轴控制）。但选择此功能时，主轴必须同时安装 18000 脉冲/转的位置检测编码器作为位置反馈元件。

2）主轴"定向准停"模块 A74（选件）。使用本功能选择模块，可以使主轴驱动系统在不使用 NC 的位置控制功能时，单独进行主轴的"定向准停"控制。主轴位置的给定可由内部参数设定或通过接口从外部输入 16 位位置给定信号。

3）主轴"定向准停"与 C 轴控制模块 A75（选件）。它是集成了 A73 与 A74 功能的组件，同时具有以上 A73 与 A74 的功能。

3. 650 系列主轴驱动的连接

（1）650 系列主轴驱动的内部连接。650 系列主轴驱动器的内部连接如图 4-44 所示。驱动器通过 U1/V1/W1 端输入的主电源在内部分为两路：第一路是提供给直流母线整流用的主回路，它与整流模块的晶闸管连接，以产生直流母线电压；第二路是提供给辅助控制回路的控制电源。辅助控制电源从主电源向后依次通过断路器 Q1、380V/110V 的变压器 T1 与二极管整流回路，产生控制回路的辅助直流总电压，提供给电源模块 G01。

在主回路中，晶闸管直流输出通过直流母线的电流检测互感器 U11 提供直流电流反馈信号，然后再通过由"斩波管"V1/V5 组成的直流电压调整单元和直流电压反馈等环节，通过电源模块 G01 的闭环调整，保证直流母线的电压恒定。

调整后的直流母线电压通过电容器 $C_1 \sim C_4$、电阻 $R_1 \sim R_4$ 进行滤波与稳压，最后供给逆变功率管组件 V2～V4，经过逆变，成为电动机主回路输出。同样，三相电动机输出主回路也安装有电流互感器 U12/U13，用于输出电流反馈，这一电流反馈与逆变晶体管的控制相对应，通过驱动模块 A1 的控制，构成了输出回路的电流闭环调节系统。

整流模块的晶闸管控制信号通过电源模块 G01 的连接器 X13/X14 输出；直流母线电压检测信号通过连接器 X121 输入；电源模块与驱动模块 A1 间通过连接器 X521 相互连接，以提供"斩波管"V1/V5 的控制信号。

驱动模块 A1 通过连接器 X16 与安装在输出主回路的电流检测互感器 U12/U13 连接，以接收输出主回路的电流反馈信号；连接器 X18 与安装在直流母线的电流检测互感器 U11 连接，以接收直流母线的电流反馈信号。逆变回路的 3 组功率晶体管的控制信号通过连接器 X12/X13/X14 与驱动模块 A1 连接；直流母线的"斩波管"V1/V5 的控制信号通过连接器 X15 与驱动模块 A1 连接。

I/O 模块 U1 主要用于连接输入/输出信号，在驱动器内部，它通过总线 X11/X21 与控制模块 N1、电源控制模块 G02、电源模块 G01 以及附加功能选择模块相连；另外它还通过连接器 X112 与驱动模块 A1 相连。在外部它与驱动器的速度给定、速度反馈等连接。

用于驱动器调试、参数修改、显示的操作面板与控制模块的连接器 X111 相连，此外，控制模块还通过驱动器内部总线 X11/X21 与其他控制模块进行连接。

电源控制模块 G02 除通过内部总线 X11 与其他模块连接外，还通过连接器 X541 与 X117 与电源模块 G01 进行连接，以提供 I/O 控制信号。

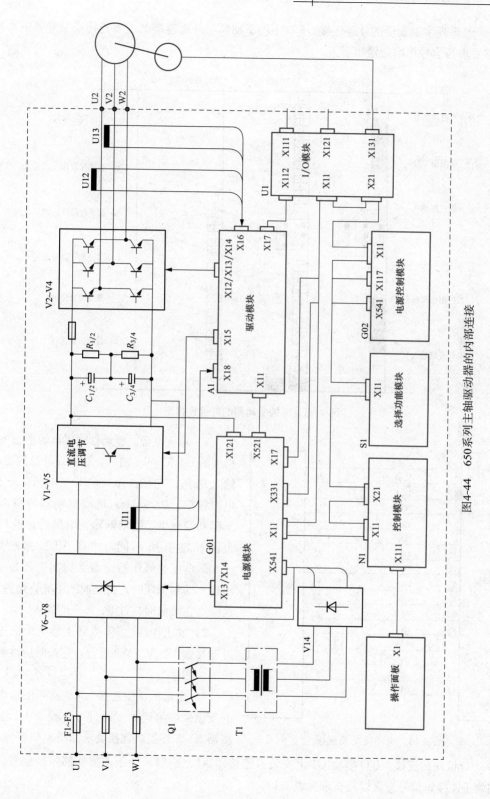

图4-44　650系列主轴驱动器的内部连接

（2）650系列主轴驱动的外部连接。650主轴驱动器与外部连接的主要连接端位置如图4-45所示。连接要求与信号作用分别如下。

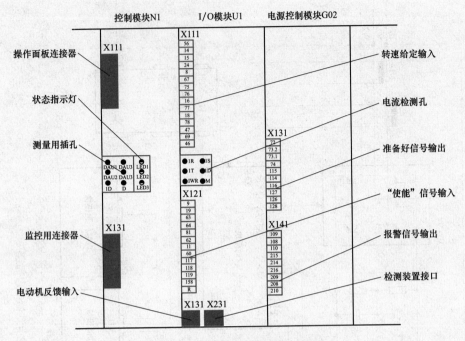

图 4-45　主轴驱动器的外部连接图

1）输入电源。驱动器输入电源通过安装于机架的 U1/V1/W1 输入，对输入电源的要求为：输入电压，三相：AC380V，－10%，＋15%；电源频率：50/60Hz；进线熔断器容量：决定于驱动器规格。驱动器输入电压的标准与我国电网标准有所不同，按照 VDE 标准规定，－10%电压的低压持续最大周期为 3.3ms；当出现－20%低压时，持续时间不允许超过 1ms，这一点在维修时应注意。

2）输出连接。650 系列主轴电动机连接通过连接端 U2/V2/W2 进行，连接时应注意电动机的"相序"。

3）电动机反馈连接。650 系列主轴电动机的反馈采用编码器，通过 I/O 模块 U1 上的连接器 X131 连接，连接要求如图 4-46 所示。

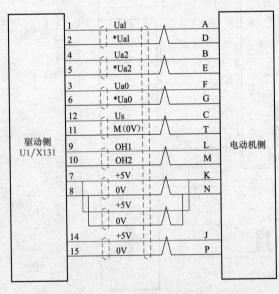

图 4-46　电动机反馈连接

4）I/O 模块的连接。I/O 模块 U1 上安装有连接器 X1、X121，用于连接外部控制信号，连接器采用端子连接，信号意义以及要求见表 4-13。

5）电源控制模块的连接。电源控制模块 G02 上的安装有连接器 X131、X141 用于输出驱动器工作状态信号，信号输出为继电器触点，连接器采用端子连接，信号意义以及要求见表 4-14。

表 4-13   I/O 模块的连接

连接器	接线端	要　　求
X111	56/14	速度给定电压输入，要求为 0～±10V 模拟电压
	15	驱动器的 0V 输出
	24/8	辅助速度给定电压输入，要求为 0～+10V 模拟电压
	75/76	实际转速显示输出；可以用于转速显示（可以通过参数进行选择）
	16/77	实际功率显示输出；可以用于功率显示（可以通过参数进行选择）
	18/78	实际电压显示输出；可以用于电压显示（可以通过参数进行选择）
	47/69/46	提供速度给定输入用的辅助电压，47/69/46 端子电压分别为 +10V/0V/−10V。
X121	9/19	提供"使能信号"用的辅助电压，9/19 端子电压分别为 +24V/0V
	63	"脉冲使能"输入控制端
	64	"控制使能"输入控制端
	81	快速停止输入控制端
	62	加减速禁止输入控制端
	111	转矩限制输入控制端
	60	主轴换挡输入控制端
	117/118/119	主轴变速挡输入控制端
	158	转矩控制生效控制端
	R	故障复位输入控制端

表 4-14   电源控制模块的连接

连接器	接线端	要　　求
X131	116/114/115	实际电动机转速低于最低转速信号输出
	74/73/72	驱动器准备好信号输出
	127/126/128	实际电动机转速等于给定转速信号输出
X141	216/214/215	实际电动机转速低于设定转速信号输出
	210/208/219	电动机过热信号输出
	109/108/110	实际电动机转矩大于设定转矩信号输出

4. 6SC650 系列主轴驱动器主要组成部件

6SC650 系列交流主轴驱动器在结构上，根据其功率大小分为两种规格，即小功率的 6SC6502/3（输出电流 20/30A）系列，其功率部件直接安装在功率模块 A1 上；大功率的 6SC6504 至 6SC6520 系列（输出电流 40～200A），其功率部件安装在散热器上，散热器直接装配在机柜内壁。整个驱动器主要组成见表 4-15。

表 4-15   6SC650 系列交流主轴驱动器的组成

组　　成	说　　明
控制器模块 N1	用于对驱动器的调节与控制，主要包括两只 CPU（80186）及必要的软件（5 片 EPROM）。在驱动器中，主要作用是形成整流主回路的触发脉冲控制信号，以及进行矢量变换计算，产生 PWM 调制信号
输入/输出（I/O）模块 U1	通过 U/F 转换器用于进行各种模拟信号的处理
电源模块 G01 和电源控制模块 G02	G01 和 G02 用于产生控制电路所需的各种辅助电源电压，在 G02 上还可以输出各种继电器信号（如超温、速度、监视等信号），以便 NC 或 PLC 进行控制

组　成	说　明
C轴驱动模块选件 A73	控制交流主轴驱动系统在低速下（0.01～375r/min）进行位置控制，此时主轴电动机必须装备18000脉冲/r的正、余弦编码器
主轴定向准停 模块 A74（选件）	主轴驱动系统在不使用 NC 的位置控制功能的前提下，实现主轴的定向准停控制。主轴位置给定可由内部参数设定或通过接口从外部输入 16 位位置给定信号
主轴定向准停与 定位模块 A75（选件）	集成了 A73 与 A74 功能的组件，同时具有以上 A73 与 A74 的功能
整流模块 A0	安装在机架上，主要为主电路晶闸管及相应的阻容保护电路
功率晶体管模块 A1	安装在机架上，主要为逆变晶体管及相应的阻容保护电路

5. 6SC650 系列主轴驱动器的软件更换与引导

在驱动器第一次安装或是更换驱动器、更换软件后，6SC650 主轴驱动器需要进行软件的重新引导，其步骤如下：

（1）将控制器模块 N1 上的写入保护设定端 S1 开路（LED3 亮）。

（2）记录原有的参数 P12～P98 的值，对于使用 C 轴或主轴定向准停的驱动器，还需记录 P105～P150，P157、P158、P195 的值。

（3）设定下列参数（软件版本 10 以上的驱动器不必进行本步骤）：

1）P51 设定为：0004H。

2）P97 设定为：0000H。

3）P52 设定为：0001H。

（4）当 P52 自动恢复到 0000H 后，切断驱动器电源（软件版本 10 以上的驱动器不必进行本步骤）。

（5）若需要安装或更换驱动器上的 4 只 EPROM（2 只用于驱动电路处理器，2 只用于控制处理器）。

（6）安装控制器模块，确认后重新接通驱动器电源，显示器上将显示参数 P95。

（7）进行如下的参数设定：

1）P95：输入驱动器代号。

2）P96：输入电动机代号。

3）P98：输入脉冲编码器每转脉冲数（通常为 1024）。

4）P97：输入 0001H。

（8）将 P51 参数设定为 0004H，输入上述第（2）步中记录的数值。

（9）将 P52 设定为 0001H，使参数写入存储器，并关机。

（10）重新装上写入保护设定端 S1，开机后驱动器即可正常工作。

6. 6SC650 系列主轴驱动器的状态指示与监控

6SC650 系列主轴驱动器可通过选择不同的显示参数，在显示器上显示驱动器的工作状态，维修时常用的状态显示参数及含义如下。

（1）工作方式显示参数 P0。参数 P0 为驱动器正常工作时自动选择的显示参数，其 6 位状态显示代表着不同的含义，具体如下。

1）左起第 1 位（■□□□□□）：无显示。

2）左起第 2 位（□■□□□□）：内部继电器状态显示。7 段及小数点的每一段显示代表不同的内部继电器（见图 4-47），当相应位亮时，代表继电器输出为"1"。在 6SC650 中内部继电器的意义可以通过参数进行定义，因此在不同机床中具有不同的含义，当参数为标准设置时，其含义见表 4-16。

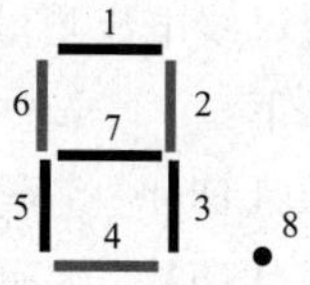

图 4-47　内部继电器显示

表 4-16　　　　　　　　　　　　　内部继电器状态显示

段号	定义参数	含　义	段号	定义参数	含　义
1	P23～P26	$n_{act}<n_X$	5	P144	主轴到达位置 1
2	P63	电动机过热	6	P47	$\mid M_d\mid>M_{dX}$
3	P145	主轴到达位置 2	7	P27	$n_{act}=n_{set}$
4	P21	$\mid n_{act}\mid<n_{min}$	8	P53	准备好/故障

3）左起第 3 位（□■□□□）：驱动器工作状态显示。其含义见表 4-17。

表 4-17　　　　　　　　　　　第 三 位 的 显 示 含 义

显示	含　义	显示	含　义
	系统等待启动，尚缺少左边第 4 位指示的条件		工作在位置环闭环工作方式
	工作在转速控制方式，全部条件均已满足		工作在 C 轴控制方式
	工作在主轴定向准停方式，全部条件均已满足		工作在变频工作方式

4）左起第 4 位（□□□■□□）：启动条件指示。其含义见表 4-18。

表 4-18　　　　　　　　　　　第 四 位 的 显 示 含 义

显示	含　义	显示	含　义
	端子 63 未使能		给定端子使能错误
	端子 663 未使能	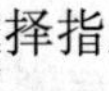	电动机工作方式
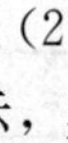	端子 65 未使能	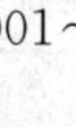	发电机工作方式
	端子 81 使能错误		

5）左起第 5 位（□□□□■□）：通常无显示。

6）左起第 6 位（□□□□□■）：实际传动级选择指示显示，1～8 代表实际选择的传动级。

（2）参数 P001～P010 的状态显示。显示参数 P001～P010 为驱动器（电动机）实际工作状态显示，其含义见表 4-19。

7. 6SC650 系列主轴驱动器故障诊断

（1）控制模块 N1。控制器模块上的发光二极管功能和测试点主要有 DAU1/DAU2/DAU3/ID/M 等，指示灯有 LED1、LED2、LED3，如图 4-48、图 4-49 所示。图中测量端 DAU1～DAU3 为通用测量端，其输出测量值是可变的，它可以通过参数 P66、P68、P76 进行选择，测量端 ID 为固定的直流母线电流测量端，它可用于直流母线给定电流的测量。状态指示灯 LED1、LED2、LED3 的含义如下：

1) LED1：编码器 A 相反馈信号指示。

2) LED2：编码器 B 相反馈信号指示。

3) LED3：EEPROM 写入保护指示。

表 4-19 驱动器（电动机）实际工作状态显示一览表

参数号	含义	单位	范围	参数号	含义	单位	范围
P001	给定转速	%	$-100\sim100$	P007	直流母线电流	A	$-300\sim300$
P002	实际转速	r/min	$-16000\sim16000$	P008	直流母线功率	kW	$-160\sim160$
P003	转矩极限	%	$-180\sim180$	P009	电网频率	Hz	$0\sim100$
P004	M_d/M_{dmaX}（P/P_{maX}）	%	$0\sim100$	P010	定子温度	℃	$0\sim150$
P006	直流母线电压	V	$0\sim999$				

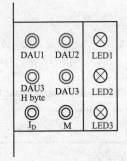

图 4-48　控制模块的状态指示

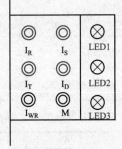

图 4-49　I/O 模块的状态指示

（2）I/O 模块 U1。I/O 模块上测试点与指示灯如图 4-49 所示，其含义如下：

I_R：电动机 R 相电流。

I_S：电动机 S 相电流。

I_T：电动机 T 相电流。

I_D：直流母线电流。

I_{WR}：电动机总电流（三相电流实际值 I_R、I_S、I_D 的整流平均值）。

M：参考地。

对于不同规格的驱动器，实际电流 I_R、I_S、I_D、I_T 与测量电压的关系，见表 4-20。

（3）6SC650 系列主轴驱动器的故障诊断（见表 4-21）。

表 4-20 实际电流与测量电压对照表

主　机	I_R、I_S、I_T	I_D	主　机	I_R、I_S、I_T	I_D
6SC6502	5V 对应 45A	10V 对应 45A	6SC6508	5V 对应 180A	10V 对应 180A
6SC6503	5V 对应 70A	10V 对应 70A	6SC6512	5V 对应 333A	10V 对应 333A
6SC6504	10V 对应 70A	10V 对应 90A	62C6520	5V 对应 500A	10V 对应 500A
6SC6506	5V 对应 180A	10V 对应 180A			

表 4-21   6SC650 系列主轴驱动器的故障诊断

项 目			说 明
大功率晶体管的诊断	未使用晶体管故障诊断功能 PT0 显示 0000H 以外的参数		1）功率模块 A1 不良； 2）电源模块 G01/G02 不良； 3）I/O 模块 U1 不良
	晶体管监视功能生效	PT0 显示	含 义
		0001H	晶体管 V2（模块 V2＊）故障
		0002H	晶体管 V6（模块 V2＊）故障
		0004H	晶体管 V3（模块 V3＊）故障
		0008H	晶体管 V7（模块 V3＊）故障
		0010H	晶体管 V4（模块 V4＊）故障
		0020H	晶体管 V8（模块 V4＊）故障
		00FFH	A1 电源故障
		0040H	斩波管 V1 故障
		0080H	斩波管 V5 故障
驱动器面板	数码管均不亮		1）主电路进线断路器跳闸； 2）主回路进线电源至少有两相以上存在缺相； 3）驱动器至少有两个以上的输入熔断器熔断； 4）电源模块 A0 中的电源熔断器熔断； 5）显示模块 H1 和控制器模块 N1 之间连接故障； 6）辅助控制电压中的 5V 电源故障； 7）控制模块 N1 故障
	显示 888888		1）控制器模块 N1 故障； 2）控制模块 N1 上的 EPROM 安装不良或软件出错； 3）输入/输出模块中的"复位"信号为"1"
	显示报警信号		见表 4-22

表 4-22   6SC650 系列驱动器故障一览表

故障代码	故障名称	故 障 原 因
F-01	电源故障	1）脉冲电源 U4-X117→G02-X117 未接好； 2）电源缺相； 3）主回路进线熔断器 F1、F2 或 F3 熔断； 4）A0 上的 F4、F5 或 F6 熔断； 5）A0 模块不良； 6）U1 模块不良
F-02	相序不正确	输入电源的相序不正确
F-11	转速控制器输出最大，但无实际转速反馈	1）电动机测量系统电缆连接不良； 2）编码器连接不良； 3）编码器不良； 4）电动机电枢与驱动器连接不良； 5）电动机处于机械制动状态； 6）U1 模块故障； 7）触发电路或 EPROM 故障； 8）驱动电路中的电源故障； 9）直流母线熔断器熔断； 10）未进行新的软件引导

续表

故障代码	故障名称	故 障 原 因
F-12	驱动器过电流	1）电动机与驱动器匹配不正确； 2）驱动器上存在短路或接地故障； 3）电流检测电路互感器 U12、U13 故障； 4）驱动器内电缆连接不良； 5）U1 模块故障； 6）N1 模块故障； 7）功率晶体管模块不良； 8）转矩极限值设定不正确
F-14	电动机过热	1）电动机过载； 2）电动机电流设定过大（如：P-96 参数中电动机代码设定错误）； 3）电动机上的热敏电阻故障； 4）电动机风扇故障； 5）U1 模块故障； 6）电动机绕组匝间短路
F-19	温度传感器不良	1）电动机上的热敏电阻不良； 2）传感器接线断开； 3）环境温度低于－20℃； 4）U1 模块故障
F-15	驱动器过热	1）驱动器过载（电动机与驱动器匹配不正确）； 2）环境温度太高； 3）热敏电阻故障； 4）风扇故障； 5）断路器 Q1 或 Q2 跳闸
F-40	驱动器内部电源故障	1）＋10V 电源故障； 2）＋15V 电源故障； 3）－10V 电源故障； 4）＋5V 电源故障 5）＋24V 电源故障； 6）G01 故障； 7）G02 故障； 8）U1 故障； 9）电动机某相对地短路（对地电阻＜10kΩ）
F-41	直流母线过电压	1）电网电压过高； 2）A0、G01 或 U1 上的电压测量回路故障； 3）直流母线电容器故障； 4）直流母线斩波管 V1 或 V5 故障； 5）电动机与驱动器匹配不正确； 6）二极管 V9 或 V10（仅 6SC6512 和 6520）故障； 7）在再生制动工作状态时出现外部停电； 8）电动机某相对地短路； 9）编码器或连线不良； 10）参数设定不正确（P-176 过大）

续表

故障代码	故障名称	故 障 原 因
F-42	直流母线过电流	1）驱动器过载； 2）A0 故障（仅 6SC6502 和 6503）； 3）互感器 U11 有故障； 4）斩波管 V1、V2 故障； 5）晶体管故障；直流母线中有短路； 6）功率晶体管（V1~V8）不良； 7）U1 模块故障； 8）参数设定不正确（P—176 过大）； 9）N1 模块故障
F-48	P24EX 过载	提供给外部的＋24V 过载
F-51	直流母线过电压	N1 模块故障；当其他原因引起直流母线过电压时，显示故障信息 F-41
F-52	直流母线欠电压	1）电网电压过低或瞬间中断； 2）A0 模块故障（只对 6SC6502 和 6503）； 3）G01（G02）故障； 4）U1 故障
F-53	直流母线充电故障	1）晶体管触发脉冲线连接不良； 2）A0 故障； 3）G02 故障； 4）G01 故障； 5）U1 故障；N1 故障
F-54	电网频率不正确	1）频率波动过大； 2）A0 故障； 3）U1 故障； 4）N1 故障
F-55	设定值错误	写入 EEPROM 的参数超过极限值或需软件引导
F-61	超过电动机最高频率	参数 P-29 中的电动机转速极限值设定不正确
F-71	控制处理器 EEPROM 低字节与总和校验错误	N1 上的 EPROMD82 故障
F—72	控制处理器 EEPROM 高字节与总和校验错误	N1 上的 EPROMD80 故障
F-73	触发电路处理器 EEPROM 低字节与总和检验错误	N1 上的 EPROMD78 有故障
F-74	触发电路处理器 EEPROM 高字节与总和检验错误	N1 上的 EPROMD76 故障
F-75	EEPROM 总和校验错误	1）EEPROM 存在错误或需要软件引导； 2）EEPROMD74 故障
F-77	无初始脉冲	1）N1 接插不良； 2）U1 接插不良； 3）U1 故障
F-78	I/O 程序执行时间超过	EEPROM D74 中故障（需要软件引导或更换 EEPROM）
F-81	直流母线电压过高	1）G02 故障； 2）A0 故障； 3）U1 故障

续表

故障代码	故障名称	故 障 原 因
F-82	主回路进线过电流	1) A1 故障； 2) G01 故障，G02 故障
F-56	电网频率计数故障	1) N1 故障； 2) U1 故障； 3) G01 故障
F-57	锁相电路中频率检测故障	N1 故障
F-P1	不能达到的位置设定值	1) 主轴定向准停或 C 轴达不到给定的位置； 2) A73/A74 故障； 3) 编码器连接不良； 4) 参数设定不当
F-P2	缺少零脉冲	主轴定向准停缺少零脉冲信号

8. 维修实例

例 4-19　**故障现象：某采用 SIEMENS 810M 的立式加工中心，配套 6SC6502 主轴驱动器，在调试时，出现主轴驱动器显示 888888，主轴不能正常工作。**

分析与处理过程：6SC650 系列主轴驱动器的所有数码均显示 888888，其常见的故障原因有：

1) 控制器模块 N1 故障。

2) 控制器模块 N1 上的 EPROM 安装不良或软件出错。

3) 输入/输出模块中的"复位"信号为"1"。

考虑到驱动器是第一次使用，在出厂前已经经过出厂检验，故控制器模块 N1 不良的可能性较小；检查 EPROM 安装正确；驱动器亦未加入"复位"信号，因此排除了以上可能的原因。

根据驱动器工作原理，打开驱动器仔细检查，发现驱动器内部 30V 控制电压仅为 20V，直流母线 DC170V 预充电电压为 130V，由此判定故障是由于驱动器辅助控制电压不正常引起的。检查驱动器内部直流整流模块 V14 的连接，发现三相整流桥的 AC120V 进线中有一相连线脱落。重新连接后，故障排除，主轴可以正常工作。

例 4-20　**故障现象：某采用 SIEMENS 810M 的立式加工中心，配套 6SC6502 主轴驱动器，在机床运行过程时，出现主轴驱动器显示 888888 报警。**

分析与处理过程：故障现象与上例相同，故障的分析与处理过程同上；经检查在本例中引起故障的原因，是驱动器内部辅助控制电源变压器的进线熔断器 F4 熔断引起的，更换熔断器后故障排除，机床恢复正常。

例 4-21　**6SC650 出现 F41 报警的维修。**

故障现象：一台配套 SIEMENS 6SC6508 交流主轴驱动系统的卧式加工中心，主轴制动时，驱动器出现 F41 报警。

分析与处理过程：SIEMENS 6SC6508 交流主轴驱动系统 F41 报警的含义为"中间电路过电压"。由于机床在加工时工作正常，分析在本机床上引起报警可能的原因如下：

1) 驱动器整流模块 A0 不良。

2）逆变晶体管模块 A1 不良。

3）直流母线斩波管 V5、V1 不良。

为了进一步判定故障原因，通过驱动器复位消除报警后，重新启动主轴，主轴电动机加速、旋转动作均正常。但在试验几次后，驱动器又出现 F42（中间电路过电流）报警，驱动器内部有异常声。

打开驱动器检查，发现逆变晶体管模块 A1 板上有一组控制电路烧坏，对应的直流母线斩波管 V1 的 BE 极间电阻明显大于 V5，而且并联在模块两端的大功率电阻 R_{100}（3.9Ω/50W）烧断、电容 C_{100}、C_{101}（22PF/1000V）击穿，中间电路熔断器 F7（125A、660V）熔断。

根据 6SC6508 主轴驱动系统的原理，驱动器主回路采用交流—直流—交流的变流形式，直流母线电压为 600V，制动采用回馈制动的形式，在制动时可以将能量回馈电网。斩波管 V1 和 V5 的作用是在制动时，控制直流母线的电流方向，实现能量的回馈。

因此，如果 V1 和 V5 无法在制动时按照要求导通，制动能量就无法回馈电网，必然引起直流母线电容组上的电压超过允许的最大值，从而出现 F41 报警。同时，直流高压将使电容 C_{100}、C_{101} 击穿，导致中间电路短路，熔断器 F7 动作，限流电阻 R_{100} 损坏。

根据以上分析，维修时在更换了斩波管 V1，电容 C_{100}、C_{101}，电阻 R_{100}，熔断器 F7 及驱动板 A1 后，调速器恢复正常。为了防止故障的再次发生，在维修完成后，将驱动器的启动和制动时间（参数 P16、P17）作了适当的延长，以减少对元器件的冲击；经以上处理后故障不再发生。

例 4-22 6SC650 出现 F42 报警的维修。

故障现象：某采用 SIEMENS 810M 的立式加工中心，配套 6SC6502 主轴驱动器，在机床到达用户的第一次调试时，出现主轴驱动器 F42 报警。

分析与处理过程：6SC6502 主轴驱动器出现 F42 报警的含义是"直流母线过电流报警"报警可能的原因有：

1）驱动器过载。

2）A0 故障（仅 6SC6502 和 6503）。

3）互感器 U11 有故障。

4）斩波管 V1、V5 故障。

5）晶体管故障。

6）直流母线中有短路。

7）功率晶体管（V1～V8）不良。

8）U1 模块故障。

9）参数设定不正确（P176 过大）。

10）N1 模块故障。

由于机床为第一次开机，不可能产生驱动器过载，且机床出厂前工作正常，因此可以基本排除模块、元器件不良的可能性，即：A0 故障、U1 模块故障、N1 模块故障、互感器 U11 有故障、斩波管（V1、V5）故障、功率晶体管（V1～V8）不良的可能性较小。检查驱动器参数设定正确。

根据 SIEMENS 6SC6502 的结构特点与以往的维修经验，当驱动器发生 F42 报警时，故障一般在斩波管 V1、V5 后的电路中发生短路。

根据以上分析，打开驱动器，重点检查斩波管 V1、V5 后的电路，最终发现该驱动器内部的变压器 T1 在运输过程中铆钉脱落，引起了直流母线短路，驱动器产生报警。重新固定变压器 T1，并进行仔细的检查后，驱动器故障排除。

例 4-23　6SC650 有异常响声并出现 F42 报警的维修。

故障现象：某采用 SIEMENS 810M 的立式加工中心，配套 6SC6502 主轴驱动器，在开机时，发现主轴驱动器有异常响声，驱动器显示 F42 报警。

分析与处理过程：6SC6502 主轴驱动器出现 F42 报警的含义是"直流母线过电流"，报警可能的原因参见例 4-23，由于故障时操作者听到驱动器有异常声，打开驱动器检查，发现驱动器内部斩波管 V1、V5 以及直流母线的 RC 保护回路中的电容器 C_{100}、C_{500}、C_3 均已炸裂，并有部分断裂处碰壳，引起了直流母线的过电流。更换 RC 保护回路，机床恢复正常工作。

例 4-24　65C650 出现 F15 报警的维修。

故障现象：某采用 SIEMENS 810M 的立式加工中心，配套 6SC6502 主轴驱动器，在调试时，出现主轴驱动器 F15 报警。

分析与处理过程：6SC650 系列主轴驱动器出现 F15 报警的含义是"驱动器过热报警"，可能的原因有：

1）驱动器过载（电动机与驱动器匹配不正确）。

2）环境温度太高。

3）热敏电阻故障。

4）风扇故障。

5）断路器 Q1 或 Q2 跳闸。

由于本故障在开机时即出现，可以排除驱动器过载、环境温度太高等原因；检查断路器 Q1 或 Q2 位置正确，风扇已经正常旋转，因此故障原因与热敏电阻本身或其连接有关。

拆开驱动器检查，发现 A01 板与转换板间的电缆插接不良；重新插接后，故障排除，主轴工作正常。

例 4-25　810M 系统主轴不能旋转的故障维修。

故障现象：某采用 SIEMENS 810M 的立式加工中心，配套 6SC6502 主轴驱动器，在开机调试时，发现主轴不能正常旋转，系统无报警。

分析与处理过程：测量系统主轴模拟量输出，发现此值为"0"，因此可以确定故障是由数控系统无模拟量输出引起的。

由于系统为刚出厂的原装系统，因此系统内部不良的可能性较小，出现以上故障最大的可能原因是系统的参数设定不当引起的。

仔细检查系统的机床参数设定，发现全部 MD 参数设定均正确无误；检查系统的 SD（设定）参数发现，在 SETTING DATA 页面下的 G96 转速限制值为"0"，将该值更改为机床的最大转速 6000r/min 后，机床主轴模拟量输出正常，主轴可以正常旋转。

例 4-26　主轴不能定位的故障维修。

故障现象：某采用 SIEMENS 810M 的立式加工中心，配套 6SC6502 主轴驱动器，在调试时，出现当主轴转速大于 200r/min 时，主轴不能定位的故障。

分析与处理过程：为了分析确认故障原因，维修时进行了如下试验：

1）输入并依次执行 "S100M03；M19" 指令，机床定位正常。

2）输入并依次执行 "S100M04；M19" 指令，机床定位正常。

3）输入并依次执行 "S200M03；M05；M19" 指令，机床定位正常。

4）直接输入并依次执行 "S200M03；M19" 指令，机床不能定位。

根据以上试验，可以确认系统、驱动器工作正常，维修时考虑引起故障的可能原因是编码器高速特性不良或主轴实际定位速度过高引起的。

检查主轴电动机实际转速，发现该机床的主轴实际转速与指令值相差很大，当执行指令 S200 时，实际机床主轴转速为 300r/min；调整主轴驱动器参数，使主轴实际转速与指令值相符后，故障排除，机床恢复正常。

例 4-27　故障现象： 某采用 SIEMENS 810M 的立式加工中心，配套 6SC6502 主轴驱动器，在调试时，出现主轴定位点不稳定的故障。

分析与处理过程：维修时通过多次定位进行反复试验，确认本故障的实际故障现象为：

1）该机床可以在任意时刻进行主轴定位，定位动作正确。

2）只要机床不关机，不论进行多少次定位，其定位点总是保持不变。

3）机床关机后，再次开机执行主轴定位，定位位置与关机前不同，在完成定位后，只要不关机，以后每次定位总是保持在该位置不变。

4）每次关机后，重新定位，其定位点都不同，主轴可以在任意位置定位。

因为主轴定位的过程，事实上是将主轴停止在编码器 "零位脉冲" 位置的定位过程，并在该点进行位置闭环调节。根据以上试验，可以确认故障是由于编码器的 "零位脉冲" 不固定引起的。分析可能引起以上故障的原因有：

1）编码器固定不良，在旋转过程中编码器与主轴的相对位置在不断变化。

2）编码器不良，无 "零位脉冲" 输出或 "零位脉冲" 受到干扰。

3）编码器连接错误。

根据以上可能的原因，逐一检查，排除了编码器固定不良、编码器不良的原因。进一步检查编码器的连接，发现该编码器内部的 "零位脉冲" U_{a0} 与 $^*U_{a0}$ 引出线接反，重新连接后，故障排除。

例 4-28　故障现象： 某采用 SIEMENS 810M 的立式加工中心，配套 6SC6502 主轴驱动器，在调试时，出现主轴定位点不稳定的故障。

分析与处理过程：由于故障现象与例 4-28 相同，故障的分析与处理过程同例 4-28，经检查在本例中引起故障的原因是编码器联轴器固定不良，在旋转过程中编码器与主轴的相对位置在不断变化。

重新安装编码器联轴器后，故障排除，机床恢复正常。

4.3.2　611A 系列主轴驱动

1. 611A 系列主轴驱动的连接

611A 系列主轴驱动模块与外部连接的控制信号连接端子均位于驱动器的正面，如图 4-50 所示，主轴电动机电枢连接端位于驱动器的下部。安装、调试、维修时需要注意必须保证驱动器的 U2/V2/W2 与电动机的 U/N/W——对应，防止电动机 "相序" 的错误。具体连接的要求见表 4-23。

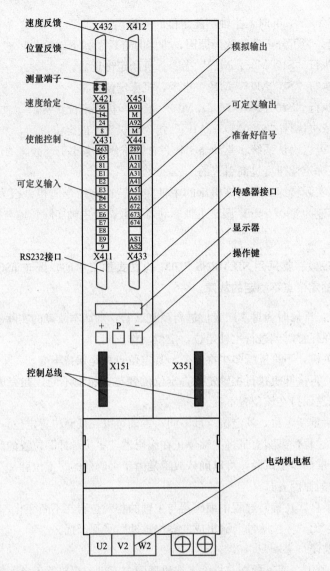

图 4-50　611A 系列主轴驱动模块连接端布置图

表 4-23　　　　　　　　　　**611A 系列主轴驱动的连接**

端子	脚号	用　　处	备　　注
速度给定连接端子 X421	56/14	用于连接速度给定信号，一般为−10～+10V 模拟量输入	该连接端子一般与来自 CNC 的"速度给定模拟量"输出以及"速度控制使能"信号连接
	24/8	用于连接辅助速度给定信号，一般为−10～+10V 模拟量输入	
驱动"使能"与可定义输入连接端 X431	9/663	用　　处	
		驱动器"脉冲使能"信号输入，当 9/663 间的触点闭合，驱动模块控制回路开始工作	
	9/65	用于连接驱动器的"速度控制使能"触点输入信号，当 9/65 间的触点闭合，速度控制回路开始工作	
	9/81	用于连接驱动器的"急停"触点输入信号，当 9/81 间的触点开路，主轴电机紧急停止	
	El～E9	可以通过参数定义的输入控制信号，信号意义决定于参数的设定	

续表

端子	脚号	用　处	备　注
模拟量输出连接端 X451	A91/M	可以定义的模拟量输出连接端 1，输出为－10～＋10V 模拟量	
	A92/M	可以定义的模拟量输出连接端 2，输出为－10～＋10V 模拟量	
驱动器触点输入/输出连接端 X441	AS1/AS2	AS1/AS2 为主轴驱动模块启动禁止信号输出端，AS1/AS2 一般与强电柜连接。当 AS1/AS2 断开时，表明驱动器内部的逆变主回路无法接通，主电机无"励磁"。在部分机床上，该输出端可以用于外部安全电路作为主轴的启动"互锁"控制，触点具有 AC250V/3A、DC50V/2A 的驱动能力	
	674/673	驱动器"准备好"信号触点输出，"动断"触点，驱动能力为 DC30V/1A	
	672/673	驱动器"准备好"信号触点输出，"动合"触点，驱动能力为 DC30V/1A	
	A11～A61	可以通过参数定义的输出信号，信号意义决定于参数的设定，驱动能力为 DC30V/1A	
测速反馈信号接口 X412	见表 4-24	备　注	
		该接口一般与来自主轴电动机的"速度反馈"编码器直接连接，采用可"插头"连接	
位置反馈信号接口 X432		该接口一般与来自主轴的位置反馈编码器连接（输入信号），也可以是电动机内装编码器的输出信号或者是主轴传感器的输入，其连接决定与驱动器以及参数的设定	
RS232 接口 X411		该接口为 RS232 标准接口，可以连接主轴驱动器调整用计算机	
传感器的输入接口 X433		该接口为传感器的输入接口，可以连接主轴位置传感器	

表 4-24　　　　　　　　　　　　测速反馈信号的连接

脚号	信号代号	信号含义	备　注
1	P	提供给编码器的 5V 电源	连接电动机编码器的 10 脚
2	M	提供给编码器的电源 0V	连接电动机编码器的 7 脚
3	A	编码器的 A 相输出	连接电动机编码器的 1 脚
4	＊A	编码器的 ＊A 相输出	连接电动机编码器的 2 脚
5	Screen	屏蔽线	连接电动机编码器的 17 脚
6	B	编码器的 B 相输出	连接电动机编码器的 11 脚
7	＊B	编码器的 ＊B 相输出	连接电动机编码器的 12 脚
8	Screen	屏蔽线	
9	5V	＋5V 电源	连接电动机编码器的 16 脚
10	R	编码器的 R 相输出	连接电动机编码器的 3 脚
11	0V	0V 电源	连接电动机编码器的 15 脚
12	＊R	编码器的 ＊R 相输出	连接电动机编码器的 13 脚
13			
14	＋T	温度传感器输出	连接电动机编码器的 8 脚
15	-T	温度传感器输出	连接电动机编码器的 9 脚

2. 611A 系列交流主轴驱动系统的故障诊断与排除

（1）611A 主轴驱动器的状态指示与监控。611A 主轴驱动器维修时常用的状态显示参数及含义如下：

1）工作方式显示参数 P0。参数 P0 为驱动器正常工作时自动选择的显示参数，其 6 位液晶代表的含义如下：

a) 左起第 1 位（■□□□□□）：无显示。

b) 左起第 2 位（□■□□□□）：内部继电器状态显示。7 段及小数点的每一段显示代表不同的内部继电器，当相应位亮时，代表继电器输出为"1"。在 611A 中内部继电器的意义可以通过参数进行定义，因此在不同机床中具有不同的含义。当参数为标准设置时，其含义见表 4-25。

表 4-25　　　　内部继电器状态显示

段号	端子号	定义参数	标准设置	段号	端子号	定义参数	标准设置
1	A41	P244	$|n_{act}| < n_X$	5			无定义
2	A51	P245	电动机过热	6	A21	P242	$|M_d| < M_{dx}$
3	A61	P246	P186 定义	7	A11	P241	$n_{act} = n_{set}$
4	A31	P243	$|n_{act}| < n_{min}$	8	672/674	P53	准备好/故障

c) 左起第 3、4、5 位的状态显示及含义见表 4-26。

表 4-26　　　　左起几位的显示说明

位数	显示	含 义	位数	显示	含 义
左起第 3 位	⊓	系统等待启动，尚缺少左起第 4 位指示的条件	左起第 4 位	３	端子 663 未使能
	⊔	工作在转速控制方式，全部条件均已满足		２	端子 65 未使能
	Ⅱ	工作在电流控制方式，全部条件均已满足		⌐	端子 81 使能错误
	L	工作在主轴定向准停方式		⊔	给定端子使能错误
	P	工作在位置环闭环工作方式		⊓	电动机工作方式
	⊏	工作在 C 轴控制方式		∐	发电机工作方式
	∐	工作在变频工作方式	左起第 5 位	Ч	Ｙ联结
左起第 4 位	Ч	端子 63 未使能		⊐	△联结

d) 左起第 6 位（□□□□□■）：实际传动级选择指示显示。1～8 代表实际选择的传动级。

2）参数 P001～P010 的状态显示：显示参数 P001～P010 为驱动器（电动机）实际工作状态显示，其含义见表 4-27。

表 4-27　　　　驱动器（电动机）实际工作状态显示一览表

参数号	含 义	单位	范 围	参数号	含 义	单位	范 围
P001	给定转速	r/min	−16000～16000	P007	电动机电流	A	0～150
P002	实际转速	r/min	−16000～16000	P008	实际容量	kVA	0～100
P003	电动机电枢电压	V	0～500	P009	实际功率	kW	0～100
P004	M_d/M_{dmaX}（P/P_{max}）	%	0～100	P010	转子温度	℃	0～150
P006	直流母线电压	V	0～700				

（2）611A 系列交流主轴驱动器的故障诊断。611A 主轴驱动器常见的故障及引起故障的原因见表 4-28。

表 4-28　　　　　　　　　　　611A 主轴驱动器常见的故障及引起故障的原因

故　障	说　明
开机时显示器无任何显示	1）输入电源至少有两相缺相； 2）电源模块至少有两相以上输入熔断器熔断； 3）电源模块的辅助控制电源故障； 4）驱动器设备母线连接不良； 5）主轴驱动模块不良； 6）主轴驱动模块的 EPROM/FEPROM 不良
电动机转速低（≤10r/min）	引起此故障的原因通常是由于主轴电动机相序接反引起的，应交换电动机与驱动器的连线
主轴驱动器正常显示	驱动器的报警可以通过 6 位液晶显示器的后 4 位进行显示。发生故障时，显示器的右边第 4 位显示 "F"，右边第 3 位、第 2 位为报警号，右边第 1 位显示 "三" 时，代表驱动器存在多个故障；通过操作驱动器上的 "＋" 键，可以逐个显示存在的全部故障号。驱动器常见的报警号以及可能的原因见表 4-29

表 4-29　　　　　　　　　　　　驱动器常见的报警号以及可能的原因

报警号	内　容	原　因
F07	FEPROM 数据出错	1）若报警在写入驱动器数据时发生，则表明 FEPROM 不良； 2）若开机时出现本报警，则表明上次关机前进行了数据修改。但修改的数据未存储；应通过设定参数 P52＝1 进行参数的写入操作
F08	永久性数据丢失	FEPROM 不良，产生了 FEPROM 数据的永久性丢失，应更换驱动器控制模块
F09	编码器出错 1（电动机编码器）	1）电动机编码器未连接； 2）电动机编码器电缆连接不良； 3）测量电路 1 故障，连接不良或使用了不正确的设备
F10	编码器出错 2（主轴编码器）	当使用主轴编码器定位时。测量电路 2 上的设备连接不良或参数 P150 设定不正确
F11	速度调节器输出达到极限值，转速实际值信号错误	1）电动机编码器未连接； 2）电动机编码器电缆连接不良； 3）编码器故障； 4）电动机接地不良； 5）电动机编码器屏蔽连接不良； 6）电枢线连接错误或相序不正确； 7）电动机转子不良； 8）测量电路不良或测量电路模块连接不良
F14	电动机过热	1）电动机过载； 2）电动机电流过大，或参数 P96 设定错误； 3）电动机温度检测器件不良； 4）电动机风机不良； 5）测量电路不良； 6）电枢绕组局部短路

续表

报警号	内　容	原　因
F15	驱动器过热	1）驱动器过载； 2）环境温度太高； 3）驱动器风机不良； 4）驱动器温度检测器件不良； 5）参见 F19 说明
F17	空载电流过大	电动机与驱动器不匹配
F19	温度检测器件短路或断线	1）电动机温度检测器件不良； 2）温度检测器件连线断； 3）测量电路1不良
F79	电动机参数设定错误	参数 P159～P176 或 P219～P236 设定错误
FP01	定位给定值大于编码器脉冲数	参数 P12l～P125、P13l 设定错误
FP02	零位脉冲监控出错	编码器或传感器无零脉冲
FP03	参数设定错误	参数 P130 的值大于 P13l 设定的编码器脉冲数

例 4-29　一台数控外圆磨床工件主轴工作不正常。

数控系统：西门子 805 系统。

故障现象：工件主轴转速不稳定。

故障分析与检查：这台机床的主轴是由普通交流电动机带动的，是由 SIMODRIVE 611A 交流模拟伺服驱动装置控制的，在主轴旋转时测量给定信号，给定电压比较稳没有问题，说明故障与数控系统无关。测量主轴电动机的电源发现供电不稳，可能伺服系统有问题，更换参数板没有解决问题，当将另一台机床的伺服驱动模块与这台机床的伺服驱动模块互换时，这台机床恢复正常，故障转移到另一台机床，证明是伺服驱动模块出现故障。

故障处理：更换伺服驱动模块，机床恢复正常工作。

例 4-30　一台数控沟道磨床砂轮主轴转速不稳定。

数控系统：西门子 810G 系统。

故障现象：这台机床砂轮主轴旋转时，速度不稳定，时快时慢。

故障分析与检查：这台机床的砂轮主轴是由西门子 611A 交流模拟主轴伺服驱动装置控制的，出现故障时对主轴控制系统进行检查，通过其液晶显示器的显示发现，速度显示不稳定，而且电流也不稳定，比较大。因此认为故障原因为砂轮主轴有问题或者驱动模块有问题。检查砂轮主轴和主轴电动机都没有发现问题，那么主轴驱动功率模块（6SN1123-1AA00-0DA0）损坏的可能性比较大。

故障处理：更换新的主轴驱动功率模块后，机床恢复正常工作。

例 4-31　一台数控车床出现报警 6015 Spindle controller not OK（主轴控制器故障）。

数控系统：西门子 810T 系统。

故障现象：这台机床在启动主轴时，出现 6015 报警，指示主轴控制器故障。

故障分析与检查：这台机床的主轴采用西门子 611A 交流模拟主轴伺服驱动装置，主轴电动机采用西门子 1PH6 系列伺服电动机。出现故障时检查伺服装置发现，主轴控制模块的液晶显示器上显示 F09 报警。

由表 4-29 可知，F09 报警为编码器有问题。这台机床的主轴电动机使用电动机内置编码器作为速度检测元件，检查编码器连接没有问题；与其他机床互换主轴驱动控制模块，没有排除问题。那么肯定是主轴电动机的编码器损坏。

故障处理：更换主轴编码器，机床恢复正常。

例 4-32　一台数控加工中心在加工过程中出现报警 6010 Spindle controller not OK（主轴控制器有问题）。

数控系统：西门子 810M 系统。

故障现象：这台机床在加工时出现 6010 报警，指示主轴控制器出现故障，主轴不能旋转。

故障分析与检查：这台机床的主轴控制系统采用西门子 611A 交流模拟主轴伺服驱动装置，在出现故障时观察主轴控制器，液晶显示器上有 F14 报警，指示主轴控制系统过载。因为在启动主轴时，还没有进行切削加工，所以排除负载问题。手动转动主轴阻力也不大，检查主轴电动机也正常没有问题。为此，怀疑主轴驱动功率模块损坏的可能性非常大。

故障处理：更换主轴驱动功率模块，机床故障被排除。

例 4-33　一台三轴数控自动车床主轴定位时摇摆。

数控系统：西门子 810T 系统。

故障现象：主轴定位时摇摆，无法准确定位，没有任何报警。

故障分析与检查：因为这台机床主轴具有定位功能，使用编码器进行角度反馈，为了区分是位置环的问题还是速度环的问题，先执行 M03 或 M04 功能发现，主轴一会儿左转，一会儿右转，不停摇摆，检查相序及速度指令皆正常，因执行的 M03 或 M04 指令纯粹走的是速度环，与位置环无关，怀疑速度环有问题。

这台机床的主轴采用西门子 611A 交流模拟主轴控制装置控制，根据先易后难的原则，先更换驱动控制板，故障依旧，再检查测量速度反馈线正常，最后确认驱动功率模块有问题。

故障处理：更换主轴驱动功率模块后机床恢复正常运行。

例 4-34　一台数控车床出现报警 2153 Control loop spindle HW（主轴控制环硬件）。

数控系统：西门子 810T 系统。

故障现象：这台机床开机就出现 2153 报警，指示主轴控制回路硬件有问题。

故障分析与检查：根据报警信息和经验，"控制环硬件"故障一般都是反馈回路有问题，这台机床的主轴采用编码器作为速度反馈元件。对主轴编码器进行检查，发现主轴编码器插头松。

故障处理：将主轴编码器连接电缆从编码器上拆下，重新插接并拧紧，这时开机，机床故障消除。

4.3.3 SIEMENS 主轴常见故障

SIEMENS 840D 主轴的常见故障见表 4-30。

表 4-30   **主 轴 常 见 故 障**

序号	现 象	原 因	检查及处理
1	主轴不能换挡	1) 换挡信号无输出; 2) 液压系统压力不足; 3) 挡位开关故障; 4) 换挡液压阀故障; 5) 换挡油缸卡住; 6) 电磁阀线圈烧坏; 7) 换挡油缸拨叉脱落; 8) 换挡油缸窜油或内泄; 9) 换挡到位开关失灵; 10) 电源电压太低	1) 检查换挡信号控制线路和 PLC 换挡输出信号; 2) 检查液压系统压力,若低于工作压力应进行调整; 3) 检查挡位开关是否松动,线路是否有问题; 4) 检修液压阀并清洗,或更换液压阀; 5) 调整或研磨油缸,必要时更换; 6) 更换控制线圈; 7) 修复或调整; 8) 更换密封圈; 9) 更换新开关; 10) 检查电源电压,做必要的调整
2	主轴不转动	1) 主轴转动指令无输出; 2) 没有电源; 3) 没有使能信号; 4) 保护开关没有压合或失灵; 5) 液压卡盘未卡紧工件; 6) 挡位不正确; 7) 无换挡到位信号	1) 检查主轴控制电路及控制键信号; 2) 检查主轴驱动模块的输出电压; 3) 检查电源模块、驱动模块的使能信号; 4) 检修床头箱防护罩的保护开关或更换; 5) 调整或维修液压卡盘; 6) 选择的实际挡位应与程序设置的挡位相符; 7) 维修或更换换挡到位开关
3	主轴转速不稳	1) 速度反馈信号不良; 2) 外部干扰太大	1) 检查编码器及连接电缆; 2) 检查接地连接,外部干扰源
4	主轴不能定位	1) 主轴脉冲编码器故障; 2) 脉冲编码器电缆连接故障; 3) 脉冲编码器安装问题; 4) 主轴不处在定位方式	1) 维修或更换脉冲编码器; 2) 检查连接故障点; 3) 重新安装脉冲编码器; 4) 检查工作方式信号 DB33.DBX84.5
5	主轴定位不准	1) 更换脉冲编码器时位置不正确; 2) 定位公差设置不合适	1) 调整脉冲编码器位置; 2) 调整定位公差,不大于 11
6	切削振动大	1) 主轴箱和床身连接螺钉松动; 2) z轴承预紧力不够、间隙过大; 3) 轴承预紧螺母松动使主轴产生窜动; 4) 轴承拉毛或损坏; 5) 主轴与箱体精度超差; 6) 转塔刀架运动部件松动或压力不够而未卡紧; 7) 其他因素	1) 恢复精度后并紧固连接螺钉; 2) 重新调整,消除轴承间隙。但预紧力不应过大,以免损坏轴承; 3) 紧固预紧螺母,确保主轴精度合格; 4) 更换轴承; 5) 维修主轴或维修箱体使其配合精度和位置精度达到精度要求; 6) 调整维修; 7) 检查刀具或切削工艺问题

续表

序号	现象	原因	检查及处理
7	主轴箱噪声大	1) 主轴部件动平衡不好； 2) 齿轮有严重损伤； 3) 齿轮啮合间隙大； 4) 轴承拉毛或损坏； 5) 传动带尺寸长短不一致或传动带松弛，受力不均； 6) 齿轮精度低； 7) 主轴箱润滑不良	1) 重做动平衡； 2) 维修齿面损伤处； 3) 调整或更换齿轮； 4) 更换轴承； 5) 调整或更换传动带，不能新旧混用； 6) 更换齿轮； 7) 调整润滑油量，保持主轴箱的清洁度
8	齿轮和轴承损坏	1) 换挡压力过大，齿轮受冲击产生破损； 2) 换挡机构损坏或固定销脱落； 3) 轴承预紧力过大或无润滑	1) 按液压原理图，调整到适当压力和流量； 2) 修复或更换零件； 3) 重新调整预紧力，并使之有充足润滑
9	主轴发热	1) 主轴轴承预紧力过大； 2) 轴承研伤或损坏； 3) 润滑油脏或有杂质	1) 调整预紧力； 2) 更换新轴承； 3) 清洗主轴箱，更换润滑油

4.4　电主轴驱动

4.4.1　高速主轴结构

高速主轴主要有电主轴、气动主轴、水动主轴等。数控机床常用的高速主轴是电主轴，主要由动力源、主轴、轴承和机架（见图 4-51）等几个部分组成。用于大型加工中心的电主轴基本结构如图 4-52 所示。由主轴轴系 1、内装式电动机 2、支撑及其润滑系统 3、冷却系统 4、松拉刀系统 5、轴承自动卸载系统 6、编码器安装调整系统 7 组成。现在高速主轴很多，最常用的是如图 4-53 所示的 HSK 主轴。图 4-54 所示为刀柄的夹紧机构图（总体结构与 7∶24 刀柄松、夹方式相同，即液压缸顶拉杆松刀，碟形弹簧伸展夹紧刀柄），夹紧时，在碟形弹簧的作用下，拉杆 4 上移，带动与其用螺纹连接的拉套 5 上移，拉套 5 接触爪钩 6，爪钩 6 下部钩住刀柄孔内的 30°斜面，产生径向力 F_R 和轴向力 F_A，同时还产生刀柄和主轴端面之间的接触力 F_S；松刀时，在液压缸活塞杆的作用下使拉杆 4 带动拉套 5 下移，爪钩下部离开刀柄孔中的 30°斜面，拉套继续下移，将刀柄顶离主轴锥孔；拉杆 4 有通孔，用于输送切削液。

图 4-51　高速主轴

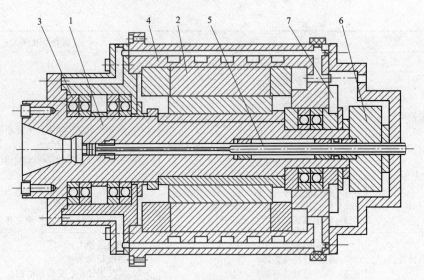

图 4-52　加工中心用电主轴结构简图

1—主轴轴系；2—内装式电动机；3—支撑及其润滑系统；4—冷却系统；

5—松拉刀机构；6—轴承自动卸载系统；7—编码器安装调整系统

图 4-53　HSK 主轴

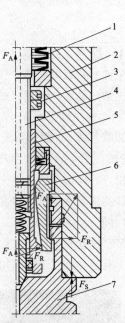

图 4-54　刀柄夹紧机构

1—碟形弹簧；2—主轴；3—调节螺母；

4—拉杆；5—拉套；6—爪钩；7—HSK 刀柄

4.4.2　高速主轴安装

1. 转子的安装

转子的安装如图 4-55 所示。

2. 定子的安装

定子的安装如图 4-56 所示。

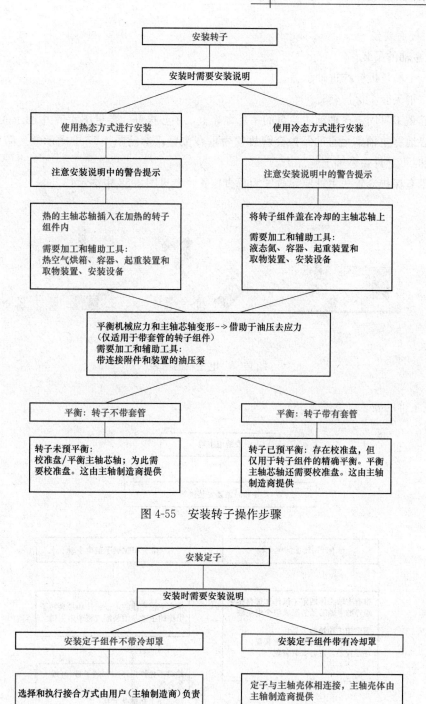

图 4-55　安装转子操作步骤

安装定子

安装时需要安装说明

安装定子组件不带冷却罩

安装定子组件带有冷却罩

选择和执行接合方式由用户（主轴制造商）负责

定子与主轴壳体相连接，主轴壳体由主轴制造商提供

需要加工和辅助工具：
带有合适取物装置的起重装置

热缩是合适的接合方式
此时定子组件与冷却罩/主轴壳体（由主轴制造商提供）连接为一个固定的单元

需要加工和辅助工具：
带有合适取物装置的起重装置，接合装置

图 4-56　安装定子操作步骤

3. 电主轴的安装

（1）电主轴的吊装。

1）将2个吊环螺栓拧进轴承盖。

2）给主轴头套上保护套管。

3）将起重工具固定在轴承法兰盘的吊环螺栓上，小心提升，参见图4-57中图示Ⓐ。

4）小心地将主轴单元通过保护套管放置为垂直位置，参见图4-57中图示Ⓑ。防止发生滑转。在转换位置时不允许在芯轴上施加力。

5）将带有保护套管的主轴单元放置为垂直位置，参见图4-57中图示Ⓒ。

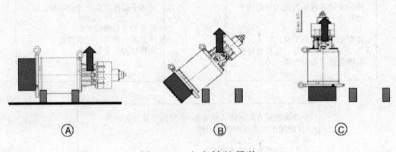

图4-57　电主轴的吊装

（2）电主轴的安装（见图4-58）。

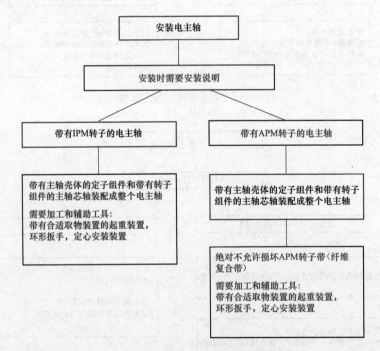

图4-58　安装电主轴操作步骤

（3）电主轴的安装（见表4-31）。

表 4-31　　　　　　　　　　　　　　　电 主 轴 的 应 用

夹紧系统	HSK 夹紧系统	SK 夹紧系统
应用举例	HSK-A63	SK40
图	设备号码 95×××.××××.×.× 在咨询和订货时请说明 拉杆头 叠状弹簧 拉杆 间隔支架 夹紧钳 夹紧锥	柱塞 楔传动机构 设备号码 95×××.××××.×.×在咨询和订货时请说明 叠状弹簧 拉杆 夹紧钳 控制边
刀柄		
说明	一个蝶形弹簧通过主轴中的夹紧锥拉住拉杆。此时，夹紧锥向外张开夹紧钳，直至钳子紧靠在刀具上并与主轴一起夹紧刀具。 　　在夹紧过程中，弹簧力通过两个斜面（10°和 30°）增强 3 倍并作为夹紧力作用在刀具上。只有当刀具严重超负荷时（4 倍夹紧力）才松开刀具，仅在刀具断裂后考虑安全而释放刀具。如果在松开的柱塞上施加压力，拉杆将向相反方向运动，从而打开夹紧钳。到松开行程结束时松脱刀具。现在刀具夹紧器已准备用于新的刀具托架	蝶形弹簧通过一个楔传动机构、一个拉杆和一个工作主轴中的夹紧钳拉住刀具。保持力通过楔传动机构在拧紧刀具时转变为比拧紧力大几倍的力。在能量供应中断时，刀具牢固位于夹紧位置上。通过松开柱塞来松开刀具。 　　在柱塞上施加压力并用销压紧蝶形弹簧。拉杆向立锥方向移动。只要一到达控制边，即自行打开夹紧钳。刀具从拉杆自动脱离。 　　现在刀具夹紧器已用于新的刀具托架

4.4.3 电主轴的电气连接

1. 系统接入

系统接入如图 4-59 所示。

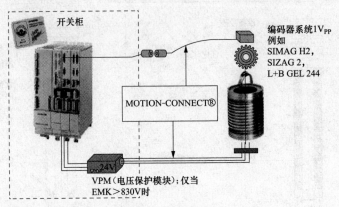

图 4-59 系统接入

2. Ｙ/△切换联结

Ｙ/△切换联结如图 4-60 所示。

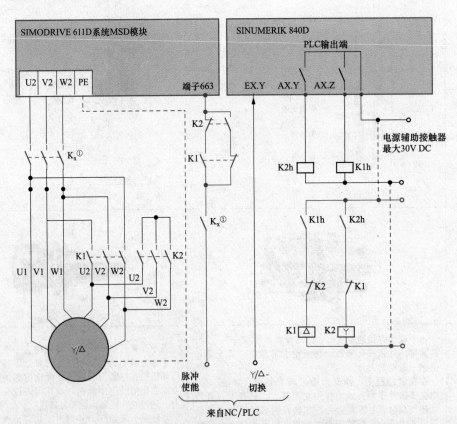

图 4-60 SIMODRIVE 611D 的Ｙ/△切换连接图

① 仅打开 K1 和 K2 无法保证安全运行停止，因此出于技术安全原因，应使用接触器 Kx 进行电流隔断，该接触器只能在无电流时接通，即脉冲使能必须在接触器之前 40ms 取消。

3. 变频器的连接

变频器 SIMODRIVE 611D 由 SINUMERIK 系列 840D 和 810D（主轴要求 CCU3）的驱动总线进行控制，如图 4-61 所示。

变频器 SIMODRIVE 611U 既具有用于 SINUMERIK 系统 840Di 和 802D 控制的 Profibus 接口，也具有用于模拟控制耦合的＋/－10V 接口，如图 4-62 所示。

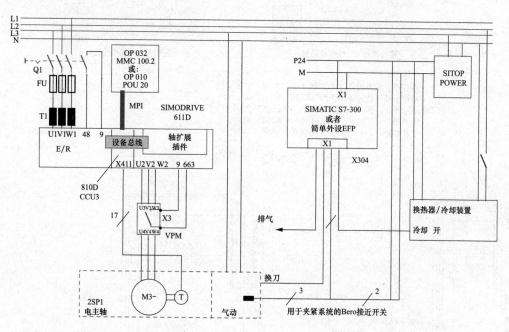

图 4-61 用 SINUMERIK 810D 和变频器 SIMODRIVE 611D 进行系统示例

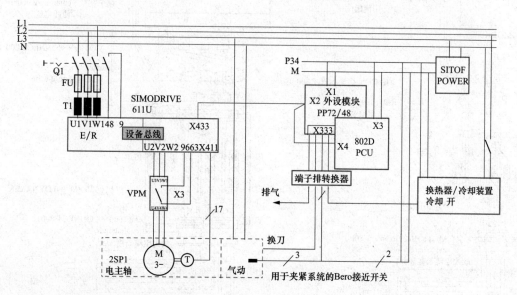

图 4-62 用 SINUMERIK 802 和变频器 SIMODRIVE 611U 进行系统示例

4. 与 VPM 的连接

与 VPM 的连接如图 4-63～图 4-65 所示。

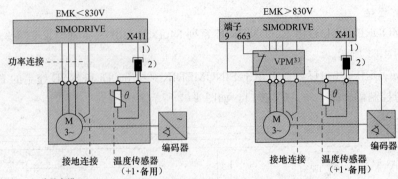

1) 信号电缆
   具有牵引能力的MLFB 6FX5 002-2CA31-1□□0
   适用于牵引链MLFB 6FX8 002-2CA31-1□□0
2) 信号插头17芯，针脚，外螺纹，MLFB 6FX2003-1CF17
   安装法兰（可选）用于加装MLFB 6FX2003-7DX00
3) 对于EMK＞830V需要一个电压保护模块（VPM）

图 4-63 线路图

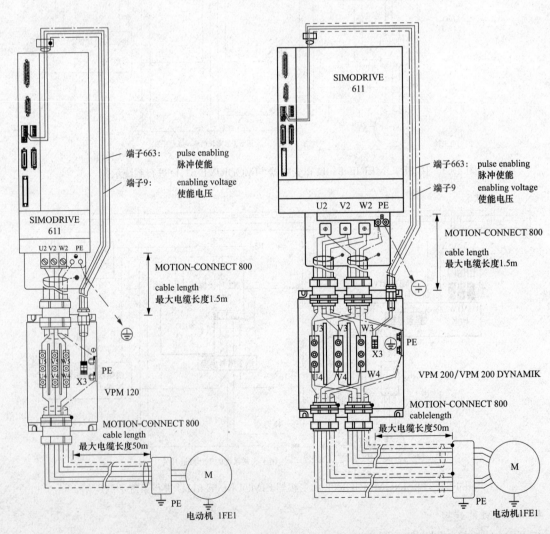

图 4-64 与 VPM 120 的接线图   图 4-65 连接 VPM 200/VPM 200 DYNAMIK 的接线图

5. 角度编码器的连接

（1）角度编码器的安装（见图 4-66）。

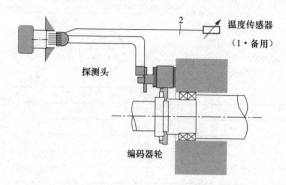

图 4-66　编码器安装图

（2）信号。

1）编码器信号名称（见表 4-32）。

表 4-32　　　　编码器信号名称

信号	非反向电信号	反向电信号	差动信号
正弦	A+	A−	A
余弦	B+	B−	B
参考	R+	R−	R

2）PIN 布局（见表 4-33）。

表 4-33　　　　　　　　　　　　　　　编码器的 PIN 布局

PIN 编号	芯线颜色	信　号	插接面视图
1	蓝色	A	
2	红色	*A	
3	绿色	R	
4	棕色	PTC，NTC K227[②]	
5	白色/棕色	NTC K227，NTC PT3-51F[②]	
6	白色	NTC PT3-51F[②]	
7	黑色	M 编码器	
8	黑色	+KTY 84[①]	
9	白色	−KTY 84[①]	
10	白色	P 编码器	
11	灰色	B	
12	黄色	*B	
13	棕色	*R	
14	白色	PTC[②]	
15	紫色	0V 读出	
16	橘黄色	5V 读出	
17		未连接	

① 2 芯的温度传感器电缆。
② 主轴 2SP120 其他温度传感器的连接。

6. 夹紧状态传感器

（1）主轴 2SP120 的模拟和数字传感器。用于监控刀具夹紧状态（模拟传感器 S1）和松开单元活塞位置（数字传感器 S4）的传感器系统信息。

1）夹紧状态传感器插接件的电气数据和机械规格（见表 4-34）。

2）松开状态传感器插接件的电气数据和机械规格（见表 4-35）。

（2）主轴 2SP125 的数字传感器。用于监控刀具夹紧状态的传感器系统信息。用于监控刀具夹紧状态的传感器系统信息由数字传感器 S1、S2 和 S3 完成，其夹紧状态的电气规格见表 4-36，插接件的机械规格见表 4-37。

表 4-34　　　　　　　**夹紧状态传感器插接件的电气数据和机械规格**

显示夹紧状态的传感器 S1	
类型	Analoger Sensor
BN + BK BU	1＝＋24V 2＝未占用 3＝0V 4＝模拟信号 2● ●1 3● ●4
输出信号	0～10V
工作电压	15～30V DC
工作额定电压	24V 直流电压
额定间距	3mm
剩余波纹度	≤U_e 的 15%
最大线性误差	±U_a 的 3%
最大工作点偏移	±0.3mm
线性区域	1～5mm
连接	插接
短路保护	是
极性倒转保护	是
电缆末端的插头（针脚） （主轴侧）	接头系列 763，4 个引脚，763-09-3431-116-04
传感器电缆的插头（插口）	类型：西门子　　轴向：3RX1535　径向：3RX1548（带有 LED） 类型：巴鲁夫　　轴向：BKS-S19-4　径向：BKS-S20-4（带有 LED）

表 4-35　　　　　　　**松开单元位置传感器插接件的电气数据和机械规格**

显示松开单元活塞位置的传感器 S4	
类型	数字传感器
BN + BK BU	1＝＋24V 2＝未占用 3＝0V 4＝接通触点 2● ●1 3● ●4
输出信号	PNP
工作电压	12～30V DC
工作额定电压	24V 直流电压
工作额定电流	100mA
重复精度	≤U_e 的 5%
开关频率	600Hz
空运载电流	≤12mA
连接	插接
短路保护	是
极性倒转保护	是
电缆末端的插头（针脚） （主轴侧）	接头系列 763，4 个引脚，763-09-3431-116-04
传感器电缆的插头（插口）	类型：西门子　　轴向：3RX1535　径向：3RX1548（带有 LED） 类型：巴鲁夫　　轴向：BKS-S19-4　径向：BKS-S20-4（带有 LED）

表 4-36　　　　　　　　　　　　　　　　　　夹紧状态传感器的电气规格

电源	0V		PIN3
	+24V	最大容差±20% 需要电流<40mA 包括负载电流	PIN1
接通触点	接通至电源 电压正极	激活（H）	PIN4
	接通高阻性的	未激活（L）	
接通触点的 容许负荷	1）最大 200mA； 2）不允许下列电压： a）低于 PIN3 上的电压超过 5V 和高于 PIN1 上的电压超过 5V； b）PIN4 的电感负载时，必须预先计划 相应的措施用于电压限制		

表 4-37　　　　　　　　　　　　　　　　　　插接件的机械规

传感器的引脚布局	传感器插头	电缆插口
1＝＋U 2＝未占用 3＝－U 4＝接通触点		带有输出插头的西门子类型 轴向：3RX1535 径向：3RX1548（带有 LED） 带有输出插头的巴鲁夫类型 轴向：BKS-S19-4 径向：BKS-S20-4（带有 LED）
	插头接点	插口接点
	M12×1	M12×1

4.4.4　辅助系统的连接

1. 主轴供给（见图 4-67）

（1）Motor spindle：电主轴。

（2）Compressed air：压缩空气。

（3）Compressed medium inlet：压缩介质导入。

（4）Compressed medium outlet：压缩介质导出。

（5）Valve：阀。

（6）Air for cone purge：锥形面清洁空气。

（7）Air filter：空气过滤器。

（8）Medium filter：介质过滤器。

（9）Sealing air：密封空气。

（10）Medium for tool ejection, tool clamping：用于松开刀具，夹紧刀具的介质。

（11）Coolant：冷却润滑剂。

（12）Leackage：泄漏。

（13）Heat--exchanger unit：热交换系统。

（14）Encoder：编码器。

（15）Sensor（s）：（多个）传感器。

（16）Power：电气功率。

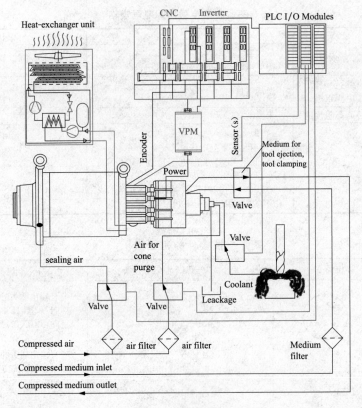

图 4-67　主轴供给

(17) Inverter：变频器。

(18) PLC I/O Modules：PLC 输入/输出单元。

2. 气动系统（见图 4-68）

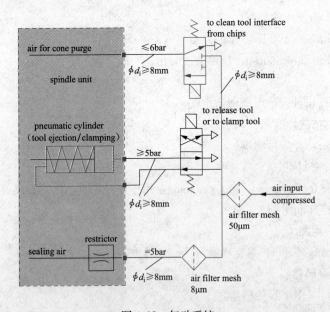

图 4-68　气动系统

（1）Air for cone purge：锥形面清洁空气。

（2）Spindle unit：主轴单元。

（3）Pneumatic cylinder（tool ejection）：气动缸（刀具弹出）。

（4）Sealing air：密封空气。

（5）Restrictor：节流阀。

（6）to clean tool interface from chips：清理刀具接口的切屑。

（7）to release tool or to clamp tool：松开或夹紧刀具。

（8）Air filter mesh：空气滤网。

（9）Air input compressed：输入压缩空气。

3. 液压系统（见图 4-69）

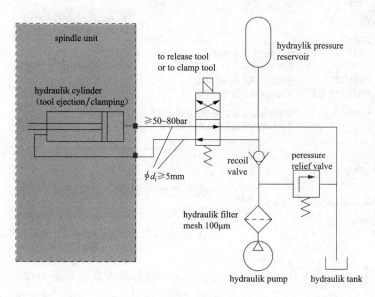

图 4-69　液压系统

（1）Spindle unit：主轴单元。

（2）hydraulik cylinder（tool ejection/clamping）：液压缸（松开/夹紧刀具）。

（3）to release tool or to clamp tool：松开或夹紧刀具。

（4）hydraulik filter mesh：液压滤网。

（5）hydraulik pump：液压泵。

（6）hydraulik tank：液压箱。

（7）recoil valve：止回阀。

（8）hydraulik pressure reservoir：液压蓄压器。

4. 温控系统（见图 4-70）

4.4.5　高速主轴维护

1. 电主轴的润滑

电动机内置于主轴部件后，发热不可避免，从而需要设计专门用于冷却电动机的油冷系统或水冷系统。滚动轴承在高速运转时要给予正确的润滑，否则会造成轴承因过热而烧坏。

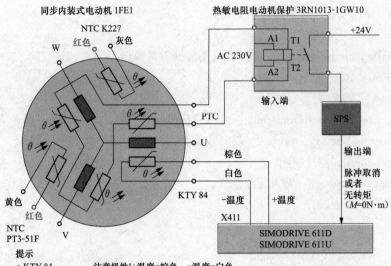

图 4-70　温控系统

提示

- KTY 84:　　　　注意极性!+温度=棕色，-温度=白色
- PTC:　　　　　　和极性无关；红色，白色
- NTC K227:　　　和极性无关；红色，灰色
- NTC PT3-51F:　和极性无关；红色，黄色

- SPS:　　　　　切断回路通过SPS(存储器可编程控制系统)在
　　　　　　　　电动机投入使用前检查断开装置是否正常！

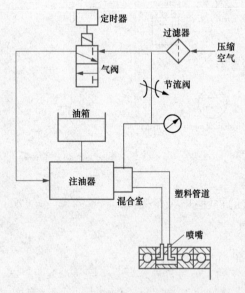

图 4-71　油气润滑

（1）油气润滑方式（见图 4-71）。用压缩空气把小油滴送进轴承空隙中，油量大小可达最佳值，压缩空气有散热作用，润滑油可回收，不污染周围空气。根据轴承供油量的要求，定时器的循环时间可为 1～99min 定时。

（2）喷注润滑方式（见图 4-72）。用较大流量的恒温油（每个轴承 3～4L/min）喷注到主轴轴承，以达到冷却润滑的目的。回油则不是自然回流，而是用两台排油液压泵强制排油。

（3）突入滚道式润滑方式（见图 4-73）。润滑油的进油口在内滚道附近，利用高速轴承的泵效应，把润滑油吸入滚道。若进油口较高，则泵效应差，当进油接近外滚道时则成为排放口了，油液将不能进入轴承内部。

2. 电主轴的冷却

为了尽快使高速运行的电主轴散热，通常对电主轴的外壁通以循环冷却剂，而冷却剂的温度通过冷却装置来保持。高速电主轴的冷却系统主要依靠冷却液的循环流动来实现，而且流动的冷却压缩空气能起到一定的冷却作用，图 4-74 所示为某型号电主轴油水热交换循环冷却系统示意图，为了保证安全，对定子采用连续、大流量循环油冷。其输入端为冷却油，将电动机产生的热量从输出端带出，然后流经逆流式冷却交换器，将油温降到接近室温并回到油箱，再经压力泵增压输入到主轴输入端从而实现电主轴的循环冷却。图 4-75 所示为冷却油流经路线。

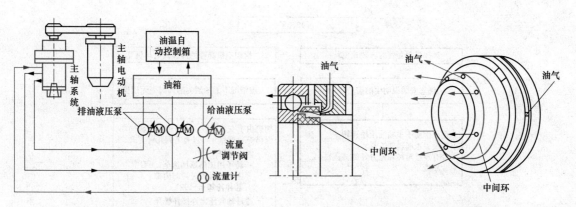

图 4-72 喷注润滑系统　　　　　　　　图 4-73 突入滚道润滑用特种轴承

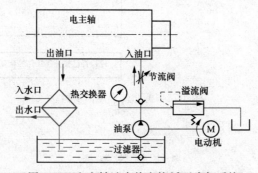

图 4-74 电主轴油水热交换循环冷却系统

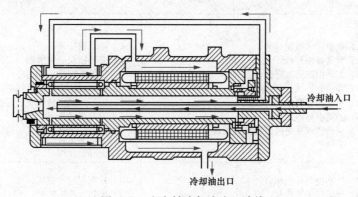

图 4-75 电主轴冷却液流经路线

3. 电主轴的防尘与密封

电主轴是精密部件，在高速运转情况下，任何微尘进入主轴轴承，都可能引起振动，甚至使主轴轴承咬死。由于电主轴电动机为内置式，过分潮湿会使电动机绕组绝缘变差，甚至失效，以致烧坏电动机。因此，电主轴必须防尘与防潮。由于电主轴定子采用循环冷却剂冷却，主轴轴承可能采用油-气润滑，因此，防止冷却及润滑介质进入电动机内部非常重要。另外，还要防止高速切削时的切削液进入主轴轴承，因此，必须做好主轴的密封工作。

4.4.6 电主轴的维修

1. 电主轴的拆卸

电主轴转子的拆卸如图 4-76 所示，其他部位的拆卸可参考进行。

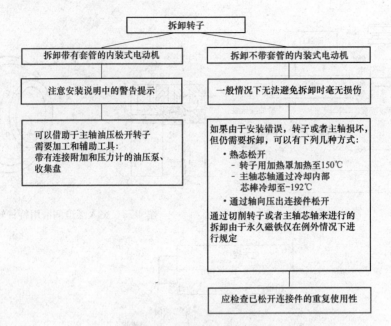

图 4-76 拆卸转子操作步骤

2. 电主轴的维修（见表 4-38）

表 4-38 电 主 轴 的 维 修

故 障	原 因	
	HSK-A63	SK40
刀具没有正确夹紧	1）调整尺寸错误； 2）锁紧被松开； 3）刀具内部轮廓有错误； 4）弹簧断裂（行程过小）； 5）夹紧组件磨损； 6）刀具引导不足； 7）清洁空气从更换位置挤压刀具	1）调整尺寸错误； 2）锁紧被松开； 3）安装错误的夹紧钳（刀具标准）； 4）弹簧断裂（行程过小）； 5）传动机构中有大量污染物； 6）刀具拧紧销错误或者有故障； 7）刀具引导不足； 8）清洁空气从更换位置挤压刀具； 9）夹紧力损失
刀具不能松开	1）柱塞密封件损坏； 2）回转接头不密封； 3）松开压力不足； 4）定心件上配合部分锈蚀； 5）弹簧腔注满机油	1）柱塞密封件损坏； 2）回转接头不密封； 3）松开压力不足； 4）立锥上配合部分锈蚀； 5）弹簧腔注满机油
刀具在工作过程中脱落或者松开	1）夹紧钳、夹紧锥或者拉杆断裂； 2）刀具杆断裂； 3）弹簧断裂； 4）拧紧力过小	1）夹紧钳、夹紧锥或者拉杆断裂； 2）拧紧销或者立锥杆断裂； 3）刀具过长/过短； 4）弹簧断裂； 5）拧紧力过小；变速器不在工作范围内
夹紧力损失	1）夹紧组件在干燥条件下工作； 2）建议测量夹紧力	1）夹紧组件在干燥条件下工作； 2）建议测量夹紧力

第 5 章

进给传动系统的维修 35 例

5.1 进给系统的机械组成

5.1.1 进给传动的组成

图 5-1 所示为某加工中心的 X、Y 轴进给传动系统，图 5-2 所示为其 Z 轴进给传动系统。其传动路线为：X、Y、Z 交流伺服电动机→联轴器→滚珠丝杠（$X/Y/Z$）→工作台 X/Y 进给、主轴 Z 向进给。X、Y、Z 轴的进给分别由工作台、床鞍、主轴箱的移动来实现。X、Y、Z 轴方向的导轨均采用直线滚动导轨，其床身、工作台、床鞍、主轴箱均采用高性能、最优化整体铸铁结构，内部均布置适当的网状肋板、肋条，具有足够的刚性、抗振性，能保证良好的切削性能。

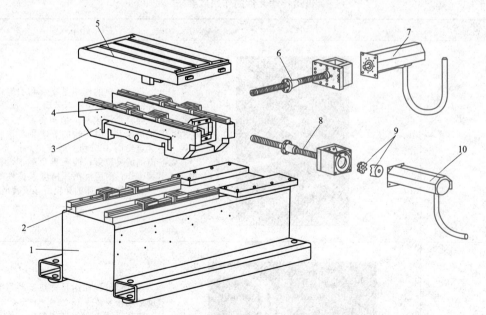

图 5-1　某加工中心的 X、Y 轴进给传动系统

1—床身；2—Y 轴直线滚动导轨；3—床鞍；4—X 轴直线滚动导轨；5—工作台；6—Y 轴滚珠丝杠；

7—Y 轴伺服电动机；8—X 轴滚珠丝杠；9—联轴器；10—X 轴伺服电动机

　　X、Y、Z 轴的支承导轨均采用滑块式直线滚动导轨，使导轨的摩擦为滚动摩擦，大大降低摩擦因数。适当预紧可提高导轨刚性，具有精度高、响应速度快、无爬行现象等特点。这种导轨均为

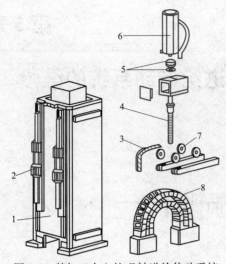

图 5-2　某加工中心的 Z 轴进给传动系统

1—立柱；2—Z 轴直线滚动导轨；3—链条；4—Z 轴滚珠丝杠；
5—联轴器；6—Z 轴伺服电动机；7—链轮；8—导管防护套

线接触（滚动体为滚柱、滚针）或点接触（滚动体为滚珠），总体刚性差，抗振性弱，在大型机床上较少采用。X、Y、Z 轴进给传动采用滚珠丝杠副结构，它具有传动平稳、效率高、无爬行、无反向间隙等特点。加工中心采用轴伺服电动机通过联轴器直接与滚珠丝杠副连接，这样可减少中间环节引起的误差，保证了传动精度。

机床的 Z 向进给靠主轴箱的上、下移动来实现，这样可以增加 Z 向进给的刚性，便于强力切削。主轴则通过主轴箱前端套筒法兰直接与主轴箱固定，刚性高且便于维修。另外，为使主轴箱作 Z 向进给时运动平稳，主轴箱体通过链条、链轮连接配重块，再则由于滚珠丝杠无自锁功能，为防止主轴箱体的垂向下落，Z 向伺服电动机内部带有制动装置。数控机床进给传动典型元件的作用或要求见表 5-1。

表 5-1　　　　　　　　　　　　进给传动元件的作用或要求

名称	图示	作用或要求
导轨		机床导轨的作用是支承和引导运动部件沿一定的轨道进行运动。 导轨是机床基本结构要素之一。在数控机床上，对导轨的要求则更高。如高速进给时不振动；低速进给时不爬行；有高的灵敏度；能在重负载下，长期连续工作；耐磨性高；精度保持性好等要求都是数控机床的导轨所必须满足的
丝杠		丝杠螺母副作用是直线运动与回转运动运动相互转换。 数控机床上对丝杠的要求：传动效率高；传动灵敏，摩擦力小，动静摩擦力之差小，能保证运动平稳，不易产生低速爬行现象；轴向运动精度高，施加预紧力后，可消除轴向间隙，反向时无空行程

续表

名称	图示	作用或要求
轴承		主要用于安装、支撑丝杠，使其能够转动，在丝杠的两端均要安装
丝杠支架		该支架内安装了轴承，在基座的两端均安装了一个，主要用于安装滚珠丝杠，传动工作台
联轴器		联轴器是伺服电动机与丝杠之间的连接元件，电动机的转动通过联轴器传给丝杠，使丝杠转动，移动工作台
伺服电动机		伺服电动机是工作台移动的动力元件，传动系统中传动元件的动力均由伺服电动机产生，每根丝杠都装有一个伺服电动机

续表

名称	图示	作用或要求
润滑系统	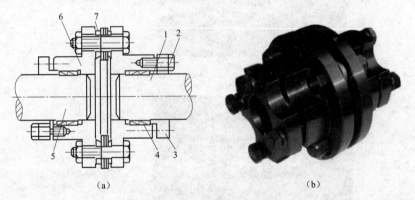	润滑系统可视为传动系统的"血液"。可减少阻力和摩擦磨损，避免低速爬行，降低高速时的温升，并且可防止导轨面、滚珠丝杠副锈蚀。常用的润滑剂有润滑油和润滑脂，导轨主要用润滑油，丝杠主要用润滑脂

5.1.2 数控机床用联轴器

在数控机床上常用的联轴器为图 5-3 所示的弹性联轴器。柔性片 7 分别用螺钉和球面垫圈与两边的联轴套相连，通过柔性片传递转矩。柔性片每片厚 0.25mm，材料为不锈钢。两端的位置偏差由柔性片的变形抵消。由于利用了锥环的胀紧原理，可以较好地实现无键、无隙连接，因此挠性联轴器通常又称为无键锥环联轴器，它是安全联轴器的一种。锥环形状如图 5-4 所示。

（a）　　　　　　　　　（b）

图 5-3　弹性（无键锥环）联轴器

（a）锥环联轴器的结构；（b）锥环联轴器的实物

1—丝杠；2—螺钉；3—端盖；4—锥环；5—电动机轴；6—联轴器；7—弹簧片

（a）　　　　　　（b）　　　　　　（c）

图 5-4　锥环

（a）外锥环；（b）内锥环；（c）成对锥环

例 5-1 电动机联轴器松动的故障维修。

故障现象：某半闭环控制数控车床运行时，被加工零件径向尺寸呈忽大忽小的变化。

故障分析：检查控制系统及加工程序均正常，进一步检查传动链，发现伺服电动机与丝杠连接处的联轴器紧固螺钉松动，使电动机与丝杠产生相对运动。由于机床是半闭环控制，机械传动部分误差无法得到修正，从而导致零件尺寸不稳定。

故障处理：紧固电动机与丝杠联轴器紧固螺钉后，故障排除。

5.1.3 进给传动装置

1. 丝杠螺母副

（1）滚珠丝杠螺母副。滚珠丝杠副从问世至今，其结构有十几种之多，通过多年的改进，现国际上基本流行的结构有图 5-5 所示的四种。

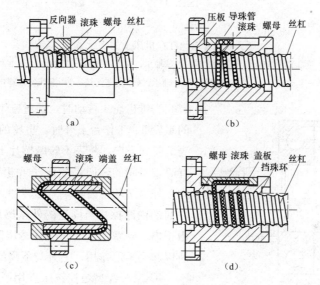

图 5-5 滚珠丝杠的结构

（a）内循环结构；（b）外循环结构；（c）端盖结构；（d）盖板结构

1）滚珠丝杠的支承。滚珠丝杠常用推力轴承支座，以提高轴向刚度（当滚珠丝杠的轴向负载很小时，也可用角接触球轴承支座），滚珠丝杠在机床上的安装支承方式有图 5-6 所示的几种。近来出现一种滚珠丝杠专用轴承，其结构如图 5-7 所示。这是一种能够承受很大轴向力的特殊角接触球轴承，与一般角接触球轴承相比，接触角增大到 60°，增加了滚珠的数目并相应减小滚珠的直径。产品成对出售，而且在出厂时已经选配好内外环的厚度，装配调试时只要用螺母和端盖将内环和外环压紧，就能获得出厂时已经调整好的预紧力，使用极为方便。

2）滚珠丝杠的制动。XK5040A 型数控铣床升降台制动装置如图 5-8 所示。伺服电动机 1 经过锥环连接带动十字联轴器以及锥齿轮 2、3，使升降丝杠转动，工作台上升或下降。同时锥齿轮 3 带动锥齿轮 4，经超越离合器和摩擦离合器相连，这一部分称作升降台自动平衡装置。

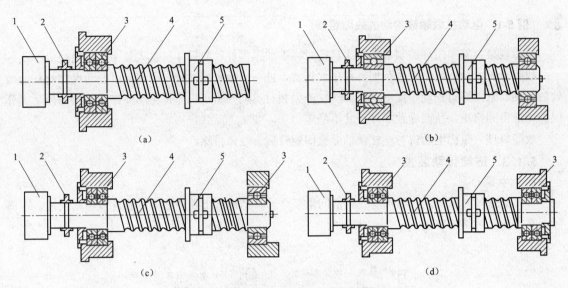

图 5-6 滚珠丝杠在机床上的支承方式

(a) 一端装止推轴承；(b) 一端装止推轴承，另一端装向心球轴承；(c) 两端装止推轴承；(d) 两端装止推轴承及向心球轴承

1—电动机；2—弹性联轴器；3—轴承；4—滚珠丝杠；5—滚珠丝杠螺母

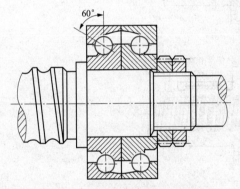

图 5-7 接触角 60°的角接触球轴承

当锥齿轮 4 转动时，通过锥销带动单向超越离合器的星轮 5。工作台上升时，星轮的转向是使滚子 6 和外壳 7 脱开方向，外壳不转摩擦片不起作用；而工作台下降时，星轮的转向是使滚子 6 楔在星轮 5 与外壳 7 之间，外壳 7 随锥齿轮 4 一起转动。经过花键与外壳连在一起的内摩擦片与固定的外摩擦片之间产生相对运动，由于内、外摩擦片之间由弹簧压紧，有一定摩擦阻力，所以起到阻尼作用，上升与下降的力得以平衡。

XK5040A 型数控铣床选用了带制动器的伺服电动机。阻尼力的大小，可以通过螺母 8 来调整，调整前应先松开螺母 8 的锁紧螺钉 9，调整后应将锁紧螺钉锁紧。

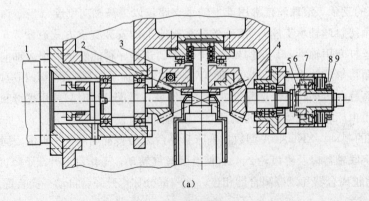

(a)

图 5-8 丝杠制动装置（一）

(a) 升降台制动装置

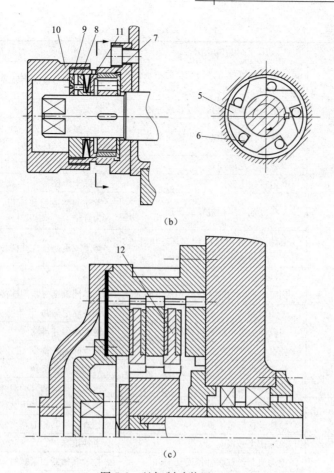

（b）

（c）

图 5-8　丝杠制动装置（二）

（b）超越离合器；（c）摩擦离合器结构

1—伺服电动机；2、3、4—锥齿轮；5—星轮；6—滚子；7—外壳；8—螺母；9—锁紧螺钉；10—盖；11—蝶形弹簧；12—摩擦片

（2）滚珠丝杠副的故障诊断。

1）滚珠丝杠副故障诊断（见表 5-2）。

表 5-2　　　　　　　　　　　　　　滚珠丝杠副故障诊断

序号	故障现象	故障原因	排除方法
1	加工件粗糙值高	导轨的润滑油不足够，致使溜板爬行	加润滑油，排除润滑故障
		滚珠丝杠有局部拉毛或研损	更换或修理丝杠
		丝杠轴承损坏，运动不平稳	更换损坏轴承
		伺服电动机未调整好，增益过大	调整伺服电动机控制系统
2	反向误差大，加工精度不稳定	丝杠轴联轴器锥套松动	重新紧固并用百分表反复测试
		丝杠轴滑板配合压板过紧或过松	重新调整或修研，用 0.03mm 塞尺塞不入为合格
		丝杠轴滑板配合楔铁过紧或过松	重新调整或修研，使接触率达 70% 以上，用 0.03mm 塞尺塞不入为合格
		滚珠丝杠预紧力过紧或过松	调整预紧力。检查轴向窜动值，使其误差不大于 0.015mm

序号	故障现象	故障原因	排除方法
2	反向误差大，加工精度不稳定	滚珠丝杠螺母端面与结合面不垂直，结合过松	修理、调整或加垫处理
		丝杠支座轴承预紧力过紧或过松	修理调整
		滚珠丝杠制造误差大或轴向窜动	用控制系统自动补偿功能消除间隙，用仪器测量并调整丝杠窜动
		润滑油不足或没有	调节至各导轨面均有润滑油
		其他机械干涉	排除干涉位
3	滚珠丝杠在运转中转矩过大	二滑板配合压板过紧或研损	重新调整或修研压板，使0.04mm塞尺塞不入为合格
		滚珠丝杠螺母反向器损坏，滚珠丝杠卡死或轴端螺母预紧力过大	修复或更换丝杠并精心调整
		丝杠研损	更换
		伺服电动机与滚珠丝杠连接不同轴	调整同轴度并紧固连接座
		无润滑油	调整润滑油路
		超程开关失灵造成机械故障	检查故障并排除
		伺服电动机过热报警	检查故障并排除
4	丝杠螺母润滑不良	分油器是否分油	检查定量分油器
		油管是否堵塞	清除污物使油管畅通
5	滚珠丝杠副噪声	滚珠丝杠轴承压盖压合不良	调整压盖，使其压紧轴承
		滚珠丝杠润滑不良	检查分油器和油路，使润滑油充足
		滚珠产生破损	更换滚珠
		电动机与丝杠联轴器松动	拧紧联轴器锁紧螺钉
6	滚珠丝杠不灵活	轴向预加载荷太大	调整轴向间隙和预加载荷
		丝杠与导轨不平行	调整丝杠支座位置，使丝杠与导轨平行
		螺母轴线与导轨不平行	调整螺母座的位置
		丝杠弯曲变形	校直丝杠

2）丝杠副的故障诊断与排除实例。

（3）静压丝杠螺母副。静压丝杠螺母副（简称静压丝杠，或静压螺母，或静压丝杠副）是在丝杠和螺母的螺纹间维持一定厚度，且有一定刚度的压力油膜，如图5-10所示，当丝杠转动时，即通过油膜推动螺母移动，或作相反的传动。

例5-2 位置偏差过大的故障排除。

故障现象：某卧式加工中心出现偏差过大报警，即Y轴移动中的位置偏差量大于设定值而报警。

分析及处理过程：该加工中心使用SIEMENS 880M数控系统，采用闭环控制。伺服电动机和滚珠丝杠通过联轴器直接连接。根据该机床控制原理及机床传动连接方式，初步判断出现偏差过大报警的原因是Y轴联轴器不良。

对Y轴传动系统进行检查，发现联轴器中的胀紧套与丝杠连接松动，紧定Y轴传动系统中所有的紧定螺钉后，故障消除。

例 5-3 加工尺寸不稳定的故障排除。

故障现象：某加工中心运行九个月后，发生 Z 轴方向加工尺寸不稳定，尺寸超差且无规律，CRT 及伺服放大器无任何报警显示。

分析及处理过程：该加工中心采用三菱 M3 系统，交流伺服电动机与滚珠丝杠通过联轴器直接连接。根据故障现象分析故障原因可能是联轴器连接螺钉松动，导致联轴器与滚珠丝杠或伺服电动机间产生滑动。

对 Z 轴联轴器连接进行检查，发现联轴器的 6 只紧定螺钉都出现松动。紧固螺钉后，故障排除。

例 5-4 加工尺寸存在不规则的偏差的故障排除。

故障现象：由龙门数控铣削中心加工的零件，在检验中发现工件 Y 轴方向的实际尺寸与程序编制的理论数据存在不规则的偏差。

分析及处理过程：

(1) 故障分析。从数控机床控制角度来判断，Y 轴尺寸偏差是由 Y 轴位置环偏差造成的。该机床数控系统为 SIMENS810M，伺服系统为 SIMODRIVE 611A 驱动装置，Y 轴进给电动机为 1FT5 交流伺服电动机带内装式的 ROD320。

1) 检查 Y 轴有关位置参数，发现反向间隙、夹紧允差等均在要求范围内，故可排除由于参数设置不当引起故障的因素。

2) 检查 Y 轴进给传动链。传动链中任何连接部分存在间隙或松动，均可引起位置偏差，从而造成加工零件尺寸超差。

(2) 故障诊断。

1) 如图 5-9 (a) 所示，将一个千分表座吸在横梁上，表头找正主轴 Y 运动的负方向，并使表头压缩到 50μm 左右，然后把表头复位到零。

2) 将机床操作面板上的工作方式开关置于增量方式 (INC) 的 "×10" 挡，轴选择开关置于 Y 轴挡，按负方向进给键，观察千分表读数的变化。理论上应该每按一下，千分表读数增加 10μm。经测量，Y 轴正、负方向的增量运动都存在不规则的偏差。

3) 找一粒滚珠置于滚珠丝杠的端部中心，用千分表的表头顶住滚珠，如图 5-9 (b) 所示。将

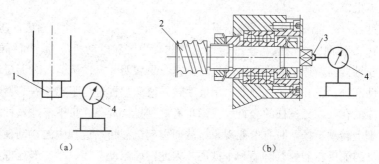

(a) (b)

图 5-9 安装千分表示意图

(a) 表头找正主轴；(b) 表头找正丝杠端面

1—主轴；2—滚珠丝杠；3—滚珠；4—千分表

机床操作面板上的工作方式开关置于手动方式（JOG），按正、负方向的进给键，主轴箱沿 Y 轴正、负方向连续运动，观察千分表读数无明显变化，故排除滚珠丝杠轴向窜动的可能。

4）检查与 Y 轴伺服电动机和滚珠丝杠连接的齿形带轮，发现与伺服电动机转子轴连接的带轮锥套有松动，使得进给传动与伺服电动机驱动不同步。由于在运行中松动是不规则的，从而造成位置偏差的不规则，最终使零件加工尺寸出现不规则的偏差。

维修体会与维修要点：

由于 Y 轴通过 ROD320 编码器组成半闭环的位置控制系统，因此编码器检测的位置值不能真正反映 Y 轴的实际位置值，位置控制精度在很大程度上由进给传动链的传动精度决定。

1）在日常维护中要注意对进给传动链的检查，特别是有关连接元件，如联轴器、锥套等有无松动现象。

2）根据传动链的结构形式，采用分步检查的方式，排除可能引起故障的因素，最终确定故障的部位。

3）通过对加工零件的检测，随时监测数控机床的动态精度，以决定是否对数控机床的机械装置进行调整。

例 5-5、例 5-6　位移过程中产生机械抖动的故障排除。

例 5-5 故障现象：某加工中心运行时，工作台 Y 轴方向位移过程中产生明显的机械抖动故障，故障发生时系统不报警。

分析及处理过程：因故障发生时系统不报警，同时观察 CRT 显示出来的 Y 轴位移脉冲数字量的速率均匀（通过观察 X 轴与 Z 轴位移脉冲数字量的变化速率比较后得出），故可排除系统软件参数与硬件控制电路的故障影响。由于故障发生在 Y 轴方向，故可以采用交换法判断故障部位。通过交换伺服控制单元，故障没有转移，所以故障部位应在 Y 轴伺服电动机与丝杠传动链一侧。为区别电动机故障，可拆卸电动机与滚珠丝杠之间的弹性联轴器，单独通电检查电动机。检查结果表明，电动机运转时无振动现象，显然故障部位在机械传动部分。脱开弹性联轴器，用扳手转动滚珠丝杠进行手感检查。通过手感检查，感觉到这种抖动故障的存在，且丝杠的全行程范围均有这种异常现象。折下滚珠丝杠检查，发现滚珠丝杠轴承损坏。换上新的同型号规格的轴承后，故障排除。

例 5-6 故障现象：某加工中心运行时，工作台 X 轴方向位移过程中产生明显的机械抖动故障，故障发生时系统不报警。

分析及处理过程：因故障发生时系统不报警，但故障明显，故采用上方法，通过交换法检查，确定故障部位应在 X 轴伺服电动机与丝杠传动链一侧；为区别电动机故障，可拆卸电动机与滚珠丝杠之间的弹性联轴器，单独通电检查电动机。检查结果表明，电动机运转时无振动现象，显然故障部位在机械传动部分。脱开弹性联轴器，用扳手转动滚珠丝杠进行手感检查。通过手感检查，感觉到这种抖动故障的存在，且丝杠的全行程范围均有这种异常现象。折下滚珠丝杠检查，发现滚珠丝杠螺母在丝杠副上转动不畅，时有卡死现象，故而引起机械转动过程中的抖动现象。折下滚珠丝杠螺母，发现螺母内的反相器处有脏物和小铁屑，因此钢球流动不畅，时有卡死现象。经过认真清洗和修理，重新装好，故障排除。

例 5-7　丝杠窜动引起的故障维修

故障现象：TH6380 卧式加工中心，启动液压后，手动运行 Y 轴时，液压自动中断，CRT 显示报警，驱动失效，其他各轴正常。

分析及处理过程：该故障涉及电气、机械、液压等部分。任一环节有问题均可导致驱动失效，故障检查的顺序大致如下：

伺服驱动装置→电动机及测量器件→电动机与丝杠连接部分→液压平衡装置→开口螺母和滚珠丝杠→轴承→其他机械部分。

1）检查驱动装置外部接线及内部元器件的状态良好，电动机与测量系统正常。

2）拆下 Y 轴液压抱闸后情况同前，将电动机与丝杠的齿形带脱离，手摇 Y 轴丝杠，发现丝杠上下窜动。

3）拆开滚珠丝杠上轴承座正常。

4）拆开滚珠丝杠下轴承座后发现轴向推力轴承的紧固螺母松动，导致滚珠丝杠上下窜动。

由于滚珠丝杠上下窜动，造成伺服电动机转动带动丝杠空转约一圈。在数控系统中，当 NC 指令发出后，测量系统应有反馈信号，若间隙的距离超过了数控系统所规定的范围，即电动机空走若干个脉冲后光栅尺无任何反馈信号，则数控系统必报警，导致驱动失效，机床不能运行。拧好紧固螺母，滚珠丝杠不再窜动，则故障排除。

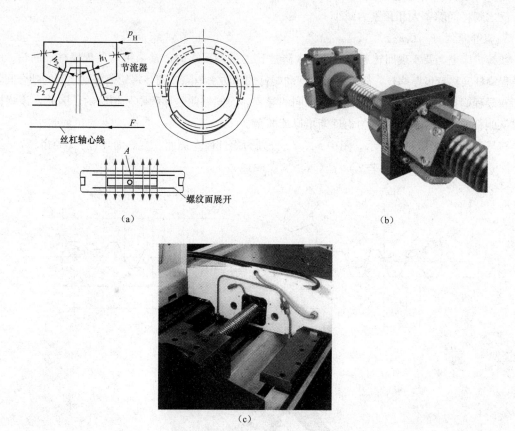

图 5-10　静压丝杠螺母副工作原理

(a) 原理图；(b) 结构图；(c) 安装图

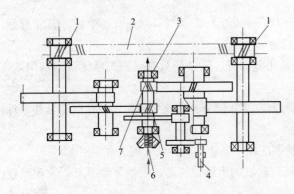

图 5-11　预加负载双齿轮—齿条无间隙传动机构

1—双齿轮；2—齿条；3—调整轴；4—进给电动机轴；
5—右旋齿轮；6—加载弹簧；7—左旋齿轮

2. 齿轮齿条传动

在大型数控机床（如大型数控龙门铣床）中，工作台的行程很大。因此，它的进给运动不宜采用滚珠丝杠副实现（滚珠丝杠只能应用在≤6m 的传动中），因太长的丝杠易于下垂，将影响到它的螺距精度及工作性能，此外，其扭转刚度也相应下降，故常用齿轮齿条传动。当驱动负载小时，可采用双片薄齿轮错齿调整法，分别与齿条齿槽左、右侧贴紧，而消除齿侧隙。图 5-11 所示是预加负载双齿轮—齿条无间隙传动机构示意图。进给电动机经两对减速齿轮传递到轴 3，轴 3 上有两个螺旋方向相反的斜齿轮 5 和 7，分别经两级减速传至与床身齿条 2 相啮合的两个小齿轮 1。轴 3 端部有加载弹簧 6，调整螺母，可使轴 3 上下移动。由于轴 3 上两个齿轮的螺旋方向相反，因而两个与床身齿条啮合的小齿轮 1 产生相反方向的微量转动，以改变间隙。当螺母将轴 3 往上调时，将间隙调小或预紧力加大，反之则将间隙调大和预紧力减小。

3. 双导程蜗杆—蜗轮副

数控机床上当要实现回转进给运动或大降速比的传动要求时，常采用双导程蜗杆—蜗轮。所以双导程蜗杆又称变齿厚蜗杆，故可用轴向移动蜗杆的方法来消除或调整蜗轮蜗杆副之间的啮合间隙。

双导程蜗杆齿的左、右两侧面具有不同的导程，而同一侧的导程则是相等的。因此，该蜗杆的齿厚从蜗杆的一端向另一端均匀地逐渐增厚或减薄。

双导程蜗杆如图 5-12 所示，图中 $t_左$、$t_右$ 分别为蜗杆齿左侧面、右侧面导程。s 为齿厚，c 为槽宽。$s_1 = t_左 - c$，$s_2 = t_右 - c$。若 $t_右 > t_左$，$s_2 > s_1$。同理 $s_3 > s_2$……

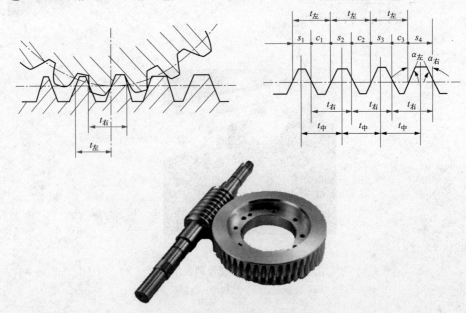

图 5-12　双导程蜗杆—蜗轮副

4. 静压蜗杆—蜗轮条传动

蜗杆—蜗轮条机构是丝杠螺母机构的一种特殊形式。如图 5-13 所示，蜗杆可看作长度很短的丝杠，其长径比很小。蜗轮条则可以看作一个很长的螺母沿轴向剖开后的一部分，其包容角常为 90°～120°。

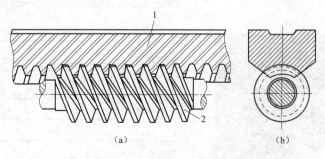

图 5-13　蜗杆—蜗轮条传动机构
1—蜗轮条；2—蜗杆

5.1.4　数控机床用导轨

1. 数控机床常用导轨

（1）塑料导轨。

1）贴塑导轨。贴塑导轨摩擦因数低，摩擦因数在 0.03～0.05，且耐磨性、减振性、工艺性均好，广泛应用于中小型数控机床，如图 5-14 所示。

2）注塑导轨。注塑导轨又称为涂塑导轨。其抗磨涂层是环氧型耐磨导轨涂层，其材料是以环氧树脂和二硫化钼为基体，加入增塑剂，混合成膏状为一组分，固化剂为一组分的双组分塑料涂层。这种导轨有良好的可加工性，有良好的摩擦特性和耐磨性，其抗压强度比聚四氟乙烯导轨软带要高，特别是可在调整好固定导轨和运动导轨间的相对位置精度后注入塑料，可节省很多工时，适用于大型和重型机床。

（2）滚动导轨。滚动导轨分为直线滚动导轨、圆弧滚动导轨、圆形滚动导轨。直线滚动导轨品种很多，有整体型和分离型。整体型滚动导轨常用的有滚动导轨块，如图 5-15 所示，滚动体为滚柱或滚针，其有单列和双列；直线

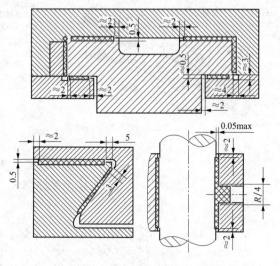

图 5-14　镶粘塑料—金属导轨结构

滚动导轨副，图 5-16（a）所示滚动体为滚珠，图 5-16（b）所示滚动体为滚柱。分离型滚动导轨有 V 字形和平板形，其应用如图 5-17 所示，滚动体有滚柱、滚针和滚珠。为提高抗振性，有时装有抗振阻尼滑座，如图 5-18 所示。

圆弧滚动导轨如图 5-19 所示，圆弧角可按用户需要定制。另外还派生出直线和圆弧相接的直曲滚动导轨［见图 5-19（b）］。圆形滚动导轨中，滚动体用滚珠或交叉滚柱，分整体型（见图 5-20）和分离型（见图 5-21）。

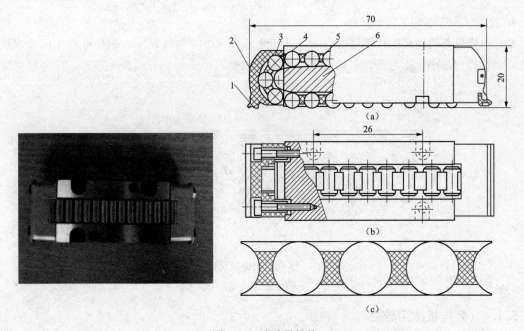

图 5-15 滚动导轨块

1—防护板；2—端盖；3—滚柱；4—导向片；5—保持器；6—本体

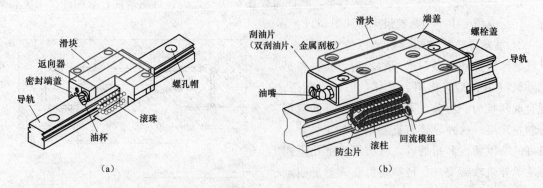

图 5-16 直线滚动导轨

（a）滚动体为滚珠；（b）滚动体为滚柱

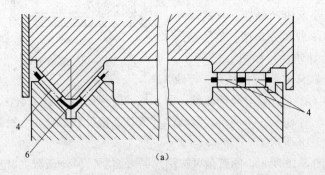

图 5-17 分离型滚动导轨（一）

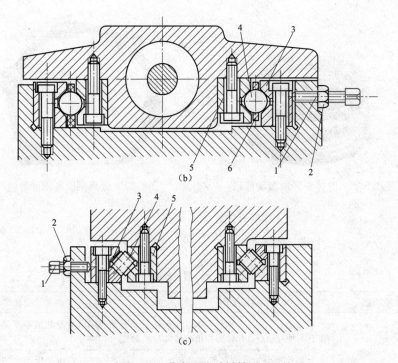

图 5-17　分离型滚动导轨（二）

1—调节螺钉；2—锁紧螺母；3—镶钢导轨；4—滚动体；5—镶钢导轨；6—保持架

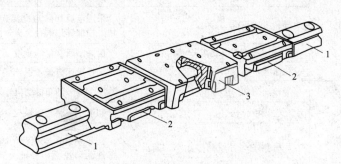

图 5-18　带阻尼器的滚动直线导轨副

1—导轨条；2—循环滚柱滑座；3—抗振阻尼滑座

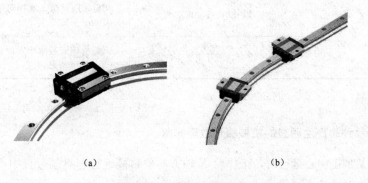

（a）　　　　　　　　　　　　（b）

图 5-19　圆弧滚动导轨

（a）圆弧滚动导轨；（b）直曲滚动导轨

图 5-20　整体型圆形滚动导轨　　　　图 5-21　分离型圆形滚动导轨

2. 导轨的故障排除

（1）导轨的故障诊断（见表 5-3）。

表 5-3　　　　　　　　　　　　　导　轨　故　障　诊　断

序号	故障现象	故障原因	排除方法
1	导轨研伤	机床经长期使用，地基与床身水平有变化，使导轨局部单位面积负荷过大	定期进行床身导轨的水平调整，或修复导轨精度
		长期加工短工件或承受过分集中的负荷，使导轨局部磨损严重	注意合理分布短工件的安装位置避免负荷过分集中
		导轨润滑不良	调整导轨润滑油量，保证润滑油压力
		导轨材质不佳	采用电镀加热自冷淬火对导轨进行处理，导轨上增加锌铝铜合金板，以改善摩擦情况
		刮研质量不符合要求	提高刮研修复的质量
		机床维护不良，导轨里落入脏物	加强机床维护，保护好导轨防护装置
2	导轨上移动部件运动不良或不能移动	导轨面研伤	用 180 号砂布修磨机床导轨面上的研伤
		导轨压板研伤	卸下压板调整压板与导轨间隙
		导轨镶条与导轨间隙太小，调得太紧	松开镶条止退螺钉，调整镶条螺栓，使运动部件运动灵活，保证 0.03mm 塞尺不得塞入，然后锁紧止退螺钉
3	加工面在接刀处不平	导轨直线度超差	调整或修刮导轨，允差 0.015/500mm
		工作台塞铁松动或塞铁弯度太大	调整塞铁间隙，塞铁弯度在自然状态下小于 0.05mm/全长
		机床水平度差，使导轨发生弯曲	调整机床安装水平，保证平行度、垂直度在 0.02/1000mm 之内

（2）排除实例。

例 5-8　行程终端产生明显的机械振动故障排除。

故障现象：某加工中心运行时，工作台 X 轴方向位移接近行程终端过程中产生明显的机械振动故障，故障发生时系统不报警。

分析及处理过程：因故障发生时系统不报警，但故障明显，故通过交换法检查，确定故障部位应在 X 轴伺服电动机与丝杠传动链一侧；为区别电动机故障，可拆卸电动机与滚珠丝杠之间的弹性联轴器，单独通电检查电动机。检查结果表明，电动机运转时无振动现象，显然故障部位在机械传动部分。脱开弹性联轴器，用扳手转动滚珠丝杠进行手感检查；通过手感检查，发现工作台 X 轴方向位移接近行程终端时，感觉到阻力明显增加。拆下工作台检查，发现滚珠丝杠与导轨不平行，故而引起机械转动过程中的振动现象。经过认真修理、调整后，重新装好，故障排除。

例 5-9　电动机过热报警的排除。

故障现象：X 轴电动机过热报警。

分析及处理过程：电动机过热报警，产生的原因有多种，除伺服单元本身的问题外，可能是切削参数不合理，亦可能是传动链上有问题。而该机床的故障原因是由于导轨镶条与导轨间隙太小，调得太紧。松开镶条防松螺钉，调整镶条螺栓，使运动部件运动灵活，保证 0.03mm 的塞尺不得塞入，然后锁紧防松螺钉。故障排除。

例 5-10　机床定位精度不合格的故障排除。

故障现象：某加工中心运行时，工作台 Y 轴方向位移接近行程终端过程中丝杠反向间隙明显增大，机床定位精度不合格。

分析及处理过程：故障部位明显在轴伺服电动机与丝杠传动链一侧；拆卸电动机与滚珠丝杠之间的弹性联轴器，用扳手转动滚珠丝杠进行手感检查。通过手感检查，发现工作台轴方向位移接近行程终端时，感觉到阻力明显增加。拆下工作台检查，发现 Y 轴导轨平行度严重超差，故而引起机械转动过程中阻力明显增加，滚珠丝杠弹性变形，反向间隙增大，机床定位精度不合格。经过认真修理、调整后，重新装好，故障排除。

例 5-11　移动过程中产生机械干涉的故障排除。

故障现象：某加工中心采用直线滚动导轨，安装后用扳手转动滚珠丝杠进行手感检查，发现工作台 X 轴方向移动过程中产生明显的机械干涉故障，运动阻力很大。

分析及处理过程：故障明显在机械结构部分。拆下工作台，首先检查滚珠丝杠与导轨的平行度，检查合格。再检查两条直线导轨的平行度，发现导轨平行度严重超差。拆下两条直线导轨，检查中滑板上直线导轨的安装基面的平行度，检查合格。再检查直线导轨，发现一条直线导轨的安装基面与其滚道的平行度严重超差（0.5mm）。更换合格的直线导轨，重新装好后，故障排除。

5.1.5　数控机床常用检测元件

1. 数控机床常用检测装置

常用的位置检测装置如图 5-22 所示。

（1）光栅。根据光线在光栅中是反射还是透射分为透射光栅和反射光栅；根据光栅形状可分为直线光栅（见图 5-23）和圆光栅（见图 5-24），直线光栅用于检测直线位移，圆光栅用于检测角位移；此外，还有增量式光栅和绝对式光栅之分。

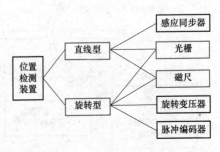

图 5-22　常用的检测装置

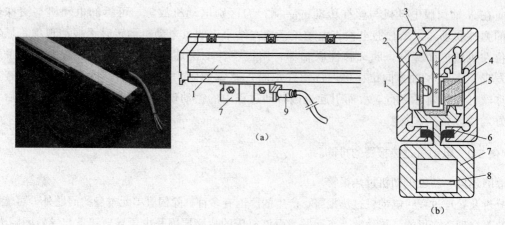

（a）

（b）

图 5-23　直线光栅外观及截面示意图

（a）外观；（b）截面

1—尺身（铝外壳）；2—带聚光透镜的 LED；3—标尺光栅；4—指示光栅；5—游标（装有光敏器件）；

6—密封唇；7—读数头；8—电子线路；9—信号电缆

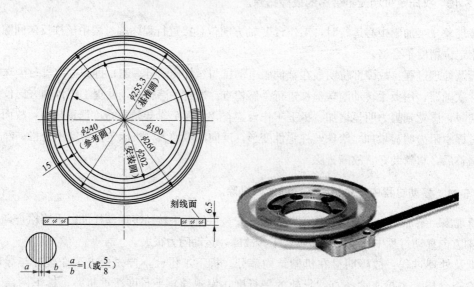

图 5-24　圆光栅

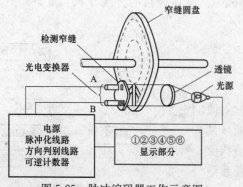

图 5-25　脉冲编码器工作示意图

（2）光电脉冲编码器。脉冲编码器是一种旋转式脉冲发生器，能把机械转角转变成电脉冲，是数控机床上使用广泛的位置检测装置，其工作示意图如图 5-25 所示。图 5-26 为光电脉冲编码器的结构示意图。光电脉冲编码器是数控机床上使用广泛的检测装置。编码器的输出信号有：两个相位信号输出，用于辨向；一个零标志信号（又称一转信号），用于机床回参考点的控制。另外还有＋5V 电源和接地端。

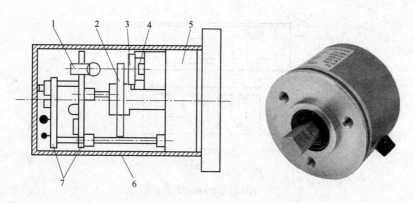

图 5-26 光电脉冲编码器的结构

1—光源；2—圆光栅；3—指示光栅；4—光电池组；5—机械部件；6—护罩；7—印制电路板

（3）旋转变压器。从转子感应电压的输出方式来看，旋转变压器可分为有刷 [见图 5-27（a）] 和无刷 [见图 5-27（b）] 两种类型。

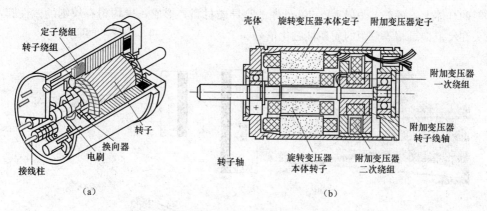

（a）   （b）

图 5-27 旋转变压器结构示意图

（a）有刷式旋转变压器结构图；（b）无刷式旋转变压器结构图

（4）感应同步器。感应同步器是一种电磁式高精度位移检测装置，由定尺和滑尺两部分组成，如图 5-28（a）所示。

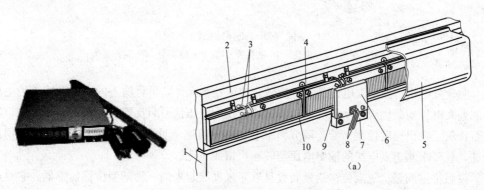

（a）

图 5-28 感应同步器结构示意图（一）

（a）外观及安装形式

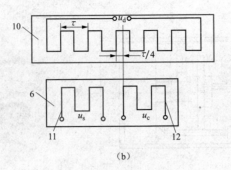

图 5-28　感应同步器结构示意图（二）

(b) 绕组

1—固定部件（床身）；2—运动部件（工作台或刀架）；3—定尺绕组引线；4—定尺座；5—防护罩；6—滑尺；

7—滑尺座；8—滑尺绕组引线；9—调整垫；10—定尺；11—正弦励磁绕组；12—余弦励磁绕组

（5）磁尺。如图 5-29 所示，磁尺由磁性标尺、磁头和检测电路三部分组成。磁性标尺是在非导磁材料的基体上，覆盖上一层 $10\sim30\mu m$ 厚的高导磁材料，形成一层均匀有规则的磁性膜，再用录磁磁头在尺上记录相等节距的周期性磁化信号。

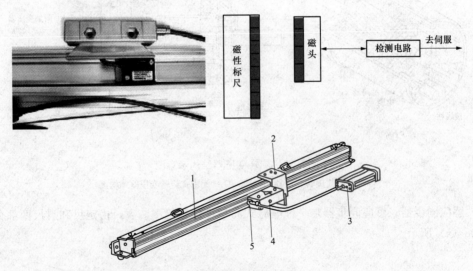

图 5-29　磁尺的结构

1—安装导轨；2—滑块；3—磁头放大器；4—磁头架；5—可拆插头

（6）测速发电机。测速发电机是一种旋转式速度检测元件，可将输入的机械转速变为电压信号输出。测速发电机检测伺服电动机的实际转速，转换为电压信号后反馈到速度控制单元中，与给定电压进行比较，发出速度控制信号，调节伺服电动机的转速（见图 5-30）。为了准确反映伺服电动机的转速，就要求测速发电机的输出电压与转速严格成正比。

（7）磁阻位移测量。磁阻位移测量装置是近年来发展起来的一种新型位移传感器，它是利用磁敏电阻随磁场强度大小的变化而引起阻值的改变来实现位移测量的，图 5-31 为磁阻位移测量示意图。

图 5-30　测速发电机

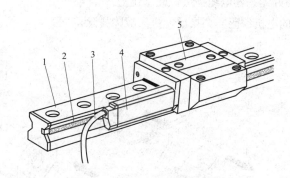

图 5-31　磁阻位移测量

1—直线滚动导轨；2—磁性标尺；3—信号电缆；4—检测头；5—滑块

2. 检测系统的故障诊断与排除实例

例 5-12　一台国产数控龙门铣，采用 840D 和 611D 系统，X、Y、Z 轴都为全闭环控制。该机床在移动 Y 轴时出现以下故障报警：25201　Y 轴驱动故障；300504　Y 轴电动机变换器故障；300508　Y 轴电动机测量系统零号监控等。

在 NC 复位后或机床断电重新启动后可消除，但 Y 轴只能以极低的速度（100mm/min）转动，速度高一点就会再次出现这类故障。

上述 25201 号报警表明驱动发出 1 级严重故障信号（ZK1），但它是伴随报警，主要看后两个报警。300504 号和 300508 号报警指示可能的故障原因是电动机编码器或编码器反馈电缆或闭环控制模块不良。

为了确定故障原因，首先将备用的电动机反馈电缆和 Y 轴电动机编码器反馈电缆调换，故障依旧；再进行控制模块的交换，故障还是不能排除，可见是 Y 轴电动机编码器出了问题。因此，必须调换 Y 轴电动机的编码器。

对于 1FT6、1FK6 型交流伺服电动机，电动机编码器的拆装比较特殊，而且编码器在和电动机安装时有相位要求。

（1）图 5-32 表示了编码器拆下步骤。

1）拆去压盖，拔去编码器电缆插头。

2）拆去编码器中心的固定螺钉。

3）将 M5×10 螺钉放入中心孔内，并拧入螺孔。

4）将 M6×70 螺钉拧入中心螺孔，直至顶松两轴连接。

5）拆下装有编码器的弹簧片架。

6）从弹簧片架上拆下编码器。

（2）安装电动机编码器的步骤。

1）将编码器安装在弹簧片架上。

2）拧出电动机轴中心原先拆下时拧入的 M5×10 的螺钉。

3）将编码器轴插入电动机中心，按图 5-33 所示对准标志。

4）将固定螺钉插入编码器中心，并拧紧。

5）装好弹簧片架螺钉，检查标志是否对准并拧紧螺钉。

6）插好编码器电缆插头，装上压盖。

Y轴的电机编码器调换后，机床故障排除。

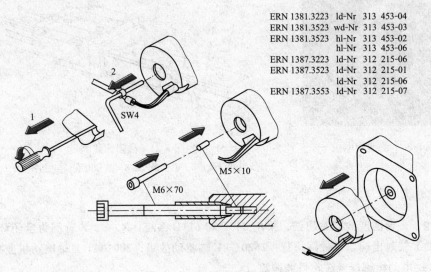

```
ERN 1381.3223   ld-Nr   313 453-04
ERN 1381.3523   wd-Nr   313 453-03
ERN 1381.3523   hl-Nr   313 453-02
                hl-Nr   313 453-06
ERN 1387.3223   ld-Nr   312 215-06
ERN 1387.3523   ld-Nr   312 215-01
                ld-Nr   312 215-06
ERN 1387.3553   ld-Nr   312 215-07
```

图 5-32　编码器拆下示意图

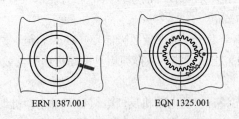

ERN 1387.001　　　　　EQN 1325.001

图 5-33　安装电动机编码器标记

例 5-13　一台德国数控龙门铣，采用 **840D** 和 **611D** 系统，**X、Y、Z、W** 四轴都为全闭环，带 **LB382C** 光栅尺。当开动 Z 轴时出现以下报警：

（1）25001　Z 轴无源编码器硬件故障。

（2）25201　Z 轴驱动故障。

（3）300504　Z 轴电动机编码器故障。

（4）300507　Z 轴电动机转子位置同步（C/D 信号）故障。

（5）300608　Z 轴速度控制器到极限。

上述报警中，25001 和 25201 是 ZK1（状态等级 1）严重故障报警，但它们是伴随报警，准确的故障原因可从后 3 个报警中分析出来。后 3 个报警都与 Z 轴的电动机编码器有关。

先调换该轴电动机编码器反馈电缆，故障依旧。打开 Z 轴电动机后盖，检查编码器，发现大量油脂进入了编码器内部，于是按例 5-12 所述方法拆下编码器，用工业酒精清洗，然后按原样装上，故障排除。

例 5-14　一台由 **840D** 和 **611D** 系统改造的英国加工中心，经搬迁、重新安装。该机床通电后，当移动 Z 轴时出以下报警：

（1）25201　Z 轴驱动故障。

（2）300607　Z 轴电流控制输出被限制。

（3）700010　电源模块未准备。

开始有人根据"25201　Z 轴驱动故障"内容，先后调换了 Z 轴编码器电缆、Z 轴驱动模块都无效。"25201"只是伴随报警，在上述 3 个报警中只有 300607 报警才提示真正的故障原因，是它导致了 25201 和 700010 报警。分析 300607 报警，它的含义是："给定的电流设定值不能注入电动机，虽然提供了最大电压。原因：电动机没有连接或者缺少相位"。

于是检查 Z 轴电动机的三相连接，用万用表电阻挡测 Z 轴驱动模块至电动机的输出端 U2、V2、W2。通常在机床停电后测这三端之间的电阻值只有几欧，然而测 Z 轴电动机 W2 相与其他两相的电阻值高达几兆欧，可见 W 相已断。再测电动机侧三相线圈电阻，阻值正常，估计是 Z 轴电动机的电枢电缆有问题。经仔细检查，该电缆的一处外表皮在机床搬迁过程中不慎被夹破。修复了该处电缆故障后，机床恢复了正常。

例 5-15　工作台定位后仍移动，但数控系统不报警。

故障现象：进给轴定位时数控系统显示正常，但用千分表测量发现工作台定位后机床仍移动 $10\mu m$ 的距离。

故障分析：检查 CNC、进给驱动部分均未发现异常，因此重点检查位置反馈装置。该机床采用 HEIDENHAIN 光栅尺，易受到污染，检查发现该光栅尺周围油污较多，分析可能是油污染严重，引起位置环节测量反馈有微量误差，但不足以使系统报警。

故障处理：按照光栅尺维护的要求，对其进行认真细致的清洗，该故障消除。

例 5-16　一数控机床出现进给轴飞车失控的故障。

该机床伺服系统为西门子 6SC610 驱动装置和 1FT5 交流伺服电动机带 ROD320 编码器，在排除数控系统、驱动装置及速度反馈等故障因素后，将故障定位于位置检测控制。经检查，编码器输出电缆及连接器均正常，拆开 ROD320 编码器，发现一紧固螺钉脱落并置于 +5V 与接地端之间，造成电源短路，编码器无信号输出，数控系统处于位置环开环状态，从而引起飞车失控的故障。

例 5-17　一台数控车床出现报警"1320 Control loop hardware（控制环硬件）"。

数控系统：西门子 810T 系统。

故障现象：机床开机就出现 1320 报警，指示 X 轴伺服控制环有问题。

故障分析与检查：此故障报警一般都是位置反馈系统有问题，在系统测量板上将 X 轴的位置反馈电缆与 Z 轴反馈电缆交换插接，系统出现 1321 报警，故障转移到 Z 轴，证明是 X 轴的位置反馈出现问题。对 X 轴的反馈电缆和电缆插头进行检查，但并没有发现问题。

根据机床工作原理，X 轴的编码器安装在伺服电动机里，是内置式编码器。将位置反馈电缆插接到备用伺服电动机的编码器上时，机床报警消失，说明是内置编码器损坏。

故障处理：更换伺服电动机的内置编码器，机床恢复正常工作。

例 5-18　一台数控加工中心偶尔出现伺服报警"25000 Axis X hardware fault of active encoder（X 轴主动编码器硬件故障）"。

数控系统：西门子 840D 系统。

故障现象：这台机床在运行时偶尔出现 25000 报警，指示 X 轴位置反馈有问题，关机再开还可以工作。

故障分析与检查：这台机床采用全闭环位置控制系统，位置测量反馈采用 HEIDENHAIN 公司的光栅尺。因为报警信息与 X 轴的位置反馈有关，首先将 X 轴的伺服电动机、编码器和光栅尺的电缆在 611D 伺服模块接口处直接和 Z 轴对换，报警指示 Z 轴有问题，说明 X 轴伺服控制板和驱动模块都没有问题，参数设定也没有问题。

对 X 轴伺服电动机进行检查也没有问题，与 Z 轴（伺服电动机和编码器）对换还是 X 轴出现报警，说明伺服电动机和编码器没有问题。

检查 X 轴伺服电动机连接电缆、编码器电缆和光栅尺电缆都没有发现问题，因此怀疑光栅尺可能有问题，打开光栅尺发现定尺内有水汽及粉尘等少量污染物。

故障处理：对光栅尺定尺进行清洗，并采取密封措施，开机测试，机床恢复正常。

例 5-19 一台数控加工中心出现报警 "25001 Axis Y hardware fault of passive encoder（Y 轴从动编码器故障）"。

数控系统：西门子 840D 系统。

故障现象：这台机床开机就出现 25001 号报警，指示 Y 轴编码器有问题。

故障分析与检查：这台机床采用全闭环位置控制系统，位置反馈采用光栅尺，伺服系统转速反馈采用伺服电动机的内置编码器。

因为此报警指示 y 轴从动编码器故障，即 y 轴伺服电动机的内置编码器回路有故障。在驱动模块上将 y 轴与 X 轴伺服电动机的动力电缆和编码器电缆对换，开机后系统出现 X 轴报警，说明与系统和驱动模块没有问题，故障可能在编码器、编码器电缆或其连接上。

检查 Y 轴伺服电动机编码器的电缆时发现在伺服电动机上的插接有些松动。

故障处理：重新插接编码器反馈电缆插头，并拧紧，机床通电开机，故障消除。

5.2 步进驱动的维修

SIEMENS 系统的步进驱动主要有"五相十拍"步进电动机驱动器，STEPDRIVE C/C＋系列步进驱动是 SIEMENS 公司为配套经济型数控车床、铣床等产品而开发的开环步进驱动。它可以与该公司生产采用步进驱动器的 802S 系列（包括 802S/802Se/802S Baseline）CNC 配套，以组成经济型数控系统。外形如图 5-34 所示。

5.2.1 STEPDRIVE C/C＋步进驱动的组成

从硬件上方面看，一套完整的 STEPDRIVE C/C＋步进驱动系统一般由下列各部分组成。

1. 电源变压器

STEPDRIVE C/C＋步进驱动器的直流母线电压为 DC120V，输入电源电压为单相 AC85V，因此，驱动器不可以直接与 380V 或 220V、频率为 50Hz 或 60Hz 的电网相连，必须安装 220V/85V（或 380W85V）的单相电源变压器。

对于多轴控制的机床，电源变压器可以多驱动器公用，但驱动器电源变压器与 CNC 电源变压器或者其他控制变压器最好分开，即采用单独的驱动电源变压器。

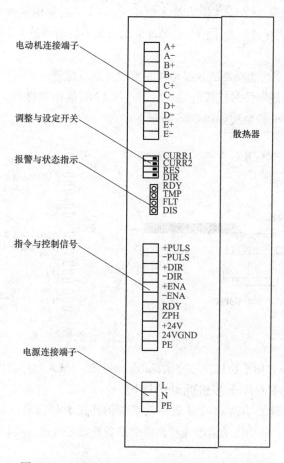

图 5-34　STEPDRIVE C/C＋步进驱动器外形图

变压器容量决定于使用驱动器的情况，对于单只驱动器，其容量见表 5-4。由于步进电动机的工作方式与伺服电动机有所不同，因此，即使在多驱动共用的场合，原则上也不考虑同时工作系数（同时工作系数为 1）。

表 5-4　　　　　　　　　STEPDRIVE C/C＋步进驱动电源变压器容量表

轴数	驱动器型号	配套步进电动机	变压器容量
1	STEPDRIVE C	6FC5548-0AB03（3.5Nm）	0.3kVA
1	STEPDRIVE C	6FC5548-0AB06（6Nm）	0.4kVA
1	STEPDRIVE C	6FC5548-0AB09（9Nm）	0.6kVA
1	STEPDRIVE C	6FC5548-0AB12（12Nm）	0.7kVA
1	STEPDRIVE C＋	6FC5548-0AB18（18Nm）	1.4kVA
1	STEPDRIVE C＋	6FC5548-0AB25（18Nm）	1.5kVA

2. 驱动器

SIEMENS 公司生产的步进驱动器主要有前述的 STEPDRIVE C 与 STEPDRIVE C＋两种形式，均为"单轴型"结构。

通过对驱动器输出电流的不同设定，可以适用于不同规格的步进电动机的驱动。

驱动器输入电源电压为 AC85V，输出最大电压为 120V，控制信号为来自 CNC 的"脉冲"与"方向"信号，内部可以进行"五相十拍"的脉冲分配与脉冲的功率放大。

3. 连接电缆

STEPDRIVE C/C＋系列驱动器的连接电缆主要包括以下部分。

(1) 脉冲指令与"使能"信号连接电缆。用于连接 CNC 输出的脉冲、方向指令与"使能"信号等，最大允许长度为 50m。电缆如图 5-35 所示。

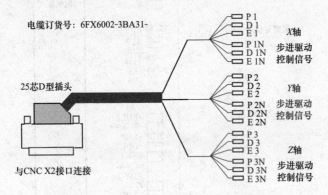

图 5-35　脉冲指令与"使能"信号连接电缆

(2) 电动机动力电缆。用于连接步进电动机的五相电源，最大允许长度为 15m。

5.2.2　STEPDRIVE C/C＋步进驱动的连接

STEPDRIVE C 与 STEPDRJVEC＋步进驱动系统的连接十分简单，只需要连接电源、脉冲指令电缆（包括使能信号）、电动机动力电缆与简单的准备好信号即可。具体连接要求如下。

1. 电源的连接

STEPDRIVE C/C＋步进驱动器要求的额定输入电源为单相 AC85V、50Hz，允许电压波动范围为±10％。必须使用驱动电源变压器。在驱动器中，电源的连接端为图 5-34 中的 L、N、PE 端。

2. 指令与"使能"信号的连接

步进驱动器的指令脉冲（＋PULS/－PULS）、方向（＋DIR/－DIR）与"使能"（＋ENA/－ENA)信号从控制端连接器输入（见图 5-34），以上信号一般直接使用来自 CNC 的输出信号。以与 802S CNC 的连接为例，连接方法见表 5-5。

表 5-5　　　　　　　　　　STEPDRIVE C/C＋指令与"使能"信号连接表

信号名称	线　号	连接驱动器	802S CNC 侧（连接器/脚号）	备　注
＋PULS1	P1	第 1 轴	X2/1	X 轴
－PULS1	P1N	第 1 轴	X2/14	X 轴
＋DIR1	D1	第 1 轴	X2/2	X 轴
－DIR1	DIN	第 1 轴	X2/15	X 轴
＋ENA1	E1	第 1 轴	X2/3	X 轴
－ENA1	E1N	第 1 轴	X2/16	X 轴
＋PULS2	P2	第 2 轴	X2/4	Y 轴
－PULS2	P2N	第 2 轴	X2/17	Y 轴

续表

信号名称	线　号	连接驱动器	802S CNC 侧（连接器/脚号）	备　注
+DIR2	D2	第 2 轴	X2/5	Y 轴
−DIR2	D2N	第 2 轴	X2/18	Y 轴
+ENA2	E2	第 2 轴	X2/6	Y 轴
−ENA2	E2N	第 2 轴	X2/19	Y 轴
+PULS3	P3	第 3 轴	X2/7	Z 轴
−PULS3	P3N	第 3 轴	X2, 20	Z 轴
+DIR3	D3	第 3 轴	X2/8	Z 轴
−DIR3	D3N	第 3 轴	X2/21	Z 轴
+ENA3	E3	第 3 轴	X2/9	Z 轴
−ENA3	E3N	第 3 轴	X2/22	Z 轴
+PULS4	P4	第 4 轴	X2/10	备用
−PULS4	P4N	第 4 轴	X2, 23	备用
+DIR4	D4	第 4 轴	X2/11	备用
−DIR4	D4N	第 4 轴	X2, 24	备用
+ENA4	E4	第 4 轴	X2/12	备用
−ENA4	E4N	第 4 轴	X2/25	备用
M		0V	X2/13	

表中各信号的作用如下：

（1）+PULS/−PULS：指令脉冲输出，上升沿生效，每一脉冲输出控制电动机运动一步（0.36°）。输出脉冲的频率决定了电动机的转速（即工作台运动速度），输出脉冲数决定了电动机运动的角度（即工作台运动距离）。

（2）+DIR/−DIR：电动机旋转方向选择。"0"为顺时针，"1"为逆时针。电动机实际转向还与驱动器的设定有关，可以通过设定开关进行调整。

（3）+ENA/−ENA：驱动器"使能"控制信号。"0"为驱动器禁止，"1"为驱动器"使能"。驱动器禁止时，电动机无保持力矩。

以上所有信号在 CNC 内部均有短路与过载保护措施。

3.　"准备好"信号的连接

STEPDRIVE C/C+系列驱动器的"准备好"信号输出通常使用 24V 电源，信号电源需要外部电源提供。对应端子的作用与意义如下。

（1）+24V/+24VGND：驱动器的"准备好"信号外部电源输入。

（2）RDY：驱动器的"准备好"信号输出。当使用多轴驱动时，根据 SIEMENS 的习惯使用方法，此信号一般情况下串联使用，即将第一轴的 RDY 输出作为第 2 轴的+24V 输入，3 轴时再把第 2 轴的 RDY 输出作为第 3 轴的+24V 输入，依次类推，并从最后的轴输出 RDY 信号（参见图 5-36），作为 PLC 的输入信号。

4.　电动机的连接

STEPDRIVE C/C+系列驱动器的电动机连接非常简单，只需要直接将驱动器上的 A+～E−与电动机的对应端连接即可。对于无引出线标记的电动机，各相的连接可以按照图 5-37 进行。

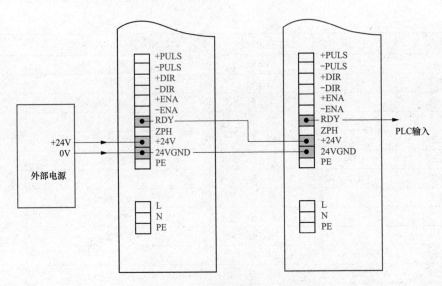

图 5-36　准备好信号的连接图

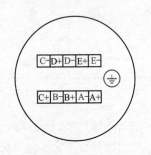

图 5-37　SIEMENS BYG 步
进电动机引出线

5.2.3　STEPDRIVE C/C＋步进驱动的调整与维修

由于 STEPDRIVE C/C＋系列驱动器实质相当于一只能对输入脉冲进行环形分配与功率放大的控制器，原理上与普通步进驱动器无本质区别，因此，在调整与维修上较简单。

1. STEPDRIVE C/C＋步进驱动的调整

STEPDRIVE C/C＋系列驱动器在正面设有 4 只调整开关，开关安装位置可以参见图 5-34，作用如下。

（1）调整开关 CURR1/CURR2：调整开关 CURR1/CURR2 用于驱动器输出相电流的设定，通过设定，使得驱动器与各种规格的电动机相匹配。开关位置与输出相电流的对应关系见表 5-6。

表 5-6　　　　　　　　　　　　　STEPDRIVE C/C＋输出电流的调整

CURR1	CURR2	输出相电流/A	适用驱动器	适用电动机/N·M
OFF	OFF	1.35	STEPDRIVEC	3.5
ON	OFF	1.90	STEPDRIVEC	6
OFF	ON	2.00	STEPDRIVE C	9
ON	ON	2.55	STEPDRIVE C	12
OFF	ON	3.60	STEPDRIVE C＋	18
ON	ON	5.00	STEPDRIVE C＋	25

（2）调整开关 RES：通常无定义。

（3）调整开关 DIR：用于改变电动机的转向，当电动机转向与要求不一致时，只需要将此开关在 ON 与 OFF 间进行转换，即可以改变电动机的旋转方向。DIR 开关的调整，必须在切断驱动器电源的前提下进行。

2. STEPDRIVE C/C＋步进驱动的状态指示

STEPDRIVE C/C＋系列驱动器在正面设有 4 只状态指示灯（发光二极管），指示灯安装位置可以参见图 5-34。各指示灯的含义见表 5-7。

表 5-7 STEPDRIVE C/C＋的状态指示

指示灯代号	指示灯颜色	代表的意义	故障排除措施
RDY	绿	驱动器准备好	
DIS	黄	驱动器无报警，但无"使能"信号输入	1）检查来自 CNC 的"使能"信号（＋ENA～—ENA）的输入连接； 2）检查 CNC 的工作状态
FLT	红	驱动器存在报警，可能的原因有： 1）驱动器输入电压过低； 2）驱动器输入电压过高； 3）电动机相间存在短路； 4）电动机绕组对地短路； 5）电动机过电流或过载	1）检查驱动器输入电源的输入连接； 2）检查输入电源的电压值； 3）检查电动机与驱动器间的连接； 4）检查电动机的负载情况
TMP	红	驱动器过热	1）检查电柜温升； 2）检查电动机的负载情况

驱动器的正常工作过程如下：

（1）接通驱动器的输入电源，驱动器指示灯 DIS 亮，驱动等待"使能"信号输入。

（2）CNC 输出"使能"信号，驱动器指示灯 DIS 灭，RDY 亮，步进电动机通电，并且产生保持转矩。

（3）驱动器接收来自 CNC 的指令脉冲，按照要求旋转。

（4）当驱动器出现故障时，报警指示灯 FLT 或 TMP 亮，应按表 5-7 分析、检查原因并排除故障。

（5）当电动机转向不正确时，应切断驱动器电源，通过 DIR 开关交换电动机转向。

3. 步进电动机驱动故障分析

步进电动机驱动系统的主要弱点是高频特性差，在使用中常出现的故障是失步和步进电动机驱动电源的功率管损坏。分析步进驱动系统的故障一般从步进电动机矩频特性和步距角两个方面入手，步进电动机驱动常见故障见表 5-8。

表 5-8 步进电动机驱动常见故障

故障现象	故障可能原因
电动机过热。有些系统会报警，显示电动机过热。用手摸电动机，会明显感觉温度不正常，甚至烫手	1）工作环境过于恶劣，环境温度过高； 2）参数设置不当； 3）电压过高
电动机启动后堵转	1）指令频率太高； 2）负载转矩太大； 3）加速时间太短； 4）负载惯量太大； 5）电源电压降低
电动机运转不均匀，有抖动	1）指令脉冲不均匀； 2）指令脉冲太窄； 3）指令脉冲电平不正确； 4）指令脉冲电平与驱动器不匹配； 5）脉冲信号存在噪声； 6）脉冲频率与机械发生共振

续表

故障现象	故障可能原因
电动机运转不规则，正、反转摇摆	指令脉冲频率与电动机发生共振
电动机定位不准	1）加、减速时间太短； 2）存在干扰噪声； 3）系统屏蔽不良
电动机不运转	1）驱动器无直流供电电压； 2）驱动器熔丝熔断； 3）驱动器报警（过电压、欠电压、过电流、过热）； 4）驱动器与电动机连线断开； 5）驱动器使能信号被封锁； 6）接口信号线接触不良； 7）指令脉冲太窄，频率过高，脉冲电平太低
在工作正常的状况下，发生突然停车	1）驱动电源故障； 2）电动机故障； 3）杂物卡住
工作噪声特别大，加工或运行过程中，电动机还有进二退一现象	1）电动机相序接线错误； 2）电动机运行在低频区或共振区； 3）纯惯性负载，正反转频繁； 4）电动机故障
闷车，切削过程中，某进给轴突然停止	1）驱动器故障； 2）电动机故障； 3）外部故障，电压不稳，负载过大或切削条件恶劣
电动机一开始就不转	1）驱动器：驱动器与电动机连线断开；熔丝熔断；当动力线断线时，二相式步进电动机是不能转动的，三相五线制电动机仍可转动，但转矩不足；驱动器报警（过电压、欠电压，过电流、过热）；驱动器使能信号被封锁；驱动器电路故障；接口信号接触不良；系统参数设置不当。 2）步进电动机：电动机卡死；长期在潮湿场所存放，造成电动机部分生锈；电动机故障；指令脉冲太窄，频率过高，脉冲电平太低。 3）外部故障：安装不正确；轴承、丝杠等故障
电动机尖叫后不转	1）输入脉冲频率太高引起堵转； 2）输入脉冲的突跳频率太高； 3）输入脉冲的升速曲线不够理想引起堵转
步进电动机失步或多步	1）负载过大，超过电动机的承载能力； 2）负载忽大忽小； 3）负载的转动惯量过大，启动时失步，停车时过冲； 4）传动间隙大小不均； 5）传动间隙产生的零件弹性变形； 6）电动机工作在振荡失步区； 7）干扰； 8）电动机故障
驱动器或步进电动机发出尖叫声，然后电动机停止转动	1）输入脉冲频率太高，引起堵转； 2）输入脉冲的升速益线不够理想，引起堵转

续表

故障现象	故障可能原因
数控机床运转不均匀、有抖动，反映在加工中是加工的工件有振纹，表面粗糙度值大	1）指令脉冲不均匀； 2）指令脉冲电平不正确； 3）指令脉冲与驱动器不匹配； 4）脉冲信号存在噪声； 5）指令脉冲太窄； 6）脉冲频率与机械发生共振
电动机定位不准，反映在加工中的故障就是加工工件尺寸有问题	1）加减速时间太短； 2）指令信号存在干扰噪声； 3）系统屏蔽不良

例 5-20　故障现象：某配套 SINUMERIK 802S 系统的数控机床，步进电动机不转动（屏幕显示位置在变化，而且驱动器上标有 RDY 的绿色发光管亮）。

　　故障分析与诊断：报警灯 RDY 的绿色发光管亮，表明驱动就绪。此时电动机不转动的原因主要是系统工作在程序测试 PRT 方式（自动方式下"程序控制"设定）或驱动器故障。首先在自动方式下，选取"程序控制"子菜单，查看"程序测试"正常；怀疑驱动器有问题，用替换法进一步检测，确定驱动器有故障，更换驱动器后故障排除，机床恢复正常。

5.3　SIEMENS 交流进给驱动

5.3.1　611U/Ue 系列伺服驱动

1. 611U/Ue 系列驱动的设定与调整

　　（1）611U 驱动器的设定。一般情况下，611Ue 驱动器的调整与设定，不需要通过硬件进行，它可以直接使用 SimoComU 软件进行设定与优化；但 611U 驱动器则应按照需要，设定安装驱动器正面的开关 S1，在此基础上使用 Simo ComU 软件进行设定与优化。

　　611U 驱动器的设定开关 S1 从上至下依次有 8 个子开关 S1.1～S1.8，其作用分别见表 5-9。

表 5-9　　　　　　　　　　　　　　611U 驱动器的设定开关设定

开关	意义	设定	说　明	通常设定
S1.1～S1.3	驱动器第 1 轴（轴 A）的位置反馈/给定信号连接端 X461 的信号状态设定	OFF	定义轴 A 的位置反馈/给定信号连接端 X461 的脉冲信号 A+/A−/B+/B−/R+/R−为经过驱动器内部变换后的增量式、实际位置反馈脉冲	OFF
		ON	定义轴 A 的位置反馈/给定信号连接端 X461 的脉冲信号 A+/A−/B+/B−/R+/R−为外部位置给定输入信号	
S1.4～S1.6	驱动器第 2 轴（轴 B）的位置反馈/给定信号输出/输入端状态设定	OFF	定义轴 B 的位置反馈/给定信号连接端 X461 的脉冲信号 A+/A−/B+/B−/R+/R−为经过驱动器内部变换后的增量式、实际位置反馈脉冲	OFF
		ON	定义轴 B 的位置反馈/给定信号连接端 X461 的脉冲信号 A+/A−/B+/B−/R+/R−为外部位置给定输入信号	
S1.7、S1.8	X471 的 RS485 接口状态设定	OFF	RS485 终端电阻关闭	OFF
		ON	RS485 终端电阻打开（仅当驱动器作为最后的 RS485 接点时设定 ON）	

（2）利用 Simo ComU 软件的设定与调整。611U/Ue 驱动器的初始化设定与调整不需要通过硬件进行，一般来说，维修、调试时通常利用 Simo ComU 软件进行。

611U 与 611Ue 驱动器的 Simo ComU 软件操作步骤相同，具体如下：

1）利用驱动器调试电缆，将计算机与 611U/Ue 驱动器的 X471 接口连接。

注意：连接电缆的插、拔必须在驱动器、计算机断电时进行！

2）接通驱动器电源，此时 611U/Ue 显示器的状态显示为"A1106"，这一显示表示驱动器没有安装正确的数据；同时驱动器上 R/F 红灯、总线接口模块上的红灯亮。

3）安装 SimoComU。

a）把软件光盘 CD 插入到 PG/PC 中合适的驱动器。

b）在"disk1"目录中运行"setup.exe"，安装所要求版本的"SimoComU"，如图 5-38 所示。

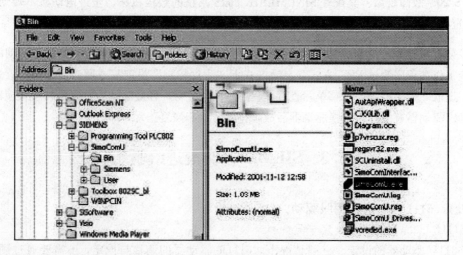

图 5-38 安装所要求版本的"SimoComU"

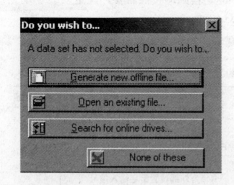

图 5-39 运行 Simo ComU 软件

c）按照屏幕程序提示，一步一步地进行程序安装。

4）参数设定。进入联机画面后，计算机自动进入参数设定画面（Start drive Configuration wizard...），在菜单的提示下，进行以下参数设定步骤。

a）从 WINDOWS 的"开始"菜单→程序中找到驱动器调试软件 Simo ComU，并通过"OK"键确认，运行 Simo ComU 软件。选择联机方式"Search for online drive…"，如图 5-39 所示。

b）命名将要调试的驱动器，然后选择"下一步"（next），如图 5-40 所示。

c）进入联机方式后，自动识别功率模块和 611U 控制板的型号，如图 5-41 所示。然后选择"下一步"（next）；若有必要根据模块的类型与安装位置，输入 PROFIBUS 总线地址，并通过"NEXT"键确认，并进入下一项目的设定。不同驱动器以及不同安装位置的总线地址见表 5-10。

d）选择正确的电动机型号，如图 5-42 所示。

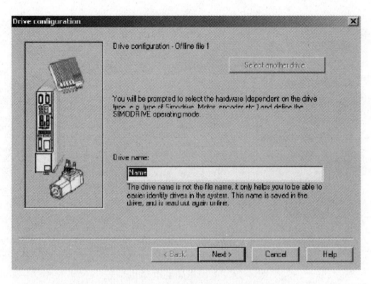

图 5-40　命名将要调试的驱动器

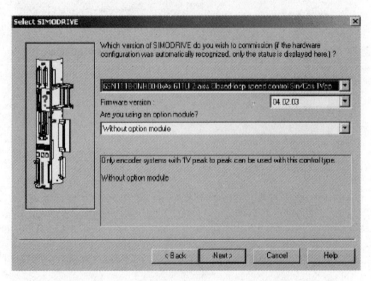

图 5-41　自动识别功率模块和 611U 控制板的型号

表 5-10　　　　　　　　　　　　611U/Ue 模块 PROFIBUS 地址表

61 1U/Ue 第一单轴模块	10	611U/Ue 第四单轴模块	21
611U/Ue 第二单轴模块	11	611U/Ue 第一双轴模块	12
611U/Ue 第三单轴模块	20	61 1U/Ue 第二双轴模块	13

e）根据电动机型号选择编码器的类型，如图 5-43 所示。

f）选择正确的操作方式（Speed/torque setpoint），如图 5-44 所示。

g）确认所输入的参数，然后接受该设定（"Accept this drive configuration"），如图 5-45 所示。

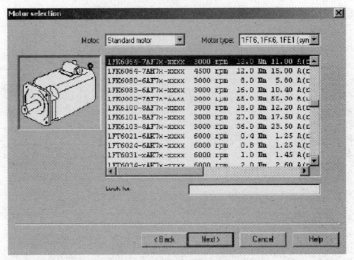

图 5-42　选择正确的电动机型号

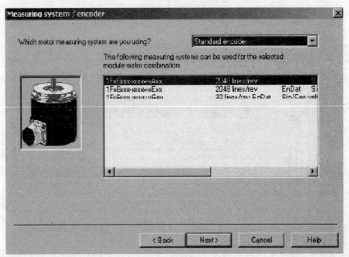

图 5-43　选择编码器的类型

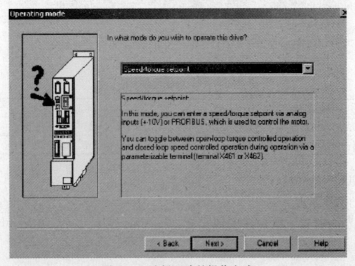

图 5-44　选择正确的操作方式

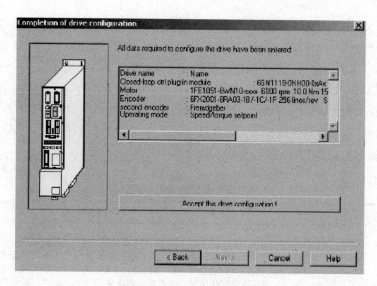

图 5-45　确认所输入的参数

这时驱动器开始计算并且进行初始化。

h) 初始化完成后，611UE 的 R/F 红灯灭；状态显示为 "A0831"，表示总线数据已经进行通信；总线接口模块上的绿灯亮。

i) 重复第 e)～g) 步完成其他轴的始化设定与调整。

完成以上调试后，若电源模块的端子 48、63、64 分别与端子 9 接通，电源模块的黄灯亮，表示电源模块已使能，驱动器进入正常工作状态。

5) 通过 RS232 通信。接口 RS232 用来连接 SIMODRIVE 611U 控制板到外部 PG/PC，如图 5-46 所示。在建立通信联系时，必须要按以下步骤执行：

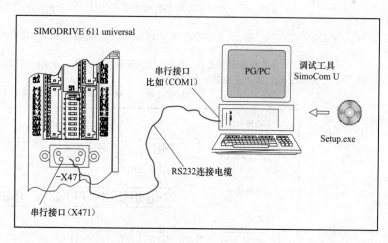

图 5-46　通过接口 RS232 进行通信

a) 参数 P0801 "转换 RS 232/RS485" 该参数必须设定到 RS232（P0801＝0）。

b) RS232 连接电缆，位于 PG/PC 和 "SIMODRIVE 611 universal" 之间。

通信的注意事项：

a) RS-232 通信电缆不可以进行带电插、拔，防止损坏通信接口。

b）只有在 CNC 侧的"总线配置"、"驱动器模块"和"位置控制使能"等相关参数调试完毕后，驱动器电源模块的"准备好"信号（内部继电器触点；端子73.1与72.1）才能正常闭合。

c）在完成驱动器的设定后，还需要进行驱动器的动态调整（参数优化），这一操作要在电源模块的"准备好"信号生效后方可进行。

（3）利用操作面板的设定与调整。一般来说，利用 Simo ComU 软件进行设定与调整可以加快调试、维修的进度，但如维修调试现场无计算机或者无 Simo ComU 软件时，611U/Ue 驱动器的设定与调整也可以通过驱动器上的设定与操作面板进行，见表 5-11。

表 5-11 利用操作面板的设定与调整

项　目		操　作
操作面板的显示；利用驱动器上的 6 位液晶显示器，驱动器进行	开机状态显示方式	1）对于新驱动器的第一次开机，显示器将显示"A1106"或者"b1106"，提示调试人员输入"功率模块代码"等初始化参数； 2）对于正常工作的驱动器，显示器将显示"——run"，表明驱动器已经处于"运行"状态。 3）在此显示方式下，通过操作面板上的"＋""－""P"键可以进入参数显示方式； 4）应注意开机后生效的参数在显示区显示，前面字母表明驱动器，之间有一点隔开，如下所示 指示上电后生效的参数 `8833800`
	参数显示方式	1）参数显示方式用于选择参数或者子参数号，显示或者修改参数或者子参数的值； 2）参数显示方式可以在"开机状态显示"、"报警显示"方式下，通过操作面板上的"＋""－""P"键进入； 3）在参数显示方式下，通常不能再回到其他的显示方式，如需要应通过重新开机的方法，进入其他显示方式； 4）如驱动器 A，参数 A1400，带子参数，最大显示 6 位的显示如下 参数显示　　　　　　　　　　　　　　＋：键＋ 　　　　　　　　　　　　　　　　　－：键－ 　　　　　　　　　　　　　　　　　P：键P 次参数显示 值显示
	报警显示方式	1）报警显示方式用于显示驱动器中最后一个发生的错误或者报警号； 2）在此显示方式下，通过操作面板上的"－"键可以进入参数显示方式

续表

项　目		操　作
操 作 面 板 按 键 （"＋""—""P"） 的 使 用	参数显示 方式	1）单独按"＋"：参数号增加"1"，或选择下一参数号； 2）单独按"—"：参数号减少"1"，或选择上一参数号； 3）单独按"P"：显示子参数号，或者显示参数值； 4）同时按"＋"与"P"：快速向下搜索其他参数； 5）同时按"—"与"P"：快速向上搜索其他参数； 6）同时按"＋"与"—"：在使用双轴驱动器时，显示另一驱动轴的同一参数
	子参数显示 方式	1）单独按"＋"：子参数号增加"1"，或回到参数显示方式； 2）单独按"—"：子参数号减少"1"，或回到参数显示方式； 3）单独按"P"：显示子参数值； 4）同时按"＋"与"P"：快速向下搜索其他子参数； 5）同时按"—"与"P"：快速向上搜索其他子参数； 6）同时按"＋"与"—"：在使用双轴驱动器时，显示另一驱动轴的同一子参数
	参数值显示 方式	在参数值显示方式下，按键的作用如下： 1）单独按"＋"：参数值的最后一位增加"1"； 2）单独按"—"：参数值的最后一位减少"1"； 3）单独按"P"：回到参数或子参数号显示方式； 4）同时按"＋"与"P"：参数值快速增加； 5）同时按"—"与"P"：参数值快速减少
双驱动器的参数 显示		如下所示，驱动器 A 的参数带符号"A…"，驱动器 A 的参数带符号"b…"
参数的设定与修 改		驱动器参数的设定步骤： 1）接通驱动器电源，驱动器显示"——run"； 2）按"P"键，显示器进入"参数显示"方式； 3）根据需要，在使用双轴驱动器时，对于第 2 轴驱动器的参数修改，应同时按下"＋"与"—"键，显示第 2 轴驱动器参数； 4）按"＋"，参数号增加，选择参数 P0651； 5）按"P"，显示 P0651 参数值； 6）按"＋"数次，设定 P0651 参数值为"4"（或者其他值，见 P0651 说明），解除"参数保护"； 7）按"P"，回到参数号显示方式； 8）按照步骤 4）～7）逐一改变需要修改的参数值。当数值变化较大时，可以通过同时按"＋"与"P"键，使参数值快速增加；或者同时按"—"与"P"，使参数值快速减少； 9）修改完成后，按照步骤 4）～7）设定 P0652 为"1"，执行"参数写入"操作，驱动器参数将自动从 RAM 传送到 FEPROM 进行存储。写入完成后，参数 P0652 自动恢复为"0"； 10）重新设定 P0651 参数值为"0"，使写入保护生效

在"双驱动器的参数显示"单元格内：

驱动器A参数

$\boxed{888888} \xrightarrow{P} \boxed{88888.8} \xrightarrow{P} \boxed{888888}$

$\boxed{+}\ \boxed{-} \qquad \boxed{+}\ \boxed{-}$

$\boxed{888888} \xrightarrow{P} \boxed{88888.8} \xrightarrow{P} \boxed{882000}$

驱动器B参数

（4）611U/Ue 常用的设定与调整参数说明。611U/Ue 驱动器常用的设定与调整参数主要有以下几个，这些参数的不同设定所代表的意义不同。

1）驱动器"总清"参数 P0649。通过此参数的设定，可以对驱动器参数进行"总清"，并恢复驱动器的出厂参数。

设定 P0649 为"0"：正常工作状态，不执行驱动器参数"总清"。

设定 P0649 为"1"：驱动器参数"总清"方式，恢复驱动器出厂参数。

执行驱动器参数"总清"的步骤如下：

a）取消驱动器的"脉冲使能"与"控制使能"信号（端子 663、65.A/65.B）。

b）驱动器"参数写入保护"用设定参数 P0651 设定为 10H，即允许对驱动器的全部参数进行修改。

c）设定 P0649 为"1"，生效驱动器参数"总清"方式。

d）设定 P0652 为"1"，将驱动器出厂参数写入 FEPROM。

e）待参数 P0652 自动恢复为"0"后，按正面的"POWER-ON RESET"按钮（或者切断驱动器电源，重新开机）。

2）驱动器"参数写入保护"参数 P0651。通过此参数的设定，可以对驱动器参数的设定与修改，进行"使能"或禁止。其设定见表 5-12。

表 5-12　　　　　　　　　　　　参数 P0651 的设定

设　定	意　义
0	正常工作状态，只能显示驱动器"常用标准参数"，但不能修改
1	允许显示与修改驱动器的"常用标准参数"
2	允许显示驱动器的全部参数，但不能修改
4	允许显示与修改驱动除"电动机参数"外的全部其他参数
6	允许显示与修改"电动机参数"
10	允许显示与修改驱动器的全部参数

3）驱动器"参数写入"执行参数 P0652。通过此参数的设定，可以将驱动器参数自动从 RAM 传送到 FEPROM 进行存储。

设定 P0652 为"0"：正常工作状态，驱动器不执行"参数写入"操作。

设定 P0652 由"0"到"1"：执行"参数写入"操作，驱动器参数自动从 RAM 传送到 FEPROM 进行存储。写入完成后，参数 P0652 自动恢复为"0"。

P0652 显示为"1"："参数写入"操作执行中，驱动器不能进行其他参数的显示。

4）驱动器初始化参数 P0659。通过此参数的设定，可以对驱动器进行初始化操作。

设定 P0659 为"0"：建立初始化方式。

建立驱动器初始化方式的操作步骤如下：

a）驱动器"参数写入保护"用设定参数 P0651 设定为 4H，即允许对驱动器的参数进行修改。

b）设定 P0659 为"0"，执行初始化操作。

c）设定 P0652 为"1"，将驱动器参数写入 FEPROM。

d）待参数 P0652 自动恢复为"0"后，按正面的"POWER-ON RESET"按钮（或者切断驱动器电源，重新开机）。

在建立初始化方式后，驱动器只能进行如下参数的显示与修改：

a）功率模块代码，参数 P1106。

b) 电动机代码，参数 P1102。

c) 编码器代码，参数 P1006。

d) 驱动器工作方式选择，参数 P0700。

e) PROFIBUS 总线地址，参数 P0918。

f) 初始化方式设定，参数 P0659。

设定 P0659 由 "0" 到 "1"：执行初始化操作。

设定 P0659 为 "1"：正带工作状态，装载驱动器标准参数，功率模块代码、电动机代码被 "写入保护"。

设定 P0659 为 "2"、"3"、"4"：SIEMENS 公司服务专用。

5) 重要参数的设定，如图 5-47 所示。

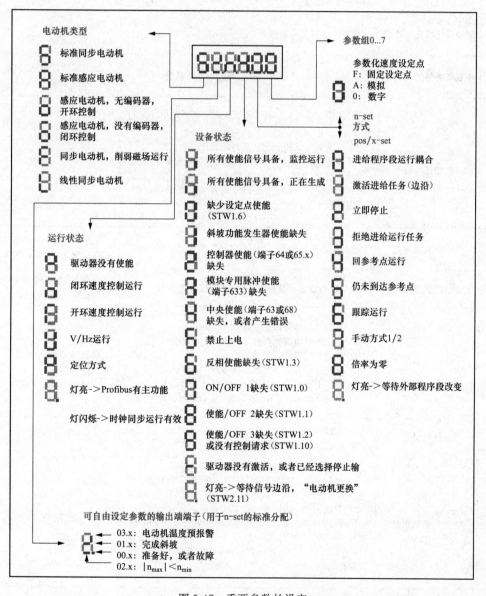

图 5-47　重要参数的设定

（5）611U/Ue 常用的设定与调整步骤。利用驱动器操作面板，对 611U/Ue 驱动器的设定与调整步骤见表 5-13。对于使用其他生产厂家电动机的情况，在表中未列出，需要时应参见 SIEMENS 611U/Ue 驱动器使用、维修说明书。

表 5-13   611U/Ue 驱动器的设定与调整步骤

步骤	内 容	措 施	备 注
1	安装与连接检查	1）检查驱动器安装； 2）根据驱动器连接要求，逐一检查驱动器各插接部件、连接端的信号连接，确保连接无误； 3）取消驱动器"脉冲使能"信号（9/663）	
2	开机	接通驱动器电源	
3	驱动器开机状态检查	检查驱动器显示是否为"——run"	显示"——run"，进入步骤4；否则，进入步骤6
4	重新调整的确认	根据需要，决定是否对驱动器进行重新调整	如不需要，进入步骤11；否则，进入步骤5
5	建立驱动器初始化状态	1）将驱动器"参数写入保护"用设定参数 P0651 设定为 4H，即允许对驱动器的参数进行修改； 2）设定 P0659 为"0"，执行初始化操作； 3）设定 P0652 为"1"，将驱动器参数写入 FEPROM； 4）待参数 P0652 自动恢复为"0"后，按正面的"POWER-ON RESET"按钮（或者切断驱动器电源，重新开机）	
6	驱动器状态检查	检查驱动器显示是否为"A1106"或者"b1106"	显示"A1106"或者"b1106"进入步骤8；否则，进入步骤7
7	驱动器状态检查	检查驱动器显示是否为"E——"或者无显示	参见驱动器维修部分内容，排除故障
8	驱动器设定	1）设定功率模块代码参数 P1106； 2）设定电动机代码参数 P1102； 3）设定编码器代码参数 P1006； 4）设定驱动器工作方式选择参数 P0700； 5）设定 PROFIBuS 总线地址参数 P0918； 6）设定参数 P0659 由"0"为"1"，执行初始化方式	双轴驱动进入步骤9，否则，进入步骤10
9	驱动器设定	对于双轴驱动，通过同时按"+"与"-"键，与步骤8同样设定第2轴驱动器参数	
10	驱动器参数设定	1）将驱动器"参数写入保护"用设定参数 P0651 设定为 4H，即允许对驱动器的参数进行修改； 2）根据需要，设定驱动器其他参数； 3）设定 P0652 为"1"，将驱动器参数写入 FEPROM； 4）待参数 P0652 自动恢复为"0"后，按正面的"POWER-ON RESET"按钮（或者切断驱动器电源，重新开机）	
11	完成驱动器调整	切断驱动器电源，重新开机	

(6) 611611U/Ue 驱动模块、电动机、编码器代码及利用 Simo ComU 软件的优化。

1) 611611U/Ue 驱动模块、电动机、编码器代码。对于首次使用的驱动器，或是在驱动器进行了初始化以后，均需要根据机床的实际使用情况，通过设定功率模块代码、电动机代码、编码器代码等对驱动器重新进行软件引导，以便建立正确的驱动器控制参数。

2) 利用 Simo ComU 软件的优化。在完成驱动器全部轴的初始化设定与调整后，通常还需要对驱动器的速度环动态特性进行优化调整，然后才能进行位置环调试。

611U/Ue 驱动器的速度环动态特性优化，同样可以是通过 Simo ComU 软件自动进行。优化驱动器时所需要的速度给定输入，直接由调试的计算机（PC）以数字量的形式给出，无须通过 CNC 进行控制。

611U/Ue 驱动器速度环动态特性优化的操作步骤如下：

a) 利用驱动器调试电缆，将计算机与 611U/Ue 驱动器的 X471 接口连接。

b) 如果对带制动的电动机进行优化，应首先设定对应的 NC-MD（通用参数，对于 802D，MD14512 [18] 的第 2 位为 "1"，优化完毕后需要恢复 "0"）。

c) 接通驱动器的 "使能" 信号（电源模块端子 48、63、64 与 9 接通），并将坐标轴移动到工作台的中间位置（在驱动器优化时电动机将自动旋转大约 2 转）。

d) 从 WINDOWS 的 "开始" 菜单→程序中找到驱动器调试软件 Simo ComU，并通过 "OK" 键确认，运行 Simo ComU 软件。

e) 在计算机侧选择驱动器与计算机的联机方式（点击 Search for online drive... 标签）。

f) 选择 "PC" 控制方式菜单，并通过 "OK" 确认。

g) 选择文件夹中的 "控制器"（子目录 Controller），计算机将显示标签 "Terminal Signal Simulator..."。

h) 单击标签 "None of these"，进入下一页面。

i) 单击 "Execute automatic Speed Controller Setting..." 标签，选择自动速度控制环优化步骤。

j) 进入优化页面 "Automatic Speed Controller Setting" 后，单击标签 "Execute Step S1.4"，选择自动执行如下优化过程：

• 分析机械特性一（电动机正转，带制动电动机的制动器应松开）；

• 分析机械特性二（电动机反转，带制动电动机的制动器应松开）；

• 电流环测试（电动机静止，带制动电动机的制动器应夹紧）；

• 参数优化计算。

当执行完分析机械特性二后，Simo ComU 会出现提示："电流环优化，垂直轴的电动机制动器一定要夹紧，以防止坐标轴下滑"。此时，对于带制动电动机必须夹紧制动器，以防止坐标轴的下滑。

通过以上调整，在驱动器无硬件故障时，即可进行正常工作。

(7) 用 Simo ComU 进行调试。

1) 首次调试。

a) 驱动器通电。

b) 启动 Simo ComU。

c) 驱动器 A 运行件线请求。

操作过程：

- 在 "Commission" 菜单中执行 "Search for online drives" 功能。
- 在 "Drive and dialog browser" 中选择驱动器 A。
- "start-up required" 窗口显示吗？

是：启动驱动配置辅助，显示驱动当前配置（功率模块，电动机，等等）。

没有：按 "re-configure drive" 按键→适配控制板到当前的配置（功率模块，电动机，等等）

d) 进行驱动器配置，最后按 "Calculate controller data, save, reset" 按键。

e) 执行基本凋试。

- 设定 "Drive and dialog browser"（lefthand window）→ "Parameter"。
- 按 "Par" 按键。

如果驱动器 B 必须进行调试，则重复步骤 c)～e)。

2) 批量调试。

a) 驱动器通电。

b) 启动 SimoCom U。

c) 驱动器 A 运行在线请求。

操作过程：

- 在 "Start-up" 中按 "Search for online drives"，在选择对话框中选择 "Drive A"。
- "Start-up required" 窗口显示吗？

是：按 "Load parameter file m'to the drive…"→在选择了所要求的驱动器 A 参数文件后，按 "Open" 键，文件下载到驱动器 A。

没有：按链 "File→Load into drive→Load and save in the drive" 在选择了所要求的驱动器 A 参数文件后，按 "Open" 键，文件下载到驱动器 A。

（8）通过面板进行调试（见图 5-48）。

2. 611U/Ue 系列驱动的基本组成

SIMODRIVE 611U/Ue 系列驱动器由整流电抗器（或伺服变压器）、电源模块、功率模块、闭环控制模块等基本部件组成。电源模块自成单元；功率模块、控制模块以及其他选择子模块（如 PROFIBUS DP 总线接口模块）等安装成一体，组成了驱动模块。各驱动模块单元间共用 611U/Ue 直流母线与控制总线。电源模块与驱动模块（数字伺服驱动）的外形示意图如图 5-49 所示。

从硬件方面看，一套完整的 611U/Ue 系列驱动一般由如下部分组成。

（1）伺服变压器或整流电抗器。SIMODRIVE 611U/Ue 系列驱动器电源模块产生的直流母线电压为 DC600V 或 DC625V，驱动器允许输入电压有所波动，理论上可以直接与我国的三相 380V/50Hz 的电源相连接。但是，出于抑制电网干扰，提高可靠性，以及为电源模块与再生制动模块储存能量等方面的考虑，主回路通常需要加伺服变压器或进线整流（滤波）电抗器。对于电网电压不为 380/400/415V 的场合，则必须选配伺服变压器。

伺服变压器或进线整流（滤波）电抗器的容量需要根据电源模块的功率选配。进线整流（滤波）电抗器的选用，还需要考虑电源模块的类型（即非调节型或调节型，详见后述电源模块的说明）。对于"非调节型"电源模块（UI 模块），常用的为 28kW 规格；对于"调节型"电源模块（I/RF 模块），常用的有 16、36、55、80、120kW 五种规格。

（2）电源滤波器。电源滤波器的作用是消除 SIMODRIVE 611U/Ue 系列驱动器在工作过程中对电网产生的干扰，并使之符合电磁兼容标准的规定，避免驱动器对电网造成的影响，同时也可以抑制电网干扰对驱动器造成的不良影响。

电源滤波器可以根据机床的实际工作环境要求进行选配，滤波器的额定输入电压为 380/415V，因此，它一般都安装在伺服变压器或进线整流（滤波）电抗器之后、驱动器电源模块之前。

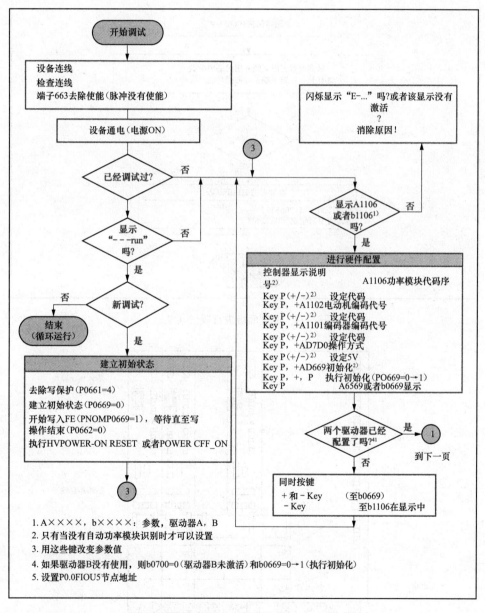

图 5-48 通过面板进行调试（一）

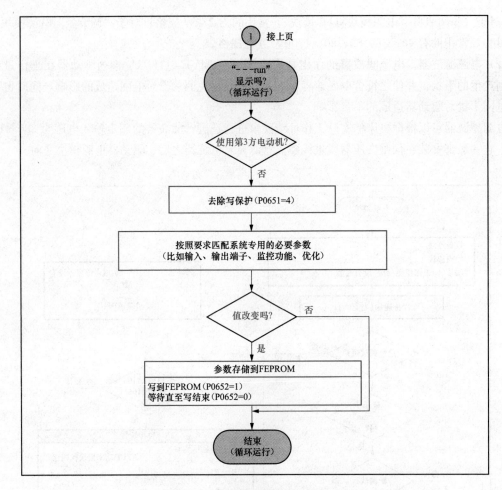

图 5-48　通过面板进行调试（二）

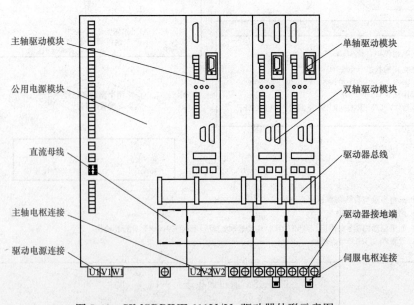

图 5-49　SIMODRIVE 611U/Ue 驱动器外形示意图

根据电源模块的不同，电源滤波器可以分为适用于"非调节型"电源模块（UI 模块）与适用于"调节型"电源模块（I/RF 模块）两类。前者 SIEMENS 订货号为 6SN1111-0AA00.1＊A0，常用的有 5、10、28kW 三种规格；后者 SIEMENS 订货号为 6SN1111.0AA00-2＊A0，常用的有 16、36、55、80、120kW 五种规格。

（3）电源模块。SIMODRIVE 611U/Ue 系列驱动器的公用电源模块的作用是：将输入的三相交流电源通过整流电路转变为驱动器逆变所需的 DC600V/DC625V 直流母线电压，同时还产生驱动器调节器模块控制所需要的 DC＋24V、DC＋15V 与 DC5V 直流辅助电压。

SIMODRIVE 611U/Ue 系列驱动器的公用电源模块可以分"非调节型"（UI 型）与"调节型"（I/RF 型）两大类，其含义与 SIMODRIVE 611A 中的"非受控电源"模块（UE）与"可控电源"模块（I/R）相同。

"非调节型"（UI 型）的主回路采用了二极管不可控整流电路，直流母线电压控制回路通过"制动电阻"（又称脉冲电阻）释放因电动机制动、电源电压波动产生的能量，保持直流母线电压的基本不变，因此，一般用于小功率（5、10、28kW），特别是制动能量较小的场合。当功率较大时（28kW），需要增加驱动器附件——外接制动电阻。

"调节型"（I/RF 型）的主回路采用可控整流电路，直流母线回路也采用 PWM 控制，可以通过再生制动方式将直流母线上的能量回馈电网，因此一般用于大功率（16、36、55、80、120kW）、制动频繁、回馈能量大的场合。

电源模块由整流电抗器（内置式或外置式）、整流模块、预充电控制电路、制动电阻以及相应的主接触器和检测、监控电路组成。其工作原理与 SIMODRIVE 611A 中的"非受控电源"模块（UE）与"可控电源"模块（I/R）相同。

驱动器与运行有关的重要参数，如直流母线电压、辅助控制电源 DC（2±4）V、±15V、＋5V 电压的产生，以及电源电压过低、"缺相"监控都在电源模块中进行，在系统中，它们是"驱动器准备好"的先决条件。

电源模块带有预充电控制与浪涌电流限制环节，预充电完成后自动闭合主回路接触器，提供 DC600V/625V 直流母线电压。

（4）驱动模块。驱动模块的作用是对所连接的伺服电动机或主轴电动机进行闭环控制。驱动模块主要由逆变主回路（功率放大）、速度调节器、电流调节器、使能控制电路、监控电路等部分组成。其工作原理与 SIMODRIVE 611A 基本相同。

从硬件上，驱动模块又可以分为功率模块（6SN1123）、控制模块（6SN1118）与驱动器总线接口部件三部分，使用时三位一体，共同构成驱动模块。

功率模块（6SN1123）可以分为"单轴"与"双轴"两种基本结构。功率模块的规格主要取决于电动机电流，与电动机的种类无关，可用于 1FK6、1FK7 交流伺服电动机或者 1PH7 主轴电动机的驱动，功率模块同时包括了驱动器的总线接口部件以及电缆。

控制模块（6SN1118）根据控制轴数的不同，可以分为"单轴"与"双轴"两种基本结构。每种结构根据接口的不同，可以分为速度模拟量输入接口型与 PROFIBUS-DP 总线接口型两种。最高工作频率可以达到 1400Hz，可以用于交流伺服电动机或者交流主轴电动机的闭环控制。作为控制模块的反馈元件，可以是分辨率为 12/14bit 的旋转变压器，或是最大到 65536 脉冲、1V（峰峰值）的正/余弦输出增量脉冲编码器，或是带 EnDat 接口协议的绝对位置编码器。

控制模块正面安装有6只数码管与3只调整按钮,用于驱动器的数字化设定与调整。此外,还可以通过RS232接口与计算机进行通信,直接利用Simo ComU软件自动进行驱动器的自动优化与调整。

3.611Ue系列驱动器的连接

(1)电源进线的连接(见图5-50)。

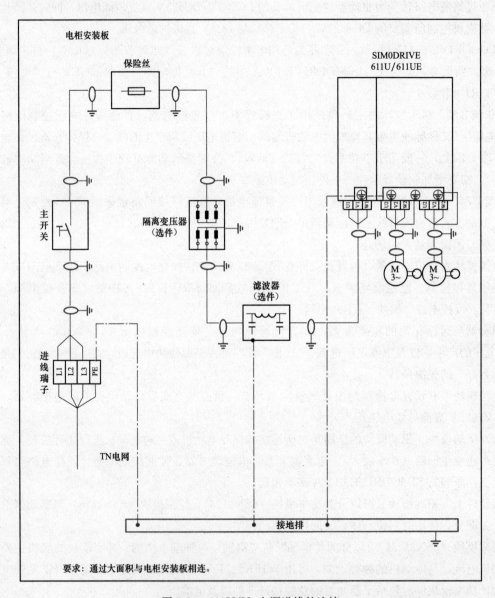

图5-50 611U/Ue电源进线的连接

当611Ue与802D/D Baseline等使用PROFIBUS总线的CNC连接时,其总体连接如图5-51所示。

(2)电源模块的连接。611U/Ue系列驱动器要求的输入电源为三相交流400/415V,允许电压

波动为 ±10％，它与其他的驱动器相比输入电压要求更高，在使用、维修时应引起注意。

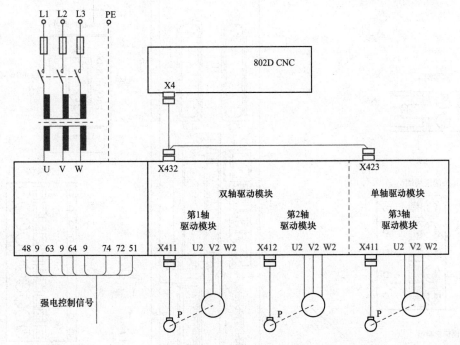

图 5-51 611Ue 系列驱动器配 802D 系列 CNC 的外部连接总图

（3）驱动模块的连接。611Ue 驱动模块"功率放大"部分的外形及信号连接端布置与 611A 相同。

伺服电动机电枢连接插头同样位于驱动器的下部，安装、调试、维修时，需要注意两点：一是必须保证驱动器的 U2/V2/W2 与电动机的 U/V/W ——对应，防止电动机"相序"的错误；二是在使用"双轴驱动模块时，需要注意驱动器的输出连接必须与实际电动机对应，避免同模块的两只伺服电动机电枢与反馈的"交叉连接"。

611Ue 驱动与 611A 驱动外形、连接的主要区别在控制模块上，图 5-52 为使用 PROFIBUS 总线接口的 611Ue 驱动器控制模块外形图。

驱动器控制模块的具体连接的要求见下述（对于单轴驱动模块，只有第 1 轴的连接端）。图 5-53 是 611Ue 驱动的典型连接图，可以供设计、维修时参考。

1）"启动禁止"连接端 X421。"启动禁止"连接端 X421 安装有 AS1、AS2 连接端子。AS1/AS2 为驱动模块"启动禁止"信号输出端，可以用于外部安全电路，作为"互锁"信号使用。AS1/AS2 为动断触点输出，正常情况下，触点状态受驱动模块"脉冲使能"信号（9/663 端子）的控制。触点的驱动能力为 AC250V/1A 或 DC50V/2A。

2）"脉冲使能"连接端 X431。其作用见表 5-14。

3）模拟量输出连接端 X441。在使用 PROFIBUS 总线接口的 611Ue 系列驱动器中，模拟量 1 的输出端 75. A/15，常用作 CNC 的主轴模拟量输出端。其作用见表 5-15。

4）速度给定与"使能信号"连接端子 X453/X454。在双轴驱动器中 X453/X454 用于连接第 1 驱动器与第 2 驱动器的输入/输出信号。当使用单轴驱动器时，只使用 X453。本连接端的信号连接，在 611U 与 6l1Ue 中使用情况有所不同，应注意区别。其说明见表 5-16。

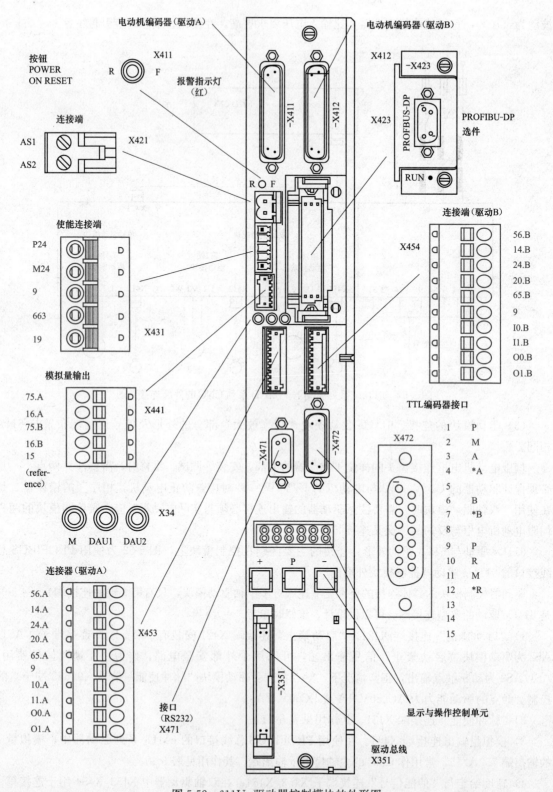

图 5-52　611Ue驱动器控制模块的外形图

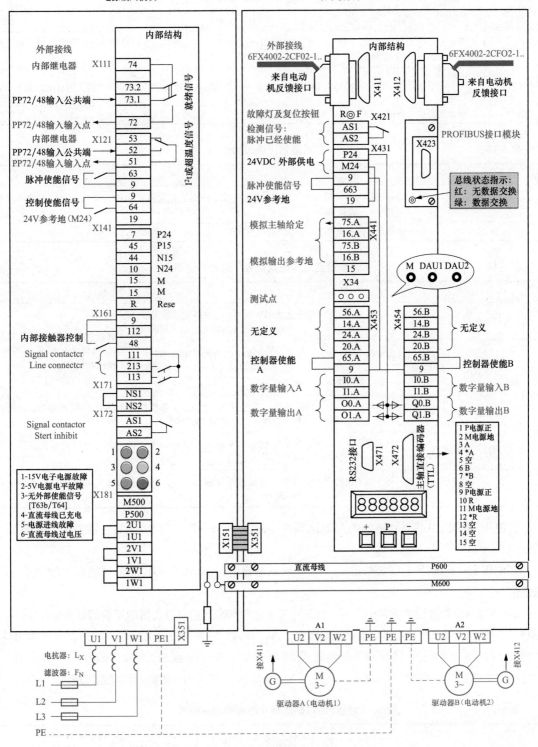

图 5-53　611Ue 系列驱动器的典型连接图

表 5-14   **"脉冲使能"连接的作用**

脚号	作 用
9/663	驱动器"脉冲使能",信号输入,当9/663间的触点闭合时,驱动模块各坐标轴的控制回路开始工作,控制信号对该模块的全部轴有效
P24/M24	提供给驱动器数字输出端的外部 DC24V 电源输入。允许输入电压为 DC10～30V,最大消耗电流为 2.4A
9/19	驱动器提供给外部的 DC24V 电源输出,最大驱动能力为 DC24V/500mA

表 5-15   **模拟量输出连接的作用**

脚号	作 用
75.A/16.A/15	第 1 轴驱动器内部模拟量 1、2 的输出连接端。输出模拟量所代表的含义可以通过驱动器参数(P0626～P0639)进行选择
75.B/16.B/15	第 2 轴驱动器内部模拟量 1、2 的输出连接端,意义同 75.A/16.A/15

表 5-16   **速度给定与"使能信号"连接的说明**

脚号	说 明	备注
56.A/14.A 与 56.B/14.B	在 611U 中,用于连接第 1 轴与第 2 轴的速度给定信号,一般为−10～+10V 模拟量输入(差分输入)	在使用 PROFIBUe 总线接口的 611Ue 系列驱动器中,不使用此信号
24.A/20.A 与 24.B/20.B	在 611U 中,一般用于连接第 1 轴与第 2 轴的功率给定信号或转矩给定输入等,可以是−10～+10V 模拟量(差分输入,一般不使用)	
9/65.A 与 9/65.B	在 611U 中,当驱动器与 802C/Ce/C Baseline 等模拟量输出的 CNC 相连时,速度控制"使能"信号一般为直接来自 CNC 的输出信号	
I0.A/I1.A 与 I0.B/I1.B	用于连接第 1 轴与第 2 轴的数字量输入信号。所代表的含义可以通过驱动器参数(P0660～P0661)进行选择	
O0.A/01.A 与 O0.B/01.B	用于连接第 1 轴与第 2 轴的数字量输出信号。所代表的含义可以通过驱动器参数(P0680～P0681)进行选择	

在使用 PROFIBUS 总线接口的 611Ue 系列驱动器中,9/65.A 与 9/65.B 一般直接"短接",如图 5-53 所示。

在使用 PROFIBUS 总线接口的 611Ue 系列驱动器中,Q0.A 与 Q1.A 常被用作主轴的正/反转输出信号。

5)电动机反馈连接端子 X411/412。该连接端子一般与来自伺服电动机的反馈信号直接连接,采用"插头"连接。当电动机采用不同类型编码器时,各"插脚"的作用与意义有所不同。表 5-17 为电动机使用增量或者绝对编码器时的连接表(电缆 6FX8002-2CA31-1＊＊0 或 6FX8002-2EQ00-1＊＊0),表 5-18 为电动机使用旋转变压器时的连接表(电缆 6FX5002-2CF02-1＊＊0),维修时应注意区别。

表 5-17   **增量/绝对编码器反馈信号的连接表**

脚 号	信号代号	信号含义	备 注
1	P-EnCoder	编码器电源(+5V端)	连接电动机反馈的 10 脚
2	M-EnCoder	编码器电源(0V端)	连接电动机反馈的 7 脚
3	A	编码器 A 相输出信号	连接电动机反馈的 1 脚

续表

脚 号	信号代号	信号含义	备 注
4	* A	编码器 * A 相输出信号	连接电动机反馈的 2 脚
5	Screen	屏蔽线	
6	B	编码器 B 相输出信号	连接电动机反馈的 11 脚
7	* B	编码器 * B 相输出信号	连接电动机反馈的 12 脚
8	Screen	屏蔽线	
9	ReserVed	备用	
10	EnDat-CLK	EnDat 时钟脉冲	连接电动机反馈的 5 脚（用于带 EnDat 接口协议的绝对编码器）
11	ReserVed	备用	
12	* EnDat-CLK	* EnDat 时钟脉冲	连接电动机反馈的 14 脚（用于带 EnDat 接口协议的绝对编码器）
13	＋Temp	伺服电动机的过热触点输入	连接电动机反馈的 8 脚
14	5V sense	＋5V 检测电源	连接电动机反馈的 16 脚
15	EnDat-DAT	EnDat 数据脉冲	连接电动机反馈的 3 脚（用于带 EnDat 接口协议的绝对编码器）
16	0V sense	0V 检测电源	连接电动机反馈的 15 脚
17	R	编码器 R 相输出信号	连接电动机反馈的 3 脚（用于 SIN/COS1Vpp 增量脉冲编码器）
18	* R	编码器 * R 相输出信号	连接电动机反馈的 13 脚（用于 SIN/COS1Vpp 增量脉冲编码器）
19	C	编码器 C 相输出信号	连接电动机反馈的 5 脚（用于 SIN/COS1Vpp 增量脉冲编码器）
20	* C	编码器 * C 相输出信号	连接电动机反馈的 6 脚（用于 SIN/COS1Vpp 增量脉冲编码器）
21	D	编码器 D 相输出信号	连接电动机反馈的 14 脚（用于 SIN/COS1Vpp 增量脉冲编码器）
22	* D	编码器 * D 相输出信号	连接电动机反馈的 4 脚（用于 SIN/COS1Vpp 增量脉冲编码器）
23	* EnDat-DAT	* EnDat 数据脉冲	连接电动机反馈的 13 脚（用于带 EnDat 接口协议的绝对编码器）
24	Screen	屏蔽线	
25	－Temp	伺服电动机的过热触点输入	连接电动机反馈的 9 脚

表 5-18   **旋转变压器反馈信号的连接表**

脚 号	信号代号	信号含义	备 注
1	ReserVed	备用	
2	ReserVed	备用	
3	SIN	旋转变压器 SIN 输出信号	连接电动机反馈的 1 脚
4	* SIN	旋转变压器 * SIN 输出信号	连接电动机反馈的 2 脚
5	Screen	屏蔽线	

续表

脚 号	信号代号	信号含义	备 注
6	COS	旋转变压器 COS 输出信号	连接电动机反馈的 11 脚
7	＊COS	旋转变压器 ＊COS 输出信号	连接电动机反馈的 12 脚
8	Screen	屏蔽线	
9	Excitation＝pos	旋转变压器励磁电源＋	连接电动机反馈的 10 脚
10	Reserved	备用	
11	Excitafion-neg	旋转变压器励磁电源	连接电动机反馈 7 脚
12	Reserved	备用	
13	＋Temp	伺服电动机的过热触点输入	连接电动机反馈的 8 脚
14～23	Reserved	备用	
24	Screen	屏蔽线	
25	－Temp	伺服电动机的过热触点输入	连接电动机反馈 9 脚

6）TTL 编码器反馈连接端子 X472 。该连接端子一般与来自主轴电动机的位置反馈编码器连接，采用"插头"连接。可连接增量式脉冲编码器，且信号是以 RS422（TTL）接口的形式输出的。表 5-19 为主轴电机增量编码器的连接表。接口的主要连接参数如下：

a）编码器电源：$5.1 \times (1 \pm 2 \%)$ V。

b）最大输出电流：500mA。

c）输入脉冲极限频率：1MHz。

d）内部倍频系数：1。

e）连接电缆长度：≤15m。

表 5-19　　　　　　　　　　　　　　**TTL 主轴增量编码器信号的连接表**

脚 号	信号代号	信号含义	脚 号	信号代号	信号含义
1	P-EnCoder	编码器电源（＋5V 端）	8	ReserVed	备用
2	M-EnCoder	编码器电源（0V 端）	9	P-EnCoder	编码器电源（＋5V 端）
3	A	编码器 A 相输出信号	10	R	编码器 R 相输出信号
4	＊A	编码器 ＊A 相输出信号	11	Reserved	备用
5	ReserVed	备用	12	＊R	编码器 ＊R 相输出信号
6	B	编码器 B 相输出信号	13～15	ReserVed	备用
7	＊B	编码器 ＊B 相输出信号			

7）RS232/RS485 接口 X471。该接口可以与外部调试用计算机的通用 RS232/RS485 接口进行连接，并可以通过 SimoComU 软件对驱动器进行调试与优化。表 5-20 为 RS232/RS485 接口的连接表。

表 5-20　　　　　　　　　　　　　　**RS232/RS485 信号的连接表**

脚 号	信号代号	信号含义	备 注
1	RS485 DATA＋	RS485 数据线	仅在使用 RS485 接口时使用
2	RS232 TXD	RS232 接口数据线	仅在使用 RS232 接口时使用，连接计算机 RS232 接口的 RXD
3	RS232 RXD	RS232 接口数据线	仅在使用 RS232 接口时使用，连接计算机 RS232 接口的 TXD
4	Reserved	备用	
5	0V		

续表

脚　　号	信号代号	信号含义	备　　注
6	Reserved	备用	
7	RS232 CTS	RS232 接口数据线	仅在使用 RS232 接口时使用，连接计算机 RS232 接口的 RTS
8	RS232RTS	RS232 接口数据线	仅在使用 RS232 接口时使用，连接计算机 RS232 接口的 CTS
9	RS485 DATA−	RS485 数据线	仅在使用 RS485 接口时使用

由于本接口在安装调试时经常使用，考虑到维修需要，图 5-54～图 5-57 为不同计算机（PC）RS232 以及 RS485 接口与 611U/Ue 驱动器的连接图，供维修时参考。其中对于绝大多数计算机来说，可以使用图 5-54 的连接。

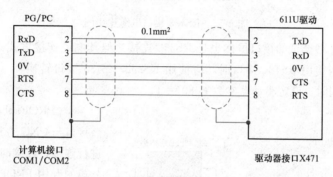

图 5-54　使用 RTS/CTS 信号的 9 芯接口连接图（常用）

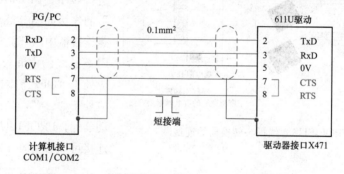

图 5-55　不使用 RTS/CTS 信号的 9 芯接口连接图

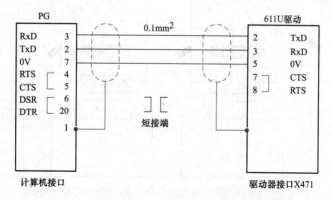

图 5-56　不使用 RTS/CTS 信号的 25 芯接口连接图

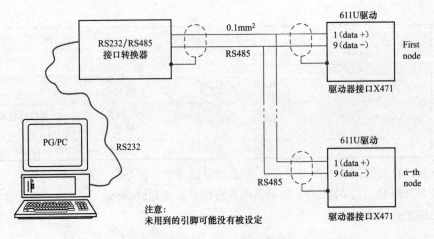

图 5-57 RS485 接口电缆连接图

用于 802D 等 CNC 调试的接口虽然也是 RS232 连接，但其电缆连接方式不一致，两者原则上不能通用。此外，当使用 RS485 接口时，应使用 RS232/RS485 接口转换器（RS232/RS485 inter-faCe ConVerter），同时，设定驱动器参数 P0801＝1。

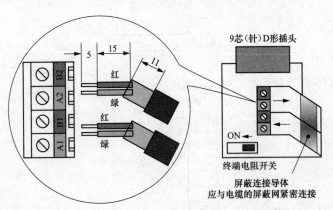

图 5-58 PROFIBUS 总线插头转换器的连接图

8）PROFIBUS 总线接口 X423。该接口与 CNC 的 PROFIBUS 总线接口进行连接，连接时需要通过 SIEMENS 公司的专用 PROFIBUS 总线连接插头进行转换。PROFIBUS 总线插头转换器的连接如图 5-58 所示。使用时应注意连接器中的开关位置，对于 PROFI-BUS 总线的中间过渡连接端，此开关应处于 "OFF"；对于终端连接，开关应处于 "ON"，如图 5-59 所示。在驱动器侧，PROFIBUS 总线接口 X432 的连接可以参见表 5-21。

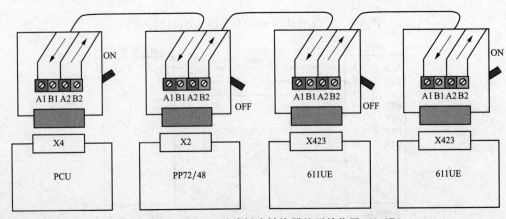

图 5-59 PROFIBUS 总线插头转换器的开关位置（802D）

表 5-21 　　　　　　　　　　　　　PROFIBUS 总线的连接表

脚　号	信号代号	信号含义	备　注
1	Reserved	备用	
2	Reserved	备用	
3	RXD/TXD+	发送/接收的数据信号（正端）	B 线
4	RTS	应答信号	
5	0V		
6	+5V	+5V 电源	
7	Reserved	备用	
8	RXD/TXD−	发送，接收的数据信号（负端）	A 线
9	Reserved	备用	

4. 611U 系列驱动的连接

当它们与 802C/Ce/C BaSeline 等模拟量输出的 CNC 相连时，其总体连接如图 5-60 所示，连接要求如下。

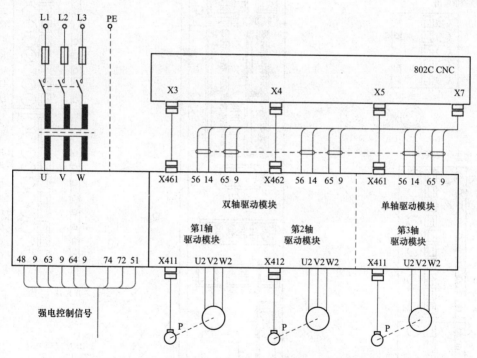

图 5-60　611U 系列驱动器配 802C 系列的外部连接总图

（1）电源模块的连接。611U 系列驱动器电源模块的外形、连接、原理等与 611Ue 驱动完全相同，可以参见 611Ue 的有关内容以及图 5-62。

（2）驱动模块的连接。611U 驱动模块"功率放大"部分的外形、信号连接端布置以及连接注意事项与 611Ue 相同。611U 驱动与 611Ue 驱动器连接的主要区别在控制模块上，图 5-61 为 611U 驱动器控制模块外形图。

图 5-62 是 611U 驱动的典型连接图，可以供设计、维修时参考。

611U 驱动器控制模块的连接与 611Ue 有很多共同之处，这些连接端以及连接器包括：

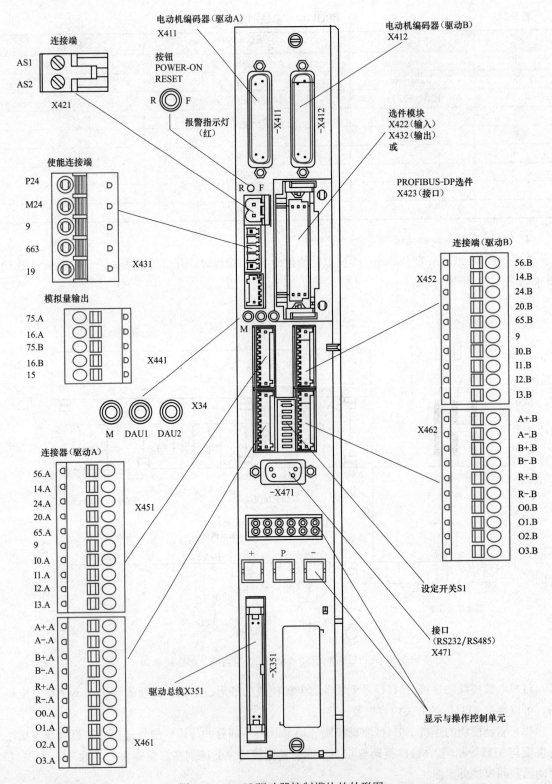

图 5-61　611U 驱动器控制模块的外形图

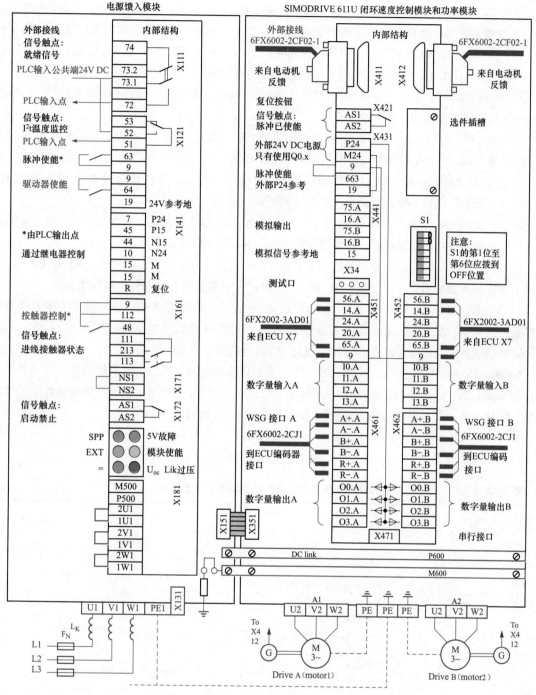

图 5-62 611U 系列驱动器的典型连接图

1)"启动禁止"连接端 X421。

2)"脉冲使能"连接端 X431。

3)模拟量输出连接端 X441。

4)电动机反馈连接端子 X411/412。

5)RS232/RS485 接口 X471，等等。

611U 与 611Ue 驱动器在连接上的主要区别在连接端 X451/X452、X461/462 上，分别说明如下。

1) 速度给定与"使能信号"连接端子 X451/X452。在 611U 双轴驱动器中 X451/X452 端子功能与 611Ue 的 X453/X454 相类似，当使用单轴驱动器时，只使用 X451。在 611U 中，端子 56.A/14.A 与 56.B/14.B 将起作用，它们用于连接第 1 驱动器与第 2 驱动器的速度给定信号。

a) 56.A/14.A 与 56.B/14.B：用于连接来自 CNC 的第 1 轴与第 2 轴的速度给定信号，一般为 $-10\sim+10V$ 模拟量输入（差分输入）。

b) 24.A/20.A 与 24.B/20.B：一般用于连接第 1 轴与第 2 轴的功率给定信号或转矩给定输入等，可以是 $-10\sim+10V$ 模拟量（差分输入，一般不使用）。

c) 9/65.A 与 9/65.B：当 611U 驱动器与 802C/Ce/C BaSeline 等模拟量输出的 CNC 相连时，速度控制"使能"信号一般为直接来自 CNC 的输出信号。

d) 10.A/11.A/12.A/13.A 与 10.B/11.B/12.B/13.B：用于连接第 1 轴与第 2 轴的数字量输入信号。所代表的含义可以通过驱动器参数（P0660～P0663）进行选择。

2) 位置反馈/给定与数字输出连接端子 X461/X462。在 611U 双轴驱动器中，X461/X462 连接器用于连接驱动器输出到 802C/Ce/C BaSeline 等 CNC 的位置反馈信号与数字量输出信号。

a) A+/A−/B+/B−/R+/R−：位置反馈/给定信号的输出/输入端。通常情况下用来作为驱动器输出到 CNC 的、经过驱动器内部变换后的增量式实际位置反馈脉冲。它可以与 802C/Ce/CBaSeline 等 CNC 的位置反馈连接端 X3、X4、X5 进行直接，参见图 5-62。

b) 通过设定，A+/A−/B+/B−/R+/R− 也可以作为外部位置给定输入信号。

c) 00.A/01.A/02.A/03.A 与 00.B/01.B/02.B/03.B：用于连接第 1 轴与第 2 轴的数字量输出信号。所代表的含义可以通过驱动器参数（P0680～P0683）进行选择。

5. 611 U/Ue 系列数字式交流伺服驱动系统的故障诊断与排除

(1) 611U/Ue 数字式交流伺服驱动器的状态显示（见表 5-22）。

表 5-22   **611U/Ue 数字式交流伺服驱动器的状态显示**

	V1 —○ ○— V2 V3 —○ ○— V4 V5 —○ ○— V6			
	指示灯	说　明		
电源模块的 状态显示	V1	DC15V 控制电源故障		电源模块（UI 或 I/R）设有 6 个状态指示灯（LED）
	V2	DC5V 控制电源故障		
	V3	电源模块未"使能"		
	V4	电源模块已"使能"，直流母线已充电		
	V5	进线电源故障		
	V6	直流母线电压过高		
	位数	显示	说　明	
标准进给 驱动模块 状态显示	1	E	驱动器报警	611U/Ue 系列数字伺服驱动 单元的状态显示，可以通过驱 动控制板上的 6 只数码管进行， 左列所示的标号是从左向右标 的
	2	一	驱动器有一个报警	
		三	驱动器有多个报警，通过按键"P"可以显示其余报警号	
	3	A	驱动器 A 报警	
		B	驱动器 B 报警	
	4/5/6	报警号显示		

（2）611U/Ue 数字式交流伺服驱动器进给模块上的故障诊断（见表 5-23）。

表 5-23 　　　　　　　　611U/Ue 数字式交流伺服驱动器进给模块上的故障诊断

现　象	原　因
6 只数码管无任何显示	1）电源两相以上缺相； 2）两相以上电源熔断器熔断； 3）电源模块的辅助电源故障； 4）电源模块与轴控制单元间的设备总线未连接； 5）轴控制板不良
6 只数码管显示"……"	1）驱动器系统软件未安装； 2）存储器模块中未带驱动器系统软件
驱动器"使能"后，电动机立即开始高速旋转	1）编码器脉冲数设定错误； 2）选择了开环转矩控制方式； 3）编码器不良； 4）轴控制模块故障
驱动器"使能"后，电动机即开始旋转	1）驱动器参数设定错误； 2）数控系统参数设定错误
电动机转速太低（小于 50r/min）	1）编码器脉冲数设定错误； 2）电动机相序错误； 3）轴控制模块故障
驱动器"使能"后，电动机出现短时旋转	1）电源模块不良； 2）电动机编码器连接错误； 3）编码器不良

（3）故障的处理。

1）故障报警（见表 5-24）。

表 5-24 　　　　　　　　　　　故　障　报　警

类　型	范　围	描　述
故障号：<800 并带显示："E-×××"	1～799	当故障出现时： （1）段显示自动改变； （2）输出故障号，并闪烁； 比如 E-A008：驱动器 A 故障 8；E-b714：驱动器 B 故障 714； （3）发出合适的停止解除。 1）特性： a）显示按照故障和报警出现的顺序； b）如果更多的故障出现，则可以使用 PLUS 键显示第一个故障和其他故障； c）特/不带辅助信息的故障： • 不带辅助信息：故障原因仅由故障号定义； • 带辅助信息：故障原因由故障号和辅助信息定义，显示单元在故障（输出带 E…）和辅助信息（仅输出一个值）之间切换； • 可以使用 MINUS 键从故障显示中选择参数设定方式； • 故障比报警的优先级高 2）消除故障： a）消除故障原因； b）确认故障（每个故障均需确认）

续表

类 型	范 围	描 述
报警号：≥800 并带显示："E-×××"	800～92	报警出现时： (1) 段显示自动改变 (2) 输出故障号，并闪烁 比如 E-A805：驱动器 A 故障 805；E-b810：驱动器 B 故障 810。 特性： (1) 如果出现几个报警，则在出现和显示的时间之间没有相互关连 (2) 仅显示一个报警 (3) 显示最小号的报警 (3) 可以使手 MINUS 键进入参数设定方式 消除报警： 报警自我解除，比如当条件不满足时自动复位

2）显示故障和报警举例（见表 5-25）

表 5-25 　　　　　　　　　　　　故障和报警显示举例

显示举例（闪烁显示）	说 明
1）当一个故障出现时其显示形式： 　 ![E-A608]	• E：有一个故障（编码：1 个连字号） • 1 个连字号：出现一个故障 • A：故障在驱动器 A 中 • 608：故障号
2）当几个故障出现时其显示形式： 　 ![E---A131] ↑ ⊞ ↓ ![E--A134]	• E：有几个故障（编码：3 个连字号） • 3 个连字号 　—有几个故障 　—这是出现的第一个故障 • A：故障在驱动器 A 中 • 131：故障号 注释： 如果有几个故障，则按 PLUS 键可以显示每个附加的故障。 • E：有一个附加的故障（编码：2 个连字号） • 2 个连字号 　—出现几个故障 　—这是一个附加的故障 • A：故障在驱动器 A 中 • 134：故障号
3）当出现一个报警时其显示形式： 　 ![EA804]	• E：有报警（编码：没有连字号） • A：报警在驱动器 A 中 • 804：报警号

3）用 POWER ON 进行故障解除。

a）执行 POWER ON（断电/通电 611U）。

b）在控制面板上按下 POWER ON-RESET 复化按钮。

c）使用 SimoCom U 工具进行通电复位 POWER ON-RESET；处理器再次延停，所有故障解除，故障缓冲器再次初始化。

4）用 RESET FAULT MEMORY 进行故障解除。

a）控制器使能，端子 65. x 已经撤消。

b）执行 POWER ON 进行故障解除；在 POWER ON 应用解除故障之外，所有需要 RESET FAULT MEMORY 解除的故障均应解除。

c）使用 "reset fault memory function" 功能，设定输入端子为 "1"。

d）在显示和操作面板上按 P 键。

e）使用 PROFIBUS-DP：STW1. 7（复位故障存储器）到 "1"。

f）在电源模块上设定端子 R 到 "1"，该端子使能后，"reset fault memory" 初始化，用于驱动器中的所有控制板。

g）对于 "alarm report" 对话框中的 SimoCom U 工具，按 "reset falll t memory" 按钮。

5）故障处理。

a）处理一个故障（见图 5-63）。

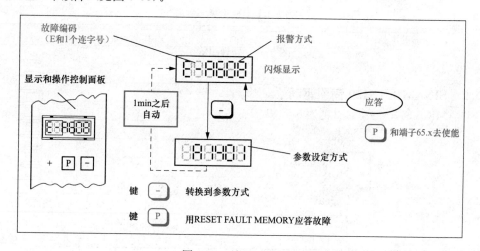

图 5-63　处理一个故障

b）处理多个故障（见图 5-64）。

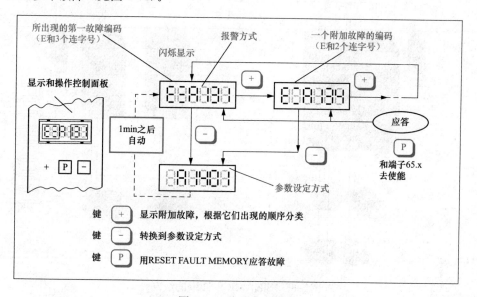

图 5-64　处理多个故障

6）处理报警（见图5-65）。

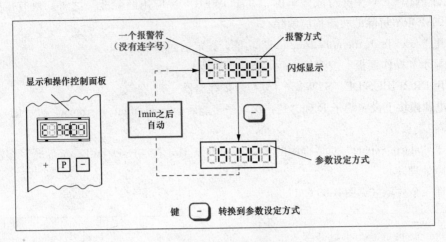

图 5-65　处理报警

5.3.2　SINAMICS S120 伺服驱动

1. SINAMICS S120 的组成（见图 5-66）

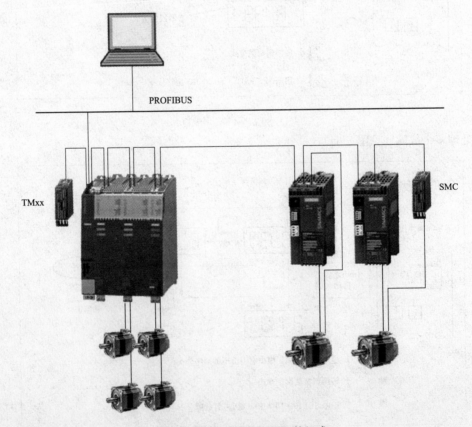

图 5-66　SINAMICS S120 的组成

2. 电源接通方法

如图 5-67 所示，电源接通方式有直接接入法、通过自耦变压器接入法与通过分离变压器接入法三种。

3. 功率模块

功率模块有块形结构功率模块与机箱式功率模块两类，现以机箱式功率模块为例介绍，机箱式功率模块如图 5-68 所示。

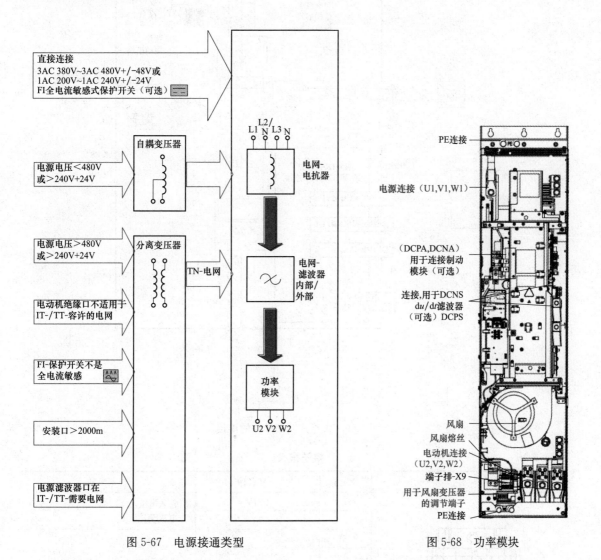

图 5-67　电源接通类型　　　　　　图 5-68　功率模块

电源侧的二极管整流器；带有预充电输入电路的直流母线电解电容器；输出反用换流器；用于（外部）制动电阻的削波器晶体管；电源 DC 24V/1A；门控单元，实际值采集；用于功率半导体散热的风扇。

功率模块可以满足 0.12～90kW 的功率范围，并有带或不带电源滤波器的功率模块。

（1）功率模块的连接（见图 5-69）。

1）X9 端子排（见表 5-26）。

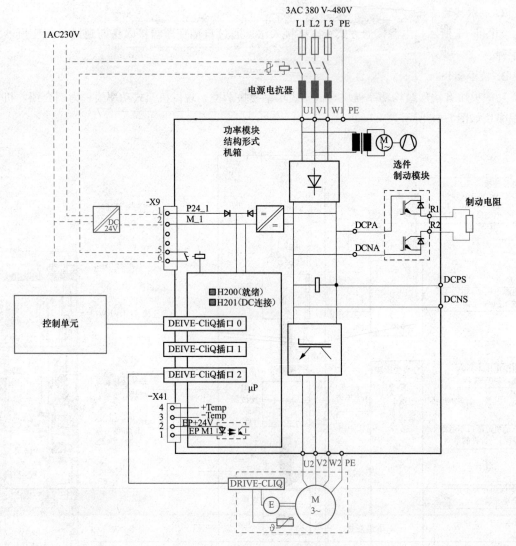

图 5-69　机箱式功率模块的连接

表 5-26 端子排 X9

图　示	端子	信号名称	技术参数
	1	P24V	输入电压：DC 24V（20.8～28.8V）
	2	M	电流消耗：10mA
	3		
	4	保留，未占用	
	5		
	6		
	7	EP ＋24V（使能脉冲）	输入电压：DC 24V（20.8～28.8V） 电流消耗：10mA 信号运行时间：L≥H：100ms； H≥L：1000ms
	8	EP M1（使能脉冲）	

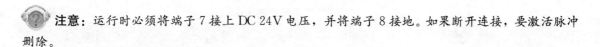

注意： 运行时必须将端子 7 接上 DC 24V 电压，并将端子 8 接地。如果断开连接，要激活脉冲删除。

2）用于 du/dt 滤波器的 DCPS、DCNS 连接（见表 5-27）。

表 5-27　　　　　　　　　　　　　　　　DCPS，DCNS

结构尺寸	可连接的横截面	连接螺钉
FX	$1 \times 35mm^2$	M8
GX	$1 \times 70mm^2$	M8

可以向下通过功率模块导出连接电缆。

3）X41 EP 端子/温度传感器连接（见表 5-28）。

表 5-28　　　　　　　　　　　　　　　　端子排×41

图　示	端子	功　能	技术参数
4 3 2 1	4	＋温度	温度传感器连接 KTY84-1C130
	3	一温度	
	2	接线	
	1	接线	

最大的可连接横截面：$1.5mm^2$（AWG 14）。

注意事项：KTY 温度传感器必须按正确的极位进行连接。如果电动机的定子绕组中安装有 KTY84-1C130 测量头，就可以在电动机上使用温度传感器连接。

4）X400-X402 DRIVE-CLiQ 接口（见表 5-29）。

表 5-29　　　　　　　　　　　　　X400-X402 DRIVE-CLiQ 接口

图　示	引脚	名　称	技术参数
8 B 1 A	1	TXP	发送数据＋
	2	TXN	发送数据－
	3	RXP	接收数据＋
	4	保留，未占用	
	5	保留，未占用	
	6	RXN	接收数据－
	7	保留，未占用	
	8	保留，未占用	
	A	＋(24V)	电源
	B	M (0V)	电子地

（2）故障排除。功率模块上 LED 的含义见表 5-30。

表 5-30　　　　　　　　　　　　　功率模块上 LED 的含义

LED，状态		说　明
H200	H201	
关闭	关闭	缺少电子电源或者超出了所允许的公差范围
绿色	关闭	组件准备运行，并且开始进行 DRIVE-CLiQ 通信
	橙色	组件准备运行，并且开始进行 DRIVE-CLiQ 通信。等待处理直流母线电压
	红色	组件准备运行，并且开始进行 DRIVE-CLiQ 通信。直流母线电压过高

LED，状态		说　明
H200	H201	
橙色	橙色	构建 DRIVE-CLiQ 通信
红色	—	该组件至少存在一个故障
闪光 2Hz：绿红	—	正在进行固件下载
闪光 2Hz：绿橙或者红橙	—	通过 LED 激活了组件识别（p0124）提示：这两种可能性与通过 p0124＝1 进行激活时 LED 的状态有关

4. 制动电阻

如图 5-70 所示，必须通过接触器对功率模块进行供电，它可以在电阻过热时切断供电。由温度保护开关实现保护功能。和主接触器线圈引线排成一列，连接温度保护开关。电阻的温度降到设定值以下，温度保护开关的触点就重新闭合。制动模块有多种，用于结构尺寸 FX 的制动模块如图 5-71 所示。

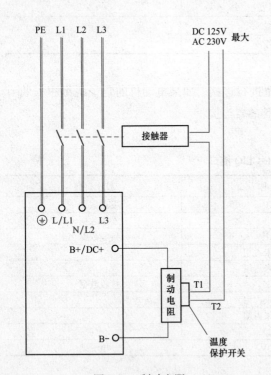

图 5-70　制动电阻

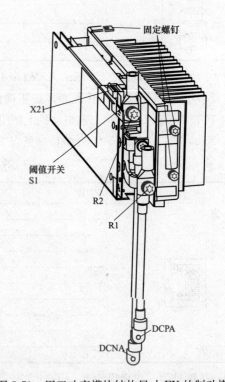

图 5-71　用于功率模块结构尺寸 FX 的制动模块

（1）制动模块连接（见图 5-72）。

1）X1 制动电阻连接（见表 5-31）。

2）X21 数字输入/输出（见表 5-32）。

DI：数字输入；DO：数字输出。

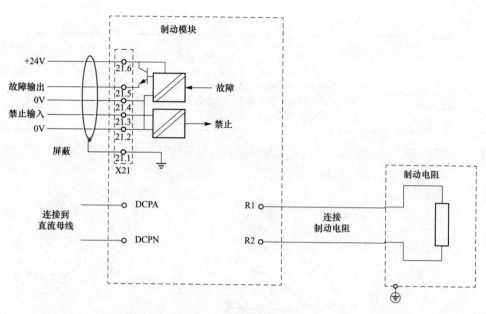

图 5-72 制动模块连接

表 5-31	制 动 电 阻 连 接

端　子	名　　称
R1	制动电阻连接 R＋
R2	制动电阻连接 R－

最大可连接横截面：50mm²

表 5-32			端 子 排 X21

图　示	端子	名　称	技术参数
	6	＋24V	电压：18～30V 典型的电流消耗（自用电流消耗）：10mA 当 DC 24V 时
	5	DO 故障输出	电压：DC 24V
	4	0V	负载电流：0.5～0.6mA
	3	DI 禁止输出	高位电平：15～30V 电流消耗：2～15mA
	2	0V	低位电平：－3～5V
	1	屏蔽	用于端子 2……6 的屏蔽连接

最大的可连接横截面 1.5mm²

注意：通过在端子 X21.3 上设定高位电平可以禁止制动模块。在脉冲沿下降时对生成的故障信号进行应答。

3）S1 阈值开关（见表 5-33）。

在表 5-33 中给出了用于激活制动模块的响应阈值以及制动时因此所产生的直流母线电压。

表 5-33　　　　　　　　　　　　　　制动模块的响应阈值

响应阈值	开关位置	注　释
774 V	1	774 V 为厂方的预设值。当电源电压为 3AC 380～400V 时，为了降低电动机和变频器的电压负载——可以将响应阈值调节至 673V。
673 V	2	然而，可获得的峰值功率 P15 也会以电压平方值下降：$(677/774)^2=0.75$。即可供使用的峰值功率最大为 P15 的 75%

警告：只有在断开了功率模块并且直流母线电容器已接地时，才允许转换阈值开关。

（2）du/dt 滤波器的连接（见图 5-73）。

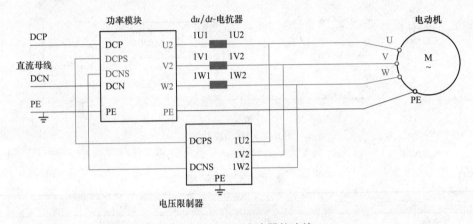

图 5-73　du/dt 滤波器的连接

5. 控制单元

SINAMICS S120 AC 驱动的控制单元专为块形结构或机箱式功率模块的运行而设计，如图 5-74

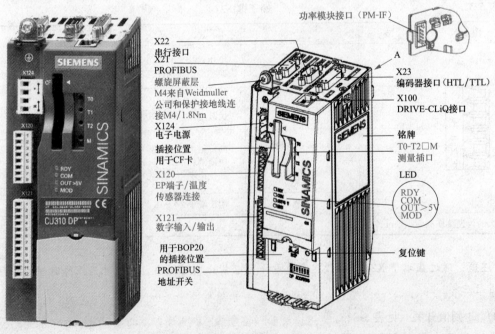

图 5-74　CU310 DP

所示。其优点如下。

（1）控制组件 CU310 DP 提供有外部通信接口 PROFIBUS 以及 TTL/HTL 编码器运用。

（2）控制组件 CU310 PN 提供有两个 PROFINET 接口。

（3）使用适配器组件 CUA31 也可以将功率模块和多轴控制单元相连。

由模块化功率部件和控制单元适配器 31（CUA31）所构成的组合，可以为现有带控制单元的 DC/AC 连接增加一根轴。

注意：插装在控制单元 CU310 的 CF 卡上包含固件和所设置的参数信息。

（1）CU310 DP 的连接（见图 5-75）。

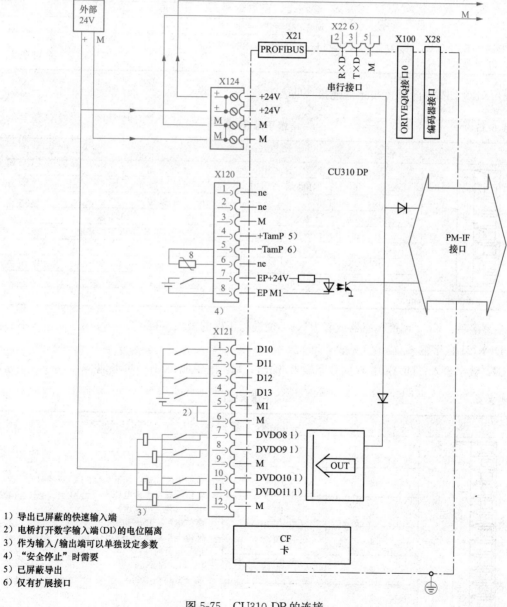

1）导出已屏蔽的快速输入端
2）电桥打开数字输入端（DD）的电位隔离
3）作为输入/输出端可以单独设定参数
4）"安全停止"时需要
5）已屏蔽导出
6）仅有扩展接口

图 5-75　CU310 DP 的连接

1) X100 DRIVE-CLiQ 接口（见表 5-34）。

表 5-34　　　　　　　　　　　　　　　　**DRIVE-CLiQ 接口**

图　示	引　脚	信号名称	技术参数
	1	TXP	发送数据＋
	2	TXN	发送数据－
	3	RXP	接收数据＋
	4	保留，未占用	
	5	保留，未占用	
	6	RXN	接收数据－
	7	保留，未占用	
	8	保留，未占用	
	A	＋（24V）	电源
	B	M（0V）	电子地

用于 DRIVE-CLiQ 接口的无功保护层：Fa. Molex，订货号：85999-3255
最大的 DRIVE-CLiQ 导线长度为 50m。

2) X120 EP 端子/温度传感器连接（见表 5-35）。

表 5-35　　　　　　　　　　　　　　　　**端子排 X120**

图　示	端　子	功　能	技术参数
	1	保留，未占用	
	2	保留，未占用	
	3	M	接地
	4	＋温度	KTY 或 PCT 输入
	5	－温度	KTY 或 PCT 的接地
	6	保留，未占用	
	7	EP＋24V	安全停止输入（＋）
	8	EP M1	安全停止输入（－）

最大可连接横截面 1.5mm²

注意事项：KTY 温度传感器或者 PTC 必须进行正确的极性连接。

3) X121 数字输入/输出（见表 5-36）。

DI：数字输入；DI/DO：双向数字输入/输出；M：电子地；M1：参考地。

表 5-36　　　　　　　　　　　　　　　　**端子排 X121**

图　示	端　子	名　称	技术参数
	1	DI 0	电压：－3～30V
	2	DI 1	典型电流消耗：10mA，在 DC 24V 时
	3	DI 2	电位隔离：参考电位为端子 M1
	4	DI 3	电平（包含波纹度） 高位电平：15～30V 低位电平：－3～5V
	5	M1	信号运行时间： L→H：约 50μs
	6	M	高→低：约 100μs

图　示	端　子	名　称	技术参数
	7	DI/DO 8	作为输入： 电压：−3～30V 典型电流消耗：10mA 当 DC 24V 时
	8	DI/DO 9	电平（包含波纹度） 高位电平：15～30V
	9	M	低位电平：−3～30V 端子编号 8、10 和 11 为"快速输入" 输入/"快速输入"的信号运行时间：
	10	DI/DO 10	低→高：约 $50\mu s/5\mu s$ 高→低：约 $100\mu s/50\mu s$
	11	DI/DO 11	作为输出： 电压：DC 24V
	12	M	每个输出的最大负载电流：50mA 持续短路保护

最大可连接横截面：$1.5mm^2$

注意事项：未占用的输入视为"低位"。"快速输入"可以与测量系统相连接用于测定位置。为了使数字输入（DI）0～3 能发挥作用，必须连接端子 M1。有下列方法：将数字输入上的参考地或者一个电桥连接至端子 M，这样该数字输入的电位隔离将被取消。

需要使用外部 24V 供电。当 24V 供出出现短暂的电压中断时，在此期间数字输出连接失效。

4）X124 电子电源（见表 5-37）。

表 5-37　　　　　　　　　　　　　　　　　端子排 X124

图　示	端　子	功　能	技术参数
	+	电子电源	电压：DC 24V（20.4～28.8V）
	+	电子电源	电流消耗：最大 0.8A（没有 DRIVE-CLiQ 和数字输出）插头中通过电桥的最大
	M	电子地	电流：
	M	电子地	20A，在 55℃时

最大可连接横截面：$2.5mm^2$

注意："＋"或"M"这两个端子都在插头中进行桥接。这样可以保证供电电压的回线循环。电流消耗将按 DRIVE-CLiQ 用户的数值相应升高。

5）X21 PROFIBUS（见表 5-38）。

表 5-38　　　　　　　　　　　　　　　　　PROFIBUS 接口 X21

图　示	引脚	信号名称	含　义	范　围
	1	—	未占用	
	2	M24 _ SERV	远程服务供电，接地	0V
	3	RxD/TxD-P	接收/发送数据 P（B）	RS485
	4	CNTR-P	控制信号	TTL
	5	DGND	PROFIBUS 数据参考电位	
	6	VP	供电电压　正	5V±0.5V
	7	P24 _ SERV	远程服务供电，＋（24V）	24V（20.4～28.8V）
	8	RxD/TxD-N	接收/发送数据 P（A）	RS485
	9	—	未占用	

类型：SUB-D9 针插口

注意：在 PROFIBUS 接口（X21）上可以连接一个远程服务适配器用于远程诊断。用于远程服务供电的端子 2 和 7 可以负载 150mA，并进行了持续短路保护。

PROFIBUS 插头：一排中的第一个和最后一个用户必须连接终端电阻，以使通信无干扰。在插头中激活总线终端电阻。导线的大部分以及导线两端必须进行屏蔽。

6）X23 HTL/TTL 编码器接口（见表 5-39）。

表 5-39   **编码器连接 X23**

图　示	引　脚	信号名称	技术参数
	1	保留，未占用	
	2	SSI _ CLK	SSI 脉冲　正
	3	SSI _ XCLK	SSI 脉冲　负
	4	PENC	编码器供电
	5	PENC	编码器供电
	6	PSENSE	远程传感编码器供电（P）
	7	M	电子地
	8	保留，未占用	
	9	MSENSE	远程传感编码器供电（N）
	10	RP	R 信号　正
	11	RN	R 信号　负
	12	BN	B 信号　负
	13	BP	B 信号　正
	14	AN _ SSI _ XDAT	A 信号　负/SSI 数据　负
	15	AP _ SSI _ DAT	A 信号　正/SSI 数据　正

类型：15 针 Sub-D 插头

7）PROFIBUS 地址开关（见表 5-40）。

表 5-40   **PROFIBUS 地址开关**

技术参数		开　关	有效位
有效位：2^0 2^1 2^2 2^3 2^4 2^5 2^6 1　2　4　8　16　32　64		S1	$2^0 = 1$
		S2	$2^1 = 2$
S1 S2 S3 S4 S5 S6 S7		S3	$2^2 = 4$
		S4	$2^3 = 8$
示例：$1 + 4 + 32 = 37$		S5	$2^4 = 16$
PROFIBUS 地址 $= 37$		S6	$2^5 = 32$
		S7	$2^6 = 64$

注意：PROFIBUS 地址开关在出厂时设置为 0 或 127。在这两种设置中可以通过参数进行地址赋值。地址开关位于无功保护层的背面。无功保护层属于供货的范围。

8）X22 串行接口（RS232 见表 5-41）。

表 5-41　　串行接口（RS232）X140

图　示	引脚	名称	技术参数
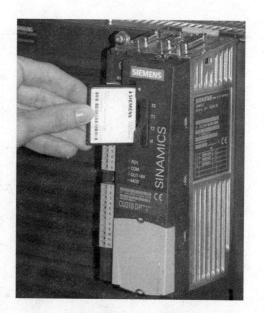	2	RxD	Receive Data，接收数据
	3	TxD	Transmit Data，发送数据
	5	接地	参考地

类型：9 针 SUB-D 插头

9）测量插口 T0、T1 和 T2（见表 5-42）。

10）CF 卡的插接位置（见图 5-76）。

（2）故障维修。控制单元 310 DP 上的 LED 说明见表 5-43。

图 5-76　CF 卡的插接位置

表 5-42　　　　　　　　　　测量插口 T0、T1 和 T2

插口	功能	技术参数
T0	测量插口 0	电压：0～5V 分辨率：8 位 负载电流：最大 3mA 持续短路保护 参考电位为端子 M
T1	测量插口 1	
T2	测量插口 2	
M	接地	

测量插口仅适用于直径为 2mm 的香蕉插头。

表 5-43　　　　　　　　　　控制单元上的 LED 说明

LED	颜色	状态	说明
RDY（READY 就绪）	—	关闭	电子供电处于所允许的公差范围之外
	绿色	持续发光	组件准备运行，并且开始进行 DRIVE-CLiQ 通信
		闪烁 2Hz	写入 CF 卡
	红色	持续发光	该组件至少存在一个故障
		闪烁 0.5Hz	未插入 CF 卡。启动错误（比如：固件不能加载到 RAM 存储器中）
	绿色红色	闪烁 0.5Hz	控制单元 310 DP 准备就绪。设备上缺少软件许可证号
	橙色	持续发光	构建 DRIVE-CLiQ 通信
		闪烁 0.5Hz	固件不能加载到 RAM 存储器中
		闪烁 2Hz	固件 CRC 校验错误
COM（PROFIBUS 循环运行）	—	关闭	循环通信（还）未开始 提示：当控制单元准备就绪时
	绿色	持续发光	开始进行循环通信

LED	颜 色	状 态	说 明
COM（PROFIBUS 循环运行）		闪烁 0.5Hz	循环通信还未完全开始 可能的原因： 1）主动装置没有发送额定值； 2）进行脉冲同步运行时，主动装置没有发出全局控制（GC）或者没有发出主动装置生命符号
	红色	持续发光	循环通信中断
中断>5V	—	关闭	缺少电子电源或者超出了所允许的公差范围。供电电压≤5V
	橙色	持续发光	用于测量系统的电子电源已存在 供电电压>5V 注意：必须保证，所连接的编码器可以使用 24V 的供电电压进行驱动。如将 5V 连接用的编码器在 24V 电压下运行，会损坏编码器的电子部件
MOD	—	关闭	保留

6. 终端模块 31（TM31）

如图 5-77 所示，终端模块 31（TM31）是根据 DIN50022 嵌入凹槽导轨的终端扩展模块。利用终端模块 TM31，可以扩展驱动系统内现有的数字输入/输出、模拟输入/输出端口。

注意：必须保证组件上下有 50mm 的空间用于通风。原则上，通向温度传感器的连接导线必须进行屏蔽布线。导线屏蔽的两端和大部分必须与接地位相连。与电动机电缆一同引入的温度传感器导线，必须成对绞合在一起并分别进行屏蔽。

（1）TM31 连接（见图 5-78）。

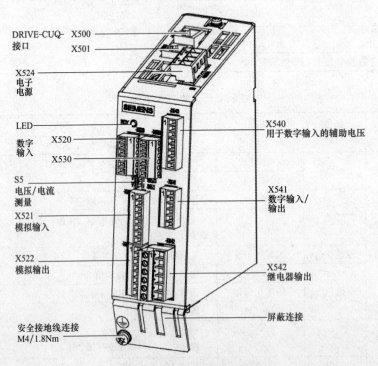

图 5-77　TM31 的接口说明

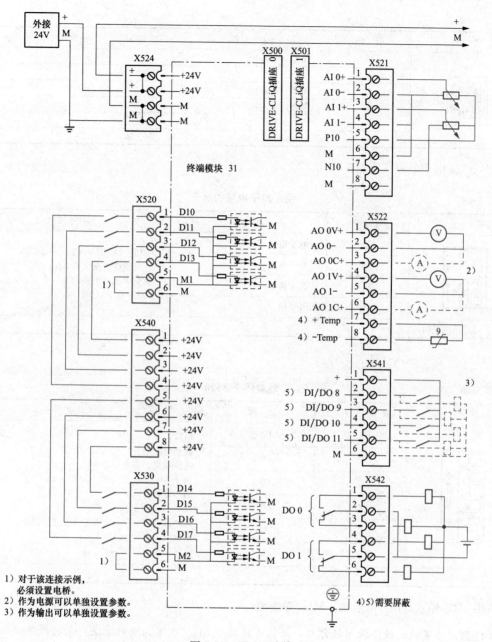

图 5-78　TM31 连接

1）X500 和 X501DRIVE-CLiQ 接口（见表 5-44）。

表 5-44　　　　　　　　　　　　　DRIVE-CLiQ 接口 X500

图　示	引　脚	信号名称	技术参数
	1	TXP	发送数据＋
	2	TXN	发送数据－
	3	RXP	接收数据＋
	4	保留，未占用	

图　示	引　脚	信号名称	技术参数
	5	保留，未占用	
	6	RXN	接收数据-
	7	保留，未占用	
	8	保留，未占用	
	A	＋（24V）	电源
	B	M（0V）	电子地

2）X524 电子电源（见表 5-45）。

表 5-45　　　　　　　　　　　　　用于电子电源的端子

图　示	端　子	名　称	技术参数
	＋	电子电源	电压：DC 24V（20.4～28.8V）
	＋	电子电源	电流消耗：最大 0.5A
	M	电子地	插头中通过电桥的最大电流：
	M	电子地	20A，在 55℃时

最大可连接横截面：2.5mm²。

3）X520 数字输入（见表 5-46）。

表 5-46　　　　　　　　　　　　　　螺旋端子 X520

图　示	端　子	名　称	技术参数
	1	DI 0	电压：-3～30V
	2	DI 1	典型电流消耗：10mA，在 DC 24V 时
	3	DI 2	电位隔离：参考电位为
			端子 M1
	4	DI 3	信号运行时间：
			低→高：约 50μs
	5	M1	高→低：约 100μs　电平（包含波纹度）
			高位电平：15～30V
	6	M	低位电平：-3～5V

最大可连接横截面：1.5mm²。

DI：数字输入；M：电子地；M1：参考地。

注意：为了能让数字输入起作用，必须连接端子 M1。有下列两种方法：①将数字输入上的参考地；②一个电桥连接至端子 M。

注意：这样将会取消该数字输入的电位隔离。

4）X530 数字输入（见表 5-47）。

DI：数字输入；M：电子地；M2：参考地。

注意事项：未占用的输入视为"低位"。为了能让数字输入起作用，必须连接端子 M2。有下列两种方法：①将数字输入的参考地一同引入并连接到 M2 上；②直接桥接端子 M 和 M2（这样将会取消该数字输入的电位隔离）。

5）用于数字输入的 X540 辅助电压（见表 5-48）。

表 5-47   **螺旋端子 X530**

图　示	端　子	名　称	技术参数
	1	DI 4	电压：—3～30V
	2	DI 5	典型电流消耗：10mA，在 DC 24V 时
	3	DI 6	电位隔离：参考电位为端子 M2
	4	DI 7	信号运行时间： 低→高：约 50μs 高→低：约 100μs
	5	M2	电平（包含波纹度） 高位电平：15～30V
	6	M	低位电平：—3～5V

最大可连接横截面：1.5mm²。

表 5-48   **螺旋端子 X540**

图　示	端　子	名　称	技术参数
	1	+24V	
	2	+24V	
	6	+24V	
	4	+24V	电压：DC 24V
	5	+24V	最大整体负载电流：150mA
	6	+24V	
	7	+24V	
	8	+24V	

最大可连接横截面：1.5mm²。

 注意： 该电源专门用来为数字输入进行供电。

6）X521 模拟输入（见表 5-49）。

表 5-49   **端子排 X521**

图　示	端　子	名　称	技术参数
	1	AI 0+	可以通过参数调节下列输入信号：
	2	AI 0—	电压：—10～10V；Rᵢ=100kΩ
	3	AI 1+	电流 1：4～20mA；Rᵢ=250Ω 电流 2：—20～20mA；Rᵢ=250Ω
	4	AI 1—	电流 3：0～20mA；Rᵢ=250Ω 分辨率：12 位
	5	P10	辅助电压：
	6	M	P10=10V
	7	M10	N10=—10V
	8	M	持续短路保护

最大可连接横截面：1.5mm²。

AI：模拟输入；P10/N10：辅助电压；M：参考地。

注意：如果模拟电流输入使用大于 40mA 的电流，可能会损坏组件。不允许超出同步范围。这意味着，模拟差值电压信号相对于接地位的补偿电压最大为＋/－30V DC。如不遵守规定，在进行模拟—数字转换时可能会出现错误的结果。

7）模拟输入电流/电压的 S5 开关（见表 5-50）。

表 5-50 电流/电压转换开关 S5

图　示	开　关	功　能
V□I S5.0 V□I S5.1	S5.0	转换电压（V）电流（I）AI0
	S5.1	转换电压（V）电流（I）AI1

8）X522 模拟输入/温度传感器连接（见表 5-51）。

表 5-51 端子排 X522

图　示	端子	名　称	技术参数
1 2 3 4 5 6 7 8	1	AO 0V＋	可以通过参数调节下列输入信号：电压：－10～10V（最大为 3mA）
	2	AO 0－	电流 1：4～20mA（最大负载电阻≤500Ω）
	3	AO 0C＋	电流 2：－20～20mA（最大负载电阻≤500Ω）
	4	AO 1V＋	电流 3：0～20mA（最大负载电阻≤500Ω）
	5	AO 1－	分辨率：11 位＋符号
	6	AO 1C＋	持续短路保护
	7	＋Temp	温度传感器连接 KTY84-1C130/PTC
	8	－Temp	

最大可连接横截面：1.5mm²。

AO xV：模拟输出电压；AO xC：模拟输出电流。

9）X541 双向数字输入/输出（见表 5-52）。

表 5-52 用于双向数字输入/输出的端子

图示	端子	名称	技术参数
1 2 3 4 5 6	1	＋	作为输出： 电压：－3～30V
	2	DI/DO 8	典型电流消耗：10mA 当 DC 24V 时 信号运行时间：
	3	DI/DO 9	低→高：约 50μs 高→低：约 100μs 作为输出：
	4	DI/DO 10	电压：DC 24V
	5	DI/DO 11	每个输出的最大负载电流：100mA 输出的最大总电流：400mA
	6	M	持续短路保护

最大可连接横截面：1.5mm²。

DI/DO：双向数字输入/输出；M：电子地。

注意：未占用的输入视为"低位"。当 24V 供电出现短暂的电压中断时，在此期间数字输出连接失效。只有用 24V 电压对端子 1 和 6 进行供电时，数字输出才有作用。

10）X542 继电器输出（见表 5-53）。

表 5-53　　　　　　　　　　　　　　　端子排 X542

图　示	端子	名　称	技术参数
	1	DO 0. NC	触点类型：最大负载电流转换触点：8A
	2	DO 0. COM	最大电路电压：AC 250V，DC 30V
	3	DO 0. NO	250V 时的最大电路功率 AC：2000VA（$\cos\varphi=1$） 250V 时的最大电路功率 AC：750VA（$\cos\varphi=0.4$）
	4	DO 1. NC	30V 时的最大电路功率 DC：240W（欧姆定律负载）
	5	DO 1. COM	所需的最小电流：100mA
	6	DO 1. NO	过压类别　等级Ⅲ，根据 EN60664-1

最大的可连接横截面：2.5mm²。

DO：数字输出；NO：动合触点；NC：动断触点；COM：中间触点。

（2）故障维修。终端模块 31（TM31）上的 LED 说明见表 5-54。

表 5-54　　　　　　　　　　　　　　　TM31 上的 LED 说明

LED	颜　色	状　态	说　明
RDY	—	关	缺少电子电源或者超出了所允许的公差范围
	绿色	持续发光	组件准备运行，并且开始进行 DRIVE-CLiQ 通信
	橙色	持续发光	构建 DRIVE-CLiQ 通信
	红色	持续发光	该组件至少存在一个故障。提示：LED 的控制与重新设置相应信息无关
	绿/红	闪烁 2Hz	正在进行固件下载
	绿色/橙色或者红色/橙色	闪烁 2Hz	通过 LED 激活组件识别（p0154） 提示：这两种方法与通过 p0154=1 进行激活时的 LED 状态有关

7. 箱式编码器模块（SMC10）

（1）SMC10 的接口说明（见图 5-79）。

注意事项：每个编码器模块只允许连接一个测量系统。在测量系统外壳与测量系统电子部件之间不允许有电流连接（对于常用的编码器系统都要满足此要求）。如不遵守规定，则系统可能会达不到所需要的抗干扰性（存在补偿电流通过电子地的危险）。

小心：原则上，通向温度传感器的连接导线必须进行屏蔽布线。导线屏蔽的两端和大部分必须与接地位相连。与电动机电缆一同引入的温度传感器导线，必须成对绞合在一起并分别进行屏蔽。必须保证组件上下有 50mm 的空间用于通风。

1）X500 DRIVE-CLiQ 接口（见表 5-55）。

2）X520 编码器系统（见表 5-56）。

3）X524 电子电源（见表 5-57）。

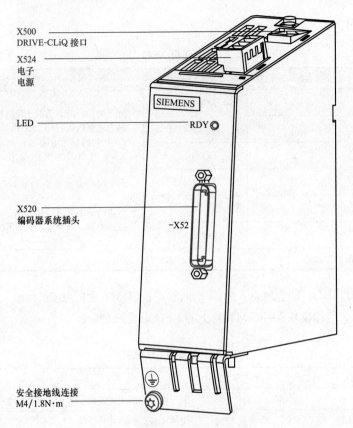

图 5-79　SMC10 的接口说明

表 5-55　　　　　　　　　　　　　　　　**DRIVE-CLiQ 接口 X500**

图　示	引　脚	信号名称	技术参数
	1	TXP	发送数据＋
	2	TXN	发送数据－
	3	RXP	接收数据＋
	4	保留，未占用	
	5	保留，未占用	
	6	RXN	接收数据－
	7	保留，未占用	
	8	保留，未占用	
	A	保留，未占用	
	B	M（0V）	电子地

表 5-56　　　　　　　　　　　　　　　　　　　**编码器接口 X520**

图　示	引　脚	信号名称	技术参数
	1	保留，未占用	
	2	保留，未占用	
	3	A(sin$^+$)	旋转变压器信号 A
	4	A*(sin$^-$)	相反的旋转变压器信号 A
	5	接地	接地（用于内部屏蔽）
	6	B(cos$^+$)	旋转变压器信号 B
	7	B*(cos$^-$)	相反地旋转变压器信号 B
	8	接地	接地（用于内部屏蔽）
	9	RESP	旋转变压器激励　正
	10	保留，未占用	
	11	RESN	旋转变压器激励　负
	12	保留，未占用	
	13	＋温度	电动机温度采集 KTY＋
	14	保留，未占用	
	15	保留，未占用	
	16	保留，未占用	
	17	保留，未占用	
	18	保留，未占用	
	19	保留，未占用	
	20	保留，未占用	
	21	保留，未占用	
	22	保留，未占用	
	23	保留，未占用	
	24	接地	接地（用于内部屏蔽）
	25	－温度	电动机温度采集 KTY－

表 5-57　　　　　　　　　　　　　　　　　　　**端子排 X524**

图　示	端　子	功　能	技术参数
	＋	电子电源	电压：24V（20.4～28.8V） 电流消耗：最大 0.35A 通过插头中电桥的最大电流：20A，在 55℃时
	＋	电子电源	
	M	电子地	
	M	电子地	

最大可连接横截面：2.5mm^2。

注意： "＋"或"M"这两个端子都在插头中进行桥接，这样可以保证供电电压的回线循环。

（2）故障维修。SMC10 上的 LED 说明（见表 5-58）。

表 5-58   SMC10 上的 LED 说明

LED	颜 色	状 态	说 明
RDY	—	关	缺少电子电源或者超出了所允许的公差范围
	绿色	持续发光	组件准备运行，并且开始进行 DRIVE-CLiQ 通信
	橙色	持续发光	构建 DRIVE-CLiQ 通信
	红色	持续发光	该组件至少存在一个故障。提示：LED 的控制与重新设置相应信息无关
	绿/红	闪烁 2Hz	正在进行固件下载
	绿色/橙色或者红色/橙色	闪烁 2Hz	通过 LED 激活组件识别（p0144）提示：这两种方法与通过 p0144=1 进行激活时的 LED 状态有关

例 5-21   一台数控加工中心出现黑屏故障。

数控系统：西门子 840D 系统。

故障现象：机床在运行时，突然出现报警"300501 Axis Y maximum current monitoring（Y 轴最大电流监控）"、"300607 Axis Y current controller at limit（y 轴电流控制器达到极限）"，指示 Y 轴伺服电动机电流有问题。出现故障后系统黑屏，NC 和 PLC 不能启动。

故障分析与检查：检查 NCU 模块，发现其上 PF 报警灯亮。因为指示 Y 轴电流有问题，随后依次断开 Y 轴数据总线、设备总线，发现断开设备总线后系统可以启动，设备总线是用来提供一些系统和模块的工作电压，因此断定可能 Y 轴伺服装置有问题，更换 Y 轴伺服控制模块和驱动功率模块，发现驱动功率模块有问题。

故障处理：伺服驱动功率模块维修后，机床恢复正常工作。

例 5-22   一台数控车床出现报警"25000 Axis X hardware fault of active encoder（X 轴主动编码器硬件错误）"。

数控系统：西门子 840D 系统。

故障现象：机床出现故障，系统显示 25000 号报警，指示 X 轴编码器有问题。

故障分析与检查：分析这台机床的工作原理，这台机床采用伺服电动机的内置编码器作为位置反馈元件。此报警指示 X 轴主动编码器有问题，也就是指示 X 轴的伺服电动机内置编码器有问题。为此，首先将 X 轴伺服电动机与 Z 轴伺服电动机互换，但还是 X 轴出现报警，说明编码器本身没有问题。

检查 X 轴编码器的连接电缆和电缆连接都没有发现问题，使用临时编码器连接电缆也没有解决问题。

这台机床的伺服驱动采用西门子 611D 交流数字伺服控制装置，与其他机床互换伺服驱动控制模块，故障转移到其他机床上，说明伺服驱动控制模块损坏。

故障处理：更换新的 X 轴伺服驱动控制模块后，机床恢复正常运行。

例 5-23   一台数控车床在加工过程中有时出现报警"25080 Axis X positioning monitoring（轴 X 位置监控）"。

数控系统：西门子 810D 系统。

故障现象：机床出现故障，在加工过程中出现 25080 号报警，指示 X 轴位置监控报警，加工程序终止。

故障分析与检查：根据系统报警手册的解释，产生 25080 号报警的原因为在机床轴运动停止时，经过机床数据 MD36020 设定的延时时间之后，坐标轴停止位置超出了机床数据 MD36000 精确粗准停或机床数据 MD36010 精确精准停规定的范围。

因为故障只是偶尔发生，所以机床出现硬故障的可能性比较小。为此首先对机床数据进行检查，检查机床数据 MD36000 和 MD36010 的设定数据正常。检查机床数据 MD36020 设置为 0.8，设定的延时数据偏小。

故障处理：将 X 轴的机床数据 MD36020 从 0.8 增加到 1.0 后，再执行加工程序，系统恢复正常运行，再也没有出现 25080 报警。

例 5-24　一台数控淬火机床出现报警 "25080 Axis AZ2 positioning monitoring（轴 AZ2 位置监控）"。

数控系统：西门子 840D 系统。

故障现象：机床在加工过程中出现 25080 号报警，中止加工程序的运行。

故障分析与检查：复位故障，重新启动加工程序，在 AZ2 轴运动时，发现噪声很大，然后出现 25080 报警，程序终止。检查 AZ2 轴滑台和滚珠丝杠都没有发现问题。

这是一台刚投入使用的新机床，怀疑 AZ2 轴经过一段时间磨合后，机械特性发生变化，机械惯性变小，使伺服系统产生振荡，产生噪声，而振荡过大又出现 25080 报警，所以应该调整伺服轴的增益。

故障处理：将 AZ2 轴的增益机床数据 MD1407 从 0.9 调整到 0.7 时，系统恢复正常运行。

例 5-25　一台数控窗口磨床出现报警 "113 Contour monitoring（轮廓监控）"。

数控系统：西门子 3M 系统。

故障现象：当机床 Y 轴正向运动时，工作正常，而反向运动时却出现 113 号报警和 222 号报警 "Servo Loop Not Ready（伺服环没有准备）"，并停止进给。

故障检查与分析：西门子 3 系统的 113 号报警是 Y 轴的轮廓监控报警，根据操作手册对 113 号和 222 号报警进行分析，确认 222 号报警是由于出现 113 号报警引起的，伺服系统其他故障也可引发此报警。根据操作手册说明，113 号报警是由于 Y 轴速度环没有达到最优化，速度环增益 K 系数对特定机床来说太高，因此导致这种故障有以下四种可能。

1）速度环机床数据设定不合理。但这台机床已运行多年，从未发生这种现象，为慎重起见，对有关的机床数据进行核对，没有发现任何异常。这种可能被排除了。

2）当加速或减速时，在规定时间内没有达到设定的速度，也会出现这个故障，这个时间是由 K 系数决定的，为此对 NC 系统相关的线路进行了检查，且更换了数控系统的伺服控制板和伺服单元，均未能排除此故障。

3）伺服反馈系统出现问题也会引起这一故障。为此更换 NC 系统伺服测量板，但也没能解决问题。

4）对作为位置反馈元件的旋转编码器进行分析，如果它丢转或脉冲丢失都会引起这一故障。为此检查编码器是否损坏，当把编码器从伺服电动机上拆下时，发现联轴器在径向上有一斜裂纹。

根据故障现象分析，由于编码器联轴器的斜裂纹，当电动机正向旋转时，联轴器上的裂纹不受力，编码器不丢转，机床正常运行；而电动机反向旋转时，裂纹受力张开，致使编码器丢转，导致系统出现 113 号报警。

故障处理：更换新的联轴器故障随之排除。

例 5-26 一台数控磨床出现报警"133 Contour monitoring（轮廓监控）"。

数控系统：西门子 3M 系统。

故障现象：机床在更换 B 轴伺服电动机后，运动 B 轴时出现 133 报警。

故障分析与检查：133 报警指示第 4 轴即 B 轴出现轮廓监控报警。因为换 B 轴伺服电动机之前没有此报警，所以怀疑换上新的伺服电动机后相应的机床数据需要修改。133 报警原因之一就是 K_v 机床数据设置不合理，调出机床数据 MD153，其数值为 1200。

故障处理：将机床数据 MD153 更改为 1500 后，机床运行时不再产生此报警。

例 5-27 一台数控车床 X 轴运动出现报警"1160 X axis contour monitoring（轮廓监控）"。

数控系统：西门子 840C 系统。

故障现象：机床 X 轴手动移动时没有问题，自动运行程序时出现 1160 报警。

故障分析与检查：因为 X 轴手动运动没有问题，说明伺服系统正常。机床在加工程序执行 G00 指令时出现故障，用倍率开关降低快移的倍率为 60%，这时就不出现报警，因此可能是机械问题，首先检查滚珠丝杠，当拆下伺服电动机时发现，伺服电动机与传动带连接的带轮将伺服电动机轴卡住，致使机械负载过大。

故障处理：维修带轮后，机床恢复正常工作。

例 5-28 一台数控车床 X 轴运动出现报警"1160 X axis contour monitoring（轮廓监控）"。

数控系统：西门子 840C 系统。

故障现象：机床开机 X 轴回参考点时出现 1160 报警，观察 X 轴滑台并没有动。

故障分析与检查：手动移动 X 轴也出现 1160 报警，根据故障现象和报警信息，机床的 X 轴得到运动指令后，实际上并没有移动，所以产生 1160 报警。因为 X 轴滑台没有移动，所以首先检查 X 轴伺服电动机的驱动电压，在 X 轴运动时，伺服电动机没有驱动电压，说明伺服电动机没有问题。

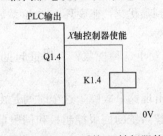

图 5-80 PLC 系统 X 轴伺服使能输出信号连接图

这台机床采用德国 INDRAMAT 交流模拟伺服驱动装置，在启动 X 轴运动时，检测 X 轴伺服控制装置端子 1、2 之间的给定电压，有电压输入，说明数控系统已经输出了运动指令值，但检查 7 号端子却发现其没有使能信号。

查看这台机床的电气图样，分析使能的给定原理，这台机床除了系统给出使能外，PLC 也给出了使能信号，如图 5-80 所示，其使能信号连接如图 5-81 所示。

首先检查 PLC 的 X 轴使能信号 Q1.4 为"1"没有问题，继电器 K1.4 的触点也闭合了。根据图 5-81 所示的连接图对连接的元件进行逐个检测，840C 测量模块 X 轴伺服使能信号没有问题，X 轴伺服控制器准备好信号也正常，只是发现刀塔噪声监测仪的触点没有闭合，发现该监测仪有报警信号。

故障处理：将刀塔噪声监测仪的故障信号复位，机床 X 轴进给运动恢复正常。

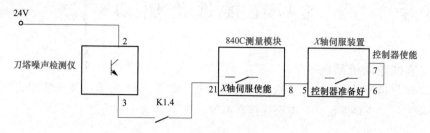

图 5-81　X 轴伺服使能连接图

例 5-29　一台数控无心磨床在自动循环过程中出现报警"25050 MX1 轴轮廓监控"。

数控系统：西门子 840D 系统。

故障现象：这台机床在自动循环过程中频繁出现 25050 报警，用复位键可以消除，但加工中频繁出现此报警，影响生产。

故障分析与检查：西门子 840D 系统 25050 报警的原理是坐标轴的每个插补点实际值与指令值比较，其差值超过了机床数据 MD36400 设定的阈值。导致此故障的原因有多种，如 MD36400 设定的允差值太小、轴动态响应超调、位置测量反馈有问题、机械阻力大等，仔细观察本案例的情况，发现轴在启动瞬间有明显的冲击现象，怀疑 K 系数设定太高。

故障处理：降低伺服环增益机床数据 MD32200 的数值，并将加速度参数 MD32300 也相应减少，直至轴启动和停止运行都平稳后，再连续加工零件试机，机床恢复正常运行。

例 5-30　一台数控加工中心出现报警"25050 Axis X contour monitoring（X 轴轮廓监控）"。

数控系统：西门子 840D 系统。

故障现象：这台机床在 X 轴移动时，出现微微振动，并出现 25050 报警。

故障分析与检查：观察故障现象，X 轴滑台运动时前一半的行程内没有振动也没有报警，后一半的行程内振动比较明显，只要振动就产生 25050 号报警。检查 X 轴的允许偏差数据 MD36400 为0.02mm，没有问题。对 X 轴滑台、导轨和滚珠丝杠进行检查，发现伺服电动机与滚珠丝杠连接处的轴承座有间隙，但不是非常明显。

故障处理：将间隙调节小后，运行机床 X 轴，这时不再产生振动和报警，机床恢复正常工作。

例 5-31　802D 干扰引起 ALM380500 报警的维修。

故障现象：配套 SIEMENS 802D 系统的数控铣床，开机时出现报警：ALM380500，驱动器显示报警号 ALM504。

分析与处理过程：驱动器 ALM504 报警的含义是：编码器的电压太低，编码器反馈监控失效。

经检查，开机时伺服驱动器可以显示"RUN"，表明伺服驱动系统可以通过自诊断，驱动器的硬件应无故障。经观察发现，每次报警都是在伺服驱动系统"使能"信号加入的瞬间出现，由此可以初步判定，报警是由于伺服电动机加入电枢电压瞬间的干扰引起的。

重新连接伺服驱动的电动机编码器反馈线，进行正确的接地连接后，故障清除，机床恢复正常。

5.4 直接进给驱动

5.4.1 直线电动机系统

直线电动机是指可以直接产生直线运动的电动机，如图 5-82 所示，其安装方式见表 5-59。直线电动机可作为进给驱动系统，其电路连接有多种，图 5-83 就是其中之一。

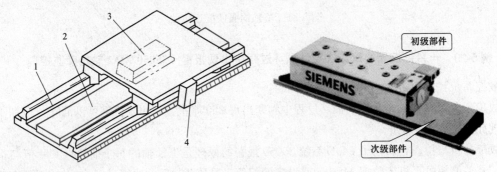

图 5-82　直线电动机进给系统外观
1—导轨；2—次线；3—初级；4—检测系统

表 5-59　　　　　　　　　　　　　直线电动机的安装方式

形式		安装图	特点	应用
水平布局	单电动机驱动	表 5-59 图 1	结构简单，工作台两轨道间跨距小，测量装置安装和维修都比较方便	推力要求不大的场合
	双电动机驱动	表 5-59 图 2	合成推力大，两轨道距离大，工作台受电磁吸力变形较大，对工作台的刚度要求较高，安装比较困难，测量和控制复杂	只适合中等负荷的场合使用
垂直布局	外垂直	表 5-59 图 3	机床的导轨跨距较小，可抵消工作台的部分弯曲变形，对定子与动子间的间隙影响也小，但结构比较复杂，设计难度也比较大	只适合中等负荷的场合使用
	内垂直	表 5-59 图 4	导轨间距离较大，安装和维修较难	适于推力大和高精度的应用场合

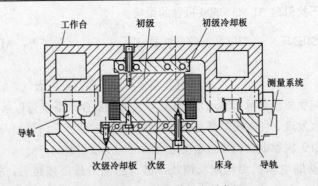

表 5-59 图 1　单电动机水平布局

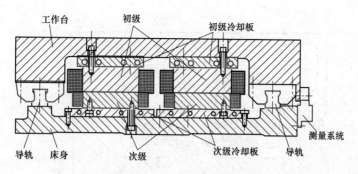

表 5-59 图 2　双电动机水平布局

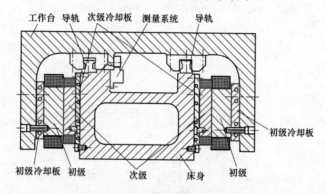

表 5-59 图 3　双电动机外垂直布局

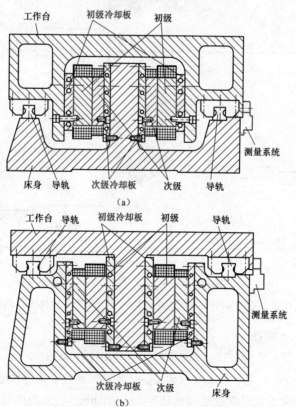

（a）

（b）

表 5-59 图 4　双电动机内垂直布局（两种）（一）

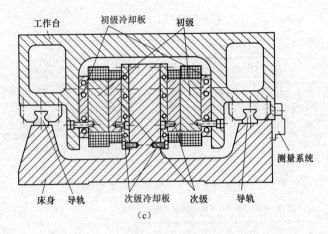

（c）

表 5-59 图 4　双电动机内垂直布局（两种）（二）

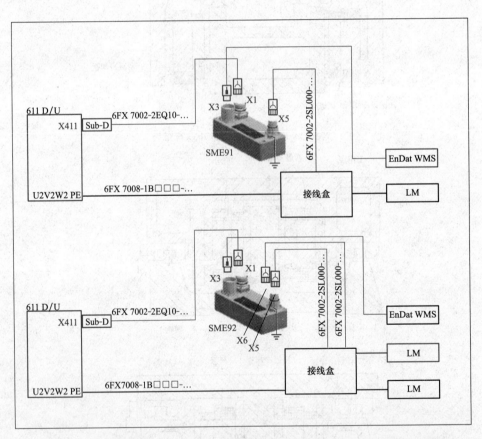

图 5-83　在 SIMODRIVE 611 中使用 SME91 或 SME92 的直线电动机系统连接

5.4.2　力矩电动机驱动

直接驱动回转工作台（见图 5-84）一般采用力矩电动机（Synchronous Built-in Servo Motor）驱动。力矩电动机（见图 5-85）是一种具有软机械特性和宽调速范围的特种电动机。可以直接与控制对象相连而不需减速装置而实现直接驱动（DD，Direct Drive）。力矩电动机的连接有多种，其中图 5-86 其中之一。

图 5-84　直接驱动回转工作台

图 5-85　力矩电动机

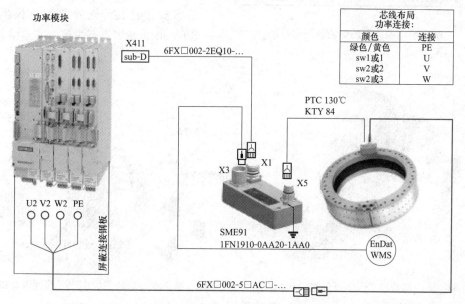

图 5-86　通过 SME9x 连接 PTC 130℃和 KTY 84 来实现系统接入；WMS：EnDat 或增量式（一）

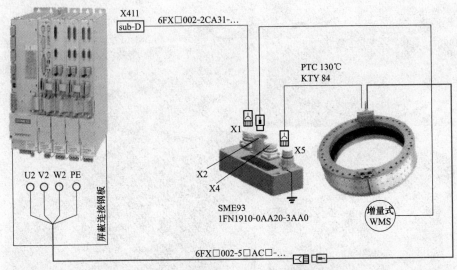

图 5-86　通过 SME9x 连接 PTC 130℃和 KTY 84 来实现系统接入；WMS：EnDat 或增量式（二）

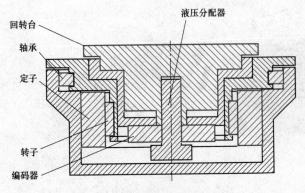

图 5-87　编码器的安装装配示意图

1. 编码器的安装（见图 5-87）

2. 力矩电动机的防护

（1）冷却（见图 5-88 和图 5-89）。

（2）温度的控制。通过 SME9x 进行温度传感器连接；用插头将信号电缆连接到 SME9x（外部编码器模块）上，SME9x 的输出端与变频器相连。所需要的热敏电阻-电动机保护设备 3RN1013-1GW10 与 PTC 传感器相连接，而外部测量仪器用来对 KTY 84 传感器进行求值。其连接如图 5-90 和图 5-91 所示。

图 5-88　带冷却套的 1FW6 系列电动机组件

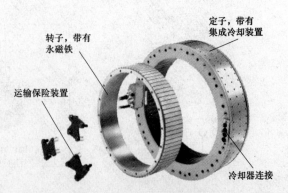

图 5-89　带集成冷却装置的 1FW6 系列电动机组件

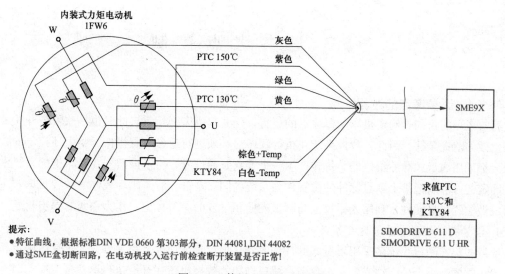

提示：
● 特征曲线，根据标准DIN VDE 0660 第303部分，DIN 44081,DIN 44082
● 通过SME盒切断回路，在电动机投入运行前检查断开装置是否正常！

图 5-90　使用 SME9x 的连接

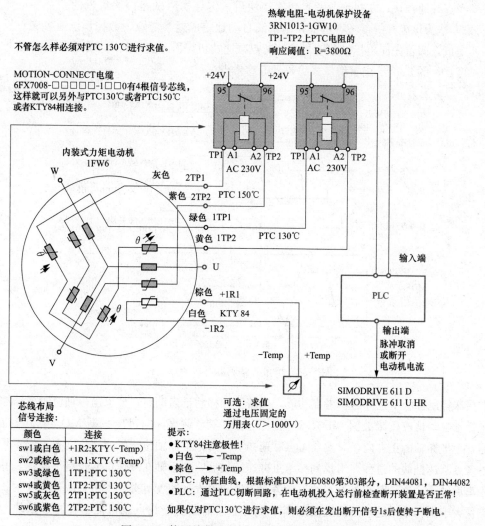

芯线布局 信号连接：	
颜色	连接
sw1或白色	+1R2:KTY(-Temp)
sw2或棕色	+1R1:KTY(+Temp)
sw3或绿色	1TP1:PTC 130℃
sw4或黄色	1TP2:PTC 130℃
sw5或灰色	2TP1:PTC 150℃
sw6或紫色	2TP2:PTC 150℃

提示：
● KTY84注意极性！
● 白色 ⟶ -Temp
● 棕色 ⟶ +Temp
● PTC：特征曲线，根据标准DINVDE0880第303部分，DIN44081，DIN44082
● PLC：通过PLC切断回路，在电动机投入运行前检查断开装置是否正常！

如果仅对PTC130℃进行求值，则必须在发出断开信号1s后使转子断电。

图 5-91　使用热敏电阻-电动机保护设备的连接

5.5 返参考点控制

5.5.1 返参考点的过程

返参考点的目的是确定机床坐标原点的位置，建立起机床坐标系，同时也是软限位开关及各种补偿生效的前提条件。因此，数控系统在执行程序前必须进行返参考点操作。半闭环控制的数控机床，大都采用增量式脉冲编码器，每转产生一个零点脉冲信号，由于该信号在机床坐标系统中的位置是确定的，可以把某个零点脉冲的位置作为系统的同步基准。对于闭环控制的数控机床，多采用光栅尺做位置测量元件，利用光栅尺上与测量光栅相平行的参考标记，作为系统的同步基准。

1. 增量式旋转测量系统返参考点

增量式旋转测量系统多采用增量式脉冲编码器作为位置或速度反馈元件，为了具体确定参考点的位置，需要给每个坐标轴安装一个参考点减速挡块。数控机床在开机执行返参考点操作时，首先要寻找参考点减速挡块，在找到参考点减速挡块后，再寻找离减速挡块最近的一个零点脉冲信号（零点标志）作为该坐标的参考点基准，由系统自动地完成返参考点。数控系统返参考点操作，一般分三步完成，即首先使坐标轴移动寻找参考点减速挡块，再寻找与其同步的零点脉冲信号，最后运动到参考点，图 5-92 给出了增量式编码器返参考点过程。

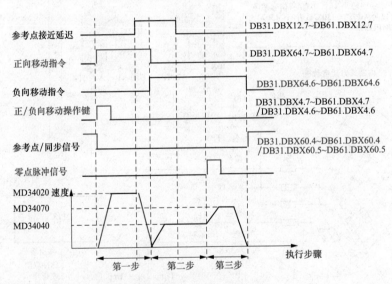

图 5-92 增量式编码器返参考点过程

在机床控制面板上选择返参考点功能，当按下轴移动键启动后，如果坐标轴位于减速挡块的前面，坐标轴自动地按机床数据 MD34020 设定的返参考点速度，向机床数据 MD34010 设定方向移动，通常为坐标轴的正方向，寻找参考点减速挡块。如果坐标轴位于减速挡块之上，将不需要执行寻找参考点减速挡块的过程。当找到参考点减速挡块后，坐标轴在减速信号控制下减速，并移动一小段距离后停止，这段距离与设置的返参考点速度和最大加速度有关。参考点减速挡块的长度，一定要确保大于坐标轴减速移动的这段距离，否则坐标轴减速停止点就可能不在减速挡块上，发生20001 号报警，即没有参考点减速挡块信号。触点开关接触到减速挡块，便通过。"参考点接近延迟"接口信号 DB31. DBX12.7～DB61. DBX12.7 告诉系统，已经找到了参考点减速挡块，第一步工作结束。在寻找参考点减速挡块的过程中，进给倍率修调开关及进给启动禁止使能按键有效。如果坐标轴移动的距离大于 MD34030 设置的距离，仍没有找到参考点减速挡块，就会产生 20000 号（参考点挡块没有找到）报警，同时"参考点接近延迟"接口信号复位。

　　执行完第一步而没有报警，此时坐标轴位于减速挡块之上，接着执行第二步，寻找零点脉冲信号。寻找零点脉冲信号的控制方式取决于机床数据 MD34050 的设置，MD34050 设置为 0，寻找零点脉冲信号以参考点减速挡块信号的下降沿为基准；MD34050 设置为 1，寻找零点脉冲信号以参考点减速挡块信号的上升沿为基准。如果以参考点减速挡块信号的下降沿为基准，坐标轴会从静止状态加速到机床数据 MD34040 设定寻找零点脉冲的速度，向 MD34010 规定的相反方向移动，寻找零点脉冲信号，当离开参考点减速挡块时，即参考点减速挡块信号的下降沿出现，"参考点接近延迟"接口信号复位，系统与脉冲编码器的第一个零点脉冲信号同步，如图 5-93 所示。如果以参考点减速挡块信号的上升沿为基准，坐标轴会从静止状态加速到返参考点速度，向 MD34010 规定的相反方向移动，当离开参考点减速挡块时，"参考点接近延迟"接口信号复位，坐标轴减速停止，然后再加速到寻找零点脉冲的速度，向相反方向移动，当再次触到参考点减速挡块时，即参考点减速挡块信号的上升沿出现，"参考点接近延迟"接口信号使能，系统与脉冲编码器的第一个零点脉冲信号同步，如图 5-94 所示。无论哪种情况，只要找到了第一个零点脉冲信号，第二步结束。在寻找零点脉冲信号的过程中，进给倍率修调开关无效，机床操作面板上的 NC 启动/停止按键也无效，但进给启动禁止使能键有效，如果轴停止，将会发生 20005 号（返参考点中止）报警。离开参考点

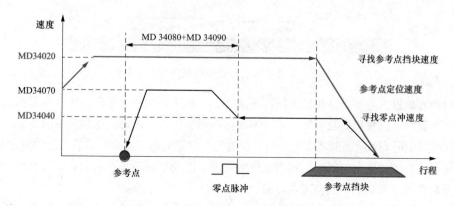

图 5-93　检测减速挡块下降沿返参考点过程

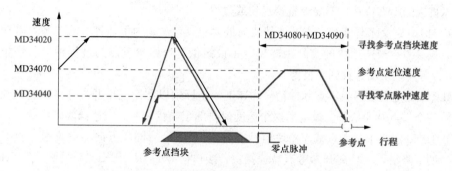

图 5-94　检测减速挡块上升沿返参考点过程

减速挡块后，坐标轴移动的距离大于 MD34060 设置的距离时，仍没有找到零点脉冲信号，就会产生 20002 号（零点脉冲没有找到）报警，同时"参考点接近延迟"接口信号复位。

返参考点过程的第三步是坐标轴移动到参考点。在成功地寻找到零点脉冲信号而无报警发生，才能执行第三步。由于在寻找到零点脉冲后，坐标轴加速到机床数据 MD34070 设定的返参考点定位速度，移动到参考点停止。从零点脉冲上升沿到参考点的移动距离，由机床数据 MD34080 和 MD34090 决定，这段距离就是两数据之和。在坐标轴到达参考点后，通过"参考点值"接口信号 DB31.DBX2.4～DB61.DBX2.4、DB31.DBX2.5～DB61.DBX2.5、DB31.DBX2.6～DB61.DBX2.6、DB31.DBX2.7～DB61.DBX2.7 的选择，把机床数据 MD34100 中的设定值赋给参考点，此时，参考点/同步接口信号 DB31.DBX60.4～DB61.DBX60.4、DB31.DBX60.5～DB61.DBX60.5 使能，位置测量系统与控制系统同步有效，整个返参考点过程结束，机床可以正常工作了。

在实际应用中，参考点减速挡块通常设置在轴的一端，一般在靠近坐标轴硬限位挡块的位置，这时要求参考点减速挡块与硬限位挡块之间的轴向距离应该小于或等于零，如图 5-95 所示，其目的是保证任何时候机床的坐标轴都不能停留在参考点挡块和硬限位挡块之间。否则数控机床通电后，由于坐标轴的当前位置已经超过了参考点挡块，数控系统在执行返参考点操作时，找不到参考点挡块而直接碰到硬限位挡块。如果硬限位挡块的长度不够，坐标轴就有可能冲过硬限位挡块，损坏机床的机械部件。

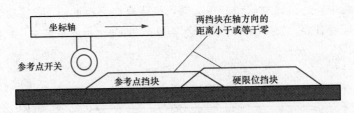

图 5-95　参考点挡块与硬限位挡块的位置关系

采用何种方法返参考点，寻找减速挡块的速度、寻找零点脉冲的速度、接近参考点的速度及参考点的坐标位置都可以在机床数据里设置，下面就返回参考点常用的机床数据做简要介绍。

1）MD34010 定义了返回参考点的方向，设置为 0 时正向返参考点，设置为 1 时负向返参考点。由于数控机床坐标轴的正方向通常是远离工件的方向，因此返回参考点的默认设定也为正方向，这也是大部分数控机床所采用的返参考点方向。

2）MD34020 定义了寻找参考点减速挡块的速度。执行返回参考点操作，系统首先以此参数设定的速度寻找参考点减速挡块，当寻找到参考点减速挡块后，坐标轴迅速制动停止。设定速度值时，应考虑机床的动态特性，不要设置得过快或过慢。

3）MD34030 定义了寻找参考点减速挡块的最大距离，这是为了监控寻找参考点减速挡块的过程。只要寻找参考点减速挡块的实际距离超过了设定值，返回参考点的过程将自动停止，并产生 20000 号（参考点挡块没有找到）报警。

4）MD34040 定义了寻找零点脉冲信号的速度，坐标轴以此速度离开参考点减速挡块，寻找测量系统的第一个零点脉冲信号。设定的这个速度值要低于寻找参考点减速挡块的速度值。

5）MD34050 定义了参考点减速挡块信号上升沿/下降沿的同步方向。设置为 0 检索参考点减速挡块信号的下降沿，一旦离开参考点减速挡块，接口信号 DB31.DBX12.7～DB61.DBX12.7 复位，系统便与第一个零点脉冲信号同步。设置为 1 检索参考点减速挡块信号的上升沿，一旦抵达参考点减速挡块，接口信号 DB31.DBX12.7～DB61.DBX12.7 使能，系统便与第一个零点脉冲信号同步。

6）MD34060 定义了寻找零点脉冲的最大距离，它是为了监控寻找零点脉冲的过程。如果坐标轴移动量超过了这个距离，仍没有找到零点脉冲，返参考点的过程将自动停止，并产生 20004 号（参考标记错误）报警。

7）MD34070 定义了参考点定位速度，当系统检测到零点脉冲信号后，以此定位速度移动一段可设定距离后停止，返参考点过程结束。

8）MD34080 设置参考点移动距离，在找到零点脉冲后以参考点定位速度移动的距离由此参数确定。它是一个有符号数，如果设置为负值，表明是正向定位参考点；如果设置为正值，则是负向定位参考点。

9）MD34092 设置了参考点挡块的电子偏移量。系统在寻找零点脉冲信号的过程中，由于参考点减速挡块位置设置不当，就有可能出现两种特殊情况，一种情况是参考点开关断开的位置恰是零点脉冲出现的位置，另一种情况是零点脉冲与参考点挡块正好处于临界位置。前者使数控系统可能检测到与参考点挡块相邻的这个零点脉冲信号，也可能检测不到这个脉冲信号而是检测到下一个零点脉冲信号，这将导致参考点位置误差，此误差与零点脉冲信号出现的周期有关，在数值上正好等于伺服电动机转动一周所对应的距离；后者由于数控系统采样的时间间隔，可能导致参考点位置误差。解决问题的最好方法是调整参考点减速挡块的位置，使参考点开关断开的位置离开零点脉冲出现的位置。但是对于参考点减速挡块或参考点开关不能调整的数控机床，810D/840D 系统提供了一个参考点挡块的电子偏移设置参数，通过调整此参数避开这个临界位置。

10）MD34100 定义了参考点位置。在坐标轴成功返参考点后，坐标轴的位置就是参考点相对于机床坐标原点的位置。从参考点到机床原点的距离，设置在机床数据 MD34100 中。若把它设置为零，表明参考点的位置就是机床坐标原点的位置。

2. 带位移编码标记的线性测量系统返参考点

810D/840D 系统采用的带位移编码标记的线性测量系统，是 HEIDHAIN 光栅尺，这种线性测量系统返参考点不需要参考点减速挡块，利用光栅尺上相邻的参考标记，就能确定参考点的位置。图 5-96 是 HEIDHAIN 光栅尺，从第 1 个参考标记起，相邻奇数参考标记间的距离是 20mm，从第 2 个参考标记起，相邻偶数参考标记间的距离是 20.2mm，连续两个参考标记间的距离按一定规律变化，如参考标记 1、2 间的距离是 10.2mm，参考标记 3、4 间的距离是 10.4mm，依次类推，其变化量 0.2mm 设置在机床数据 MD34310 中。系统在执行返参考点操作时，无论是正向移动还是反向移动，只需移动量跨过两个参考标记，系统根据相邻两个参考标记之间的变化量，就可以确定机床各坐标轴的位置，完成返参考点操作，建立起机床坐标系统。采用光栅尺的闭环控制系统返参考点的过程分为两步，如图 5-97 所示，第一步是寻找光栅尺上两个相邻参考标记，作为系统的同步信号；第二步是确定参考点，建立机床坐标系。

在返参考点操作方式下，按坐标轴移动键（正向或反向），由接口信号 DB31.DBX4.7～DB61.DBX4.7/DB31.DBX4.6～DB61.DBX4.6 启动系统寻找同步参考标记，同时参考点/同步信号 DB31.DBX60.4～DB61.DBX60.4/DB31.DBX60.5～DB61.DBX60.5 被复位，通道返参考点信号 DB21.DBX36.2 也被复位。坐标轴移动穿过两个相邻参考标记的过程中，如果移动的距离超过了机床数据 MD34300 的两倍，将会发生错误，系统会以 MD34040 规定的一半速度向相反方向继续寻找两个参考标记。如果检测到的距离仍大于机床数据 MD34300 的两倍，坐标轴将停止移动并产生

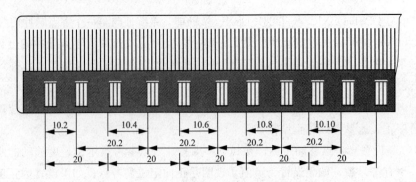

图 5-96　HEIDHAIN 光栅尺

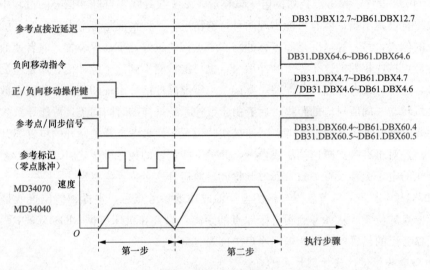

图 5-97　线性测量系统返参考点过程

20003 号（测量系统错误）报警。坐标轴运动的距离达到了 MD34060 规定的数值而没有发现两个参考标记，返参考点过程中止，产生 20004 号（参考标记丢失）报警。

坐标轴穿过两个参考标记，且没发生任何报警，就自动地进入第二步返参考点过程，移动到一个固定点，以便定位参考点。由于两个连续参考标记间的距离按一定值变化，系统能精确地识别参考标记和坐标轴在光栅上的实际位置，这个位置仅相对于光栅的第一个参考标记。为了设置参考点，需要在机床数据 MD34090 中输入机床原点与光栅上第一个参考标记间的距离，也称绝对偏置，采用激光测量的方法获得绝对偏置值。系统会自动根据坐标轴在光栅尺上的位置和绝对偏置值，确定参考点的值。如果在 MD34330 中设置的是无目标点方式，当穿过两个参考标记后坐标轴停止，同时也就确定了参考点的位置，参考点/同步信号置 1，返参考点过程结束，如果选择了带目标点方式，坐标轴加速到 MD34070 中设定的速度，移动到 MD34100 设定的位置停止，参考点/同步信号置 1，返参考点过程结束。

带位移编码标记的线性测量系统返参考点一般不需要参考点挡块，但在执行 G74 指令返参考点时，因寻找不到两个参考点标记可能发生意外，通常在坐标轴工作范围的一端安装一个挡块。执行返参考点操作，坐标轴又不在挡块上，坐标轴就按给定的方向加速到 MD34040 定义的速度，通过两个相邻参考点标记后停止，转入第二步返参考点过程。如果坐标轴在挡块上，无论按哪个坐标轴移动方向键加速到 MD34040 定义的速度，并按 MD34010 定义的相反方向移动，通过两个相邻参考点标记后停止，转入第二步返参考点过程。

　　在 810D/840D 系统中，返参考点的 PLC 程序设计相对比较简单，利用机床控制面板上的返参考点键，激活返参考点操作，一旦机床 PLC 接口信号 DB21.DBX1.0 置位，表明坐标轴已经处在手动返参考点工作方式，坐标轴自动地向参考点方向移动，寻找参考点减速挡块。遇到参考点减速挡块后，接口信号 DB31.DBX12.7 ～ DB61.DBX12.7 置位，向系统发出指令，自动地完成返参考点过程。可以通过 PLC 诊断功能，检查系统返参考点过程中，各个接口信号的状态。图 5-98 给出了某数控机床采用增量式脉冲编码器返参考点的 PLC 控制逻辑。

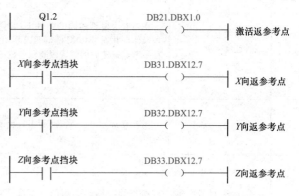

图 5-98　返参考点的 PLC 控制逻辑

5.5.2　返参考点常见故障

数控机床返参考点出现故障时，针对具体情况应从以下几方面入手。

（1）先检查参考点减速挡块是否松动，参考点开关是否松动或者损坏。

（2）检查反馈测量系统的测量电缆。

（3）检查脉冲编码器电源电压和输出信号。

（4）检查有关参考点机床数据的设置。

（5）检查有关参考点内部数据接口信号及 PLC 接口信号。

1. SIEMENS 810 系统数控机床回参考点的故障诊断与维修

（1）SIEMENS 810 系统回参考点动作不能进行的处理。当机床不能进行回参考点动作时，810 系统将根据坐标轴的不同显示 ALM184＊、ALM2039 等报警，有关报警原因与处理方法见表 5-60 所示。

表 5-60　　　　　　　　　　　　　　不能回参考点的处理

项目	故障原因	检查步骤	措　施
1	参考点"减速"信号不正确	诊断 PLC 输出信号： Q108.4：X 轴参考点"减速"信号； Q112.4：Y 轴参考点"减速"信号； Q116.4：Z 轴参考点"减速"信号； Q120.4：4 轴参考点"减速"信号等，确认"减速"信号可以正确输入	检查"CNC 启动"信号连接，根据 PLC 程序，检查信号逻辑条件
2	操作方式选择不正确	诊断 PLC 输出信号：Q82.0～Q82.3 的状态，确认"回参考点"方式已经选择	检查操作方式开关的输入连接，根据 PLC 程序，检查信号逻辑条件
3	轴运动方向信号没有输入	根据 CNC 参数设定的方向，诊断以下 PLC 输出信号：Q109.7："＋X"，Q109.6："－X"方向信号； Q113.7："＋Y"/Q113.6："－Y"方向信号； Q117.7："＋Z"，Q117.6："－Z"方向信号； Q121.7："＋4"/Q121.6："－4"方向信号等，确认方向信号不为"0"	确认轴方向信号的连接，根据 PLC 程序，检查信号逻辑条件

项目	故障原因	检查步骤	措　施
4	回参考点速度为0或者速度太低	在与发生报警相同的条件下，再次进行回参考点操作，并通过CNC的伺服诊断功能检查坐标轴在参考点减速后的位置跟随误差值	检查、调整CNC参数NC-MD284＊、MD296＊，确认设定不为"0"，或者提高设定值。 检查、调整CNC参数NC-MD252＊，改变伺服系统的增益设定值。 通过调整伺服驱动器的速度反馈增益，提高回参考点时的进给速度
5	起点不正确	检查参考点到起始点的距离与起点位置	从回参考点起始点到参考点的距离至少应相当于电动机两转的移动量，方向必须正确
6	脉冲编码器的电源连接不良	检查脉冲编码器端的电源电压应大于4.75V（直接在脉冲编码器输入端检查）	调整电源模块的＋5V，使之在5V±0.05V范围内，并确保编码器电路上的＋5V电源压降在0.2V以下。电路上压降在0.2V以上时，应增加电源连接线
7	编码器不良	利用示波器检查脉冲编码器信号	更换脉冲编码器
8	CNC参数设定不当	检查CNC参数中的"进给轴参数"、"位参数"的设定	更改参数设定
9	位置控制模块不良		更换位置控制模块
10	CPU模块不良		更换CPU模块

（2）SIEMENS 810系统回参考点位置不正确的故障诊断（见表5-61）。

表5-61　　　　　　　　　　　SIEMENS 810系统回参考点位置不正确的处理

项　目	故障原因	检查步骤	措　施
当回参考点结束后，停止位置出现整螺距的偏离	参考点减速挡块位置调整不当	1）将坐标轴从参考点位置沿回参考点运动的反方向，手动从参考点停止点慢速退出； 2）用诊断参数检查Q108.4/Q112.4/Q116.4/Q120.4，观察参考点"减速"信号的状态； 3）当参考点"减速"信号状态出现变化时，立即停止移动坐标轴，该点即为坐标轴回参考点时的"减速挡块放开"位置； 4）从系统位置显示上读出参考点和减速挡块间的距离	调整参考点减速挡块位置，使"减速挡块放开"位置与实际参考点位置的距离相当于在电动机转过1/2转所产生的运动量左右，固定参考点减速挡块
	参考点"减速挡块"长度不足	1）在参考点附近，手动慢速移动坐标轴； 2）用诊断参数观察参考点减速信号状态； 3）从系统位置显示上读出参考点减速信号状态出现变化到信号恢复的运动距离	更换参考点减速挡块，通常要求参考点减速挡块的长度相当于在电动机转过3~4转所产生的运动量
	"减速挡块"信号不良	检查减速开关的动作信号，确认信号可靠	更换减速开关

续表

项　目	故障原因	检查步骤	措　施
当回参考点结束后，停止位置出现偶然偏离	零位脉冲信号受干扰	检查反馈电缆屏蔽线是否连接正确，接地是否良好，脉冲编码器的电缆是否布置合理等	通过必要的措施，减小零位脉冲信号干扰
	脉冲编码器的电源电压太低	1) 检查主板上的＋5V 电压检查端子的电压值，应是 5.0V±0.05V； 2) 取下伺服电动机的盖，测量脉冲编码器电路板上＋/－端子的电源电压，应大于 4.75V	① 调整＋5V 电源，使主板＋5V 端子的电压为 5.0V±0.05V； ② 通过增加连接线等措施，保证电缆上的线路压降在 0.2V 以下
	伺服电动机与丝杠间的连接不良	在电动机轴上做一标记，检查电动机轴和丝杠间的关系是否完全一致	紧固联轴器
	脉冲编码器不良	利用示波器检查脉冲编码器的输出脉冲，确认全部信号输出正常	更换脉冲编码器
	"减速"信号动作不良	1) 检查参考点"减速挡块"固定是否可靠； 2) 检查参考点"减速挡块"上是否有铁屑等； 3) 检查参考点减速开关是否动作可靠	保证减速信号动作正常
	位置控制模块不良		更换位置控制模块
回参考点结束后，停止位置出现微小偏离	电缆连接不良	检查电缆与连接器的连接情况	确保连接可靠
	电源电压波动	检查输入电压情况	确保输入电压在系统允许范围
	零点漂移过大	用伺服诊断检查位置跟随误差	调整"零点漂移"或进行自动漂移补偿
	伺服驱动器不良	检查伺服驱动器	维修伺服驱动器
	位置控制模块不良		更换位置控制模块

2. SIEMENS 802 系统数控机床回参考点的故障诊断与维修

(1) SIEMENS 802 系统回参考点位置不正确的故障诊断（见表 5-62）。

表 5-62　　　　　　　　SIEMENS 802 系统回参考点位置不正确的处理

项　目	故障原因	检查步骤	措　施
当回参考点结束后，停止位置出现整螺距的偏离	参考点减速挡块位置调整不当	1) 将坐标轴从参考点位置沿回参考点运动的反方向，手动从参考点停止点慢速退出。 2) 观察参考点减速信号状态 V38001000.7 (＊DECX)；V38011000.7 (＊DECY)；V38021000.7 (＊DECZ)；V3803 1000.7 (＊DEC4)。 3) 当参考点减速信号状态出现变化时，立即停止移动坐标轴，该点即为坐标轴回参考点时的"减速挡块放开"位置。 4) 从系统位置显示上读参考点和减速挡块间的距离	调整参考点减速挡块位置，使"减速挡块放开"位置与实际参考点位置的距离相当于在电动机转过 1/2 转所产生的运动量左右，固定参考点减速挡块

续表

项 目	故障原因	检查步骤	措 施
当回参考点结束后，停止位置出现整螺距的偏离	参考点减速挡块长度不足	1）在参考点附近，手动慢速移动坐标轴。 2）观察参考点减速信号状态。 3）从系统位置显示上读出参考点减速信号状态出现变化到信号恢复的运动距离	更换参考点减速挡块，通常要求参考点减速挡块的长度相当于电动机转过3～4转所产生的运动量
回参考点结束后，停止位置出现偶然偏离时	零位脉冲信号受干扰	检查反馈电缆屏蔽线是否连接正确，接地是否良好，脉冲编码器的电缆是否布置合理等	通过必要的措施，减小零位脉冲信号
	脉冲编码器的电源电压太低	1）检查主板上的+5V电压。检查端子的电压值应是5.0±0.05V。 2）取下伺服电动机的盖，测量脉冲编码器线路板上+/−的端子的电源电压，应大于4.75V	1）调整+5V电源，使主板+5V端子的电压为5.0±0.05V。 2）通过增加连接线等措施，保证电缆上的线路压降到0.2V以下
	伺服电动机与丝杠间的连接不良	在电动机轴上做一标记，检查电动机轴和丝杠间的关系是否完全一致	紧固联轴器
	脉冲编码器不良	利用示波器检查脉冲编码的输出脉冲，确认全部信号输出正常	更换脉冲编码器
	减速信号动作不良	1）检查参考点减速挡块固定是否可靠。 2）检查参考点减速挡块上是否有铁屑等。 3）检查参考点减速开关是否动作可靠	保证减速信号动作正常
回参考点结束后，停止位置出现整微小偏离	电缆连接不良	检查电缆与连接器的连接情况	确保连接可靠
	电源电压波动	检查输入电压情况	确保输入电压在系统允许范围
	零漂过大		进行自动漂移补偿

（2）回参考点的故障维修步骤。

1）确认系统回参考点动作。确认动作正确无误。在 SIEMENS 802 系统中影响回参考点动作的主要因素有：

a）数控系统的操作方式必须选择回参考点（Ref）方式。

b）"参考点减速"信号必须按要求输入。

c）位置检测装置"零脉冲"必须正确。

d）机床参数的参数设置必须正确。

以上因素中，最常见的故障是"参考点减速挡块"位置调整不当或者是长度不够和减速信号的故障；其次是位置检测元件的"零脉冲"干扰、检测元件的故障以及机床参数的设定错误。

在 d）中，可以对与回参考点有关的信号进行检查，诊断参数与信号的对应关系见表5-63。

2）相关参数的确认。SIEMENS 802 系列系统根据驱动类型、回参考点方式、回参考点的速度等来设定相关的参数，因此，参数的设定是否正确，直接影响到回参考点动作的可靠性。为便于相关参数的确认，表5-63详细说明了部分参数所表达的内容。

表 5-63　　　　　　　　　　　　　　　　　　回参考点部分参数表

序号	参数号	单位	设置值	参数说明
1	MD34000		0	不使用减速开关
			1	使用减速开关
2	MD34010		0	正方向寻找减速开关
			1	负方向寻找减速开关
3	MD34020	mm/min	2000	设定寻找减速开关速度（V_C）
4	MD34030	mm	10000	寻找减速挡快的最大距离
5	MD34040	mm/min	300	设定寻找接近开关信号或零脉冲速度（V_m）
6	MD34050		0	接近开关信号/零脉冲在减速开关之前的回参考点方式
			1	接近开关信号/零脉冲在减速开关之前的回参考点方式
7	MD34060	mm/min	200	寻找接近开关的最大距离
8	MD34070	mm/min	200	参考点定位速度（V_p）
9	MD34080	mm	−2	参考点偏移量（带方向）
10	MD34100	mm	0	参考点位置值
11	MD34200		0	不回参考点（使用绝对编码器）
			1	使用编码器给出的零脉冲回参考点（SIEMENS 802C 系统）
			2	接近开关上升沿作为参考点（SIEMENS 802S 系统）
			4	接近开关上升沿、下降沿中点作为参考点（SIEMENS 802S 系统）
12	MD35150		0.1	坐标轴的速度容差为 10%
13	MD36300	Hz	300000	设定编码器的极限频率

3）报警处理。发生有关回参考点报警的主要原因、检查方法以及维修措施见表 5-64。

表 5-64　　　　　　　　　　　　　　　　　　有关回参考点报警的处理

项目	故障原因	检查步骤	措　施
1	参数错误	1）检查所使用系统的类型与相关参数设定是否一致。 2）根据回参考点的动作，确认回参考点的类型，并检查设定的参数是否正确。 3）检查回参考点各阶段的速度是否合适	
2	起点不正确	检查从回参考点起始点到参考点的距离，防止坐标轴在回参考点开始运行时就已经处于减速挡块末端	按复位键，解除报警，移动坐标轴选择合适的位置，重新回参考点
3	脉冲编码器的电源连接不良	检查 SIEMENS 802C 伺服驱动单元，以及脉冲编码器端的电源电压应大于 4.75V（直接在脉冲编码器输入端检查）	更换脉冲编码器的连接线
4	编码器不良		更换脉冲编码器

3. SIEMENS 810D/840D 系统数控机床回参考点的故障诊断与维修

坐标轴不能返回参考点或找不到参考点故障产生的原因及处理措施见表 5-65。坐标轴返回参考点时出现误差故障的原因及采取的措施见表 5-66。

表 5-65 不能返参考点或找不到参考点故障

序号	原 因	检查及处理
1	没有参考点减速挡块信号	检查接口信号 DB31. DBX12.7~DB61. DBX12.7 确认减速信号的正确输入。检查减速挡块及连接电缆，并根据 PLC 程序，检查信号的逻辑条件
2	操作方式选择不正确	诊断 DB21. DBX1.0 的状态，检查操作方式是否处于返参考点的工作状态
3	返参考点轴的运动方向选择不正确	根据 CNC 参数 MD34010 设置的返参考点方向，正确选择轴的运动方向，确认轴方向信号连接是否正确，根据 PLC 程序检查信号逻辑条件
4	返参考点的起点不正确	返参考点的起点距参考点太近，从返参考点的起点到参考点的距离至少相当于电动机两转的移动量
5	脉冲编码器的电源连接不良	检查脉冲编码器的电源，其电压必须大于 4.75V，电源电压要求 5.0V±0.05V，连接编码器电路上的压降不能超过 0.2V，否则应增加电源导线面积
6	脉冲编码器故障	利用示波器检查脉冲编码器信号，若有故障则更换脉冲编码器
7	减速开关故障	检查减速开关的工作情况，维修或更换减速开关

表 5-66 返参考点误差故障

序号	原 因	检查及处理
1	减速挡块位置发生了变化	检查减速挡块是否松动，固定减速挡块
2	减速开关位置发生了变化	检查减速开关是否松动或损坏，固定减速开关，若有故障则维修或更换
3	零点脉冲信号受到干扰	检查反馈电缆屏蔽线连接是否正确，接地是否良好，布线是否合理。采取必要的措施，减小零点脉冲信号干扰
4	脉冲编码器的电源电压过低或波动	脉冲编码器电源电压必须大于 4.75V，即在 5.05~4.75V
5	脉冲编码器信号不良	利用示波器检查编码器信号，确认全部信号输出正常，若有故障则更换脉冲编码器
6	电缆连接不良	检查电缆连接，确保连接可靠
7	接近参考点速度太快	检查机床数据 MD34070 设置的速度，减小接近参考点速度

例 5-32 零点脉冲引起的返参考点故障。

故障现象：某数控车床配置 810D 系统，在执行返参考点操作过程中有时找不到参考点。

分析与处理：经多次检查发现在离开参考点"减速挡块"后，机床坐标轴有减速动作，移动方向也正确，但总找不到参考点，因此怀疑脉冲编码器的"零点脉冲"信号存在问题，系统检测不到"零点脉冲"信号。检查脉冲编码器的电源，正常情况下应是+5V，结果发现只有 4.5V，且有波动，因此可以判断故障可能是电源电压过低或波动引起的脉冲信号异常，因此有时就找不到参考点。电源电压波动的原因是线路接触不良，经重新连接后，机床返参考点恢复正常。

例 5-33 参考点发生一个螺距的偏移故障。

故障现象：某数控车床配置 810D 系统，在执行返参考点后，执行程序发现 X 轴的位置产生了一个螺距的偏移。

分析与处理：在首次启动零件程序就发现某轴的定位位置产生一个固定的偏移量，一般与返参考点有关，也就是说参考点的位置发生了变化。当 X 轴的"减速挡块"位置调整不合适时，经常出现此故障。解决这一问题的最好方法是，使实际参考点与"减速挡块"开关动作点之间的间距大于 1/2 丝杠螺距，机床就能正确地返参考点。

例 5-34　参考点位置出现随机性偏差。

故障现象：某数控铣床配置 840D 系统，每次返参考点动作虽然正常，但参考点位置出现随机性偏差，即每次定位都在不同的位置。

分析与处理：数控铣床每次返参考点动作正常，说明正确执行了机床返参考点的功能，由此可以排除数控系统、电缆连接等方面的原因。进一步检查发现，机床参考点位置虽然每次都在变化，但总是处在参考点"减速挡块"放开后的位置上，因此可以初步判断故障是由于脉冲编码器的"零点脉冲"不良或电动机与丝杠连接存在问题引起的。该机床为半闭环控制，脱开连接电动机与丝杠的联轴器，并通过手压参考点"减速挡块"，进行返参考点试验，结果每次返参考点后电动机总是可以停在某一固定的位置上，说明编码器的"零点脉冲"信号无问题，故障应在电动机与丝杠的连接上。进一步检查发现，连接电动机与丝杠的联轴器内部的"弹性胀套"配合松动，致使电动机与丝杠连接不良。通过修整"弹性胀套"后，机床返参考点正常。

例 5-35　在执行返参考点时发生超程故障。

故障现象：某机床配置 840D 系统，在执行返参考点操作时，结果发生超硬限位报警。

分析与处理：检查发现参考点"减速挡块"的位置发生了移动，几乎在硬限位开关之后，系统在返参考点的过程中，试图寻找参考点"减速挡块"，但未找到却碰到了硬限位开关。这是因为参考点"减速挡块"未能可靠地固定，在硬限位开关与参考点"减速挡块"长期多次接触后，位置产生了位移，导致了超程报警。重新固定"减速挡块"后，机床返参考点正常。

第6章

自动换刀装置的维修 35 例

6.1　刀架换刀装置的维修

6.1.1　经济型数控车床方刀架

1. 刀架的结构

经济型数控车床方刀架是在普通车床四方刀架的基础上发展的一种自动换刀装置，其功能和普通四方刀架一样：有四个刀位，能装夹四把不同功能的刀具，方刀架回转 90°时，刀具交换一个刀位，但方刀架的回转和刀位号的选择是由加工程序指令控制。图 6-1 所示为其自动换刀工作原理图。图 6-2 所示为 WED4 型方刀架结构图。主要由电动机 1、刀架底座 5、刀架体 7、蜗轮丝杠 4、定位齿盘 6、转位套 9 等组成。

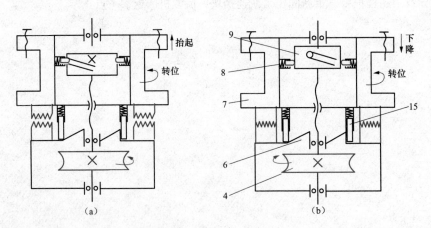

图 6-1　方刀架工作原理图

4—蜗轮丝杠；6—粗定位盘；7—刀架体；8—球头销；9—转位套；15—粗定位销

2. 刀架的电气控制

图 6-3 所示为四工位立式回转刀架的电路控制图，主要是通过控制两个交流接触器来控制刀架电动机的正转和反转，进而控制刀架的正转和反转的。其换刀流程图如图 6-4 所示，图 6-5 所示为刀架换刀子程序的梯形图，其局部变量定义见表 6-1，占用的全局变量为 MB154、MB155：换刀中间状态；C _ TIMER T30：刀架锁紧时间定时器；M _ TIMER T31：换刀监控时间定时器，图 6-6 是其时序图。

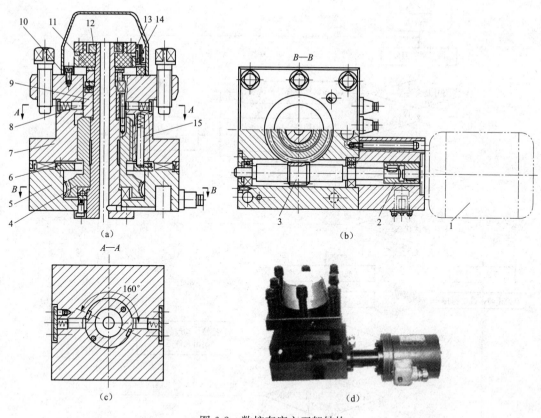

图 6-2　数控车床方刀架结构

1—电动机；2—联轴器；3—蜗杆轴；4—蜗轮丝杠；5—刀架底座；6—定位齿盘；7—刀架体；8—球头销；
9—转位套；10—电刷座；11—发迅体；12—螺母；13、14—电刷；15—粗定位销

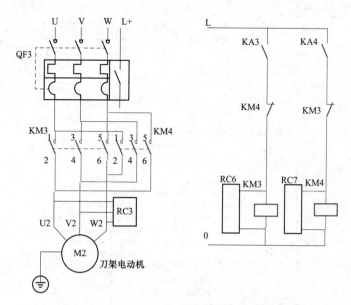

图 6-3　四工位立式回转刀架的电路控制图

M2—刀架电动机；KM3、KM4—刀架电动机正、反转控制交流接触器；QF3—刀架电动机带过载保护的电源断路器；
KA3、KA4—刀架电动机正、反转控制中间继电器；RC3—三相灭弧器；RC6、RC7—单相灭弧器

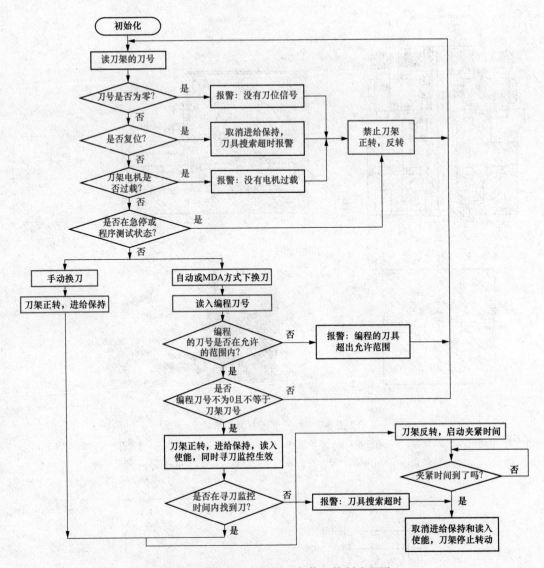

图 6-4　四工位立式回转刀架换刀控制流程图

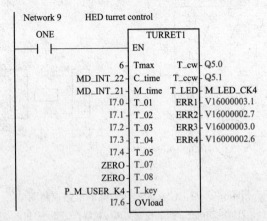

图 6-5　四工位立式回转刀架换刀子程序梯形图

表 6-1

变　量　定　义

输 入		输 出	
TmaxWORD	刀架最大刀位数	T_cw BOOL	刀架找刀输出
C_timeWORD	刀架反转锁紧时间（单位：0.01s）	T_ccw BOOL	刀架锁紧输出
M_timeWORD	换刀监控时间（单位：0.01s）	T_LED BOOL	换刀过程状态显示
T_01～T_07 BOOL	刀位传感器（低电平有效）	ERR1 BOOL	错误信息：无刀位检测信号
T_key BOOL	手动换刀键（触发信号）	ERR2 BOOL	错误信息：编程刀具超出刀架范围
OVload BOOL	刀架电动机过载（NC）	ERR3 BOOL	错误信息：找刀监控时间到，但未找到目标刀具
		ERR4 BOOL	错误信息：刀架电动机过载

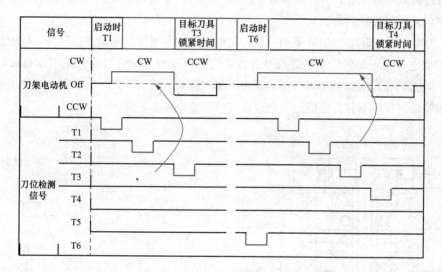

图 6-6　时序图

相关报警：①报警 700022：刀架电动机过载；②报警 700023：编程刀具号大于刀架最大刀位数；③报警 700024：在监控时间内，没有找到目标刀具；④报警 700025：刀架无刀位检测信号。

3. 工作原理

换刀时方刀架的动作顺序是：刀架抬起、刀架转位、刀架定位和夹紧。

（1）刀架抬起。该刀架可以安装四把不同的刀具，转位信号由加工程序指定。数控系统发出换刀指令发出后，PLC 控制输出找刀信号 Q5.0（见图 6-5），刀架电动机正转控制继电器 KA3 吸合（见图 6-3），刀架电动机正转控制接触器 KM3 吸合（见图 6-3），小型电动机 1 启动正转，通过平键套筒联轴器 2 使蜗杆轴 3 转动，从而带动蜗轮 4 转动。蜗轮的上部外圆柱加工有外螺纹，所以该零件称蜗轮丝杠。刀架体 7 内孔加工有内螺纹，与蜗轮丝杠旋合。蜗轮丝杠内孔与刀架中心轴外圆是滑配合，在转位换刀时，中心轴固定不动，蜗轮丝杠环绕中心轴旋转。当蜗轮开始转动时，由于在刀架底座 5 和刀架体 7 上的端面齿处在啮合状态，且蜗轮丝杠轴向固定，这时刀架体 7 抬起。当刀架体抬至一定距离后，端面齿脱开。转位套 9 用销钉与蜗轮丝杠 4 连接，随蜗轮丝杠一同转动。

（2）刀架转位。当端面齿完全脱开，转位套正好转过 160°（见图 6-2A—A 剖示），蜗轮丝杠 4 前端的转位套 9 上的销孔正好对准球头销 8 的位置 [见图 6-1（b）]。球头销 8 在弹簧力的作用下进入转位套 9 的槽中，带动刀架体转位，进行换刀。

（3）刀架定位。刀架体 7 转动时带着电刷座 10 转动，当转到程序指定的刀号时，PLC 释放正转信号 Q5.0，KA3、KM3 断电，输出锁紧信号 Q5.1，刀架电动机反转控制继电器 KA4 吸合，刀架电动机反转控制接触器 KM4 吸合，刀架电动机反转，定位销 15 在弹簧的作用下进入粗定位盘 6 的槽中进行粗定位，由于粗定位槽的限制，刀架体 7 不能转动，使其在该位置垂直落下，刀架体 7 和刀架底座 5 上的端面齿啮合，实现精确定位。同时球头销 8 在刀架下降时可沿销孔的斜楔槽退出销孔，如图 6-1（a）所示。

（4）刀夹锁紧。电动机继续反转，此时蜗轮停止转动，蜗杆轴 3 继续转动，随夹紧力增加，转矩不断增大时，达到一定值时，在传感器的控制下，电动机 1 停止转动。

译码装置由发信体 11、电刷 13、14 组成，电刷 13 负责发信，电刷 14 负责位置判断。刀架不定期会出现过位或不到位时，可松开螺母 12 调好发信体 11 与电刷 14 的相对位置。有些数控机床的刀架用霍尔元件代替译码装置。

图 6-7 为霍尔集成电路在 LD4 系列电动刀架中应用的示意图。其动作过程为：数控装置发出换刀信号→刀架电动机正转使锁紧装置松开且刀架旋转→检测刀位信号→刀架电动机反转定位并夹紧→延时→换刀动作结束。其中刀位信号是由霍尔式接近开关检测的，如果某个刀位上的霍尔式元件损坏，数控装置检测不到刀位信号，会造成刀台连续旋转不定位。

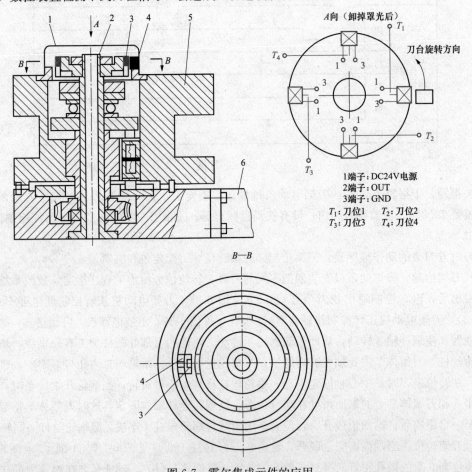

图 6-7　霍尔集成元件的应用

1—罩壳；2—定轴；3—霍尔集成电路；4—磁钢；5—刀台；6—刀架座

在图 6-7 中，霍尔集成元件共有三个接线端子，1、3 端子之间是＋24V 直流电源电压；2 端子是输出信号端子，判断霍尔集成元件的好坏。可用万用表测量 2、3 端子的直流电压，人为将磁铁接近霍尔集成元件，若万用表测量数值没有变化，再将磁铁极性调换；若万用表测量数值还没有变化，说明霍尔集成元件已损坏。

4. 故障维修

（1）经济型方刀架常见故障及解决方法（见表 6-2）。

表 6-2　　　　　　　　　　　经济型方刀架常见故障及解决方法

故障现象	故障原因	解决方法
电动刀架的每个刀位都转动不停	系统无＋24V 或 COM 输出	用万用表测量系统出线端子，看这两点输出电压是否正常或存在，若电压不存在，则为系统故障，需更换主板或送厂维修
	系统有＋24V、COM 输出，但与刀架发讯盘连线断路；或是＋24V 对 COM 地短路	用万用表检查刀架上的＋24V、COM 地与系统的接线是否存在断路；检查＋24V 是否对 COM 地短路，从而使＋24V 电源电压降低
	系统有＋24V、COM 输出，连线正常，发讯盘的发讯电路板上＋24V 和 COM 地回路有断路	发讯盘长期处于潮湿环境造成线路氧化断路，用焊锡或导线重新连接
	刀位上＋24V 电压偏低，线路上的上拉电阻开路	用万用表测量每个刀位上的电压是否正常，如果偏低，检查上拉电阻，若是开路，则更换 0.25W，2kΩ 上拉电阻
	系统的反转控制信号 TL- 无输出	用万用表测量系统出线端子，看这一点的输出电压是否正常或存在，若电压不存在，则为系统故障，需更换主板或送厂维修
	系统有反转控制信号 TL- 输出，但与刀架电动机之间的回路存在问题	检查各中间连线是否存在断路，检查各触点是否接触不良，检查强电柜内直流继电器和交流接触器是否损坏
	刀位电平信号参数未设置好	检查系统参数刀位高低电平检测参数是否正常，修改参数
	霍尔元件损坏	在对应刀位无断路的情况下，若所对应的刀位线有低电平输出，则霍尔元件损坏，否则需更换刀架发讯盘或其上的霍尔元件。一般 4 个霍尔元件同时损坏的概率很小
	磁块故障，磁块无磁性或磁性不强	更换磁块或增强磁性，若磁块在刀架抬起时位置太高，则需调整磁块的位置，使磁块对正霍尔元件
电动刀架不转	刀架电动机三相反相或缺相	将刀架电动机三相电源线中任两条互换连接或检查外部供电
	系统的正转控制信号 TL＋ 无输出	用万用表测量系统出线端，量度＋24V 和 TL＋ 两触点，同时手动换刀。看这两点的输出电压是否有＋24V，若电压不存在，则为系统故障，需送厂维修或更换相关 IC 元器件
	系统的正转控制信号 TL＋ 输出正常，但控制信号这一回路存在断路或元器件损坏	检查正转控制信号线是否断路，检查这一回路各触点接触是否良好；检查直流继电器或交流接触器是否损坏
	刀架电动机无电源供给	检查刀架电动机电源供给回路是否存在断路，各触点是否接触良好，强电电气元器件是否有损坏；检查熔断器是否熔断

续表

故障现象	故障原因	解决方法
电动刀架不转	上拉电阻未接入	将刀位输入信号接上2kΩ上拉电阻,若不接此电阻,刀架在宏观上表现为不转,实际上的动作为先进行正转后立即反转,使刀架看似不动
	机械卡死	通过手摇使刀架转动,通过刀架转动的灵活程度判断是否卡死,若是,则需拆开刀架,调整机械,加入润滑液
	反锁时间过长造成机械卡死	将刀架的机械定位装置松开,然后通过系统参数调节刀架反锁时间
	刀架电动机损坏	拆开刀架电动机,转动刀架,看电动机是否转动,若不转动,再确定线路没问题时,更换刀架电动机
	刀架电动机进水造成电动机短路	烘干电动机,加装防护,做好绝缘措施

(2)维修实例。

例6-1   经济型数控车床刀架旋转不停故障的处理。

故障现象:刀架旋转不停。

故障分析:刀架刀位信号未发出。应检查发讯盘弹性片触头是否磨坏;发讯盘地线是否断路。

故障排除:更换弹性片触头或调整发讯盘地线。

例6-2   经济型数控车床刀架转不到位故障的处理。

故障现象:刀架转不到位。

故障分析:发讯盘触点与弹簧片触点错位。应检查发讯盘夹紧螺母是否松动。

故障排除:重新调整发讯盘与弹簧片触点位置,锁紧螺母。

例6-3   经济型数控车床自动刀架不动故障的排除。

故障现象:刀架不动。

故障分析:造成刀架不动的原因分别如下:

1)电源无电或控制箱开关位置不对。

2)电动机相序反。

3)夹紧力过大。

4)机械卡死,当用6mm六角扳手插入蜗杆端部,顺时针转不动时,即为机械卡死。

故障排除:针对上述原因,故障处理方法分别是:

1)应检查电动机有无旋转现象。

2)检查电动机是否反转。

3)可用6mm六角扳手插入蜗杆端部,顺时针旋转,如用力可转动,但下次夹紧后仍不能启动,则可将电动机夹紧电流按说明书稍调小。

4)观察夹紧位置,要检查反靠定位销是否在反靠棘轮槽内,如定位销在反靠棘轮槽内,将反靠棘轮与蜗杆连接销孔回转一个角度重新打孔连接;检查主轴螺母是否锁死,如螺母锁死应重新调整;检查润滑情况,如因润滑不良造成旋转零件研死,应拆开处理。

例 6-4　SAG210/2NC 数控车床刀架不转故障。

故障现象：上刀体抬起但转动不到位。

故障分析：该车床所配套的刀架为 LD4-I 四工位电动刀架。根据电动刀架的机械原理分析，上刀体不能转动可能是粗定位销在锥孔中卡死或断裂。拆开电动刀架更换新的定位销后，上刀体仍然不能旋转到位。在重新拆卸时发现在装配上刀体时，应与下刀体的四边对齐，而且齿牙盘必须啮合。

故障处理：按上述要求装配后，故障排除。

例 6-5　SAG210/2NC 数控车床刀架不能动作。

故障现象：电动机不能启动，刀架不能动作。

故障分析：SAG210/2NC 及 CKD6140 及数控车床，与之配套的刀架为 LD4-I 四工位电动刀架。分析该故障产生的原因，可能是电动机相序接反或电源电压偏低，但调整电动机电枢线及电源电压，故障不能排除。说明故障为机械原因所致。将电动机罩卸下，旋转电动机风叶，发现阻力过大。拿开电动机进一步检查发现，蜗杆轴承损坏，电动机轴与蜗杆离合器质量差，使电动机出现阻力。

故障处理：更换轴承，修复离合器后，故障排除。

例 6-6　德州 SAG210/2NC 数控车床刀架转动不停故障修理。

故障现象：系统发出换刀指令后，上刀体连续运转不停或在某规定刀位不能定位。

故障检查与分析：该机床为德州机床厂生产的 CKD6140 及 SAG210/2NC 数控车床与之配套的刀架为 LD4－Ⅰ 四工位电动刀架。

分析故障产生的原因：①发信盘接地线断路或电源线断路；②霍尔元件断路或短路；③磁钢磁极反相；④磁钢与霍尔元件无信号。

根据上述原因，去掉上罩壳，检查发信装置及线路，发现是霍尔元件损坏。

故障处理：更换霍尔元件后，故障排除。

例 6-7　德州 SAG210/2NC 数控车床刀架不动作故障的处理。

故障现象：刀架电动机不能启动，刀架不能动作。

故障检查与分析：该机床为德州机床厂生产的 CKD6140 及 SAG210/2NC 数控车床，与之配套的刀架为 LD4－l 四工位电动刀架。

分析该故障产生的原因：可能是电动机相位接反或电源电压偏低，但调整电动机相位线及电源电压，故障不能排除。说明故障为机械原因所致。将电动机自卸下，旋转电动机风叶，发现阻力过大。拿开电动机进一步检查发现，蜗杆轴承损坏，电动机轴与蜗杆离合器质量差，使电动机出现阻力。

故障处理：更换轴承，修复离合器，故障排除。

例 6-8　德州 SAG210/2NC 数控车床刀架不转故障。

故障现象：上刀体抬起但不转动。

故障检查与分析：该机床为德州机床厂生产的 CKD6140 及 SAG210/2NC 数控车床。与之配套的刀架为 LD4－1 四工位电动刀架。根据电动刀架的机械原理分析，上刀体不能转动，可能是粗定位销在锥孔中卡死或断裂。根据分析。拆开电动刀架更换新的定位销后；上刀体仍然不能旋转。在重新拆卸时发现在装配上刀体时，应与下刀体的四边对齐。牙齿盘须啮合，按上述要求装配后，故障排除。

例6-9   匈牙利 EEN-400 数控车床刀架定位不准的解决。

故障现象：刀架定位不准。

故障检查与分析：EEN-400 匈牙利数控车（380＊1250）是由匈牙利西姆（SEIN）公司生产的，数控系统型号 HUNOR PNC 721，由匈牙利电子测量设备厂（ENGJ）生产。所配的刀架是由保加利亚生产的，可装 6 把刀。

经查定位不准的主要原因是刀架部分的机械磨损较严重，已不能通过常规的调整、刀补间隙补偿等手段来解决，需考虑进行整体更换。

例如：购同型号的原生产厂家的刀架。需外汇且价格昂贵，订货、购件手续多，时间长，影响生产。

经了解，国内的数控刀架生产厂家已能生产相同性能的卧式 6 刀位刀架，作适当的处理，就可以替代进口备件。备件国产化应是方向。

故障处理：以陕西省机械研究院生产的 JYY 牌，型号为 WD75＊6150W 卧式数控电动刀架更换了原刀架，恢复了定位精度，经使用一年多来，一直正常。

例6-10   经济型数控车床换刀命令不执行的处理方法。

故障现象：机床在自动加工过程中，当运行到换刀程序段时，TP801 单板机显示 T2、T3、或 T4，但刀架不换刀，经过一段时间后，刀架能继续执行换刀程序以后安排的运动指令，直至最后，并能再次启动。

故障检查与分析：D015 经济型数控车床选用的是西微所生产的 JWK-2-3A 型数控装置，采用陕西省机械研究所生产的 WZD4-ⅡC 型自动回转刀架。

此机床原刀架是陕西省机械研究所生产的 WZD4-ⅡA、B 型。控制按钮站上设有刀架运动方式选择开关，有绝对、手动、延时三种方式，选择在手动方式时，可用刀位选择开关选择刀位。自动时，需把它旋到绝对位置，延时方式没有接。所以当单板机发生 2 号刀位的指令后，必须在接到 2 号刀位到位的信号后，才能进行下一程序段的运行。新换的 C 型刀架是该所在自动刀架全国联合设计后推出的改型换代新机种。此刀架控制箱电源开关的右端有一扳把开关，扳向下方，即"相对"位置。手动、延时将此开关扳向下方。此机在出现上述故障时，手动换刀仍可进行。那么就是机械研究所用刀架控制小箱的开关来改变了回答信号。根据新刀架提供的接线图，将绝对换刀信号改成了延时换刀信号。

当单扳机发生换刀指令后，不管刀架是否已按指令旋转，只要刀位延时回答接口在预定的时间后，能检测到刀位信号。则不管它是哪号刀的刀位到位信号，都以收到回答信号来处理。由于刀架没有旋转，刀位到位点是闭合的，所以程序继续向下执行。刀架顶部的到位"发讯信号盘"在延时控制方式中起的是另一个作用。当刀架抬起作水平旋转时按钮可以松开，刀架自己继续向前滑动直至碰到的第一个 90°位置，即到位开关闭合后就能反转，下落锁紧。如果要旋转 180°，则需按住按钮不放，等它转过 90°，越过到位开关后才能松开按钮，或分二次旋转。通过对刀架运动及单板机处理换刀程序方式的分析。此故障现象是单板机发生的换刀信号，刀架控制箱没有收到。

故障处理：查换刀信号，在微机柜的航空插头处找到了脱焊的点，重新焊接后，故障排除。

例 6-11　南京 JN 系列数控系统加工中刀具损坏故障的维修。

故障现象：加工过程中，刀具损坏。

故障检查与分析：该机床为采用南京江南机床数控工程公司的 JN 系列机床数控系统而改造的经济型数控车床。其刀架为常州市武进机床数控设备厂为 JN 系列数控系统配套生产的 LD4-I 型电动刀架。

由故障现象，检查机床数控系统，X、Y 轴均工作正常、检查电动刀架，发现当选择 3 号刀时，电动刀架便旋转不停，而电动刀架在 1、2、4 号刀位置均选择正常。采用替换法。将 1、2、4 号刀的控制信号任意去控制 3 号刀、3 号刀位均不能定位。而 3 号刀的控制信号却能控制任意刀号。故判断是 3 号刀失控。由于 3 号刀失控，导致在加工的过程中刀具损坏。

根据电动刀架驱动器电气原理检查＋24V 电压正常，1、2、4 号刀所对应的霍尔元件正常，而 3 号刀所对应的那一只霍尔元件不正常。

故障处理：更换一只霍尔元件后，故障排除。

说明：在电动刀架中，霍尔元件是一个关键的定位检测元件，它的好坏对于电动刀架准确地选择刀号、完成零件的加工有十分重要的作用。因此，对于电动刀架的定位故障，首先应考虑检查霍尔元件。

例 6-12　南京 JN 系列数控系统刀架定位不准故障的处理。

故障现象：电动刀架定位不准。

故障检查与分析：该机床为采用南京江南机床数控工程公司的 JN 系列机床数控系统而改造的经济型数控车床。其刀架为常州市武进机床数控设备厂为 JN 系列数控系统配套生产的 LD4－I 型电动刀架。其故障发生后，检查电动刀架的情况如下：电动刀架旋转后不能正常定位，且选择刀号出错。根据上述检查判断，怀疑是电动刀架的定位检测元件——霍尔开关损坏。拆开电动刀架的端盖检查霍尔元件开关时，发现该元件的电路板是松动的。由电动刀架的结构原理知：该电路板应由刀架轴上的锁紧螺母锁紧，在刀架旋转的过程中才能准确定位。

故障处理：重新将松动的电路板按刀号调整好，即将 4 个霍尔元件开关与感应元件逐一对应，然后锁紧螺母，故障排除。

6.1.2　卧式回转刀架

1. 卧式回转刀架的结构

图 6-8 所示为卧式回转刀架结构图。从图中可以看出，刀架采用三联齿盘作为分度定位元件，由电动机驱动后，通过一对齿轮和一套行星轮系进行分度传动。

工作程序为：主机控制系统发出转位信号→刀架上的电动机制动器松开，电源接通，电动机开始工作→通过齿轮 2、齿轮 3 带动行星齿轮 4 旋转→行星齿轮 4 带动空套齿轮 23 旋转→空套齿轮带动滚轮架 8 转过预置角度→端齿盘后面的端面凸轮松开，端齿盘向后移动脱开端齿啮合，滚轮架 8 受到端齿盘后端面键槽的限制而停止转动，这时空套齿轮 23 成为定齿轮→行星齿轮 4 通过驱动齿轮 5 带动主轴 11 旋转，实现转位分度，当主轴转到预选位置时，角度编码器 21 发出信号，电磁铁

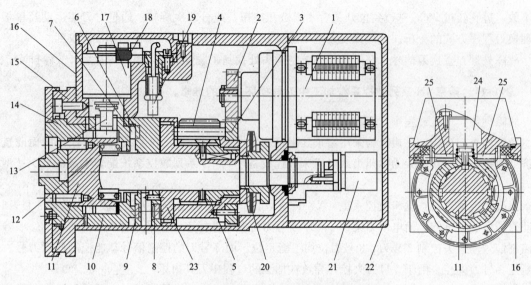

图 6-8　AK31 系列六工位卧式回转刀架结构图

1—电动机；2—电动机齿轮；3—齿轮；4—行星齿轮；5—驱动齿轮；6—滚轮架端齿；7—沟槽；8—滚轮架；9—滚轮；
10—双联齿盘；11—主轴；12—弹簧；13—插销；14—动齿盘；15—定齿盘；16—箱体；17—电磁铁；18—预分度接近开关；
19—锁紧接近开关；20—碟形弹簧；21—角度编码器；22—后盖；23—空套齿轮；24—电磁衔电；25—吸振杆

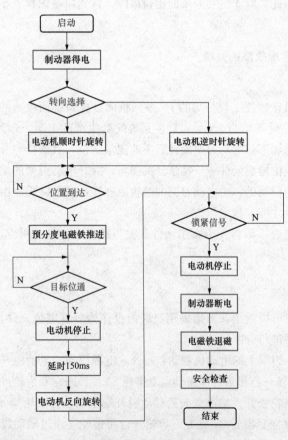

图 6-9　动作流程图

17 向下将插销 13 压入主轴 11 的凹槽中，主轴 11 停止转动→预分度接近开关 18 给电动机发出信号，电动机开始反向旋转，通过齿轮 2 与齿轮 3、行星齿轮 4 和空套齿轮 23，带动滚轮架 8 反转，滚轮压紧凸轮，使端齿盘向前移动，端齿盘重新啮合→锁紧接近开关 19 发出信号，切断电动机电源，制动器通电刹紧电动机→电磁铁断电→插销 13 被弹簧弹回，转位工作结束，主机开始工作。其动作流程图如图 6-9 所示。

2. 卧式回转刀架的电气控制线路

电动刀塔电动机是由电动机、制动器、热保护开关组成一体的三相力矩电动机，制动器安装在电动机后端盖上，制动器的线圈为 DC 24V 直流线圈，热保护开关在电动机绕组内，电气控制线路如图 6-10 所示。

接触器 KM1 控制电动机正转，接触器 KM2 控制电动机反转，接触器 KM1、KM2 分别由继电器 KA1、KA2 控制。断路器 QF 实现电动机的短路和过载保护。继电器 KA3 控制电动机的制动器线圈，当 KA3 闭合，电

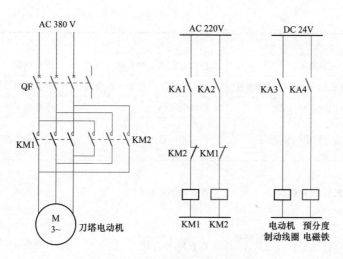

图 6-10　电动刀塔电气控制线路图

动机后端的制动器线圈得电动作，电动机处于松开状态，当 KA3 断开，制动器线圈断电，电动机处在锁紧状态。当电动刀塔转到目标位置的前一位置时，继电器 KA4 得电动作，预分度电磁铁线圈得电，当刀塔转到换刀位置时，电磁铁推动插销移动，分度到位检测接近开关 SQ1 发出信号，停止电动机转动，电动机开始反转进行锁紧。锁紧到位后，接近开关 SQ2 发出信号，继电器 KA3 得电动作，电动机制动，完成换刀控制后，KA4、KA3 断电。

3. 卧式回转刀架常见故障及维修（见表 6-3）

表 6-3　　　　　　　　　　　　　卧式回转刀架常见故障及维修

故障现象	故障原因	检　查	故障处理方法
刀塔不转	1）电动机断电故障	检查电动机端子板上的电压是否正常	恢复正确电源
	2）电动机击穿	检查电动机绝缘电阻和相间阻值	更换电动机
	3）发出温度检测信号	检查是否超出许可温度	当温度下降时等待检测信号恢复
		检查当电磁铁断电时电磁铁衔铁是否受阻	润滑电磁铁衔铁且移去阻碍物
		当刀塔开始旋转时电磁铁断电	按照时序图恢复正确的动作
刀塔不能达到指定位置	1）电动机运转故障而停止	保护电动机的断路器是否动作	更换电动机或检修刀塔机械部件
	2）电磁铁供电过早	按照时序图检查工作动作	按照时序图恢复正确的动作
		检查编码器输出信号是否正确	恢复编码器工作或更换编码器
	3）循环的停顿时间短	按照时序图检查此时间	恢复正确的时间
刀塔不能锁紧	1）没有预定位信号	检查预定位开关	更换预定位开关
	2）制动器故障	检查制动器电源	恢复制动器电源
		检查制动器本身不工作	更换制动器
		在工作循环中检查电动机和制动器供电时间	按时序图更正正确时间
	3）电动机反转时刀盘不能锁紧	检查当锁紧时电动机的旋转方向	手动锁紧刀盘

故障现象	故障原因	检查	故障处理方法
刀盘越过正确位置	1）电磁铁断电	检查电磁铁是否通电	恢复电源
	2）电磁铁通电时有相位延迟	根据时序图检查延迟最大值	根据时序图恢复正确时间
	3）电磁铁本身故障	检查电磁铁	更换或维修电磁铁
刀塔连续旋转不停止	编码器无输出信号	检查编码器的输入输出	更换编码器并使其正确工作
刀塔经过较长时间运转才到达一个新位置	电动机的相序接反	检查电动机的相序	更正相序
当刀盘在检索旋转时强烈振动	1）电动机在反向旋转时暂停时间不正确	检查暂停时间	按照建议值恢复该时间
	2）转动惯量比所承担的大	检查转动惯量的值	恢复转动惯量到允许的范围内
	3）动平衡超出允许值	检查动平衡值	使动平衡值限制在允许值内

6.1.3 凸轮选刀刀架的结构

1. 平板共轭分度凸轮选刀

（1）换刀过程。图 6-11 为数控车床用的卧式回转刀架结构简图，其转位换刀过程如下。

1）刀盘脱开。接收到数控系统的换刀指令→活塞 9 右腔进油→活塞推动轴承 12 连同刀架主轴 6 左移→动、静鼠牙盘脱开，刀盘解除定位、夹紧。

2）刀盘转位。液压马达 2 起动→推动平板共轭分度凸轮→推动齿轮副 5、4→刀架主轴 6 连同刀盘旋转，刀盘转位。

3）刀盘定位夹紧。活塞 9 左腔进油→刀架主轴 6 右移→动、静鼠牙盘啮合，实现定位夹紧。

该回转刀架的夹紧与松开、刀盘的转位均由液压系统驱动、PLC 顺序控制来实现。11 是安装刀具的刀盘，它与刀架主轴 6 固定连接。当刀架主轴 6 带动刀盘旋转时，其上的鼠牙盘 13 和固定在刀架上的鼠牙盘 10 脱开，旋转到指定刀位后，刀盘的定位由鼠牙盘的啮合来完成。

活塞 9 支承在一对推力球轴承 7 和 12 及双列滚针轴承 8 上，它可带动刀架主轴移动。当接到换刀指令时，活塞 9 及轴 6 在压力油推动下向左移动，使鼠牙盘 13 与 10 脱开，液压马达 2 起动带动平板共轭分度凸轮 1 转动，经齿轮 5 和齿轮 4 带动刀架主轴及刀盘旋转。刀盘旋转的准确位置，通过开关 PRS1、PRS2、PRS3、PRS4 的通断组合来检测确认。当刀盘旋转到指定的刀位后，开关 PRS7 通电，向数控系统发出信号，指令液压马达停转，这时压力油推动活塞 9 向右移动，使鼠牙盘 10 和 13 啮合，刀盘被定位夹紧。开关 PRS6 确认夹紧并向数控系统发出信号，于是刀架的转位换刀循环完成。

在数控车床的回转刀架装置中，采用了平板共轭分度凸轮机构，该机构将液压马达的连续回转运动转换成刀盘的分度运动。

图 6-12 为平板共轭分度凸轮的工作原理图。平板共轭分度凸轮副的主动件由轮廓形状完全相同的前后两片盘形凸轮 1 和 1′构成，且互相错开一定的相位角安装，在从动盘 2 的两端面上，沿周向均布有几个滚子 3 和 3′。

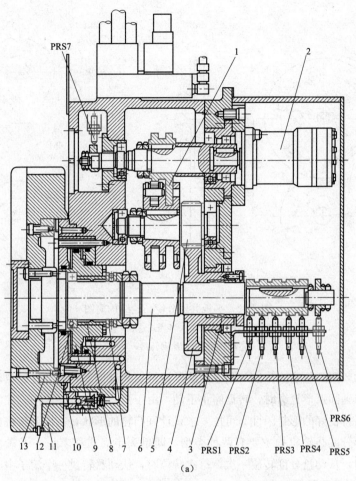

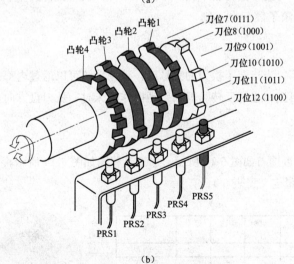

图 6-11 数控车床回转刀架结构简图

（a）刀架结构；（b）检测轴

1—平板共轭分度凸轮；2—液压马达；3—锥环；4、5—齿轮副；6—刀架主轴；7、12—推力轴承；

8—滚针轴承；9—活塞；10、13—动、静鼠牙盘；11—刀盘

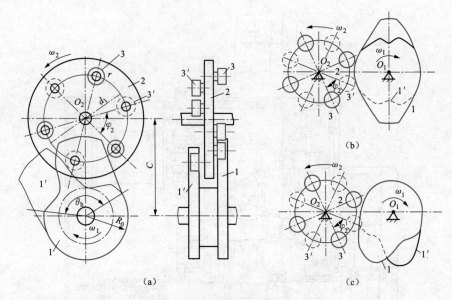

图 6-12 平板共轭分度凸轮结构简图

(a) 结构简图；(b) 单头半周式；(c) 多头一周式

1、1′—主动凸轮；2—从动转盘；3、3′—滚子

当凸轮旋转时，两凸轮廓线分别与相应的滚子接触，相继推动转盘分度转位，或抵住滚子起限位作用。当凸轮转到圆弧形轮廓时，转盘停止不动，由于两凸轮是按要求同时控制从动转盘，使得凸轮与滚子间能保持良好的形封闭性。可按要求设计好凸轮的形状，完成旋转机构的间歇运动。

平板共轭盘形分度凸轮机构主要有两种类型，即单头半周式和多头一周式。图中为单头半周式，凸轮每转半周，从动盘分度转位一次，每次转位时，从动盘转过一个滚子中心角 φ_2。设凸轮的头数 $H=1$，从动盘上滚子数 $z=8$，则

$$\varphi_2 = \frac{360°}{z} = 45°$$

在机床工作状态下，当指定了换刀的刀号后，数控系统可以通过内部的运算判断，实现刀盘就近转位换刀，即刀盘可正转也可反转。但当手动操作机床时，从刀盘方向观察，只允许刀盘顺时针转动换刀。

（2）PLC 控制。

1）就近选刀。就近选刀如图 6-13 所示，选刀流程图如图 6-14 所示，就近选刀子程序梯形图如图 6-15 所示，局布变量定义见表 6-4。

序号	当面刀位	编程刀号	预停刀位	方向
1	7	2	1	反 CCW
2	7	5	6	正 CW
3	3	8	1	正 CW
4	1	4	3	反 CCW
5	6	8	7	反 CCW

图 6-13 就近选刀

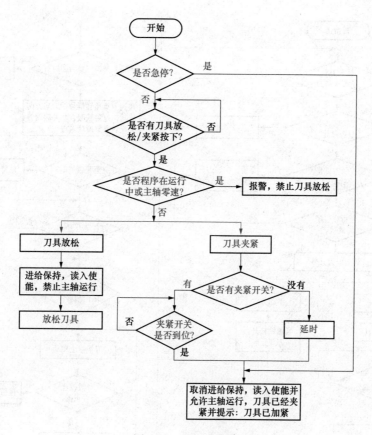

图 6-14　选刀流程图

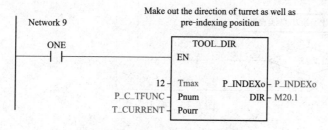

图 6-15　就近选刀子程序梯形图

表 6-4　　　　　　　　　　　**局 布 变 量 定 义**

输　入		输　出	
Tmax DWORD	刀架或刀库的最大刀位数	P_INDXo DWORD	预停刀位：在就近选刀方向上，目标刀位的前一个刀位
Pnum DWORD	编程刀具号	DIR BOOL	换刀方向 1——正向 CW；0——反向 CCW
Pcurr DWORD	刀架或刀库当前位置		

2）换刀。换刀流程图如图 6-16 所示，其子程序梯形图如图 6-17 所示，局布变量定义见表 6-5，全局变量定义见表 6-6。

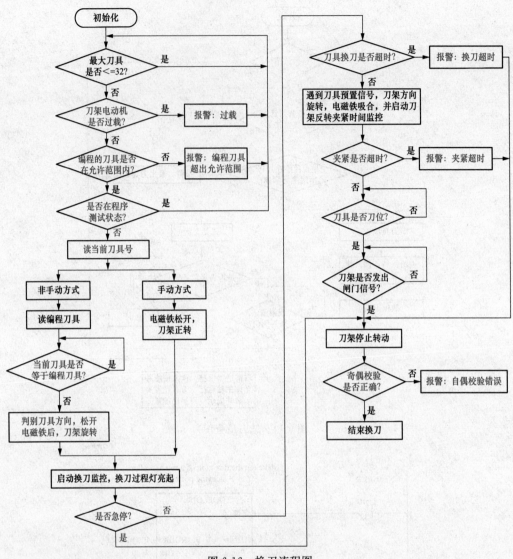

图 6-16　换刀流程图

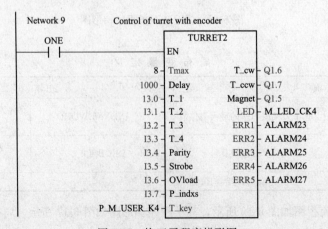

图 6-17　换刀子程序梯形图

表 6-5　　　　　　　　　　　　　　　　局 布 变 量 定 义

输 入		输 出	
Tmax DWORD	刀架最大刀位数	T _ cw BOOL	刀架正转输出 CW
Deiay WORD	安全延时（单位：0.01s）	T _ ccw BOOL	刀架反转输出 CCW
T _ 1 BOOL	刀码 A×1	ERR1 BOOL	错误信息：刀架电动机过载
T _ 2 BOOL	刀码 B×1	ERR2 BOOL	错误信息：编程刀具号 大于刀架最大刀位数
T _ 3 BOOL	刀码 C×1	ERR3 BOOL	错误信息：刀架没有锁紧 （校验和或无选通）
T _ 4 BOOL	刀码 D×1	ERR4 BOOL	错误信息：刀架定位超时
Parity BOOL	校验位	ERR5 BOOL	错误信息：刀架锁紧超时
Strobe BOOL	选通位		
Ovioad BOOL	刀架电动机过载（NC）		
T _ key BOOL	手动换刀键（NO）		

表 6-6　　　　　　　　　　　　　　　　全 局 变 量 定 义

变　量	定　义	变　量	定　义
T _ cw _ m M156.0	刀架正转标志 CW	T _ DIR M168.0	就近换刀方向
T _ ccw _ m M156.1	刀架反转标志 CCW	T _ POS M168.1	刀架找刀完毕到位
T _ P _ INDX MD160	手动方式下监控刀 位变化的缓冲器	T _ LOCK M168.2	刀架锁紧命令
T _ DES MD164	目标刀号	T _ MAG M168.3	用于刀架锁紧的电磁铁

2. 圆柱凸轮选刀刀架

图 6-18（a）所示为液压驱动的转塔式回转刀架。其结构主要由液压马达、液压缸、刀盘及刀架中心轴、转位凸轮机构、定位齿盘等组成。图 6-18（c）为其工作原理图，换刀过程如下：

（1）刀盘松开。液压缸 1 右腔进油，活塞推动刀架中心轴 2 将刀盘 3 左移，使齿盘 4、5 脱开啮合，松开刀盘。

（2）刀盘转位。齿盘脱开啮合后，液压马达带动转位凸轮 6 转动。凸轮每转一周拨过一个分度柱销 8，通过回转盘 7 便带动中心轴及刀盘转 1/n 周（n 为拨销数），直至刀盘转到指定的位置，液压马达制动，完成转位。

（3）刀盘定位与夹紧。刀盘转位结束后，液压缸 1 左腔进油，活塞将刀架中心轴 2 和刀盘拉回，齿盘重新啮合，液压缸 1 左腔仍保持一定压力将刀盘夹紧。

6.1.4 刀架常见故障诊断及维修

1. 刀架常见故障诊断及维修方法（见表 6-7）

2. 维修实例

例 6-13 刀架转动不到位故障

故障现象：某数控车床配置意大利 Duplomatic 8 工位转塔刀架，在工作过程中，转塔刀架先是偶尔发生不能准确换刀，无论是自动还是手动，刀具定位与给定的换刀指令不符。后来故障逐渐加重，在执行换刀指令时，刀架转动不停，刀架无锁紧动作，屏幕上出现换刀未到位的报警信息。

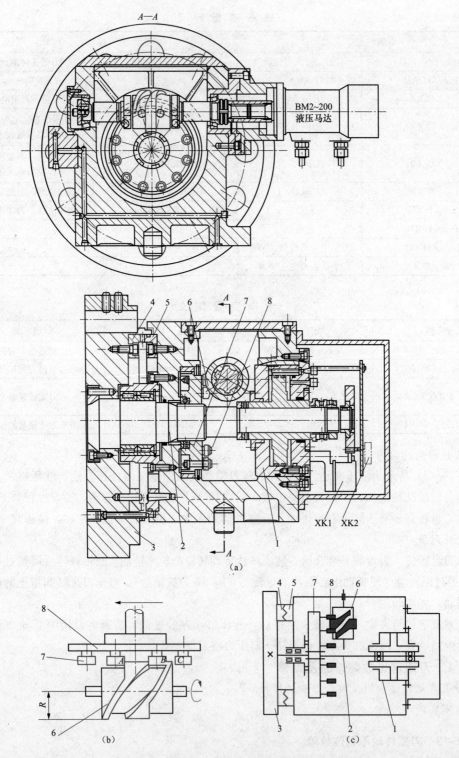

图 6-18　双齿盘转塔刀架

(a) 刀架结构；(b) 圆柱凸轮步进传动机构简图；(c) 原理图

1—液压缸；2—刀架中心轴；3—刀盘；4、5—齿盘；6—转位凸轮；7—回转盘；

8—分度柱销；XK1—计数行程开关；XK2—啮合状态行程开关

表 6-7　　　　　　　　　　　　　　刀架常见故障诊断及排除

序号	故障现象	故障原因	排除方法
1	刀架不能启动	刀架预紧力过大	调小刀架电动机夹紧电流
		夹紧装置反靠装置位置不对造成机械卡死	反靠定位销如不在反靠棘轮槽内，就调整反靠定位销位置；若在，则需将反靠棘轮与螺杆连接销孔回转一个角度重新打孔连接
		主轴螺母锁死	重新调整主轴螺母
		润滑不良造成旋转件研死	拆开润滑
		可能是熔断器损坏、电源开关接通不好、开关位置不正确，或是刀架至控制器断线、刀架内部断线、霍尔元件位置变化导致不能正常通断	更换熔断器、使接通部位接触良好、调整开关位置，重新连接，调整霍尔元件位置
		电动机相序接反	通过检查线路，变换相序
		如果手动换刀正常、不执行自动换刀，则应重点检查微机与刀架控制器引线、微机 I/O 接口及刀架到位回答信号	分别对其加以调整、修复
2	刀架连续运转，到位不停	若没有刀架到位信号，则是发讯盘故障	发讯盘是否损坏、发讯盘地线是否断路或接触不良或漏接，针对其线路中的继电器接触情况、到位开关接触情况、线路连接情况相应地进行线路故障排除
		若仅为某号刀不能定位，一般是该号刀位线断路或发讯盘上霍尔元件烧毁	重新连接或更换霍尔元件
3	刀架越位过冲或转不到位	后靠定位销不灵活，弹簧疲劳	应修复定位销使其灵活或更换弹簧
		后靠棘轮与蜗杆连接断开	需更换连接销
		刀具太长过重	应更换弹性模量稍大的定位销弹簧
		发讯盘位置固定偏移	重新调整发讯盘与弹性片触头位置并固定牢靠
		发讯盘夹紧螺母松动，造成位置移动	紧固调整
4	刀架不能正常夹紧	夹紧开关位置是否固定不当	调整至正常位置
		刀架内部机械配合松动，有时会出现由于内齿盘上有碎屑造成夹紧不牢而使定位不准	应调整其机械装配并清洁内齿盘

　　分析与处理：从故障现象看，由于各部分机械动作正常，机械故障发生的可能性较小，刀架本身电气故障发生的可能性较大。因而应从电气故障分析入手，在转塔刀架控制信号中，预分度电磁铁动作、电动机转动及电动机制动是系统对刀架的控制信号；分度开关、锁紧开关及刃具位置编码是刀架的反馈信号。刀架能进行转动，说明系统对刀架电动机的控制是正确的，刀架转动不停在于不能完成预定位，显然，不能预定位是刀架的故障焦点所在。

　　影响刀架分度定位的主要有预分度电磁铁、插销、分度开关及刀位编码器，其中任何一个环节存在问题，都将影响到刀架的预定位。在不拆卸刀架的情况下，手动控制电动机的转动、制动，通/断预分度电磁铁电源，观察电动机、制动器、电磁铁及插销的工作情况，一切动作正常。每次动作分度开关都有信号输出，说明分度开关也无问题，最后故障被锁定在刀位编码器上。

　　利用西门子系统 PLC 诊断功能，按照机床制造厂提供的电气图样，刀位信号对应 PLC 地址 IB34 的第 0～6 位，刀位采用 8421 编码，对应 IB34 的 0～3 位。手动转动刀架，刀位编码无任何变化，始终是 0001，表明编码器存在故障或电缆连接存在问题。直接测量编码器电源和输出信号，并与屏幕显示的编码相对照，编码器输出的刀位编码与屏幕显示相同，证明编码器到 PLC 的电缆无问题，故障在脉冲编码器上。卸下编码器并用手移动，编码器输出并无变化，再小心打开编码器，检查其内部有无断路，发现内部连接良好，这就确定了刀架不能定位是编码器控制电路存在故障引起的。

意大利 Duplomatic 转塔刀架上，安装的是德国 EUCHNER 刀位编码器。该编码器的输出信号，有刀位 8421 编码信号、选通和奇偶校验信号，供电电源电压 24V。就目前现场的维修条件，尚不能诊断编码器上哪个元件存在问题，即使确定损坏元件，购买备件也相当困难。试图采用临时措施，手动使刀架定位到某一位置，利用一个工位加工，但由于刀架对换刀定位时序要求严格，经多次试验刀架始终无法锁紧。这就不得不寻求其他的解决方法。

首先考虑的是更换 EUCHNER 编码器。车间有一台沈阳第一机床厂的 CK6163D 数控车床，配置的也是 8 工位电动转塔刀架，采用的是 JXG-8-5P 编码器。能否用此编码器进行更换需要注意两点，一是电气信号的匹配性，二是编码器与刀架的连接。分析对照两台车床刀架的电气控制原理图，发现两种编码器的刀位编码信号、选通信号基本一致（奇偶校验信号没有使用），原理上是可以互换的。两种编码器与刀架的连接方式不同，JXG-8-5P 型编码器不能直接安装，加工过渡连接件后，成功地把 JXG-8-5P 编码器安装在 Duplomatic 转塔刀架上。

编码器与刀架之间的调整是一项耐心细致的工作，特别是对于没有位置标志的 JXG-8-5P 编码器，换刀定位的调整需要反复进行。下面给出更换编码器的调整步骤。

1）打开 PLC 诊断页面，输入 IB34，显示刀位编码状态。

2）转动编码器使之与实际刀位相符，然后固定。

3）利用机床控制面板手动操作换刀，使刀架转动。

4）若刀架不能定位或锁紧，可正、反向微调编码器的位置。

5）重复 2）、3）、4）步骤，直到刀架每次都能准确定位和锁紧。

6）锁紧编码器。

更换转塔刀架编码器后，数控车床转塔刀架故障排除。

例 6-14　刀架转位异常故障。

故障现象：某数控车床在调试过程中，配置的液压转塔刀架，无论是手动还是自动状态下，刀架转位有时正常，有时出现故障，且不能锁紧。

分析与处理：该刀架的夹紧、松开及转位都是由液压控制的，从执行指令的动作看，刀架的机械和液压系统出现故障的可能性较小。分析刀架的 PLC 控制程序，尤其是刀架控制程序中的定时器，如果时间设置不当，就有可能出现这种故障。因为刀架装上刀具后，各刀位回转时间有可能发生变化，规定的延时时间满足了回转较快的刀位，就不能满足回转较慢的刀位，就有可能发生刀架转位故障。但是这种故障应当具有规律性，而这台数控车床的刀架转位故障，就没有与安装刀具有关的这种规律性，显然刀架转位故障与 PLC 定义的延时时间无关。

通过反复手动刀架定位的操作，从多次故障现象发现故障的发生有一定的规律：故障在奇数刀位发生的故障较少，绝大多数发生在偶数刀位上。为此重点检查了编码器的奇偶校验信号 I33.6，发现在偶数刀位时，奇偶校验信号时有时无。由于刀架设计为偶数校验。在偶数刀位时，如果奇偶校验信号正确，奇偶校验通过，刀架结束转位动作并锁紧，如果奇偶校验信号不正确，则奇偶校验出错，系统认为刀位不到，继续转动寻找刀位。而在奇数刀位不受奇偶校验影响，因此转动正常。

卸下转塔刀架后罩，检查奇偶校验信号线 I33.6，发现奇偶校验信号线端子松动，线与端子接触不良。重新压好端子，刀架转动定位正常。

例 6-15　德国 PITTLER 公司的双工位专用数控车床，其数控系统采用 SIEMENS 810T。

刀架转动不到位故障修理。

检查整个伺服系统，在最初发生这个故障时，是在机床工作了 2～3h 之后，在自动加工换刀时，刀架转动不到位，这时手动找刀，也不到位。后来在开机确定零号刀时，就出现故障，找不到零刀位，确定不了刀号。

故障检查与分析：刀架计数检测开关、卡紧检测开关、定位检测开关出现问题都可引起这个故障，但检查这些开关，并没有发现问题，调整这些开关的位置也没能消除故障。刀架控制器出现问题也会引起这个故障，但更换刀架控制器并没有排除故障，这个可能也被排除了。仔细观察发生故障的过程，发现在出现故障时，NC 系统产生 6016 号报警 "SLIDE POWER PACK NO OPERATION"，该报警指示伺服电源没有准备好。分析刀架的管理原理，刀架的转动是由伺服电动机驱动的，而刀架转动不到位就停止并显示 6016 伺服电源不能工作的报警，显然是伺服系统出现了问题。西门子 810 系统的 6016 号报警为 PLC 报警，通过分析 PLC 的梯形图，利用 NC 系统 DIAGNOSIS 功能，发现 PLC 输入 E3.6 为 0，使 F102.0 变 1，从而产生了 601.6 号报警，如图 6-19 所示。

PLC 的输入 E3.6 接的是伺服系统 GO 板的 "READY FOR OPERATION" 信号，即伺服系统准备操作信号，该输入信号变为 0，表示伺服系统有问题，不能工作。检查伺服系统，在出现故障时，N2 板上 [Imax] t 报警灯亮，指示过载。引起伺服系统过载的第一种可能为机械装置出现问题，但检查机械部分并没有发现问题；第二种可能为伺服功率板出现问题，但更换伺服功率板，也未能消除故障，这种可能也被排除了；

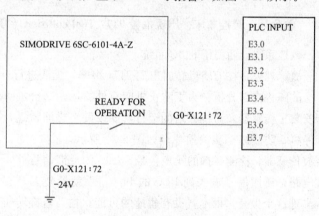

图 6-19　PLC 接口分析图

第三种可能为伺服电动机出现问题，对伺服电动机进行测量，并没有发现明显问题，但与另一工位刀架的伺服电动机交换，这个工位的刀架故障消除，故障转移到另一工位上。为此确认伺服电动机的问题是导致刀架不到位的根本原因。

故障处理：用备用伺服电动机更换，使机床恢复正常使用。

例 6-16　数控车床，刀塔不转。

数控系统：西门子 810T 系统。

故障现象：加工过程中，换刀时刀塔不转。

故障检查与分析：这台机床的刀塔的旋转是伺服电动机带动的，在启动刀塔旋转时，测量伺服控制器的给定信号，没有问题，伺服放大器也输出驱动电流。将刀塔保护罩拆开，发现伺服电动机通过同步齿形带动刀塔旋转，而同步齿形带已经断裂，不能带动刀塔旋转。

故障处理：更换同步齿形带，刀塔恢复正常。

例6-17 数控车床，出现报警6027Turret limit switch（刀塔限位开关）。

数控系统：西门子810T系统。

故障现象：机床在加工过程中，出现6027报警，加工程序中断。

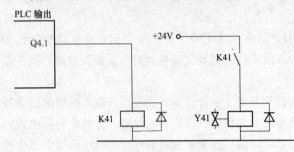

图6-20 刀塔落下电气控制原理图

故障检查与分析：因为报警指示刀塔有问题，对刀塔进行检查，发现刀塔没有落下。根据刀塔工作原理，刀塔旋转时，首先由液压控制使刀塔浮起，然后伺服电动机带动旋转，到位后，刀塔落下，完成找刀过程。因为刀塔没有落下，所以程序不能进行。根据机床控制原理，如图6-20所示，刀塔落下是受电磁阀Y41控制的，而电磁阀又是由PLC输出Q4.1通过直流继电器K41控制的。利用西门子810系统DIAGNOSIS功能，检查PLC输出Q4.1的状态为1，已经发出落下指令，但电磁阀上并没有电压，可能是直流继电器K41损坏。对这个继电器进行检查，发现确实是触点损坏。

故障处理：更换新的继电器后，机床恢复正常。

例6-18 数控车床，出现报警9177 Tool collision（刀具碰撞）。

数控系统：西门子840C系统。

故障现象：在刀塔运转时出现9177报警，无法进行自动加工。

故障检查与分析：为了防止机床意外损坏，这台机床安装了传感器，监视刀塔的运行，如果发生碰撞，立即停机，防止进一步的损坏。如图6-21所示，U415为声波传感器，检测碰撞的噪声信号，U45为反馈信号处理电路，碰撞信号输入到PLC的I9.0，手动旋转刀塔就出现这个报警，根本就没有碰撞的可能。在刀塔旋转时，利用系统DIAGNOSIS功能，检查PLC输入I9.0的状态，确实变为1，说明检测反馈回路有问题。利用

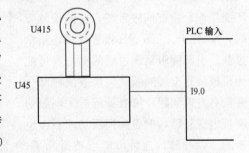

图6-21 刀塔碰撞信号检测连接图

互换法与另一台机床的反馈信号处理板对换，这台机床恢复正常，而另一台机床出现报警，说明是反馈信号处理板损坏。

故障处理：更换备件后，机床恢复正常。

例6-19 一台数控车床刀塔旋转不停。

数控系统：西门子840D系统。

故障现象：这台机床在工作过程中，刀塔先是偶尔发生不能准确换刀，不论手动还是自动，刀具定位与给定的换刀指令不符。后来故障逐渐加重，在执行换刀指令时，刀塔旋转不停。

故障检查与分析：这台机床的刀塔采用意大利Duplomatic编码器检测刀号，刀塔有8个刀位。根据机床工作原理，刀塔编码器采用8421码编码，接入相应PLC输入I36.4、I36.5、I36.6和

I36.7。手动转动刀塔时，利用系统 DIAGNOSIS 功能观察 IB36 的状态，发现 I36.7、I36.6、I36.5 和 I36.4 的状态一直为 0101，没有随刀塔的转动而变化，说明刀塔编码器或者连接电缆出现问题，检查刀塔编码器的连接电缆没有发现问题，因此，怀疑刀塔编码器故障。

故障处理：更换刀塔编码器后，机床刀塔恢复正常工作。

例 6-20　一台数控车床刀塔旋转时，出现报警 6016 SLIDE POWER PACK NO OPERATION（滑台电源模块不能操作）。

数控系统：西门子 810T 系统。

故障现象：一旋转刀塔就出现 6016 报警。

故障分析与检查：这台机床的刀塔是伺服电动机带动旋转的，采用西门子 6SC610 交流模拟伺服驱动装置控制，检查伺服驱动装置，发现第 3 轴［Imax］t 报警灯亮。伺服驱动的第三轴控制刀塔的旋转。首先怀疑控制刀塔旋转的伺服功率板有问题，为了确认故障，与另一台机床的相同功率板互换，确认为功率板损坏。

故障处理：更换新的功率板后，机床恢复正常工作。

例 6-21　一台数控车床刀塔旋转时，出现报警 6016 Slide power pack no operation（滑台电源控制器不能操作）。

数控系统：西门子 810T 系统。

故障现象：一旋转刀塔就出现 6016 报警。

故障分析与检查：根据机床工作原理，6016 报警指示伺服控制器出现故障，这台机床的伺服系统采用西门子 6SC610 交流模拟伺服控制装置，检查伺服装置，发现第 3 轴［Imax］t 报警灯亮。这台机床的刀塔是伺服电动机带动旋转的，第 3 轴控制刀塔伺服电动机，第 3 轴报警说明刀塔旋转控制系统有问题。根据伺服系统手册的解释，［Imax］t 报警是伺服系统过载报警，引起伺服系统过载通常有三种可能：

1）机械负载阻力过大，将刀塔拆开进行检查，没有发现机械问题。

2）伺服控制系统损坏，但更换伺服功率板，伺服控制器都没有解决问题。

3）伺服电动机有问题，采用互换法更换伺服电动机也没有解决问题。

最后在检查伺服电动机速度反馈电缆连接时，发现反馈插头上的管形插头出现问题，使伺服控制系统没有得到正确的速度反馈信号，系统工作不正常，导致伺服系统报警。

故障处理：更换反馈电缆插头，机床恢复了正常工作。

例 6-22　一台数控车床出现报警 6036 Turret limit switch（刀塔限位开关）。

数控系统：西门子 810T 系统。

故障现象：在一次旋转刀塔后出现 6036 报警，指示刀塔限位开关有问题。

故障分析与检查：因为报警指示刀塔开关有问题，因此对刀塔进行检查，发现刀塔没有锁紧，所以刀塔锁紧开关没有闭合，出现 6036 报警。根据机床的工作原理，刀塔锁紧是靠液压缸完成的，液压缸的动作是 PLC 控制的（见图 6-22），PLC 的输出 Q2.2 控制刀塔锁紧电磁阀，利用系统 DIAGNOSIS（诊断）功能检查 Q2.2 的状态，发现为 "1" 没有问题，检查继电器 K22 动合触点却没有闭合，线圈上有电压，说明继电器 K22 损坏。

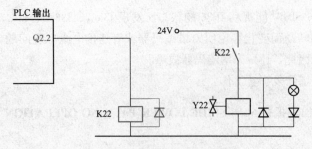

图 6-22　刀塔锁紧电气控制原理图

故障处理：更换继电器 K22 后，机床恢复了正常工作。

6.1.5　动力刀架

车削中心动力刀具主要由三部分组成：动力源、变速装置和刀具附件（钻孔附件和铣削附件等）。

1. 动力刀架的结构

车削中心加工工件端面或柱面上与工件不同心的表面时，主轴带动工件作分度运动或直接参与插补运动，切削加工主运动由动力刀具来实现。图 6-23 所示为车削中心转塔刀架上的动力刀具结构。

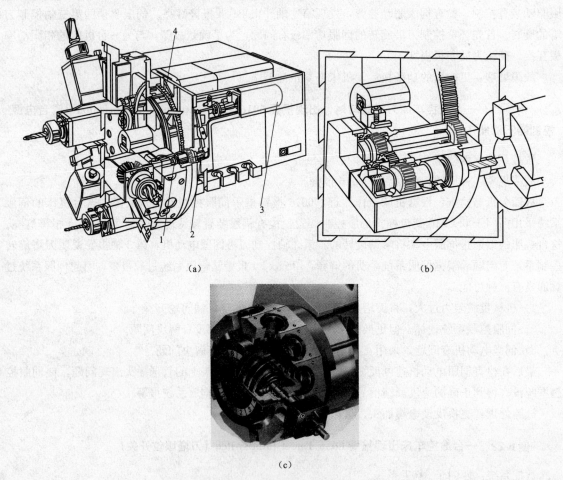

(a)　　　　　　　　　　　　　(b)

(c)

图 6-23　车削中心上的动力刀具

(a) 总体结构；(b) 反向设置的动力刀具；(c) 动力刀具照片图

1—刀具传动轴；2—齿轮轴；3—液压缸；4—大齿轮

当动力刀具在转塔刀架上转到工作位置时 [图 6-23 (a) 中位置]，定位夹紧后发出信号，驱动液压缸 3 的活塞杆通过杠杆带动离合齿轮轴 2 左移，离合齿轮轴左端的内齿轮与动力刀具传动轴 1 右端的齿轮啮合，这时大齿轮 4 驱动动力刀具旋转。控制系统接收到动力刀具在转塔刀架上需要转位的信号时，驱动液压缸活塞杆通过杠杆带动离合齿轮轴右移至转塔刀盘体内（脱开传动），动力刀具在转塔刀架上才开始转位。

有一种模块化的结构，由转塔刀架加上传动单元，再加上刀盘，如图 6-24 所示动力刀具的联轴器的离合由力矩电动机驱动杠杆来实现。

近来出现了一种新结构，转塔刀架分度电动机与动力刀座传动电动机合为一个。还有一种结构是动力刀具的驱动电动机内置于转塔刀盘中。

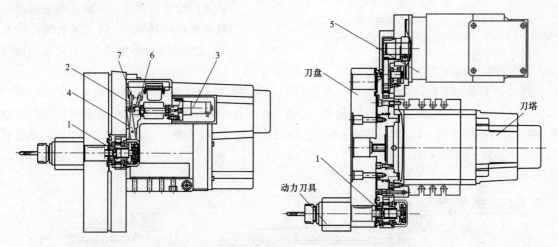

图 6-24　模块化动力刀架展开图

1—传动轴；2—凸轮轴；3—电动机；4—摆动杠杆；5—动力刀具驱动电动机；6、7—接近开关

2. 变速传动装置

图 6-25 是动力刀具的传动装置。传动箱 2 装在转塔刀架体（图中未画出）的上方。变速电动机 3 经锥齿轮副和齿形带，将动力传至位于转塔回转中心的空心轴 4。轴 4 的左端是中央锥齿轮 5。

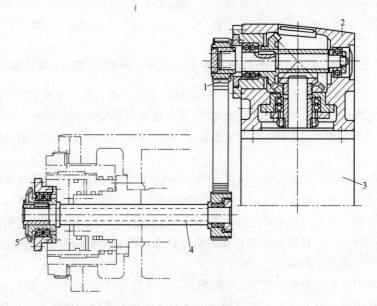

图 6-25　动力刀具的传动装置

1—齿形带；2—传动箱；3—变速电动机；4—空心轴；5—中央锥齿轮

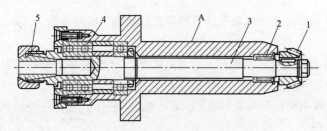

图 6-26 高速钻孔附件

1—锥齿轮；2—滚针轴承；3—刀具主轴；

4—角接触球轴承；5—弹簧夹头

3. 动力刀具附件

动力刀具附件有许多种，现仅介绍常用的两种。

图 6-26 是高速钻孔附件。轴套的 A 部装入转塔刀架的刀具孔中。刀具主轴 3 的右端装有锥齿轮 1，与图 6-25 的中央锥齿轮 5 相啮合。主轴前端支承是三联角接触球轴承 4，后支承为滚针轴承 2。主轴头部有弹簧夹头 5。拧紧外面的套，就可靠锥面的收紧力夹持刀具。

图 6-27 是铣削附件，分为两部分。图 6-27（a）是中间传动装置，仍由锥套的 4 部装入转塔刀架的刀具孔中，锥齿轮 1 与图 6-25 中的中央锥齿轮 5 啮合。轴 2 经锥齿轮副 3、横轴 4 和圆柱齿轮 5，将运动传至图 6-27（b）所示的铣主轴 7 上的圆柱齿轮 6，铣主轴 7 上安装铣刀。中间传动装置可连同铣主轴一起转方向。

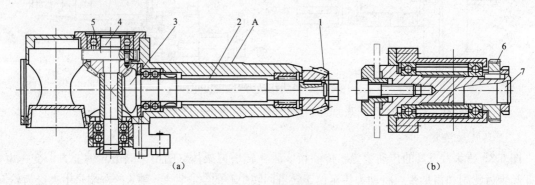

（a）   （b）

图 6-27 铣削附件

1、3—锥齿轮；2—轴；4—横轴；5、6—圆柱齿轮；7—铣主轴；A—轴套

例 6-23 德国 DMG 生产的 MD51T 车削中心，西门子 810T 系统。刀架故障，编码器损坏。

故障现象：一号刀架出现了偶尔找不到刀的故障。刀架处在自由转动状态，有时输入换刀指令时，出现刀架没有动，而且发生刀架锁死现象，CRT 显示刀号编码错误信息；刀架锁死后，更换任何刀都没动作。不管断电还是带电，都无法转动刀架，只有在拆除刀架到位信号线后再送电才能转动刀架。

故障检查与分析：从上述现象看，可能由两种情况所致，一种是编码器接线接触不良；另一种是编码器损坏。通过检查编码器连线，未发现接线松动现象，接线良好。排除接触不良因素，再结合刀架卡死现象分析：由于刀架夹紧之后，编码器出现故障，发出了错误的二进制编码，即计算机不能识别的代码，所以，计算机处在等待换刀指令状态，而且刀架到位信号一直有效，刀架被锁死，到此可以认为是编码器损坏。

故障处理：在刀架卡锁死的情况下，必须把刀架到位信号线断开（注：在机床断电以后）。然后机床再通电，任意选一刀号，输入换刀指令，让刀架松开，此时刀架处在自由转动状态。断电，拆下原来的编码器，按原来的接法把新编码器与机床的连线接好，刀架与编码器轴连接好，不要固定编码器。然后机床送电，一边观察 CRT 显示的编码器编码，即 PLC 的输入刀号信息，一边用手转动刀架，需要说明一下，此机床上有 2 个刀架，每个刀架有 12 个刀位。对应的编码由 4 位二进制组成，由一个 8 位 PLC 输入口显示其状态，如下所示：

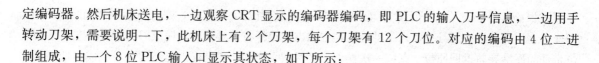

7	6	5	4	3	2	1	0

第 7 位：刀架旋转准备好信号；第 6 位：刀架锁位信号；第 5 位：在位信号；第 3、2、1、0 四位：为 12 个刀号编码；10 号编码为 0001，2 号编码为 0010，依次类推。

在转动刀架时，手握住编码器，只让刀架带动编码器轴转动，使 1 号刀对准工作位置。然后用手旋转编码器，直到 CRT 显示刀号编码为 0001；按同样方式再转动刀架，让 2 号刀对准工作位置，使 CRT 显示编码为 0010 至此，其余 10 把刀与其编码一一对应，最后固定编码器，更换编码器工作结束。试车，故障排除。

6.2　刀库换刀装置的维修

6.2.1　无机械手刀具交换

1. 无机械手刀具交换过程

无机械手换刀装置一般采用把刀库放在主轴箱可以运动到的位置或整个刀库（或某一刀位）能移动到主轴箱可以达到的位置，同时，刀库中刀具的存放方向一般与主轴上的装刀方向一致。换刀时，由主轴运动到刀库上的换刀位置，利用主轴直接取走或放回刀具。图 6-28 是 TH5640 无机械手换刀装置的主要过程。

TH5640 的自动换刀装置由刀库和自动换刀机构组成。刀库可在导轨上作左右及上下移动，以完成卸刀和装刀动作，左右上下运动分别通过上下运动气缸及左右运动气缸来实现。刀库的选刀是利用电动机经减速带动槽轮机构回转实现的。为确定刀号，在刀库内安装有原位开关和计数开关。换刀前，主轴 Z 向回到换刀点，如图 6-28（a）所示，以做好换刀准备。换刀时，首先刀库由左右运动气缸驱动在导轨上作水平移动，刀库鼓轮上一空缺刀位插入主轴上刀柄凹槽处，刀位上的夹刀弹簧将刀柄夹紧，如图 6-28（b）所示；然后主轴刀具松开装置工作，刀具松开，如图 6-28（b）所示；刀库在上下运动气缸的作用下向下运动，完成

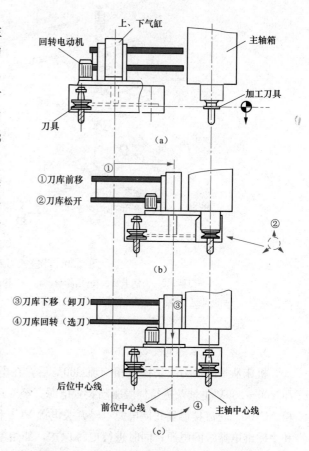

图 6-28　TH5640 无机械手换刀动作示意图

拔刀过程，如图6-28（c）所示；接着刀库回转选刀，当刀位选定后，在上下运动气缸的作用下，刀库向上运动，选中刀具被装入主轴锥孔，主轴内的拉杆将刀具拉紧，完成刀具装夹；左右运动气缸带动刀库沿导轨返回原位，完成一次换刀。无机械手换刀装置的优点是结构简单、成本低，换刀的可靠性较高；缺点是换刀时间长，刀库因结构所限容量不多。这种换刀装置在中、小型加工中心上经常采用。

2. 斗笠式刀库的结构

图6-29为斗笠式刀库传动示意图、图6-30为斗笠式刀库的结构示意图。各零部件的名称和作用见表6-8。

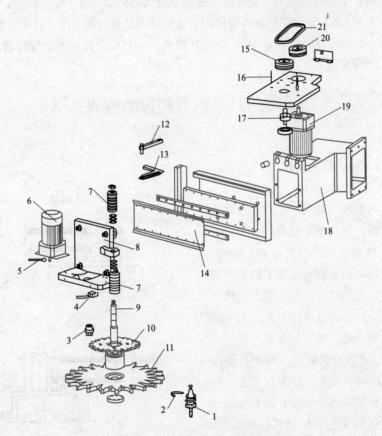

图6-29 斗笠式刀库传动示意图

1—刀柄；2—刀柄卡簧；3—槽轮套；4，5—接近开关；6—转位电动机；7—碟形弹簧；
8—电动机支架；9—刀库转轴；10—马氏槽轮；11—刀盘；12—杠杆；13—支架；14—刀库导轨；
15，20—带轮；16—接近开关；17—带轮轴；18—刀库架；19—刀库移动电动机；21—传动带

3. 斗笠式刀库的电气控制

机床从外部动力线获得三相交流380V后，在电控柜中进行再分配，经变压器TC1获得三相AC200～230V主轴及进给伺服驱动装置电源；经变压器TC2获得单相AC110V数控系统电源、单相AC100V交流接触器线圈电源；经开关电源VC1和VC2获得DC+24V稳压电源，作为I/O电源和中间继电器线圈电源；同时进行电源保护，如熔断器、断路器等。图6-31所示为该机床电源配置。刀库转盘电动机强电电路如图6-32所示，刀库转盘电动机正反转控制电路如图6-33所示。

图 6-34 所示为换刀控制电路和主电路，表 6-9 为输入信号所用检测开关的作用说明，检测开关位置如图 6-35 所示。

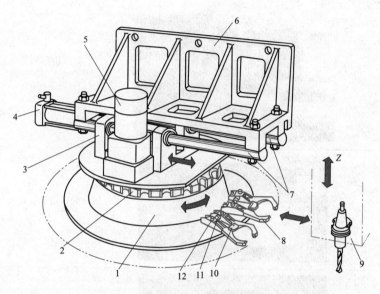

图 6-30　斗笠式刀库示意图

1—刀盘；2—分度轮；3—导轨滑座（和刀盘固定）；4—气缸（缸体固定在机架上，活塞与导轨滑座连接）；

5—刀盘电动机；6—机架（固定在机床立柱上）；7—圆柱滚动导轨；8—刀夹；9—主轴箱；

10—定向键；11—弹簧；12—销轴

表 6-8　　　　　　　　　　　　斗笠式刀库各零部件的名称和作用

名　称	图　示	作　用
刀库防护罩		防护罩起保护转塔和转塔内刀具的作用，防止加工时铁屑直接从侧面飞进刀库，影响转塔转动
刀库转塔电动机		主要是用于转动刀库转塔

续表

名　称	图　示	作　用
刀库导轨		由两圆管组成，用于刀库转塔的支承和移动
气缸		用于推动和拉动刀库，执行换刀
刀库转塔		用于装夹备用刀具

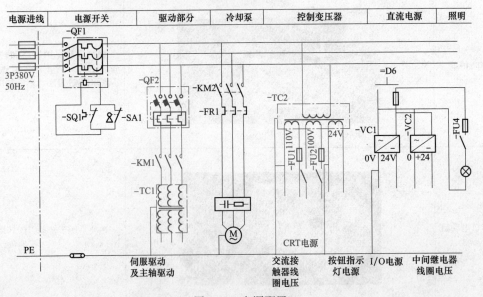

图 6-31　电源配置

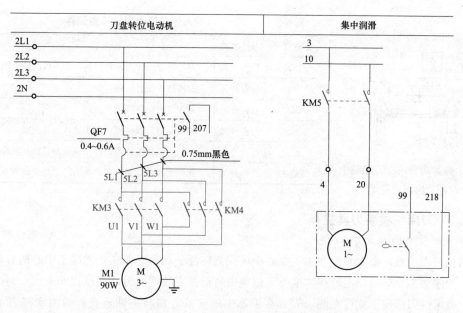

图 6-32　刀库转盘电动机强电电路

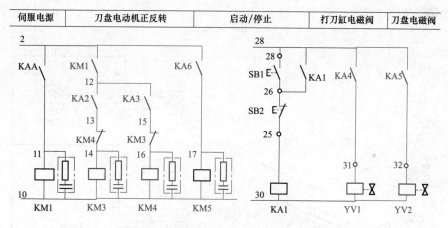

图 6-33　刀库转盘电动机正反转控制电路

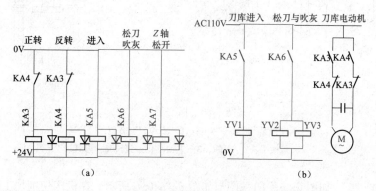

图 6-34　换刀控制电路和主电路

（a）控制电路；（b）主电路

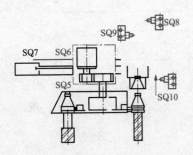

图 6-35 圆盘式自动换刀控制中
检测开关位置示意图

表 6-9 输入信号使用到的检测元件

元件代号	元件名称	作　　用
SQ5	行程开关	刀库圆盘旋转时，每转到一个刀位凸轮会压下该开关
SQ6	行程开关	刀库进入位置检测
SQ7	行程开关	刀库退出位置检测
SQ8	行程开关	气缸活塞位置检测，用于确认刀具夹紧
SQ9	行程开关	气缸活塞位置检测，用于确认刀具已经放松
SQ1O	行程开关	此处为换刀位置检测。换刀时 Z 轴移动到此位置

6.2.2　刀库机械手刀具交换

1. 采用机械手的刀具交换过程

采用机械手的自动换刀装置在加工中心中应用最广泛。如 JCS-018 立式加工中心的自动换刀过程。上一工序加工完毕后，主轴在"准停"位置由自动换刀装置换刀，其过程如下：

（1）机床的刀库位于立柱左侧，刀具在刀库中的安装方向与主轴垂直，如图 6-36 所示。换刀之前，刀库转动将待换刀具 1 送到换刀位置之后，把带有刀具 1 的刀套 2 向下翻转 90°，使得刀具轴线与主轴轴线平行，如图 6-37（b）所示。

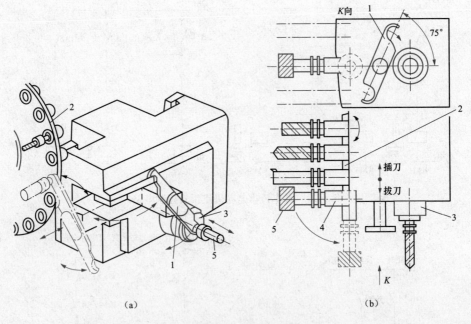

图 6-36　抓刀位置

（a）机械手转位；（b）刀库刀套转位

1—机械手；2—刀库；3—主轴；4—刀套；5—刀具

（2）机械手转 75°，如图 6-36K 向视图与如图 6-37（c）所示。在机床切削加工时，机械手的手臂与主轴中心到换刀位置的刀具轴线的连线成 75°，该位置为机械手的原始位置。机械手换刀的第一个动作是顺时针转 75°，两手分别抓住刀库上和主轴上的刀柄。

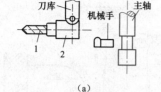 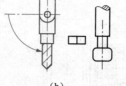 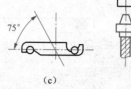 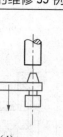

　　（a）　　　　　　　　（b）　　　　　　　　（c）　　　　　　　　（d）

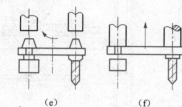 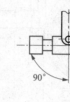 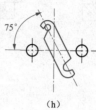

　　（e）　　　　　　　　（f）　　　　　　　　（g）　　　　　　　　（h）

图 6-37　换刀过程详解

（a）主轴准停；（b）刀套下转 90°；（c）机械手转 75°；（d）机械手拔刀；（e）交换刀具；

（f）机械手插刀；（g）刀套上转 90°；（h）机械手逆转 75°

1—刀具；2—刀套

（3）机械手抓住主轴刀具的刀柄后，刀具的自动夹紧机构松开刀具。

（4）机械手下降，同时拔出两把刀具，如图 6-37（d）所示。

（5）机械手带着两把刀具逆时针转 180°（从图 6-36K 向观察），使主轴刀具与刀库刀具交换位置，如图 6-37（e）所示。

（6）机械手上升，分别把刀具插入主轴锥孔和刀套中，如图 6-37（f）所示。

（7）刀具插入主轴锥孔后，刀具的自动夹紧机构夹紧刀具。

（8）驱动机械手逆时针转 180°的液压缸复位，机械手无动作。

（9）机械手反转 75°，回到原始位置，如图 6-37（h）所示。

（10）刀套带着刀具向上翻转 90°，为下一次选刀作准备，如图 6-37（g）所示。整个换刀过程可以用图 6-37 表示。

2. 单臂双爪回转式机械手与刀库换刀

（1）刀库的结构。图 6-38 是 JCS-018A 型加工中心的盘式刀库的结构简图。当数控系统发出换刀指令后，直流伺服电动机 1 接通，其运动经过十字联轴器 2、蜗杆 4、蜗轮 3 传到图 6-38（a）A-A 视图所示的刀盘 14，刀盘带动其上面的 16 个刀套 13 转动，完成选刀工作。每个刀套尾部有一个滚子 11，当待换刀具转到换刀位置时，滚子 11 进入拨叉 7 的槽内。同时气缸 5 的下腔通压缩空气，活塞杆 6 带动拨叉 7 上升，放开位置开关 9，用以断开相关的电路，防止刀库、主轴等有误动作。如图 6-38（a）A-A 视图所示，拨叉 7 在上升的过程中，带动刀套绕着销轴 12 逆时针向下翻转 90°，从而使刀具轴线与主轴轴线平行。

　　刀库下转 90°后，拨叉 7 上升到终点，压住定位开关 10，发出信号使机械手抓刀。通过图 6-38（a）左图中的螺杆 8，可以调整拨叉的行程。拨叉的行程决定刀具轴线相对主轴轴线的位置。

　　刀套 13 的锥孔尾部有两个球头销钉 17。在螺纹套 16 与球头销之间装有弹簧 15，当刀具插入刀套后，由于弹簧力的作用，使刀柄被夹紧。拧动螺纹套，可以调整夹紧力大小，当刀套在刀库中处于水平位置时，靠刀套上部的滚轮 18 来支承。

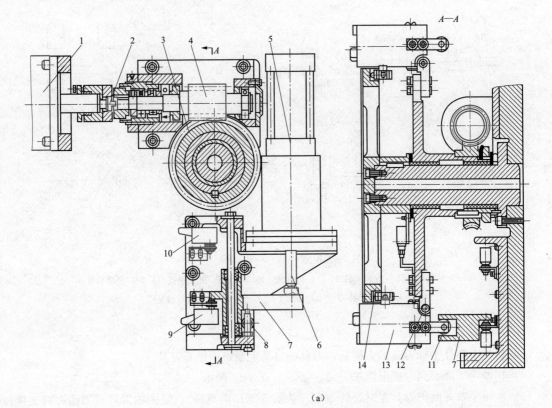

（a）

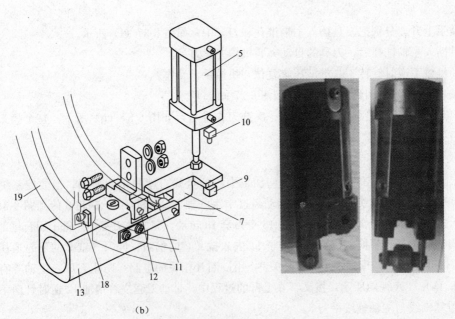

（b）

图 6-38　圆盘式刀库的结构（一）

（a）JCS-018A 刀库结构简图；（b）选刀及刀套翻转示意图

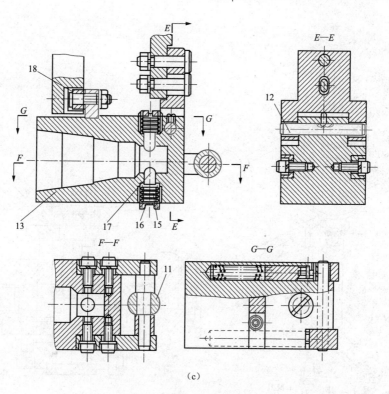

图 6-38 圆盘式刀库的结构（二）

（c）JCS-018A 刀库结构图

1—直流伺服电动机；2—十字联轴器；3—蜗轮；4—蜗杆；5—气缸；6—活塞杆；7—拨叉；8—螺杆；9—位置开关；10—定位开关；11—滚子；12—销轴；13—刀套；14—刀盘；15—弹簧；16—螺纹套；17—球头销钉；18—滚轮；19—固定盘

（2）机械手的结构。图 6-39 为 JCS-018A 型加工中心机械手传动结构示意图。当前面所述刀库中的刀套逆时针旋转 90°后，压下上行程位置开关，发出机械手抓刀信号。此时，机械手 21 正处在如图所示的上面位置，液压缸 18 右腔通压力油，活塞杆推着齿条 17 向左移动，使得齿轮 11 转动。连接盘 22 与齿轮 11 用螺钉连接，它们空套在机械手臂轴 16 上，传动盘 10 与机械手臂轴 16 用花键连接，它上端的销子 24 插入连接盘 22 的销孔中，因此齿轮转动时带动机械手臂轴转动，使机械手回转 75°抓刀。抓刀动作结束时，齿条 17 上的挡环 12 压下位置开关 14，发出拔刀信号，于是液压缸 15 的上腔通压力油，活塞杆推动机械手臂轴 16 下降拔刀。在轴 16 下降时，传动盘 10 随之下降，其上端的销子 24 从连接盘 22 的销孔中拨出；其下端的销子 8 插入连接盘 5 的销孔中，连接盘 5 和其下面的齿轮 4 也是用螺钉连接的，它们空套在轴 16 上。当拔刀动作完成后，轴 16 上的挡环 2 压下位置开关 1，发出换刀信号。这时液压缸 20 的右腔通压力油，活塞杆推着齿条 19 向左移动，使齿轮 4 和连接盘 5 转动，通过销子 8，由传动盘带动机械手转 180°，交换主轴上和刀库上的刀具位置。换刀动作完成后，齿条 19 上的挡环 6 压下位置开关 9，发出插刀信号，使液压缸 15 下腔通压力油，活塞杆带着机械手臂轴上升插刀，同时传动盘下面的销子 8 从连接盘 5 的销孔中移出。插刀动作完成后，16 上的挡环压下位置开关 3，使液压缸 20 的左腔通压力油，活塞杆带着齿条 19 向右移动复位，而齿轮 4 空转，机械手无动作。齿条 19 复位后，其上挡环压下位置开关 7，使液压缸 18 的左腔通压力油，活塞杆带着齿条 17 向右移动，通过齿轮 11 使机械手反转 75°复位。机械手复位后，齿条 17 上的挡环压下位置开关 13，发出换刀完成信号，使刀套向上翻转 90°，为下次选刀做好准备。图 6-40 所示为机械手的驱动机构。图 6-41 所示为机械手的回转机构。

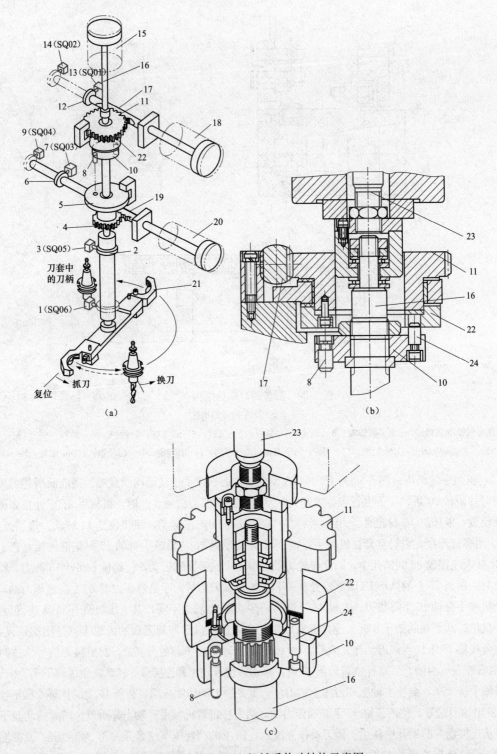

图 6-39　JCS-018A 机械手传动结构示意图

（a）机械手；（b）传动盘与连接盘结构图；（c）传动盘与连接盘示意图

1、3、7、9、13、14—位置开关；2、6、12—挡环；4、11—齿轮；5、22—连接盘；8、24—销子；10—传动盘；

15、18、20—液压缸；16—轴；17、19—齿条；21—机械手；23—活塞杆

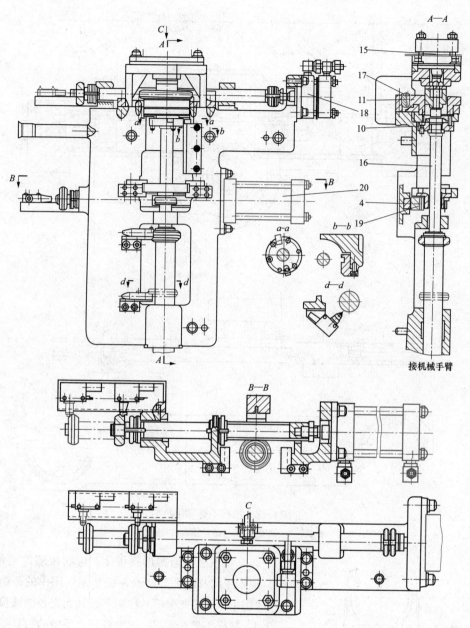

图 6-40 机械手的驱动机构

4、11—齿轮；10—传动盘；15、18、20—液压缸；16—轴；17、19—齿条

（3）机械手爪。图 6-42 为机械手抓刀部分的结构，它主要由手臂 1 和固定其两端的结构完全相同的两个手爪 7 组成。手爪上握刀的圆弧部分有一个锥销 6，机械手抓刀时，该锥销插入刀柄的键槽中。当机械手由原位转 75°抓住刀具时，两手爪上的长销 8 分别被主轴前端面和刀库上的挡块压下，使轴向开有长槽的活动销 5 在弹簧 2 的作用下右移顶住刀具。机械手拔刀时，长销 8 与挡块脱离接触，锁紧销 3 被弹簧 4 弹起，使活动销顶住刀具不能后退，这样机械手在回转 180°时，刀具不会被甩出。当机械手上升插刀时，两长销 8 又分别被两挡块压下，锁紧销从活动销的孔中退出，松开刀具，机械手便可反转 75°复位。

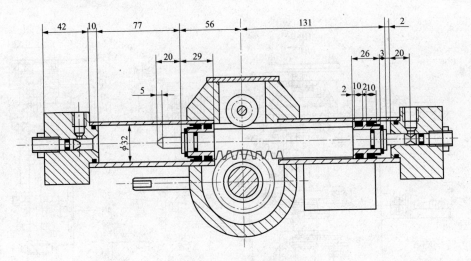

图 6-41　机械手回转机构

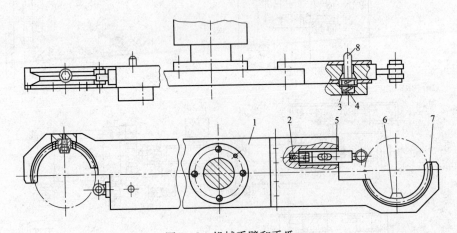

图 6-42　机械手臂和手爪

1—手臂；2、4—弹簧；3—锁紧销；5—活动销；6—锥销；7—手爪；8—长销

机械手手爪的形式很多，应用较多的是钳形手爪。钳形手的杠杆手爪如图 6-43 所示。图中的锁销 2 在弹簧（图中未画出此弹簧）作用下，其大直径外圆顶着止退销 3，杠杆手爪 6 就不能摆动张开，手中的刀具就不会被甩出。当抓刀和换刀时，锁销 2 被装在刀库主轴端部的撞块压回，止退销 3 和杠杆手爪 6 就能够摆动，放开，刀具 9 能装入和取出，这种手爪均为直线运动抓刀。

（4）换刀流程。根据上述的刀库、机械手和主轴的联动，得到换刀流程如图 6-44 所示，换刀液压系统如图 6-45 所示。

（5）换刀控制。

1）初始化刀套表。初始化后，刀套表中每个刀套中具有与刀套号相同的刀具，且规定主轴上没有刀具。

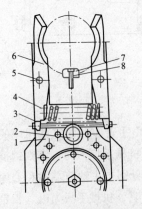

图 6-43　钳形机械手手爪

1—手臂；2—锁销；3—止退销；4—弹簧；
5—支点轴；6—手爪；7—键；8—螺钉

在换刀时，首先要找到装有编程刀具的刀套，以便决定刀库是正转或反转，在机械手将刀套内的刀具与主轴上的刀具交换后，必须刷新刀套表，也就是原主轴上的刀具号写入当前刀套表中，编程刀具号写入主轴刀套表中，见表 6-10。初始化刀套表子程序梯形图如图 6-46 所示。

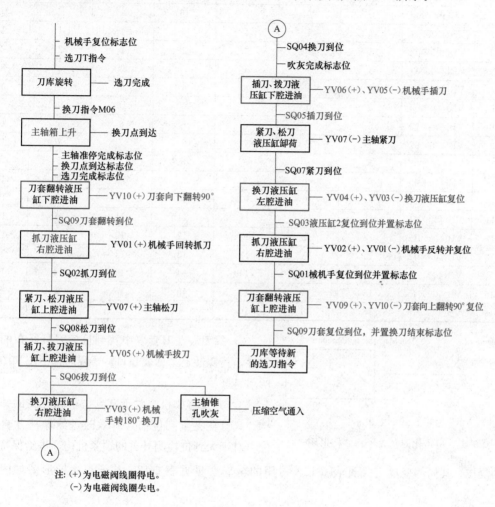

图 6-44　换刀流程

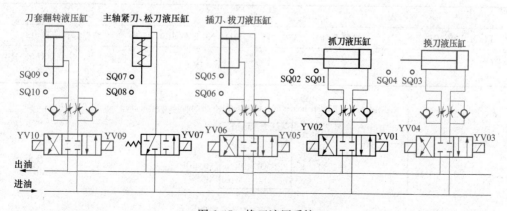

图 6-45　换刀液压系统

表6-10　　　　　　　　　　刀　套　表

刀具在刀套	初 始 化		换 刀 举 例					
	刀套表	初始化后	T5 M06	T8 M06	T16 M06	T0 M06	T15 M06	T10 M06
主轴	VB14000000	0	5	8	16	0	15	10
刀套1	VB14000001	1	1	1	1	1	1	1
刀套2	VB14000002	2	2	2	2	2	2	2
刀套3	VB14000003	3	3	3	3	3	3	3
刀套4	VB14000004	4	4	4	4	4	4	4
刀套5	VB14000005	5	0	0	0	16	16	16
刀套6	VB14000006	6	6	6	6	6	6	6
刀套7	VB14000007	7	7	7	7	7	7	7
刀套8	VB14000008	8	8	5	5	5	5	5
刀套9	VB14000009	9	9	9	9	9	9	9
刀套10	VB14000010	10	10	10	10	10	10	15
刀套11	VB14000011	11	11	11	11	11	11	11
刀套12	VB14000012	12	12	12	12	12	12	12
刀套13	VB14000013	13	13	13	13	13	13	13
刀套14	VB14000014	14	14	14	14	14	14	14
刀套15	VB14000015	15	15	15	15	15	0	0
刀套16	VB14000016	16	16	16	8	8	8	8

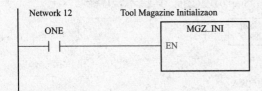

图6-46　初始化刀套表子程序梯形图

2）找刀。在刀套表中找到目标刀具所在的刀套位置，其变量定义见表6-11，子程序梯形图如图6-47所示。

3）夹紧与放松。对于有到位检测开关的锁紧机构，只有在夹紧到位信号有效时进给保持才自动复位，对于无到位检测开关的锁紧机构，进给保持延时后自动复位，其局部变量定义见表6-12，占用的全局变量见表6-13，其子程序梯形图如图6-48所示。

表6-11　　　　　　　　　　变　量　定　义

输　入		输　出	
P_TOOL DWORD	编程刀具号	HD_No DWORD	编程刀具所在刀套号
		Find BOOL	搜索结果：1——目标刀具找到；0——没有找到

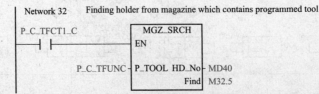

图6-47　子程序梯形图

表 6-12 　　　　　　　　　　　　　　局 布 变 量 定 义

输 入		输 出	
DELAY WORD	锁紧延时 （单位：2×PLC 扫描周期）	RELo BOOL	放松输出
CONF BOOL	程序配置：1/0：有无锁紧 到位检测开关	CLPo BOOL	锁紧输出
KEY BOOL	手动锁紧放松键（NO）	C_ind BOOL	锁紧到位状态指示
EX_K BOOL	外部手动锁紧放松键（NO）	ERR1 BOOL	错误信息：主轴运行 过程中禁止锁紧放松
S_VELO BOOL	手动换刀键（触发信号） 主轴速度状态： 1-主轴停止/0-主轴运行	ERR2 BOOL	错误信息：锁紧未到位
CLPi BOOL	锁紧到位传感器（NO）		

表 6-13 　　　　　　　　　　　　　　全 局 变 量 定 义

变 量	定 义	变 量	定 义
EOD　M153.0	延时结束	TR_om M153.2	释放缓冲输出
TR_st M153.1	释放状态	CLAMPING C29	卡紧延时

4）刷新刀套表。换刀完毕后对刀套表进行刷新，也就是将主轴刀套内的刀具号与目标刀套的内容进行交换。其变量定义见表 6-14，其子程序梯形图如图 6-49 所示。

3. 其他常见机械手的结构

（1）圆柱槽凸轮式换刀机械手。其工作原理如图 6-50 所示。这种机械手的优点是：由电动机驱动，不需较复杂的液压系统及其密封、缓冲机构，没有漏油现象，结构简单，工作可靠。同时，机械手手臂的回转和插刀、拔刀的分解动作是联动的，部分时间可重叠，从而大大缩短了换刀时间。

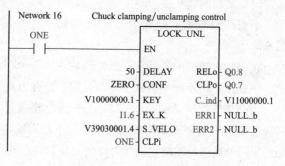

图 6-48　子程序梯形图

表 6-14 　　　　　　　　　　　　　　局 布 变 量 定 义

输 入		输 出	
T_No DWORD	编程刀具号	HD_No DWORD	装有编程刀具的刀库刀套号

（2）平面凸轮式换刀机械手。典型的凸轮换刀装置的结构原理如图 6-51 所示，它主要由驱动电动机 1、减速器 2、平面凸轮 4、弧面凸轮 5、连杆机构 6、机械手 7 等部件构成。换刀时，驱动电动机 1 连续回转，通过减速器 2 与凸轮换刀装置相连，提供装置的动力；并通过平面凸轮、弧面凸轮以及相应的机构，将驱动电动机的连续运动转化为机械手的间隙运动。

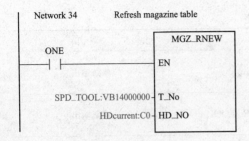

Network 34　　Refresh magazine table

图 6-49　子程序梯形图

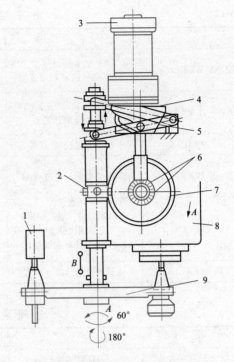

图 6-51 中，平面凸轮 4 通过锥齿轮 3
和减速器 2 连接，在驱动电动机转动时，
通过连杆机构 6，带动机械手 7 在垂直方
向作上、下运动，以实现机械手在主轴上
的"拔刀"、"装刀"动作。弧面凸轮 5 和
平面凸轮 4 相连，在驱动电动机回转时，
通过滚珠盘 8（共 6 个滚珠）带动花键轴
转动，花键轴带动机械手 7 在水平方向作
旋转运动，以实现从机械手转位，完成
"抓刀"和"换刀"动作。电气信号盘 9
中安装有若干开关，以检测机械手实际运
动情况，实现电气互锁。

图 6-50　圆柱槽凸轮式换刀机械手

1—刀套；2—十字轴；3—电动机；

4—圆柱槽凸轮（手臂上下）；5—杠杆；

6—锥齿轮；7—凸轮滚子（平臂旋转）；

8—主轴箱；9—换刀手臂

平面凸轮与弧面凸轮的运动过程如
图 6-52 所示。

在驱动电动机的带动下，弧面凸轮在 10°～60°，完成机械手 70°转位动作。在 60°～90°弧面凸
轮、平面凸轮均不产生机械手运动，用于松开刀具。

当凸轮继续转动到 90°～144°，平面凸轮通过连杆机构带动机械手进行向下运动；其中，在
90°～125°，只有平面凸轮带动机械手向下的运动，机械手同时拔出主轴、刀库中的刀具；在 125°～
144°，因刀具已经脱离主轴与刀库的刀座，两凸轮同时动作，即：在机械手继续向下的过程中，已
经开始进行 180°转位，以提高换刀速度。

在凸轮转动到 125°～240°，弧面凸轮带动机械手进行 180°转位，完成主轴与刀库的刀具交换；
当进入 216°～240°，两凸轮同时动作，平面凸轮已经开始通过连杆机构带动机械手进行向上运动，
以提高换刀速度。

从 216°起，平面凸轮带动机械手进行向上运动，机械手同时将主轴、刀库中的刀具装入刀座；
这一动作在 216°～270°，完成"装刀"动作。接着的 270°～300°，弧面凸轮、平面凸轮均不产生机
械手运动，机床进行刀具的"夹紧"动作，这一动作由机床的气动或液压机构完成。

在 300°～360°，弧面凸轮完成机械手 70°反向转位动作，在机械手回到原位，换刀结束。

以上动作通常可以在较短的时间 1～2s 完成，因此，采用了凸轮换刀机构的加工中心其换刀
速度较快。凸轮机械手换刀装置目前已经有专业厂家生产，在设计时通常只需要直接选用即可。

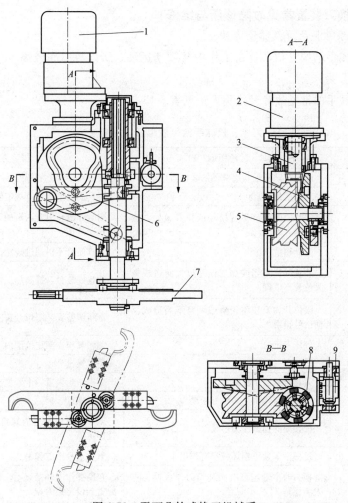

图 6-51　平面凸轮式换刀机械手

1—驱动电动机；2—减速器；3—锥齿轮；4—平面凸轮；5—弧面凸轮；6—连杆机构；7—机械手；8—滚珠盘；9—电气信号盘

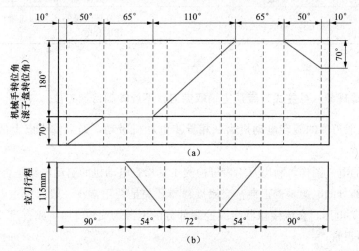

图 6-52　平面凸轮与弧面凸轮的运动过程

（a）弧面凸轮转位角；（b）平面凸轮转位角

6.2.3 刀库换刀装置常见故障诊断与维修

1. 刀库与机械手常见故障及排除方法

刀库及换刀机械手结构复杂，且在工作中又频繁运动，所以故障率较高。目前数控机床 50% 以上故障都与它们有关。

刀库及换刀机械手的常见故障及排除方法见表 6-15。

表 6-15　　　　　　　　　刀库、机械手常见故障及排除方法

序号	故障现象	故障原因	排除方法
1	刀库不能旋转	连接电动机轴与蜗杆轴的联轴器松动	紧固联轴器上的螺钉
		刀具质量超重	刀具质量不得超过规定值
2	刀套不能夹紧刀具	刀套上的调整螺钉松动或弹簧太松，造成卡紧力不足	顺时针旋转刀套两端的调节螺母，压紧弹簧，顶紧卡紧销
		刀具超重	刀具质量不得超过规定值
3	刀套上不到位	装置调整不当或加工误差过大而造成拨叉位置不正确	调整好装置，提高加工精度
		限位开关安装不正确或调整不当造成反馈信号错误	重新调整安装限位开关
4	刀具不能夹紧	气压不足	调整气压在额定范围内
		增压漏气	关紧增压
		刀具卡紧液压缸漏油	更换密封装置，卡紧液压缸不漏
		刀具松卡弹簧上的螺母松动	旋紧螺母
5	刀具夹紧后不能松开	松锁刀的弹簧压力过紧	调节锁刀弹簧上的螺钉，使其最大载荷不超过额定值
6	刀具从机械手中脱落	机械手卡紧销损坏或没有弹出来	更换卡紧销或弹簧
		换刀时主轴箱没有回到换刀点或换刀点发生漂移	重新操作主轴箱运动，使其回到换刀点位置，并重新设定换刀点
		机械手抓刀时没有到位，就开始拔刀	调整机械手手臂，使手爪抓紧刀柄后再拔刀
		刀具质量超重	刀具质量不得超过规定值
7	机械手换刀速度过快或过慢	气压太高或节流阀开口过大	保证气泵的压力和流量，旋转节流阀到换刀速度合适

2. 故障维修实例

 **例 6-24　故障现象：斗笠式刀库从主轴取完刀，不旋转到目标刀位。**

故障分析：一般刀库的旋转电动机为三相异步电动机带动，如果发生以上故障，要进行以下检查：

1）参照机床的电气图样，利用万用表等检测工具检查电动机的启动电路是否正常？

2）检查刀库部分的电源是否正常？交流接触器开关是否正常？一般刀库主电路部分的动力电源为 3 相交流 380V 电压，交流接触器线圈控制部分的电源为交流 110V 或直流 24V，检查此部分的电路并保证电路正常；

3）如果在保证以上部分都正常的情况下，检查刀库驱动电动机是否正常？

4）如果以上故障都排除，请考虑刀库机械部分是否有干涉的地方？刀库旋转驱动电动机和刀

库的连接是否脱离?

> 🌀 **例 6-25 故障现象:主轴抓刀后,刀库不移回初始位置。**

故障诊断与分析:

1)检查气源压力是否在要求范围?

2)检查刀库驱动电动机控制回路是否正常?刀库控制电动机正、反转实现刀库的左、右平移,如果反转控制部分故障,容易出现以上故障;

3)检查刀库控制电动机;

4)检查主轴刀具抓紧情况,主轴刀具夹紧通过夹紧传感器 D 发出回馈信号到数控系统,如果数控系统接受不到传感器 D 发送的夹紧确认信号,刀库不执行下面的动作;

5)检查刀库部分是否存在机械干涉现象。

加工中心采用斗笠式刀库换刀,一般刀库的平移过程通过气缸动作来实现,所以在刀库动作过程中,保证气压的充足与稳定非常重要,操作者开机前首先要检查机床的压缩空气压力,保证压力稳定在要求范围内。对于刀库出现的其他电气问题,维修人员参照机床的电气图册,通过分析斗笠式刀库的动作过程,一定能找出原因,解决问题,保证设备的正常运转。

> 🌀 **例 6-26 故障现象:一台立式加工中心,配套 SIEMENS 6M 系统,在换刀过程中发现刀库不能正常旋转。**

故障诊断与分析:通过机床电气原理图分析,该机床的刀库回转控制采用的是 6RA 系列直流伺服驱动,刀库转速是由机床生产厂家制造的"刀库给定值转换/定位控制"板进行控制的。

故障处理:由于刀库回转时,PLC 的转动信号已输入,刀库机械插销已经拔出,但 6RA 驱动器的转换给定模拟量未输入。由于该模拟量的输出来自"刀库给定值转换/定位控制"板,由机床生产厂家提供的"刀库给定值转换/定位控制"板原理图逐级测量,最终发现该板上的模拟开关已损坏,更换同规格备件后,机床恢复正常工作。

> 🌀 **例 6-27 故障现象:一台立式加工中心,配套 SIEMENS 6M 系统,在开机调试时,出现手动按下刀库回转按钮后,刀库即高速旋转,导致机床报警。**

故障诊断与分析:根据故障现象,可以初步确定故障是由于测速反馈线脱落引起的速度环正反馈或开环、刀库直流驱动器测速反馈极性不正确引起的。

故障处理:测量确认该伺服电动机测速反馈线已连接,但极性不正确。交换测速反馈极性后,刀库动作恢复正常。

> 🌀 **例 6-28 故障现象:某配套 SIEMENS 810D 的进口卧式加工中心,在自动换刀过程中停电,开机后,系统显示"ALM3000"报警。**

故障分析与处理:由于本机床故障是由于自动换刀过程中的突然停电引起的,观察机床状态,换刀机械手和主轴上的刀具已经啮合,正常的换刀动作被突然停止,机械手处于非正常的开机状态,引起系统的急停。

故障处理:本故障维修的第一步是根据机床的液压系统原理图,在启动液压电动机后,通过手动液压阀,依此完成了刀具松刀、卸刀、机械手退回等规定的动作,使机械手回到原位,机床恢复正常的初始状态，并关机。再次启动机床，报警消失，机床恢复正常。

例6-29 故障现象： 一台采用西门子 SINUMERIK 840C 系统的卧式加工中心，在自动换刀时，出现刀库定位不正确的故障，机床换刀不能实现。

故障诊断与分析： 仔细检查机床控制系统，确认该机床的刀库旋转是通过系统的第5轴进行刀库回转控制的，刀库的刀具选择通过第5轴的不同位置定位来实现。仔细观察刀库的转动情况，发现该机床刀库上的全部刀具定位都产生了同样的偏差，由此可以确定引起故障的原因，是由于机床第5轴参考点位置调整不当引起的。

故障处理： 重新调整机床第5轴参考点位置，将参数 MD2404 进行重新设定后，机床恢复正常。

例6-30 故障现象： 某加工中心采用凸轮机械手换刀。换刀过程中，动作中断，发出报警，显示机械手伸出故障。

故障诊断与分析诊断： 根据报警内容，机床是因为无法执行下一步"从主轴和刀库中拔出刀具"，而使换刀过程中断并报警。机械手未能伸出完成从主轴和刀库中拔刀动作，产生故障的原因可能有：

1）"松刀"感应开关失灵。在换刀过程中，各动作的完成信号均由感应开关发出，只有上一动作完成后才能进行下一动作。第1步为"主轴松刀"，如果感应开关未发信号，则机械手"拔刀"就不会动作。检查两感应开关，信号正常。

2）"松刀"电磁阀失灵。主轴的"松刀"，是由电磁阀接通液压缸来完成的。如电磁阀失灵，则液压缸未进油，刀具就"松"不了。检查主轴的"松刀"电磁阀，动作均正常。

3）"松刀"液压缸因液压系统压力不够或漏油而不动作，或行程不到位。检查刀库松刀液压缸，动作正常。行程到位；打开主轴箱后罩，检查主轴松刀液压缸，发现已到达松刀位置，油压也正常，液压缸无漏油现象。

4）机械手系统有问题，建立不起"拔刀"条件。其原因可能是电动机控制电路有问题。检查电动机控制电路系统正常。

5）刀具是靠碟形弹簧通过拉杆和弹簧卡头将刀具柄尾端的拉钉拉紧的。松刀时，液压缸的活塞杆顶压顶杆，顶杆通过空心螺钉推动拉杆，一方面使弹簧卡头松开刀具的拉钉，另一方面又顶动拉钉，使刀具前移而在主轴锥孔中变"松"。

主轴系统不松刀的原因可能有以下几点：

1）刀具尾部拉钉的长度不够，致使液压缸虽已运动到位，而仍未将刀具顶松。

2）拉杆尾部空心螺钉位置起了变化，使液压缸行程满足不了"松刀"的要求。

3）顶杆出了问题，已变形或磨损。

4）弹簧卡头出故障，不能张开。

5）主轴装配调整时，刀具移动量调的太小，致使在使用过程中一些综合因素导致不能满足"松刀"条件。

故障处理： 拆下"松刀"液压缸，检查发现这一故障系制造装配时，空心螺钉的伸出量调得太小，故"松刀"液压缸行程到位，而刀具在主轴锥孔中"压出"不够，刀具无法取出。调整空心螺钉的"伸长量"，保证在主轴"松刀"液压缸行程到位后，刀柄在主轴锥孔中的压出量为0.4～

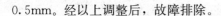

0.5mm。经以上调整后，故障排除。

例 6-31　故障现象：JCS-018A 立式加工中心（北京精密机床厂生产）机械手失灵；手臂旋转速度快慢不均，气液转换器失油频率加快，机械手旋转不到位，手臂升降不动作，或手臂复位不灵。调整 SC-15 节流阀配合手动调整，只能维持短时间正常运行，且排气声音逐渐浑浊，不像正常动作时清晰，最后到不能换刀。

故障诊断与分析：

1）手臂旋转 75°抓主轴和刀套上的刀具，必须到位抓牢，才能下降脱刀。动作到位后旋转 180°，换刀位置上升分别插刀，手臂再复位刀套上。手臂 75°、180°旋转，其动力传递是压缩空气源推动气液转换器转换成液压由电控程序指令控制，其旋转速度由 SC-15 节流阀调整；换向由 5ED-ION18F 电磁阀控制。一般情况下，这些元器部件的寿命很长，可以排除这类元器件存在的问题。

2）因刀套上下和手臂上下是独立的气源推动，排气也是独立的消声排气口，所以不受手臂旋转力传递的影响；但旋转不到位时，手臂升降是不可能的。根据这一原理，着重检查手臂旋转系统执行元器件成为必要的工作。

3）观察 75°、180°手臂旋转或不旋转时液压缸伸缩对应气液转换各油标升降、高低情况，发觉左右配对的气液转换器，左边呈上极限右边就呈下极限，反之亦然，且公用的排气口有较大量油液排出。分析气液转换器、尼龙管道均属密闭安装，所以此故障原因应在执行器件液压缸上。

4）拆卸机械手液压缸，解体检查，发现活塞支承环 O 形圈均有直线性磨损，已不能密封。液压缸内壁粗糙，环状刀纹明显，精度太差。

故障处理：更换上北京精密机床厂生产的 80 缸筒，重装调整后故障消失。

例 6-32　机械手不能手动换刀。

故障现象：机床的机械手不能手动换刀。

故障检查与分析：UFZ6 加工中心采用西门子 880 系统。该机床刀库配有 120 把刀位，刀具的人工装卸是通过脚踏开关控制气阀的动作来夹紧和松开刀具。此故障发生时，气阀不动作。根据我们多年的维修经验知道，对于局部的可直接控制的动作利用 PLC 程序来判断故障是最有效的方法。由电路图知道气阀是由 N-K8 控制，N-K8 继电器由 A27.6 的输出来控制。根据机床制造厂家提供的机床 PLC 程序手册，查出 PB156.1 为控制输出 A27.6 的程序，内容如下：

U M 123.3

U M 165.3

U E 26.0

U E 2S.7

＝A27.6

注：程序中字母为德文。

由上述程序知道，M123.2 和 M165.3 为 PLC 内部的程序中间继电器，输入 E26.0 由脚踏开关 N-SO6 控制，输入 E26.7 是一套由机械和电气连锁装置组成的刀库门控制信号，上述 4 部分内容组成一个与门电路关系，控制输出 A27.6。因此，从 PLC 输入状态检查 E26.0 和 E26.7 的状态。其中 E26.0 为 1，满足条件；E26.7 为 0，条件不满足，因此断定刀库门控制盒内部有问题。

故障处理：拆开刀库门控制盒后发现盒内连接刀库门的插杆滑动块错位，致使刀库门打开时，盒内连锁开关状态不变化，输出信号 E26.7 始终不变。将插杆滑块位置复原后，打开刀库门时，E26.7 为 1，输出 A27.6 也为 1，则气阀动作，手动换刀正常。

例 6-33　机械手不能自动换刀。

故障现象：机械手进入刀座后自动中断，CRT 显示"读禁止"。

故障检查与分析：德国 SHW 公司生产的 UFZ6 加工中心，配置西门子 880 控制系统。此机床较大，刀库与主轴相距较远（约 3m），机械手由液压驱动在导轨上滑动传送刀具。主轴位置分立式、卧式两种换刀方式，因此机械手可上、下翻转，满足主轴换刀位置的需要。机械手换刀共分 28 步，每一步均有相应的接近开关检测其位置，大多数接近开关都安装在机械手不同的部位，随机械手拖架来回运动，较易松动，且存在损坏的危险。此台机床是新购进设备，断线及电缆老化的可能性极小。各接近开关上指示灯正常，故供电电源也正常。因此只有从查各接近开关的位置入手。

此故障停止在步序 2，机械手进入刀座准备拔刀时，因此首先检查机械手是否到位。通过 PLC 接口显示，输入 E24.6 状态为 1，说明机械手到刀库的开关 S07 已动作。下一步应该夹刀，但未动作。经手动试验机械手各动作正常，因此查 PLC 梯形图，检查各开关量的制约关系了解到，接近开关 S17 在机械手接近刀库约 300mm 范围内均应动作，否则换刀中断。查开关 S17 的 PLC 接口 E25.5，状态为 0，即此开关未动作，其他是此开关由于电缆移动造成松动，感应铁块与接近开关距离过大，感应不到信号。

故障处理：调整 S17 开关的位置后，自动换刀正常。

例 6-34　利用 SIN810/820CNC 系统菜单功能排除加工中心自动换刀机故障。

故障现象：当换刀机某一信号不到位而发生故障，使整机不能运行时（SIN810/820 系统出现故障时，一般无面板恢复功能），采用常规修理方法需熟悉换刀机液动或气动控制原理，还要熟悉换刀机 PLC 控制信号，进而查到控制某一动作的阀。因为换刀机控制较复杂，在进行手动操纵换向阀时，危险性较大。但用菜单操作方法排除换刀机故障，操作非常简单，修理周期非常短。

故障检查与分析：以下详述 SIN810/820 系统如何使换刀装置恢复到起始位置（即单步动作）的 CRT 菜单功能。

1）使设备（如加工中心）进入单独运动模式（模式开关至 MDA-AUTOMATIC 状态）。

2）按诊断（识别键）"△"或"▽"至 PLC 状态（PLC STATUS）。

3）选择 FW（按 FW 软键）出现 FB 菜单。

4）光标移至 FB 119，将 FB119 设定为 1。

5）切换至 JOG（手动）状态，按"△"或"▽"键至 TOOL-C MOTIONS 状态（单独换刀程序，见图 6-53 所示的 CRT 菜单），按选择键（CRT 下面的软键）完成所需的动作。

6）将 FB119 调为 0。

7）按诊断（识别键）恢复至正常菜单。

8）按下停止按钮，关断总电源以后启动机床，检查机床是否处于正常状态。

说明：FB119 为换刀机手动、自动切换 PLC 参数；如 PLC 参数不能修改，可向制造厂索取修

```
JOG
Individual motions tool changer
    FUNCTION   ACKNOWI.SP1  SP2
1.GRIPPER CLAW    LOCKED/UNL 0/1  %
TOOL CLAMP LOCKED/UNL 0/1  %
0.1NTERLOCK    LOCKED/UNL 0/1  %
0.STROKE UP/DOWN 1/0  %
GRIPPER ARM 0/180 1/0  %
    ATTENTION:CHECK    TOOL TABLES!!!
```

CELECK	UNLOCKED/TOP	LOCK/BOTTOM	0/DGR	180/DGR

图 6-53 CRT 换刀机手动操作菜单

改码；操纵该菜单时，需合格的操作人员；操作时需细心，如换刀机一定要降下时，才能旋转等。

可以利用该功能快速修复加工中心刀具拉紧不到位、机械手机件损坏、刀具进刀库不到位等故障，受到事半功倍的效果。

例 6-35 刀库互锁 M03 不能执行的故障排除。

故障现象：某配套 SIEMENS 810M 的立式加工中心，在自动运行如下指令时：

$$T * * M06；$$
$$S * * M03；$$
$$G00Z-100；$$

有时出现主轴不转，而 Z 轴向下运动的情况。

故障分析：本机床采用的是无机械手换刀方式，换刀动作通过气动控制刀库的前后、上下实现的。由于故障偶然出现，分析故障原因，它应与机床的换刀与主轴间的互锁有关。仔细检查机床的 PLC 程序设计，发现该机床的换刀动作与主轴间存在互锁，即：只有当刀库在后位时，主轴才能旋转；一旦刀库离开后位，主轴必须立即停止。现场观察刀库的动作过程，发现该刀库运动存在明显的冲击，在刀库到达后位时，存在振动现象。通过系统诊断功能，可以明显发现刀库的"后位"信号有多次通断的情况。而程序中的"换刀完成"信号（M06 执行完成）为刀库的"后位到达"信号，因此，当刀库后退时在第一次发出到位信号后，系统就认为换刀已经完成，并开始执行 S * * M03 指令。但 M03 执行过程中（或执行完成后），由于振动，刀库后位信号再次消失，引起了主轴的互锁，从而出现了主轴停止转动而 Z 轴继续向下的现象。

故障处理：通过调节气动回路，使得刀库振动消除，并适当减少无触点开关的检测距离，避免出现后位信号的多次通断现象。在以上调节不能解决时，可以通过增加 PLC 程序中的延时或加工程序中的延时解决。

第 7 章

数控机床辅助装置的维修 30 例

7.1 数控车床用辅助装置的维修

7.1.1 卡盘

1. 常用卡盘的结构

（1）自动夹紧拨动卡盘。自动夹紧拨动卡盘的结构如图 7-1 所示。坯件 1 安装在顶尖 2 和车床的尾座顶尖上。当旋转车床尾座螺杆并向主轴方向顶紧坯件时，顶尖 2 也同时顶压起着自动复位作用的弹簧 6。顶尖在向左移动的同时，套筒 3（即杠杆机构的支撑架）也将与顶尖同步移动。在套筒的槽中装有杠杆 4 和支撑销 5，当套筒随着顶尖运动时，杠杆的左端触头则沿锥环 7 的斜面绕着支撑销轴线作逆时针方向摆动，从而使杠杆右端的触头（图中示意为半球面）压紧坯件。在这样的一套夹具中，其杠杆机构通常设计为 3～4 组均布，并经调整后使用。

（2）复合卡盘。复合卡盘由传动装置驱动拉杆 5，驱动力经套 6、7 和楔块 4、杠杆 3 传给卡爪 1 而夹紧工件，中心轴组件 8 为多种插换调整件。若为弹簧顶尖则将卡盘工组件改为顶尖，转矩则由自动调位卡爪 1 传给驱动块 2，如图 7-2 所示。

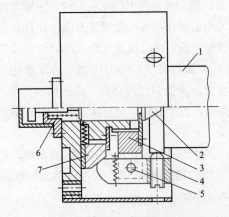

图 7-1 自动夹紧拨动卡盘

1—坯件；2—顶尖；3—套筒；4—杠杆；
5—支撑销；6—弹簧；7—锥环

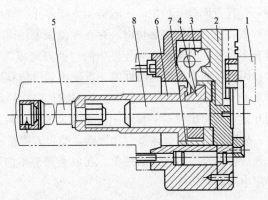

图 7-2 复合卡盘

1—卡爪；2—驱动块；3—杠杆；4—楔块；5—拉杆；
6、7—套；8—中心轴

（3）可调卡爪式卡盘。图 7-3 是可调卡爪式卡盘的结构图。卡盘通过过渡法兰安装在机床主轴上，它有两组螺孔，分别适用于带螺纹主轴端部及法兰式主轴端部的机床。滑体 3 通过拉杆 2 与液压缸活塞杆相连，当液压缸作往复移动时，拉动滑体 3。卡爪滑座 4 和滑体 3 是以斜楔接触，当滑体 3 轴向移动时，卡爪滑座 4 可在盘体 1 上的三个 T 形槽内作径向移动。卡爪 6 用螺钉与 T 形滑块 5 紧固在卡爪滑座 4 的齿面上，与卡爪滑座构成一个整体。当卡爪滑座作径向移动时，卡爪 6 将工件夹紧或松开。根据需要夹紧工件的直径大小，改变卡爪 6 在齿面上的位置，即可完成夹紧调整。

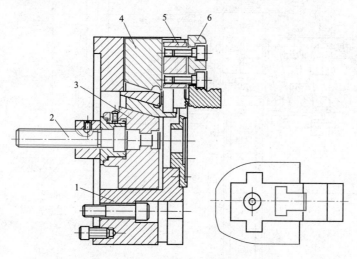

图 7-3　动力卡盘结构图

1—盘体；2—拉杆；3—滑体；4—卡爪滑座；5—T 形滑块；6—卡爪

（4）快速可调卡盘。快速可调卡盘的结构如图 7-4 所示。用该卡盘时，用专用扳手将螺杆 3 旋动 90°，即可将单独调整或更换的卡爪 5 相对于基体卡座 6 快速移动至所需要的尺寸位置，而不需要对卡爪进行车削。为便于对卡爪进行定位，在卡盘壳体 1 上开有圆周槽，当卡爪调整到位后，旋动螺杆 3，使其螺杆上的螺纹与卡爪上的螺纹啮合。同时，被弹簧压着的钢球 4 进入螺杆 3 的小槽中，并固定在需要的位置上。这样，可在约 2min 的时间内，逐个将其卡爪快速调整好。但这种卡盘的快速夹紧过程，则需另外借助于安装在车床主轴尾部的拉杆等机械机构而实现。

（5）高速动力卡盘。为提高数控车床的生产率，对主轴转速要求越来越高，以实现高速甚至超高速切削。现在数控车床的最高转速已由 1000～2000r/min，提高到每分钟数千转，有的数控车床甚至达到 10000r/min。普通卡盘已不能胜任这样的高转速要求，必须采用高速卡盘。早在 20 世纪 70 年代末期，德国福尔卡特公司就研制了世界上转速最高的 KGF 型高速动力卡盘，其试验速度达到了 10000r/min，实用的速度达到了 8000r/min。

图 7-5 为中空式动力卡盘结构图，图中右端为 KEF250 型卡盘，左端为 P24160A 型油缸。这种卡盘的动作原理是：当油缸 21 的右腔进油使活塞 22 向左移动时，通过与连接螺母 5 相连接的中空拉杆 26，使滑体 6 随连接螺母 5 一起向左移动，滑体 6 上有三组斜槽分别与三个卡爪座 10 相啮合，借助

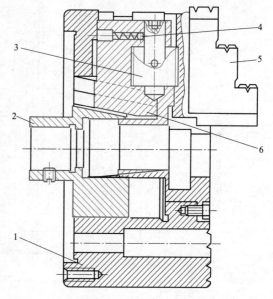

图 7-4　快速可调卡盘

1—壳体；2—基体；3—螺杆；

4—钢球；5—卡爪；6—基体卡座

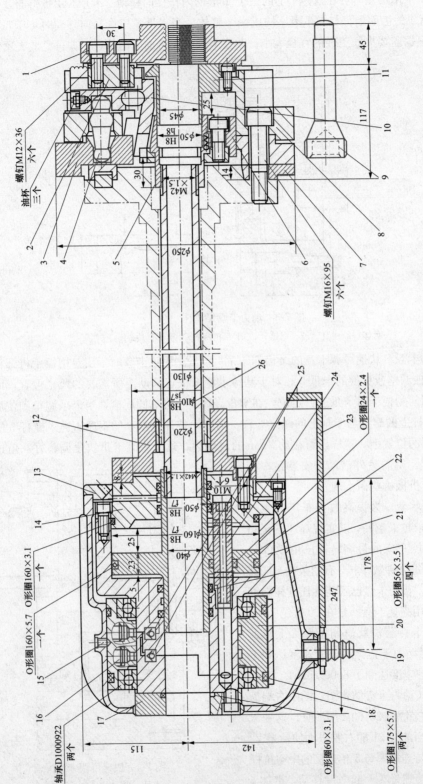

图7-5 KEF250型中空动力卡盘结构图

1—卡爪；2—T形块；3—平衡块；4—杠杆；5—连接螺母；6—滑体；7—法兰盘；8—盘体；9—扳手；10—卡爪座；11—防护盘；12—法兰盖；13—前盖；14—油缸盖；15—紧定螺钉；16—压力管接头；17—后盖；18—罩壳；19—漏油管接头；20—导油套；21—油缸；22—活塞；23—防转支架；24—导向杆；25—安全阀；26—中空杠杆

10°的斜槽，卡爪座 10 带着卡爪 1 向内移动夹紧工件。反之，当油缸 21 的左腔进油使活塞 22 向右移动时，卡爪座 10 带着卡爪 1 向外移动松开工件。当卡盘高速回转时，卡爪组件产生的离心力使夹紧力减少。与此同时，平衡块 3 产生的离心力通过杠杆 4（杠杆力肩比 2∶1）变成压向卡爪座的夹紧力，平衡块 3 越重，其补偿作用越大。为了实现卡爪的快速调整和更换，卡爪 1 和卡爪座 10 采用端面梳形齿的活爪连接，只要拧松卡爪 1 上的螺钉，即可迅速调整卡爪位置或更换卡爪。

2. 卡盘的液压控制

某数控车床卡盘与尾座的控制回路如图 7-6 所示。分析液压控制原理，得知液压卡盘与液压尾座的电磁阀动作顺序，见表 7-1。

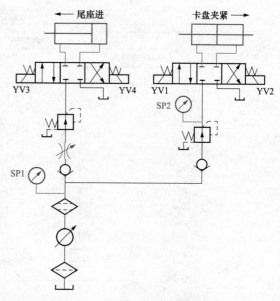

图 7-6　卡盘、尾座液压控制回路

表 7-1　　　　　　　　　　　电磁阀动作顺序表

元件	工作状态	电磁阀				备　注
		YV1	YV2	YV3	YV4	
尾座	尾座进	＋	－			电磁阀通电为"＋"，断电为"－"
	尾座退	－	＋			
卡盘	夹紧			＋	－	
	松开			－	＋	

3. 卡盘电气连接

卡盘电气控制主电路与控制电路、信号电路如图 7-7 所示。

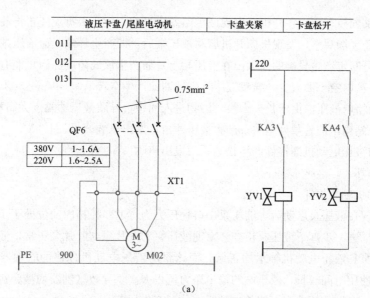

(a)

图 7-7　卡盘电气控制（一）

（a）主电路与控制电路

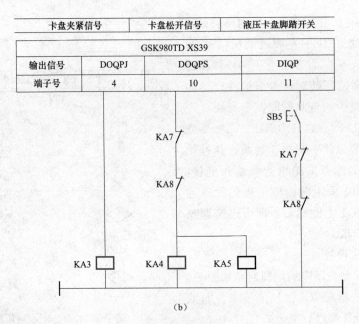

图 7-7　卡盘电气控制（二）

（b）信号电路

（1）卡盘夹紧。卡盘夹紧指令发出后，数控系统经过译码在接口发出卡盘夹紧信号→图 7-7（b）中的 KA3 线圈得电→图 7-7（a）中 KA3 动合触头闭合→YV1 电磁阀得电→卡盘夹紧。

（2）卡盘松开。卡盘松开指令发出后，数控系统经过译码在接口发出卡盘松开信号→图 7-7（b）中的 KA4 线圈得电→图 7-7（a）中 KA4 动合触头闭合→YV2 电磁阀得电→卡盘松开。

4. 卡盘故障检修

例 7-1　液压卡盘失效的故障排除。

故障现象：某数控车床，在开机后发现液压站发出异响，液压卡盘无法正常装夹。

故障分析：经现场观察，发现机床开机启动液压泵后，即产生异响，而液压站输出部分无液压油输出，因此，可断定产生异响的原因出在液压站上。而产生该故障的原因可能有：

1）液压站油箱内液压油太少，导致液压泵因缺油而产生空转。

2）液压站油箱内液压油由于长久未换，污物进入油中，导致液压油黏度太高而产生异响。

3）由于液压站输出油管某处堵塞，产生液压冲击，发出声响。

4）液压泵与液压电动机连接处产生松动，而发出声响。

5）液压泵损坏。

6）液压电动机轴承损坏。

检查后，发现在液压泵启动后，液压泵出口处压力为"0"；油箱内油位处于正常位置，液压油还是比较干净的。进一步拆下液压泵检查，发现液压泵为叶片泵，叶片泵正常，液压电动机转动正常，因此，液压泵和液压电动机轴承均正常。而该泵与液压电动机连接的联轴器为尼龙齿式联轴器，由于该机床使用时间较长，液压站的输出压力调得太高，导致联轴器的啮合齿损坏，从而当液压电动机旋转时，联轴器不能很好地传递转矩，从而产生异响。

故障排除：更换该联轴器后，机床恢复正常。

例 7-2　卡盘无松、夹动作的故障排除。

故障现象：液压卡盘无松、夹动作。

故障分析：造成此类故障的原因可能是电气故障或液压部分故障。如液压压力过低、电磁阀损坏、夹紧液压缸密封环破损等。

故障排除：相继检查上述部位，调整液压系统压力或更换损坏的电磁阀及密封圈等，故障排除。

 例 7-3　CDK6140 数控车床卡盘失压的故障排除。

故障现象：液压卡盘夹紧力不足，卡盘失压，监视不报警。

故障分析：CDK6140 SAG210/2NC 数控车床，配套的电动刀架为 LD4-Ⅰ型。卡盘夹紧力不足，可能是液压系统压力不足、执行件内泄、控制回路不稳定及卡盘移动受阻造成。

故障处理：调整系统压力至要求，检修液压缸的内泄及控制回路动作情况，检查卡盘各摩擦副的滑动情况，发现卡盘仍然夹紧力不足。经分析后，高速液压缸与卡盘间连接杆拉钉的调整螺母松动，紧固后故障排除。

5. 卡盘故障的诊断

数控机床卡盘常见故障诊断见表 7-2。

表 7-2　　　　　　　　　　　　　　数控机床卡盘常见故障诊断

状　况	可能发生的原因	对　策
卡盘无法动作	卡盘零件损坏	拆下并更换
	滑动件研伤	拆下，然后去除研伤零件的损坏部分并修理之，或更换新件
	液压缸无法动作	测试液压系统
底爪的行程不足	卡盘内部残留大量的碎屑	分解并清洁之
	连接管松动	拆下连接管并重新锁紧
	底爪的行程不足	重新选定工件的夹持位置，以便使底爪能够在行程中点附近的位置进行夹持
	夹持力不足	确认油压是否达到设定值
工件打滑	软爪的成形直径与工件不符	依照正确的方式重新成形
	切削力量过大	重新推算切削力，并确认此切削力是否符合卡盘的规格要求
	底爪及滑动部位失油	自黄油嘴处施打润滑油，并空车实施夹持动作数次
	转速过高	降低转速直到能够获得足够的夹持力
精密度不足	卡盘偏摆	确认卡盘圆周及端面的偏摆度，然后锁紧螺栓予以校正
	底爪与软爪的齿状部位积尘，软爪的固定螺栓没有锁紧	拆下软爪，彻底清扫齿状部位，并按规定力矩确实锁紧螺栓
	软爪的形成方式不正确	确认成形圆是否与卡盘的端面相对面平行，平行圆是否会因夹持力而变形。同时，亦须确认成形时的油压，成形部位粗糙度等

状　况	可能发生的原因	对　策
精密度不足	软爪高度过高，软爪变形或软爪固定螺栓已拉伸变形	降低软爪的高度（更换标准规格的软爪）
	夹持力过大，而使工件变形	将夹持力降低到机械加工得以实施而工件不会变形的程度

7.1.2　尾座

1. 尾座的结构

CK7815 型数控车床尾座结构如图 7-8 所示。当手动移动尾座到所需位置后，先用螺钉 16 进行预定位，紧螺钉 16 时，使两楔块 15 上的斜面顶出销轴 14，使得尾座紧贴在矩形导轨的两内侧面上，然后，用螺母 3、螺栓 4 和压板 5 将尾座紧固。这种结构，可以保证尾座的定位精度。

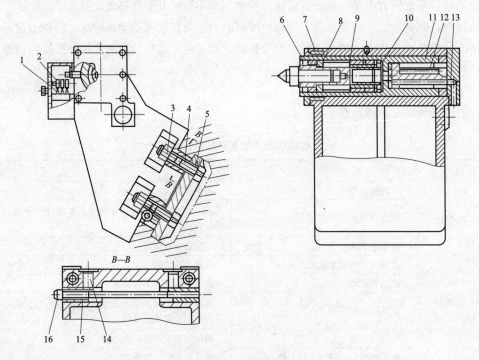

图 7-8　尾座

1—行程开关；2—挡铁；3、6、8、10—螺母；4—螺栓；5—压板；7—锥套；9—套筒内轴；11—套筒；
12、13—油孔；14—销轴；15—楔块；16—螺钉

尾座套筒内轴 9 上装有顶尖，因套筒内轴 9 能在尾座套筒内的轴承上转动，故顶尖是活顶尖。为了使顶尖保证高的回转精度，前轴承选用 NN3000K 双列短圆柱滚子轴承，轴承径向间隙用螺母 8 和 6 调整；后轴承为三个角接触球轴承，由防松螺母 10 来固定。

尾座套筒与尾座孔的配合间隙，用内、外锥套 7 来作微量调整。当向内压外锥套时，使得内锥套内孔缩小，即可使配合间隙减小；反之变大，压紧力用端盖来调整。尾座套筒用压力油驱动。若在油孔 13 内通入压力油，则尾座套筒 11 向前运动，若在油孔 12 内通入压力油，尾座套筒就向后运动。移动的最大行程为 90 mm，预紧力的大小用液压系统的压力来调整。在系统压力为 $(5\sim15)\times10^5$ Pa 时，液压缸的推力为 1500～5000N。

尾座套筒行程大小可以用安装在套筒 11 上的挡铁 2 通过行程开关 1 来控制。尾座套筒的进退由操作面板上的按钮来操纵。在电路上尾座套筒的动作与主轴互锁，即在主轴转动时，按动尾座套筒退出按钮，套筒并不动作，只有在主轴停止状态下，尾座套筒才能退出，以保证安全。

2. 尾座电气连接

尾座主电路与控制电路、信号电路以及液压控制回路如图 7-9 所示。

（1）尾座进。尾座进指令发出后，数控系统经过译码在接口发出尾座进信号→图 7-9（b）中的 KA13 线圈得电→图 7-9（a）中 KA13 动合触头闭合→YV1 电磁阀得电→尾座进。

（2）尾座退。尾座退指令发出后，数控系统经过译码在接口发出尾座退信号→图 7-9（b）中的 KA14 线圈得电→图 7-9（a）中 KA14 动合触头闭合→YV2 电磁阀得电→尾座退。

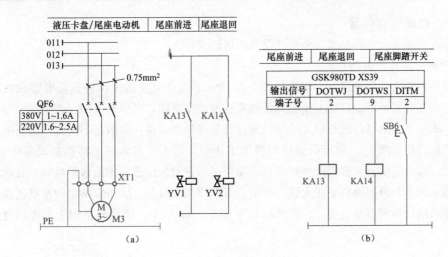

图 7-9　尾座电气控制

(a) 主电路与控制电路；(b) 信号电路

3. 故障检修

例 7-4　CDK6140 数控车床尾座行程不到位故障。

故障现象：尾座移动时，尾座套筒出现抖动且行程不到位。

故障分析：该机床为德州机床厂生产的 CDK6140 及 SAG210/2NC 数控车床，配套的电动刀架为 LD4- I 型。检查发现液压系统压力不稳，套筒与尾座壳体内配合间隙过小，行程开关调整不当。

故障处理：调整系统压力及行程开关位置，检查套筒与尾座壳体孔的间隙并修复至要求。

4. 尾座常见故障

液压尾座的常见故障是尾座顶不紧或不运动，其故障原因及排除方法见表 7-3。

表 7-3　　　　　　　　　　　　　尾座常见故障及维修方法

序号	故障现象	故障原因	排除方法
1	尾座顶不紧	压力不足	用压力表检查
		液压缸活塞拉毛或研损	更换或维修
		密封圈损坏	更换密封圈
		液压阀断线或卡死	清洗、更换阀体或重新接线

序号	故障现象	故障原因	排除方法
2	尾座不运动	以上使尾座顶不紧的原因均可能造成尾座不运动	分别同上述各排除方法
		操作者维护不善、润滑不良使尾座研死	数控设备上没有自动润滑装置的附件，应保证做到每天人工注油润滑
		尾座端盖的密封不好，进了铸铁屑以及切削液，使套筒锈蚀或研损，尾座研死	检查其密封装置，采取一些特殊手段避免铁屑和切削液的进入；修理研损部件
		尾座体较长时间未使用，尾座研死	较长时间不使用时，要定期使其活动，做好润滑工作

7.1.3 自动送料装置

自动棒料送料装置有简易式、料仓式及液压送进式等。

1. 夹持抽拉式棒料供料装置

这种供料装置属于简易型，其结构如图 7-10 所示。工作时夹持抽拉装置需安装在数控车床的回转刀架上，其安装柄可以根据刀架上刀具的安装形式来确定，可以是 VDI（德国国家标准）标准的或其他形式的。夹持钳口的开口大小可以通过调节螺栓来调整，以满足不同直径棒料的供料。供料装置的工作过程如图 7-11 所示。该供料装置工作前，需人工将锯好的棒料装入车床主轴孔中，并进行对刀，以确定供料装置每次抽拉棒料时刀架所需走到的位置。采用这种供料装置时，由于在棒料的后端无支承，因此棒料不能太长，否则会引起棒料的颤振，从而影响零件车削的精度。棒料的长度与棒料的材质和直径有关，一般棒料长度在 500mm 以下，棒料直径较大和棒料材质的密度

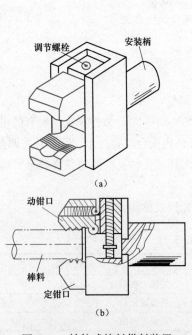

图 7-10 抽拉式棒料供料装置

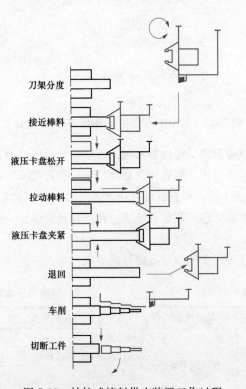

图 7-11 抽拉式棒料供应装置工作过程

较低时可取较长的棒料；棒料材质的密度较高时应取较短的棒料；棒料的直径较小时也应取较短的棒料。最佳的棒料长度应根据棒料的实际情况进行试车削来确定。

2. 液压推进式棒料送料器

这种送料器是靠液压推动进行工作的，由液压站、料管、推料杆、支架、控制电路等五部分组成，工作原理如图 7-12 所示。是油泵以恒定的压力（0.1～0.2MPa）向料管供油，推动活塞杆（推料杆）将棒料推入主轴，工作时棒料处于料管的液压油内，当棒料旋转时，在油液的阻尼反作应力下，棒料就会从料管内浮起，当转数快时棒料就会自动悬浮在料管中央转动。大大的减少少棒料与送料管壁的碰撞与摩擦。工作时振动与噪声非常小，特别适用高转速、长棒料、精密工件加工，图 7-13 是其工作图。

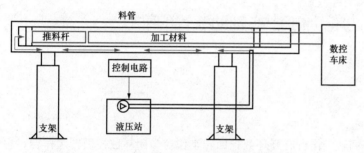

图 7-12 液压推进式棒料送料器原理图

图 7-13 液压推进式棒料送料器工作图

3. 故障维修实例

例 7-5 一台数控车床自动加工时出现报警 6076 Movement auxiliary functions in operation M101-199（运动辅助功能 M101～199 在操作中）。

数控系统：西门子 840C 系统。

故障现象：在机床自动加工时，出现 6076 报警，加工程序终止，工件夹装位置不对。

故障分析与检查：检查发现加工夹具没有抓到工件。仔细观察加工过程，在第一上料机械手将工件转交到待加工机械手时，上料机械手带着工件反转到待加工机械手的上方，待加工机械手在加工机械手的垂直下方，但未等待加工机械手夹紧工件，上料机械手就松卡了，工件自由下落一段距离之后，待加工机械手才有夹紧动作，造成工件不在正确位置，这时加工夹具就抓不到工件了，产生 6076 报警。

对机械手进行检查发现待加工机械手夹紧检测传感器有问题，无论机械手是否夹紧，其状态始终为"1"。

故障处理：更换传感器后，机床恢复正常运行。

例 7-6 一台数控车床机械手位置有偏差。

数控系统：西门子 840C 系统。

故障现象：这台机床开机各轴回参考点后，发现上料机械手与中心夹具有位置偏差。

故障分析与检查：这台机床的机械手是直线轴 Q 轴带动的，Q 轴由伺服电动机驱动，使用增量编码器作为位置反馈元件。

按照机床的工作原理，Q轴返回参考点后，Q轴上料机械手恰好停在夹具中心，工作时上料机械手抓住工件停在这个位置，主轴夹具在工件的垂直上方下移，到达工件位置，夹紧工件，同时机械手松卡，主轴夹紧带动工件到加工位置进行加工。

因为这次故障，上料机械手与主轴夹具中心有7～8mm的偏差，如果此时主轴夹具下降去抓工件，必将撞到工件上。

反复进行Q轴回参考点的操作，发现机械手的位置并不发生改变，分析可能是因为机械原因使机械手的参考点发生变化。

故障处理：为了纠正机械手的位置，可以修改Q轴参考点的位置补偿数据，将Q轴参考点补偿数据MD2442调出，原数值为76mm，经几次调整，修改到66.8mm时，偏差被纠正。

7.2 数控铣床/加工中心辅助装置的维修

7.2.1 数控工作台

1. 数控回转工作台

（1）立式数控回转工作台的结构。

1）开环数控回转工作台。蜗杆回转工作台有开环数控回转工作台与闭环数控回转工作台，它们在结构上区别不大。开环数控转台和开环直线进给机构一样，都可以用功率步进电动机来驱动。图7-14为自动换刀数控立式镗铣床数控回转台的结构图。

步进电动机3的输出轴上齿轮2与齿轮6啮合，啮合间隙由偏心环1来消除。齿轮6与蜗杆4用花键结合，花键结合间隙应尽量小，以减小对分度精度的影响。蜗杆4为双导程蜗杆，可以用轴向移动蜗杆的办法来消除蜗杆4和蜗轮15的啮合间隙。调整时，只要将调整环7（两个半圆环垫片）的厚度尺寸改变，便可使蜗杆沿轴向移动。

蜗杆4的两端装有滚针轴承，左端为自由端，可以伸缩。右端装有两个角接触球轴承，承受蜗杆的轴向力。蜗轮15下部的内、外两面装有夹紧瓦18和19，数控回转台的底座21上固定的支座24内均布6个液压缸14。液压缸14上端进压力油时，柱塞16下行，通过钢球17推动夹紧瓦18和19将蜗轮夹紧，从而将数控转台夹紧，实现精确分度定位。当数控转台实现圆周进给运动时，控制系统首先发出指令，使液压缸14上腔的油液流回油箱，在弹簧20的作用下把钢球体17抬起，夹紧瓦18和19就松开蜗轮15。柱塞16到上位发出信号，功率步进电动机启动并按指令脉冲的要求，驱动数控转台实现圆周进给运动。当转台做圆周分度运动时，先分度回转再夹紧蜗轮，以保证定位的可靠，并提高承受负载的能力。

数控转台的分度定位和分度工作台不同，它是按控制系统所指定的脉冲数来决定转位角度，没有其他的定位元件。因此，对开环数控转台的传动精度要求高、传动间隙应尽量小。数控转台设有零点，当它作回零控制时，先快速回转运动至挡块11压合微动开关10时，发出"快速回转"变为"慢速回转"的信号，再由挡块9压合微动开关8发出从"慢速回转"变为"点动步进"信号，最后由功率步进电动机停在某一固定的通电相位上（称为锁相），从而使转台准确地停在零点位置上。数控转台的圆形导轨采用大型推力滚珠轴承13，使回转灵活。径向导轨由滚子轴承12及圆锥滚子轴承22保证回转精度和定心精度。调整轴承12的预紧力，可以消除回转轴的径向间隙。调整轴承22的调整套23的厚度，可以使圆导轨上有适当的预紧力，保证导轨有一定的接触刚度。这种数控

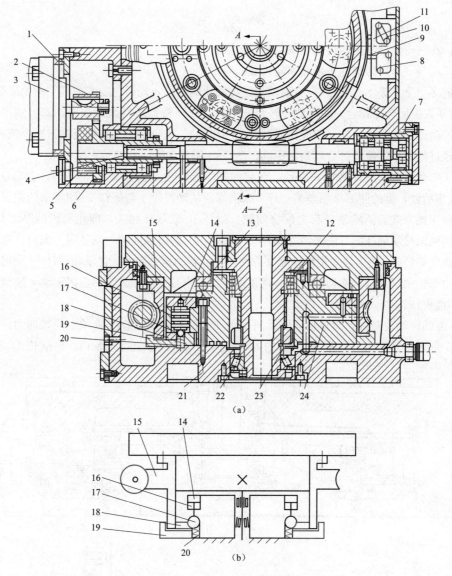

图 7-14　开环数控回转工作台

（a）结构图；（b）工作原理图

1—偏心环；2、6—齿轮；3—电动机；4—蜗杆；5—垫圈；7—调整环；8、10—微动开关；9、11—挡块；

12、13—轴承；14—液压缸；15—蜗轮；16—柱塞；17—钢球；18、19—夹紧瓦；20—弹簧；21—底座；

22—圆锥滚子轴承；23—调整套；24—支座

转台可做成标准附件，回转轴可水平安装也可垂直安装，以适应不同工件的加工要求。

数控转台的脉冲当量是指数控转台每个脉冲所回转的角度（度/脉冲），现在尚未标准化。现有的数控转台的脉冲当量有小到 $0.001°$/脉冲，也有大到 $2'$/脉冲。设计时应根据加工精度的要求和数控转台直径大小来选定。一般来讲，加工精度愈高，脉冲当量应选得愈小；数控转台直径愈大，脉冲当量应选得愈小。但也不能盲目追求过小的脉冲当量。脉冲当量 δ 选定之后，根据步进电动机的脉冲步距角 θ 就可决定减速齿轮和蜗轮副的传动比，即：

$$\delta = \frac{Z_1}{Z_2} \cdot \frac{Z_3}{Z_4} \theta$$

式中　Z_1，Z_2——分别为主动齿轮、从动齿轮齿数；

　　　　Z_3，Z_4——分别为蜗杆头数和蜗轮齿数。

在决定 Z_1、Z_2、Z_3、Z_4 时，一方面要满足传动比的要求，同时也要考虑到结构的限制。

2）闭环数控回转工作台。闭环数控转台的结构与开环数控转台大致相同，其区别在于闭环数控转台有转动角度的测量元件（圆光栅或圆感应同步器）。所测量的结果经反馈与指令值进行比较，按闭环原理进行工作，使转台分度精度更高。图 7-15 所示为闭环数控转台结构图。

回转工作台由电液脉冲马达 1 驱动，在它的轴上装有主动齿轮 3（$Z_1 = 22$），它与从动齿轮 4（$Z_2 = 66$）相啮合，齿的侧隙靠调整偏心环 2 来消除。从动齿轮 4 与蜗杆 10 用楔形的拉紧销钉 5 来连接，这种连接方式能消除轴与套的配合间隙。蜗杆 10 系双导程式，即相邻齿的厚度是不同的。因此，可用轴向移动蜗杆的方法来消除蜗杆 10 和蜗轮 11 的齿侧间隙。调整时，先松开壳体螺母套筒 7 上的锁紧螺钉 8，使压块 6 把调整套 9 放松，然后转动调整套 9，它便和蜗杆 10 同时在壳体螺母套筒 7 中作轴向移动，消除齿侧间隙。调整完毕后，再拧紧锁紧螺钉 8，把压块 6 压紧在调整套 9，使其不能再作转动。

蜗杆 10 的两端装有双列滚针轴承作径向支承，右端装有两只止推轴承承受轴向力，左端可以自由伸缩，保证运转平稳。蜗轮 11 下部的内、外两面均有夹紧瓦 12 及 13。当蜗轮 11 不回转时，

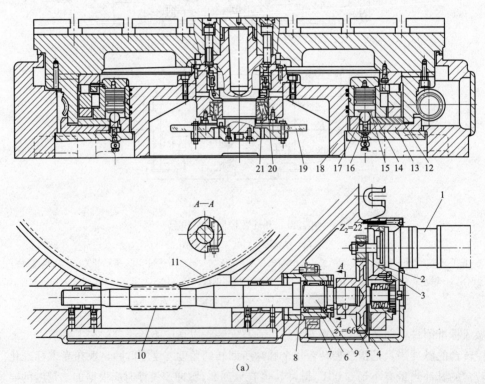

（a）

图 7-15　数控回转工作台（一）

1—电液脉冲马达；2—偏心环；3—主动齿轮；4—从动齿轮；5—销钉；6—压块；7—螺母套筒；8—螺钉；

9—调整套；10—蜗杆；11—蜗轮；12、13—夹紧瓦；14—液压缸；15—活塞；16—弹簧；17—钢球；

18—底座；19—光栅；20、21—轴承

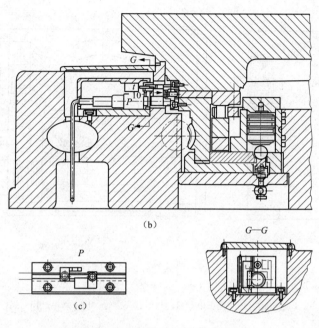

(b)

$G—G$

P

(c)

图 7-15　数控回转工作台（二）

回转工作台的底座 18 内均布有八个液压缸 14，其上腔进压力油时，活塞 15 下行，通过钢球 17，撑开夹紧瓦 12 和 13，把蜗轮 11 夹紧。当回转工作台需要回转时，控制系统发出指令，使液压缸上腔油液流回油箱。由于弹簧 16 恢复力的作用，把钢球 17 抬起，夹紧瓦 12 和 13 就不夹紧蜗轮 11，然后由电液脉冲马达 1 通过传动装置，使蜗轮 11 和回转工作台一起按照控制指令作回转运动。回转工作台的导轨面由大型滚柱轴承支承，并由圆锥滚子轴承 21 和双列圆柱滚子轴承 20 保持准确的回转中心。

　　数控回转工作台设有零点，当它作返零控制时，先用挡块碰撞限位开关（图中未示出），使工作台由快速变为慢速回转，然后在无触点开关的作用下，使工作台准确地停在零位。数控回转工作台可作任意角度的回转或分度，由光栅 19 进行读数控制。光栅 19 沿其圆周上有 21600 条刻线，通过 6 倍频线路，刻度的分辨能力为 $10''$。

　　3）双蜗杆回转工作台。图 7-16 所示为双蜗杆传动结构，用两个蜗杆分别实现对蜗轮的正、反向传动。蜗杆 2 可轴向调整，使两个蜗杆分别与蜗轮左右齿面接触，尽量消除正反传动间隙。调整垫 3、5 用于调整一对锥齿轮的啮合间隙。双蜗杆传动虽然较双导程蜗杆平面齿圆柱齿轮包络蜗杆传动结构复杂，但普通蜗轮蜗杆制造工艺简单，承载能力比双导程蜗杆大。

　　（2）卧式回转工作台。卧式数控回转工作台主要用于立式机床，以实现圆周运动，它一般由传动系统、蜗轮蜗杆副、夹紧机构等部分组成。图 7-17 是一种数控机床常用的卧式数控回转工作台，可以采用气动或液压夹紧，其结

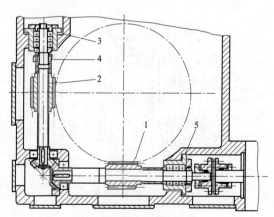

图 7-16　双蜗杆传动

1—轴向固定蜗杆；2—轴向调整蜗杆；

3、5—调整垫；4—锁紧螺母

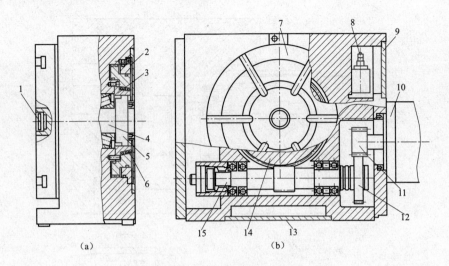

图 7-17 卧式数控回转工作台

1—堵；2—活塞；3—夹紧座；4—主轴；5—夹紧体；6—钢球；7—工作台；8—发信开关；

9、13—盖板；10—伺服电动机；11、12—齿轮；14—蜗轮；15—蜗杆

构原理如下。

在工作台回转前，首先松开夹紧机构，活塞 2 左侧的工作台松开腔通入压力气（油），活塞 2 向右移动，使夹紧装置处于松开位置。这时，工作台 7、主轴 4、蜗轮 14、蜗杆 15 都处于可旋转的状态。松开信号检测微动开关（在发信装置 8 中，图 7-17 中未画出）发信，夹紧微动开关（在发信装置 8 中，图 7-17 中未画出）不动作。

工作台的旋转、分度由伺服电动机 10 驱动。传动系统由伺服电动机 10，齿轮 11、12，蜗轮 14、蜗杆 15 及工作台 7 等组成。当电动机接到由控制单元发出的启动信号后，按照指令要求的回转方向、速度、角度回转，实现回转轴的进给运动，进行多轴联动或带回转轴联动的加工。工作台到位后，依靠电动机闭环位置控制定位，工作台依靠蜗杆副的自锁功能保持准确的定位，但在这种定位情况下，只能进行较低切削力矩的零件加工，在切削力矩较大时，必须进行工作台的夹紧。

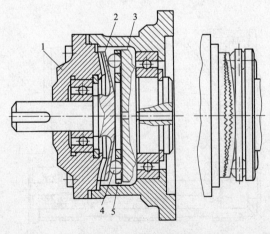

图 7-18 端面谐波齿轮

1—刚性构件；2—柔性构件；3—波发生器；

4—圆球；5—球保持架

工作台夹紧机构的工作原理如图 7-17（a）所示。工作台的主轴 4 后端安装有夹紧体 5，当活塞 2 右侧的工作台夹紧腔通入压力气（油）后，活塞 2 由初始的松开位置向左移动，并压紧钢球 6，钢球 6 再压紧夹紧座 3、夹紧体 5，实现工作台的夹紧。当工作台松开液压缸腔通入压力气（油）后，活塞 2 由压紧位置回到松开位置，工作台松开。工作台夹紧气缸的旁边有与之贯通的小气（液压）缸，与发信装置 8 相连，用于夹紧、松开微动开关的发信。

卧式回转工作台也有使用谐波齿轮的结构，这种结构尺寸紧凑，端面谐波齿轮传动的结构如图 7-18 所示。

（3）立卧两用回转工作台。图 7-19 所示为

立卧两用数控回转工作台，有两个相互垂直的定位面，而且装有定位键 22，可方便地进行立式或卧式安装。工件可由主轴孔 6 定心，也可装夹在工作台 4 的 T 形槽内。工作台可以完成任意角度分度和连续回转进给运动。工作台的回转由直流伺服电动机 17 驱动，伺服电动机尾部装有检测用的每转 1000 个脉冲信号的编码器，实现半闭环控制。

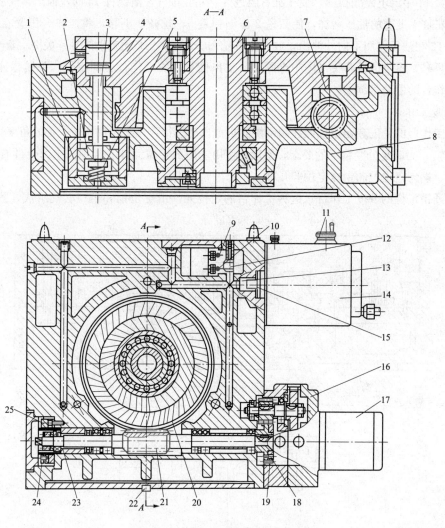

图 7-19　立卧两用数控回转工作台

1—夹紧液压缸；2—活塞；3—拉杆；4—工作台；5—弹簧；6—主轴孔；7—工作台导轨面；8—底座；
9、10—信号开关；11—手摇脉冲发生器；12—触头；13—油腔；14—气液转换装置；15—活塞杆；16—法兰盘；
17—直流伺服电动机；18、24—螺钉；19—齿轮；20—蜗轮；21—蜗杆；22—定位键；23—螺纹套；25—螺母

机械传动部分是两对齿轮副和一对蜗杆副。齿轮副采用双片齿轮错齿消隙法消隙。调整时卸下直流伺服电动机 17 和法兰盘 16，松开螺钉 18，转动双片齿轮消隙。蜗杆副采用变齿厚双导程蜗杆消隙法消隙。调整时松开螺钉 24 和螺母 25，转动螺纹套 23，使蜗杆 21 轴向移动，改变蜗杆 21 与蜗轮 20 的啮合部位，消除间隙。工作台导轨面 7 贴有聚四氟乙烯，改善了导轨的动、静摩擦因数，提高了运动性能和减少了导轨磨损。

工作时，首先气液转换装置 14 中的电磁换向阀换向，使其中的气缸左腔进气，右腔排气，气缸活塞杆 15 向右退回，油腔 13 及管路中的油压下降，夹紧液压缸 1 上腔减压，活塞 2 在弹簧的作用下向上运动，拉杆 3 松开工作台。同时触头 12 退回，松开夹紧信号开关 9，压下松开信号开关 10。此时直流伺服电动机 17 开始驱动工作台回转（或分度）。工作台回转完毕（或分度到位），气液转换装置 14 中的电磁阀换向，使气缸右腔进气，左腔排气，活塞杆 15 向左伸出，油腔 13、油管及夹紧液压缸 1 上腔的油压增加，使活塞 2 压缩弹簧 5，拉杆 3 下移，将工作台压紧在底座 8 上，同时触头 12 在油压作用下向外伸出，放开松开信号开关 10，压下夹紧信号开关 9。工作台完成一个工作循环时，零位信号开关（图中未画出）发出信号，使工作台返回零位。手摇脉冲发生器 11 可用于工作台的手动微调。

2. 分度工作台

分度工作台的分度和定位按照控制系统的指令自动进行，每次转位回转一定的角度（90°、60°、45°、30°等），为满足分度精度的要求，所以要使用专门的定位元件。常用的定位元件有插销定位、反靠定位、端齿盘定位和钢球定位等几种。

(1) 插销定位的分度工作台。这种工作台的定位元件由定位销和定位套孔组成，图 7-20 是自

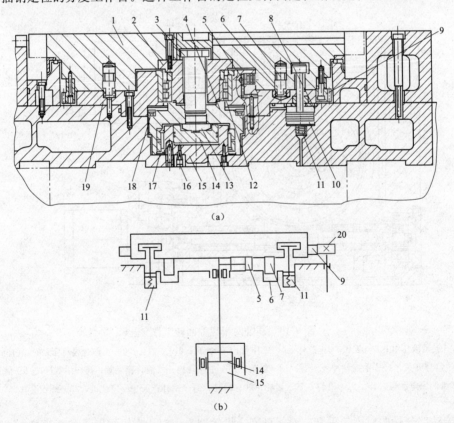

图 7-20　分度工作台

(a) 结构图；(b) 工作原理图

1—工作台；2—转台轴；3—六角螺钉；4—轴套；5—活塞；6—定位套；7—定位销；8—液压缸；
9、20—齿轮；10—活塞；11—弹簧；12—轴承；13—止推螺钉；14—活塞；15—液压缸；16—管道；
17、18—轴承；19—转台座

动换刀数控卧式镗铣床分度工作台的结构图。

1) 主要结构。这种插销式分度工作台主要由工作台台面、分度传动机构（液压马达、齿轮副等）、8 个均布的定位销 7、6 个均布的定位夹紧液压缸 8 及径向消隙液压缸 5 等组成。可实现二、四、八等分的分度运动。

2) 工作原理。工作台的分度过程主要为：工作台松开，工作台上升，回转分度，工作台下降及定位，工作台夹紧。图 7-20 (b) 所示为该工作台的工作原理图。

a) 松开工作台。在接到分度指令后 6 个夹紧液压缸 8 上腔回油，弹簧 11 推动活塞 10 向上移动，同时径向消隙液压缸 5 卸荷，松开工作台。

b) 工作台上升。工作台松开后，中央液压缸 15 下腔进油，活塞 14 带动工作台上升，拔出定位销 7，工作台上升完成。

c) 回转分度。定位销拔出后，液压马达回转，经齿轮副 20、9 使工作台回转分度，到达分度位置后液压马达停转，完成回转分度。

d) 工作台下降定位。液压马达停转后，中央液压缸 15 下腔回油，工作台靠自重下降，使定位销 7 插入定位衬套 6 的销孔中，完成定位。

e) 工作台夹紧。工作台定位完成后，径向消隙液压缸 5 活塞杆顶向工作台消除径向间隙，然后夹紧液压缸 8 上腔进油，活塞下移夹紧工作台。

(2) 端齿盘定位的分度工作台。

1) 结构。齿盘定位的分度工作台能达到很高的分度定位精度，一般为 ±3″，最高可达 ±0.4″。能承受很大的外载，定位刚度高，精度保持性好。实际上，由于齿盘啮合脱开相当于两齿盘对研过程，因此，随着齿盘使用时间的延续，其定位精度还有不断提高的趋势。广泛用于数控机床，也用于组合机床和其他专用机床。

图 7-21 (a) 所示为 THK6370 自动换刀数控卧式镗铣床分度工作台的结构。主要由一对分度齿盘 13、14 [见图 7-21 (b)]，升夹油缸 12，活塞 8，液压马达，蜗轮副 3、4 和减速齿轮副 5、6 等组成。分度转位动作包括：①工作台抬起，齿盘脱离啮合，完成分度前的准备工作；②回转分度；③工作台下降，齿盘重新啮合，完成定位夹紧。

工作台 9 的抬起是由升夹油缸的活塞 8 来完成，其油路工作原理如图 7-22 所示。当需要分度时，控制系统发出分度指令，工作台升夹油缸的换向阀电磁铁 E2 通电，压力油便从管道 24 进入分度工作台 9 中央的升夹油缸 12 的下腔，于是活塞 8 向上移动，通过止推轴承 10 和 11 带动工作台 9 也向上抬起，使上、下齿盘 13、14 相互脱离啮合，油缸上腔的油则经管道 23 排出，通过节流阀 L3 流回油箱，完成分度前的准备工作。

当分度工作台 9 向上抬起时，通过推杆和微动开关，发出信号，使控制液压马达 ZM16 的换向阀电磁铁 E3 通电。压力油从管道 25 进入液压马达使其旋转。通过蜗轮副 3、4 和齿轮副 5、6 带动工作台 9 进行分度回转运动。液压马达的回油是经过管道 26，节流阀 L2 及换向阀 E5 流回油箱。调节节流阀 L2 开口的大小，便可改变工作台的分度回转速度（一般调在 2r/min 左右）。工作台分度回转角度的大小由指令给出，共有八个等分，即为 45° 的整倍数。当工作台的回转角度接近所要分度的角度时，减速挡块使微动开关动作，发出减速信号，换向阀电磁铁 E5 通电，该换向阀将液压马达的回油管道关闭，此时，液压马达的回油除了通过节流阀 L2 还要通过节流阀 L4 才能流回油箱，节流阀 L4 的作用是使其减速。因此，工作台在停止转动之前，其转速已显著下降，为齿盘准确定位创造了条件，当工作台的回转角度达到所要求的角度时，准停挡块压合微动开关，发出信号，使电磁铁 E3 断电，堵住液压马达的进油管道 25，液压马达便停止转动。到此，工作台完成了准停动作，与此同时，电磁铁 E2 断电，压力油从管道 24 进入升夹油缸上腔，推动活塞 8 带着工作台下降，于是上下齿盘又重新啮合，完成定位夹紧。油缸下腔的油便从管道 23，经节流阀 L3 流回油箱。在分度工作台下降的同时，由推杆使另一微动开关动作，发出分度转位完成的回答信号。

分度工作台的转动是由蜗轮副 3、4 带动，而蜗轮副转动具有自锁性，即运动不能从蜗轮 4 传至蜗杆 3。但是工作台下降时，最后的位置由定位元件——齿盘所决定，即由齿盘带动工作台作微小转动来纠正准停时的位置偏差，如果工作台由蜗轮 4 和蜗杆 3 锁住而不能转动，这时便产生了动作上的矛盾。为此，将蜗杆轴设计成浮动式的结构，即其轴向用两个止推轴承 2 抵在一个螺旋弹簧

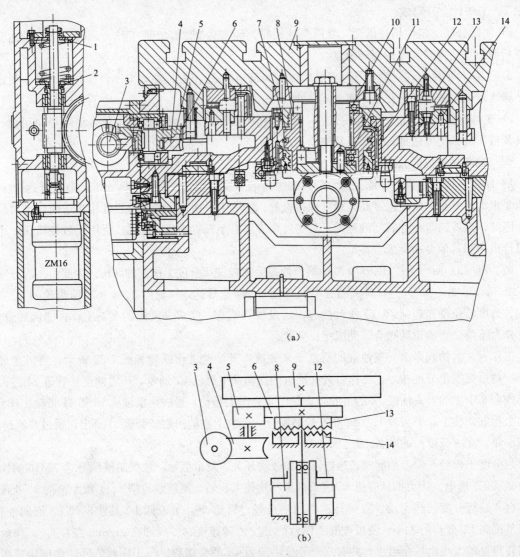

图 7-21　端齿盘定位分度工作台（一）

（a）端齿盘定位分度工作台的结构；（b）工作原理图

1—弹簧；2—轴承；3—蜗杆；4—蜗轮；5、6—齿轮；7—管道；8—活塞；9—工作台；

10、11—轴承；12—液压缸；13、14—端齿盘

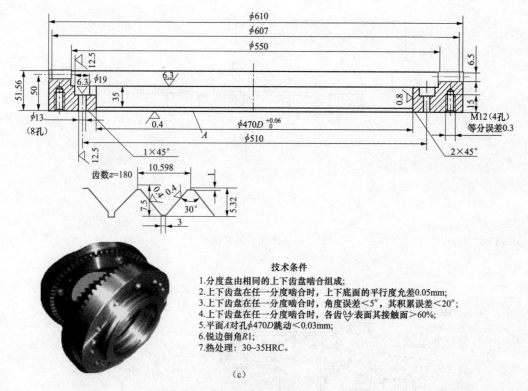

技术条件
1.分度盘由相同的上下齿盘啮合组成；
2.上下齿盘在任一分度啮合时，上下底面的平行度允差0.05mm；
3.上下齿盘在任一分度啮合时，角度误差＜5″，其积累误差＜20″；
4.上下齿盘在任一分度啮合时，各齿 0.4 表面其接触面＞60%；
5.平面A对孔$\phi470D$跳动＜0.03mm；
6.锐边倒角R1；
7.热处理：30~35HRC。

(c)

图 7-21 端齿盘定位分度工作台（二）

（c）端齿盘及其齿形结构图

1上面。这样，工作台作微小回转时，便可由蜗轮带动蜗杆压缩弹簧1作微量的轴向移动，从而解决了它们的矛盾。

若分度工作台的工作台尺寸较小，工作台面下凹程度不会太多，但是当工作台面较大（例如 800mm×800mm 以上）时，如果仍然只在台面中心处拉紧，势必增大工作台面下凹量，不易保证台面精度。为了避免这种现象，常把工作台受力点从中央附近移到离多齿盘作用点较近的环形位置上，改善工作台受力状况，有利于台面精度的保证，如图 7-23 所示。

2）多齿盘的分度角度。多齿盘的分度可实现分度角度为：

$$\theta = 360°/z$$

式中　θ——可实现的分度数（整数）；

　　　　z——多齿盘齿数。

（3）带有交换托盘的分度工作台。图 7-24 是 ZHS-K63 卧式加工中心上的带有托板交换附件的分度工作台，用端齿盘分度结构。其分度工作原理如下。

当工作台不转位时，上齿盘 7 和下齿盘 6 总是啮合在一起，当控制系统给出分度指令后，电磁铁控制换向阀运动（图中未画出），使压力油进入油腔3，使活塞体1向上移动，并通过滚珠轴承带动整个工作台体13向上移动，工作台体13的上移使得端齿盘6与7脱开，装在工作台体13

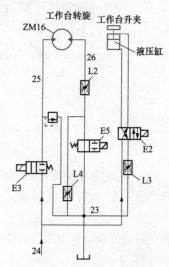

图 7-22 油路工作原理图

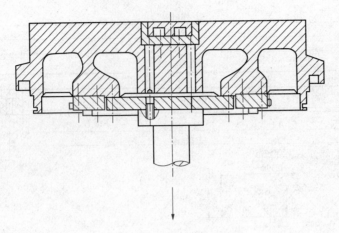

图 7-23　工作台拉紧机构

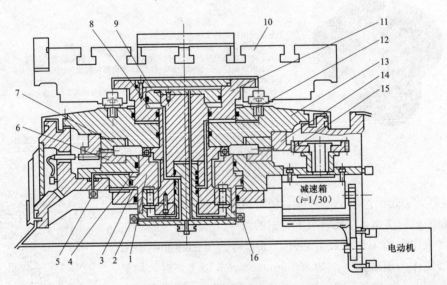

图 7-24　带有托板交换的分度工作台

1—活塞体；2、5、16—液压阀；3、4、8、9—油腔；6、7—端齿盘；10—托板；
11—油缸；12—定位销；13—工作台体；14—齿圈；15—齿轮

上的齿圈 14 与驱动齿轮 15 保持啮合状态，电动机通过传动带和一个降速比为 $i=1/30$ 的减速箱带动齿轮 15 和齿圈 14 转动，当控制系统给出转动指令时，驱动电动机旋转并带动上齿盘 7 旋转进行分度，当转过所需角度后，驱动电动机停止，压力油通过液压阀 5 进入油腔 4，迫使活塞体 1 向下移动并带动整个工作台体 13 下移，使上下齿盘相啮合，可准确地定位，从而实现了工作台的分度。

驱动齿轮 15 上装有剪断销（图中未画出），如果分度工作台发生超载或碰撞等现象，剪断销将被切断，从而避免了机械部分的损坏。

分度工作台根据编程命令可以正转，也可以反转，由于该齿盘有 360 个齿，故最小分度单位为 1°。

分度工作台上的两个托板是用来交换工件的，托板规格为 $\phi630$mm。托板台面上有 7 个 T 形槽，两个边缘定位块用来定位夹紧，托板台面利用 T 形槽可安装夹具和零件，托板是靠四个精磨的圆锥定位销 12 在分度工作台上定位，由液压夹紧，托板的交换过程如下。

当需要更换托板时，控制系统发出指令，使分度工作台返回零位，此时液压阀 16 接通，使压力油进入油腔 9，使得液压缸 11 向上移动，托板则脱开定位销 12，当托板被顶起后，液压缸带动齿条（见图 7-25 的图中虚线部分）向左移动，从而带动与其相啮合的齿轮旋转并使整个托板装置旋转，使托板沿着滑动轨道旋转 180°，从而达到托板交换的目的。当新的托板到达分度工作台上面时，空气阀接通，压缩空气经管路从托板定位销 12 中间吹出，清除托板定位销孔中的杂物。同时，电磁液压阀 2 接通，压力油进入液压腔 8，迫使油缸 11 向下移动，并带动托板夹紧在 4 个定位销 12 中，完成整个托板的交换过程。

托板夹紧和松开一般不单独操作，而是在托板交换时自动进行。图 7-25 中所示的是二托板交换装置。作为选件也有四托板交换装置（图略）。

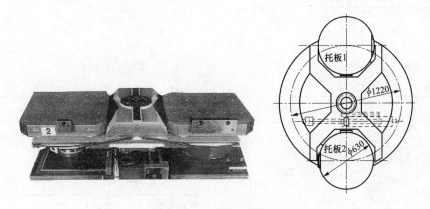

图 7-25　托板交换装置

3. 数控工作台的电路连接

数控工作台的电路连接如图 7-26～图 7-29 所示。

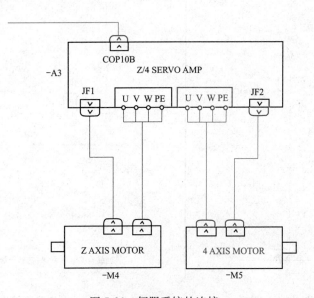

图 7-26　伺服系统的连接

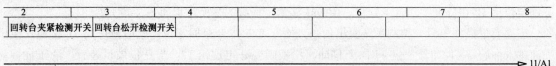

2	3	4	5	6	7	8
回转台夹紧检测开关	回转台松开检测开关					

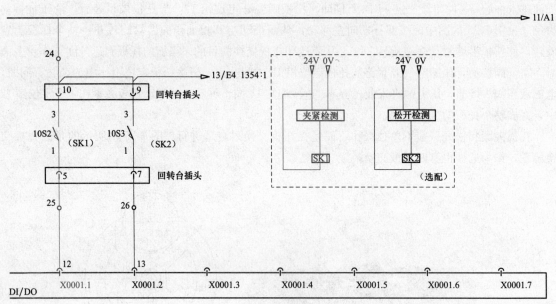

图 7-27 检测开关的连接

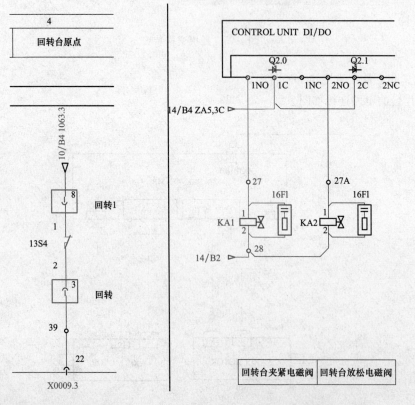

图 7-28 原点的连接　　　　图 7-29 夹紧松开电磁阀的连接

4. 数控机床用工作台的维修

（1）检修实例。

例 7-7　旋转工作台在升降或旋转过程中，发生奇数定位正确，偶数定位不准故障。

故障设备：匈牙利 MKC-500 卧式加工中心，采用 SINUMERIK 820M 数控系统。

故障现象：旋转工作台在升降或旋转过程中，发生奇数定位正确，偶数定位不准，机床无任何报警。当定位不准时，将工作台重新升降一次后，定位又准确了，机床又能继续工作。

故障检查与分析：根据故障现象，怀疑是旋转工作台电动机上的旋转编码器松动或定位不准所造成。但反复调节旋转编码器及修改与旋转编码器有关的参数，均不能排除故障。该机床工作台电动机驱动系统与刀库电动机驱动系统相同，采用交换法检查，当将刀库驱动系统换到旋转工作台后，故障消除。而将旋转工作台驱动系统换到刀库后，刀库便发生找不到正确刀号的故障。通过交换检查，确定是旋转工作台驱动系统发生了故障。该驱动系统为 SIMODRIVE 611-A 进给驱动装置。通过查阅该驱动系统手册及对该驱动系统故障的分析，认为该驱动装置无硬件故障。故障的原因，主要是由于长期运行后机械运动部件磨损和电气元件性能变化，引起伺服系统与被拖动的机械系统没有实现最佳匹配。由技术资料可知，这种情况可以通过调节速度控制器的比例系数 KP 和积分时间 TN，来使伺服系统达到既有较高的动态响应特性而又不振荡的最佳状态。

故障处理：参考刀库电动机驱动装置上的 KP 刻度和 TN 刻度，对旋转工作台驱动系统进行微调后，故障排除。

例 7-8　自动加工过程中，A、B 工作台无交换动作。

故障设备：匈牙利 MKC-500 卧式加工中心，采用 SINUMERIK 820M 数控系统。

故障现象：机床加工程序已执行完 L60 子程序中的 M06 功能，门帘已开，但 A、B 工作台无交换动作，程序处于停止状态，且数控系统无任何报警显示。

故障检查与分析：从机床工作台交换流程图可以看出，当 A、B 工作台交换时，必须满足两个条件：一是门帘必须打开，二是工作台应处于放松状态并升起。检查上述两个条件，条件一满足，条件二不满足，即工作台仍处于夹紧状态。由机床使用说明书可知，旋转工作台的夹紧与放松均与 SP03 压力继电器有关，且 SP03 压力继电器所对应的 PLC 输入点为 E9.0，当机床处于正常加工状态时，旋转工作台被夹紧（E9.0＝1）；当机床处于交换状态时，旋转工作台被放松（E9.0＝0），准备进行 A、B 工作台交换。根据其工作原理，要使 A、B 工作台交换，需使 E9.0＝0；要使工作台放松，即要使 SP03 压力继电器断开。经检查发现 SP03 压力继电器因油污而导致失灵，致使故障发生。

故障处理：清洗修复 SP03 压力继电器，调整到工作台交换时，E9.0＝0；工作台加工时，E9.0＝1，故障消除。

例 7-9　双工作台交换过程动作混乱故障。

故障设备：瑞典 HMC-40 加工中心，采用 SINUMERIK 840C 数控系统。

故障现象：机床双工作台在交换过程中动作混乱或动作未完成就停止。

故障检查与分析：检查故障时一次传感元件（接近开关或碰撞开关）的输入不正常，但拆线进一步检查均正常。检测一次元件连接电缆有短路现象，进一步检查线路发现电缆中间有一插头插座被切削液浸湿。但该插头插座是安装在电气柜内，与切削加工的密封仓是隔开的。仔细观察后发现该连接座上有一固定插座没有用皮孔堵住，而该孔恰与切削加工的密封仓连通，天长日久，切削液慢慢渗入，从而引起线路短路。

故障处理：取下被浸湿的插座，用酒精清洗后，用电吹风吹干，重新装上后，故障排除。

例7-10　工作台不能回转到位，中途停止。

故障现象：输入指令要工作台转118°或回零时，工作台只能转114°左右的角度就半途停下来，当停顿时用手用力推动，工作台也会继续转下去，直到目标为止，但再次启动分度动作时，仍出现同样故障。

故障检查与分析：CW 800卧式加工中心，西门子840C系统。在CRT显示器上检查回转状态时，发现每次工作台在转动时，传感器B57总是"1"（它表示工作台已升到规定高度），但每次工作台半途停转或晃动工作台时，B57不能保持"1"，显然，问题是出在传感器B57不能恒定维持为"1"之故。拆开工作台，发现传感器部位传动杆中心线偏离传感器中心线距离较大。我们稍作校正就解决了故障。但在拆装工作台时，曾反复了几次，由于机械与电气没有调整好，出现了一些故障现象，这也是机电一体化机床经常遇到的事情。

例7-11　匈牙利MKCS00卧式加工中心，所用系统为西门子820数控系统。工作台分度盘不回落故障。

故障现象：工作台分度盘不回落，7035号报警。

故障检查与分析：查该机床技术资料，工作台分度盘不回落与工作台下面的SQ25、SQ28传感器有关。从CRT上调用机床状态信息观察到上述传感器工作状态SQ28即E1 0.6为"1"，表明工作台分度盘旋转到位信号已经发出。SQ25即E10.0为"0"，说明工作台分度盘未回落，故输出接口A4.7就始终为"0"。因而KM32接触器未吸合，YS06电磁阀不吸合，工作台分度盘就不能回落。检查液压系统工作正常，手动YS06电磁阀，工作台分度盘能回落，松开YS06电磁阀，工作台分度盘又上升。通过上述检查说明故障发生在PLC内，用PG650编程器调出该工作梯形图，发现A4.7这条线路中的F173.5未复位，致使该梯形图中的RS触发器不能翻转，造成上述故障报警。

故障处理：将A4.7这条线路中的F173.5强行复位，故障排除。

例7-12　数控回转工作台回参考点的故障排除。

故障现象：TH6363卧式加工中心数控回转工作台，在返回参考点（正向）时，经常出现抖动现象。有时抖动大，有时抖动小，有时不抖动；如果按正向继续做若干次不等值回转，则抖动很少出现。做负向回转时，第一次肯定要抖动，而且十分明显，随之会明显减少，直至消失。

故障分析：TH6363卧式加工中心，在机床调试时就出现过数控回转工作台抖动现象，并一直从电气角度来分析和处理，但始终没有得到满意的结果。有可能是机械因素造成的？转台的驱动系统出了问题？顺着这个思路，从传动机构方面找原因，对驱动系统的每个相关件逐个进行仔细的检查。终于发现固定蜗杆轴向的轴承右边的锁紧螺母左端没有紧靠其垫圈，有3mm的空隙，用手可以往紧的方向转两圈；这个螺母根本就没起锁紧作用，致使蜗杆产生窜动。故转台抖动的原因是锁紧螺母松动造成的。锁紧螺母所以没有起作用，这是因为其直径方向开槽深度及所留变形量不够合理所致，使 4 个 M4×6 紧定螺钉拧紧后，不能使螺母产生明显变形，起到防松作用。在转台经过若干次正、负方向回转后，不能保持其初始状态，逐渐松动，而且越松越多，导致轴承内环与蜗杆出现 3mm 轴向窜动。这样回转工作台就不能与电动机同步动作。这不仅造成工作台的抖动，而且随着反向间隙增大，蜗轮与蜗杆相互碰撞，使蜗杆副的接触表面出现伤痕，影响了机床的精度和使用寿命。

故障排除：将原锁紧螺母所开的宽 2.5mm、深 10mm 的槽开通，与螺纹相切，并超过半径，调整好安装位置后，用 2 个紧定螺钉紧固，即可起到防松作用。经以上修改后，故障排除。

（2）回转工作台的常见故障及维修方法。回转工作台的常见故障及维修方法见表 7-4。

表 7-4　　　　　　　回转工作台（用端齿盘定位）的常见故障及排除方法

序号	故障现象	故障原因	排除方法
1	工作台没有抬起动作	控制系统没有抬起信号输入	检查控制系统是否有抬起信号输入
		抬起液压阀卡住没有动作	修理或清除污物，更换液压阀
		液压压力不够	检查油箱中的油是否充足，并重新调整压力
		与工作台相连接的机械部分研损	修复研损部位或更换零件
		抬起液压缸研损或密封破坏	修复研损部位或更换密封圈
2	工作台不转位	工作台抬起或松开完成信号没有发出	检查信号开关是否失效，更换失效开关
		控制系统没有转位信号输入	检查控制系统是否有转位信号输出
		与电动机或齿轮相连的胀套松动	检查胀套连接情况，拧紧胀套压紧螺钉
		液压转台的转位液压阀卡住没有动作	修理或清除污物，更换液压阀
		工作台支承面回转轴及轴承等机械部分研损	修复研损部位或更换新的轴承
3	工作台转位分度不到位，发生顶齿或错齿	控制系统输入的脉冲数不够	检查系统输入的脉冲数
		机械转动系统间隙太大	调整机械转动系统间隙，轴向移动蜗杆，或更换齿轮、锁紧胀紧套等
		液压转台的转位液压缸研损，未转到位	修复研损部位
		转位液压缸前端的缓冲装置失效，使挡铁松动	修复缓冲装置，拧紧挡铁螺母
		闭环控制的圆光栅有污物或裂纹	修理或清除污物，或更换圆光栅
4	工作台不夹紧，定位精度差	控制系统没有输入工作台夹紧信号	检查控制系统是否有夹紧信号输出
		夹紧液压阀卡住没有动作	修理或清除污物，更换液压阀
		液压压力不够	检查油箱内油是否充足，并重新调整压力
		与工作台相连接的机械部分研损	修复研损部位或更换零件
		上下齿盘受到冲击松动，两齿牙盘间有污物，影响定位精度	重新调整固定，修理或清除污物
		闭环控制的圆光栅有污物或裂纹，影响定位精度	修理或清除污物，或更换圆光栅

7.2.2　数控分度头

图 7-30 所示的 FKNQ160 型数控气动等分分度头的动作原理如下：其为三齿盘结构，滑动端齿盘 4 的前腔通入压缩空气后，借助弹簧 6 和滑动销轴 3 在镶套内平稳地沿轴向右移。齿盘完全松开后，无触点传感器 7 发信号给控制装置，这时分度活塞 17 开始运动，使棘爪 15 带动棘轮 16 进行

分度，每次分度角度为5°。在分度活塞17下方有两个传感器14，用于检测分度活塞17的到位、返回位置并发出分度信号。当分度信号与控制装置预置信号重合时，分度台刹紧，这时滑动端齿盘4的后腔通入压缩空气，端齿盘啮合，分度过程结束。为了防止棘爪返回时主轴反转，在分度活塞17上安装凸块11，使驱动销10在返回过程中插入定位轮9的槽中，以防转过位。

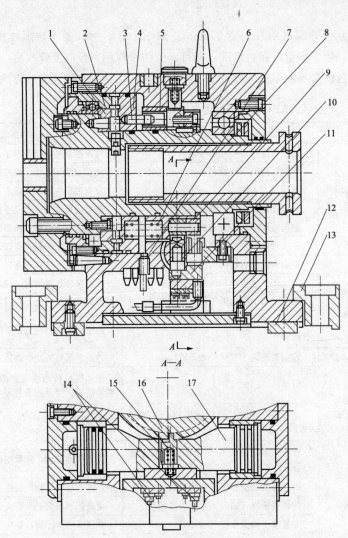

图 7-30　FKNQ160 型数控气动等分分度头结构

1—转动端齿盘；2—定位端齿盘；3—滑动销轴；4—滑动端齿盘；5—镶装套；6—弹簧；7—无触点传感器；
8—主轴；9—定位轮；10—驱动销；11—凸块；12—定位键；13—压板；14—传感器；
15—棘爪；16—棘轮；17—分度活塞

　　数控分度头未来的发展趋势是：在规格上向两头延伸，即开发小规格和大规格的分度头及相关制造技术；在性能方面将向进一步提高刹紧力矩、提高主轴转速及可靠性方面发展。

7.2.3　万能铣头

　　万能铣头部件结构如图7-31所示，主要由前、后壳体12、5，法兰3，传动轴Ⅱ、Ⅲ，主轴Ⅳ及两对弧齿锥齿轮组成。万能铣头用螺栓和定位销安装在滑枕前端。铣削主运动同滑枕上的传动轴

Ⅰ（见图 7-32）的端面键传到轴Ⅱ，端面键与连接盘 2 的径向槽相配合，连接盘与轴Ⅱ之间由两个平键 1 传递运动，轴Ⅱ右端为弧齿锥齿轮，通过轴Ⅲ上的两个锥齿轮 22、21 和用花键连接方式装在主轴Ⅳ上的锥齿轮 27，将运动传到主轴上。主轴为空心轴，前端有 7∶24 的内锥孔，用于刀具或刀具心轴的定心；通孔用于安装拉紧刀具的拉杆通过。主轴端面有径向槽，并装有两个端面键 18，用于主轴向刀具传递转矩。

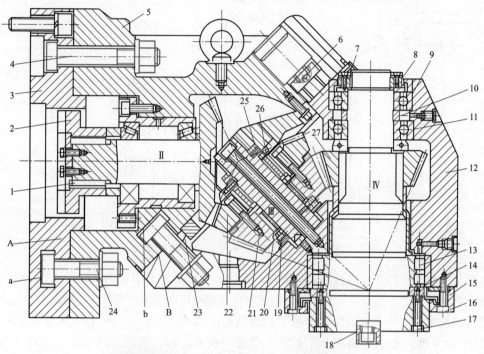

图 7-31　万能铣头部件结构

1—键；2—连接盘；3—法兰；4、6、23、24—T 形螺栓；5—后壳体；7—锁紧螺钉；8—螺母；9—向心推力角
接触球轴承；10—隔套；11—向心推力角接触球轴承；12—前壳体；13—轴承；14—半圆环垫片；15—法兰；
16、17—螺钉；18—端面键；19、25—推力短圆柱滚针轴承；20、26—向心滚针轴承；21、22、27—锥齿轮

万能铣头能通过两个互成 45°的回转面 A 和 B 调节主轴Ⅳ的方位，在法兰 3 的回转面 A 上开有 T 形圆环槽 a，松开 T 形螺栓 4 和 24，可使铣头绕水平轴Ⅱ转动，调整到要求位置将 T 形螺栓拧紧即可；在万能铣头后壳体 5 的回转面 B 内，也开有 T 形圆环槽 b，松开 T 形螺栓 6 和 23，可使铣头主轴绕与水平轴线成 45°夹角的轴Ⅲ转动。绕两个轴线转动组合起来，可使主轴轴线处于前半球面的任意角度。

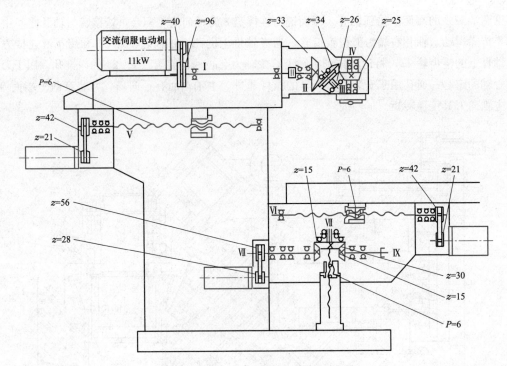

图 7-32　XKA5750 数控铣床传动系统图

万能铣头作为直接带动刀具的运动部件，不仅要能传递较大的功率，更要具有足够的旋转精度、刚度和抗振性。万能铣头除在零件结构、制造和装配精度要求较高外，还要选用承载力和旋转精度都较高的轴承。两个传动轴都选用了 D 级精度的轴承，轴上为一对 D7029 型圆锥滚子轴承，一对 D6354906 型向心滚针轴承 20、26，承受径向载荷，轴向载荷由两个型号分别为 D9107 和 D9106 的推力短圆柱滚针轴承 19 和 25 承受。主轴上前后支承均为 C 级精度轴承，前支承是 C3182117 型双列圆柱滚子轴承，只承受径向载荷；后支承为两个 C36210 型向心推力角接触球轴承 9 和 11，既承受径向载荷，也承受轴向载荷。为了保证旋转精度，主轴轴承不仅要消除间隙，而且要有预紧力，轴承磨损后也要进行间隙调整。前轴承消除和预紧的调整是靠改变轴承内圈在锥形颈上的位置，使内圈外胀实现的。调整时，先拧下四个螺钉 16，卸下法兰 15，再松开螺母 8 上的锁紧螺钉 7，拧松螺母 8 将主轴 IV 向前（向下）推动 2mm 左右，然后拧下两个螺钉 17，将半圆环垫片 14 取出，根据间隙大小磨薄垫片，最后将上述零件重新装好。后支承的两个向心推力角接触球轴承开口向背（轴承 9 开口朝上，轴承 11 开口朝下），作消隙和预紧调整时，两轴承外圈不动，内圈的端面距离相对减小的办法实现。具体是通过控制两轴承内圈隔套 10 的尺寸。调整时取下隔套 10，修磨到合适尺寸，重新装好后，用螺母 8 顶紧轴承内圈及隔套即可。最后要拧紧锁紧螺钉 7。

7.3　数控机床液压与气动装置的维修

7.3.1　数控机床液压系统的维修

1. MJ-50 数控车床液压系统

MJ-50 数控车床液压系统主要承担卡盘、回转刀架与刀盘及尾架套筒的驱动与控制。它能实现卡盘的夹紧与放松及两种夹紧力（高与低）之间的转换；回转刀盘的正反转及刀盘的松开与夹紧；尾架套筒的伸缩。液压系统的所有电磁铁的通、断均由数控系统用 PLC 来控制。整个系统由卡盘、回转刀盘与尾架套筒三个分系统组成，并以一变量液压泵为动力源。系统的压力调定为 4MPa。图 7-33 是 MJ-50 数控车床液压系统的原理图。各分系统的工作原理如下。

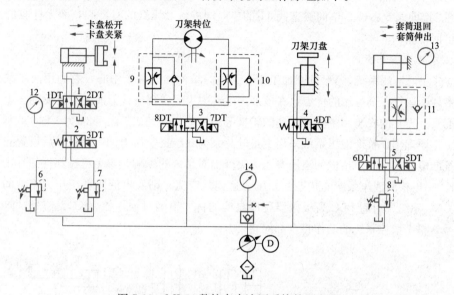

图 7-33　MJ-50 数控车床液压系统的原理图

1、2、3、4、5—换向阀；6、7、8—减压阀；9、10、11—调速阀；12、13、14—压力表

（1）卡盘分系统。卡盘分系统的执行元件是一液压缸，控制油路则由一个有两个电磁铁的二位四通换向阀 1、一个二位四通换向阀 2、两个减压阀 6 和 7 组成。

高压夹紧：3DT 失电、1DT 得电，换向阀 2 和 1 均位于左位。分系统的进油路：液压泵→减压阀 6→换向阀 2→换向阀 1→液压缸右腔。回油路：液压缸左腔→换向阀 1→油箱。这时活塞左移使卡盘夹紧（称正卡或外卡），夹紧力的大小可通过减压阀 6 调节。由于减压阀 6 的调定值高于减压阀 7，所以卡盘处于高压夹紧状态。松夹时，使 2DT 得电、1DT 失电，换向阀 1 切换至右位。进油路：液压泵→减压阀 6→换向阀 2→换向阀 1→液压缸左腔。回油路：液压缸右腔→换向阀 1→油箱。活塞右移，卡盘松开。

低压夹紧：油路与高压夹紧状态基本相同，唯一的不同是这时 3DT 得电而使换向阀 2 切换至右位，因而液压泵的供油只能经减压阀 7 进入分系统。通过减压阀 7 便能实现低压夹紧状态下的夹紧力。

（2）回转刀盘分系统。回转刀盘分系统有两个执行元件，刀盘的松开与夹紧由液压缸执行，而液压马达则驱动刀盘回转。因此，分系统的控制回路也有两条支路。第一条支路由三位四通换向阀 3 和两个单向调速阀 9 和 10 组成。通过三位四通换向阀 3 的切换控制液压马达即刀盘正、反转，而两个单向调速阀 9 和 10 与变量液压泵，则使液压马达在正、反转时都能通过进油路容积节流调速来调节旋转速度。第二条支路控制刀盘的放松与夹紧，它是通过二位四通换向阀的切换来实现的。

刀盘的完整旋转过程是：刀盘松开→刀盘通过左转或右转就近到达指定刀位→刀盘夹紧。因此电磁铁的动作顺序是：4DT 得电（刀盘松开）→8DT（正转）或 7DT（反转）得电（刀盘旋转）→8DT（正转时）或 7DT（反转时）失电（刀盘停止转动）→4DT 失电（刀盘夹紧）。

（3）尾架套筒分系统。尾架套筒通过液压缸实现顶出与缩回。控制回路由减压阀 8、三位四通换向阀5和单向调速阀11组成、分系统通过调节减压阀8，将系统压力降为尾架套筒顶紧所需的压力。单向调速阀11用于在尾架套筒伸出时实现回油节流调速控制伸出速度。所以尾架套筒伸出时6DT得电，其油路为系统供油经减压阀8、换向阀5左位进入液压缸的无杆腔，而有杆腔的液压油则经单向调速阀11的调速阀和换向阀5回油箱。尾架套筒缩回时5DT得电，系统供油经减压阀8、换向阀5右位、单向调速阀11的单向阀进入液压缸的有杆腔，而无杆腔的油则经换向阀5直接回油箱。

2. 加工中心液压系统

（1）立式中心液压系统。VP1050加工中心为龙门结构立式加工中心，它利用液压系统传动功率大、效率高、运行安全可靠的优点，在该加工中心中主要实现链式刀库的刀链驱动、上下移动的主轴箱的配重、刀具的安装和主轴高低速的转换等辅助动作的完成。图7-34为VP1050加工中心的液压系统工作原理图。整个液压系统采用变量叶片泵为系统提供压力油，并在泵后设置止回阀2用于减小系统断电或其他故障造成的液压泵压力突降而对系统的影响，避免机械部件的冲击损坏。压力开关YK1用以检测液压系统的状态，如压力达到预定值，则发出液压系统压力正常的信号，该信号作为CNC系统开启后PLC高级报警程序自检的首要检测对象，如YK1无信号，PLC自检发出报警信号，整个数控系统的动作将全部停止。

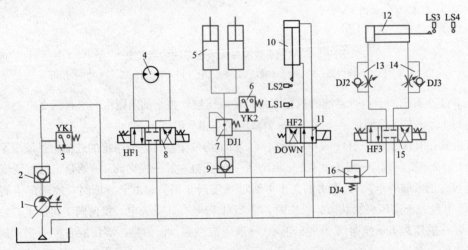

图7-34　VP1050加工中心的液压系统工作原理图

1—液压泵；2、9—止回阀；3、6—压力开关；4—液压马达；5—配重液压缸；7、16—减压阀；
8、11、15—换向阀；10—松刀缸；12—变速液压缸；13、14—单向节流阀；LS1、LS2、LS3、LS4—行程开关

1）刀链驱动支路。VP1050加工中心配备24刀位的链式刀库，为节省换刀时间，选刀采用就近原则。在换刀时，由双向液压马达4拖动刀链使所选刀位移动到机械手抓刀位置。液压马达的转向控制由双电控三位电磁阀HF1完成，具体转向由CNC进行运算后，发信给PLC控制HF1，用HF1不同的得电方式进行对液压马达4的不同转向的控制。刀链不需驱动时，HF1失电，处于中位截止状态，液压马达4停止。刀链到位信号由感应开关发出。

2）主轴箱平衡支路。VP1050加工中心Z轴进给是由主轴箱作上下的移动实现的，为消除主轴箱自重对Z轴伺服电动机驱动Z向移动的精度和控制的影响，机床采用两个液压缸进行平衡。主轴箱向上移动时，高压油通过止回阀9和直动型减压阀7向平衡缸下腔供油，产生向上的平衡力；当

主轴箱向下移动时，液压缸下腔高压油通过减压阀 7 进行适当减压。压力开关 YK2 用于检测平衡支路的工作状态。

3）松刀缸支路。VP1050 加工中心采用 BT40 型刀柄使刀具与主轴连接。为了能够可靠的夹紧与快速的更换刀具，采用碟簧拉紧机构使刀柄与主轴连接为一体，采用液压缸使刀柄与主轴脱开。机床在不换刀时，单电控两位四通电磁换向阀 HF2 失电，控制高压油进入松刀缸 10 下腔，松刀缸 10 的活塞始终处于上位状态，感应开关 LS2 检测松刀缸上位信号；当主轴需要换刀时，通过手动或自动操作使单电控两位四通电磁阀 HF2 得电换位，松刀缸 10 上腔通入高压油，活塞下移，使主轴抓刀爪松开刀柄拉钉，刀柄脱离主轴，松刀缸运动到位后感应开关 LS1 发出到位信号并提供给 PLC 使用，协调刀库、机械手等其他机构完成换刀操作。

4）高低速转换支路。VP1050 主轴传动链中，通过一级双联滑移齿轮进行高低速转换。在由高速向低速转换时，主轴电动机接收到数控系统的调速信号后，降低电动机的转速到额定值，然后进行齿轮滑移，完成进行高低速的转换。在液压系统中该支路采用双电控三位四通电磁阀 HF3 控制液压油的流向，变速液压缸 12 通过推动拨叉控制主轴变速箱的交换齿轮的位置，来实现主轴高低速的自动转换。高速、低速齿轮位置信号分别由感应开关 LS3、LS4 向 PLC 发送。当机床停机时或控制系统出现故障时，液压系统通过双电控三位四通电磁阀 HF3 使变速齿轮处于原工作位置，避免高速运转的主轴传动系统产生硬件冲击损坏。单向节流阀 DJ2、DJ3 用以控制液压缸的速度、避免齿轮换位时的冲击振动。减压阀 16 用于调节变速液压缸 12 的工作压力。

（2）卧式加工中心液压系统。ZHS-K63 型加工中心的主轴旋转和进给运动采用电气伺服控制，而其他辅助运动则采用液压驱动。其液压系统原理如图 7-35～图 7-38 所示。该液压系统的电磁铁由机床数控系统的 PLC 控制。

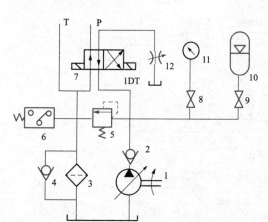

图 7-35　ZHS-K63 型加工中心液压系统
原理图（一）

1—液压泵；2、4—单向阀；3—过滤器；5—溢流阀；
6—压力继电器；7—电磁换向阀；8、9—截止阀；
10—蓄能器；11—压力表；12—节流阀

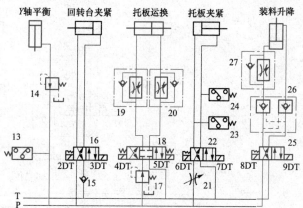

图 7-36　ZHS-K63 型加工中心液压系统原理图（二）

13、23、24—压力继电器；14、17—减压阀；15—单向阀；
16、18、22、25—电磁换向阀；19、20、27—单向节流阀；
21—节流阀；26—液压锁

该系统的油源部分由限压式变量泵 1 和蓄能器 10 构成。当系统所需流量较小时，由变量泵给系统供油；当系统所需流量较大时，由变量泵和蓄能器共同向系统供油。开动机床时，使电磁铁 1DT 得电，换向阀 7 右位接入系统，限压式变量泵 1 向蓄能器 10 充油，当充油压力升到变量泵调定的极限压力时，变量泵的输出流量降为零，从而减少功率损耗；在液压缸和液压马达工作时，由蓄能器和变量泵共同供油，系统主油路压力在蓄能器作用下维持在 5～6MPa。当机床启动但系统不工作时，使电磁铁 1DT 失电，换向阀 7 复位，变量泵和蓄能器的油液经节流阀 12 在低压下回油箱，这样既能保证系统具有一定的控制压力，又可减小功率消耗。系统各部分的工作原理介绍如下。

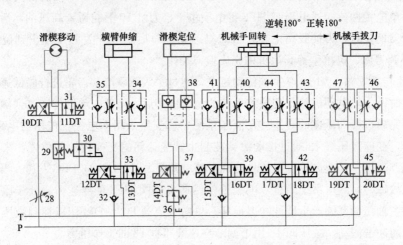

图 7-37 ZHS-K63 型加工中心液压系统原理图（三）

28—节流阀；29—调速阀；30—机动换向阀；31、33、37、39、42、45—电磁换向阀；32—单向阀；

34、35、40、41、43、44、46、47—单向节流阀；36—减压阀；38—液压锁

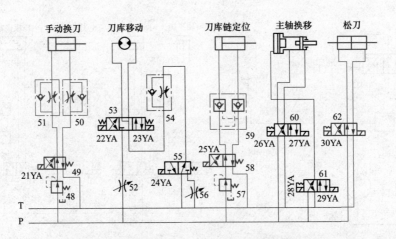

图 7-38 ZHS-K63 型加工中心液压系统原理图（四）

48、57—背压阀；49、53、55、58、60、61、62—电磁换向阀；50、51、54—单向节流阀；

52—节流阀；56—节流器；59—液压锁

1）Y 轴平衡。为了减小加工中心立柱丝杠与螺母之间的摩擦力，保持摩擦力均衡，保证主轴精度，支承立柱丝杠的 Y 轴平衡液压缸的进油压力由溢流减压阀 14 调定，相应立柱丝杠正反向旋转时液压缸的进油压力都处于稳定状态。

2）回转台夹紧。电磁铁 2DT 得电，换向阀 16 的左位接入系统，回转台夹紧。液压油经换向

阀 7（右位）、换向阀 16（左位）进入回转台夹紧液压缸右腔。回转台夹紧液压缸左腔液压油经换向阀 16（左位），单向阀 15 和过滤器 3 回流入油箱。

当电磁铁 3DT 得电而 2DT 失电时，换向阀 16 右位接入系统，回转台松开。由于回转台刚性较好，行程较短，故不需要减压和节流调速。

3）托板运换。回转台夹紧后，系统压力升高，当压力达到压力继电器 13 的调定压力时，压力继电器 13 发出电信号，使电磁铁 4DT 得电，换向阀 18 左位接入系统，压力油进入托板运换液压缸右腔，托板运进。

当电磁铁 5DT 得电而 4DT 失电时，换向阀 18 右位接入系统，托板换出。托板运换速度可通过单向节流阀 19、20 调节。单向节流阀 19 和 20 在托板运换回路中构成回油节流调速，使托板运换更加平稳。

4）托板夹紧。运换到位后，使电磁铁 6DT 得电，换向阀 22 左位接入系统，压力油进入托板夹紧液压缸右腔，托板夹紧；当电磁铁 7DT 得电而 6DT 失电时，换向阀 22 右位接入系统，托板松开。托板夹紧、松开速度由节流阀 21 进行调节；当托扳夹紧或松开后，相应油路中的压力将升高，当压力分别达到压力继电器 23 或 24 的调定压力时，压力继电器发出电信号，控制下一动作开始。

5）装料升降。电磁铁 9DT 得电，换向阀 25 右位接入系统，压力油进入装料升降液压缸下腔，液压缸外伸，工件上升；当电磁铁 8DT 得电而 9DT 失电时，换向阀 25 左位接入系统，工件下降。

工件下降速度可通过单向节流阀 27 进行调节。液压锁 26 可确保在突然停电和负载失常时使装料升降液压缸锁定在原位，从而起安全保护作用。

6）滑楔定位。电磁铁 14DT 失电时，换向阀 37 右位接入系统，压力油进入滑楔定位液压缸左腔，液压缸伸出，滑楔定位；当电磁铁 14DT 得电时，换向阀 37 复位，其左位接入系统，滑楔定位解除。采用电磁换向阀 37 失电定位和液压锁 38，可保证在突然停电和负载失常时滑楔定位液压缸的可靠工作。

7）滑楔移动。电磁铁 10DT 得电，换向阀 31 左位接入系统，压力油进入滑楔移动液压马达，滑楔正向移动；当电磁铁 11DT 得电而 10DT 失电时，换向阀 31 右位接入系统，滑楔反向移动。滑楔正反向的移动速度可由节流阀 28 进行调节。由于滑楔移动惯量较大，为保证移动平稳，滑楔正反向移动接近终点时，其行程挡块都将压下行程阀 30，迫使滑楔移动液压马达的回油都必经调速阀 29 回油箱，从而实现平稳减速，避免冲击。

8）横臂伸缩。电磁铁 13DT 得电，换向阀 33 右位接入系统，压力油进入横臂伸缩液压缸左腔，横臂伸出；当电磁铁 12DT 得电而 13DT 失电时，换向阀 33 左位接入系统，横臂缩回。横臂伸缩速度可分别通过单向节流阀 34、35 进行调节。

9）刀库链定位。电磁铁 25YA 失电时，换向阀 58 右位接入系统，压力油进入刀库链定位液压缸左腔，液压缸伸出，刀库链定位；电磁铁 25YA 得电，换向阀 58 左位接入系统，刀库链定位解除。采用电磁换向阀 58 失电定位和液压锁 59，可保证在突然停电和负载失常时刀库链定位液压缸的可靠工作。

10）刀库移动。电磁铁 22YA 得电，换向阀 53 左位接入系统，压力油进入刀库移动液压马达，刀库正向移动；当电磁铁 23YA 得电而 22YA 失电时，换向阀 53 右位接入系统，刀库反向移动。节流阀 52 和单向节流阀 54 可调节刀库正反向移动速度。由于刀库移动惯量较大，刀库正反向移动接近终点时，通过行程开关使电磁铁24YA得电，迫使刀库移动液压马达的回油都必经节流器56回油箱，从而实现平稳减速。单向节流阀在回路中构成回油节流调速，以提高刀库移动液压马达运动的平稳性。

11）松刀。电磁铁30YA得电，换向阀62左位接入系统，压力油进入松刀液压缸右腔，刀柄松开；当30YA失电时，换向阀62右位接入系统，刀柄夹紧。采用电磁铁失电刀柄夹紧，以防止突然断电时刀柄松开。

12）机械手拔刀。电磁铁20DT得电，换向阀45右位接入系统，压力油进入机械手拔刀液压缸左腔，液压缸伸出，机械手将刀具拔出；当电磁铁19DT得电而20DT失电时，换向阀45左位接入系统，机械手将刀具插入。机械手拔刀和插刀的速度可分别通过单向节流阀46、47进行调节。

13）机械手回转。电磁铁15DT和17DT得电，换向阀39、42左位接入系统，压力油分别进入机械手回转液压缸右腔和机械手回转液压缸活塞杆右腔，机械手逆转180°；当电磁铁15DT、17DT失电而16DT、18DT得电时，换向阀39、42右位接入系统，机械手正转180°。机械手回转和终点缓冲定位速度分别由单向节流阀40、41、43、44进行调节。

14）手动换刀。电磁铁21YA得电，换向阀49左位接入系统，压力油经减压阀后进入手动换刀液压缸右腔，此时可进行手动换刀。手动换刀液压缸活塞正反向移动速度可分别由单向节流阀50、51进行调节。

15）主轴换移。当电磁铁26YA、29YA得电时，换向阀60左位、61右位接入系统，压力油进入主轴换移液压缸小活塞的右腔，而大活塞两腔均通油箱，活塞杆处于左端，相应主轴处于高速状态；当27YA、29YA得电而26YA失电时，换向阀60、61右位接入系统，压力油进入小活塞左右两腔，大活塞左腔通油箱，由于小活塞左端面积大于右端面积，活塞杆处于右端，相应主轴处于中速状态；当26YA、28YA得电而27YA、29YA失电时，换向阀60、61左位接入系统，压力油进入大活塞左腔和小活塞右腔，活塞杆处于中位，主轴处于低速状态。

3. 液压系统常见故障及其诊断方法

（1）控制部件的维修。控制阀是液压和气动系统的控制部分。若控制阀出现故障，则将使系统的压力、流量、液流或气流方向等的控制失灵。

液动控制阀常见故障如下。

1）压力阀的常见故障。压力阀的主要故障是调压失灵或调压不稳，从而引起系统压力不稳、减压阀不减压、顺序阀不起作用等系统故障。主阀芯上的阻尼孔被堵、泄油孔被堵（减压阀和顺序阀）、阀芯被卡死、弹簧折断或弯曲等均可引起压力阀的故障。及时进行清洗（特别是主阀芯阻尼孔和泄油孔）、更换已损零件，可防止及排除故障。

对于压力阀所产生的故障，原因有很多相近之处，所以掌握了一种压力控制阀的故障诊断方法，也会对其他压力阀的故障诊断有所帮助。在此主要针对溢流阀的故障进行介绍，溢流阀的常见故障见表7-5。

2）方向阀的常见故障。由于控制压力过低、管路或阀的泄漏、阀芯卡死等都可能引起液控单向阀反向不通或不密封等故障，而电磁铁故障、液控油路故障、阀芯卡死或安装不良等因素均可导致换向阀阀芯不动作而影响整个系统的工作。所以，保证控制压力、安装良好等对方向阀的正常工作很重要，特别是换向阀安装时螺钉不宜拧得过紧，以防阀体变形而使阀芯卡死。单向阀的常见故障见表7-6，换向阀的常见故障见表7-7。

表 7-5 溢流阀的常见故障原因及排除方法

溢流阀故障现象		故障原因	排除方法
压力失调	调整压力不稳、反复不规则变化	液压油污染，污物进入阀芯、阀体间隙，形成主阀芯运动障碍，引起压力不规则变化	放出系统及油箱中油液，拆洗液压阀，清洗油箱和管路，更换干净液压油
	运动中阀的调定压力下降，调节调压手轮压力也上升很慢，到一定压力后不再上升	1）主阀芯阻尼孔被污物部分堵塞，动作响应变慢； 2）主阀芯与阀体滑动面磨损，间隙变大，控制油流泄漏，使响应变慢； 3）先导阀芯与阀座被腐蚀，失去控制高压能力； 4）液压泵容积效率极度下降，高压时油液经内泄漏回吸油侧	1）拆洗溢流阀，特别是注意清洗主阀芯阻尼孔； 2）拆开检查，若主阀芯与阀体滑动面存在有害磨损，则阀的寿命已到，更换溢流阀； 3）拆开检查溢流阀导阀，若导阀芯及阀座有磨损，更换零件； 4）根据溢流阀的流速声及回油温度等判断溢流阀是否正常，修理或更换液压泵
	使用中的阀或新阀的压力完全调不上去	1）主阀芯阻尼孔被污物完全堵死； 2）先导阀与阀座间进入大颗粒污物，使其不能关闭； 3）遥控油路中换向阀不换向，保持连通油箱状态	1）拆洗溢流阀，特别是主阀芯阻尼孔； 2）拆洗溢流阀，特别清洗导阀与导阀座； 3）手动换向阀，若不换向，则阀芯被卡，拆开清洗；若可换向，则检查电气部分是否烧坏
	压力降不下来，无法调整	1）先导阀座上小孔被污物堵塞，失去减压功能； 2）安装时使阀体变形，主阀芯卡死在关闭位置	1）拆洗溢流阀，特别是先导阀座上的小孔； 2）重新安装溢流阀，注意阀体不能变形
噪声与振动		1）压力不均匀引起噪声：在高压溢流时，导阀开口和过流面积都很小，流速很高，易引起压力分布不均匀，使径向力小平衡而产生振动。另外，导阀加工误差、脏物粘住及调压弹簧变形等，也会引起锥阀的振动； 2）空穴产生的噪声：液压油中含有的气泡的体积随压力变化而瞬间发生变化，引起局部冲击产生噪声； 3）液压冲击产生的噪声：溢流阀卸荷时，回路压力急剧下降而引起压力冲击噪声； 4）机械噪声：由于零件撞击和加工误差等产生零件摩擦，从而产生机械噪声	由于导阀是发生噪声的主要振源，减小或消除先导型溢流阀噪声和振动的措施一般是在导阀部分加置消振元件，如在导阀前固定消振套、在导阀前设置消振垫、在消振螺母上设置蓄气小孔和节流边等，认真检查阀内零件的磨损情况，重新调整安装或更换零件

表 7-6 单向阀的常见故障原因及排除方法

单向阀故障现象	故障原因	故障排除方法
发出尖叫声	1）通过流量超过额定流量发出尖叫声； 2）与其他元件共振产生尖叫声； 3）高压时无卸荷装置的液控单向阀卸荷时产生噪声	1）更换大流量的单向阀或减小实际流量，使流量的最大值不超过单向阀的额定值； 2）改变阀的额定压力或调节弹簧，必要时改变弹簧刚度； 3）更换带卸荷装置的单向阀或补充泄压装置的回路

续表

单向阀故障现象	故障原因	故障排除方法
泄漏	1）阀座锥面密封不严； 2）钢球（或锥面）不圆或磨损； 3）油液含有杂质，将锥面或钢球损坏； 4）阀芯或阀座拉毛； 5）配合的阀座损坏； 6）螺纹连接结合部位没有拧紧或密封不严	1）拆开重新配研，保证接触线密封严密； 2）拆下，更换钢球或锥阀； 3）检查油液加以更换； 4）检查并重新配研； 5）更换或配研修复； 6）检查有关螺纹连接，并加以拧紧，必要时更换螺钉
单向阀失灵	1）单向阀阀芯卡死： 阀体变形； 阀芯有毛刺； 阀芯变形； 油液污染 2）弹簧折断或漏装； 3）锥阀（或钢球）与阀座完全失去密封作用； 4）将背压阀当单向阀使用	1）检修阀芯： 研修阀体内孔，消除误差； 去掉阀芯毛刺，并磨光； 研修阀芯外径； 更换油液 2）拆检，更换或补装弹簧； 3）检测密封性，配研阀锥与阀座，保证密封可靠；当锥阀与阀座同心度超差或严重磨损时，应更换； 4）将背压阀的硬弹簧更换成单向阀的软弹簧，或更换单向阀

表 7-7   换向阀的常见故障原因及排除方法

换向阀故障现象	故障原因	故障排除方法
阀芯不动或动作不到位	1）滑阀卡死： 阀芯（或阀体）碰伤，油液污染； 阀芯几何形状超差 2）液动换向阀控制油路有故障： 油液控制压力不够； 节流阀关闭或堵塞； 滑阀两端泄油口没有接回油箱或堵塞 3）电磁铁故障： 电磁铁线圈烧坏； 漏磁、吸力不足； 电磁铁接线接触不良 4）弹簧折断或太软，而不能使滑阀恢复中位导致不能换向； 5）推杆磨损导致长度不够或行程不对	1）检查滑阀： 检查间隙情况，研修或更换阀芯； 检查、修磨或重配阀芯，必要时更换油液； 检查、修正几何偏差及同心度 2）检查控制油路： 提高控制油压，检查弹簧是否过硬； 检查、清洗节流口； 检查并接通回油箱，清洗回油管，使之畅通 3）检查并修复： 清洗滑阀卡死故障并更换电磁铁； 检查漏磁原因，更换电磁铁； 检查并重新焊接 4）检查、更换或补装； 5）检查并修复，必要时更换推杆
换向冲击与噪声	1）换向流量过大，阀芯移动速度太快产生冲击声； 2）单向节流阀阀芯与孔配合间隙过大，单向阀弹簧漏装，阻尼失效，产生冲击声； 3）电磁铁铁心接触面不平，或接触不良； 4）液压冲击声使配管或其他元件振动而形成噪声； 5）滑阀时卡时动或局部摩擦力过大 6）固定电磁铁的螺栓松动而产生振动	1）调小单向节流阀节流口，减慢阀芯移动速度； 2）检查修整到合理间隙，补装弹簧 3）清除异物，并修整电磁铁的铁心 4）控制两回路的压力差，严重时可用湿式交流或带缓冲的换向阀； 5）研修或更换滑阀； 6）紧固螺栓并加防松垫圈

3）流量阀的常见故障。流量阀的常见故障是流量调节失灵与流量不稳定。复位弹簧力不足、阀芯卡死、压力补偿阀阀芯工作失灵或油液过脏将节流口堵塞等都可造成流量调节失灵，而节流口开口过小、阀口有污物、泄漏、油液污染等都会使流量不稳定。及时进行清洗、修理或更换磨损零件，更换污染油液等，可有效改善流量阀的工作性能。流量阀常见故障与排除见表 7-8。

表 7-8　　　　　　　　　　　　　　流量阀的常见故障原因及排除方法

流量阀故障现象	故障原因	故障排除方法
无流量通过或流量极少	1）节流口堵塞，或阀芯卡死； 2）阀芯与阀孔配合间隙过大，泄漏较大	1）拆检清洗，更换油液，提高过滤精度； 2）检查磨损、密封情况，并检查修复或更换
流量不稳定	1）油中杂质粘附在节流口边缘上，过流面积减小，速度减慢；当杂质被冲掉后，过流面积增大，流量又上升； 2）系统温度升高，油液黏度下降，流量增加，速度上升； 3）节流阀内、外泄漏较大，流量损失大，不能保证运动速度所需的流量； 4）阻尼结构堵塞，系统中进入空气，出现压力波动及跳动现象，使速度不稳； 5）节流阀负载刚度差，负载变化时，速度也变化，负载增大，速度减小	1）拆洗节流阀，清除污物，更换精过滤器；若油液污染严重，应更换油液； 2）采取散热、降温措施，若温度变化范围大、稳定性要求高时，可更换为带温度补偿装置的调速阀； 3）检查阀芯与阀体间的配合间隙及加工精度，对于超差零件进行修复或更换；检查有关连接部位的密封情况或更换密封圈； 4）对有阻尼装置的零件进行清洗，检查排气装置工作是否正常，同时检查油液的污染程度或更换油液； 5）检查系统压力或减压阀工作是否正常，同时注意溢流阀的控制作用是否正常

（2）液压执行部件的维修。液压缸是数控机床的常用执行部件之一，液压缸的常见故障是推力不足或动作不稳定、爬行、油液泄漏、密封损坏、液压冲击、异常声响与振动等。这些故障可能单一出现，也可能同时出现。液压缸的常见故障见表 7-9。

表 7-9　　　　　　　　　　　　　　液压缸的主要故障原因及排除方法

液压缸故障现象	故障原因	故障排除方法
爬行	1）外界空气进入液压缸内； 2）密封压得过紧； 3）活塞与活塞杆不同心； 4）活塞杆不直； 5）液压缸内壁拉毛，局部磨损严重或腐蚀 6）液压缸的安装位置偏差 7）双活塞杆两端螺母过紧	1）设置排气装置，或空载启动液压系统以最大行程往复运动数次，强行排除空气； 2）调整密封圈，使其松紧适度，保证活塞杆能来回用手拉动，但不得有泄漏； 3）两者装在一起，放在 V 形铁上校正，使同心度在 0.04mm 以内，否则换新活塞； 4）单个或连同活塞放在 V 形铁上，用千分表校正调直； 5）适当修理，严重者可重新加工内孔，并按要求重配活塞； 6）检查液压缸与导轨的平行度，并修刮接触面加以校正； 7）不宜太紧，保持活塞杆处于自由状态
冲击	1）用间隙密封的活塞与缸筒间隙过大，节流阀失去作用； 2）端部缓冲的节流阀失去作用，缓冲不起作用	1）更换活塞，使间隙达到规定要求；检查节流阀； 2）修正、配研单向阀与阀座或进行更换

续表

液压缸故障现象	故障原因	故障排除方法
换推力不足，速度不够或逐渐下降	1) 由于缸筒与活塞配合间隙过大或O形密封圈损坏，使高低压腔互通； 2) 工作段不均匀，造成局部几何形状误差，失去高低压腔密封性； 3) 液压缸端部活塞杆油封压得过紧或活塞杆弯曲，使摩擦力或阻力增加； 4) 油温太高，黏度降低，泄漏增加，使液压缸速度减慢； 5) 液压泵流量不足	1) 更换活塞或密封圈，并调整为合适的间隙； 2) 镗磨修复液压孔径，或配活塞； 3) 放松油封，校直活塞杆； 4) 检查温升原因，采取散热降温措施； 5) 检查液压泵或流量调节阀的故障，并加以排除
外泄漏	1) 活塞杆处油封不严； 2) 管接头密封不严； 3) 缸盖密封不良	1) 检查活塞杆有无拉伤或密封圈磨损； 2) 检查密封圈及接触面有无伤痕； 3) 检查缸盖密封，并加以修复或更换

（3）液压系统常见故障分析与诊断。数控机床液压系统中出现的故障是多种多样的，而且多数情况下是几个故障同时出现，或多个原因引起同一故障，这些原因常常互相交织在一起互相影响。即使对于同一原因，因其程度和系统结构的不同以及与其配合的机械结构的不同，所引起的故障现象也可能是多种多样的。液压系统的故障除与液压本身的因素有关外，甚至还会与机械、电气部分的弊病交织在一起，使得故障复杂化。

液压系统中的大部分故障并非突然发生，总有一些预兆，如振动与噪声、冲击、爬行、污染、气穴和泄漏等。这些现象发展到一定程度，即产生故障。如果这些现象能及时被发现，并加以适当控制或排除，系统的故障就可相对减少。

系统常见的故障主要有系统流量不足、系统压力失调、爬行、泄漏、油温过高、液压冲击、振动与噪声等。

1）系统流量不足。引起系统流量不足的原因是多种多样的，油箱设计不当、液压油黏度选择不合适、液压泵选择不合适、蓄能器选择不合适等都可能引起系统流量不足。表 7-10 列出了引起系统流量不足的故障原因及排除方法。

表 7-10   系统流量不足的故障原因及排除方法

故障原因	故障排除方法
油箱液面过低	检查油面，必要时补油，但必须严格控制异种油混入
液压泵吸入不良	加大吸油管径，增加吸油过滤器的通油能力，彻底清洗滤网，检查是否有空气混入
液压泵转速过低或空转	检查电动机接线，在一定压力下将转速调整到需要状态值；检查液压泵空转状态，使其运转平稳
液压泵反转	改正
油液黏度过大，液压泵吸油困难	更换黏度合适的液压油
油液黏度过小，泄漏增加，存积效率降低，摩擦阻力增加	更换黏度合适的液压油
液压泵磨损严重，性能下降	拆开液压泵进行维护修理，必要时更换液压泵，变量泵需检查变量装置
回油管在液面以上，将空气带入油液	检查管路连接是否正确，油封是否可靠
蓄能器压力不足、漏气或流量供应不足	检查蓄能器压力与性能

续表

故障原因	故障排除方法
液压缸或阀类元件的密封损坏，内泄漏增加	修理或更换
溢流阀动作不灵	调整或更换溢流阀
控制阀动作不灵	调整或更换

2）系统压力失调。系统工作时，不可避免地会有压力变化，例如蓄能器有效压缩比的变化及背压效应造成的压力冲击等。在系统的整个工作循环中，压力的变化最好不超过±3%左右，但压力变化控制在±5%的范围内更为现实，因为该数值是在回路中安装的大多数压力表的精度范围。通常，这种压力表对冲击压力具有一定的防护能力，所以不能指出瞬时冲击压力，但只要定期地检验和标定，这些压力表就能可靠地指示出潜在故障和现实故障的平均压力的任何显著变化。压力表不进行定期检验，其误差会随着使用时间的增长而变大，并大大超出 5% 的范围，从而给出"故障"的虚假指示。引起系统压力失调的故障原因及排除方法见表 7-11 所示。

表 7-11　　　　　　　　　系统压力失调的故障原因及排除方法

故障原因	故障排除方法
1）溢流阀在开口位置被卡住； 2）溢流阀阻尼孔堵塞； 3）溢流阀阀芯与阀孔配合不严； 4）溢流阀弹簧变形或折断	1）修理阀芯与阀体； 2）清洗溢流阀； 3）修研或更换； 4）更换弹簧
压力油路上单向阀、遥控阀、调压阀等由于各种原因，阀芯卡住而卸荷	找出故障部位，清洗或修研，使阀芯在阀体内运动灵活
压力油路外泄漏大	检查液压泵、液压阀及管路各连接处的密封性
液压泵、液压阀、液压缸等元件磨损严重，或密封元件损坏，造成压力油路内泄漏大	修理或更换
动力不足	检查动力源
液压泵的压力脉动	增设蓄能器吸收液压泵的压力脉动，或采用压力输出特性比较稳定的液压泵
混入空气，使油箱中气泡太多	防止空气混入油液

3）执行元件的爬行。引起液压系统出现爬行的原因较多，主要是由于执行元件的供油不足、系统泄漏过大、吸入空气等原因引起。系统出现爬行故障的原因及排除方法见表 7-12。

表 7-12　　　　　　　　　系统爬行故障的原因及排除方法

故障原因	故障排除方法
油面过低，吸油不畅，吸入空气	使油液在规定的范围内
吸油口处过滤器堵塞，形成局部真空	拆卸清洗，更换油液
油箱内吸、排油管相距太近，排油飞溅，吸入空气	使吸、排油管保持相应距离，并设置隔板
回油管在油箱液面以上，停车使空气进入	将回油管插入油液中
接头密封不严，有空气进入	拧紧接头或更换密封形式
元件密封质量差，有空气进入	修正或更换，保证密封良好
液压泵性能不良，流量脉动大	控制流量脉动在允许范围以内

续表

故障原因	故障排除方法
液压阀动作不灵活	调整液压阀或更换
液压油压缩性过大（一般因油中混入空气）	检查液压油特性，选用高质量液压油
蓄能器压力变化较大	更新测定蓄能器性能
油液黏度过大	更换黏度合适的液压油
内、外泄漏过大	检查液压泵、液压阀和管路的磨损及连接处的密封情况，修理或更换元件
运动部位精度不高、润滑不良，局部阻力变化	提高运动部位精度，使其各部分均匀，选用优质润滑油，充分形成油膜，减少阻力变化
液压缸导套与活塞杆偏心，活塞杆弯曲，或与机械连接偏差太大，活塞杆拉伤而引起摩擦阻力不均匀	重新调整安装，予以校直、修复或配研

4）液压元件严重磨损。液压元件的严重磨损，将导致系统不能正常工作，并可能出现严重故障。导致液压元件严重磨损的原因很多，其具体原因与排除方法见表 7-13。

表 7-13   液压元件严重磨损的故障原因及排除方法

故障原因	故障排除方法
液压油使用不当或质量低	按使用说明书的规定选用液压油，并在可能条件下使用高质量的液压油
液压油严重污染	检查污染来源，更换液压油
液压油黏度过低，不能形成足够强度的油膜，使摩擦加剧	更换黏度合适的液压油
空气进入	检查管路连接是否正确，液压油密封是否可靠
传动方式与连接方式不良，造成偏磨	检查与分析，重新安装调整
工作环境恶劣、灰尘多，而且又无防护措施，或密封损坏	增设防护装置，拆卸清洗，更换密封元件
系统长时间在超高压工况下工作	调整溢流阀，使工作压力正常
液压元件装配不当（过紧或偏心等）	调整间隙，重新装配或更换元件

5）非金属密封圈损坏。非金属密封圈损坏，将使系统的密封性能变差，导致系统的泄漏增加、空气进入系统等，使系统不能正常工作。非金属密封圈损坏时的故障现象、故障原因及排除方法见表 7-14。

表 7-14   非金属密封圈严重损坏的故障原因及排除方法

系统故障现象	故障原因	故障排除方法
挤出	压力过高	调整压力
	间隙过大	检修或更换
	沟槽不合适	检修或更换
	放入的状态不良	检修或更换
老化	温度过高	检修、更换
	自然老化变质	检修、更换
	低温硬化	检修、更换

续表

系统故障现象	故障原因	故障排除方法
扭转	一般由横向载荷所致	检修或更换
表面磨损与损伤	摩擦损耗	检查油液杂质、表面加工精度和密封圈质量
	润滑不良	查明原因，加强润滑
膨胀	与液压油不相容	更换液压油或密封圈
	液压油劣化	更换液压油
损坏、粘着、变形	压力过高，工作条件不良	检查密封圈的材质、形式、设计及作业方法
	润滑不良	检查密封圈的材质、形式、设计及作业方法
	安装不良	检查密封圈的材质、形式、设计及作业方法

6）油温过高。液压系统油温过高，将给系统带来一系列不利影响，如使密封圈损坏、元件配合间隙发生变化使其动作不灵活等，从而导致系统出现故障。引起系统油温过高的原因及排除方法见表7-15。

表 7-15　　　　　　　　　　　　系统油温过高的故障原因及排除方法

故障原因	故障排除方法
系统在非工作状态时有大量压力油损耗，使油温过高	改进系统设计，重新选择回路或液压泵
压力调整不当，长期在高压下工作	调整溢流阀压力至规定值，必要时更换回路
油液黏度过大或过小	更换黏度合适的液压油
油管过细、油路过长、弯曲过多、造成压力损失，引起系统发热	更改油管规格及油路
系统各连接处泄漏，造成容积损失而发热	检查泄漏部位，改善密封性
系统内部运动部件发生机械摩擦，造成油温升高	提高运动部件的加工精度和装配精度，改善润滑条件
油箱容量小或散热性能差	增大油箱容量，增设冷却装置
冷却器通过能力太小，或出现故障	检修或更换
环境温度高	尽量减少环境温度对系统的直接影响

7）液压冲击。液压系统如果出现液压冲击现象，将直接影响到产品的加工质量，所以要设法尽量避免出现液压冲击，以保证产品的加工质量。液压系统产生液压冲击的原因及排除方法见表7-16。

表 7-16　　　　　　　　　　　　液压冲击故障的原因及排除方法

故障原因	故障排除方法
先导阀、换向阀等制动不灵敏，致使换向时流速剧变	减少制动锥斜角或增加制动锥长度
节流缓冲失灵，单向节流缓冲装置中节流阀磨损或单向阀密封不严或其他处泄漏	修复或更换
液压缸端部没有缓冲装置	增设缓冲装置或背压阀
工作压力过高	调整压力至规定值
溢流阀存在故障，使压力突然升高	参照溢流阀故障排除方法
没有背压阀或背压阀压力过低	增设背压阀或提高背压阀压力
采用针状节流阀时，如果节流变化太快，将会影响系统工作的稳定性	改用稳定性适当的节流阀
系统中有大量空气	排除空气

8）振动与噪声。引起液压系统振动与噪声的原因很多，其主要原因及排除方法见表7-17。

表7-17　　　　　　　　　　　　　　振动与噪声的原因及排除方法

系统故障部位	故障原因	故障排除方法
液压泵	液压泵吸油密封不严，导致空气进入	拧紧进油口螺母或更换密封元件
	油箱油量不足	补油至规定高度
	吸油管浸入液面深度不够	将吸油管加长，浸到规定高度
	液压泵安装位置过高	使液压泵吸油口到液压泵进口的高度小于500mm
	油液黏度太大，流动阻力增加	更换合适黏度的液压油
	液压泵吸油口断面过小，吸油不畅	更换断面足够大的吸油管
	过滤器堵塞	清洗或更换
	齿轮泵的齿形精度不够，叶片泵的叶片卡死、断裂或配合不良，柱塞泵的柱塞卡死或移动不灵	修复或更换损坏的零件
	液压泵零件磨损，以致轴向或径向间隙过大，造成油量不足或压力波动	修复或更换磨损的零件
溢流阀	阀座损坏	修复阀座或更换
	油中杂质过多，堵塞阻尼孔	清洗阻尼孔
	阀芯与阀孔配合间隙过大	重新选配或更换
	弹簧疲劳或损坏，阀芯移动不灵活	更换弹簧
液压阀	阀芯在周体内移动不灵活	清洗、去毛刺
管道	管道细长，没有固定装置，互相碰撞	增设固定装置，扩大管道间距离
	吸油管距回油管太近	扩大两管距离
电磁铁	电磁铁焊接不良	重新焊接
	弹簧过硬或损坏	更换弹簧
	滑阀在阀体内卡住	清洗、配研
机械	液压泵与电动机联轴器不同心或松动	保持同轴度不大于0.1mm，采用弹性联轴器，紧固螺钉
	运动部件停止时有冲击，换向缺少阻尼	增设阻尼装置或缓冲装置
	电动机振动	电动机运转部件需经平衡处理

9）系统失灵。系统失灵即操纵系统工作时，系统不能按照操作者的意愿工作。这里的主要问题是查明失灵到底是由上述比较明显的故障引起的，还是由控制着系统工作的一个或几个元件的故障引起的。回路越复杂，各种元件的控制和行为的相互依赖关系就越紧密，可能涉及的单个基本回路就越多。此时，故障诊断的基本方法是根据动作失灵的表现把故障划在具体的小圈子里，以此确定使这个小圈子失灵的基本故障。于是处置措施具体到回路，并要求仔细研究回路图和充分理解各个元件的功能。最简便的方法常常是从所涉及的执行元件往回查找，以确定行为和控制究竟是在哪一点开始丧失，而不考虑那些与故障的机能没有直接关系的元件。系统失灵的故障原因及排除方法见表7-18。

表 7-18 系统失灵的故障原因及排除方法

系统故障部位	故障原因	故障排除方法
系统压力正常，执行元件无动作	无信号	检查电路，排除
	收到信号的电磁阀中电磁铁出现故障	检查电磁阀，进行修复或更换
	机械故障	检查机械部件，排除故障
系统压力正常，执行元件速度不够	外部泄漏	检查系统各部分连接和密封状况，拧紧接头或更换密封圈
	执行元件或相应管路中的阀内部泄漏	检查相应元件，修复或更换零件
	控制阀部分堵塞	拆洗
	液压泵故障或液压泵输出油口堵塞，输出流量减小	排除液压泵故障，清洗油路
	油液过热，黏度下降，泄漏增加	增设冷却装置
	执行元件过分磨损	修复或更换
	过大的外负载使执行元件超载	控制外负载的最大值
	执行元件摩擦加大	拆洗、调整密封间隙
系统压力低，执行元件速度不够	液压泵故障（磨损）或泄漏使输出流量不足	检修液压泵，修复或更换液压泵
	蓄能器故障或气压不足需要充气	排除蓄能器故障或充气到规定压力
	液压泵的驱动部分出现故障	检查液压泵驱动部分，排除驱动故障
	液压阀的调整不正确	将各控制阀调整到规定值
	溢流阀或旁通阀出现故障	检查溢流阀或旁通阀，排除故障
不规则动作	摩擦太大	检查密封是否太紧、配合间隙是否合适，并调到适当值
	执行元件不对中，执行元件、工作台、滑块等不对中，导致不规则运动	检查，修复
	压缩效应	排除混入液压油中的空气
卸荷时，系统压力仍然很高	系统卸荷部分的单向阀出现故障	修复或更换
	卸荷阀调整得不好	重新调整到合适的压力值
	上述两种情况同时存在	如果调整卸荷阀并不能改变系统压力，则故障出在单向阀上

（4）液压系统典型故障的维修。

例 7-13 某厂一台从美国引进的 **T-30** 加工中心，在进行二级维护后不久，出现工作台不能交换的现象。检查 PLC 输出正常，测量电磁阀 62SOL 线圈开路。拆下电磁阀，发现阀芯卡住，更换电磁阀后，工作台交换正常。没工作多长时间，又出现刀库定位错误报警。经仔细观察发现，在找刀或换刀过程中，定位销拔出或插入动作缓慢，定位销到位信号延迟，引起超时报警。

定位销由液压缸驱动，液压缸的进、出油受一双向电磁阀 1SOL 控制。检查液压缸无泄漏，测量 PLC 输出电压和驱动电磁阀线圈的电流均在正常范围内。拆下电磁阀，清洗阀芯后重新安装，定位销动作自如，报警消失。工作几天后，又出现主轴不能定向的故障。打开护罩检查时，发现定向销运动特别缓慢，主轴定向命令给出后，主轴慢速旋转好几转，定向销还未进入定向槽。手动电磁阀 23SOL 阀芯不灵活。

综合分析电磁阀连续出现故障的原因，可能是由液压油造成的。从油箱中取出部分油液装入透明玻璃杯中，发现杯底部有黑色沉淀物，经化学分析黑色沉淀物为碳化物质。分析原因，系二级维护时更换的液压油质量较差，含杂质太多，经过高温高压后，这些杂质成为碳化物，堵塞电磁阀阀芯，造成流量减小，致使液压缸动作缓慢。堵塞严重时，会造成电磁阀线圈烧毁。后将全部电磁阀、液压泵和油箱拆开清洗，对管路逐段加压清洗，并重新换符合机床说明书要求的液压油，机床正常工作数月，未出现过类似问题。

例7-14　一台数控车床卡盘失压故障。

故障现象：液压卡盘夹紧力不足，卡盘失压，监视不报警。

故障检查与分析：该数控车床，配套的电动刀架为LD4—I型。卡盘夹紧力不足，可能是系统压力不足、执行件内泄、控制回路动作不稳定及卡盘移动受阻造成。

故障处理：调整系统压力至要求，检修液压缸的内泄及控制回路动作情况，检查卡盘各摩擦副的滑动情况，卡盘仍然夹紧力不足。经过分析后，调整液压缸与卡盘间连接拉杆的调整螺母，故障排除。

例7-15　T40卧式加工中心刀链不执行校准回零。

故障现象：开机，待自检通过后，启动液压，执行轴校准，其后在执行机械校准时出现以下两个报警：

ASL40	ALERT	CODE	16154
	CHAIN	NOT	ALIGNED
ASL40	ALERT	CODE	17176
	CHAIN	POSITION	ERROR

因此机床不能正常工作。

故障检查与分析：美国辛辛那提·米拉克龙公司的T40卧式加工中心，其计算机部分采用该公司的A950系统。T40刀链校准是在NC接到校准指令后，使电磁阀3SOL得电控制液压马达驱动刀链顺时针转动，同时NC等待接收刀链回归校准点（HOME POSITION）的接近开关3PROX（常开）信号，收到该信号后电磁阀3SOL失电，并使电磁阀1SOL得电，刀链制动销插入，同时NC再接收到制动销插入限位开关1LS（常开）信号，刀链校准才能完成。

据此分析故障范围在以下3方面：

1）刀链因故未能转到校准位置（HOME POSITION）就停止；

2）刀链确已转到了校准位置，但由于接近开关3PROX故障，NC没有接收到到位信号，刀链一直转动，直到NC在设定接收该信号的时间范围到时，产生以上报警，刀链才停止校准；

3）刀链在转到校准位置时，NC虽接到了到位信号，但由于1SOL故障，导致制动销不能插入，限位开关1LS信号没有，而且3SOL因惯性使刀链错开回归点，接近开关信号又没有。

故障处理：根据以上分析，首先检查接近开关3PROX正常。再通过该机在线诊断功能发现在机械校准操作时1LS信号I0033（LS APIN-ADV）和3PROX信号I0034（PR-CHNA-HOME）状态一直都为OFF，观察刀链在校准过程中确实没有到位就停止转动，而且发现每次校准时转过的刀套数目也没有规律，怀疑电磁阀3SOL或者液压马达有问题。进一步查得液压马达有漏油现象，拆下更换密封圈，漏油排除，但仍不能校准，最后更换电磁阀3SOL后故障排除。

说明：由于用万用表测量电磁阀电压及阻值基本正常，而且每次校准时刀链也确实转动，因此在排除了其他原因后，最后才更换性能不良的电磁阀。

例 7-16　一台数控车床显示报警"7009 HYDRAULIC FILTER BLOCK（液压过滤器堵塞）"。

数控系统：西门子 810T 系统。

故障现象：机床开机出现 7009 号报警，不能进行其他操作。

故障分析与检查：对 7009 号报警信息进行分析，认为报警指示的液压过滤器堵塞，应该检查清理液压管路过滤器。拆下液压过滤器进行检查发现它确实比较脏。

故障处理：将液压管路过滤器清理干净重新安装，这时开机故障报警消除，机床恢复正常工作。

例 7-17　一台数控车床出现报警"9060Hydraulic system oil shortage（液压系统缺油）"。

故障现象：机床在运行时出现 9060 号报警，指示液压系统缺油。

故障分析与检查：根据报警显示"液压系统缺油"的信息提示，对液压油箱进行检查，发现油位确实有些低。

故障处理：添加液压油，复位故障报警，机床恢复正常工作。

例 7-18　德州机床厂 CKD6140 数控车床尾座行程不到位故障。

故障现象：尾座移动时，尾座心轴出现抖动且行程不到位。

故障检查与分析：该机床为德州机床厂生产的 CKD6140 及 SAG210/2NC 数控车床，配套的电动刀架为 LD4-I 型。检查发现液压系统压力不稳，心轴与尾座壳体内孔配合间隙过小，行程开关调整不当。

故障处理：调整系统压力及行程开关位置，检查心轴与尾座壳体孔的间隙并修复至要求。

7.3.2　数控机床的气动装置装调与维修

1. 数控车床上典型气压回路分析

（1）数控车床上自动门气压回路。数控机床的气动装置主要用于刀具检测、主轴孔切屑的清理、卡盘吹气以及自动门开关等，它由外接气源与回路的各元件组成，其回路图如图 7-39 所示。

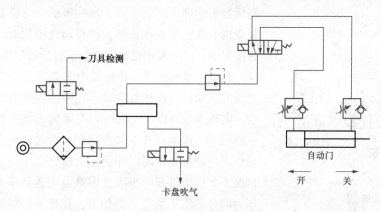

图 7-39　气动回路图

（2）真空卡盘。薄的加工件进行车削加工时是难于夹紧的，很久以来这已成为从事工艺技术者的一大难题。虽然对铁系材料的工件可以使用磁性卡盘，但是加工件容易被磁化，这是一件很麻烦的问题，而真空卡盘则是较理想的夹具。

真空卡盘的结构原理如图7-40所示，下面简单介绍其工作原理。

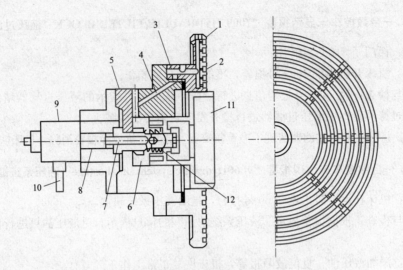

图7-40 真空卡盘的结构简图

1—卡盘本体；2—沟槽；3—小孔；4—孔道；5—转接件；6—腔室；7—孔；8—连接管；9—转阀；

10—软管；11—活塞；12—弹簧

在卡盘的前面装有吸盘，盘内形成真空，而薄的被加工件就靠大气压力被压在吸盘上以达到夹紧的目的。一般在卡盘本体1上开有数条圆形的沟槽2，这些沟槽就是前面提到的吸盘，这些吸盘是通过转接件5的孔道4与小孔3相通，然后与卡盘体内气缸的腔室6相连接。另外腔室6通过气缸活塞杆后部的孔7通向连接管8，然后与装在主轴后面的转阀9相通。通过软管10同真空泵系统相连接，按上述的气路造成卡盘本体沟槽内的真空，以吸着工件。反之，要取下被加工的工件时，则向沟槽内通以空气。气缸腔室6内有时真空有时充气，所以活塞11有时缩进有时伸出。此活塞前端的凹窝在卡紧时起到吸着的作用。即工件被安装之前缸内腔室与大气相通，所以在弹簧12的作用下活塞伸出卡盘的外面。当工件被卡紧时缸内造成真空则活塞头缩进，一般真空卡盘的吸引力与吸盘的有效面积和吸盘内的真空度成正比例。在自动化应用时，有时要求卡紧速度要快，而卡紧速度则由真空卡盘的排气量来决定。

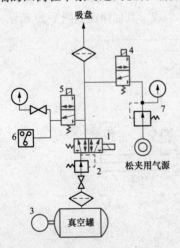

图7-41 真空卡盘的气动回路

1，4，5—电磁阀；2—调节阀；3—真空罐；

6—压力继电器；7—压力表

真空卡盘的夹紧与松夹是由图7-41中电磁阀1的换向来进行的。即打开包括真空罐8在内的回路以造成吸盘内的真空，实现卡紧动作。松夹时，在关闭真空回路的同时，通过电磁阀4迅速地打开空气源回路，以实现真空下瞬间松卡的动作。电磁阀5是用以开闭压力继电器6的回路。在卡紧的情况下此回路打开，当吸盘内真空度达到压力继电器的规定压力时，给出夹紧完了的信号。在松卡的情况下，回路已换成空气源的压力了，为了不损坏检测真空的压力继电器，将此回路关闭。如上所述，卡紧与松卡时，通过上述的三个电磁阀自动地进行操作，而卡紧力的调节是由真空调节阀2来进行的，根据被加工工件的尺寸、形状可选择最合适的卡紧力数值。

2. 加工中心上典型气压回路分析

某立式加工中心气动系统的气动三联件（过滤、减压、油雾）安装在立柱左侧支架的下方。用户自备气源，应保证工作气压不低于 0.5MPa，气源要干燥、清洁。

气动系统用于主轴锥孔清洁、清扫切屑、插拔销移动气缸及刀套翻转气缸。图 7-42 为机床气压系统图。

主轴锥孔清洁是在每一次换刀时，刀柄离开锥孔后便开始吹气清洁锥孔，新的刀柄装入主轴锥孔后清洁工作即停止。清扫切屑是在加工完成后，由安装在主轴端面上的喷嘴喷气清除切屑。

机床换刀时，由换向阀控制插拔销轴上的活塞移动，可分别锁住刀库盘和凸轮，配合换刀动作完成。刀套翻转气缸安装在刀库盘后面，由换向阀控制气缸，通过连杆机构驱动刀套翻转。

空气压力由转动旋钮调整。油雾器储油量为 0.05L，从上部给油口补给 ISO VG32 透平 1 号油。油滴流量为每分钟 5 滴。空气过滤器可滤去空气中水分，并自动从排泄口排出。

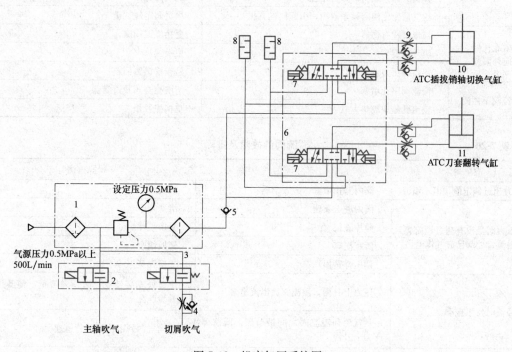

图 7-42 机床气压系统图

3. 气压故障的维修

（1）气动控制阀常见故障。控制阀是液压和气动系统的控制部分。若控制阀出现故障，则将使系统的压力、流量、液流或气流方向等控制失灵。减压阀的故障及排除见表 7-19。溢流阀的故障及排除见表 7-20。换向阀的故障及排除见表 7-21。

表 7-19 减压阀的故障及排除

故障现象	产生原因	排除方法
阀体漏气	密封件损坏	更换密封件
	弹簧松弛	调紧弹簧

故障现象	产生原因	排除方法
压力调不高	调压弹簧断裂	更换弹簧
	膜片断裂	更换膜片
	阀口径太小	换阀
	阀下部积存冷凝水	排除积水
	阀内混入异物	清洗阀
压力调不低	复位弹簧损坏	更换弹簧
	阀杆变形	更换阀杆
	阀座处有异物、有痕迹，阀芯上密封垫剥离	清洗阀和过滤器，调换密封圈
输出压力波动大或变化不均匀	减压阀通径或进出口配管通径选小了，当输出流量变动大时，输出压力波动大	根据最大输出流量选用阀或配管通径
	进气阀或阀座间导向不良	更换阀芯或修复
	弹簧的弹力减弱，弹簧错位	更换弹簧
	耗气量变化使阀频繁启闭，引起阀的共振	尽量调定耗气量
溢流孔处向外漏气	溢流阀座有伤痕	更换溢流阀座
	膜片破裂	更换膜片
	出口侧压力意外升高	检查输出侧回路
溢流阀不溢流	溢流阀座孔堵塞	清洗检查阀及过滤器
	溢流孔座橡胶垫太软	更换橡胶垫

表 7-20   **溢流阀的故障及排除**

故障现象	产生原因	排除方法
压力超过调定值，但不溢流	阀内部孔堵塞，进入杂质	清洗阀
压力阀虽没有超过调定值，但溢流口处却已有气体溢出	阀内进入杂质	清洗阀
	膜片破裂	更换膜片
	阀座损坏	调换阀座
	调压弹簧损坏	更换弹簧
溢流时发生振动	压力上升慢，溢流阀放出流量多	出口处安装针阀，微调溢流量，使其压力上升量匹配
	从气源到溢流阀之间被节流，阀前部压力上升慢	增大气源到溢流阀的管道通径
阀体与阀盖处漏气	膜片破裂	更换膜片
	密封件损坏	更换密封件
压力调不高	弹簧损坏	更换弹簧
	膜片破损	更换膜片

表 7-21   **换向阀的故障及排除**

故障现象	产生原因	排除方法
不能换向	阀的滑动阻力大，润滑不良	进行润滑
	密封圈变形，摩擦阻力大	更换密封圈
	弹簧损坏	调换弹簧
	膜片损坏	更换膜片

续表

故障现象	产生原因	排除方法
不能换向	阀操纵力太小	检查阀的操作部分
	阀芯锈蚀	调换阀或阀芯
	阀芯另一端有被压（放气小孔被堵）	清洗阀
	配合太紧	重新装配
	杂质卡住滑动部分	清除杂质
电磁铁有蜂鸣声	铁心吸合面上有脏物或生锈	清除脏物或铁锈
	活动铁心的铆钉脱落，铁心叠层分开不能吸合	更换活动铁心
	杂质进入铁心的滑动部分，使铁心不能紧密接触	清除进入电磁铁的杂质
	短路环损坏	更换固定铁心
	弹簧太硬或卡死	调整或更换弹簧
	外部导线拉得太紧	使用有富余长度的引线
	电压低于额定电压	调整电压到额定值
线圈烧毁	环境温度高	按规定温度范围使用
	换向过于频繁	改用高频阀
	吸引时电流过大、温度过高、绝缘破坏短路	用气阀代替电磁阀
	杂质夹在阀和铁心之间，活动铁心不能吸合	清除杂质
	线圈电压不合适	电源电压要符合线圈电压
阀漏气	密封件磨损、尺寸不合适、扭曲或歪斜	更换密封件并正确安装
	弹簧失效	更换弹簧

（2）气压执行部件的维修（见表 7-22）。

表 7-22　　　　　　　　　　气缸常见故障及排除

故障现象		产生原因	排除方法
气缸漏气	活塞杆处	导向套、活塞杆密封圈磨损	更换导向套和密封圈
		活塞杆有伤痕、腐蚀	更换活塞杆、清除冷凝水
		活塞杆和导向套的配合处有杂质	去除杂质，安装防尘圈
	缸体与端盖处	密封圈损坏	更换密封圈
		固定螺钉松动	紧固螺钉
	缓冲阀处	密封圈损坏	更换密封圈
	活塞两侧串气	活塞密封圈损坏	更换密封圈
		活塞被卡住	重新安装，消除活塞的偏载
		活塞配合面有缺陷	更换零件
		杂质挤入密封圈	除去杂质
气缸不动作		外负载太大	提高压力、加大缸径
		有横向载荷	使用导轨消除
		安装不同轴	保证导向装置滑动面与气缸线平行
		活塞杆或缸筒锈蚀、损伤而卡住	更换并检查排污装置及润滑状况
		润滑不良	检查给油量及油雾器的规格和安装
		混入冷凝水、油泥、灰尘，使运动阻力增大	检查气源
		混入灰尘等杂质，造成气缸卡住	注意防尘

故障现象	产生原因	排除方法
气缸动作不平稳	外负载变动大	提高使用压力或者增大缸径
	气压不足	增加压力
	空气中含有杂质	检查气源处理系统是否符合要求
	润滑不良	检查油雾器是否正常工作
气缸爬行	低于最低使用压力	提高使用压力
	气缸内漏气	排除泄漏
	回路中耗气量变化大	增设气罐
	负载太大	增大缸径
气缸走走停停	限位开关失控	更换开关
	继电器节点已到适用寿命	更换
	接线不良	检查并拧紧接线螺钉
	电气插头接触不良	插紧或更换
	电磁阀换向动作不良	更换
气缸动作速度太快	没有速度控制阀	增设速度控制阀
	速度控制阀尺寸不合适	选择调节范围合适的阀
	回路设计不合理	重新设计回路
气缸动作速度太慢	气压不足	提高压力
	负载过大	提高适用压力或增大缸径
	速度控制阀开度太小	调整速度控制阀的开度
	供气量不足	检查气源

（3）气动系统的辅助元件的维修。空气过滤器的常见故障及排除见表 7-23，油雾器的常见故障及排除见表 7-24，排气口及消声器的故障及排除见表 7-25。

表 7-23　　　　　　　　　　　　　空气过滤器的故障及排除

故障现象	产生原因	排除方法
漏气	排气阀自动排水失灵	修理或更换
	密封不良	更换密封件
压力降太大	滤芯过滤精度太高	更换过滤精度适合的滤芯
	滤芯网眼堵塞	用净化液清洗滤芯
	过滤器的公称流量小	更换公称流量大的过滤器
从输出端流出冷凝水	未及时排除冷凝水	定期排水或安装自动排水器
	自动排水器发生故障	修理或更换
	超出过滤器的流量范围	在适当流量范围内使用或更换大规格的过滤器
输出端出现异物	过滤器芯破损	更换滤芯
	滤芯密封不严	更换滤芯密封垫
	错用有机溶剂清洗滤芯	改用清洁的热水或煤油清洗
塑料水杯破损	在有机溶剂的环境中使用	使用不受有机溶剂侵蚀的材料
	空气压缩机输出某种焦油	更换空气压缩机润滑油或用金属杯
	对塑料有害的物质被空气压缩机吸入	用金属杯

表 7-24   油雾器的故障及排除

故障现象	产生原因	排除方法
不滴油或滴油量太小	油雾器装反了	改变安装方向
	通往油杯的空气通道堵塞，油杯未加压	检查修理，加大空气通道
	油道堵塞，节流阀未开启或开度不够	修理，调节节流阀开度
	通过流量小，压差不足以形成滴油	更换合适规格的油雾器
	黏度太大	换油
	气流短时间间歇流动，来不及滴油	使用强制给油方式
油滴数无法减少	节流阀开度太大，节流阀失效	调至合理开度。更换节流阀
油杯破损	在有机溶剂的环境中使用	选用金属杯
	空气压缩机输出某种焦油	更换空气压缩机润滑油或用金属怀
漏气	油杯破裂	更换金属怀
	密封不良	检修密封
	观察玻璃破损	更换观察玻璃

表 7-25   排气口和消声器的故障及排除

故障现象	产生原因	排除方法
有冷凝水排出	忘记排放各处的冷凝水	每天排放各处冷凝水，确认自动排水器能正常工作
	后冷却器能力不足	加大冷却水量，重新选型
	空气压缩机进口潮湿或淋入雨水	调整空气压缩机位置，避免雨水淋入
	缺少除水设备	增设后冷却器、干燥器、过滤器等必要的除水设备
	除水设备太靠近空气压缩机，无法保证大量水分呈液态，不便排出	除水设备应远离空气压缩机
	压缩机油黏度低，冷凝水多	选用合适的压缩机油
	环境温度低于干燥器的露点	提高环境温度或者重新选择干燥剂
	瞬时耗气量太大，节流器处温度下降太大	提高除水装置的除水能力
有灰尘排出	从空气压缩机入口和排气口混入灰尘	空气压缩机吸气口装过滤器，排气口装消声器或者洁净器，灰尘过多时加保护罩
	系统内部产生锈屑、金属末和密封材料、粉尘	元件及配管应使用不生锈、耐腐蚀的材料，保证良好润滑条件
	安装维修时混入灰尘	安装维修时，应防止铁屑、灰尘等杂质混入，安装完后应用压缩空气充分吹洗干净
有油雾喷出	油雾器离气缸太远，油雾达不到气缸，阀换向时油雾便排出	油雾器尽量靠近需润滑的元件，提高其安装位置，选用微雾性油雾器
	一个油雾器供应多个气缸，很难均匀输入各气缸，多余的油雾便排出	改成一个油雾器只供应一个气缸
	油雾器的规格、品种选用不当，油雾送不到气缸	选用与气量相适应的油雾器规格

（4）气压故障实例。

例 7-19   刀柄和主轴的故障的排除。

故障现象：一立式加工中心换刀时，主轴锥孔吹气，把含有铁锈的水分吹出，并附着在主轴锥孔和刀柄上。刀柄和主轴接触不良。

分析及处理过程：立式加工中心气动控制原理图如图7-43所示。故障产生的原因是压缩空气中含有水分。如采用空气干燥机，使用干燥后的压缩空气问题即可解决。若受条件限制，没有空气干燥机，也可在主轴锥孔吹气的管路上进行两次分水过滤，设置自动放水装置，并对气路中相关零件进行防锈处理，故障即可排除。

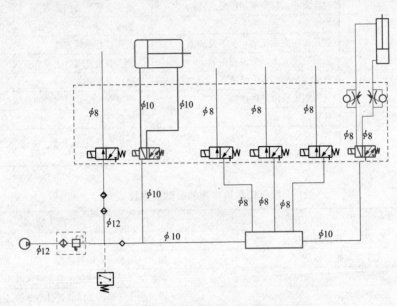

图 7-43 某立式加工中心的气动控制原理图

例7-20 松刀动作缓慢的故障维修。

故障现象：一立式加工中心换刀时，主轴松刀动作缓慢。

分析及处理过程：根据图7-43所示的气动控制原理图进行分析，主轴松刀动作缓慢的原因有：①气动系统压力太低或流量不足；②机床主轴拉刀系统有故障，如碟形弹簧破损等；③主轴松刀气缸有故障。根据分析，首先检查气动系统的压力，压力表显示气压为0.6MPa，压力正常；将机床操作转为手动，手动控制主轴松刀，发现系统压力下降明显，气缸的活塞杆缓慢伸出，故判定气缸内部漏气。拆下气缸，打开端盖，压出活塞和活塞环，发现密封环破损，气缸内壁拉毛。更换新的气缸后，故障排除。

例7-21 变速无法实现的故障排除。

故障现象：一立式加工中心换挡变速时，变速气缸不动作，无法变速。

分析及处理过程：根据图7-43所示的气动控制原理图进行分析，变速气缸不动作的原因有：

1）气动系统压力太低或流量不足。

2）气动换向阀未得电或换向阀有故障。

3）变速气缸有故障。

根据分析，首先检查气动系统的压力，压力表显示气压为0.6MPa，压力正常；检查换向阀电磁铁已带电，用手动换向阀，变速气缸动作，故判定气动换向阀有故障。拆下气动换向阀，检查发现有污物卡住阀芯。进行清洗后，重新装好，故障排除。

7.4 数控机床的润滑与冷却系统的维修

7.4.1 机床的冷却系统

1. 数控车床的冷却系统

(1) 冷却系统的结构（见图7-44）。数控车床的冷却装置安装在后床腿内，冷却液由冷却泵经管路送至床鞍，再由床鞍经管路至滑板，再由刀架上的喷嘴送出。经济型数控车床的四工位刀架为内冷却刀架，如果喷嘴的方向不合适可调整。注意调整喷嘴方向一定要在停机状态下进行。

当机床采用卧式六工位刀架时，冷却系统为外循环，由安装在床鞍后部的冷却软管将冷却液送至切削部位，冷却液流量的大小可通过旋转安装在冷却支杆上的锥阀来进行控制。

用过的冷却液流回油盘，经油盘底部的过滤小孔再流回后床腿内。为提高冷却泵的使用寿命防止冷却管路堵塞，在后床腿内安装一磁铁用来吸附细小铁末。该磁铁应与冷却液槽一起定期进行清洗。

经济型数控车床常用的冷却泵为 AYB-25 型三相电泵，冷却液为乳化液，用户可根据加工件的不同要求，自行配制或选用不同牌号的乳化液。

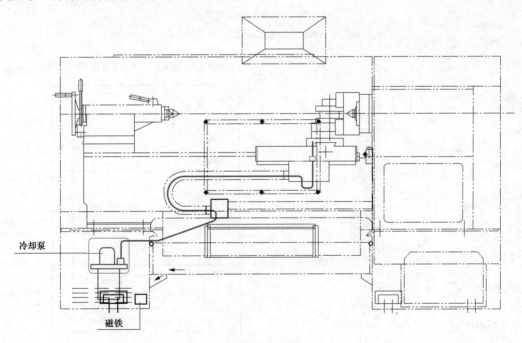

图 7-44 冷却装置

(2) 电气连接。数控机床冷却泵电气控制线路比较简单，冷却执行单元一般都是三相交流异步电动机。冷却系统主电路、控制电路与信号电路如图7-45所示。

2. 加工中心冷却

(1) 机床冷却。图7-46为电控箱冷气机的原理图和结构图。其工作原理是：电控箱冷气机外部空气经过冷凝器，吸收冷凝器中来自压缩机的高温空气的热量，使电控箱内的热空气得到冷却。

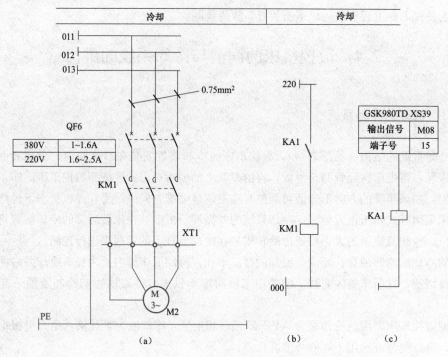

图 7-45　冷却系统电气控制
(a) 主电路；(b) 控制电路；(c) 信号电路

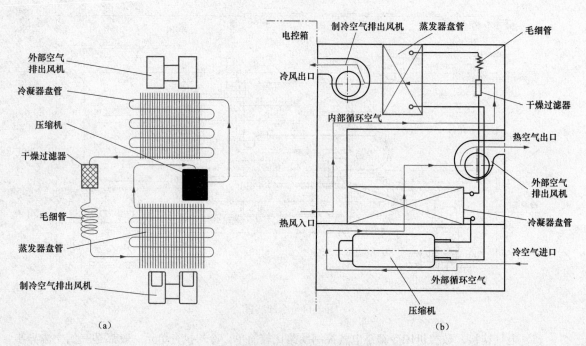

图 7-46　电控箱冷气机的原理图和结构图
(a) 原理图；(b) 结构图

在此过程中蒸发器中的液态制冷剂变成低温低压气态制冷剂，压缩机再将其吸入压缩成高温高压气态制冷剂，由此完成一个循环。同时电控箱内的热空气再循环经过蒸发器使其中的水蒸气被冷却，凝结成液态水而排出，这样热空气在经过冷却的同时也得到了除湿、干燥。

　　VP1050 加工中心采用专用的主轴温控机对主轴的工作温度进行控制。图 7-47 （a） 为主轴温控机的工作原理图，循环液压泵 2 将主轴头内的润滑油（L-AN32 机油）通过管道 6 抽出，经过过滤器 4 过滤送入主轴头内，温度传感器 5 检测润滑油液的温度，并将温度信号传给温控机控制系统，控制系统根据操作人员在温控机上的预设值，来控制冷却器的开停。冷却润滑系统的工作状态由压力继电器 3 检测，并将此信号传送到数控系统的 PLC。数控系统把主轴传动系统及主轴的正常润滑作为主轴系统工作的充要条件，如果压力继电器 3 无信号发出，则数控系统 PLC 发出报警信号，且禁止主轴启动。图 7-47 （b） 为温控机操作面板。操作人员可以设定油温和室温的差值，温控机根据此差值进行控制，面板上设置有循环液压泵，冷却机工作、故障等多个指示灯，供操作人员识别温控机的工作状态。主轴头内高负荷工作的主轴传动系统与主轴同时得到冷却。

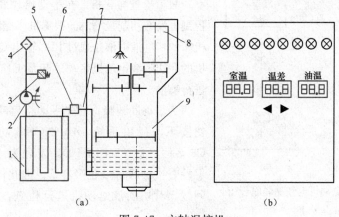

图 7-47　主轴温控机

（a）工作原理图；（b）操作面板图

1—冷却器；2—循环液压泵；3—压力继电器；4—过滤器；5—温度传感器；6—出油管；

7—进油管；8—主轴电动机；9—主轴头

　　（2）工件切削冷却。数控机床在进行高速大功率切削时伴随大量的切削热产生，使刀具、工件和内部机床的温度上升，进而影响刀具的寿命、工件加工质量和机床的精度。所以，在数控机床中，良好的工件切削冷却具有重要的意义，切削液不仅具有对刀具、工件、机床的冷却作用，还起到在刀具与工件之间的润滑、排屑清理、防锈等作用。图 7-48 所示为 H400 型加工中心工件切削冷却系统原理图。H400 加工中心在工作过程中可以根据加工程序的要求，由两条管道喷射切削液，不需要切削液时，可通过切削液开/停按钮关闭切削液。通常在 CAM 生成的程序代码中会自动加入切削液开关指令。手动加工时机床操作面板上的切削液开

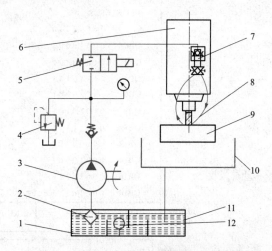

图 7-48　H400 加工中心切削冷却系统图

1—切削液箱；2—过滤器；3—液压泵；4—溢流阀；5—电磁阀；

6—主轴部件；7—分流阀；8—切削液喷嘴；9—工件；

10—切削液收集装置；11—切削液箱；12—液位指示计

/停按钮可启动切削液电动机，送出切削液。

为了充分提高冷却效果，在一些数控机床上还采用了主轴中央通水和使用内冷却刀具的方式进行主轴和刀具的冷却。这种方式对提高刀具寿命、发挥数控机床良好的切削性能、切屑的顺利排出等方面具有较好的作用，特别是在加工深孔时效果尤为突出，所以目前应用越来越广泛。

3. 故障维修实例

例 7-22　一台数控车床加工时没有冷却。

数控系统：西门子 810T 系统。

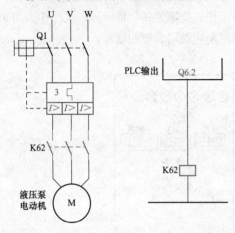

图 7-49　切削液电动机电气控制原理图

故障现象：这台机床在自动加工时，发现没有切削液喷淋。

故障检查与分析：在手动操作状态下，用手动按钮控制也没有切削液喷淋。根据机床控制原理（见图 7-49），机床的切削液喷淋是通过 PLC 输出 Q6.2 控制切削液电动机的，切削液电动机带动冷却泵工作，产生流量和压力，进行喷淋。

为了诊断故障，首先手动将启动切削液电动机的按钮按下，利用系统 DIAGNOSIS 功能检查 PLC 输出 Q6.2 的状态（见图 7-50），发现为"1"，没有问题，接着检查接触器 K62 也吸合了。因此怀疑切削液电动机有问题，对切削液电动机进行检查，发现线圈绕组已经烧坏。

故障处理：维修切削液电动机后，冷却系统恢复正常工作。

JOG					-CH1
PLC STATUS					
	7 6 5 4 3 2 1 0			7 6 5 4 3 2 1 0	
QB0	0 0 1 1 0 0 0 1		QB1	0 0 1 0 1 1 1 1	
QB2	0 1 0 1 0 1 0 1		QB3	0 0 1 0 1 0 1 0	
QB4	0 1 1 1 0 1 1 1		QB5	1 0 1 0 1 0 1 0	
QB6	1 0 0 1 0 1 0 1		QB7	0 0 1 0 1 0 1 0	
QB8	0 1 0 1 0 1 0 1		QB9	1 0 1 0 1 0 1 0	
QB10	0 1 0 1 1 1 1 1		QB11	1 1 1 0 1 0 1 0	
QB12	0 0 1 0 0 1 0 1		QB13	0 0 1 0 1 1 1 0	
QB14	0 0 0 1 0 1 0 1		QB15	1 1 1 0 1 0 1 0	
QB16	0 0 0 1 0 1 1 1		QB17	0 0 1 0 1 0 1 1	
QB16	0 0 0 1 0 1 1 1		QB17	0 0 1 0 1 0 1 1	

屏幕最底行	KM	KH	KF		

软键

图 7-50　西门子 810T 系统 PLC 输出状态显示

7.4.2　数控机床的润滑系统

1. 润滑系统的种类

（1）单线阻尼式润滑系统。此系统适合于机床润滑点需油量相对较少，并需周期供油的场合。它是利用阻尼式分配，把液压泵供给的油按一定比例分配到润滑点。一般用于循环系统，也可以用于开放系统，可通过时间的控制来控制润滑点的油量。该润滑系统非常灵活，多一个或少一个润滑点都可以，并可由用户安装，且当某一点发生阻塞时，不影响其他点的使用，故应用十分广泛。

（2）递进式润滑系统。递进式润滑系统主要由泵站、递进片式分流器组成，并可附有控制装置加以监控。其特点是：能对任一润滑点的堵塞进行报警并终止运行，以保护设备；定量准确、压力高；不但可以使用稀油，而且还适用于使用油脂润滑的情况。润滑点可达 100 个，压力可达 21MPa。

递进式分流器由一块底板、一块端板及最少 3 块中间板组成。一组阀最多可有 8 块中间板，可润滑 18 个点。其工作原理是由中间板中的柱塞从一定位置起依次动作供油，若某一点产生堵塞，则下一个出油口就不会动作，因而整个分流器停止供油。堵塞指示器可以指示堵塞位置，便于维修。图 7-51 所示为递进式润滑系统。

（3）容积式润滑系统。系统以定量阀作为分配器向润滑点供油，在系统中配有压力继电器，使得系统油压达到预定值后发讯，使电动机延时停止，润滑油由定量分配器供给，系统通过换向阀卸荷，并保持一个最低压力，使定量阀分配器补充润滑油，电动机再次启动，重复这一过程，直至达到规定润滑时间。该系统压力一般在 50MPa 以下，润滑点可达几百个，其应用范围广、性能可靠，但不能作为连续润滑系统。图 7-52 所示为容积式润滑系统。

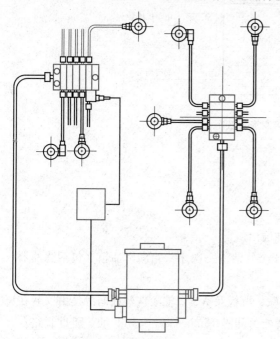

图 7-51　递进式润滑系统

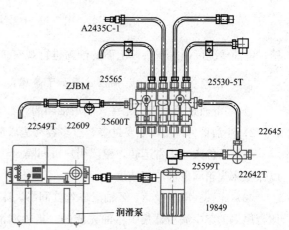

图 7-52　容积式润滑系统

2. 数控车床的润滑系统结构

为了确保机床正常工作，机床所有的摩擦表面均应按规定进行充分的润滑。

（1）床头箱（见图 7-53）。润滑油箱及油泵放置在前床腿内，润滑油经线隙式滤油器由油泵打出至分油器，对床头箱内的各传动件及主轴前后轴承等进行润滑，然后由床头箱底部回油管回到油

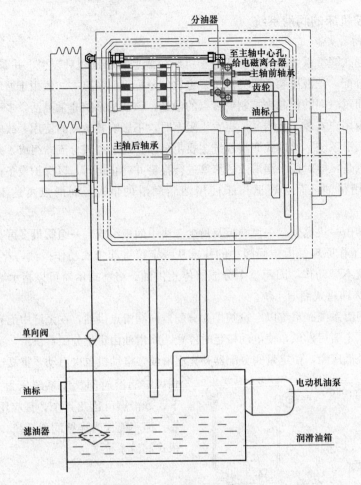

图 7-53　床头箱润滑示意图

箱，供油情况可通过床头箱上面的油窗进行观察。

注意：机床首次注油应注意如下事项：

1）润滑油是通过床头箱注入润滑油箱的。

2）注油量为 10L，不要过多，过多容易造成油溢出。

为保证机床的正常运转，建议用户每间隔 3～4 个月清洗一次床头箱润滑油箱（包括滤油器），以保证床头箱润滑油的清洁度。

（2）床鞍、滑板及 X、Z 轴滚珠丝杠润滑。床鞍、滑板及 X、Z 轴滚珠丝杠润滑是由安装在床体台尾侧的集中润滑器集中供油完成的。集中润滑器每间隔 15min 打出 5.5mL 油，通过管路及计量件送至各润滑点。

本机床润滑点共有 6 个：

1）横滑板导轨 2 个。

2）X 轴丝杠螺母 1 个。

3）床鞍导轨 2 个。

4）Z 轴丝杠螺母 1 个。

机床首次启动时，应先启动集中润滑器，待各油路充满油并把油送至各润滑点后，再启动机床，以后则无须先启动集中润滑器。必要时可先采用手动方式供油，方法是将润滑器手动拉杆拉至上限脱手，让活塞自行复位，即一次供油完成，注意严禁用手按压手动拉杆强行排油，以免损坏泵内机件。

当集中润滑器油液处于低位时，能自动报警，此时须及时添加润滑油。

（3）X、Z 轴轴承润滑。X、Z 轴轴承采用 NBU 长效润滑脂润滑，平时不需要添加，待机床大修时再更换。

（4）尾架润滑。尾架的润滑每班应将相应的油杯注满油一次。

（5）机床用油情况见图 7-54 所示机床润滑指示标志。

（6）润滑控制电气连接。某些数控车床采取自动润滑时，由于自动润滑系统中的自动智能润滑泵包含了智能微型计算机控制芯片，其芯片中已有控制泵油时间和间隔时间的程序，因此，如 GSK980TD 系统数控车床配自动智能润滑泵控制自动润滑时，则其润滑系统电气控制如图 7-55（a）所示。

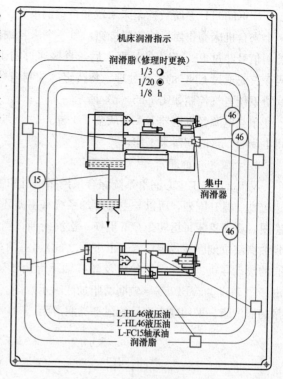

图 7-54　机床润滑指示

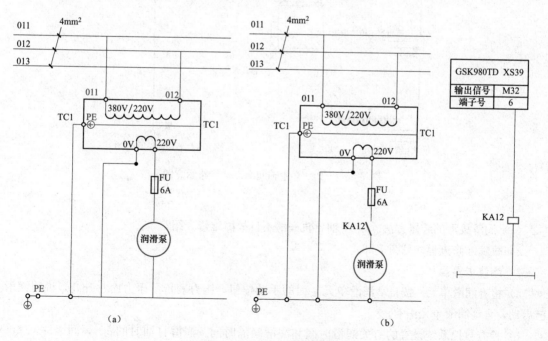

图 7-55　润滑系统电气控制

（a）自动润滑方式；（b）非自动润滑方式

GSK980TD 系统数控车床采取非自动润滑时，数控机床润滑控制信号的产生一般有两个来源：一个来自机床操作面板的控制按钮，另一个来自编程的指令代码（M 代码）。来自机床操作面板的控制信号经过 PLC 程序的处理之后，直接通过输出接口来驱动外围器件执行；来自编程的指令代码，首先通过 CNC 的运算处理，将待定的控制信号传递给机床的 PLC，由 PLC 实现控制过程。其润滑系统电气控制如图 7-55（b）所示。

单相电源经继电器 KA12 从泵 TB 端子 1、2 端子引入，当系统输出端子 M32 有信号时，KA12 得电闭合，这时润滑泵工作。

3. 加工中心的润滑

VP1050 加工中心润滑系统综合采用脂润滑和油润滑。其中主轴传动链中的齿轮和主轴轴承转速较高、温升剧烈，所以与主轴冷却系统采用循环油润滑。图 7-56 为 VP1050 主轴润滑冷却管路示意图。要求机床每运转 1000h 更换一次润滑油，当润滑油液位低于油窗下刻度线时，需补充润滑油到油窗液位刻度线规定位置（上下限之间），主轴每运转 2000h，需要清洗过滤器。VP1050 加工中心的滚动导轨、滚珠螺母丝杠及丝杠轴承等由于运动速度低，无剧烈温升，故这些部位采用脂润滑。图 7-57 为 VP1050 导轨润滑脂加注嘴示意图。要求在机床运转 1000h（或 6 个月）补充一次适量的润滑脂，采用规定型号的锂基类润滑脂。

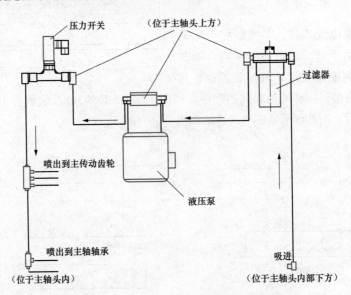

图 7-56　VP1050 主轴润滑冷却管路示意图

4. 故障维修

（1）润滑故障的维修方法。以 X 轴导轨润滑不良故障维修介绍。

1）故障维修流程（见图 7-58）。

2）维修步骤：

a）检查润滑单元。按自动润滑单元上面的手动按钮，压力表指示压力由 0 升高，说明润滑泵已启动，自动润滑单元正常。

b）检查数控系统设置的有关润滑时间和润滑间隔时间。润滑打油时间 15s，间隔时间 6min，与出厂数据对比无变化。

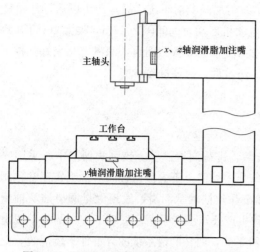
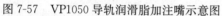

图 7-57　VP1050 导轨润滑脂加注嘴示意图

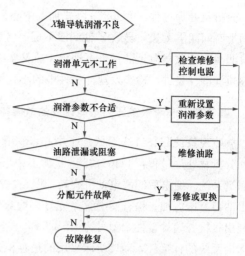

图 7-58　X 轴导轨润滑不良故障维修流程图

c）拆开 X 轴导轨护板，检查发现两侧导轨一侧润滑正常，另一侧明显润滑不良。

d）拆检润滑不良侧有关的分配元件，发现有两只润滑计量件堵塞，更换新件后，运行 30min，观察 X 轴润滑正常。

（2）故障维修。

例 7-23　加工表面粗糙度不理想的故障排除。

故障现象：某数控龙门铣床，用右面垂直刀架铣产品机架平面时，发现工件表面粗糙度达不到预定的精度要求。

分析及处理过程：这一故障产生以后，把查找故障的注意力集中在检查右垂直刀架主轴箱内的各部滚动轴承（尤其是主轴的前后轴承）的精度上，但出乎意料的是各部滚动轴承均正常。后来经过研究分析及细致的检查发现：为工作台蜗杆及固定在工作台下部的蜗母条这一传动副提供润滑油的四根管基本上都不来油。经调节布置在床身上的控制这四根油管出油量的四个针形节流阀，使润滑油管流量正常后，故障消失。

例 7-24　润滑油损耗大的故障排除。

故障现象：TH5640 立式加工中心，集中润滑站的润滑油损耗大，隔 1 天就要向润滑站加油，切削液中明显混入大量润滑油。

分析及处理过程：TH5640 立式加工中心采用容积式润滑系统。这一故障产生以后，开始认为是润滑时间间隔太短，润滑电动机启动频繁，润滑过多，导致集中润滑站的润滑油损耗大。将润滑电动机启动时间间隔由 12min 改为 30min 后，集中润滑站的润滑油损耗有所改善但是油损耗仍很大。故又集中注意力查找润滑管路问题，润滑管路完好并无漏油，但发现 Y 轴丝杠螺母润滑油特别多，拧下 Y 轴丝杠螺母润滑计量件，检查发现计量件中的 Y 形密封圈破损。换上新的润滑计量件后，故障排除。

例 7-25　导轨润滑不足的故障排除。

故障现象：TH6363 卧式加工中心，Y 轴导轨润滑不足。

分析及处理过程：TH6363 卧式加工中心采用单线阻尼式润滑系统。故障产生以后，开始认为是润滑时间间隔太长，导致 Y 轴润滑不足。将润滑电动机启动时间间隔由 15min 改为 10min，Y 轴导轨润滑有所改善但是油量仍不理想。故又集中注意力查找润滑管路问题，润滑管路完好；拧下 Y 轴导轨润滑计量件，检查发现计量件中的小孔堵塞。清洗后，故障排除。

例 7-26 润滑系统压力不能建立的故障排除。

故障现象：TH68125 卧式加工中心，润滑系统压力不能建立。

分析及处理过程：TH68125 卧式加工中心组装后，进行润滑试验。该卧式加工中心采用容积式润滑系统。通电后润滑电动机旋转，但是润滑系统压力始终上不去。检查润滑泵工作正常，润滑站出油口有压力油；检查润滑管路完好；检查 X 轴滚珠丝杠轴承润滑，发现大量润滑油从轴承里面漏出；检查该计量件，型号为 ASA-5Y，查计量件生产公司润滑手册，发现 ASA-5Y 为单线阻尼式润滑系统的计量件，而该机床采用的是容积式润滑系统，两种润滑系统的计量件不能混装。更换容积式润滑系统计量件 ZSAM-20T 后，故障排除。

7.5 数控机床的排屑与防护系统的维修

7.5.1 排屑装置

1. 排屑装置

排屑装置是数控机床的必备附属装置，其主要作用是将切屑从加工区域排出数控机床之外。切屑中往往都混合着切削液，排屑装置从其中分离出切屑，并将它们送入切屑收集箱（车）内，而切削液则被回收到切削液箱。数控铣床、加工中心和数据控镗铣床的工件安装在工作台上，切屑不能直接落入排屑装置，故往往需要采用大流量切削液冲刷，或压缩空气吹扫等方法使切屑进入排屑槽，然后回收切削液并排出切屑。排屑装置的种类繁多，表 7-26 所示为常见的几种排屑装置结构。

表 7-26   **排屑装置结构**

名称	实物	结构简图
平板链式排屑装置		

续表

名　称	实　物	结构简图
刮板式排屑装置	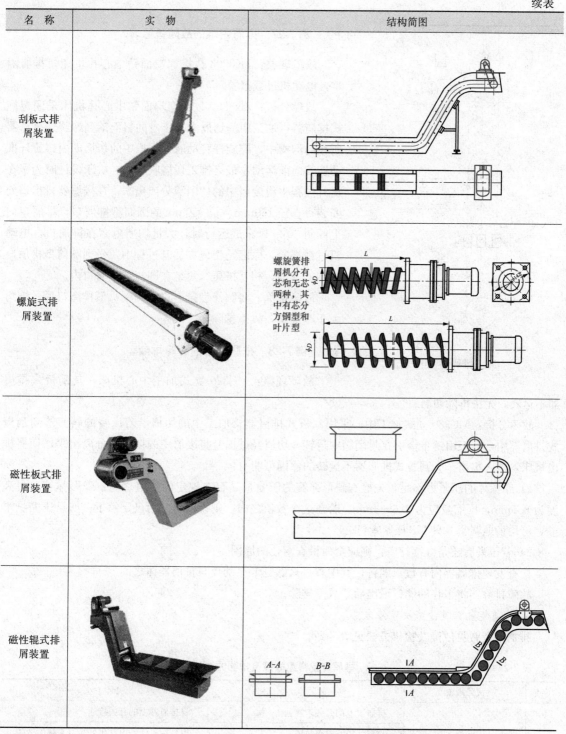	
螺旋式排屑装置		螺旋簧排屑机分有芯和无芯两种，其中有芯分方钢型和叶片型
磁性板式排屑装置		
磁性辊式排屑装置		

2. 排屑装置电气控制

排屑装置电气控制如图 7-59 所示。

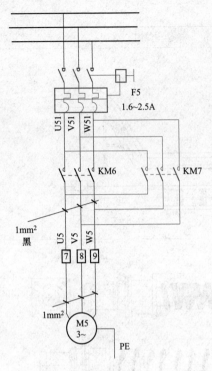

图 7-59　排屑装置电气控制

3. 维修实例

> **例 7-27　排屑困难的故障排除。**

故障现象：ZK8206 数控锪端面钻中心孔机床，排屑困难，电动机过载报警。

故障分析：ZK8206 数控锪端面钻中心孔机床采用螺旋式排屑器，加工中的切屑沿着床身的斜面落到螺旋式排屑器所在的沟槽中，螺旋杆转动时，沟槽中的切屑即由螺旋杆推动连续向前运动，最终排入切屑收集箱。机床设计时为了在提升过程中将废屑中的切削液分离出来，在排屑器排出口处安装一直径 160mm、长 350mm 的圆筒型排屑口，排屑口向上倾斜 30°。机床试运行时，大量切屑阻塞在排屑口，电动机过载报警。原因是切屑在提升过程中，受到圆筒型排屑口内壁的摩擦，相互挤压，集结在圆筒型排屑口内。

故障排除：将圆筒型排屑口改为喇叭型排屑口后，锥角大于摩擦角，故障排除。

> **例 7-28　排屑困难的故障排除。**

故障现象：MC320 立式加工中心机床，其刮板式排屑器不运转，无法排除切屑。

故障分析：MC320 立式加工中心采用刮板式排屑器。加工中的切屑沿着床身的斜面落到刮板式排屑器中，刮板由链带牵引在封闭箱中运转，切屑经过提升将废屑中的切削液分离出来，切屑排出机床，落入集屑车。刮板式排屑器不运转的原因可能有：

1）摩擦片的压紧力不足：先检查碟形弹簧的压缩量是否在规定的数值之内：碟形弹簧自由高度为 8.5mm，压缩量应为 2.6~3mm，若在这个数值之内，则说明压紧力已足够了；如果压缩量不够，可均衡地调紧 3 只 M8 压紧螺钉。

2）若压紧后还是继续打滑，则应全面检查卡住的原因。

检查发现排屑器内有数只螺钉，其中有一只螺钉卡在刮板与排屑器体之间。

故障排除：将卡住的螺钉取出后，故障排除。

4. 排屑装置常见故障及检修方法

排屑装置常见故障及检修方法见表 7-27。

表 7-27　　　　　　　　　**排屑装置常见故障及排除方法**

序号	故障现象	故障原因	排除方法
1	执行排屑器启动指令后，排屑器未启动	排屑器上的开关未接通	将排屑器上的开关接通
		排屑器控制电路故障	由数控机床的电气维修人员来排除故障
		电动机保护热继电器跳闸	测试检查，找出跳闸的原因，排除故障后，将热继电器复位

序号	故障现象	故障原因	排除方法
2	执行排屑器启动指令后，只有一个排屑器启动工作	另一个排屑器上的开关未接通	将未启动的排屑器上的开关接通
		控制电路故障	
		电动机保护热继电器跳闸	
3	排屑器噪声增大	排屑器机械变形或有损坏	检查修理，更换损坏部分
		铁屑堵塞	及时将堵塞的铁屑清理掉
		排屑器固定松动	重新紧固牢固
		电动机轴承润滑不良磨损或损坏	定期检修，加润滑脂，更换已损坏的轴承
4	排屑困难	排屑口切屑卡住	及时清除排屑口积屑
		机械卡死	调整修理
		刮板式排屑器摩擦片的压紧力不足	调整碟形弹簧压缩量或调整压紧螺钉

7.5.2　防护装置

1. 机床防护门

数控机床一般配置机床防护门，防护门多种多样。图 7-60 就是常用的一种防护门，数控机床在加工时，应关闭机床防护门。

图 7-60　防护门

2. 防护罩系列

防护罩种类繁多，表 7-28 为几种常见的机床防护罩。

表 7-28　　　　　　　　　　　　　　　**防护罩系列**

名　称	实　物	结构简图
柔性风琴式防护罩		压缩后长度　　行程　　最大长度

续表

名　称	实　物	结构简图
钢板机床导轨防护罩		
盔甲式机床防护罩		折层 导向　　薄板
卷帘布式防护罩		
防护帘		
防尘折布		

3. 拖链系列

各种拖链可有效地保护电线、电缆、液压与气动的软管，可延长被保护对象的寿命，降低消耗，并改善管线分布零乱状况，增强机床整体艺术造型效果。表 7-29 为常见的拖链。

表 7-29　　　　　　　　　　　　　　拖　链　系　列

名　称	实　物
桥式工程塑料拖链	
全封闭式工程塑料拖链	
DGT 导管防护套	
JR-2 型矩形金属软管	
加重型工程塑料拖链、S 型工程塑料拖链	
钢制拖链	

4. 故障诊断与维修

例 7-29 故障现象：一台配套 OKUMA OSP700 系统，型号为 XHAD765 的数控机床，换刀过程中出现 2834 "刀库关门检测器异常" 报警，刀库门未关上，随后出现 1728 "刀库防护门电动机断路器" 报警。

分析及处理过程：出现 "2834，刀库关门检测器异常" 报警，原因有：刀库门未关上，超时报警，传感器 SQ8 不良或线路不良。根据故障现象，故计本例中刀库门未关上应该是刀库门关上动作超时报警。据操作工介绍，刀库门近期动作迟缓、停顿，似乎很费力，而 1728 报警说明刀库电动机过载，刀库门卡滞。关机后将刀库门驱动电动机传动带拆下，用手推拉刀库，确实有卡滞，仔细检查，发现刀库门滚珠导轨由于无防护，导轨槽中有细小切屑；用油冲洗，直到用手推拉灵活自由后，将刀库门关上，装上传动带。打开电柜，将热继电器 FRM6 复位，开机，将参数 P16 bit7 设定为 1，将 P56 bit7 设定为 1；再切换到手动运行方式，按 "ATC＋互锁解除"，ATC 灯亮，按扩展一 PLC 测试进入 M06 调整方面，设 EACH OPERATION POSSIBLE 为 1，设 MAGAZINE DOOR OPEN 为 1，按单步退，打开刀库门，再设 MAGAZINE DOOR CLOSE 为 1，按单步退，如此多次，刀库门开关正常；再将 M06 调整画面恢复到准备状态，按 "ATC＋锁解除"，关闭 ATC 灯，设定参数 P16 bit7 为 1，P56 bit7 为 0，切换到 MDI 方式，用 T♯、M06 指令换刀正常。

例 7-30 故障现象：一台配套 OKUMA OSP700 系统，型号为 XHAD765 的数控机床，故障现象同例 7-29。

分析及处理过程：关机后，拆下刀库门电动机传动带，用手推拉刀库门很轻松，无卡滞现象，负载很小，也不应是传动带松动的问题（传动带松动不会引起刀库门电动机过载保护）。查电动机供电正常，于是怀疑电动机本身的问题；送电开机按例 7-29 进入 M06 调整方式，打开、关闭刀库门，由于传动带未安装，这时需人为用手模拟将刀库门打开或关闭，同时观察刀库门电动机轴的转动情况，发现电动机轴转动有卡滞，证实电动机部分确实有问题。断电关机，将电动机拆下检查，该电动机为普通微型三相异步电动机，在轴端加了一级电磁制动，结构原理类似交流伺服电动机上的电磁制动。在电动机要运转时，电磁线圈通电吸合铁心，松开制动，电动机带动刀库门运转；动作结束，电磁线圈断电，弹簧将制动抱紧。如果该电磁制动不良，则也会导致电动机过载。将电磁制动拆下检查，机械正常，用手拧电动机轴正常，用表测电动机绕组，无不平衡及碰壳短路现象；将电磁制动接上 96V 直流电源，观察衔铁未吸合到位，正常情况，通电后铁心应清脆地吸合；铁心未吸合到位，制动不能完全解除，导致电动机过载；因为电压正常，而电磁力不足，说明电磁线圈有点问题。由于配件一时不易购到，临时将制动弹簧加载螺钉调松，到铁心能清脆吸合即可；再安装回电动机，接通 96V 直流电，用手拧输出轴，手感轻松灵活。将该电动机装回机床，装上传动带，按例 7-29，再调整刀库门，正常，恢复状态，退出后到 MDI 方式下，换刀正常。

常见 SIEMENS 系统的故障诊断与维修

1. 西门子 3 系统的故障诊断与维修（见附表 1）

附表 1 　　　　　　　　　　西门子 3 系统的故障诊断与维修

序号	故障现象	故障分析	故障原因	排除方法	系统型号
01	专用数控磨床调试时电源板无法工作	用诊断电源板，也不工作，查电压波形	电压波动太大	用德国的动力线路，限压器才稳定了，电压故障排除	3G-4B
02	磨头主轴电机不动，计数器不计数报警	因主轴电机为直流电机，先查电枢电压，查励磁电压（无），查励磁电路，更换熔断器后，再查励磁电压，跳动，查整流电路（无故障），进一步检查有关元件	发现热继电器一个热保护触点跳开	复位触点，测励磁线圈的接线端上电压正常，接上线圈，故障排除	3M
03	数控磨床当 Y 轴反向运动时出现 NC 系统 113 号、222 号报警	查使用手册，222 号报警是因 113 号报警引起，且 113 号报警是由于速度环没有达到最优化造成；查速度环参数设定；查伺服板；查伺服反馈	编码器联轴节有一斜裂纹，当电机反向旋转时，裂纹受力张开，致使编码器丢转	更换编码器新联轴节，故障排除	3M
04	数控轴颈端面磨床磨头主轴自动时不能复位，但用手动方式可以复位	查自动控制回路	磨头主轴控制器 N01 电源输入端 L01 上一只快速熔断器熔断	更换一只新熔断器，一切正常	3M
05	合上电源后，按机床起动按钮主轴电机不能起动	先查电柜，把跳闸的空气开关合上，仍不能起动，查机床起动按钮、中间继电器、接触器	发现交流接触器 K106 不能吸合，用万用表查磨头主轴电机中的热敏电阻无阻值	换一新热敏电阻	3M
06	数控轴颈端面磨床磨头主轴测速电机起动即烧保险	查测速电机电路，因熔断器 N 熔断，说明故障在控制主轴测速电机 M1 的控制器 N71 中	拆开 N71，发现一个二极管被击穿	更换二极管，正常	3M

序号	故障现象	故障分析	故障原因	排除方法	系统型号
07	数控磨床 Z 轴找不到参考点，系统出现超极限报警	查零点开关，查零点脉冲，查编码器	编码器内部积油较多，将编码器刻盘遮挡，致使零点脉冲发不出去	清洗，重新密封安装，故障消除，但要注意调整机床零点	3M
08	磨头主轴电机不运转	查电机励磁电压及电枢电压，查熔断器，查整流电路	从熔断器烧毁找出整流电路一晶闸管烧坏，同时可控触发电路有故障	更换三处，恢复正常	3M
09	精密镗床的主轴不动，CRT 故障显示 n＜nx（给定值＜实际转速值）	查系统的调节器线路电压（发现有三条线无电压），查开关及各控制线路，正常	操作人员反映，在故障发生前，曾停电，使快速熔断器熔断，造成CNC内部数据、参数发生紊乱	将机床 NC 数据清零后，重新输入参数，故障排除	3T
10	数控滚齿机进口后在调整期间及工作一段时间后，数控系统无法起动	试换数控处理板后能工作，但没有多久又停机，应是外部环境影响	厂房内全是重型机床及大型天车，电感脉冲干扰	在系统电源输入线间加 2.2MF 瓷片电容进行补偿	3ME-4P
11	数控系统运行一段时间后死机，CPU 板监控		三相 24V 电源有一相接触不良，或5V电源低于5V，排除三相整流桥接触不良等问题	调整系统 5V 电源至 5.15～5.25V	3T
12	NC 不启动，CRT 无显示		24V 三相整流桥损坏	更换整流桥	3T
13	3T 系统电源板启动后，马上保护		CPU 板 5V 电源有短路现象，经查，CPU 板一电解电容短路	更换 CPU 板电解电容	3T
14	3T 系统初始化后系统可正常运行，但零件程序不能清除		存储器板的零件程序RAM 模块损坏	更换 RAM 模块	3T
15	NC 启动后 CPU 监控无基本画面		CPU 板故障，检查CPU 板发现直虚焊现象	重做初始化，用②、③、④键清除，再用⑤键装载后，设定机床数据	3T
16	PLC、CPU 板报警			对 PLC 板初始化后正常	3T
17	数控车床 X 方向尺寸不能保证		X 轴编码器故障	更换或修复编码器	3T
18	西门子直流伺服电阻排冒烟		经查，直流伺服系统大功率管击穿所致	更换大功率管	3T

续表

序号	故障现象	故障分析	故障原因	排除方法	系统型号
19	西门子直流主轴电机飞车		经查，直流主轴伺服系统的测量板故障	换板	3T
20	西门子直流伺服在快速运行时漂移		直流伺服测量板故障	调整测量板上的几个电位器，直流漂移排除	3T

2. 西门子 5 系统的故障诊断与维修（见附表 2）

附表 2　　　　　　　　　　　　西门子 5 系统的故障诊断与维修

序号	故障现象	故障分析	故障原因	排除方法	系统型号
1	上海重型机床厂生产的 MK5220 导轨磨床，在使用过程中横梁升降机一启动，操作面板黑，输出模块指示灯无，无输出	查电机横梁传动系统及液压放松回路正常，故怀疑电机有问题，更换电机故障依旧，后查供电系统	机床供电系统容量不足引起	加大供电系统容量，故障解除	5
2	程序不能输入	查报警号为 3079，确认存储器故障	存储器电池接触不良，造成存储器故障	更换集成块	5T
3	读带机不能读带	读带本身有故障	读带机光敏管坏	更换光敏管	5T
4	机床自动急停报警	查是主轴转速监控报警，而实际并未超速	由于监控皮带同步性能的回路报警引起	皮带松，重新紧皮带后正常	5T
5	切削工件直角处突然自动沿 X 方向切出一凹槽	检查程序、刀架均正常，查计算机主板，把 A 板与 B 板连接插头拔下再插上后正常	计算机主板接触不良	清理插头	5T
6	Z 方向坐标移动时抖动	伺服系统故障	Z 轴测速机断线	修测速机	5T
7	刀架下滑	位置反馈系统故障	X 坐标位置反馈编码器坏	更换编码器	5T
8	M04 不执行，主轴不转	查 M 输出继电器接口有故障	M 译码继电器接触不良	更换继电器	5T
9	CDF 数控车床曾发生用 MDI 方式不能将有关 M 指令输入到计算机中去；自动运行程序时主轴时转时不转，冷却液时有时无	应是有关 M 指令变换信号或相关电路有问题，采取从最末级开始逐级前推的方法查电磁阀、触点压力继电器及有关电路板	RLY1.2 的微型继电器的 01.08-04 触点间接触不良	更换元件	5T
10	机床操作面板上 SV 故障报警指示灯亮，机床停止工作	因面板上 ALARM 灯亮，用 NUMBER 键寻址，SV 位置显示为"1"，表示测量回路及伺服系统有问题；直流伺服电机、变压器，查 CPU 板上各发光二极管，查位移脉冲编码器，查 PCB.A 板的位置检测环节	A-PC02 板有问题	更换元件	5T

续表

序号	故障现象	故障分析	故障原因	排除方法	系统型号
11	合上主开关启动数控系统时，显示板上除READY（准备好）灯不亮外，其余所有各指示灯全亮	先检查开机清零信号＊RKSET，查驱动DP6的相关电路，查各连接器的连接情况，查各直流电流值	有一电路整流桥后有一滤波用大电容焊脚处的印制电路板铜箔断裂	焊好，正常	5T
12	显示值与实际值不符	查位置检测元件	光电脉冲编码器坏	用国内产品代替，注意国内外产品对应关系	5T

3. 西门子8系统的故障诊断与维修（见附表3）

附表3   **西门子8系统的故障诊断与维修**

序号	故障现象	故障分析	故障原因	排除方法	系统型号
01	某冲床进给轴在上下料时不能正确定位	当PLC-CPU发生软故障，有时并不影响总的运行工件（无报警发生），但可能造成运算和数据传输错误，从而发生定位问题	6ES5921-3WB12模板有问题	更换PLC-CPU得到解决	8
02	某加工中心用"雷尼绍"测量工作系统不能正常工作，即测量头碰上工件后，坐标值不能写入"R94"中	测量工件功能运行简单，但其控制范围可包括NC、PIE、外部电气和驱动部分，查各环节	查机床数据发现TE461.6测量工件选件未设置	重新设置后正常	8
03	自动换刀过程中，机械手运行到刀库侧伸出180°换刀时，突停，报警222	查机床报警说明，222为当"速度控制器准备好"信号有效，而其有关信号（如熔丝断了，超温等信号）不正常时，使控制器闭锁信号消失，产生此报警；停电检查发现D2-F1空气断路器跳开。用万用表检查D2-F1未发现异常。通电后D2-F1，上三相电压正常，按S10开液压时，D2-F1又跳开。说明D2-F1负载中有短路点	检查D2-F1负载回路，发现L44双芯电缆被切断造成两线对地短路	将LS44电缆断头套上套管，错开焊接后，故障排除。机械手未自动完成的工作由手动完成	西门子SINUMERIK8（主机匈牙利卧式加工中心YBM-90N）
04	工件在圆弧插补后出现走刀过渡痕迹，加工质量不合格	查X轴有爬行现象，查静压导轨，查液压系统	液压工作台有泄漏现象	解决泄漏后，正常	8

续表

序号	故障现象	故障分析	故障原因	排除方法	系统型号
05	"轴机械夹紧检查"报警	"接口（状态）检法"及 NC 与 PLC 之间的信号交换检查，看插件板灯状态是否正常	有许多硬件及连接中问题造成报警	针对产生原因，一一解决	8
06	系统电源开机后仅显示 NC 初始画面，"系统8"，NC-CPU 模板上 PC 报警灯亮	查 PIE、NC 操作板，取出 NC/PLC 接口板检查	模块内部 D22、D23、D24、D34 四块芯片上电压逻辑错误	更换芯片，正常	8
07	NC 工作时，进给轴选择开关仅 X 轴可正常工作，NC 服务开关"2"也不能被选择	查操作面板一电源模板 MS-400，测试	芯片 136 "八"、"九"端内部短路	更换芯片，正常	8
08	NC 电源接通后，MS-100 模板 I/C 和 S 灯亮，NC 无显示	当 MS-100 模板上 I/C 及灯报警时，通常的问题在位置测量模板部分	MS250 上的 D186 的逻辑电压不稳定	更换芯片后，正常	8
09	系统开机后，PLC 停止灯亮，PLC 不能工作	PLC-CPU 硬件故障是 PLC 停止的原因之一	断电后取出 6ES5925-3 KA11PLC—CPU 模板，发现"34"号芯片不能传输信号	换芯片后，PLC 工作正常	8
10	工件自动定位后，总出现 $10\mu m$ 超差	查进给轴定位 NC 显示，查驱动	"海登汉"光栅尺测量部分被油污染	清洗后正常	8
11	进给轴返回参考点不能到位	查 NC 位置环	进给轴的低速特性差	用位置环（外环）加以校正	8
12	数控强力磨床程序运行到主轴转动后无法实现进给，红色"进给保持"指示灯亮	应首先查 PLC，PLC 输入板已坏	查有关输入信号，发现有一端的显示状态与实际输入不符	更换 PLC 输入板	8M
13	加工中心在程序空运转时出现 222 号报警（即伺服未准备好）	查此信号端（X208/管脚2）无 24VDC，依机床电气图检查继电器逻辑，查到进给轴的 INDRAMAT 交流伺服驱动电源板上伺服准备好信号为"0"	电源板直流电压无-15VDC 输出，板坏	换电源板	8M
14	液压压力达不到要求	（1）油质错误；（2）油泵损坏	长期使用油泵磨损	更换油泵	8M
15	换刀机械手出现不抓刀现象	机械手翻转角度询信号消失，经检查发现传送电缆断裂损坏	电缆疲劳折断	更换电缆彻底修复	8M
16	机械手不动	机械手回升不到位，有异物妨碍	油质有异物	机械手油缸拆下清洗后排除	8M

序号	故障现象	故障分析	故障原因	排除方法	系统型号
17	主轴不动	主轴液压油用完，系统压力不够，压力开关5S71接不通，E14.2为0，导致主轴制动	油量缺少	加油后排除	8M
18	104号报警，表示各轴制动，面板104号报警，F6关机后不能启动	各轴制动是由于F6跳断，F6是保护42号线+24V电源的三相整流桥V1.1的空气开关，它的跳断证明42号线对地短路现象	电缆疲劳折断	找到机械手上电缆破裂处修复	8M
19	机械手误动作，经常插入转动着的刀库，发生碰撞	机械手所停待命位置有机械旷位，至使接近开关信号处于临界状态，机械手插入和刀库转动两个条件不能保证互锁	定位元件磨损	修改缓冲油缸对机械手起缓冲作用时的受力位置，正常	8M
20	机械手V、W轴过载报警222	V、M驱动板损坏整流二极管（500V，40A）一只，大功率晶体管（BUX90）一只	瞬时电流过大	采用相应型号元件替换后修复	8M
21	机械手向主轴装刀时，使E29.2或E29.3由1变0，机械手停止不动	机械手向刀库推进的前提条件是E29.2、E29.3必须其一为1，以表明机械手爪有一个到位	接近开关位置变动	调整接近开关与机械手上螺钉相对位置，以及配合调整主轴换刀位置和机械手精度	8M
22	MS100板上M灯亮，机床停机	M灯亮一般是指MS100板出现故障或MS140板上电池坏或MS710板再现故障	NC程序瞬时混乱	清除NC后排除	8M
23	704号报警，面板闭锁，机床停机	机床存储器混乱	存储器混乱	清除存储器内容，重新输入机床参数后修复	8M
24	润滑油泵出现不应有的噪声	电机（M1.17）转子与定子不同心（受到磨损）	电机转子磨损	拆下电机，将转子电镀，磨成同心，装上后修复	8M
25	执行加工头交换动作，至M20指令时停，无报警	判断为准备条件不具备，检查出C轴电机上方控制器中的9S2.10错误动作	控制螺栓松动	为固定螺钉松动所致，排除后动作继续进行	8M

续表

序号	故障现象	故障分析	故障原因	排除方法	系统型号
26	换加工头时出现报警为"主轴上有刀具"	经分析认为主要应先确认主轴上是否处于有刀状态，检查后发现 7S2.7 错误动作，使得主轴仍处于抓刀状态	定位块移动	调整碰块位置后，排除该故障	8M
27	侧铣头，W.K 转角度 L902、R80×× 不执行	原因为上次转角度不到位（差 1°），这是由于侧铣头旋转角度为 1°，啮合齿轮每齿为 1°，旋转时 W，K 正、反转定位偏差可修正，L905，R85，R86 范围 ±0.5，调整时应使 M15.6-1	参数变化	手动输入指令后，故障排除	8M
28	X 轴爬行现象严重	首先怀疑测速电机故障，换上一只后故障依旧，最终确认 X 轴方向有机械旷位	紧固螺母松动，产生间隙	打开 X 轴封闭式传动装置发现与丝杠连接处有间隙，将间隙塞紧后装好开机正常	8M
29	侧铣头换刀动作不执行	检查 W，K，其夹紧、松开信号同时出现（E11.7 与 E12.0），仔细观察，发现 W，K 比正常位置稍低	侧铣头缺油	将 W.K 吊放到 V.K.M 中摆正位置加油，再由主轴去抓，一切正常	8M
30	W，K 换刀时，刀具进入主轴撞在刀具拉杆上，222 号报警	拆检了油管、活塞、单向阀等，皆未发现什么问题，最后认定是油缸中混入空气，未能排净，造成刀具拉杆前推不充分，口没有完全张开，刀杆尾拉钉不能顺利进入	油缸中混入空气	经多次加油，排出空气，问题得以解决	8M
31	机床不能启动，输入交流电压 220V 正常	首先怀疑 NC 电源板 MS140 坏，可造成机床不能启动	电源板 MS140 损坏	更换 MS140。注意板上跳线一致，换上后开机启动成功。换下的 MS140 在 KBNG 上试验证实损坏	8M
32	刀库旋转不停	检查计数接近开关完好，制动油路功能正常，估计 PC 受到了干扰	PC 程序出现错误	清除 PC 后重新输入，故障排除	8M
33	S5-150KPC 处于停止状态	在初始清除 PC 后，红色 LED 仍亮，取下用户程序 EPROM 子模块，清除 PC，PC 绿色 LED 亮，表示故障与子模块或用户程序运行相关	地址设置错误（用户曾换过此板）	更正后 PC 运行正常	8M

续表

序号	故障现象	故障分析	故障原因	排除方法	系统型号
34	开机后，NC、PLC工作正常，但主轴不能夹紧，影响工作	当NC、PLC无报警时应考虑模板软件故障	用PC编程器查PLC程序，发现两处运行不正常，最后查出6ES5925-3SA11 PLC-CPU模板问题	换模板上18号PROM芯片后正常	8
35	偶尔操作面板，屏幕无显示，从而造成NC系统无法启动	查工作电压	内部无5VDC工作电压，其原因为窗口电压极限（对整流后5V电压的监控）范围过窄	更换Rg1、Rtg3电阻，使电压极限范围扩大	8M
36	数控转子铣床出现X轴伺服电机电流过大，造成伺服电机的电刷和刷架烧坏	查超载原因，重点应查床身导轨精度变化及下滑台浮起量	局部导轨精度变坏，空气静压导轨浮起量减少	按导轨段测电流变化，解决导轨精度，更换空压机，清理管路使供气压力改善	8M
37	17m数控龙门镗铣床运行几年后，机床的X轴在回参考点等高速进给行走时出现PLC0101、X轴实际转矩大于预置转矩、NC101X轴的测速反馈电压过低、静态容差等故障报警	这是综合性故障现象，应首先从进给伺服单元、测速反馈、位置反馈检查，应防止"头疼医头"现象	部分参数变化	反复调整V5直流伺服单元A2板上的R31，直到电机不转动，消除直流伺服单元自身的各种干扰；再反复调整A2板上的R28电位器值，消除X轴来回运动时产生的误差；反复调整NC系统中的N230内的数据，使N820显示的数据最小；经反复调整才排除故障	8M
38	数控龙门镗铣床在一次电网拉闸停电后，主轴只能以手动方式在3~12r/min变化运行，当启动自动运行方式时，转速一升高，主轴伺服装置三相进线的A、C两相熔丝立即烧断，多次发生功率过高报警	机床主轴在高速运转时，电网多停电，在电机电枢两端会产生一个很高的反电动势（是额定电压的3~5倍），应首先考虑晶闸管击穿	两个晶闸管坏	更换新管并在V5直流伺服单元的晶闸管上安装6只压敏电阻，运行数年（含突然停电），正常	8M
39	五轴联动叶片铣床开机时出现空气静压压力不足故障报警而停机	查空气压缩机出口外部元件，查进气、排气回路各元部件	阀5的电磁铁线圈毁坏	因控制阀是组合阀，不能整体调换，将原回路作小改动而成功	8M
40	数控落地镗铣床出现141号报警	因报警时无进给轴移动，问题应在位置控制回路上	位置反馈板MS321损坏（即无机床动作却有反馈脉冲发生）	更换一个新板	8MC

续表

序号	故障现象	故障分析	故障原因	排除方法	系统型号
41	数控镗铣床在 NC 启动后而未接通液压及直流驱动电源，即从显示上出现实际值变化，而很快出现 101 号或 121 号报警	初步判断问题出在实际值存储器	CPU 板 MS101 坏	更换一个新板	8MC
42	数控转子铣床分度操作台发生打火现象后，分度无显示，PLC 停止运行，PIE 扩展板故障灯亮	PLC 扩展板故障灯亮，检查以 PLC 远程扩展单元为核心的分度操作台	扩展单元中的电源板、键盘显示控制板、扩展接口板中许多器件损坏	换新板或有关元件	8MC
43	Z 轴主回路烧断熔丝，且有机床突然掉电现象	查电机、晶闸管驱动装置，查机械部分，均未发现异常	外部电压下降超出允许的范围，使正在进给的伺服单元，当工作负荷较大时，电流突然上升，烧坏熔丝	换熔丝，正常，从长久计要解决供电质量	8MC
44	大型加工中心，当 X 轴运动到"某一点"时，液压自动释放，且出现报警：Y 轴测量环故障	查 X 轴测量环（拔下 X 轴测量反馈回路的信号电缆），查"某一点"位置及附近位置对 Y 轴测量装置的影响（无），查 Y 轴电缆插头、读数夹、光栅尺等，查电缆架	因电缆长（15m 左右），来回移动，在 X 轴运动到"某一点"时，测 Y 轴反馈测量信号线，发现一根信号线开路	查电气线路图发现电缆内有备用线，调整后正常	8MC
45	加工中心，当键入主轴高速 M42、M03、S300（220r/min 以上）指令时，机床高速动作正常；当键入主轴低速指令时，主轴不转但有细微蠕动，过一段时间后出现可编程控制器 8 号报警：置中间位置失败	高速动作正常，表示 NC、PLC 正常，应查换挡机械结构部分的液、电零部件	固定油缸的活塞杆的定位销断裂，落下的铁屑使油缸及活塞组件卡死，导致动作失灵	自制定位销，清洗，试车正常	8MCE
46	匈牙利卧式加工中心 NC712 号报警	MS122 电路板内电池电压低于 3V 时产生该报警	经检测两节锂电池电压超过 3.6V，经查电池两端与夹紧引线装置间接触不良是直接原因	在机床通电的情况下，将电池旋转几圈，再压一压两端的夹紧片，使之接触良好	8ME
47	分度工作台上升到位后，工作台交换叉子不动	当交换工件（即工作台）时，分度工作台上升到位后，应由集成接近开关（LS34）给出到位信号至 PC 输入口 EW9.3，若 EW9.3 为 0 则可能是 LS34 故障，若 EW9.3 为 1，则可能是驱使交换叉子移动的电磁阀或液压回路故障	经检测，PC 输出口 EW9.3 无输入，检查 LS34，确已损坏	用同类型的国产件代上后，试机正常	8ME

序号	故障现象	故障分析	故障原因	排除方法	系统型号
48	刀库不转	带动刀库转动的异步电机（M9-2.2kW）由变频器（K5-A1）驱动，变频器控制端与PC输出端之间有一接口电路板（Mo-A1S），其中有四只固态继电器K1、K2、K3、K4。K2吸合时正向快速；K3吸合时正向慢速；K1、K2吸合时反向快速；K1、K3吸合时反向慢速；K4吸合变频器才能工作	经检测PC输出信号（4W2.1,AW2.2,AW2.3,AW2）正常，但变频器不工作，进一步检查，K2、K3同时损坏	购得两只同型号继电器（HE721C24-00）装上后，刀库运转正常	8ME
49	有时刀位不准	刀库转位计数、定位、参考点信号均由集成接近开关给出，LS70、LS71计数；DS72、DS73正反定位；LS49参考点，它们的开关信号送至PC输入口EW4.3、EW4.4、EW11.3、EW11.4、EW4.5	经检查刀位不准是LS72、LS73位置没有调整到最佳状态，转动速度和机械摩擦力也是影响因素	将LS72、LS73进行多次调整，将其调到恰到好处，且将电机转速调整到合适的程度，之后未出现过此类故障	8ME
50	刀库不停地转动	刀库能转动，说明PC有关输出口及过渡接口电路板是正常的，只能是刀库转位正、反向计数元件有问题	对正反向计数用集成接近开关进行检测，LS71正常，LS70损坏，导致不能正确计数，计算机不能确定到位指令	用同类型或接近开关替代，装好后试机，刀库能准确停位	8ME
51	机床参数部分丢失	机床参数主要靠S100（CPU）板中一节3.6V锂电池保持，如果电池低于2.7V会在操作面板上显示NC报警，同时MS100板上的红色发光二极管亮，但发生机床参数部分丢失时，并未发生上述现象	将3.6V锂电池在机床通电的情况下取下测量，电池电压超过3.6V，估计是电池两端与夹紧片间接触不良，在机床断电时，造成给存储器供电不及时	将电池两端夹紧片进行抛光处理，弹力足够，使其接触良好，之后从未发生丢失参数的情况	8ME
52	Z轴重复定位误差大，且每次不一样	X、Y、Z轴都是闭环控制，位置检测由光栅尺完成，定位有误差而且每次都不一样，肯定是位置检测部件有故障	光栅尺产生的电信号通过信号整形装置"EXE"送至位置电路板MS250，正好有两台同类加工中心，将另一台加工中心Z轴的"EXE"换至有故障的那台加工中心相应的位置上，重复定位误差正常	通过有关渠道快买了一只"EXE"换上后，Z轴定位准确，加工中心又正常运行	8ME

续表

序号	故障现象	故障分析	故障原因	排除方法	系统型号
53	显示屏突然无显示	无任何显示（本机床是数码管显示，不是 CRT 显示器）多数是电源部分有故障，打开电控柜大门，发现电源板 MS140 有报警，检测＋5V 电源检查孔无电压，取下 MS140 板检查未发现明显故障点，但是散热器却极烫手，待冷却后试机又正常	散热器很烫，一是＋5V 负载过重，二是通风条件不好，经检查发现系统控制箱底部两台风扇左边一台停转，检查风扇，该风扇线圈已烧断，由于通风不畅，致使 MS140 内散热器散热不好，而温度上升很快，达以自动温度保护而自动停止工作	换上国产同类型轴流风机后，连续工作 10h，未出现过类似故障	8ME
54	主轴不回换刀点	需要换刀时，主轴应上升（即 Y 轴向上移动）到换刀点，当 Y 轴运转正常时，主轴内刀具夹紧装置也要正常，夹紧装置夹紧到位后，主轴尾部集成接近开关 LS25 应接通，与 PC 输入口 EW4.2 相连，这时主轴内刀具松开信号灯应熄灭，即 PC 输出口 AW8.5 为 0	用手动按钮试验主轴刀具夹紧装置，有夹紧、松开动作，但是松开信号灯却一直不熄灭，即 AW8.5 一直为 1 状态，而 EW4.2 却一直为 0 状态，而后发现 LS25 的挡铁板松开远离 LS25	调整铁板至正确位置，故障排除	8ME
55	主轴不定向	当发出"M19"主轴定向指令时，主轴以极慢地速度转动，同时带动定位销的电磁阀 SO-LA 得电，使定位销插入槽口，使主轴停止转动，定向完成，主轴以极慢速度不停转动，说明定位销没有动作	经查 PC 输出口 EW4.2 有 24V 直流电压，继电器 M3-N3 也吸合，电磁阀 SOL4 线圈也是好的，但 SOL4 却不动作，取下 M3-N3 检查，发现其动合触头严重烧损，严重接触不良	将烧毛糙的触头进行抛光处理，上机试车，主轴定向准确	8EM
56	主轴不旋转	主轴速度反馈信号由于其同轴的脉冲编码器产生，当发出"M3"或"M4"主轴旋转指令同时给定速度 S 为某值，按启动按钮有冲击声，但主轴不旋转，除了计算机发生的模拟量没有传给主轴驱动箱以外，有直接关系的是脉冲编码器	脉冲编码器正常时，主轴驱动箱内 U 板上的两只绿色发光二极管应同时亮或亮一只（A、B 两个通道），主轴用手盘转时，两只绿色信号灯无一发光，说明编码器的反馈信号没有反馈给主轴驱动箱，查电路和电源均正常，说明脉冲编码器有故障	通过西门子服务中心买了一只同类型的脉冲编码器换上后，主轴运转正常	8ME

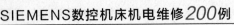
续表

序号	故障现象	故障分析	故障原因	排除方法	系统型号
57	主轴高速挡时不旋转	主轴由电磁阀SOL1和SOL2完成高、低速换挡,高速挡时SOL1得电动作,换挡是否完成到位,由集成接近开关LS20和LS21反馈给PC输入口EW4.0和EW4.1	通电观察,EW4.0和EW4.1在高速挡时全为1状态,低速挡时EW4.1为1状态,说明LS21损坏(常通)	换上一支同类型的集成接近开关后,主轴高、低速运转都正常	8ME
58	PC "0" 报警,主轴驱动箱 "F01" 报警	主轴驱动箱显示 "F01" 报警,应是其三相输入电源回路有故障	检查后发现RS31-80A方型熔断器坏一只,主轴驱动箱底部RGS-80A管型熔断器坏两只(V、W相),V相可晶闸管堆SKKT 26/16D有一半已短路	换上一只同类型国产件后试车,主轴显示正常,机床正常运行	8ME
59	主轴旋转时抖动,负荷表摆动严重	在停电状态时,用手盘主轴转动自如,无异常响动或卡住现象,电气控制部分肯定有故障,故障时主轴显示也不正常,主轴功率驱动部分采用达林顿模块,要么模块损坏,要么驱动部分有故障	用数字万用表检测达林顿模块没有发现异常情况。在运行中有意识地碰一碰U1极与驱动板间34芯扁排线,有时能正常,取下检查有两芯折断,但偶尔能碰上	用34芯扁排线并压好两端的接头,装好试机,主轴运转正常	8ME
60	PC "0" 报警	这时主轴驱动箱显示 "F14" 报警,一一排除其他可能性故障后,还有温度过高一项,同时用手摸主轴驱动箱体很烫,无疑是通风不良,散热条件变差,而引起温度过高,查看P-10温度达207℃(设定最高温度为150℃)	对主轴驱动箱风扇进行检查,发现右上部AC115V,4″,20W风扇线圈烧断	用同类型国产轴流风机代替后,机床正常运行	8ME
61	PC "18" 报警	该报警号包含的内容很多,在一一排除其他可能性故障后,根据系统外围线路图,查进给准备信号EW1.4、EW1.5、EW1.6均为 "0" 状态,意即X、Y、Z轴伺服驱动装置(K1-A10)进入正常准备状态的信号还没有传送到PC输入口	查K1-A10中GO板X121-64端口有电压输出,而且K1~K5、K1~K6、K1~K3继电器已得电吸合,触点接触良好,但继电器M3-N39没有得电吸合,查PC输出口EW10.2正常,测量M3-N39线圈两端电压为0V,线圈两端并联二极管短路	换上一只同类型的晶体二极管(1N4004)后,机床正常运行	8ME

续表

序号	故障现象	故障分析	故障原因	排除方法	系统型号
62	PC"18"报警	该报警号包含的内容很多，在一一排除其他可能性故障后，根据系统外围线路图，查进给准备信号 EW1.4、EW1.5、EW1.6 均为"0"状态，意即 X、Y、Z 轴伺服驱动装置（K1-A10）进入正常准备状态的信号还没有传送到 PC 输入口	查到继电器 K1～K6 未得电，但 K1～K1 是吸合的，同时时间继电器 K1～K4 已吸合，但其串入 K1～K6 线圈回路中的触点未接触好，致使 K1～K6 未得电吸合	取下 K1～K4 时间继电器，将其触头抛光整平，使其动静触头吻合良好后装好试机，机床正常运行	8ME
63	分度工作台回参考点时转过不停	分度工作台回参考点及离参考点±50信号和度数计数信号，都由集成接近开关产生，其中计数是 LS11、LS12，PC 输入口是 EW15.6、EW15.7；±5°是 LS88、LS89，PC 输入口是 EW14.1、EW14.2，参考点是 LS87，PC 输入口是 EW14.0。回参考点时，分度工作台不停地旋转，回参考点信号丢失是直接原因	在回参考点过程中观察 PC 输入口 EW14.0、EW14.1、WE14.2 的状态，EW14.0 总为"0"状态无变化，查 LS87 时，该集成接近开关已损坏	换上一支同类型国产品（M12×70，NPN，300mA，DO6V～30V）后，试机运转正常	8ME
64	分度工作台在转度时转过不停	分度工作台转度计数，有一专用电路板，由计算集成接近开关 LS11 和 LS12 产生的开关信号经过该专用电路板处理后，将二进制信号送给 PC 输入口；个位：EW12.0、EW12.1、EW12.2、EW12.3；十位：EW12.4、EW12.5、EW12.6、EW12.7；百位：EW15.2、EW15.3、EW15.4、EW15.5；其清零信号出自 PC 输出口 AW11.2	分度工作台转度计数专用电路板上有与二进制信号对应的 12 只发光二极管，观察发光二极管的发光规律，就知道计数是否正常进行，分度工作台转度时不停地转，12 只发光二极管也按规律在发光，说明计数部分正常；在给定分度工作台一转度指令以后，测专用电路板下部 CK2-19 端口，无清零信号，但这时 PC 输出口 AW11.2 正常，将该口与计数专用电路板 CK2-19 端子间连线紧固，清零信号产生	紧固连线，再试机，分度工作台能正常转度	8ME

序号	故障现象	故障分析	故障原因	排除方法	系统型号
65	分度工作台在转度时转过不停	分度工作计数专用电路板中的二进制信号（5V电源）利用两只晶体三极管及辅助电路组成转换电路，转换成24V电源的二进制信号后输入到PC输入口（PC输入、输出口对应的电源是DC24V），这12个5～24V信号转换电路中有一个回路不正常，就会引起PC对应的输入口不正常，就会导致计算机不能正常运算，分度工作台也就不能停在指令给定的转度数位置上	查PC输入口EW12.5时，发现其发光二极管常亮，但转度专用计数电路板中相应的发光二极管却不是常亮，继续检查5～24V转换电路的相应回路，查到一只三极管BC212渗透电流太大，用数字万用表在线、离线测，不明显，但在线测电压却能分辨出来	用2N2907A代BC212，通电试机，分度工作台转度正常	8ME
66	因节假日休息，约一周未开机床，首日上班时机床开动不了，操作屏幕仅显示系统版本号，面板"Fault"灯亮，电柜中MS100板上"PC"灯亮，PLC的CPU板上的"STOP"灯亮	此现象为PLC未启动	因机床停机太久，PLC内RAM中的部分现场数据丢失，造成PLC不能启动	先关掉系统电源，将PLC的CPU板上的RUN/STOP扭子开关置于STOP，开启系统电源后再关机，然后将该开关置于RUN，再开机，即启动NC和PLC，恢复正常（注：在PLC的CPU板之面板上有一EPROM插口，内插机床生产厂所写的用户程序，若该EPROM损坏或接触不良，则可先拔除EPROM后，再用上述方法复位PLC后即可启动PLC，但要使机床工作则必须重新更换EPROM程序后，再启动NC和PLC）	8ME
67	因节假日休息，约一周未开机床，首日上班时机床开动不了，操作屏幕仅显示系统版本号，面板"Fault"灯亮，电柜中MS100板上"PC"灯亮，PLC的CPU板上的"STOP"灯亮	此现象为PLC未启动	因机床停机太久，PLC内RAM中的部分现场数据丢失，造成PLC不能启动	先用上述方法处理，无效，则进一步采取"删除0"，即采取清除PLC全部RAM数据的方法；先将PLC的扭子开关置于STOP，将操作面板服务开关置于位2。同时压下操作面板32"CANCEL"和"0"（数键）不放，在压下"POWER ON"开启NC电源，直至出现正常显示画面为止，再关机，复置PLC扭子开关于"RUN"位。服务开关为1位，再启动NC即恢复正常（注：根据不同的情况，有时还需要采用"删除1～5"的不同操作，具体参考有关资料）	8ME

续表

序号	故障现象	故障分析	故障原因	排除方法	系统型号
68	分度工作台不能实现分度，分度便不停转	该加工中心工作台机床生产厂设计的一块计数板配合 PLC 完成分度定位，当计数板无检测开关信号输入或无信号输出到 PLC 时，均会产生不能分度的故障	用 PLC 状态检查程序检查检测感应开关状态时，先观察分度信号检测开关 LS11 信号有无变化，LS11 与 LS12 为分度台正/反转的分辨信号，无此信号则 PLC 不能实现分度定位	更换该开关即恢复正常	8ME
69	节假日休息上班后，NC、PLC 均无法启动	用"删除 0"方法后，重新启动，可进入工作画面显示，但有 NC711 号报警，操作面板仍锁死	除 PLC 部分数据丢失而不能启动外，NC 中 MS140 电源板上电池组（3.6V）电力不足，造成 NC 报警	更换 MS140 电池组后，重新启动 NC 即恢复正常，将换下的电池组用测电池内阻方法测试后，其内阻为 14.85Ω，虽然开路电压仍为 3.6V，但内阻增大，输出电流已不够，造成 NC 报警	8ME
70	加工工件中工作台分度时不停；且在指令值周围左右来回摆动不定位	在 MDI 方式下，无论用 M70 或 M71 指令分度，在 255°范围内定位正常，但只要转到 256°，则工作台左右摆动不定位，表明计数板给 PLC 的计数信号中缺位，因为 $2^8 = 256$，说明计数器第 8 位信号有问题	经检查，对应 PLC 输入位中对应该型号的插脚头的电缆因自重而脱落，PLC 收不到此分度信号，造成在此位时工作台不能定位	插上 PLC 上该插脚的输入信号，并固紧电缆即恢复正常	8ME
71	工作中用 M72 回工作台参考点（0°）时，不能回到 0°，且第 n 次调用 M72 时定位角度为 n×40°，而不是 0°参考点	工作台原点是通过 LS87、LS88、LS89 及 LS13 感应开关检测机械装置的状态后，送至计数板计数后用 4 位二进制信号送至 PLC，此故障现象与该感应开关和计数板有关	正常时，当 LS87、LS88 同时为高电子，且 LS13 定位信号到来时，即为工作台原点信号条件成立；用 PLC 状态程序查得 LS87 损坏，恒为高电平，每隔 40°上述条件成立，发出错误信号	更换分度检测器感应开关 LS87 后恢复正常	8ME

序号	故障现象	故障分析	故障原因	排除方法	系统型号
72	系统启动正常，液压启动不了，机床销死（注：该故障在该机床服役10年中前后共发生过三次）	用PLC状态程序检查主驱动及主电机到PC的信号全无，打开电柜，发现主驱动两只60A进线电源熔断器熔断，确定为主驱动故障使液压锁死启动不了	该主驱动装置为西门子6SC6506-4AA01-SI-MODRIVE交—直—交变频调速器，内由两片80186CUP分别担任SCR整流器的触发角控制和GTO逆变器的PWM信号控制；经检查，SCR和GTO模组均未损坏，EEPROM中设定的控制参数均未改变；该装置之中的几块控制板中，除EEPROM、CPU为插座装插该器件外，其余元件均为焊接；经分析，该故障现象是CPU插脚接触不良而引起失控，导致瞬时过电流而熔断熔断器的可能性较大	同时拔出两片80186CPU，用工业清洗剂喷洗芯片插脚和插座后，再插入，开机即正常	8ME
73	PLC-4报警，液压不能起动，机床开动不了	PLC-4报警为主轴油冷却系统故障，其主要原因有油压、油质传感器所代表的冷却系统的问题，用PLC状态程序检查发现油质传感器LS92为高电平，造成报警	油质发生变化、变脏后，由油质传感器带动LS92发信号报警	更换主轴油箱中冷却油，清洗传感器，开机即恢复正常	8ME
74	刀库在选刀过程中不定位，来回摆动	该机床刀库为感应开关检测后由PLC计数、选刀；用PLC状态程序查得传感器LS73无正常信号输出	该刀库有5只感应器开关，分别检测参考点刀号LS49，左、右向计数传感器LS70、LS71，左、右向定位传感器LS72、LS73，当某方向定位传感器损坏或感应距离发生变化造成无信号输出时，则刀库发生不定位现象	调整其感应距离，固紧LS73后，定位正常	8ME

续表

序号	故障现象	故障分析	故障原因	排除方法	系统型号
75	机床在加工中快速移动时停机、进给锁死、液压停机、NC-103 报警，间或 101 报警号	用手动方式使 X 轴慢、中速移动时正常，以较高速度移动时，工作台抖动较大；自动进给时报警 NC103 现象，是某轴驱动过程中超出了（N346）所设定的公差带时发生，是反映包括机械传动、位置监测、伺服驱动内的某轴线位置环路及速度环路存在问题的综合反映；经检查光栅尺、伺服电机、丝杠及联轴节均无问题；考虑到机床使用近十年，整个驱动环节的机电参数均有变化，应对轴线位置环及速度环重新进行优化调整	老机床，驱动环节有关参数变化	首先对 NC 有关位置环参数进行优化调整，但效果不明显；最后对速度环中伺服装置的比例系统 Kp 适当减小，积分时间常数以适当加大。并综合考虑 NC 的多增益系数、Kp 系数，保证既有足够的快速性又有必需的跟踪误差和轮廓公差带，使故障现象得以消除	8ME
76	数控冲床调试时，出现多冲 10 排孔现象	因反复出现多冲 10 排孔，应首先查程序	程序编错	修改程序后正常	8N
77	数控磨床在程序运行中进行到砂轮修整后不再运作	因无报警，先查 NC 程序及 PLC 程序	操作错误（有一钥匙开关位置不正确）	调整开关位置	8T
78	无论作系统何种清除、建立，均表现为 M、I/C、S、PC 监控灯全亮，屏幕上无任何信息。	发生在电源故障后，应是受到冲击，查 CPU 主板	CPU 板 MS100 损坏	换芯片	8T
79	通电后，操作面板无屏幕显示	查输入电压内部 5VKC 电压，查控制板到操作面板接线	有一处插座的电缆插接错	重新插接，正常	8T
80	现象同序号 77：无论作系统何种清除、建立均表现为 M、I/C、S、PC 监控灯全亮屏幕上无任何信息	查 CPU（或总线控制器 8288），查地址总线、地址锁存、数据总线	一片 EPROMER3400 及三片 M5514 损坏	换芯片	8T

4. 西门子 810 系统的故障诊断与维修（见附表 4）

附表 4　　　　　　　　　　西门子 810 系统的故障诊断与维修

序号	故障现象	故障分析	故障原因	排除方法	系统型号
01	俄罗斯镗床停机一个星期后重新开机面板上 NC 红灯亮，屏幕显示：Battery Alarm User Data Cleared MDI-initial Cleared PLC/NC Program Initial Cleared	判断为电池电压低，更换三节 5 号电池，电池报警消失，但主轴手动运动无效	因电池电压低，部分数据丢失，需要重新设定部分数据	在"Spindle"菜单中依次设定：Spindle Dry Run Speed Max Min Progarm Spindle Speed Max Min M19 Speed Jog Speed 重新起动主轴，工作正常	810

续表

序号	故障现象	故障分析	故障原因	排除方法	系统型号
02	波兰加工中心在工作过程中出现飞车并报警：104号：KAC Limit Reachd	此类故障与数控部分伺服单元、位置反馈、电机等均有关系	测速环和位置开环的可能性比较大，开环后，反馈为零，系统给定不断增加，导致DAC转换输出达到最大，引起报警	检查测速反馈电压，正常；将故障轴与正常轴的位控板交换后，故障和报警转移到原正常轴，说明位控板有故障，断电后取出位控板检查，发现上面有不少灰尘，清洗后再装上，工作正常	810
03	B台旋转过程中突然停止，出现报警：1163：Counter Monitoring，即B轴轮廓监控报警	该故障与数控部分、伺服部分、反馈环节、参数设置等均有关系	参数变化可能导致报警，先考虑修改参数	依次打开菜单：Diagnose-NC COM-Axis Data，将3233♯=500修改为3233♯=1000，断电重新起动，恢复正常工作	810
04	数控淬火机床NC系统加不上电，当按FNG启动按钮时，系统开始自检，但当显示器刚出现基本画面时。数控系统马上掉电关机，再按NC启动按钮，故障现象重复	查NC系统，查电源	抱闸线圈与地短接	因伺服电机与抱闸一体，更换新的伺服电机	810
05	NC启动后，CPU板监控			按眼睛键，再按电源板的启动键，直到基本画面出现	810
06	NC启动系统工作正常，但部分键不能输入		经查是耦合板故障	排除耦合板故障并初始化，用编程器输入PLC程序和各种机床数据	810
07	NC启动系统工作一段时间后死机，R参数乱			清除R参数	810
08	NC启动无基本画面，但系统工作正常		经查是系统图形板故障	修复图形板后正常	810
09	NC启动后又停止		数控系统排风扇故障	修复主轴风扇	810
10	西门子系统伺服电机在慢速时有爬行现象		经查是交流伺服电机的反馈电缆有断线现象	排除电缆故障	810
11	德国ABA公司生产的FVV1060转子槽磨床，使用过程中出现1161Y轴Dallimit及2000号报警，关机重新启动故障依旧	经调整参数、更换伺服模块，报警仍在，后发现Y轴电机微烫，经检查，发现Y轴滚珠丝杠、滚珠咬碎且有锈斑	Y轴电机过载	更换丝杠排除	810G

续表

序号	故障现象	故障分析	故障原因	排除方法	系统型号
12	捷克 SKODA 公司 W160HDNC 2750 数控落地镗铣床在自动运行中，忽然停机，CRT 上显示 4100：N20 No D number active，机床无法继续自动加工	可根据 4100 号报警提示检查所运行的程序，第 N20 顺序号段所调用的刀补号是否存在是否正确	所运行的 L902 子程序第 N20 顺序号对刀补号 D1 的调用有问题	根据 4100 号报警提示，检查所运行的 L902 子程序第 N20 行为：N20 M@4COK1400D1 加入 D1 刀补号参数后，故障消除	810M
13	捷克 SKODA 公司 W160HDNC 2750 数控镗铣床在立柱行走时，出现报警，报警号为：1360：X Meax System ditry（Z 轴测量系统），X 轴不能运行	该机床配用 LB326 型海登海公司制造的反射式金属带光栅对清洁要求较高，通常可先对光栅尺和光栅头进行擦洗，若仍不能解决，可对光栅头及其连接线作检查	因光栅尺经长时期使用，脏物进入光栅尺内部，且划伤光栅头表面，经清洗尺面和调换光栅尺后故障排除	先对 X 光栅用酒精清洗；清洗前先将光栅尺端盖拆下（非调整弹簧端）取出光栅头，将密封橡条抽出，然后用长纤维棉球浸工业酒精擦洗；然后按原样装妥，开机后故障排除，但运行一周又出现相同故障仍是 1360 号报警，对光栅头进行检查，发现其受光面被污物受损，调换后故障排除	810M
14	捷克 SKODA 公司 W160HDNC 2750 数控落地镗铣床在主轴变挡时，出现报警号，变挡不能完成，报警显示为：6043 Defect- Of main drive gear Shifting	此类故障可通过 810M 的 diagnostic 屏幕，检查后挡位开关，PLC 有关接口，对变挡电磁阀的控制信号是否正常，从而确定是电气还是液压机械故障，若怀疑 PLC 输入模块有故障，可采用交换法	PLC 输入模块 6ES5454-4UA13 坏	检查诊断 PLC 的变挡输入接口状态时，发现这些信号的状态始终在"1"与"0"之间变化，而输入的开关并未断，故怀疑该输入模块不稳定，采用交换法与临近相同输入模块交换，确定该板确有故障，调入新板后，故障消除	810M
15	捷克 SKODA 公司 W160HDNC 2750 数控落地镗铣床快速开动 Z 轴时出现以下报警：1043：DAC imit（数模转换器限制）；当将进给速度从 3m/min 降至 1m/min 后才能进给	此类故障表明该轴的数字指令值已高于参数 2683 所规定的 D/A 转换极限值，已无法对此指令值实现 D/A 转换；通常检查位置反馈光栅装置是否有问题；检查 Z 轴的伺服单元是否有故障；检查机械传动部分是否不正常	为 Z 轴电磁离合器吸合不良所造成	采用交换法检查 Z 轴位置反馈系统和 Z 轴伺服单元，均无问题，后检查 Z 轴机械传动部分的电磁离合器，发现该离合器吸合不良，调换新离合器后，故障排除	810M
16	轴颈端面磨床发生 7021 号报警	利用机床状态信息进行检查，根据机床电气原理查出砂轮平衡仪超出范围	平衡仪表有误	修复仪表，故障排除	810M
17	四坐标数控铣床 Y 轴运行，经常运行至某一点时，Z 轴产生报警，报警号为 1162；有时移动 Z 轴时，也产生 Z 轴报警，此故障大约两个星期出现一次，已有 7 年的历史	此现象原一致认为是 Y 轴滚珠导轨润滑不好，每次都在 Y 轴导轨内加润滑油后将故障排除掉，或者说故障出现的次数就降低，近期此故障频繁出现，经认真分析此现象，怀疑 Z 轴信号有问题	Z 轴编码器信号反馈线损伤	NC 启动后，抖动 Z 轴直流伺服电机编码器信号反馈线，Z 轴就产生报警，由此说明 Z 轴编码器信号反馈线有问题，经重新更换一新的电缆线后，此故障彻底解决	810MGA2

序号	故障现象	故障分析	故障原因	排除方法	系统型号
18	四坐标数控铣床NC启动后，屏幕不亮	此现象一般是由于＋5V电路短路引起810M电源板动作或DC 24 V电源不正常，或810M无风扇使其保护	冷却风扇坏	首先检查810M供电电源DC 24V正常，检查810M冷却风扇时，发现风扇不转，将冷却风扇拆下，测量冷态电阻正常，但风扇轴承损坏，重新购买一新的冷却风扇DC 24、0.2V安装在原位后，屏幕显示正常	810MGA2
19	四坐标数控铣床在加工过程中，屏幕暗掉，810M电源板保护起作用，此现象近一段时期经常发生	此现象一般有下列几个原因产生：＋5V线路板中有过流故障，810M电扇功能消失，NC电源板过载故障，DC24V电源故障，总电源故障等	RTO-100A 熔断器坏	首先检查810MGA2电流为DC24V，3.5A 正常，更换DC24V电源后（怀疑原DC24V电源负载能力差）故障还是没有解决，后又检查设备总电源，发现一相电源熔断器连接处触点已发黑碳化，冷态阻值很大，重新更换一新的 RTO-100A 熔断器后，故障排除	810MGA2
20	四坐标数控铣床在Y轴低速运行时运转正常，以较高的速度移动时，Y轴抖动，不平稳	此现象可能由NC指令信号、直流伺服电机信号反馈部分和直流驱动方面故障引起	Y轴直流伺服驱动装置中有一模块损坏	首先检查测量Y轴直流伺服电机，将Y轴电机与X轴电机对调，故障已转移至原X轴电机，说明原Y轴直流伺服电机正常，将NC的Y轴信号测量反馈线及信号指令线和X轴的对调，故障仍在原Y轴，说明NC测量及指令信号正常，检查Y轴直流伺服驱动装置 TPA/3，经测量知一相晶闸管模块已开路，重新更换相同型号的模块 TT104N 后，故障排除	810MGA2
21	四坐标数控铣床NC启动后，Y轴自动慢走，若在手动方式下，点动Y轴，Y轴快速移动，且不能停止	此现象一般是由于Y轴控制系统或Y轴交流伺服电机两个方面故障引起	Y轴交流伺服电机的编码器损坏	用交换法将Y轴伺服电机与Z轴伺服电机的控制系统对调，原Y轴故障依旧，说明Y轴控制系统无问题，故障出在Y轴交流伺服电机方面，将Y轴交流伺服电机内装编码器 ROD302 与Z轴的编码器对调，故障现象转移到Z轴上，此现象说明Y轴交流伺服电机内的编码器 ROD302 损坏，更换同型号新的编码器后，故障排除	810MGA3

续表

序号	故障现象	故障分析	故障原因	排除方法	系统型号
22	四坐标数控铣床 NC 启动后，Y 轴自动慢走	此现象一般是由 Y 轴控制系统或 Y 轴交流伺服电机两个方面故障引起	Y 轴交流伺服电机内一位置传感器损坏	首先应判断故障是由电机引起的，还是控制系统引起的；用交换法将 Y 轴交流伺服电机与 Z 轴交流伺服电机的控制系统对调，原 Y 轴故障依旧，说明控制系统无问题，故障出在 Y 轴交流伺服电机上，将 Y 轴交流伺服电机内装编码器 ROD302 与 Z 轴的交换后，故障仍然在原 Y 轴，说明 Y 轴电机内装编码器正常，再将 Y 轴交流伺服电机内的位置传感器与 Z 轴的交换，故障转移到 Z 轴，说明 Y 轴交流伺服电机内的位置传感器损坏，更换一同型号新的传感器后，故障排除	810MGA3
23	四坐标数控铣床在 Z 轴自动或手动移动时，X 轴抖动，无报警	此现象一般是由于 X 轴滚珠丝杠损坏、X 轴电机或 X 轴控制系统等几方面故障引起	X 轴信号电缆中一对导线有问题	为便于判断故障，首先将 X 轴交流伺服电机拆下，NC 启动后，手动移动 X 轴，X 轴电机依然抖动，由此可排除机床原因引起的抖动，再将 X 轴交流伺服电机的控制系统与 Z 轴的控制系统对调，故障现象转移到原 Z 轴上，说明原 X 轴电机正常，而控制系统方面有问题，分别将 X 轴控制系统的测量板、驱动控制板及功率板与 Z 轴的对调，故障依然在原 X 轴上，这又说明 X 轴的控制系统都正常，分析可能为 X 轴电机的信号电缆有问题，经检查测量发现 X 轴信号电缆一对导线之间冷态电阻为 1kΩ 以上，且不断变化，经拆下清洗处理后，故障排除	810MGA3
24	在四坐标数控铣床 NC 通电后产生 1122 号报警，按清除键，1122 号报警瞬间消失，且 Z 轴运转一下，接着又产生 1122 号报警	此现象可能由测量板、驱动控制及交流伺服电机反馈等几方面故障引起	Z 轴一个指令信号电缆接线不良	首先用交换法将 Z 轴与 Y 轴控制系统对调，开机仍产生 1122 号报警，按清除键，变为 Y 轴移动一下，说明原 Y 轴电机正常，Z 轴控制系统有故障，分别用交换法交换 Z 轴与 Y 轴交流伺服电机变频驱动的功率板、控制调节组件等，故障仍然在 Z 轴上，说明 Z 轴驱动装置正常，问题可能在 NC 测量板及 Z 轴指令信号电缆上，经检查发现 Z 轴理论转速值及功能信号电缆 65 号线接线柱松动不通，重新处理后，故障排除（此故障在近一年的时间里曾经产生过三次，每次维修还没有查到故障原因都莫其妙好了，此次算彻底解决）	810MGA3

续表

序号	故障现象	故障分析	故障原因	排除方法	系统型号
25	当四坐标数控铣床合上电源启动 NC 后，屏幕不亮，DC24V 电源电流指示 5A 偏大，NC 电源板保护动作	此现象一般是由于＋5V 电路中有短路故障，迫使 810M 电源板保护动作	有一个轴的编码器发生故障	首先将系统 810 的反馈线、信号指令线 I/O 接口线路全部电缆拆下，启动 NC，屏幕正常，说明外围线路有故障，依次插上拆下电缆线，启动 NC 分别检查，当插上 Z 轴交流伺服电机编码器信号线时，屏幕不亮，NC 电源板保护动作，由此说明 Z 轴编码器有短路故障，经测量检查 Z 轴电机编码器＋5V 电源与外壳（地）短路，更换一同型号编码器后，正常	810MGA3
26	四坐标数控铣床在加工过程中，突然出现 1680 号报警	此故障信号及报警号显示应为 X 轴驱动装置有问题	X 轴功率板上一组达林顿管击穿	首先检查 X 轴变频驱动装置，发现调节控制调节组件 V3 报警灯亮．说明 X 轴变频驱动装置或与其相关联的外围电路有故障，将变频驱动装置上的 X 轴功率板与 Z 轴功率板对换，启动 NC，发现 X 轴上的控制调节组件 V3 报警灯消失，Z 轴调节组件上 V3 报警灯亮，由此说明原 X 轴功率板损坏，拆下功率板经测量发现一组达林顿管击穿，经维修更换后，故障排除	810MGA3
27	开机后，CRT 显示报警号 6008，TVM 没有准备	TVM 驱动电源单元准备信号没有输出，伺服驱动板准备信号没有加到 TVM 单元，排除伺服驱动板故障，准备信号正常，TVM 准备信号随之正常，机床恢复正常工作	驱动板＋15V 电源输出滤波电容对地短路，保险电阻烧坏，阻值变大，＋15V 电源不能正确输出	更换滤波电容、保险电阻	810T
28	开机时，机床动作混乱，CRT 显示报警号 6114	内存出现混乱，PLC 停止工作，清除 PLC 程序，重新输入，机床可起动，但输入加工程序，运行机床仍出现报警，将全部内存清除，重新输入，恢复正常	外部干扰信息影响造成内存混乱，因出现这一故障时，有一输入接点击穿	清除全部内存，重新输入，修改更换击穿的输入接点，机床正常	810T
29	齐齐哈尔第一机床厂 CK61160 改造的数控立车，开机后 CRT 上总是显示 7007 号报警，其意义为 Spindle fault（主轴控制装置故障），机床不能工作	从 7007 号报警提示为 6R27 型主轴控制装置故障，可检查该装置 3 位 LED 的显示内容，再从其报警号检查它所提示的故障部位	6R27 主轴控制装置电源接线端与外壳短路	从 7007 号报警检查，6R27 的报警显示为 F02 应为电源接线端 1U/1W 和 26/30 的相位不对，但由于旧机床通常相位不会改变；对上述 1U/1W 等接线进行检查，发现 1U 接线柱与安装板间被落下的碎铁片短路，取掉铁片后，故障消除	810T

续表

序号	故障现象	故障分析	故障原因	排除方法	系统型号
30	齐齐哈尔第一机床厂 CK61160 改造的数控立车，已发现主轴控制装置 61127 的电路板有故障，当调换新主板后，开机通电，LED 显示 07 属正常，一旦开动主轴后，则显示 F35 号报警，主轴不能开动	对 6R27 主轴控制装置，在调换新板时，不但要注意参数、跨接线，跨接电阻等与原板相同，而且进行磁场励磁特性测量，简单的办法是将新板的 EEPROM 芯件与原板交换或用编程器复制	机床的 61127 主轴调速装置的新板 EEPROM 中内容与旧板有差异造成	通过河洛公司的 ALL-03 编程器将原板上的 EEPROM 内容复制到新板的 EEPROM 中，安装妥后，开机故障排除	810T
31	8m 数控立车，X 方向回参考点时，当碰到减速开关后，X 轴反方向低速移动，但找不到参考点	从故障现象分析，这是 X 轴位置编码器未发零位脉冲，或有此脉冲但不起作用所造成	X 轴位置编码器不能产生零位脉冲	可先检查 X 轴位置编码器是否产生零位脉冲，经查无零位脉冲产生，调编码器，故障消除	810T
32	双工位专用数控车床在自动加工时，右工位的数控系统经常出现自动关机现象，重新启动后，系统仍可工作，但每次出现关机故障时，NC 系统执行的语句也不尽相同	查供电电源，查 24V 整流电源	整流电压偏低，当电网电压波动时，影响 NC 系统正常工作	更换一个新的整流变压器	810T
33	数控大型车床有时回不了参考点	查 X 轴位置编码器发出信号，总是零	查 X 轴编码器故障	调换一个 2500 脉冲/转的编码器（原为 2000 脉冲/转）并将机床参数修改，故障排除	810T
34	双工位专用数控车床在自动加工换刀时，刀架转动不到位，这时手动找刀，也不到位	在查刀架计数检测开关、卡紧检测开关、定位检测开关均无故障后，又查刀架控制器，无故障；考虑在故障出现时，NC 系统产生 6016 号报警，查伺服系统，交换两个工位的伺服电机	伺服电机故障	用备用电机更换	810T

5. 西门子 820 系统的故障诊断与维修（见附表 5）

附表 5　　　　　　　　　　　西门子 820 系统的故障诊断与维修

序号	故障现象	故障分析	故障原因	排除方法	系统型号
1	换刀机某一信号不到位，使整机不能运行	采用常规修理方法，需熟悉换刀机液动或气动控制原理及换刀机 PLC 控制信号，且手动操纵换向阀危险性较大，应当用菜单操作法排除换刀机故障	利用 CRT 菜单功能快速修复了加工中心刀具拉紧不到位，机械手机件损坏，刀具进刀库不到位等故障		810/820

续表

序号	故障现象	故障分析	故障原因	排除方法	系统型号
2	工作台分度盘不回落，7035号报警	应与工作台下面的SQ25、SQ28传感器有关，查液压系统，手动YS06电磁阀，分度盘能回落，松开电磁阀分度盘又上升	用PG650编程器调出PLC梯形工作图发现A4.7线路中F173.5未复位，使RS触发器不能翻转，造成故障	强行复位，故障排除	820
3	匈牙利MKC500卧式加工中心工作台分度盘不会回落，出现7035号报警	工作台分度盘不回落，首先与工作台下面的SQ25、SQ28传感器有关，从CRT上调机床状态信号，发现一个为"1"，一个为"0"；手动相电磁阀，工作台分度盘能回落，说明故障在PLC内	A4.7线路中F173.5未复位，致使RS触发器不能翻转	使F173.5强行复位，故障排除	820
4	加工中心工作台不能移动，7020号报警	查使用说明书，依7020号报警为工作台交换门错误，查交换门行程开关，在CRT上调PLC I/O接口信息表看到E10.6、E10.7为"0"（正常时E10.6应为"1"）	SQ35行程开关压得不很好，接触不良	检修SQ35，恢复正常	820
5	无心磨床2039号报警，机床不能进入正常加工状态	查机床资料，2039号报警为"未返回参考点"；按"上位键"能进行自动返回参考点操作，如重新起动机床，又产生2039号报警，应首先考虑是系统参数配置错误	故障发生前，曾因车间电工安装新机床电源时造成全车间电源短路跳闸，使系统参数改变	修改参数由"1"改为"0"，正常	820G
6	无心磨床7010号报警，电机不能启动	西门子820系统中7字头报警为PIE操作信息报警，指示机床外部状态不正常，利用机床状态信息检查，从CRT上将PIE输入、输出状态调出，对照清单分析	控制电动机保护罩的开关接触不良	修开关后正常	820G
7	显示器无显示	测开关电源输出端，无输出；F901延时熔断器发黑烧毁；测直流300V对地电阻为零；测Q901开关管，已被击穿短路；测TDA4601集成电路，电阻发生变化；经调换Q901及TDA4601、F901，接假负载（用220V灯泡）后开机．F901、Q901、TDA4601又被烧毁，再查电阻R912，阻值变大损坏	多处元件损坏	西门予系统有很多情况是由一些小功率电阻损坏引起故障；经更换四种元件，正常	820GA3

6. 西门子 840 系统的故障诊断与维修（见附表 6）

附表 6　　　　　　　　　　　西门子 840 系统的故障诊断与维修

序号	故障现象	故障分析	故障原因	排除方法	系统型号
01	开机后显示器亮一下后黑屏并且机床开不动	以为显示器烧坏，打开显示器检查，显示没有坏；再开机，发现显示器高压包缆接头打火	由于空气潮湿，高压电缆绝缘性能不好，产生漏电	用高压绝缘胶水和胶带将电缆头重新包扎或更换	840C
02	刀具冷却液开不出（没有水出来）	检查冷却泵电机，发现电机运转正常，但抽不出水来	冷却泵内有空气，泵内没有形成真空	将水泵内注满水，再开机一切正常	840C
03	出现 43 号报警，机床开不动	PLC CPU 没准备好，先检查 PLC MD 参数，再检查 PLC user program，再检查硬件或软件的连接	PLC 中有部分参数丢失、数据丢失	将 PLCCPU 中的数据重新安装或从硬盘中重新调出 PLC 数据并复位	840C
04	工作台在交换时，动作很慢，致使台面超行程	检查超行程限位开关没动作，其他接近开关也正常，液压电动机动作很慢。再检查液压回路	油路中的电磁阀芯中有污物	将电磁阀拆下并用干净汽油清洗再装上即可	840C
05	X 轴驱动失灵，驱动器上有"7"代码显示	检测驱动器电压和电流正常，再检查驱动板上的主回路，发现主回路中有一路有问题	主回路中有一只 IGBT 模块烧坏	将 IGBX 模块换上即可	840C
06	机械手在换刀时没到位就停止	先检查各支路上的限位开关、接近开关，都正常，再检查油路	油路中有一只电磁阀动作没到位，流量不够	将电磁阀用汽油清洗或更换	840C
07	开机后出现 1 号报警	PLC-CPU 电源板上的电池没电，重新换一只 9V 电池（换电池时机床不能关）	PLC-CPU 电源板上的电池没电，重新换一只 9V 电池（换电池时机床不能关）	更换电池时机床不能关，否则数据丢失，更换电池即正常	840C
08	更换 PLC CPU 电池后不到半年又出现 1 号报警	先检查电池，电池是普通电池，没问题，再用电流表串在电池后面，测量机床断电时的电流，测得漏电流有 100mA，太大，正常值为 $1\sim10\mu A$	PIE、CPU 模块中有部分元器件漏电，致使电池用得太快	重新换一新模块。到目前为止仍正常	840C
09	捷克 TOS 公司 WHN110Q 加工中心在自动加工运行中 Y 轴运行失常，关机重新开机后，Y 轴手动进给总是一个方向，速度很快，CRT 上 Y 值变化却很慢	此类故障常与闭环位置反馈装置有关，可用轴交换法进一步研究 Y 轴的光栅头是否已损坏	为 Y 轴的位置反馈 LS176C 光栅尺的 AE17 光栅头损坏	采用轴交换法将 Y 轴与 X 轴交换，确定 Y 轴的 LS176C 的 AE17 光栅头已坏；拆下 Y 轴光栅尺的下端盖，小心取出塑料条并记住两块回参考点用永久磁钢的位置，然后取出光栅头，小心装好新头，将塑料条与磁钢按原位置装入，再装好端盖；机床通电后，Y 轴故障排除	840C

序号	故障现象	故障分析	故障原因	排除方法	系统型号
10	捷克 TOS 公司 WHN110Q 加工中心。开机通电后，PLC 处于停止状态，机床无法正常运行	此类故障常常是由于储存在内存中的 PLC 程序和机床参数发生变化所造成，可将储存在 840C 硬盘中的参数及 PLC 程序重新安装到内存中	为 840C 内存中的 PLC 程序和机床参数发生变化	用 Load 功能将硬盘的 PLC 程序和机床参数重新安装到内存中去，重新安装后，故障排除	840C

7. 西门子 850.880 系统的故障诊断与维修（见附表 7）

附表 7　　　　　　　　　　西门子 850.880 系统的故障诊断与维修

序号	故障现象	故障分析	故障原因	排除方法	系统型号
01	数控龙门铣床台面（X 轴）在正常运行时，油泵突然关闭，使台面运行中断；显示屏上显示报警：1040DAC LIMIT REACHED，按复位键清除该故障后，再重新起动 X 轴，X 轴仍不运行，持续启动约十几秒后，油泵又自动关闭，显示屏上显示同一报警号	此报警号含义为：达到数一模转换极限，1040 报警显示 NC 驱动调节器输出的 X 轴调节模拟量超过了 10V 极限值，说明整个 NC 驱动调节回路中出现了断路，从而引起 X 轴闭环控制的中断	晶闸管伺服系统有故障	用"接口信号法"较快的将故障搜索范围缩到尽可能小的区域，最后查出一晶闸管硅输出接线端子松动	850
02	2205 2 BEHINDSW OVER—	在自动状态，启动加工零件程序时出现	软件极限超程	修改 G54，X 轴偏置值计算错误	850M
03	1120 号报警：X CLAMP-ING MONI TORING	自动加工零件运行程序时出现，在任意的程序段停止，按 RESET 键，可消除报警显示，继续执行程序	从系统报警指南看：产生 112 号报警，STANDSTILL MONITORING 原因很多	伺服给定端连接线不紧，造成故障时有时无，拧紧后，不再出现	850M
04	28 号报警：RING BUFFER OVERFLOW RS232（V.24）	传输程序从外部往系统运送程序，只传进一部分	通信板，参数系统	通信板子坏了	850M
05	C 轴回原点（指工作台）瞬间出现：1043 DAC LIMIT；改变方式，手动方式，启动 C 轴出现：1163 CON-TOUR MONITORING	C 轴回原点时，工作台微动了一下，马上就停下来了	控制机输出到 C 轴伺服系统的给定信号，开锁信号	给定信号已送到伺服系统输入端，但伺服系统单元输出，给定端输入电阻烧坏，将 10kΩ 电阻换上，即可	850M
06	德国 KOLB 门式加工中心通过 1 号串行口由磁盘输入机输出加工程序时，出现 18 号报警，但输出程序时工作正常	18 号报警为：通信速率数据位、停止位错，可先检查 1 号串口通信设定参数是否正确，另外，接口电路不良也会造成此类故障	1 号串行口接口电路输入功能丧失	检查 5010、5011 设定参数正确，再通过 3 号串口输入，输入正常；1 号接口电路不良，采用 3 号备用接口	850M

续表

序号	故障现象	故障分析	故障原因	排除方法	系统型号
07	德国 SHW 加工中心突然断电，送电后 A 轴不能回原点，即 A 轴碰触原点限位后，A 轴不停，继续运作	此现象一般是由 A 轴反馈信号，A 轴反馈信号放大板 EXE 及 A 轴测量板有故障引起	A 轴反馈信号放大板 EXE 损坏	首先将 A 轴位置反馈信号放大板 EXE 拆下，清除 EXE 板上灰尘后，开机 A 轴回原点正常，第二天由于车间断电原因，A 轴又不能回原点，将 A 轴位置反馈信号放大板 EXE 与 X 轴的 EXE 对调，A 轴回原点正常，故障现象又转移至 X 轴上，由此说明 A 轴位置反馈信号放大板 EXE 损坏，重新购买一信号放大板 EXE 后，故障排除	850M
08	德国 SHW 加工中心在加工叶片时，A 轴运行实际尺寸与输入 NC 的尺寸有误差，造成一叶片报废	此现象一般由 NC 测量板、A 轴伺服电机位置反馈信号及位置反馈信号放大板 EXE 故障引起	A 轴反馈信号放大板 EXE 损坏	首先将 A 轴位置反馈信号放大板 EXE 与 X 轴的 EXE 对调，手动方式移动时，A 轴尺寸有误差故障消失，X 轴又产生误差，由此说明 A 轴位置反馈信号放大板 EXE 损坏，重新换上一块新板 EXE 后，故障排除	850M
09	德国 SHW 加工中心停机一个晚上，第二天开机床，X 轴不能回原点，即 X 轴碰到原点限位后，反向移动不停止	此现象一般由 X 轴位置反馈信号、反馈信号放大板及 X 轴测量板（NC上）故障引起	LS107 光栅读数仪损坏	首先将 X 轴位置反馈信号放大板 EXE 与 Y 轴的 EXE 对调，X 轴故障依旧，由此说明 X 轴的 EXE 正常；怀疑 X 轴光栅读数仪可能有故障，就将光栅读数仪取下，更换一新的光栅读数仪 LS107，启动机床，X 轴回原点，故障消失	850M
10	德国 SHW 加工中心在加工过程中多次出现 9047ready 1 missing 报警，每次将液压泵关掉几十分钟后，再启动机床，故障消失	此现象一般是由于某一轴伺服电机及驱动装置有故障造成	Y 轴电机内热敏电阻不良	此故障出现时，检查控制柜，发现 Y 轴驱动装置 BTBI 绿色指示灯消失，所以怀疑为 Y 轴驱动装置有故障；首先将 Y 轴驱动装置 SM17/35 与 X 轴驱动装置对调，故障仍出现，由此怀疑 Y 轴电机有故障，测量 Y 轴伺服电机内热敏电阻，冷态时为 0.3MΩ，为排除是否是热敏电阻不良引起故障的原因，就将热敏电阻拆除，重换新的 0.3MΩ 电阻，启动机床，报警故障彻底消失	850M

续表

序号	故障现象	故障分析	故障原因	排除方法	系统型号
11	德国 SHW 加工中心在加工过程中突然产生 1680 号报警，检查发现是 X 轴驱动装置损坏，更换一损坏的达林顿管后机床正常，几天后又产生 1681 号报警，检查发现 Y 轴驱动装置一达林顿管又击穿	此现象近一段时间经常发生，已经损坏许多达林顿管，检查各轴电机及各轴机械移动都良好，检查电源也正常，故障为驱动装置不好，经多次实验判断知是驱动装置上触发电路不良造成的	经多次实验判断知是驱动装置上触发电路不良造成的	将触发电路板取下，检查触发电路板上各元器件，发现一电阻烧断，两只光偶损坏，更换新的元器件后，在触发板上加上 0～1kHz 方波，测量输出波形无畸变，将触发板安装在驱动装置上，开机，驱动装置经常烧模块，故障排除	850M
12	德国 SHW 加工中心主轴在空载时运转正常，当负载加大时就产生 9006 号及 9081 号报警，主轴跳掉	此故障现象分析为主轴驱动及伺服板和主轴电机方面有故障引起	测量主轴电机热敏电阻，发现此热敏电阻变化无规律，且极不稳定，说明此热敏电阻损坏	首先测量主轴电机三相电流，即驱动装置前一级电源电流，发现三相电流不平衡，检查驱动装置得知一触发板上二极管击穿，重新更换一只 1000V、10A 二极管后，三相电流已平衡，但负载加大时，仍然产生此故障，怀疑可能是电机保护电路动作，因为主轴电机跳掉时，主轴电流没有加大，将主轴电机热敏感电阻脱开，在伺服板上加一只 3000、1/8W 电阻，机床正常	850W
13	中央控制器 5V 主电源指标灯不亮（绿灯），系统不工作	查电源	有一支风扇不转，为自动保护，封锁了 5V 电源	换国产风扇	850/880
14	中央控制器 5V 主电源指标灯不亮（绿灯），系统不工作	查风扇，正常；查电源（单独拆下电源试验，绿灯亮，正常）；查外面板子	一测量电路板上一只 4.7μF 电容严重漏电	用"插拔法"试验（注意：插拔板子应当停电，且应停电 8min 放完电后再进行）	850/880
15	CRT 显示：MEMORY ERROR WRONG SYSIEM MODULE 等报警	查操作面板等	几块电路板灰尘多	清洁电路板，在风扇进风处加薄滤布	850/880
16	开机后，CRT 屏幕一片漆黑，但能够手动，一切指示灯正常	查 CRT	有一高压包的线圈一个头烧断		850/880
17	CRT 出现大量报警号而不能消除，例如 40COM-TU FAULT，41NC-CPUFAULT，43PLC-CPU FAULT，还有 47、71、77、78、79 号报警等	报警乱，先查操作前后情况	操作者在 VDF 车床上安装两只静压托架时，带电插拔插头引起存储机床数据的 RAM 子模块损坏	换备件，全部格式化，送入原来的机床数据及程序后正常	850/880

续表

序号	故障现象	故障分析	故障原因	排除方法	系统型号
18	CRT 屏幕上字母不动，操作面板上一片漆黑	查外界电网波动干扰或温度等影响		全部关掉电源（含 NC），再开机，若不能解决问题，则对 NC 初始化	850/880
19	操作面板上的四只 LED 来回跳不停	此现象往往由于在输入和输出程序时操作不当或其他原因（如程序乱）而产生		进行 NC 初始化，若未解决故障，则要清除所有程序，重新输入	850/880
20	PLC 不工作，PLC CPU 工作绿灯暗，停止红灯亮，CRT 上报警 43PLC—CPU FAULT			先用手操作该板上的按钮及开关，进行冷启动或热启动，若 PIE 绿灯亮则恢复工作	850/880
21	机械手不能手动换刀	考虑此故障发生时气阀不动作，查 PLC 程序来找有关断电器、开关…	刀库门控制盒内连接刀库门的插杆滑动块错位	将插杆滑动块位置复原，手动换刀正常	880
22	机械手进入刀座后自动中断，CRT 显示"读禁止"，机械手不能自动换刀	新购机床，较大，机械手换刀共分 28 步，每一步均有相应的接近开关检测其位置，随机械手拖架来回运动，较易松动。断线及电缆老化的问题可不考虑	S17 开关位置松动	调整 S17 开关位置，故障消除	880
23	电柜空调装置开不出，但电箱温度很高	检查空调的过滤器是干净的，再检查压缩机也正常，再检查热敏开关发现热敏开关断开	热敏开关失控，在 50℃时，开关应该动作	将热敏开关更换后，一切正常	880
24	主轴开不出，主轴润滑系统故障	先检查压缩空气，有 6kg 压力，再检查 6 路油雾润滑装置，发现有两路的接近开关不亮，没有动作	6 路油雾分配器中两路不通，没有油通过，不能产生油雾	将分配器拆下来，发现一只被堵塞，另一只密封圈坏，用汽油清洗或更换	880
25	开机后发现有 9118 号报警但机床仍能开	查阅报警手册，发现静压导轨油箱中的过滤器被堵塞	导轨油太脏，过滤器堵塞	将过滤器用汽油浸泡后清洗	880
26	机床开不动，开机后进行每个轴的找正，但找正后仍开不动机床	经检查发现找正失败，进给轴均被锁死，电气自动补偿无效，并且自适应装置中有指示亮灯	重新找正，一个轴一个轴找，发现 X、X_1 轴不同步，两个参考点没找到	单独对 X、X_1 轴重新找正，并连找两遍，问题解决	880
27	静压油泵开不出	先检查油泵，正常；打开油箱，有油；再检查油位开关，发现油浮开关不动	油浮内有一只微动开关失灵	将油浮更换或将开关短接即可	880

序号	故障现象	故障分析	故障原因	排除方法	系统型号
28	在自动换刀时主轴不能找正	在换刀时,主轴要找到一个参考点后才能换刀,检查主轴驱动器,没有异常,但主轴一直低速运转而不停止	主轴编码器不能产生正确脉冲,检测不到有参考零点	将编码器拆下清洗或更换即可	880
29	各进给轴开不起,各进给轴电源时有时无	检测各进给轴的输入输出,发现正常,但不知为何进给轴的电源有时突然没有,再查电源部分	提供的电源的变压器有一根线烧焦,测量电压是对的,但一震动或有负载时,接触不好,故出现电源时有时无	将变压器更换后,一切正常	880
30	外部程序在传输中出现错误	将零件加工程序用PCIN软件传送到CNC中,CNC不接受;检查电缆正常;再检查RS232C接口,也正常;再分析传输参数	发现传输参数中,CNC所接受的波特率不对,参数发生了变化	修改5030参数为00000000;5031参数为11000111再传输,一切正常	880
31	主轴驱动电机突然停止,一驱动器有F15报警	主轴电机温度高于150℃,以为电机过载。等一段时间再开机并用钳型表测电流,正常。但一会儿电机又发烫,检查发现电机风扇不转	风扇过滤网太脏,被灰尘堵住,风扇转不动	拆下风扇并清洗后再装上,一切正常	880
32	9053号报警并且1号排屑器停止工作	检查排屑器,发现排屑器内有很多长切屑,并且排屑器电机松动,电机被卡死	切屑过长、过多,使传动轴卡死	将切屑消除后并拧紧螺丝,重新开动排屑器,正常	880
33	出现9078号报警,机床开不动	X、X₁轴出现超差,龙门两立柱移动时不同步,检查两电机和两脉冲编码器	脉冲编码器丢失脉冲信号	按下EbeC按钮进行强行补偿,使两轴同步移动	880
34	主轴开不动,有9108号报警	查阅维修手册,发现主轴冷却装置出现故障	冷却油箱中油位过低	将冷却油加满即可	880
35	机床起动不起来	报警401NICOM CPU	突然断电,又送电造成	把总电源电闸关闭后,再开	880
36	主轴不转	是否主轴后面的定位问题	主轴后面的定位松动	对松动的螺栓拧紧	880
37	运转时,主轴后有异常响声	主电机问题	主电机里电扇的轴承及轴承孔磨损	更换轴承及对孔修复	880
38	排铁屑的动作没有	排屑头被铁屑挤死,排屑电机坏	电机进水被烧坏	重新绕电机	880

续表

序号	故障现象	故障分析	故障原因	排除方法	系统型号
39	机床不起动	是否原程序问题	原程序丢失	重新输入程序	880
40	1160 号报警：CONTOUR MONITORING	机床回原点时，走 X 轴时机床出现 1160 号报警，慢速回基准点时，能够到达，但快速走时，出现报警	反馈元件编码器和工作台丝杠的连接轴处有断纹，松动	连接器断纹焊好，使连接牢固	880G
41	送强电片刻出现 9032 号报警：E1。CAB IN-THERMO-RELAY-STRIPPED	电气柜 E1 内，断路器跳闸	交流电机绕组不平衡，电机起动电流过大	更换电机	880M
42	主轴不能起动，6149 号报警：SPINDLEOILICODLER TREUB PRI 0.2；6184 号报警：SPINDLE OILCODLER-TREUB. PRI-0.3；9126 号报警：SPINDLEOIL-CODLERREDU. COOL CAPAL	实际值和设定值不符	主轴油冷装置检测报警：9126 号指环境温度低于设定值；6184 号指油温低于设定值	改变设定值，调整电位器来实现	880M
43	9063BAND FILEAR：MALF UNCTION 停止加工	在加工程序运行 M08 指令时出现	冷却系统有问题，滤纸没有安装好	将滤纸正确安装	880M
44	9050 号报警：Z AX-ISOVERLOAD COUP-ING	Z 轴受力，钻头碰撞零件	过载检测元件动作，滑动离合器受力脱开	使 Z 轴回到安全位置	880M
45	3004 号报警：CL800ERROR	在刀库面板上输入刀号，存储刀具时，刀库面板显示器闪，刀库管理页面内容是"0"	机床正常工作，CL800ERROR 只能指刀库方面的问题，从硬件方面检查刀库、接口及其他电路	将系统格式化，完成格式化后正常	880M
46	机床开机控制机出现：43 INPLC-CPU-FAULT；有时出现：41 INCPU；有时机床强电突然掉下，出现43号或者41号报警	有时在换刀过程中出现，出现的时间没有规律	PLC 数据不对，能够出现 43 号报警，控制机系统电源电压不稳定时可能出现	机床断电，重新通电就可排除，但准确的原因没有找到	880M
47	数控龙门镗铣床多次出现 NC 报警：1322，内容为"Z轴控制环硬件故障"	因重新通电后往往能恢复正常，且故障经常在使用过程中随机出现，先查 NC 测量板，再查系统各部分之间连线接插件等	从 EX808 到 NC 间有一转接用连接器松动	把电缆线直接焊在一起，确保接触良好，屏蔽可靠，故障排除	880M

续表

序号	故障现象	故障分析	故障原因	排除方法	系统型号
48	数控龙门铣开机通电后，CRT 显示不亮	先查装 CRT 显示器的悬吊箱中的电路板，当调换编号为 30595、570、511、9102.01 的电路板，故障消除	电路板芯片坏	调换芯片	880M
49	德国科堡 S20-10FP450CNC 龙门铣在调换附件运行 L926 程序过程中忽然停止，CRT 上显示 2042 IN 0 Parity error in mem ory 报警，程序停止在 N6070 段，多次重新运行此程序，总是如此	可从 CRT 上所显示的报警号，查出此故障可能产生的原因；查 2042 号报警说明，可能为内存中一个或多个字符出现了错误，因此可检查中断处的程序，修正程序或重新输入该程序	内存中的 L926 程序发生变化，出现错误	先检查 N6070 段程序，发现其中 M34 变为 M3，经修正后，仍然不行；将软盘中的 L926 备份程序重新输入内存后，故障排除	880M
50	德国科堡 S20-10FP450CNC 龙门铣在自动加工过程中，电网忽然断电，当电源恢复后，重新开机．机床不能正常运行，CRT 上显示：43PLC-CPU fault	从 43 号报警分析为 PLC 故障，可先检查 PLC 部位，若 PLC 状态指示灯指示 PLC 处于停止状态，可重新关机再启动机床；若仍不行，可对 PLC 进行热启动或冷启动，使 PLC 处于运行状态；若还不行，可按 43 号报警提示，一一排除可能出现的数种原因	因在系统运行中忽视供电中断，使 PLC 处于停止状态，机床不能正常运行	将机床关机后重新开机，PLC 仍处于停止状态，则对 PLC 进行热启动，还不行，后经过两次冷启动后，PLC 处于运行状态，RUN 灯亮，故障排除	880M
51	德国科堡 S20-10FP450CNC 龙门铣在工作过程中忽然中断，CRT 上显示：43INI PLC CPU fault，关机后再开，有时能正常工作，不久又发生同样故障	从 43 号报警提示为 PLC 故障，可先检查 PLC 部位，检查主要指示灯的指示情况，若有报警指示，可按指示部位检查；经检查发现 PLC 的第二个电源上的 FANFAULT 红灯亮，再检查内部两个排风扇仍在转动；但对于使用多年的机床，排风扇中微型轴承磨损是常见现象，可调换轴承解决	因机床日夜使用多年，PLC 电源箱中排风扇轴承磨损，旋转失常，内部传感器动作使 PLC 停止工作	断电将 PLC 第二电源箱拉出，用手转动风叶，发现右侧风扇旋转不稳，偶尔卡住，拆下风扇，取出转子及两端轴承，装同规格轴承，将风扇装上后，故障解决	880M
52	德国科堡 S20-10FP450CNC 龙门铣在工作过程中出现工作台（X 轴）不能运行，CRT 上出现报警：1160：Contour monito-ring，即 X 轴轮廓监控报警	从 1160 号报警分析，此类故障与数控装置、伺服单元、伺服电机和位置反馈都有关，可先检查伺服单元的显示状态，按其 LED 报警号提示，作进一步检查，若一时难以确定故障部位，常采用轴交换法，将 X 伺服单元与其他轴交换可确定故障部位	为 X 伺服单元故障引起，因伺服模块内强电连接螺钉松动，造成接触不良所致	当 1160 号报警出现时，X 伺服单元上显示报警号 7，对伺服模块有怀疑，将其与 W 轴（规格相同）交换，同样故障；转移至 W 轴，可定 X 伺服模块有故障。打开侧盖，检查发现有一螺钉连接处有火烧黑痕迹，旋紧该螺钉后，故障排除	880M

续表

序号	故障现象	故障分析	故障原因	排除方法	系统型号
53	德国科堡 S20-10FP450CNC 龙门铣在工作过程中出现工作台（X 轴）不能运行，CRT 上出现报警：1160：Contour monitoring，即 X 轴轮廓监控报警	从 1160 号报警分析，此类故障与数控装置、伺服单元、伺服电机和位置反馈都有关系，可先检查伺服单元的显示状态，按其 LED 报警号提示，作进一步检查，若一时难以确定故障部位，常可采用轴交换法来确定故障部位	为 X 轴伺服电机有部分冷却液进入，造成绝缘不良所致	当 1160 号报警出现时，X 伺服单元报警号 2，为旋转位置编码器监控响应；检查位置反馈系统，一时查不出原因；将 X 轴与 W 轴伺服单元互换，故障仍在 X 轴，再进一步检查 X 轴伺服电机及反馈系统，发现电机接线盒上有冷却液进入，经局部清洗和干燥后，故障排除	880M
54	德国科堡 S20-10FP450CNC 龙门铣在工作过程中出现 Z 轴不能运行，在第二个 CRT 上显示以下报警信息：0129 TER：I@TMONI-TORING ZPB003 E40.1；0130 TER：TEMPERA-TURE DRIVE＞MAX ZPB003 E40.2；0131 TER：TACHO/CON-TROL MONITORING ZPB003 E40.3	从第二 CRT 上的三个报警提示，并通过电气图，可检查 Z 轴进给模块的三个报警继电器输出不能满足 PLC 三个输入口 E40.1、E40.2、F40.3 处于正常状态的原因，然后再区分出是伺服单元还是 PLC 输入板故障，再根据故障范围作进一步检查，通常可采用模块交换法确定故障模块，最后再对坏模块进行修理	为 Z 轴进给模块印制电路板上的 290～293 印刷电路断，造成三个报警继电器都不得电	首先检查 Z 进给模块报警继电器发给 PLC 的三个信号；在正常时，U299-289、U296-289、U293-289 均为 0V，而则得三处电压均为-22V，故怀疑进给模块有故障，与 Y 轴交换，则 CRT 上出现有关 Y 轴的 081、082、083 同类报警，可确定为 Z 进给模块坏；打开进给模块，检查三个报警继电器正常，再检查其相关印刷电路发现 290～293 连线断，焊接后，故障排除	880M
55	德国科堡 S20-10FP450CNC 龙门铣，开机通电后，机床不能正常运行，第二 CRT 上出现 0946TER：SUpply/Recovery Unit Ready Y/ZBP084 E58.0	从 CRT 上的 0946 号报警可知为 Y、Z 伺服单元未准备好，可先观察检查 Y、Z 轴伺服单元上的指示器，按所指示的报警信息确定故障部位	由于电气箱上部冷凝水滴入 Z 轴进给模块内，使电路板绝缘不良所致	先检查 Y 与 Z 轴的公用电源模块上的红色 fault 灯亮，再查 Z 轴进给模块上的 LED 显示报警号 2，同时发现该模块上方有冷凝水落下进入内部；关机后拆下模块，打开侧板发现电路板上有水浸入；取下两块电路板，在 70℃ 的电烘箱内干燥 45min，重新安装好后，开机故障排除	880M
56	德国科堡 S20-10FP450CNC 龙门铣在机床运行时进给倍率开关不能任意调节，其中 20%、40%、100% 等挡不起作用，影响正常加工	此故障通常是由于速度倍率开关经长期频繁使用造成接触不良，通常可对开关进行清洗，即可恢复正常，若还不能解决则调换新开关	由于速度倍率开关接触不良所造成	先打开安装开关的面板，将旋钮旋至极限位置在开关电路板上画出旋转体位置，打开开关透明安装盖，取出旋转体，用专用清洗剂擦洗印刷电路及电刷，然后重新装上，通过显示屏幕检查各挡倍率都已恢复，故障排除	880M

续表

序号	故障现象	故障分析	故障原因	排除方法	系统型号
57	德国 WALDRICH COBURG 数控龙门铣床在自动、手动方式各轴有时动有时不动，屏幕上无任何报警，不动时位置显示也不变化	若机床锁住，轴虽不动但位置显示会变化；若工作方式，进给倍率选择的输入条件不满足，也会使轴不会运动；如进给倍率开关变化时，屏幕上所显示的进给率应发生变化	因进给倍率开关上固紧螺丝掉下，造成此开关接触不良，使进给时走时不走	查 PLC 接口信号，IW65 第一位至第四位，当倍率开关变化时，上述值不变，再查进给倍率开关，发现该开关后固紧螺丝掉下，开关松动，接触不良，旋紧	880M
58	轴不能移动，屏幕无任何报警	开机完成自动回零操作时，其中一个 X 轴走向不停，远离零点方向	此系统回零采用碰撞零点开关后，继续向前走，然后退回，完成回零操作；机床回零参数设置是正向，零点开关压合后，改为负向，即 X 负向走	检查零点开关状态	880T
59	机床不动作，CRT 有报警：9028 MOTOR CIRCUIT BREAKER TRIPPED	电机回路断路器断	电机电流过大	恢复已跳开的电机断路器	880T
60	故障现象同上，机床不动作，CRT 有报警：9028MOTOR CIRCUIT BREAKER TRIPPED	电机回路断路器断	主轴、X 轴、Z 轴伺服不准备，因此机床不能上强电，空气开关坏了	更新空气开关	880T
61	9042 报警：CENTRAL LUB PRESSURE MALFUNCTION 进行复位后，报警可清除	机床在进行零件加工间断出现左栏报警	PLC 控制润滑，定时有压力开关检测	润滑油路不通畅，重复开关机床，即可排除	880T

8. 西门子其他系统的故障诊断与维修（见附表 8）

附表 8　　　　　　　　　　西门子其他系统的故障诊断与维修

序号	故障现象	故障分析	故障原因	排除方法	系统型号
01	C 轴位置显示出错	该轴位置信号由同步联接的绝对值编码器检测，信号馈入 CNC 系统 E360.1 模块，译码后输出显示；逐级分步替换备件查故障	E360.1 输入部分一光耦合器(CNY17-1A) 失效，造成反馈信号缺位	更换光耦合器芯片	SMP
02	CRT 屏幕显示异常，仅显示少量不规则字符，无正常菜单	检查更换显示器模块，逐一断开所有与 NC 联接的 I/O 接口及其扩展模块，用脉冲笔检查 CPU 模块上厚模块	CPU 板上总线驱动厚模块 S42026-B4-C2-2 有局部失效，造成总线缺位	卸换 S42026-B4-C2-2 厚模块，重新设置机床数据	SMP

续表

序号	故障现象	故障分析	故障原因	排除方法	系统型号
03	机床工作一段时间或开机 10s 后，电源面板的"FAN FAULT"灯亮，电源停止工作	查风扇或印刷线路	风扇内轴承坏（约占故障 50%），风扇下的热敏电阻到 N350 集成电路的印刷线或其他相关部分断裂（约占故障 30%）	针对原因解决	S5-135U/S5-150U PLC
04	电压失控，输出电压高于 5.1V		一般为光电耦合器 U161 损坏	换光电耦合器	S5-135U/S5-150U PLC
05	接通电源，熔丝就断开	查电源内部元器件，易被击穿的有桥堆 V109，辅助变压器、场效应管（U1、U2）	内外偶然原因较多	除换有关元件外，如场效应管坏，则要对电源进一步检查，并查振荡电路波形	S5-135U/S5-150U PLC
06	电源系统电压输出正常，但系统不能启动，PLC 不工作	此现象是因电源系统没有发出电源，工作正常系统可以启动的信号，该信号由 N265 集成电路产生	断线或有阻值开路的电阻	查 N265 的外围电路，常常需接线；在少数情况下。需要换 N265 集成电路	S5-135U/S5-150U PLC
07	PLC6E5451-4UA11 输出板输出位全"0"	此故障大多数为拨码开关污染氧化引起接触不良	此故障大多数为拨码开关污染氧化引起接触不良	更换此开关，如无此开关，亦可根据此开关拨码位置，将拨码开关 ON 位用导线直接连接	S5-135U/S5-150U、S5-115U PLC 输入输出板
08	PLC6E5451-4UA11 输出板输出位全"1"	大多数为 74HC244 集成电路损坏	大多数为 74HC244 集成电路损坏	更换此集成电路	5-135U/S5-150U、S5-115U PLC 输入输出板
09	PLC6E5451-4UA11 输出板输出位全"0"，如 0.0～0.6 全"0"	此故障大多数为此节的 74HC273 集成电路坏	此故障大多数为此节的 74HC273 集成电路坏	更换此集成块	5-135U/S5-150U、S5-115U PLC 输入输出板
10	PLC6E5451-4UA11 输出板输出位全"0"，如 0.0～0.3 全"0"	此故障大多数为此段的 FZL 4141 集成电路坏	此故障大多数为此段的 FZL 4141 集成电路坏	更换此集成块	5-135U/S5-150U、S5-115U PLC 输入输出板
11	交流变频驱动器无输出，且有电压不正常的故障提示（F2）	查整流滤波环节，查主回路，查逆变主回路	元件损坏数处	更换元件，通电试车正常	6SE1133-4WB00 交流变频驱动器
12	在卧式加工中心主轴停车时出现 F41 报警，报警内容为"中间电路过电压"	此交流变频系统采用最先进、对元件要求很高的能馈制动形式制动时，以主轴电机为发电机，将能量回馈电网，故应查在制动时导通的大功率晶体管模块	大功率晶体管 V1 损坏造成制动时无法导通，引起中间电路电容组上电压超过 700V	在多次起停试验中损坏不少元件及 Al 驱动板，应引以为戒	6SC6508 交流变频调速系统

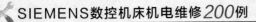
续表

序号	故障现象	故障分析	故障原因	排除方法	系统型号
13	到位后小车指示灯不灭	到位信号未发出，首先检查接近开关，发现距磁块间隙太大	接近开关位置变动	调整磁块位置后排除	FMS物流小车
14	小车在4号装卸台拉拖板时动作停止	查出拖板定位销未拔下，经强制试验证实电机损坏	电机烧坏	更换电机后故障排除	FMS装卸台
15	小车在3号装卸台拉拖板时动作停	装卸台上网信号是必备条件，表面看网不到位，但查出信号未发出	行程碰块移动	调整碰块位置后故障排除	FMS装卸台
16	小车拉拖板时中断卡住	从PG675看出小车错位超出0.40mm，证明位置误差过大	相互几何精度变化	用平尺校准轨道，修改数据后故障排除	FMS物流小车
17	小车不能同步	小车是通过中间PC与控制板连接，经检查外部条件无异常	PC程序混乱	清除中间PC后重新输入，故障排除	FMS中间PC
18	主轴运转后异常响声时有时无	(1) 车头箱中齿轮；(2) 驱动器，变频器	变频器故障		DUS800

参 考 文 献

[1] 王忠峰，郝继光. 数控机床故障诊断及维修实例. 北京：国防工业出版社，2006.

[2] 龚仲华. 数控机床故障诊断与维修 500 例. 北京：机械工业出版社，2004.

[3] 韩鸿鸾. 数控机床维修技师手册. 北京：机械工业出版社，2005.

[4] 展宝成等. 西门子 840D 数控系统应用与维修实例详解. 北京：机械工业出版社，2013.

[5] 李攀峰. 数控机床维修工必备手册. 北京：机械工业出版社，2011.

[6] 严峻. 数控机床故障诊断与维修实例. 北京：机械工业出版社，2011.

[7] 牛志斌. 牛工教你学数控机床维修（SIEMENS 系统）. 北京：化学工业出版社，2012.

[8] 牛志斌. 数控机床现场维修 555 例详解. 北京：机械工业出版社，2009.

[9] 周世君. 数控机床电气故障诊断与维修实例. 北京：机械工业出版社，2013.

[10] 沈兵，厉承兆. 数控机床故障诊断与维修手册. 北京：机械工业出版社，2009.

[11] 韩鸿鸾. 数控机床电气系统检修. 北京：中国电力出版社，2008.

[12] 龚仲华等. 数控机床维修技术与典型实例——SIEMENS 810/802 系统. 北京：人民邮电出版社，2006.

[13] 王晓忠，梁彩霞. 数控机床典型系统调试技术. 北京：机械工业出版社，2012.

[14] 劳动和社会保障部教材办公室组织编写. 数控机床故障诊断与维修. 北京：中国劳动社会保障出版社，2007.

[15] 劳动和社会保障部教材办公室组织编写. 数控机床电气检修. 北京：中国劳动社会保障出版社，2007.

[16] 劳动和社会保障部教材办公室组织编写. 数控机床电气线路维修. 北京：中国劳动社会保障出版社，2012.

[17] 王兹宜. 数控系统调整与维修实训. 北京：机械工业出版社，2008.

[18] 王洪波编著. 数控机床电气维修技术——SINUMERIK810D/840D 系统. 北京：电子工业出版社，2007.

[19] 姚敏强. 数控机床故障诊断维修技术. 北京：电子工业出版社，2007.

[20] 王海勇. 数控机床结构与维修. 北京：化学工业出版社，2009.

[21] 龚仲华等. 图解数控机床——西门子典型系统维修技巧. 北京：机械工业出版社，2005.

[22] 王兵. 从零开始学 SIEMENS 数控系统故障诊断. 北京：化学工业出版社，2013.

[23] 李河水. 数控机床故障诊断与维护. 北京：北京邮电大学出版社，2009.

[24] 李善术. 数控机床及其应用. 北京：机械工业出版社，2002.

[25] 劳动和社会保障部教材办公室组织编写. 数控机床机械系统及其故障诊断与维修. 北京：中国劳动社会保障出版社，2008.

[26] 韩鸿鸾. 数控机床装调维修工（中/高级）. 北京：化学工业出版社，2011.

[27] 韩鸿鸾. 数控机床装调维修工（技师/高级技师）. 北京：化学工业出版社，2011.

[28] 韩鸿鸾，董先. 数控机床机械系统装调与维修一体化教程. 北京：机械工业出版社，2014.

[29] 韩鸿鸾，吴海燕. 数控机床电气系统装调与维修一体化教程. 北京：机械工业出版社，2014.